2024年版

共通テスト
過去問研究

生 物
生物基礎

教学社

✅ 共通テストってどんな試験？

　大学入学共通テスト（以下，共通テスト）は，大学への入学志願者を対象に，高校における基礎的な学習の達成度を判定し，大学教育を受けるために必要な能力について把握することを目的とする試験です。一般選抜で国公立大学を目指す場合は原則的に，一次試験として共通テストを受験し，二次試験として各大学の個別試験を受験することになります。また，私立大学も9割近くが共通テストを利用します。そのことから，共通テストは50万人近くが受験する，大学入試最大の試験になっています。以前は大学入試センター試験がこの役割を果たしており，共通テストはそれを受け継いだものです。

✅ どんな特徴があるの？

　共通テストの問題作成方針には「思考力，判断力，表現力等を発揮して解くことが求められる問題を重視する」とあり，「思考力」を問うような出題が多く見られます。たとえば，日常的な題材を扱う問題や複数の資料を読み取る問題が，以前のセンター試験に比べて多く出題されています。特に，授業において生徒が学習する場面など，学習の過程を意識した問題の場面設定が重視されています。ただし，高校で履修する内容が変わったわけではありませんので，出題科目や出題範囲はセンター試験と同じです。

✅ どうやって対策すればいいの？

　共通テストで問われるのは，高校で学ぶべき内容をきちんと理解しているかどうかですから，普段の授業を大切にし，教科書に載っている基本事項をしっかりと身につけておくことが重要です。そのうえで出題形式に慣れるために，過去問を有効に活用しましょう。共通テストは問題文の分量が多いので，過去問に目を通して，必要とされるスピード感や難易度を事前に知っておけば安心です。過去問を解いて間違えた問題をチェックし，苦手分野の克服に役立てましょう。

　また，共通テストでは思考力が重視されますが，思考力を問うような問題はセンター試験でも出題されてきました。共通テストの問題作成方針にも「大学入試センター試験及び共通テストにおける問題評価・改善の蓄積を生かしつつ」と明記されています。本書では，共通テストの内容を詳しく分析し，過去問を最大限に活用できるよう編集しています。

　本書が十分に活用され，志望校合格の一助になることを願ってやみません。

Contents

解答・解説編

問題編（別冊）

　　マークシート解答用紙 2 回分

● 過去問掲載内容

＜共通テスト＞

　本試験　生物　　　　3 年分（2021〜2023 年度）

　　　　　生物基礎　　3 年分（2021〜2023 年度）

　追試験　生物　　　　1 年分（2022 年度）

　　　　　生物基礎　　1 年分（2022 年度）

　第 2 回　試行調査　生物

　　　　　試行調査　生物基礎

　第 1 回　試行調査　生物

＜センター試験＞

　本試験　生物　　　　4 年分（2017〜2020 年度）

　　　　　生物基礎　　4 年分（2017〜2020 年度）

＊ 2021 年度の共通テストは，新型コロナウイルス感染症の影響に伴う学業の遅れに対応する選択肢を確保するため，本試験が以下の 2 日程で実施されました。

　第 1 日程：2021 年 1 月 16 日（土）および 17 日（日）

　第 2 日程：2021 年 1 月 30 日（土）および 31 日（日）

＊ 第 2 回試行調査は 2018 年度に，第 1 回試行調査は 2017 年度に実施されたものです。

＊ 生物基礎の試行調査は，2018 年度のみ実施されました。

生物
生物基礎

共通テストについてのお問い合わせは…

独立行政法人 大学入試センター

志願者問い合わせ専用（志願者本人がお問い合わせください）03-3465-8600

9：30〜17：00（土・日曜，祝日，5 月 2 日，12 月 29 日〜1 月 3 日を除く）

https://www.dnc.ac.jp/

共通テストの
基礎知識

本書編集段階において，2024 年度共通テストの詳細については正式に発表されていませんので，ここで紹介する内容は，2023 年 3 月時点で文部科学省や大学入試センターから公表されている情報，および 2023 年度共通テストの「受験案内」に基づいて作成しています。変更等も考えられますので，各人で入手した 2024 年度共通テストの「受験案内」や，大学入試センターのウェブサイト（https://www.dnc.ac.jp/）で必ず確認してください。

 共通テストのスケジュールは？

A 2024 年度共通テストの本試験は，1 月 13 日（土）・14 日（日）に実施される予定です。
　「受験案内」の配布開始時期や出願期間は未定ですが，共通テストのスケジュールは，例年，次のようになっています。1 月なかばの試験実施日に対して出願が 10 月上旬とかなり早いので，十分注意しましょう。

9 月初旬	「受験案内」配布開始
	志願票や検定料等の払込書等が添付されています。
10 月上旬	**出願** （現役生は在籍する高校経由で行います。）
1 月なかば　共通テスト	2024 年度本試験は 1 月 13 日（土）・14 日（日）に実施される予定です。
自己採点	
1 月下旬	国公立大学の個別試験出願
	私立大学の出願時期は大学によってまちまちです。各人で必ず確認してください。

共通テストの出願書類はどうやって入手するの？

A 「受験案内」という試験の案内冊子を入手しましょう。

「受験案内」には，志願票，検定料等の払込書，個人直接出願用封筒等が添付されており，出願の方法等も記載されています。主な入手経路は次のとおりです。

現役生	高校で一括入手するケースがほとんどです。出願も学校経由で行います。
過年度生	共通テストを利用する全国の各大学の窓口で入手できます。予備校に通っている場合は，そこで入手できる場合もあります。

 個別試験への出願はいつすればいいの？

A 国公立大学一般選抜は「共通テスト後」の出願です。

国公立大学一般選抜の個別試験（二次試験）の出願は共通テストのあとになります。受験生は，共通テストの受験中に自分の解答を問題冊子に書きとめておいて持ち帰ることができますので，翌日，新聞や大学入試センターのウェブサイトで発表される正解と照らし合わせて**自己採点**し，その結果に基づいて，予備校などの合格判定資料を参考にしながら，出願大学を決定することができます。

私立大学の共通テスト利用入試の場合は，出願時期が大学によってまちまちです。大学や試験の日程によっては**出願の締め切りが共通テストより前**ということもあります。志望大学の入試日程は早めに調べておくようにしましょう。

 受験する科目の決め方は？

A 志望大学の入試に必要な教科・科目を受験します。

次ページに掲載の 6 教科 30 科目のうちから，受験生は最大 6 教科 9 科目を受験することができます。どの科目が課されるかは大学・学部・日程によって異なりますので，受験生は志望大学の入試に必要な科目を選択して受験することになります。

共通テストの受験科目が足りないと，大学の個別試験に出願できなくなります。第一志望に限らず，**出願する可能性のある大学の入試に必要な教科・科目は早めに調べ**ておきましょう。

● **科目選択の注意点**

地理歴史と公民で 2 科目受験するときに，選択できない組合せ

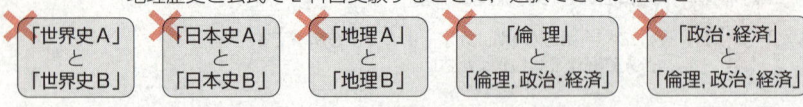

● **2024 年度の共通テストの出題教科・科目** （下線はセンター試験との相違点を示す）

教　科	出題科目	備考（選択方法・出題方法）	試験時間（配点）
国　語	『国語』	「国語総合」の内容を出題範囲とし，近代以降の文章（2問100点），古典（古文（1問50点），漢文（1問50点））を出題する。	80 分 （200 点）
地理歴史	「世界史A」 「世界史B」 「日本史A」 「日本史B」 「地理A」 「地理B」	10 科目から最大2科目を選択解答（同一名称を含む科目の組合せで2科目選択はできない。受験科目数は出願時に申請）。 『倫理，政治・経済』は，「倫理」と「政治・経済」を総合した出題範囲とする。	1 科目選択 60 分 （100 点）
公　民	「現代社会」 「倫理」 「政治・経済」 『倫理, 政治・経済』		2 科目選択*¹ 解答時間 120 分 （200 点）
数学 ①	「数学Ⅰ」 『数学Ⅰ・数学A』	2 科目から1科目を選択解答。 『数学Ⅰ・数学A』は，「数学Ⅰ」と「数学A」を総合した出題範囲とする。「数学A」は3項目（場合の数と確率，整数の性質，図形の性質）の内容のうち，2項目以上を学習した者に対応した出題とし，問題を選択解答させる。	<u>70 分</u> （100 点）
数学 ②	「数学Ⅱ」 『数学Ⅱ・数学B』 『簿記・会計』 『情報関係基礎』	4 科目から1科目を選択解答。 『数学Ⅱ・数学B』は，「数学Ⅱ」と「数学B」を総合した出題範囲とする。「数学B」は3項目（数列，ベクトル，確率分布と統計的な推測）の内容のうち，2項目以上を学習した者に対応した出題とし，問題を選択解答させる。	60 分 （100 点）
理科 ①	「物理基礎」 「化学基礎」 「生物基礎」 「地学基礎」	8 科目から下記のいずれかの選択方法により科目を選択解答（受験科目の選択方法は出願時に申請）。 A　理科①から2科目 B　理科②から1科目 C　理科①から2科目および理科②から1科目 D　理科②から2科目	【理科①】 2 科目選択*² 60 分（100 点） 【理科②】 1 科目選択 60 分（100 点）
理科 ②	「物理」 「化学」 「生物」 「地学」		2 科目選択*¹ 解答時間 120 分 （200 点）
外国語	『英語』 『ドイツ語』 『フランス語』 『中国語』 『韓国語』	5 科目から1科目を選択解答。 『英語』は，「コミュニケーション英語Ⅰ」に加えて「コミュニケーション英語Ⅱ」および「英語表現Ⅰ」を出題範囲とし，「リーディング」と「リスニング」を出題する。「リスニング」には，聞き取る英語の音声を2回流す問題と，<u>1 回流す</u>問題がある。	『英語』*³ 【リーディング】 80 分（<u>100 点</u>） 【リスニング】 解答時間 30 分*⁴ （<u>100 点</u>） 『英語』以外 【筆記】 80 分（200 点）

*1 「地理歴史および公民」と「理科②」で2科目を選択する場合は，解答順に「第1解答科目」および「第2解答科目」に区分し各60分間で解答を行うが，第1解答科目と第2解答科目の間に答案回収等を行うために必要な時間を加えた時間を試験時間（130分）とする。

*2 「理科①」については，1科目のみの受験は認めない。

*3 外国語において『英語』を選択する受験者は，原則として，リーディングとリスニングの双方を解答する。

*4 リスニングは，音声問題を用い30分間で解答を行うが，解答開始前に受験者に配付したICプレーヤーの作動確認・音量調節を受験者本人が行うために必要な時間を加えた時間を試験時間（60分）とする。

 ## 理科や社会の科目選択によって有利不利はあるの？

A **科目間の平均点差が20点以上の場合，得点調整が行われることがあります。**

共通テストの本試験では次の科目間で，原則として，「20点以上の平均点差が生じ，これが試験問題の難易差に基づくものと認められる場合」，得点調整が行われます。ただし，受験者数が1万人未満の科目は得点調整の対象となりません。

● **得点調整の対象科目**

地理歴史	「世界史B」「日本史B」「地理B」の間
公　　民	「現代社会」「倫理」「政治・経済」の間
理　科②	「物理」「化学」「生物」「地学」の間

得点調整は，平均点の最も高い科目と最も低い科目の平均点差が15点（通常起こり得る平均点の変動範囲）となるように行われます。2023年度は理科②で，2021年度第1日程では公民と理科②で得点調整が行われました。

 2025年度の試験から，新学習指導要領に基づいた新課程入試に変わるそうですが，過年度生のための移行措置はありますか？

A あります。2025年1月の試験では，旧教育課程を履修した人に対して，出題する教科・科目の内容に応じて，配慮を行い，必要な措置を取ることが発表されています。

「受験案内」の配布時期や入手方法，出願期間などの情報は，大学入試センターのウェブサイトで公表される予定です。各人で最新情報を確認するようにしてください。

 WEBもチェック！ 〔教学社 特設サイト〕

共通テストのことがわかる！

http://akahon.net/k-test/

試験データ

※ 2020 年度まではセンター試験の数値です。

最近の共通テストやセンター試験について，志願者数や平均点の推移，科目別の受験状況などを掲載しています。

● 志願者数・受験者数等の推移

		2023 年度	2022 年度	2021 年度	2020 年度
	志願者数	512,581 人	530,367 人	535,245 人	557,699 人
内，	高等学校等卒業見込者	436,873 人	449,369 人	449,795 人	452,235 人
	現役志願率	45.1%	45.1%	44.3%	43.3%
	受験者数	474,051 人	488,384 人	484,114 人	527,072 人
	本試験のみ	470,580 人	486,848 人	482,624 人	526,833 人
	追試験のみ	2,737 人	915 人	1,021 人	171 人
	再試験のみ	—	—	10 人	—
	本試験＋追試験	707 人	438 人	407 人	59 人
	本試験＋再試験	26 人	182 人	51 人	9 人
	追試験＋再試験	1 人	—	—	—
	本試験＋追試験＋再試験	—	1 人	—	—
	受験率	92.48%	92.08%	90.45%	94.51%

※ 2021 年度の受験者数は特例追試験（1 人）を含む。
※ やむを得ない事情で受験できなかった人を対象に追試験が実施される。また，災害，試験上の事故などにより本試験が実施・完了できなかった場合に再試験が実施される。

● 志願者数の推移

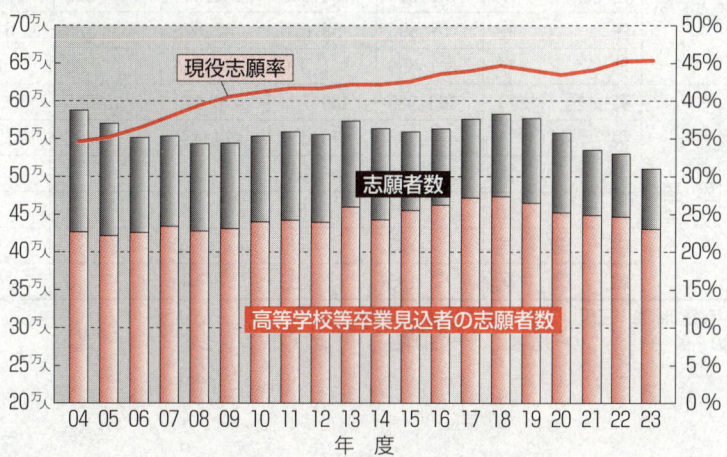

● 科目ごとの受験者数の推移（2020〜2023年度本試験） （人）

教　科	科　目	2023年度	2022年度	2021年度①	2021年度②	2020年度
国　　語	国　　　語	445,358	460,967	457,305	1,587	498,200
地理歴史	世 界 史 A	1,271	1,408	1,544	14	1,765
	世 界 史 B	78,185	82,986	85,690	305	91,609
	日 本 史 A	2,411	2,173	2,363	16	2,429
	日 本 史 B	137,017	147,300	143,363	410	160,425
	地　理　A	2,062	2,187	1,952	16	2,240
	地　理　B	139,012	141,375	138,615	395	143,036
公　　民	現 代 社 会	64,676	63,604	68,983	215	73,276
	倫　　　理	19,878	21,843	19,955	88	21,202
	政 治・経 済	44,707	45,722	45,324	118	50,398
	倫理,政治・経済	45,578	43,831	42,948	221	48,341
数学 数学①	数　学　I	5,153	5,258	5,750	44	5,584
	数 学 I・A	346,628	357,357	356,493	1,354	382,151
数学②	数　学　II	4,845	4,960	5,198	35	5,094
	数 学 II・B	316,728	321,691	319,697	1,238	339,925
	簿 記・会 計	1,408	1,434	1,298	4	1,434
	情報関係基礎	410	362	344	4	380
理科 理科①	物 理 基 礎	17,978	19,395	19,094	120	20,437
	化 学 基 礎	95,515	100,461	103,074	301	110,955
	生 物 基 礎	119,730	125,498	127,924	353	137,469
	地 学 基 礎	43,070	43,943	44,320	141	48,758
理科②	物　　　理	144,914	148,585	146,041	656	153,140
	化　　　学	182,224	184,028	182,359	800	193,476
	生　　　物	57,895	58,676	57,878	283	64,623
	地　　　学	1,659	1,350	1,356	30	1,684
外 国 語	英　語（R※）	463,985	480,763	476,174	1,693	518,401
	英　語（L※）	461,993	479,040	474,484	1,682	512,007
	ド イ ツ 語	82	108	109	4	116
	フ ラ ン ス 語	93	102	88	3	121
	中　国　語	735	599	625	14	667
	韓　国　語	185	123	109	3	135

・2021年度①は第1日程，2021年度②は第2日程を表す。
※英語のRはリーディング（2020年度までは筆記），Lはリスニングを表す。

● 科目ごとの平均点の推移（2020〜2023 年度本試験）　　　　（点）

教　科		科　目	2023 年度	2022 年度	2021 年度①	2021 年度②	2020 年度
国　語		国　　　語	52.87	55.13	58.75	55.74	59.66
地 理 歴 史		世 界 史 A	36.32	48.10	46.14	43.07	51.16
		世 界 史 B	58.43	65.83	63.49	54.72	62.97
		日 本 史 A	45.38	40.97	49.57	45.56	44.59
		日 本 史 B	59.75	52.81	64.26	62.29	65.45
		地　理　A	55.19	51.62	59.98	61.75	54.51
		地　理　B	60.46	58.99	60.06	62.72	66.35
公　　　民		現 代 社 会	59.46	60.84	58.40	58.81	57.30
		倫　　　理	59.02	63.29	71.96	63.57	65.37
		政 治・経 済	50.96	56.77	57.03	52.80	53.75
		倫理, 政治・経済	60.59	69.73	69.26	61.02	66.51
数 学	数学①	数　学　I	37.84	21.89	39.11	26.11	35.93
		数 学 I・A	55.65	37.96	57.68	39.62	51.88
	数学②	数　学　II	37.65	34.41	39.51	24.63	28.38
		数 学 II・B	61.48	43.06	59.93	37.40	49.03
		簿 記・会 計	50.80	51.83	49.90	—	54.98
		情報関係基礎	60.68	57.61	61.19	—	68.34
理 科	理科①	物 理 基 礎	56.38	60.80	75.10	49.82	66.58
		化 学 基 礎	58.84	55.46	49.30	47.24	56.40
		生 物 基 礎	49.32	47.80	58.34	45.94	64.20
		地 学 基 礎	70.06	70.94	67.04	60.78	54.06
	理科②	物　　　理	63.39	60.72	62.36	53.51	60.68
		化　　　学	54.01	47.63	57.59	39.28	54.79
		生　　　物	48.46	48.81	72.64	48.66	57.56
		地　　　学	49.85	52.72	46.65	43.53	39.51
外 国 語		英 語（R※）	53.81	61.80	58.80	56.68	58.15
		英 語（L※）	62.35	59.45	56.16	55.01	57.56
		ド イ ツ 語	61.90	62.13	59.62	—	73.95
		フ ラ ン ス 語	65.86	56.87	64.84	—	69.20
		中　国　語	81.38	82.39	80.17	80.57	83.70
		韓　国　語	79.25	72.33	72.43	—	73.75

・各科目の平均点は 100 点満点に換算した点数。
・2023 年度の「理科②」, 2021 年度①の「公民」および「理科②」の科目の数値は, 得点調整後のものである。
　得点調整の詳細については大学入試センターのウェブサイトで確認のこと。
・2021 年度②の「－」は, 受験者数が少ないため非公表。

● 数学①と数学②の受験状況（2023年度）　　　（人）

受験科目数	数　学　①		数　学　②				実受験者
	数学Ⅰ	数学Ⅰ・数学A	数学Ⅱ	数学Ⅱ・数学B	簿記・会計	情報関係基礎	
1科目	2,729	26,930	85	346	613	71	30,774
2科目	2,477	322,079	4,811	318,591	809	345	324,556
計	5,206	349,009	4,896	318,937	1,422	416	355,330

● 地理歴史と公民の受験状況（2023年度）　　　（人）

受験科目数	地理歴史						公　民				実受験者
	世界史A	世界史B	日本史A	日本史B	地理A	地理B	現代社会	倫理	政治・経済	倫理,政経	
1科目	666	33,091	1,477	68,076	1,242	112,780	20,178	6,548	17,353	15,768	277,179
2科目	621	45,547	959	69,734	842	27,043	44,948	13,459	27,608	30,105	130,433
計	1,287	78,638	2,436	137,810	2,084	139,823	65,126	20,007	44,961	45,873	407,612

● 理科①の受験状況（2023年度）

区分	物理基礎	化学基礎	生物基礎	地学基礎	延受験者計
受験者数	18,122 人	96,107 人	120,491 人	43,375 人	278,095 人
科目選択率	6.5%	34.6%	43.3%	15.6%	100.0%

・2科目のうち一方の解答科目が特定できなかった場合も含む。
・科目選択率＝各科目受験者数／理科①延受験者計×100

● 理科②の受験状況（2023年度）　　　（人）

受験科目数	物理	化学	生物	地学	実受験者
1科目	15,344	12,195	15,103	505	43,147
2科目	130,679	171,400	43,187	1,184	173,225
計	146,023	183,595	58,290	1,689	216,372

● 平均受験科目数（2023年度）　　　（人）

受験科目数	8科目	7科目	6科目	5科目	4科目	3科目	2科目	1科目
受験者数	6,621	269,454	20,535	22,119	41,940	97,537	13,755	2,090

平均受験科目数
5.62

・理科①（基礎の付された科目）は，2科目で1科目と数えている。

・上記の数値は本試験・追試験・再試験の総計。

共通テスト

対策講座

　ここでは，これまでに実施された本試験と，2017・2018年度に実施された試行調査（プレテスト）をもとに，2020年度以前に実施されていたセンター試験との比較分析も加えて，共通テストについてわかりやすく解説し，具体的にどのような対策をすればよいか考えます。

森田　保久　Morita, Yasuhisa
元埼玉県立川越女子高等学校教諭。

どんな問題が出るの？

共通テスト「生物基礎」とは？

理科基礎の問題作成の方針として，次の点が示されている。

- 日常生活や社会との関連を考慮し，科学的な事物・現象に関する基本的な概念や原理・法則などの理解と，それらを活用して科学的に探究を進める過程についての理解などを重視する。
- 問題の作成に当たっては，身近な課題等について科学的に探究する問題や，得られたデータを整理する過程などにおいて数学的な手法を用いる問題などを含めて検討する。

すなわち，共通テスト「生物基礎」の特徴は

①基本的な知識の理解をもとにして，複数の知識を組み合わせた思考力問題が出題される
②実験・観察などの場面を想定した考察問題や表・グラフの読み取り問題，計算問題がより重視される
③探究的な問題として，実験方法や仮説の設定などの要素が入る

といえるだろう。

実際に，2023 年度本試験でも，③のような仮説の検証に関わる問題が出題された。センター試験でも①・②を満たすような問題は出題されていたので，本質的には変わらない点が多い。

🔍 出題科目・解答方法・解答時間・配点

共通テストにおける理科基礎の概要は以下の通りで，センター試験と同じである。

出題科目・選択方法	「物理基礎」「化学基礎」「生物基礎」「地学基礎」の4科目から2科目選択
解答方法	全問マーク式
解答時間	2科目60分（＝1科目あたり30分程度）
配点	2科目100点（1科目50点）

🔍 大問構成

次に，2021〜2023年度の共通テストと2018年度に実施された試行調査，および2020年度のセンター試験の枠組みを比較してみよう。

● 2021〜2023年度本試験の出題内容・マーク数・配点

分野				内容	マーク数	配点
2023年度	〔1〕	生物の特徴と遺伝子	A	生物の特徴	2	6
			B	細胞周期	3	10
	〔2〕	生物の体内環境の維持	A	胆汁のはたらき	4	7
			B	免疫	3	10／部分点あり
	〔3〕	生物の多様性と生態系	A	窒素循環	3	10／部分点あり
			B	バイオーム	3	7
2022年度	〔1〕	生物の特徴と遺伝子	A	生物の特徴	3	9
			B	遺伝子のはたらき	3	10
	〔2〕	生物の体内環境の維持	A	酸素解離曲線	3	7
			B	免疫	3	7
	〔3〕	生物の多様性と生態系	A	バイオーム	3	9
			B	生態系の保全	2	6
2021年度第1日程	〔1〕	生物の特徴と遺伝子	A	生物の特徴	3	9
			B	遺伝子のはたらき	3	9
	〔2〕	生物の体内環境の維持	A	塩類濃度の調節	2	7
			B	免疫	3	9
	〔3〕	生物の多様性と生態系	A	バイオーム	3	9
			B	生態系の保全	2	7／部分点あり

（表つづく）

分　野		内　容	マーク数	配点
2021年度第2日程 〔1〕 生物の特徴と遺伝子	A	生物の特徴	3	9
	B	遺伝子のはたらき	3	9
〔2〕 生物の体内環境の維持	A	腎臓のはたらき	3	9
	B	血液循環	3	7
〔3〕 生物の多様性と生態系	A	遷移	3	9
	B	生態系の保全	3	7

● 第2回（2018年度）試行調査の出題内容・マーク数・配点

分　野		内　容	マーク数	配点
〔1〕 生物の特徴と遺伝子	A	生物の特徴	3	10
	B	遺伝子のはたらき	3	7
〔2〕 生物の体内環境の維持	A	肝臓による体内調節	4	10
	B	ホルモンと免疫	3	9
〔3〕 生物の多様性と生態系	A	バイオーム	3	7
	B	生態系の保全	3	7

● 2020年度本試験の出題内容・マーク数・配点

分　野		内　容	マーク数	配点
〔1〕 生物の特徴と遺伝子	A	生物の特徴	3	9
	B	遺伝子のはたらき	7	9
〔2〕 生物の体内環境の維持	A	塩類濃度の調節	3	9
	B	免疫	2	7
〔3〕 生物の多様性と生態系	A	生態系	5	9
	B	生態系の保全	3	7

　2021〜2023年度の共通テストでは，大問数3，マーク数16〜18個の出題であった。2020年度までのセンター試験では，大問数3，マーク数16〜23個の出題であったので，大きな変化はないといえる。

🔍 問題の場面設定

　2023年度もこれまでと同様，生徒同士の会話文をベースにした探究活動を意識した出題が見られた。今後の共通テストでも同様の出題が続くと予想される。

🔍 設問形式

　2023 年度の共通テストも，これまでと同様に，「語句や数値などの単純選択問題」，「正文・誤文選択問題」，「語句や正誤などの組合せ選択問題」の 3 パターンを中心に構成されていた。また，これらに加え，2021〜2023 年度の共通テストでは，該当する記号を「過不足なく含む」選択肢を選ぶ問題が出題された。

　以前の実験考察問題においては「実験に関する記述として適当なものを選べ」といった形式が主であったが，近年は「実験結果の説明として適当なものを選べ」（2020 年度本試験〔2〕問 5），「可能性を検証するために行う実験の組合せとして適切なものを選べ」（2019 年度本試験〔1〕問 3）といった，検証のプロセスを重視した設問が見られた。共通テストではこの傾向がより強くなり，2023 年度本試験でも，これらの形式の問題が出題されているので，今後もこの傾向は続くと考えられる。

🔍 難易度

　2023 年度本試験の平均点は 24.66 点，2022 年度本試験の平均点は 23.90 点であった。2015〜2020 年度におけるセンター試験本試験の平均点は 26.66〜39.47 点であったので，やや難化傾向にあるといえる。

🔍 解答用紙

　従来の形式に変更はない。

　以上のように，共通テスト「生物基礎」は，近年のセンター試験と比べて大きな変更は見られなかった。また，大学入試センター公表の「令和 5 年度大学入学者選抜に係る大学入学共通テスト問題作成方針」には，基本的な考え方の 1 つとして「大学入試センター試験及び共通テストにおける問題評価・改善の蓄積を生かしつつ，共通テストで問いたい力を明確にした問題作成」が示され，「これまで評価・改善を重ねてきた良問の蓄積を受け継ぎつつ，高等学校教育を通じて大学教育の入口段階までにどのような力を身に付けていることを求めるのかをより明確にしながら問題を作成する」と述べられている。したがって，**センター試験の過去問を研究することも共通テスト対策に最も役立つことは間違いない**といえるので，十分活用したい。

🔍 共通テスト「生物」とは？

理科の問題作成の方針として，次の点が示されている。

- 科学の基本的な概念や原理・法則に関する深い理解を基に，基礎を付した科目との関連を考慮しながら，自然の事物・現象の中から本質的な情報を見いだしたり，課題の解決に向けて主体的に考察・推論したりするなど，科学的に探究する過程を重視する。
- 問題の作成に当たっては，受験者にとって既知ではないものも含めた資料等に示された事物・現象を分析的・総合的に考察する力を問う問題や，観察・実験・調査の結果などを数学的な手法を活用して分析し解釈する力を問う問題などとともに，科学的な事物・現象に係る基本的な概念や原理・法則などの理解を問う問題を含めて検討する。

すなわち，共通テスト「生物」の特徴は

①自然科学の原理・法則を深く理解する過程が重視される
②教科書に載っていない事象を分析・考察する問題が出題される可能性がある
③推論を行ったり仮説を立てたりして，それを検証する実験を立案する問題が出題される可能性がある

といえるだろう。実験・観察などに基づく科学的な考察が重要になるということである。

　このように，共通テストではセンター試験から変わった点はあるが，センター試験でも①・②を満たすような問題は出題されていたので，本質的には変わらない点も多い。大切なのは，それぞれの共通点と相違点を理解し，その上で共通テスト対策に取り組むことである。

　共通テストとセンター試験の共通点・相違点について，より詳細に見ていこう。

🔍 出題科目・解答方法・解答時間・配点

共通テストにおける理科の概要は以下の通りで，センター試験と同じである。

出題科目・選択方法	「物理」「化学」「生物」「地学」の4科目から1科目または2科目選択
解答方法	全問マーク式
解答時間	1科目60分または2科目120分
配点	1科目100点または2科目200点

🔍 大問構成

次に，2021～2023年度の共通テストと2018年度に実施された試行調査，および2020年度のセンター試験の枠組みを比較してみよう。

● 2021～2023年度本試験の出題内容・マーク数・配点

分野			内容		マーク数	配点
2023年度	〔1〕	生命現象と物質，生物の進化と系統		遺伝子の発現調節，光合成生物の進化	4	17／部分点あり
	〔2〕	生物の進化と系統，生物の環境応答	A	進化のしくみ	3	10
			B	刺激の受容	2	8
	〔3〕	生物の環境応答		植物の光応答	3	12
	〔4〕	生命現象と物質，生態と環境		植物の窒素とリンの吸収	6	20／部分点あり
	〔5〕	生殖と発生		ショウジョウバエの発生	6	19
	〔6〕	生態と環境		アユの縄張りと群れ	4	14
2022年度	〔1〕	生物の進化と系統		ヒトの進化	3	12／部分点あり
	〔2〕	生態と環境，生命現象と物質	A	生物の相互作用	2	8
			B	バイオテクノロジー	4	14
	〔3〕	生殖と発生		動物の発生のしくみ	5	19
	〔4〕	生物の環境応答		動物の行動	4	12／部分点あり
	〔5〕	総合問題		植物の生殖，遺伝情報の発現，動物の行動	5	16
	〔6〕	生殖と発生，生物の環境応答		イネの発生と低温適応	5	19

（表つづく）

分野			内　容	マーク数	配点
2021年度第1日程	〔1〕	生命現象と物質，生物の進化と系統	乳糖の消化と遺伝	4	14
	〔2〕	生態と環境	種間関係	4	15
	〔3〕	生態と環境	生産構造図	3	12
	〔4〕	生物の環境応答	動物の行動	4	13
	〔5〕	生殖と発生，生物の環境応答	A	植物の生殖と発生	3	12／部分点あり
			B	植物の環境応答	4	15
	〔6〕	生殖と発生，生物の環境応答	A	動物の発生のしくみ	2	7
			B	動物の行動	3	12
2021年度第2日程	〔1〕	生命現象と物質，生物の進化と系統，生殖と発生	A	抗体の構造，塩基配列の置換	4	13
			B	植物の雑種形成	3	12
	〔2〕	生態と環境，生物の環境応答	植物と光，種子の発芽	6	22
	〔3〕	生態と環境	生態ピラミッド	4	14
	〔4〕	生物の体内環境の維持，生命現象と物質	尿生成，細胞と分子	4	15
	〔5〕	生殖と発生，生物の進化と系統	ホメオティック遺伝子	3	12
	〔6〕	生物の環境応答	音刺激と聴覚	3	12

● 第2回（2018年度）試行調査の出題内容・マーク数・配点

分野		内　容	マーク数	配点
〔1〕	生物の環境応答　A	骨格筋の構造	2	9／部分点あり
	生命現象と物質　B	ヒトのエネルギー供給法	1	3
〔2〕	生物の進化と系統，生殖と発生　A	植物の系統，交雑を妨げるしくみ	5	15／部分点あり
	生物の環境応答，生態と環境　B	花芽形成，植生の分布，物質収支	5	15／部分点あり
〔3〕	生殖と発生，生物の進化と系統	ショウジョウバエの発生，ホメオティック遺伝子	4	14／部分点あり
〔4〕	生殖と発生，生態と環境	リスの個体群動態	6	18
〔5〕	生命現象と物質　A	遺伝子組換えとタンパク質の発現	3	11／部分点あり
	生命現象と物質，生物の進化と系統　B	酵素の活性，遺伝子頻度	5	15／部分点あり

● **2020 年度本試験の出題内容・マーク数・配点**

分　野				内　容	マーク数	配点
〔1〕	必答	生命現象と物質	A	遺伝情報の発現	3	10
			B	細胞周期	2	8
〔2〕	必答	生殖と発生	A	発生のしくみ	3	9
			B	被子植物の生殖と発生	3	9
〔3〕	必答	生物の環境応答	A	動物の環境応答	3	9
			B	植物の環境応答	3	9
〔4〕	必答	生態と環境	A	生態系	3	10
			B	生態ピラミッド	5	8
〔5〕	必答	生物の進化と系統	A	進化	3	9
			B	生物の系統	3	9
〔6〕	選択	生命現象と物質，生物の環境応答		遺伝情報の発現，植物の環境応答	3	10
〔7〕	選択	生物の進化と系統		生物の変遷と系統	4	10

　2021〜2023 年度の共通テストでは，大問が 6 題出題され，全問必答であった。センター試験では，大問 7 題のうち 5 題必答であり，選択問題が 1 題（2 題からの選択）だったが，共通テストでは，選択問題がなくなった。マーク数は 27〜28 個で，過去のセンター試験よりも若干少なくなった。

　試行調査ではセンター試験よりリード文の長い問題が多く，センター試験以上に問題文を読み解く力を問う問題が出題されたが，2021・2022 年度の共通テストでは，リード文の長さや実験の数，図やグラフの数などもセンター試験とそれほど変わっていない。しかし，2022・2023 年度では，小問ごとに条件設定が作られるなど，問題文が長くなる傾向が見られた。

　センター試験では，各大問が教科書の大項目に対応した構成になっていたが，2021〜2023 年度の共通テストでは，1 つの大問が複数の大項目から作られたり，1 つの大項目が複数の大問にまたがって出題されたりする分野横断的な問題が特徴的であった。今後もこの形式の問題が出題される可能性が高い。

🔍 問題の場面設定

　センター試験でも，実験結果をもとにした考察問題が多く出題されてきたが，試行調査，および 2021〜2023 年度の共通テストでも，この傾向は変わっていない。加えて，生徒同士の会話文をもとにした問題や，実験の条件が設定される問題，考察のもとになる実験結果を推定させる問題など，探究活動を意識した問題が出題されている。今後もこの傾向が続くと予想される。

🔍 設問形式

　センター試験・試行調査ともに、「語句や数値，図，数式などの単純選択問題」，「正文・誤文選択問題」，「語句や正誤，数値などの組合せ選択問題」の３パターンを中心に構成されていた。共通テストでは，正しい語句や考察結果の組合せを選ぶ問題や，該当する記号を「過不足なく含む」選択肢を選ぶ問題が出題された。組合せを選ぶ問題の中には**部分点の設定**がなされた。

　センター試験の実験考察問題においては，「実験（結果）に関する記述として適切なものを選べ」といった形式が主であったが，共通テストでは，実験においてある操作を行う理由や，追加すべき実験として適当でないものを選ばせるなど**探究の過程を意識した問題**が出題された。この傾向は今後の共通テストでも続くと考えられる。

🔍 難易度

　2021年度本試験第１日程の平均点は72.64点と高かったが，2022年度本試験では48.81点，2023年度本試験では48.46点（理科②の得点調整後）と，難化が続いている。2015〜2020年度におけるセンター試験本試験の平均点は54.99〜68.97点であった。センター試験では平均点が６割程度になるよう難易度が調整されて出題されていたことを考慮すると，今後は共通テストでも平均点はセンター試験と同程度の推移となっていくと考えられる。

🔍 解答用紙

　解答番号が大問ごとではなく通し番号となったが，それ以外ではセンター試験の従来の形式と変更はない。

　以上のように，共通テスト「生物」には，いくつかの注目すべき特徴がある。ただし，大学入試センター公表の「令和５年度大学入学者選抜に係る大学入学共通テスト問題作成方針」には，基本的な考え方の１つとして「大学入試センター試験及び共通テストにおける問題評価・改善の蓄積を生かしつつ，共通テストで問いたい力を明確にした問題作成」が示され，「これまで評価・改善を重ねてきた良問の蓄積を受け継ぎつつ，高等学校教育を通じて大学教育の入口段階までにどのような力を身に付けていることを求めるのかをより明確にしながら問題を作成する」と述べられている。また，2019・2020年度のセンター試験において，以前の出題に比べて探究型の問題が増加するという傾向が見られ，これは共通テストに引き継がれている。したがって，**センター試験の過去問を研究することも共通テスト対策に役立つことは間違いない**と考えられる。

形式を知っておくと安心

共通テストで出題される問題形式について，解き方を詳細に解説！ 問題のどこに着目して，どのように解けばよいのかをマスターすることで，共通テストに対応できる力を鍛えましょう。

これまでのセンター試験で出題されていた問題には，大きく分けて知識型と探究型の2つのタイプがあった。共通テストにおいても，このことは大きく変わっていない。タイプ別に分類すると，次のようになる。

1 知識型

知らないと解けない問題
教科書の内容を暗記していることが前提

暗記しているだけで解ける
1－A　単純暗記型

言葉だけでなく内容を理解している必要がある
1－B　知識思考型

2 探究型

知らなくても解ける問題
逆に，練習しないと教科書を丸暗記しても解けない

決まったパターンの技術が必要
2－A　グラフや表の読み取り・計算型

考え方を身につける必要がある
2－B　探究考察型

以下，それぞれのタイプについて見ていこう。

なお，以下で例として取り上げる例題のうち 2021 年度以降は共通テストを，2020 年度以前はセンター試験を指す。

知識型と探究型の比率

● 生物基礎

2015 年度本試験はほとんど知識型だけで構成されており，グラフを使った問題も教科書に載っているものであったが，2016 年度以降はグラフの読み取り問題や実験考察問題も出題されるようになった。それでも 2016 年度では，知識型：探究型の比率が 4：1 〜 5：1 程度と，知識型中心であった。2019〜2021 年度では，この比率が 6：4 程度となり探究型の割合が増え，2022・2023 年度では，4：6 程度とさらに探究型の割合が高くなった。今後も知識型と探究型の比率は，5：5 前後で推移すると考えられる。また，知識型の問題でも単純暗記型よりも知識思考型の割合が増加しており，単なる暗記では太刀打ちできないようになっている。過去問を研究して練習しておこう。

● 生物

知識型と探究型の問題の比率は，現行課程入試となった 2015 年度から 2018 年度まではおおよそ 5：5 〜 6：4 程度であり，2014 年度以前も同様の傾向であったが，2019 年度以降は探究型の問題の割合が高くなっている。2022 年度では 4：6 程度，2023 年度では 3：7 程度であった。探究型の問題も，以前は実験データから考察させる問題がほとんどであったが，近年は仮説の設定，実験の立案など，データの解析以外の探究の過程からも出題されるようになっている。また，1 つの問題の中で知識と考察の両方を組み合わせて解かせる問題も増えてきた。さらに，実験の設定も以前は大問あるいは A・B 問題に 1 つずつ程度であったが，2022・2023 年度は小問ごとに実験を設定される場合もあり，難易度が上がった。過去問を研究して，短時間で考えられるようによく練習しておこう。

1－A　単純暗記型

教科書に書いてある内容を単純に問われるのがこのタイプだ。

　単純暗記型の問題は，大問の最初か最後に出題されることが多い。**例題1**のように，リード文で具体的な実験や観察の様子などが紹介され，一見，関連があるような設問文になっている。だが，実は**その内容とは無関係に，単に知識を問う問題が出される**ことが多いので注意が必要だ。リード文に惑わされて，知っている内容まで答えられずに，あとから「なんだ，それなら知っていたのに」と後悔しないようにしたい。

　出題される内容としては，学校の中間・期末考査のように，重要な用語ばかりとは限らない。**例題2**のように覚えているとは限らないような知識も問われる。

例題1　(a)ヒトの近縁種の系統関係を調べるため，チンパンジー，ゴリラ，オランウータン，およびニホンザルのそれぞれについて，遺伝子Aからつくられるタンパク質Aのアミノ酸配列を調べた…

問　下線部(a)について，ヒトが持つ次の特徴ⓐ～ⓓのうち，直立二足歩行に伴って獲得した特徴はどれか。その組合せとして最も適当なものを，後の①～⑥のうちから一つ選べ。
  ⓐ　手には，親指がほかの指と独立に動く，拇指（母指）対向性がある。
  ⓑ　大後頭孔が頭骨の底面に位置し，真下を向いている。
  ⓒ　眼が前方についている。
  ⓓ　骨盤は幅が広く，上下に短くなっている。
  ①　ⓐ，ⓑ　　　　②　ⓐ，ⓒ　　　　③　ⓐ，ⓓ
  ④　ⓑ，ⓒ　　　　⑤　ⓑ，ⓓ　　　　⑥　ⓒ，ⓓ

（2022年度 生物 本試験 第1問 問1）

問題文をきちんと読む

　リード文では，ヒトの近縁種の系統関係について述べられているが，ここで問われているのは，ヒトの直立二足歩行に伴った特徴についてである。頭を切り替えて，ヒトが持つ特徴について冷静に思い出そう。また，選択肢に挙げられている特徴はすべてヒトの特徴としては正しいものばかりである。「直立二足歩行に伴って獲得した特徴」について考える必要がある。問題文をきちんと読む習慣をつけよう。

例題2 宮沢賢治が「サムサノナツハオロオロアルキ」と詠んだ夏場の低温による凶作では，10℃を上回る温度でも，イネの(a)種子が形成されにくくなる。その原因は，低温では成熟した花粉が正常に形成されないことにある。この現象を調べるため，イネの花のおしべが分化してから花粉が成熟するまでの約20日間の発生の過程を調べた…

問 下線部(a)に関連して，一般的な被子植物の種子の形成から発芽に至る過程における現象の記述として最も適当なものを，次の①〜⑤のうちから一つ選べ。
① 胚珠全体が，種子では種皮になる。
② 受精卵は，細胞分裂を経ずに胚となる。
③ 発芽前の種子では，まだ器官の分化はみられない。
④ 種子は，成熟すると乾燥に対して強くなる。
⑤ 種子は，アブシシン酸の含有量が増えると発芽しやすくなる。

(2022年度 生物 本試験 第6問 問1)

▌知らなければ消去法で解く

正答は④だが，このような内容まできちんと覚えておくのは大変だ。なんとなくわかるかもしれないが，確信をもって解答するためには，他の選択肢の誤りを一つ一つ消去していけば，④しか残らない。知識問題では覚えていないことがあってもあきらめてはいけない。選択肢は限られているので消去法で解いてみよう。

対策 丸暗記は不要

このタイプの問題は，基本的には教科書に載っている内容から出題されるので，教科書は何度も読もう。重要な内容から覚えていき，余裕があれば細部まで覚えていくといいだろう。

✅ 単純暗記型は解答法で差がつく！

このタイプの問題は知っていればそれで解けるのだが，知らないときでもあきらめてはいけない。もっている知識を総動員すれば，正解にたどり着く可能性もあるからだ。

1-B　知識思考型

暗記しているだけでなく，その内容を理解しているかを問われるのがこのタイプだ。

　出題される内容としては，教科書に出てくる重要語句が関係している場合が多い。しかし，1問1答形式で単純に暗記しているだけでは解けない。重要語句に関して，どういう意味なのかをきちんと説明できるだけの知識が求められる。

例題3　脊椎動物の眼は，頭部の決まった位置に，左右対称に二つ形成されることが多い。しかし，(a)胚において，将来，眼ができる頭部の領域を移植すると，本来は眼をつくらない場所に眼ができる。他方，光の届かない洞窟に生息している魚類のなかには，一部の発生過程が変異して，眼を形成しなくなった種もある。

問　下線部(a)について，この現象の仕組みとして最も適当なものを，次の①～⑤のうちから一つ選べ。

① 卵の中で局在する母性因子（母性効果遺伝子）の mRNA も移植された。
② 移植した部位で，誘導の連鎖が起こった。
③ 移植した部位で，ホメオティック遺伝子（ホックス遺伝子）の発現に変化が起こった。
④ 移植した部分から眼が再生された。
⑤ 形成体の移植によって二次胚が生じた。

（2021年度 生物 本試験第1日程 第6問 問1）

重要な語句について説明できる力をつける

　多くの受験生は，母性因子（母性効果遺伝子），誘導の連鎖，ホメオティック遺伝子などの重要語句についてはどういう意味をもつのかについて漠然と暗記はできていると思う。しかし，それらが胚発生の中で，どの時期のものなのか，どのような関係なのかについて理解できていないと，この問題には正答できない。

　以前のセンター試験のように，あまり授業では扱わないような知識を問われることは少なくなってくると考えられる。重要な用語について，単に暗記するだけでなく，どういう内容なのかを説明できる力を身につけよう。

例題4　（鳥類において）野外では，自種と近縁種の歌の特徴が混ざった歌（以下，混ざった歌）をさえずる雄が見つかることは，めったにない。その理由についての考察に関する次の文章中の　ア　～　ウ　に入る語句の組合せとして最も適当なものを，下の①～⑧のうちから一つ選べ。

　雄の姿や歌が似ている近縁種どうしの巣が互いに近接すると，若鳥が近縁種の雄の歌を聴き，姿を見る機会が生じるため，互いに近縁種の歌を学習する可能性がある。種に固有の歌は，なわばり防衛のアピールや自種の雌に対する求愛であるため，混ざった歌をさえずる雄は，繁殖に　ア　しやすい。そのため，近縁種の歌を学習するような状況では，両種の個体群の成長は　イ　。これは，繁殖干渉と呼ばれる繁殖の機会をめぐる種間の競争である。繁殖干渉は競争的排除（競争排除）をもたらすことがあり，近縁種どうしが共存し　ウ　なるので，近縁種の歌の学習はめったにないと考えられる。

	ア	イ	ウ
①	成　功	促進される	やすく
②	成　功	促進される	にくく
③	成　功	妨げられる	やすく
④	成　功	妨げられる	にくく
⑤	失　敗	促進される	やすく
⑥	失　敗	促進される	にくく
⑦	失　敗	妨げられる	やすく
⑧	失　敗	妨げられる	にくく

（2021 年度　生物　本試験第 1 日程　第 4 問　問 3）

問題文から何を問われているのかを見極める

　この問題は，一見すると考察問題のように感じられるかもしれない。しかし，データを検討する問題ではなく，種間関係のうちの競争的排除（競争排除）を中心に，なわばりなどの理解を問う知識問題である。種間関係の中の競争的排除の関係や，個体群内でのなわばりのもつ意味などを理解した上で，文章をよく読めば正答できる問題である。

対策 教科書の小項目ごとにまとめて整理する

　教科書は，高校生が理解するべき内容を簡潔にまとめて記載してあるが，共通テストでは，教科書の文章通りに出題されることは少ない。教科書の記載事項を覚えるのではなく，内容を整理して理解する必要がある。

　高校生物で学ぶ内容には重要な内容と枝葉の内容がある。センター試験では枝葉の内容も出題されていたが，今後は限られた重要な用語について出題されることが多くなると考えられるので，まずは重要な用語を理解しよう。用語を覚えるというよりは，その用語を使って，教科書の小項目の内容を説明できるようにするとよい。

対策 典型的な図は描いて覚える

　教科書に出てくる図は描いてみることだ。図は見ただけでは複雑そうでうまく頭に入らないが，**実際に描いてみると意外と単純でわかりやすいことに気がつくものである**。図を自分で描き，その図を中心にして説明を考えるのもよい。

例：血糖量調節

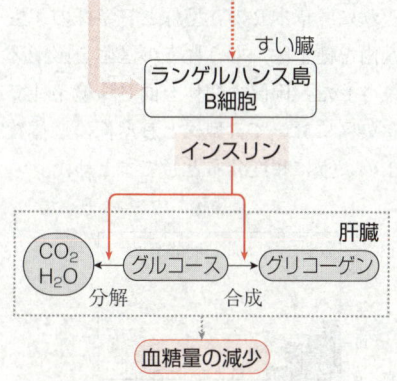
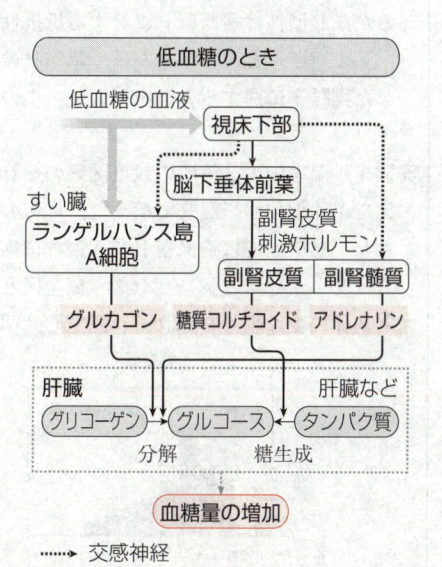

✅ 知識思考型は学習法にポイントあり

　内容の理解が問われるこのタイプの問題は，日頃の学習法がものをいう。教科書の太字（重要語句）を使ってそのページを説明したり，図を自分で描いてみたりすると効果的だ。

2－A　グラフや表の読み取り・計算型

一定の技術が必要なので，練習しておきたいのがこのタイプだ。

グラフや表の読み書きは，理科ではとても重要な技術の1つであり，センター試験でもグラフや表を使った問題が出題されることが多かった。「読み書き」といっても，マークシートなので，実際に書かせる問題はなく，**読み取り問題が中心**である。また，適切なグラフを選ばせる問題も出されている。

グラフや表を読むときは，何を見ているのかをきちんと把握しよう。「きっとこうだろう」という思い込みを排除して，客観的に読むことが大切である。

例題5　キク科の草本Rには，A型株とB型株とがある。両者は遺伝的な性質や形態が異なり，互いに交雑することがない。A型株は病原菌Pに感染することがあるが，B型株は病原菌Pに対する抵抗性を持ち，病原菌Pには感染しない。

アオバさんとミノリさんは，草本RのA型株とB型株とを高密度で混ぜて栽培した**実験1**に関する資料を見つけ，このことについて話し合った。

実験1　温室内の2箇所の栽培区画のそれぞれに，草本RのA型株とB型株の芽生えを144個体ずつ混ぜて植えた。片方の区画を健全区，もう片方の区画を感染区とし，感染区では病原菌PをA型株に感染させた。両区の個体を同じ環境条件で育成し，十分に成長させた後，健全区と感染区においてA型株とB型株の個体数と個体の乾燥重量をそれぞれ測定し，図1のように頻度分布としてまとめた。

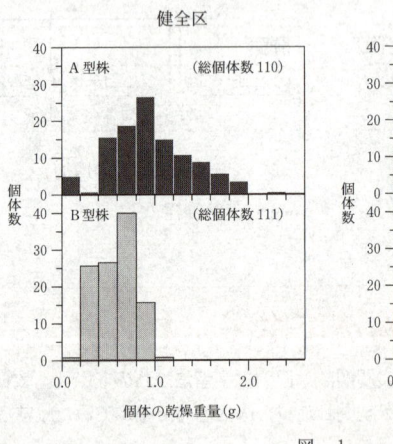
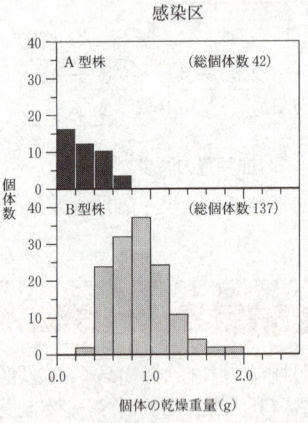

図　1

アオバ：図1を見ると，個体によって乾燥重量が違うね。乾燥重量が大きい個体は小さい個体よりも高い位置に多くの葉を配置して，光をたくさん浴びることができるということだよね。

ミノリ：そうだね。つまり，光は植物の生存に必須の資源なので，個体が重いほど生存に有利になるということが言えるね。

アオバ：だけど，健全区のA型株ではB型株よりも重い個体が多いのに，個体数の差はほとんどないよ。

ミノリ：**実験1**では1年しか栽培していないからね。個体数が変わらなくても，(a)個体の大きさが違うので，生産される種子数は変わってくるはずだよ。

問　下線部(a)に関連して，**実験1**の健全区において，A型株とB型株が生産した種子数の総計は，それぞれ約2000個と約200個であった。個体の乾燥重量が同じであれば，A型株とB型株とが生産する種子数は互いに等しいとするとき，草本Rの個体の乾燥重量と個体当たりの種子生産数との関係を表す近似曲線として最も適当なものを，図2中の①〜⑤のうちから一つ選べ。

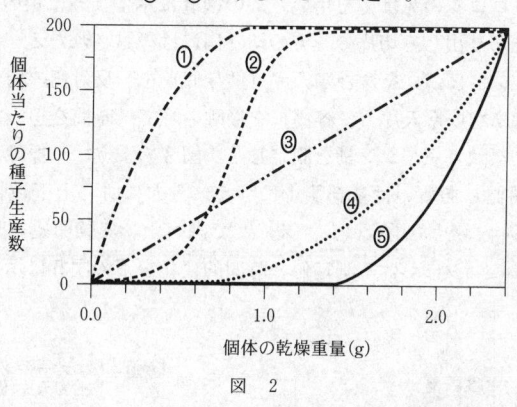

図　2

（2022年度　生物　本試験　第2問　問1）

何が書かれているかきちんと確認しよう

　図2のグラフを見て，どうやって選べばよいのか戸惑った人もいるかもしれないが，与えられたデータを使って一つ一つ計算していけば，ちゃんと正答にたどり着くことができる。

　与えられたグラフの横軸と縦軸が何の値を示しているのかをしっかり確認しよう。図1のグラフでは「個体の乾燥重量」に対する「個体数」が，図2では「個体の乾燥重量」に対する「個体当たりの種子生産数」が示されている。図1と図2のグラフを使えば，「種子の総数」を計算できることがわかる。問題文には種子の総数が示されているので，これと合うグラフを選べばよい。見たことのないグラフが出てきても慌てずに，何が書かれているのかをきちんと確認しよう。

グラフの読み取りについては過去に勘違いしやすい問題が出題されたこともある。

例題6

実験1　トウモロコシの芽ばえを用い，次の図3に示すように根の途中から長さ6mmの切片を切り出し，切片の一方の切り口には標識されたオーキシン（以後，標識オーキシンとよぶ）を含む寒天片（供与側）を，反対側の切り口には標識オーキシンを含まない寒天片（受容側）を接触させて，時間を追って受容側の寒天中に移動した標識オーキシン量を測定した。図3のように，標識オーキシンを切片の根の先端側 e あるいは基部側 f に与え，重力に対し上下逆転させない場合（コ，サ）と逆転させた場合（シ，ス）とで調べた。実験開始4時間後の測定結果を下の図4に，シにおける測定値の時間的変化を下の図5に示した。

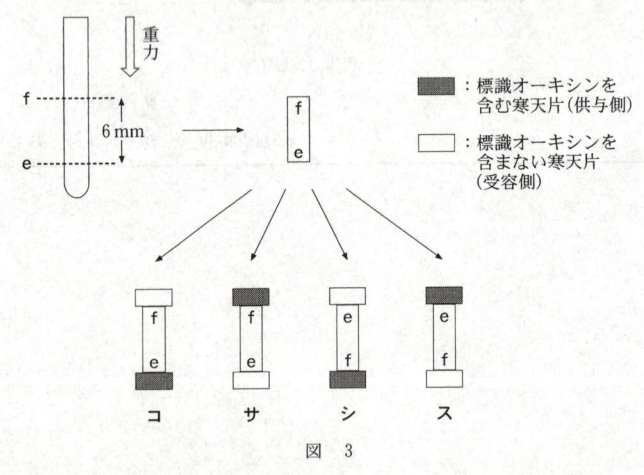

図　3

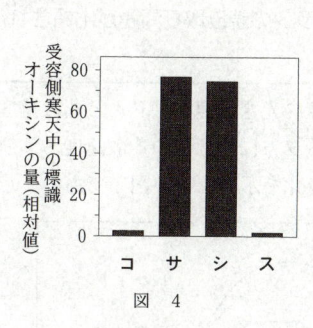

図 4

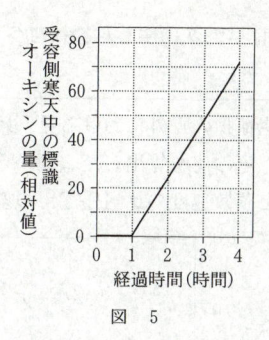

経過時間(時間)

図 5

問　実験1の結果から導かれるオーキシンの移動に関する考察として適当なものを，次の①〜⑧のうちから二つ選べ。ただし，解答の順序は問わない。なお，オーキシンは一定速度で根の中を移動し，標識はオーキシンの移動に影響を与えないものとする。

①　重力の方向にかかわらず，根の先端側から基部側に移動する。

②　重力の方向にかかわらず，根の基部側から先端側に移動する。

③　根の先端・基部の方向にかかわらず，重力に対し下方に移動する。

④　根の先端・基部の方向にかかわらず，重力に対し上方に移動する。

⑤　移動速度は，およそ 6 mm/時である。

⑥　移動速度は，およそ 12 mm/時である。

⑦　移動速度は，およそ 18 mm/時である。

⑧　移動速度は，およそ 24 mm/時である。

（2015 年度センター試験 生物 本試験 第 3 問 問 5）

何を読み取ろうとしているかよく理解しよう

　グラフから読み取れる数値を使って，オーキシンの移動速度を求める問題である。図 5 のようなグラフを見ると，反射的に，横軸に示されている 1 時間あたりの縦軸の数値を読み取って，「1 時間あたり約 24」と考えてしまいがちであるが，実はこの問題に縦軸の数値は全く関係ない。求めたい移動速度は 1 時間あたりの「距離（mm）」であってグラフの縦軸が示している「オーキシンの量」ではない。このグラフでは，受容側寒天中のオーキシンが増加し始めるまでにかかった時間が読み取れれば，距離自体は問題にすでに示されているので，答えられるのである。グラフから何を読み取ろうとしているのかをよく理解する必要がある。（正解は②・⑤）

また，過去には，次のような複雑なグラフの読み取り問題が出題されたこともある。

例題7　陽生植物の野外における見かけの光合成速度（P）と蒸散速度（T）の変化を調べ，その比を算出した。朝から夕方にかけての蒸散速度および見かけの光合成速度と蒸散速度の比（P/T）の変化を示したのが図1である。

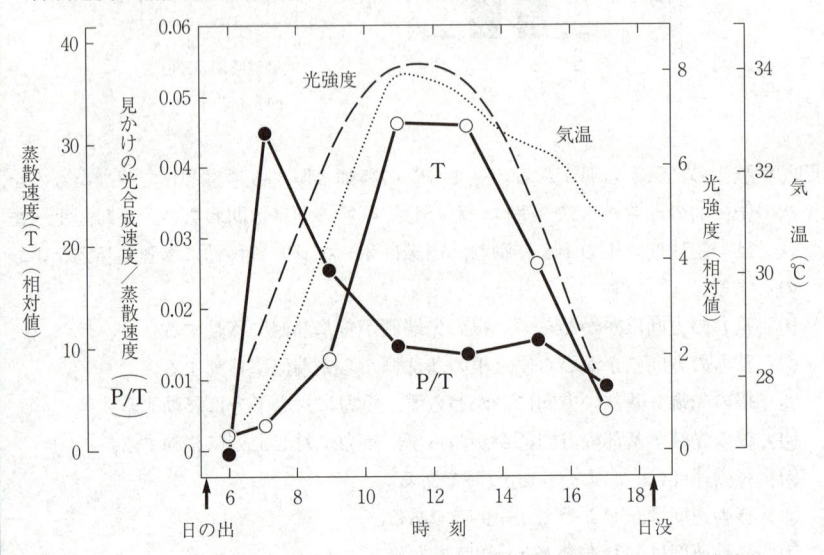

図1　蒸散速度および見かけの光合成速度と蒸散速度の比の変化

問　図1において，13時における見かけの光合成速度は9時の見かけの光合成速度と比べて約何倍になるか。最も適当なものを，次の①〜⑤のうちから一つ選べ。

① 0.5　　② 1　　③ 2　　④ 4　　⑤ 10

（2006年度センター試験 生物Ⅰ 本試験 第5問 問3）

■ グラフの読み取り・計算に慣れる

　グラフ─○─は蒸散速度（T），─●─は見かけの光合成速度（P）/蒸散速度（T）の値を示している。P/Tは，「蒸散速度1あたりの見かけの光合成速度」，つまり同じ蒸散量だったら見かけの光合成速度がどれくらいになるのかを表している。

　この問題では，見かけの光合成速度（P）について問われているが，Pのグラフは与えられていない。グラフからTとP/Tの値を読み取り，計算でPを求めなければならない。

　まずは 13 時の蒸散速度（T）をグラフから求めてみよう。

手順は…　⑴どのグラフを見ればいいのかを探す

　　　　　⑵横軸から 13 時を見つける

　　　　　⑶グラフの 13 時のときの点から横に線をのばし，該当する縦軸の数値
　　　　　　を読む

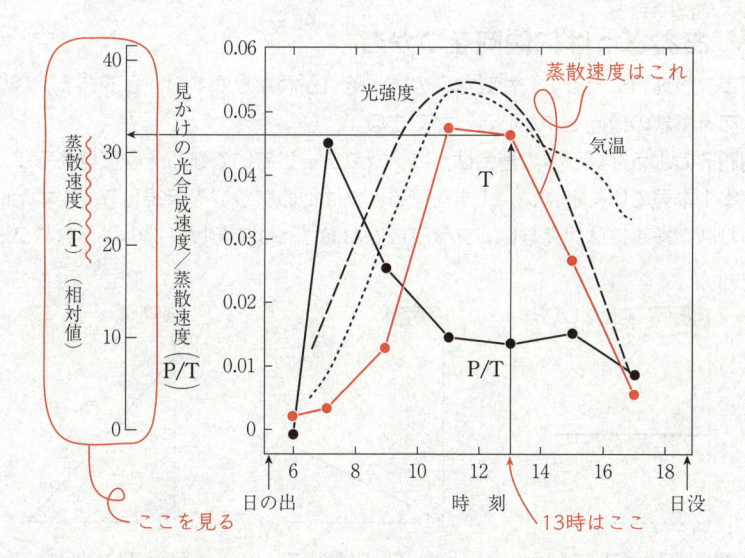

　これにより，13 時の T がおよそ 32 であることがわかる。また，13 時の P/T についても読み取ると，およそ 0.014 である（T のときとは別の縦軸を見ることに注意）。同様に，9 時のときについても読み取ることができる。

　P を求める計算は，次の通り。

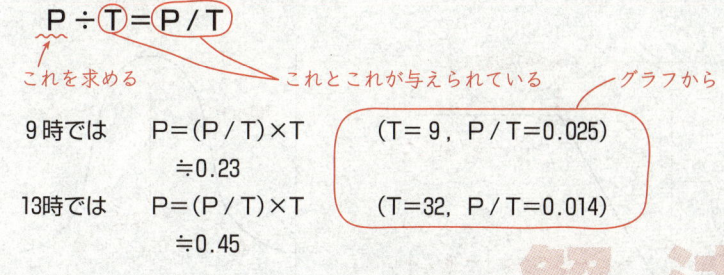

$$P \div T = P/T$$

これを求める　　これとこれが与えられている　　グラフから

9時では　　　P＝(P／T)×T　　　（T＝9，P/T＝0.025）
　　　　　　　　≒0.23

13時では　　　P＝(P／T)×T　　　（T＝32，P/T＝0.014）
　　　　　　　　≒0.45

　よって，13 時における見かけの光合成速度（0.45）が 9 時における見かけの光合成速度（0.23）と比べて約 2 倍であることがわかる。（正解は③）

対策 グラフの読み取りを練習しよう

　グラフを読むときには，その目的によっていくつかの読み方がある。3つのコツを
つかんで慣れてくれば，グラフはとても便利なものである。

コツ①
おおざっぱに傾向をつかむ

　グラフが理科にとって欠かせないのは，それがわかりやすいからである。パッと見
て，ある事象の傾向をつかむことができる。

　例題7のようなグラフの場合は，ゴチャゴチャしていて難しそうに見えるが，まず
は1本1本見ていくとよい。1本を見るときは他のグラフを無視して，1本だけを見
ていれば，複雑には見えない。グラフにはおおざっぱに分けて次のようなパターンが
ある。

一　定（変化なし）　**上がる**　**下がる**

 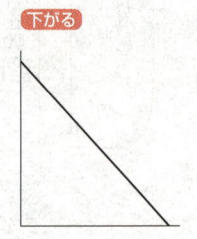

横線は変化がないという
こと。これに近ければあ
まり変化していないこと
を意味する。

上がっていれば増えてい
ることを意味する。上が
り方が急なら（点線），急
に増えているということ。

下がっていれば減ってい
ることを意味する。

組合せ（グラフは上の要素の組合せでできている）

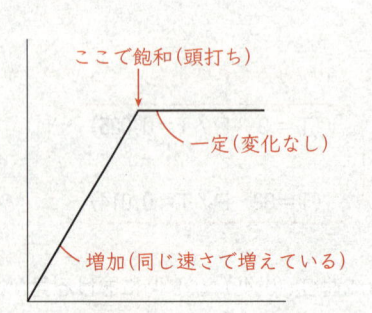

ここで飽和（頭打ち）

一定（変化なし）

増加（同じ速さで増えている）

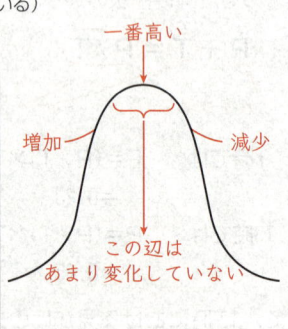

一番高い

増加　減少

この辺は
あまり変化していない

🔍 コツ②
２つのグラフの形を比べる

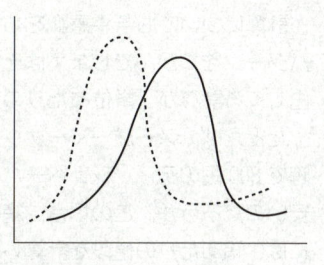

　右の２つのグラフをパッと見ると，同じ形のものが少しずれているように見える。これだけでは，何かを決めることはできないが，点線の方が上がると実線も上がって，点線が下がると実線も下がっているように見える。「点線が原因で実線が結果かな…？」などと考える。固定観念をもつことはよくないが，**おおざっぱにとらえておくことも大事だ。**あとは条件をよく読んで，最初の感覚が合っているかどうかを詳細に検討していくことが必要だ。

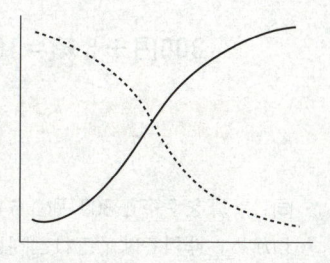

　右の場合は，点線と実線が逆の形をしている。点線が減れば実線は増え，点線が増えれば実線が減るという関係になっている。たとえば，**点線が実線の材料になっている場合**などは，こんな形のグラフになる。

　これらの関係が，組み合わさっている場合もある。グラフは，全体を見ておおざっぱな傾向をとらえ，それから細部の関係について，詳細に見ていくという順番で読んでいくとよいだろう。

🔍 コツ③
数値を読む

　目盛りは，最小目盛りの $\dfrac{1}{10}$ まで目分量で読み取る。手順さえ覚えてしまえば，数値を読み取るのは難しくないが，**読むべきグラフや縦軸を間違えるなどのケアレスミス**には気をつけよう。

対策 計算を練習しよう

　計算についても苦手意識をもつ人が多いが，生物に必要な計算は限られているので，パターンをつかんでしまえばそれほど難しくはない。生物だけでなく理科に共通して出てくる計算が「単位あたりの量」，つまり割り算である。

　たとえば，スーパーマーケットにティッシュペーパーを買いに行ったとしよう。5箱で800円のティッシュペーパーと2箱で300円のティッシュペーパーではどちらが安いのだろうか。この場合，箱の数が違うので単純に比較はできない。比較するためには1箱あたりの値段を計算しなければならない。

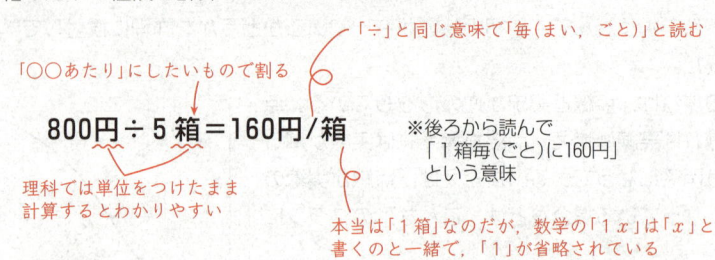

「〇〇あたり」にしたいもので割る

「÷」と同じ意味で「毎（まい，ごと）」と読む

$$800円 \div 5箱 = 160円/箱$$

理科では単位をつけたまま計算するとわかりやすい

※後ろから読んで「1箱毎（ごと）に160円」という意味

本当は「1箱」なのだが，数学の「1x」は「x」と書くのと一緒で，「1」が省略されている

　同じ計算を2箱で300円の方も行って比べてみると，2箱で300円の方が安いことがわかる。理科では，これと同じ計算をたくさんしている。言葉や単位が聞き慣れないものだと難しく感じるが，やっている計算はこれと同じなのだ。

対策 コツをつかむまで練習しよう

　グラフや表は慣れれば読めるようになってくる。過去問でも多くのグラフや表の問題が出題されているので，1問1問時間をかけて考えながら解いてみて，読み方が合っていたかどうかを解説をよく読んで検討してみるとよい。はじめは難しく感じるかもしれないが，コツをつかんでくると簡単なことに気がつく。**読み方がわかるまでたくさんのグラフや表を読むことである。**

　計算問題についても同様で，数学のようにたくさんのパターンがあるわけではない。**限られたパターンの計算問題しかないので，**コツさえつかんでしまえば解けるようになるはずである。

✅ グラフ読み取りの3つのコツ

コツ①　おおざっぱに傾向をつかむ
コツ②　2つのグラフの形を比べる
コツ③　数値を読む

2 − B　探究考察型

考え方の道筋を身につけないと，解くことができない。このタイプも練習が必要。

　実験結果からいえることを考察するタイプの問題。理科にとって実験は，実験結果から考察を行うことも含めて非常に重要なものであり，実験結果の考察は**重要視される問題**である。

　実験結果の考察には，以下の2つのポイントがある。これらをふまえて**例題8**を見てみよう。

ポイント①　条件を1つだけ変えて結果の変化を見る

　複数の条件を変化させると，その結果がどの条件の変化によるものかがわからなくなる。そこで，理科の実験は必ず条件を1つだけ変化させて行い，条件と結果の関係を探る。

ポイント②　複数の結果を比較する

　実験結果は1つだけで判断するのではなく，2つ以上の結果を比較して，結果の違いから考察する。

例題8　被子植物の主要な送粉者である昆虫は，ヒトが感知できない花の色や模様を目印に訪花する。これは，ヒトと昆虫とでは視細胞の発生過程が異なるだけでなく，(d)昆虫は紫外線を感知できる視細胞を持つためである。このように，私たちヒトが感知できない情報のやり取りも，生物の多様化に関与している。
（中略）
　ショウジョウバエの眼は，複数の個眼から構成される複眼であり，各個眼には視細胞としてR1〜R8の光受容細胞が1個ずつある。8個の光受容細胞はR1〜R6，R7，R8の3種類に大別され，それぞれ異なる波長の光に反応する。遺伝子Xが働かない変異体Xと，遺伝子Yが働かない変異体Yでは，R1〜R6とR8は正常に分化するが，R7は分化しなくなる。

問　下線部(d)に関連して，野生型のショウジョウバエと変異体Yとを用いて，**実験1**を行った。後の記述ⓓ〜ⓕのうち，**実験1**の結果から導かれる，ショウジョウバエの光走性と光受容細胞に関する考察はどれか。それを過不足なく含むものを，後の①〜⑦のうちから一つ選べ。

実験1　暗所において，図1のように，透明な容器の中心に野生型または変異体Y
を入れ，光を照射せずに1分間放置したところ，どちらも容器全体に一様に広が
った。次に，容器に一定の可視光や紫外線を照射して1分間放置したところ，シ
ョウジョウバエの分布は図2のようになった。

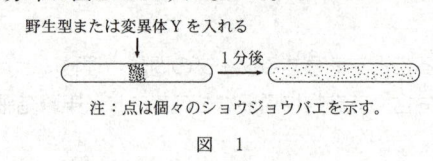

野生型または変異体Yを入れる

注：点は個々のショウジョウバエを示す。

図　1

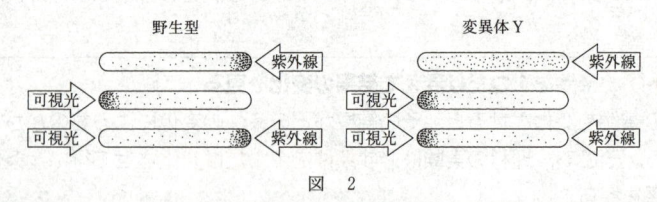

図　2

ⓓ　紫外線に対する正の光走性には，R7が紫外線に反応することが必要である。

ⓔ　R7が分化しないと，紫外線に対して負の光走性を示す。

ⓕ　可視光に対する正の光走性には，R1〜R8の全てが分化する必要がある。

① ⓓ　　　　② ⓔ　　　　③ ⓕ　　　　④ ⓓ, ⓔ

⑤ ⓓ, ⓕ　　　⑥ ⓔ, ⓕ　　　⑦ ⓓ, ⓔ, ⓕ

（2022年度 生物 本試験 第5問 問4）

実験のポイントを見抜く

実験結果のうち，どれとどれを比べれば必要な結論を導けるかを考える。

ⓓの，紫外線に対する正の光走性に，R7が必要かどうかは，R7の有無という
1つだけ条件を変えた2つの結果を比較してみればよい。図2の野生型はR1〜R
8の全てが発現したものであり，変異体YはR7だけが発現していないものである。
つまり，野生型と変異体YはR7の発現の有無という条件だけが異なるものである。
紫外線による光走性をこの2つのもので比較してみると（図2の上段），R7があ
るもの（野生型）は走性を示し，ないもの（変異体Y）は走性を示さないので，紫
外線による光走性にはR7が必要であることがわかる。

また，**例題9**のような，実験における仮説の検証をテーマとした出題にも，取り組
んでおくとよい。

例題9　あるホヤの未受精卵は，図1のように4種類の小さな卵のような小片（以後，卵片とよぶ）に分離することができる。これらの卵片は互いに異なる色をもち，(a)それぞれ赤卵片，黒卵片，茶卵片，および白卵片として区別できる。これらの卵片の特徴を調べたところ，核は赤卵片にのみ含まれていた。また，RNAやタンパク質の量は各卵片間で差はみられなかったが，含まれる物質はそれぞれ異なっており，これらの物質のなかには細胞の発生運命に関わるものもあった。

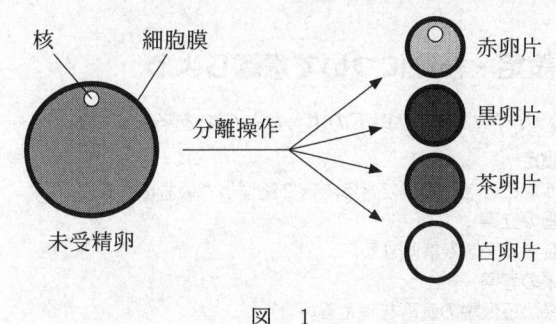

図　1

問　下線部(a)に関連して，これらの卵片を用いた一連の実験から，黒卵片のみに筋肉細胞への分化を決定づける能力があることが推論できた。次の実験結果@〜@のうち，この推論を合理的に導くために必要不可欠な実験結果の組合せとして最も適当なものを，下の①〜⑧のうちから一つ選べ。

@　赤卵片のみが，精子をかけると胚になり，表皮細胞ではたらく遺伝子を核内に含んでいた。

ⓑ　赤卵片のみが，精子をかけると胚になり，表皮細胞のみが分化した。

ⓒ　赤卵片と黒卵片を融合してから精子をかけると，表皮細胞と筋肉細胞を含む胚になった。

ⓓ　赤卵片と茶卵片，または赤卵片と白卵片を融合してから精子をかけると，いずれの場合でも表皮細胞のみを含む胚になった。

ⓔ　茶卵片と黒卵片，または白卵片と黒卵片を融合してから精子をかけても，筋肉細胞を含む胚にはならなかった。

① ⓐ, ⓒ　　　　　　　② ⓐ, ⓒ, ⓓ

③ ⓐ, ⓒ, ⓔ　　　　　④ ⓐ, ⓒ, ⓓ, ⓔ

⑤ ⓑ, ⓒ　　　　　　　⑥ ⓑ, ⓒ, ⓓ

⑦ ⓑ, ⓒ, ⓔ　　　　　⑧ ⓑ, ⓒ, ⓓ, ⓔ

（2020年度センター試験 生物 本試験 第2問 問2）

ある結論に至るために必要な情報は何かを考えよう

　本問では「黒卵片のみに筋肉細胞への分化を決定づける能力がある」という推論が与えられている。この推論を合理的に導くためには，「黒卵片には筋肉細胞への分化を決定づける能力がある」と「黒卵片以外には筋肉細胞への分化を決定づける能力がない」の２つのことを示す必要がある。実験結果ⓐ〜ⓔを比較検討し，どれが必要でどれが不必要なのかを判断する。

対策　仮説の設定・検証について意識しよう

　探究の過程の大まかな流れは以下のようなものである。

　　1．仮説の設定
　　　疑問に思ったことを，実験できる内容に整理して仮説にする。
　　2．実験計画の立案
　　　仮説を検証する実験を計画する。
　　3．実験結果の考察
　　　実験の結果から仮説の適否を考える。

　センター試験では主に「3．実験結果の考察」について問う設問が中心であったが，共通テストでは「1．仮説の設定」や「2．実験計画の立案」の内容，発表や他者への説明といった，探究のプロセスを扱った問題が出題される可能性がある。教科書に記載されている探究活動の項目について「その仮説を検証すると何がわかるのか」「どんな実験方法が適しているのか」を意識して学習しておきたい。

対策　様々なパターンの問題に挑戦しよう

　考え方の基礎については解説したが，この他にも様々なパターンがあるので，たくさん問題を解いて慣れることである。

　このタイプの勉強を短期間に行うことは難しい。**繰り返しの練習が重要なスポーツと同じ**である。はじめは全然できなくても練習していくうちにうまくなってくる。

　本書を使って，まず問題を自分なりに解いてみよう。最初は時間をかけて考え，自分なりの理由をちゃんとつけて答えを選んでみよう。選んだ答えが合っていても間違っていても，解説をよく読んで，どういうところに注目して考えていけばいいのかを覚えていこう。最初はよくわからなくて難しく感じるかもしれないが，**数をこなしてコツをつかめば，案外簡単**なものである。

✅ 探究考察型ではずせない２つのポイント

ポイント① 条件を１つだけ変えて結果の変化を見る
ポイント② 複数の結果を比較する

ねらいめはココ！

　共通テストではセンター試験と同様に，「生物基礎」「生物」とも，各分野から偏りなく出題されていました。この傾向は今後も続くことが予想されるので，すべての分野をバランスよく学習しておくことが大切です。

　p. 043 以降の表に，「生物基礎」「生物」の過去の問題がどの分野から出題されたかを示した。各分野のポイントや注意点も示したので，過去問に取り組む際に参考にしてほしい（2023・2022 年度の本・追はそれぞれ本試験・追試験を，2021 年度の(1)・(2)はそれぞれ本試験第 1 日程・第 2 日程を表す）。

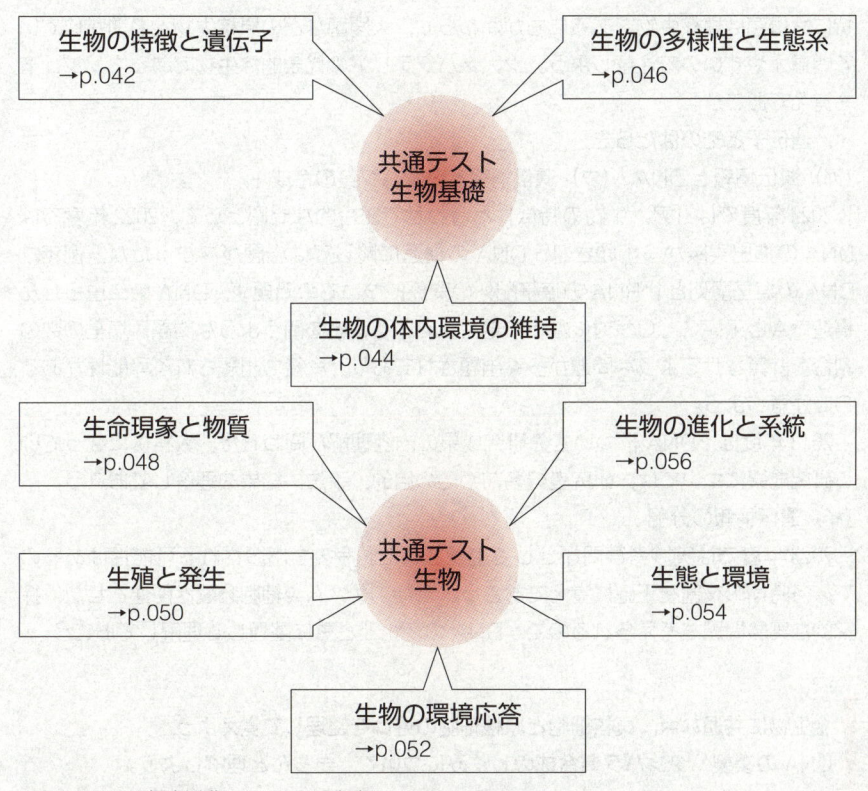

※各分野にある探究活動については，省略しています。

生物基礎―生物の特徴と遺伝子

　2015年度以降のセンター試験では第1問で出題されており，2021～2023年度の共通テストでも同様であった。

ア．生物の特徴

　2015年度以降は毎年，真核生物の細胞小器官について出題されていた。特に，光合成を行う葉緑体と，呼吸を行うミトコンドリアがよく出題されている。エネルギーの出入りや，酸素，二酸化炭素，水，有機物の出入りなどをまとめて整理しておこう。また，核，細胞膜，細胞壁，液胞などについても，はたらきや特徴をまとめておこう。これまでと同様に，2023年度も考えさせる問題が出題された。単に暗記するだけでなく，それぞれの特徴を説明できるように練習しておこう。

　2023年度では出題されなかったが，真核細胞と原核細胞の代表的な生物を選ばせる問題もよく出題されている。2019年度には単細胞生物との組合せで出題された。特に酵母菌は真核生物であるにもかかわらず，大腸菌などの原核生物と名前が似ていて間違えやすいので注意しよう。シアノバクテリアの代表的な生物であるネンジュモも覚えておこう。

イ．遺伝子とそのはたらき

（ア）遺伝情報とDNA・（ウ）遺伝情報とタンパク質の合成

　2023年度では「ア．生物の特徴」と合わせて総合的な問題として，2022年度ではDNAの抽出実験から出題され，DNAの構造に関しては出題がなかったが，例年，DNAの塩基配列とmRNAの塩基配列の関係についての問題や，DNAの二重らせん構造でAとT，GとCが対になって結合していることを問うような問題，塩基の数の割合を計算させるような問題が多く出題されており，今後も出題される可能性があるので注意しよう。

　2018年度は，DNAについての研究成果の内容理解が問われた。教科書に載っている研究成果については，研究者の名前やその目的，手法，結果を理解しておこう。

（イ）遺伝情報の分配

　2023年度では実験考察問題として出題された。今後も出題される可能性はあるので，各時期の役割を正確に覚えておこう。また，ゲノムや細胞分裂と関連させた，探究的な実験問題も考えられるので，DNAの変化とともに整理して理解しておこう。

全生物に共通な点，真核細胞と原核細胞の違いを整理して覚えよう。
DNAの複製，タンパク質合成のしくみについて，きちんと理解しよう。

● 「生物の特徴と遺伝子」の出題内容一覧（共通テスト）

年度	ア．生物の特徴		イ．遺伝子とそのはたらき		
	(ア)生物の共通性と多様性	(イ)細胞とエネルギー	(ア)遺伝情報とDNA	(イ)遺伝情報の分配	(ウ)遺伝情報とタンパク質の合成
2023本	Ⅰ-1, Ⅰ-2	Ⅰ-1, Ⅰ-2, Ⅲ-1		Ⅰ-3, Ⅰ-4, Ⅰ-5	
2022本		Ⅰ-1, Ⅰ-2, Ⅰ-3	Ⅰ-4, Ⅰ-5, Ⅰ-6		
2022追	Ⅰ-1, Ⅰ-4	Ⅰ-2	Ⅰ-6	Ⅰ-3	Ⅰ-2, Ⅰ-5
2021(1)	Ⅰ-1, Ⅰ-2	Ⅰ-3			Ⅰ-4, Ⅰ-5, Ⅰ-6
2021(2)	Ⅰ-1, Ⅰ-2	Ⅰ-3	Ⅰ-4, Ⅰ-5		Ⅰ-6

● 「生物の特徴と遺伝子」の出題内容一覧（試行調査）

実施回	ア．生物の特徴		イ．遺伝子とそのはたらき		
	(ア)生物の共通性と多様性	(イ)細胞とエネルギー	(ア)遺伝情報とDNA	(イ)遺伝情報の分配	(ウ)遺伝情報とタンパク質の合成
第2回	Ⅰ-1, Ⅰ-2	Ⅰ-3	Ⅰ-4		Ⅰ-5

● 「生物の特徴と遺伝子」の出題内容一覧（センター本試験）

年度	ア．生物の特徴		イ．遺伝子とそのはたらき		
	(ア)生物の共通性と多様性	(イ)細胞とエネルギー	(ア)遺伝情報とDNA	(イ)遺伝情報の分配	(ウ)遺伝情報とタンパク質の合成
2020	Ⅰ-1, Ⅰ-2, Ⅰ-3		Ⅰ-6		Ⅰ-4, Ⅰ-5
2019	Ⅰ-1	Ⅰ-2, Ⅰ-3, Ⅰ-4	Ⅰ-5		Ⅰ-6
2018	Ⅰ-1, Ⅰ-2	Ⅰ-3	Ⅰ-4, Ⅰ-5, Ⅰ-6		
2017	Ⅰ-1, Ⅰ-2, Ⅰ-3			Ⅰ-4, Ⅰ-5	Ⅰ-6

Ⅰ，Ⅱ…は大問番号を，1，2…は小問番号を表す。

生物基礎―生物の体内環境の維持

　2015 年度以降のセンター試験では第 2 問で出題されていた。2021〜2023 年度の共通テストでも同様であった。

ア．生物の体内環境

（ア）体内環境

　体液と体内環境については，血しょう，組織液，リンパ液の関係や血液の循環などをきちんと押さえておこう。2022 年度には，実験をもとにしたグラフの読み取り・考察問題と酸素解離曲線の読み取り問題が出題された。以前に見られたような細かい数値などの出題よりも，考察力を問うような出題が増加すると考えられる。

（イ）体内環境の維持の仕組み

　自律神経系と内分泌系に関する出題では，ホルモンのはたらき，内分泌腺の名称やその位置まで出題されている。教科書で扱われているホルモンに関してはしっかりと覚えておこう。また，放出ホルモンや刺激ホルモンなど，ホルモンの分泌調節のしくみについては何度も問われている。フィードバックや自律神経との関わり合いも含めて，整理して覚えておこう。

　2023 年度には，胆汁のはたらきに関して会話文を含む探究的な問題が出題された。今後もこのような問題が出題されると考えられる。基本的な内容をきちんと理解した上で過去問を研究して思考力を磨いておこう。

（ウ）免疫

　2023 年度は，獲得免疫のしくみについて知識に基づいた思考問題が，2021・2022 年度は，白血球のはたらきに関する知識問題とグラフを使った思考問題が出題された。予防接種やアレルギーに関する実験をもとにした問題が出題される可能性もあるので，基本的な内容をまとめるとともに，過去問で実戦的な練習を重ねておこう。

基本事項の理解を確実にしておこう。
過去問を使って実験考察問題を練習しよう。

● 「生物の体内環境の維持」の出題内容一覧（共通テスト）

年度	ア．生物の体内環境		
	(ア)体内環境	(イ)体内環境の維持の仕組み	(ウ)免疫
2023本		II-1，II-2	II-3，II-4，II-5
2022本	II-1，II-2		II-3，II-4，II-5
2022追		II-4，II-5	II-1，II-2，II-3
2021(1)		II-1，II-2	II-3，II-4，II-5，III-4
2021(2)	II-1，II-2，II-4，II5	II-3	

● 「生物の体内環境の維持」の出題内容一覧（試行調査）

実施回	ア．生物の体内環境		
	(ア)体内環境	(イ)体内環境の維持の仕組み	(ウ)免疫
第2回		II-1，II-2，II-3，II-4	II-5，II-6

● 「生物の体内環境の維持」の出題内容一覧（センター本試験）

年度	ア．生物の体内環境		
	(ア)体内環境	(イ)体内環境の維持の仕組み	(ウ)免疫
2020		II-1，II-2，II-3	II-4，II-5
2019	II-1，II-2，II-3		II-4，II-5
2018	II-1	II-2，II-3，II-4，II-5	
2017	II-1，II-2	II-3	II-4，II-5

I，II…は大問番号を，1，2…は小問番号を表す。

生物基礎―生物の多様性と生態系

　2015 年度以降のセンター試験では第 3 問で出題されていた。2021～2023 年度の共通テストでも同様であった。

ア．植生の多様性と分布

（ア）植生と遷移

　2023 年度には出題がなかったが，2022 年度は，陽葉と陰葉の二酸化炭素吸収速度のグラフを用いた考察問題として出題された。陽生植物（あるいは陽葉）と陰生植物（あるいは陰葉）の特徴の違いが，グラフの読み取り問題も含めてよく出題されているので，しっかり理解しておきたい。遷移が進行するしくみを，土壌の形成や光の量の変化と関連づけて理解するとともに，極相に達するまでの流れを，典型的な植物とともに確認しておこう。

（イ）気候とバイオーム

　2023 年度は，世界の各バイオームの特徴に関する知識問題と考察問題が，2022 年度は，日本の植生における垂直分布が出題された。基本的な知識問題が頻出している。2021 年度は考察問題も出題された。教科書に出ている典型的なグラフとともに，バイオームの一般的な特徴と代表的な植物名について整理して覚えよう。

イ．生態系とその保全

（ア）生態系と物質循環

　2022・2023 年度では，窒素循環が，生態系のバランスと保全と関連して，考察問題として出題された。2020 年度のセンター試験ではエネルギーの流れについて，2019 年度は窒素循環とエネルギーの流れについて，2017 年度は生態系の役割について出題された。主に文章による出題であったが，図やグラフの正確な読み取りを求める出題も十分に考えられるので，教科書に載っている図を正確に覚えるようにしよう。

（イ）生態系のバランスと保全

　2022 年度では窒素循環と，また，2021 年度では免疫と関連させて，考察問題が出題された。他の項目との関連づけについては過去問をよく研究し，備えておきたい。撹乱と多様性の関係なども，この項目から出題されることが考えられるので，教科書の内容についてしっかり説明できるように学習しておこう。

> **ポイント**
> 教科書に載っているグラフや図を含めてしっかり覚えること。
> 遷移の過程やバイオームで特徴的な植物については名前を覚えておくこと。

● 「生物の多様性と生態系」の出題内容一覧（共通テスト）

年度	ア．植生の多様性と分布		イ．生態系とその保全	
	(ア)植生と遷移	(イ)気候とバイオーム	(ア)生態系と物質循環	(イ)生態系のバランスと保全
2023本		Ⅲ-4, Ⅲ-5	Ⅲ-2, Ⅲ-3	
2022本	Ⅲ-2	Ⅲ-1	Ⅲ-3, Ⅲ-4, Ⅲ-5	
2022追	Ⅲ-2	Ⅲ-1	Ⅲ-3, Ⅲ-4	Ⅲ-5
2021(1)		Ⅲ-1, Ⅲ-2, Ⅲ-3		Ⅲ-5
2021(2)	Ⅲ-1, Ⅲ-3			Ⅲ-2, Ⅲ-4, Ⅲ-5

● 「生物の多様性と生態系」の出題内容一覧（試行調査）

実施回	ア．植生の多様性と分布		イ．生態系とその保全	
	(ア)植生と遷移	(イ)気候とバイオーム	(ア)生態系と物質循環	(イ)生態系のバランスと保全
第2回		Ⅲ-1	Ⅲ-2, Ⅲ-4	Ⅲ-3

● 「生物の多様性と生態系」の出題内容一覧（センター本試験）

年度	ア．植生の多様性と分布		イ．生態系とその保全	
	(ア)植生と遷移	(イ)気候とバイオーム	(ア)生態系と物質循環	(イ)生態系のバランスと保全
2020		Ⅲ-1	Ⅲ-2, Ⅲ-3	Ⅲ-4, Ⅲ-5
2019	Ⅲ-3, Ⅲ-4, Ⅲ-5		Ⅲ-1, Ⅲ-2	
2018	Ⅲ-3, Ⅲ-4, Ⅲ-5	Ⅲ-1, Ⅲ-2		
2017		Ⅲ-1, Ⅲ-2	Ⅲ-3, Ⅲ-4	

Ⅰ，Ⅱ…は大問番号を，1，2…は小問番号を表す。

生物―生命現象と物質

2015 年度以降のセンター試験では主に第 1 問で出題されていたが，2021 年度の共通テストから他の分野と関連させて複数の大問で出題された。生物学の最も根源的な内容の分野であり，大学の研究室で日常的に行われている実験を題材にした探究的な出題も十分に考えられる。また，「生物基礎」の「生物の特徴と遺伝子」と内容が重複している部分があるので，「生物の特徴と遺伝子」に分類した問題も確認しておこう。

ア．細胞と分子

ここでは細胞の詳細な構造，タンパク質の構造とその細胞内外でのはたらきを扱っている。2023 年度ではタンパク質の立体構造が，他の分野との融合問題として出題された。2021 年度では能動輸送についての簡単な出題があった。2020 年度には「生物基礎」の細胞周期について出題され，2019 年度には，細胞の構造と機能について基本的な内容を理解しているかが問われた。基本的な分野なので，今後も他分野との融合問題としての出題も考えられる。最初から細かい知識を覚えるのではなく，まずはタンパク質を中心とした細胞の構造や機能について大まかに理解し，その後詳細な内容を覚えていくようにしたい。その際，単に覚えるのではなく，用語の意味や内容について説明できるようにしていくことが大切である。

イ．代謝

2023 年度では，光合成色素の吸収スペクトルや窒素同化に関する問題が，他の分野との融合問題として出題された。また，2021 年度では，中学校レベルの内容が探究問題として出題された。また，電子の流れ（電子伝達系と補酵素）と ATP 合成のしくみについてはきちんと理解しておこう。酵素の構造や機能についても押さえておきたい。

ウ．遺伝情報の発現

様々な題材からの出題が考えられる分野で，ほぼ毎年出題されてきた。2023 年度ではオペロン説について，2022 年度では主に遺伝子組換え技術に関連して出題された。2021 年度では転写調節の問題が 1 問だけ出題された。生物学の最も基本的な内容なので，どの分野とも関連する可能性がある。十分に理解しておかなければならない。「生物」では「生物基礎」の内容に加えて，DNA の方向性，スプライシング，転写調節などの内容が加わっている。これらの内容についてきちんと理解しておこう。

この項目は現代生物学の中心的な領域である。重要な部分なだけに，論理的に整理してきちんとその法則性を理解しておかないと全く解けなくなる可能性がある。腰を据えてじっくり理解することが必要だ。

共通テスト対策講座　049

実験問題は出題されやすい。教科書でしっかり勉強しておくこと。
特に遺伝子の発現調節のしくみについては，きちんと理解しておきたい。

● 「生命現象と物質」の出題内容一覧（共通テスト）

年度	ア．細胞と分子		イ．代謝			ウ．遺伝情報の発現		
	(ア)生体物質と細胞	(イ)生命現象とタンパク質	(ア)呼吸	(イ)光合成	(ウ)窒素同化	(ア)遺伝情報とその発現	(イ)遺伝子の発現調節	(ウ)バイオテクノロジー
2023本		I-2		III-2, IV-1	IV-1, IV-4, IV-5		I-1, I-2, I-3	
2022本						II-5, III-4		II-3, II-4
2022追	III-1		V-5				II-5	
2021(1)		I-1					I-3	
2021(2)	IV-3	I-1, I-3, IV-1, IV-2, IV-4						I-5, I-6

● 「生命現象と物質」の出題内容一覧（試行調査）

実施回	ア．細胞と分子		イ．代謝			ウ．遺伝情報の発現		
	(ア)生体物質と細胞	(イ)生命現象とタンパク質	(ア)呼吸	(イ)光合成	(ウ)窒素同化	(ア)遺伝情報とその発現	(イ)遺伝子の発現調節	(ウ)バイオテクノロジー
第2回		V-3, V-4, V-5, V-6	I-3				V-2	V-1
第1回				III-1, III-2, III-3	III-4, III-5	II-1		V-1, V-2

● 「生命現象と物質」の出題内容一覧（センター本試験）

年度	ア．細胞と分子		イ．代謝			ウ．遺伝情報の発現		
	(ア)生体物質と細胞	(イ)生命現象とタンパク質	(ア)呼吸	(イ)光合成	(ウ)窒素同化	(ア)遺伝情報とその発現	(イ)遺伝子の発現調節	(ウ)バイオテクノロジー
2020	I-4, I-5					VI-1, VI-2	I-1, I-2, I-3	
2019	I-3, I-4, I-5			I-1, I-2		VI-1, VI-2	VI-3	
2018		I-1, I-2, I-3				I-4, I-5, I-6		VI-1, VI-2, VI-3
2017	VI-2	I-1, I-2					VI-1	I-3, I-4, I-5

I，II…は大問番号を，1，2…は小問番号を表す。

生物―生殖と発生

2015年度以降のセンター試験では主に第2問で出題されていたが，2021年度の共通テストから，他の分野と関連させて，複数の大問で出題されている。

ア．有性生殖

2023年度では，性染色体に関する問題と，母性効果遺伝子に関連した1遺伝子による遺伝の問題が，2022年度では，減数分裂に伴って連鎖した対立遺伝子をもつ染色体の組合せを問う問題が出題された。2020年度は減数分裂，2019年度は性染色体による遺伝，2018年度は被子植物の重複受精（ウ．植物の発生）についての問題が出題された。今後も，遺伝子と染色体の組合せを問う問題や，イ．動物の発生およびウ．植物の発生と関連づけた配偶子形成や受精に関する問題の出題が考えられる。

イ．動物の発生

2023年度は母性因子の遺伝の問題が，2022年度はHox遺伝子のはたらきと分化の誘導に関する探究問題として，遺伝子の発現と関連させながら出題された。2021年度では，実験を題材に発生に関係する遺伝子のはたらきを理解しているかが問われた。2020年度は母性因子と細胞分化についての実験考察問題が，2018年度は両生類の発生についての実験考察問題が，2017年度は誘導の連鎖に関する問題が出題された。遺伝子との関係が深い分野なので，遺伝子の転写調節との複合問題として出題される可能性が高い。

ウ．植物の発生

2022年度は，被子植物に関する考察問題が出題された。2021年度では，芽の分化についての実験考察問題として出題された。2020年度は花の形成におけるABCモデルについての考察問題が，2019年度は植物の形態形成で誘導の考え方が出題された。2018年度は花粉管の誘引に関する実験考察問題が，2017年度は胚乳の遺伝子型に関する問題が出題された。

近年出題がないが，重複受精のしくみと遺伝子との複合問題として出題されることも考えられるので，基本的な内容をしっかり理解しておこう。

ポイント

発生のしくみと遺伝子の関係についてしっかりと理解しておこう。
遺伝子の連鎖・組換えは計算も含めてできるようにしておこう。

● 「生殖と発生」の出題内容一覧（共通テスト）

年度	ア．有性生殖		イ．動物の発生			ウ．植物の発生	
	(ア)減数分裂と受精	(イ)遺伝子と染色体	(ア)配偶子形成と受精	(イ)初期発生の過程	(ウ)細胞の分化と形態形成	(ア)配偶子形成と受精、胚発生	(イ)植物の器官の分化
2023本		Ⅳ-1, Ⅴ-1			Ⅴ-1, Ⅴ-2, Ⅴ-3, Ⅴ-4		
2022本		Ⅱ-6, Ⅴ-2			Ⅲ-1, Ⅲ-2, Ⅲ-3, Ⅲ-5, Ⅴ-3	Ⅵ-1, Ⅵ-2, Ⅵ-3	
2022追			Ⅲ-4, Ⅲ-5		Ⅲ-2		Ⅱ-4, Ⅱ-5, Ⅱ-6
2021(1)					Ⅵ-1, Ⅵ-2	Ⅴ-1	Ⅴ-2, Ⅴ-3
2021(2)					Ⅴ-1, Ⅴ-2	Ⅰ-7	

● 「生殖と発生」の出題内容一覧（試行調査）

実施回	ア．有性生殖		イ．動物の発生			ウ．植物の発生	
	(ア)減数分裂と受精	(イ)遺伝子と染色体	(ア)配偶子形成と受精	(イ)初期発生の過程	(ウ)細胞の分化と形態形成	(ア)配偶子形成と受精、胚発生	(イ)植物の器官の分化
第2回					Ⅲ-2, Ⅲ-3, Ⅲ-4	Ⅱ-1, Ⅱ-2, Ⅱ-3	
第1回	Ⅱ-2		Ⅱ-3	Ⅰ-3			Ⅱ-4, Ⅱ-5

● 「生殖と発生」の出題内容一覧（センター本試験）

年度	ア．有性生殖		イ．動物の発生			ウ．植物の発生	
	(ア)減数分裂と受精	(イ)遺伝子と染色体	(ア)配偶子形成と受精	(イ)初期発生の過程	(ウ)細胞の分化と形態形成	(ア)配偶子形成と受精、胚発生	(イ)植物の器官の分化
2020	Ⅱ-5				Ⅱ-1, Ⅱ-2, Ⅱ-3		Ⅱ-4
2019		Ⅱ-1, Ⅱ-2					Ⅱ-3, Ⅱ-4, Ⅱ-5
2018					Ⅱ-1, Ⅱ-2	Ⅱ-3, Ⅱ-4	
2017					Ⅱ-1, Ⅱ-2, Ⅱ-3	Ⅱ-4, Ⅱ-5	

Ⅰ，Ⅱ…は大問番号を，1，2…は小問番号を表す。

生物―生物の環境応答

2015 年度以降のセンター試験では主に第 3 問で出題されていたが，2021〜2023 年度の共通テストでは，他の分野と関連させて複数の大問で出題された。

ア．動物の反応と行動

この項目は，センター試験開始以来，ずっと変わりなく出題され続けてきた。2023 年度は，嗅覚についての考察問題が出題されている。2022 年度は，フェロモンと行動に加え，走性に関する考察問題として出題されている。2021 年度は，発生のしくみと関連させて，行動の実験考察問題として出題された。2019 年度は，視覚からの出題であった。暗記するだけでなく，そのしくみを説明できるような学習が必要である。（ア）刺激の受容と反応については，これまで受容器や中枢神経に関する問題が多く出題されているので，比較的細かい点まで学習しておこう。（ア）刺激の受容と反応，（イ）動物の行動ともに，実験考察問題や探究的な問題として出題される可能性が高いので，過去問を使ってしっかり練習しておこう。

イ．植物の環境応答

この項目も，センター試験開始以来，ずっと変わりなく出題され続けてきた。これまで，明暗周期を変化させた実験から花芽形成の有無を考察させる問題，光屈性とオーキシンの関係を考察させる問題，各種の植物ホルモンに関する知識問題がよく出題されていた。

2023 年度は，光合成とフィトクロムを関連させた考察問題として，2022 年度は，植物の花粉形成と関連させた探究的な問題として，2021 年度は，植物ホルモンの作用について代謝と関連づけて探究的な問題として出題された。いずれも基本的な知識にもとづいて考察を行う問題となっている。今後も遺伝子や進化などと関連づけた実験考察問題や探究的な問題として出題されることが考えられる。

基本的な事項をしっかり覚え，そのしくみを理解しておこう。
過去問を使って，実験考察問題や探究的な問題について練習しておこう。

● 「生物の環境応答」の出題内容一覧（共通テスト）

年度	ア．動物の反応と行動		イ．植物の環境応答
	（ア）刺激の受容と反応	（イ）動物の行動	（ア）植物の環境応答
2023本	Ⅱ-3, Ⅱ-4		Ⅲ-1, Ⅲ-2, Ⅲ-3
2022本		Ⅳ-1, Ⅳ-2, Ⅳ-3, Ⅴ-4	Ⅵ-4, Ⅵ-5
2022追	Ⅵ-1, Ⅵ-2		Ⅱ-1, Ⅱ-2, Ⅱ-3
2021⑴		Ⅳ-1, Ⅳ-2, Ⅳ-3, Ⅵ-4, Ⅵ-5	Ⅴ-4, Ⅴ-5, Ⅴ-6, Ⅴ-7
2021⑵	Ⅵ-1, Ⅵ-2, Ⅵ-3		Ⅱ-2, Ⅱ-5, Ⅱ-6

● 「生物の環境応答」の出題内容一覧（試行調査）

実施回	ア．動物の反応と行動		イ．植物の環境応答
	（ア）刺激の受容と反応	（イ）動物の行動	（ア）植物の環境応答
第2回	Ⅰ-1, Ⅰ-2		Ⅱ-5, Ⅱ-6, Ⅱ-7
第1回		Ⅵ-1, Ⅵ-2, Ⅵ-3	Ⅱ-6

● 「生物の環境応答」の出題内容一覧（センター本試験）

年度	ア．動物の反応と行動		イ．植物の環境応答
	（ア）刺激の受容と反応	（イ）動物の行動	（ア）植物の環境応答
2020	Ⅲ-1, Ⅲ-2	Ⅲ-3	Ⅲ-4, Ⅲ-5, Ⅲ-6, Ⅵ-3
2019	Ⅲ-1, Ⅲ-2, Ⅲ-3		Ⅲ-4
2018	Ⅲ-1, Ⅲ-2, Ⅲ-3		Ⅲ-4, Ⅲ-5
2017	Ⅲ-1, Ⅲ-2, Ⅲ-3	Ⅶ-2	Ⅲ-4, Ⅲ-5, Ⅲ-6

Ⅰ，Ⅱ…は大問番号を，1，2…は小問番号を表す。

生物―生態と環境

　2015年度以降のセンター試験では主に第4問で出題されていたが，2023年度および2021年度の共通テストでは，他の分野と関連させて複数の大問で出題された。

　2023年度は，窒素同化と関連づけて考察問題が，さらに縄張りについての探究問題が出題された。2022年度は，外来種と関連づけながら種間競争に関するグラフ読み取り問題や考察問題が，2021年度は，種間競争について，進化と関連づけながら実験考察問題として，また，生産構造図について，グラフの読み取りや探究的な問題として出題された。2020年度は社会性昆虫における種内関係と種間関係の考察問題が，2019年度は齢構成の考察問題と種間関係の考察問題が，2018年度は生態系における物質収支についての計算問題と，種間関係についての考察問題が，2017年度は種間関係および撹乱と生物多様性の考察問題が出題された。

　この分野では，表やグラフで与えられたデータをもとに計算や考察をさせる問題が数多く出題されている。表やグラフを使った計算問題・考察問題には十分に慣れておこう。また，動物の行動や進化と関連させた実験考察問題も出題されているので，過去問を使って練習しておこう。

ポイント

過去問を使って表やグラフからデータを読み取り，計算できるように練習をしよう。
過去問を使って探究的な問題にも慣れておこう。

● 「生態と環境」の出題内容一覧（共通テスト）

年度	ア．個体群と生物群集		イ．生態系	
	(ア) 個体群	(イ) 生物群集	(ア) 生態系の物質生産	(イ) 生態系と生物多様性
2023本		Ⅵ-1, Ⅵ-2, Ⅵ-3	Ⅳ-2, Ⅳ-3, Ⅳ-5	
2022本	Ⅱ-1	Ⅱ-2		
2022追	Ⅰ-2, Ⅰ-3, Ⅳ-4, Ⅳ-5	Ⅳ-3		Ⅰ-1
2021(1)	Ⅳ-3	Ⅱ-2, Ⅱ-3, Ⅱ-4	Ⅲ-1, Ⅲ-2, Ⅲ-3	Ⅱ-1
2021(2)	Ⅱ-1		Ⅱ-3, Ⅱ-4, Ⅲ-1, Ⅲ-2, Ⅲ-3	

● 「生態と環境」の出題内容一覧（試行調査）

実施回	ア．個体群と生物群集		イ．生態系	
	(ア) 個体群	(イ) 生物群集	(ア) 生態系の物質生産	(イ) 生態系と生物多様性
第2回	Ⅳ-1, Ⅳ-2	Ⅳ-3, Ⅳ-4	Ⅱ-8	Ⅳ-5
第1回	Ⅰ-1, Ⅰ-2	Ⅳ-1, Ⅳ-2		

● 「生態と環境」の出題内容一覧（センター本試験）

年度	ア．個体群と生物群集		イ．生態系	
	(ア) 個体群	(イ) 生物群集	(ア) 生態系の物質生産	(イ) 生態系と生物多様性
2020	Ⅳ-3	Ⅳ-1	Ⅳ-4, Ⅳ-5	Ⅳ-2
2019	Ⅳ-1, Ⅳ-2	Ⅳ-3, Ⅶ-1		
2018	Ⅶ-2		Ⅳ-2, Ⅳ-3	Ⅳ-1, Ⅳ-4, Ⅳ-5
2017		Ⅳ-1, Ⅳ-4	Ⅳ-2	Ⅳ-3, Ⅳ-5

Ⅰ，Ⅱ…は大問番号を，1，2…は小問番号を表す。

生物—生物の進化と系統

2015 年度以降のセンター試験では主に第 5 問で出題されていたが，2021〜2023 年度の共通テストでは，他の分野と関連させて複数の大問で出題された。今後も他の分野と関連させて複数の大問で出題されることが考えられる。

ア．生命の起源と進化

（ア）生命の起源と生物の変遷

2023 年度では出題がなかったが，2022 年度ではヒトの特徴についての知識問題，2020 年度は地球環境と生物の変遷についての知識問題，2019 年度は各時代の代表的な生物についての知識問題が出題された。生命誕生から現在に至るまでの生物の進化の過程を知識として覚える必要がある。

（イ）進化の仕組み

2023 年度では，種分化についての考察問題，および色覚の分化について性染色体と関連づけた考察問題が出題された。2022 年度では，アミノ酸配列の違いから系統関係を推定させる問題や，分子時計に関する考察問題が，2021 年度では遺伝子の問題と関連した遺伝子頻度の計算問題と考察問題が出題された。これまでにも，生態系の分野や系統分類と組み合わせた出題が見られ，進化という視点を常に意識しながら学ぶことが求められている。進化のしくみはとても大切な内容なので，今後もこの分野が，他の分野と関連しながら複数の大問で出題される可能性は高い。遺伝子頻度を変化させる要因としての自然選択と遺伝的浮動について，計算も含めて理解しておこう。また，2018 年度にも分子時計についての計算問題が出題された。塩基置換速度から種が分岐した年代を推定する手法についても確認しておこう。

イ．生物の系統

（ア）生物の分類と系統

2023 年度では光合成生物の系統関係についての考察問題，2022 年度では植物の特徴に関する知識問題が出題された。「生物」で学習するのは，三ドメイン説とホイタッカーの五界説を中心とした分類である。三ドメイン説は一般にも認められているので今後も出題が続くと考えられるが，五界説は現在の生物学と矛盾が生じているので，今後は出題が減少していくと考えられる。遺伝子の変化をもとにして系統関係を推定させるなど，計算問題，考察問題，探究的な問題として出題される可能性が高いので，注意しよう。

遺伝子頻度の変化をもとにした進化のしくみについては，しっかりと理解しておこう。
計算問題や考察問題などは過去問を使ってしっかり練習しておこう。

● 「生物の進化と系統」の出題内容一覧（共通テスト）

年度	ア．生命の起源と進化		イ．生物の系統
	(ア)生命の起源と生物の変遷	(イ)進化の仕組み	(ア)生物の分類と系統
2023本		Ⅱ-1，Ⅱ-2	Ⅰ-4
2022本	Ⅰ-1	Ⅰ-2，Ⅰ-3	Ⅴ-1
2022追	Ⅳ-2，Ⅴ-1，Ⅴ-2，Ⅴ-3，Ⅴ-4	Ⅰ-4	Ⅲ-2，Ⅲ-3，Ⅳ-1
2021(1)		Ⅰ-2，Ⅰ-4	
2021(2)		Ⅰ-2，Ⅰ-4，Ⅴ-3	

● 「生物の進化と系統」の出題内容一覧（試行調査）

実施回	ア．生命の起源と進化		イ．生物の系統
	(ア)生命の起源と生物の変遷	(イ)進化の仕組み	(ア)生物の分類と系統
第2回		Ⅴ-7	Ⅱ-4，Ⅲ-1
第1回	Ⅳ-4，Ⅳ-5	Ⅴ-3，Ⅴ-4，Ⅴ-5	Ⅳ-3

● 「生物の進化と系統」の出題内容一覧（センター本試験）

年度	ア．生命の起源と進化		イ．生物の系統
	(ア)生命の起源と生物の変遷	(イ)進化の仕組み	(ア)生物の分類と系統
2020	Ⅴ-5，Ⅶ-1	Ⅴ-1，Ⅴ-2，Ⅴ-3	Ⅴ-4，Ⅴ-6，Ⅶ-2，Ⅶ-3
2019	Ⅴ-4，Ⅴ-5	Ⅶ-2，Ⅶ-3	Ⅴ-1，Ⅴ-2，Ⅴ-3，Ⅴ-6
2018		Ⅴ-1，Ⅴ-2，Ⅴ-3，Ⅴ-4，Ⅴ-6，Ⅶ-3	Ⅴ-5，Ⅶ-1
2017	Ⅴ-1	Ⅴ-4，Ⅴ-5，Ⅴ-6	Ⅴ-2，Ⅴ-3，Ⅶ-1，Ⅶ-3

Ⅰ，Ⅱ…は大問番号を，1，2…は小問番号を表す。

センター 過去問の上手な使い方

　共通テストの過去問だけでなく，センター試験の過去問を解いておくことも共通テスト対策においては有効です。「どんな問題が出るの？」（p.012〜）で分析したように，共通テストとセンター試験の違いを意識しながら解くことで，より大きな効果を得ることができます。以下のポイントに気をつけながら，センター試験の過去問にも取り組んでおきましょう！

1　試験時間を短めに設定して解いてみる！

　共通テストでは，センター試験に比べて文章量が多くなり，思考力が必要となる問題が出題されている。したがって，センター試験の過去問に取り組む際には，**試験時間を短めに設定して解く練習をする**とよいだろう（たとえば，「生物基礎」は 20〜25 分程度，「生物」は 50 分程度）。

　あるいは，センター試験「生物」には大問に選択問題があったので，60 分で選択問題を 2 題とも解答してみるのもよいだろう。

　このような練習を繰り返すことで，短い時間で問題を正確に読み取ることができるようになるはずだ。ただし，問題文は短い時間の中でも丁寧に読むことを心がけたい。

2　基本的な知識を確実にする！

　共通テストでは，従来出題されていた教科書の片隅にあるような細かい知識を問われることは少なくなり，大切な内容の知識が思考力問題と組み合わせて出題されている。せっかく思考力の部分が解けても，簡単な知識の部分で失敗しないように，**基本的な知識を確実なものにしておこう。**

3 "思考力問題" に注目！

　共通テストでは科学的な探究過程を含めた「思考力」を問う問題がより重視されているが，センター試験でも，思考力が必要な考察型の問題が多く出題されてきた。近年の問題でぜひ取り組んでおきたい問題を紹介する。

☑ 「生物基礎」における "思考力問題"

　オススメ問題は右の通り。「生物基礎」では実験考察型の問題があまり見られないので，考察型の問題も含めて紹介する。代謝，生態系の分野からの出題が主

2019 年度本試験〔1〕問 3
2018 年度本試験〔3〕問 4

であるが，遺伝情報や体内環境の分野でも出題される可能性は十分にあるので，注意したい。

　また，「生物」の考察型の問題の中には「生物基礎」の知識だけで解ける問題も含まれているので，参考にするとよいだろう。

☑ 「生物」における "思考力問題"

　オススメの問題は右の通り。たいていの場合，実験結果は条件を変えて複数示されるので，それぞれを比較して結果の違いがどうして生じるのかを考えることが必要であり，論理的な思考力が求められる。また，

2020 年度本試験〔2〕問 2
2018 年度本試験〔2〕問 3
2017 年度本試験〔4〕問 1

実験考察型の問題は，グラフや表の読み取りを含めて出題されることも多いので，併せて対策することが大切である。

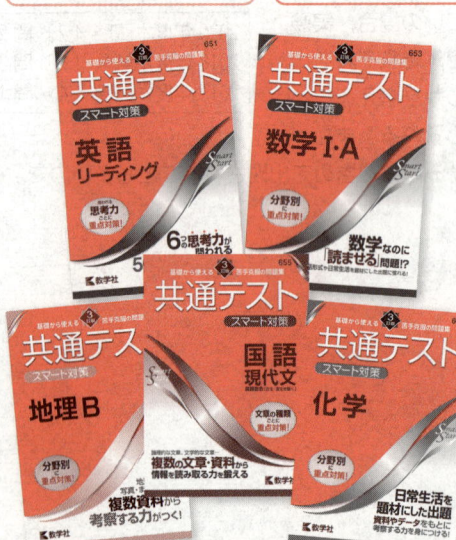

攻略アドバイス

ここでは，共通テストで高得点をマークした先輩方に，その秘訣を伺いました。実体験に基づく貴重なアドバイスの数々。これをヒントに，あなたも攻略ポイントを見つけ出してください！

☑ 共通テストの特徴とは？

最初に，共通テストを受験した方に，共通テストの特徴や，以前のセンター試験と異なっていると感じた点を挙げてもらいました。問題を読み取る力や，考察力を問う問題が多いと答えた方が多く，こうした問題への対策を常に意識しておくべきといえるでしょう。

> センター試験よりもグラフから読み取る問題や思考問題が多いので，普段からそのような問題に取り組んでおくのがよいと思います。また，日常生活に関係することも出題されるので，気にしておくべきだと思いました。
> M. A. さん・広島大学（生物生産学部）

> 理科の他科目と比べると，はるかに読む量が多く時間がとられるので，解くスピードを上げる練習が必要です。また，知っている内容の実験等が出たら読む時間がある程度省けますので，資料集の熟読も有効だと思います。
> K. N. さん・九州大学（理学部）

知識だけでなく，その場で文章やグラフを読み取る問題も多いので，参考書を用いてそのような問題に慣れていくとよい。用語もできる限り覚えるとよい。　　　　　　　　　　　　　　　　R. T. さん・明治大学（農学部）

センター試験は暗記していれば点数が取れていましたが，共通テストは思考力も問われるようになったので，一つの物事をより深く勉強する必要があります。また，問題文を丁寧に読んでおくことも大事です。
　　　　　　　　　　　　　　F. K. さん・東京都立大学（経済経営学部）

✅ 教科書学習がすべての基本

　大学入試センター公表の「問題作成のねらい，範囲・内容」には「高等学校学習指導要領に準拠するとともに，高等学校学習指導要領解説及び高等学校で使用されている教科書を基礎とし，特定の事項や分野に偏りが生じないように留意する」とあります。共通テストの出題の基礎となるのは教科書です。教科書の内容を徹底的に理解することが，高得点を取るためには欠かせません。

教科書に載っている実験の考察や手順が出題されることがあるので，教科書をよく読んでおくことが大切です。写真やグラフや図にもよく注目して読みましょう。　　　　　　　　　道又智朗さん・北海道大学（総合入試理系）

教科書の精読が何より大切です。「免疫」は他の分野に比べて細かい知識が要求されるなど難問が出やすいので，直前に確認しておくといいと思います。そこまで時間をかけられる科目ではないので，学校の授業を大切にし，模試などで一度間違えたところは二度と間違えないようによく確認するとよいです。　　　　　　　　　　　　　　R. T. さん・一橋大学（社会学部）

生物基礎のように，知識の量がそのまま点数につながる科目は，教科書を読んで（インプット），問題を解く（アウトプット）を繰り返して，知識を定着させるのがいいと思います。　　　K. F. さん・筑波大学（総合学域群）

生物基礎は用語がそこまで多くないので，重要な用語はすべて覚えておくべきです。教科書を一通り読むのにもそこまで時間がかからないので，気になる部分があったら，すぐ調べてそのあたりを一通り読むのもよいと思います。　　　　　　　　　　　　　　K. I. さん・東北大学（法学部）

✔ 過去問を繰り返し解こう

　基礎を固めた後は，より多くの問題を解くことが重要です。共通テストの過去問以外の演習素材としては，模試や予想問題集も有効ですが，安定して得点を確保するための演習素材としては，これまでのセンター過去問が一番頼りになります。「**センター過去問の上手な使い方**」（p. 058・059）を参考にしながら，センター試験の過去問演習にも積極的に取り組むようにしましょう。

　生物はセンター試験時代から思考力を問うような問題が中心なので，センター試験の過去問を解くのも共通テストには有効です。知らない実験は自分で図を描いてみるとわかりやすくなります。

N. S. さん・北海道大学（総合入試理系）

　生物は思考問題が多いので，暗記しただけではなかなか点数につながりませんが，過去問演習を繰り返すうちに点数が上がっていったので，問題形式に慣れることが大事だと思います。

H. U. さん・東京都立大学（システムデザイン学部）

　文系の人には理科基礎に苦手意識をもつ人も多いと思いますが，文系教科と同じで演習量を積むことが大切です。生物基礎ではバイオームの資料読み取りなどに慣れておきましょう。　　　　W. S. さん・早稲田大学（商学部）

　過去問で解けなかった問題を復習し，穴がないようにするとよいです。計算問題もあるので，実際に自分で書いて計算してみると定着につながりやすいと思います。　　　　　　　　　　T. Y. さん・千葉大学（文学部）
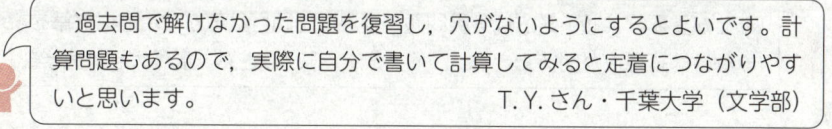

✔ 本番で力を発揮するために

しっかりと過去問に取り組んでおけば，全く手が出せない問題が出ることは少ないでしょう。とはいえ，本番では思いがけず緊張してしまい，単純な問題が難しく見えることもあるかもしれません。そんなときにみなさんを助けてくれるのは，過去問演習で培った経験なのです。先輩方の見つけた，演習効果を高めるためのコツを紹介します。

> 文章量が多いので，集中力を切らさないことが大切だと思います。それまでに見たことがないような実験であっても，問題中に必ずヒントが隠されているので，焦らずしっかりと読み込むことが必要だと思います。
> S. D. さん・鹿児島大学（農学部）

> 直前まで伸ばせる教科です。私は試験前に見直した計算問題と全く同じ計算方法の問題が出たおかげで8点稼げました。当日の試験前でも復習できると思うので，直前まで諦めないでください。R. Y. さん・新潟大学（法学部）

> 共通テストの生物は考察問題が多いので，どこかでつまずくと時間が大幅に失われます。難しい問題は後回しにするなどしながら，時間配分に気をつけましょう。K. M. さん・岩手大学（農学部）

> 現象の流れに関連づけて覚えたり，自分なりの語呂合わせで覚えたりすることが重要。共通テストは実験問題が中心に出題されるが，冷静に文章を読み解けば高得点が期待できる。T. M. さん・群馬大学（医学部）

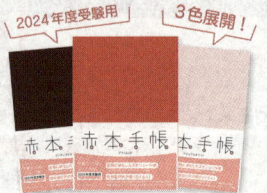

解答・解説編

Keys & Answers

解答・解説編

凡　例

知っておこう：大問を解くための前提となる知識を解説しています。

着眼点：グラフや実験などの考察問題に関して，考え方のポイントを示しています。

CHECK：設問に関して，整理して覚えるべき事柄や関連知識をまとめています。

 解答・配点に関する注意

　本書に掲載している正解および配点は，大学入試センターから公表されたものをそのまま掲載しています。

生物
生物基礎

生 物　本試験

問題番号(配点)	設　問	解答番号	正解	配点	チェック
第1問(17)	問1	1	⑤	4	
	問2	2	④	4	
	問3	3	④	4	
	問4	4	⑦	5*1	
第2問(18) A	問1	5	⑦	4	
	問2	6 - 7	②−⑤	6(各3)	
B	問3	8	④	4	
	問4	9	⑦	4	
第3問(12)	問1	10	⑧	4	
	問2	11	⑤	4	
	問3	12	②	4	

問題番号(配点)	設　問	解答番号	正解	配点	チェック
第4問(20)	問1	13	③	4	
	問2	14	③	4	
	問3	15	②	4	
	問4	16	③	2	
		17	⑦	2	
	問5	18	⑥	4*2	
第5問(19)	問1	19	⑤	2	
		20	④	3	
	問2	21	①又は⑤	4	
	問3	22	⑤	3	
		23	⑧	3	
	問4	24	②	4	
第6問(14)	問1	25	⑥	4	
	問2	26	②	4	
	問3	27	①	3	
		28	⑨	3	

(注)
1　＊1は，④を解答した場合は2点を与える。
2　＊2は，②を解答した場合は1点を与える。
3　－（ハイフン）でつながれた正解は，順序を問わない。
4　第5問問2については，①又は⑤を正解とする。
【理由】
　　本問は設問文に示された@〜©の3つの文章のうち，適当なものを過不足なく含む選択肢を解答させる問題であり，@及び©で構成される選択肢⑤が正解である。しかし，「濃度勾配」の文言が，©では「濃度勾配」と誤って示されていることを理由に，受験生が©は適当でないと判断し，@のみで構成される選択肢①を解答する可能性があることから，これも正解とする。

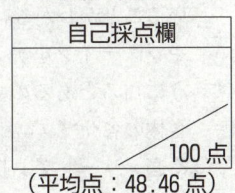

自己採点欄

100 点

（平均点：48.46 点）

第1問　**難** ── 生命現象と物質，生物の進化と系統

問1　**1**　正解は⑤

オペロンに関する知識問題である。

CHECK　オペロン

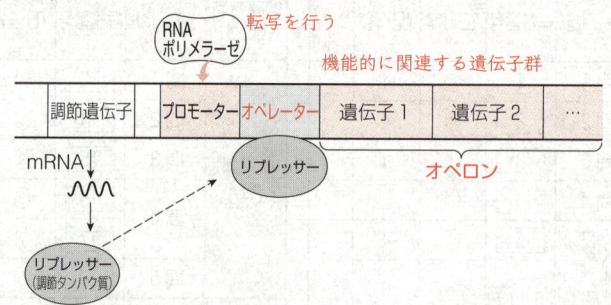

　オペロンとは，一つの調節タンパク質，オペレーター，プロモーターによって制御されている遺伝子のまとまりのことである。

①②不適。オペロンは，一つの調節タンパク質によって転写を調節されているまとまりであり，同じ RNA ポリメラーゼによって一括して転写される。

③不適・⑤適当。リプレッサー（調節タンパク質）はオペレーターに結合することで転写を調節しており，RNA ポリメラーゼとは結合しない。

④不適。原核生物に核はない。また，基本転写因子が必要なのは真核生物の転写調節である。

問2　**2**　正解は④

オペロンに関する考察問題である。

ⓐ不適。図1のグラフから，遺伝子AとBの発現量は硫酸十分条件のときに増加し，硫酸欠乏条件では増加しないことがわかる。つまり，硫酸イオン濃度による制御を受けていると考えられる。

ⓑ適当。図1のグラフから，遺伝子CとDの発現量は硫酸十分条件のときに増えていることがわかる。このことから，遺伝子CとDは，硫酸十分条件のときに転写・翻訳が行われ，働いていることがわかる。

ⓒ適当。図1のグラフから，遺伝子EとFの発現量は硫酸欠乏条件のときに増えていることがわかる。また，リード文に硫酸欠乏条件に切り替わると，メチオニンやシステインをアミノ酸配列中に必要最小限しか持たない α/β 複合体を使うようになるとあるので，遺伝子EとFがメチオニンやシステインの少ない α/β 複合体の各サブユニットのアミノ酸配列を指定していると考えられる。

ⓓ不適。リード文より，α/β 複合体は光合成に必要なタンパク質であることが示さ

れている。さらに硫酸欠乏条件では，メチオニンやシステインをアミノ酸配列中に最小限しか持たない α/β 複合体をつくることも示されているので，硫酸欠乏条件でも光合成を行っていると考えられる。

問3 ３ 正解は④

転写調節に関する探究問題である。

　検証すべき仮説は「遺伝子Eと遺伝子Fの転写には，調節タンパク質Rが関わっている」である。「調節タンパク質Rが，遺伝子Eと遺伝子Fの調節タンパク質である」と言っているわけではないことに気をつけよう。

　考え方としては，「調節タンパク質Rに変化が起これば，遺伝子Eと遺伝子Fの転写に変化が起こる」ことを示せば，何らかの関わりがあると証明することができる。

①適当。調節タンパク質Rの機能が失われるという変化によって，遺伝子Eと遺伝子Fの発現（転写）に変化が起これば，仮説が正しいと考えられる。

②適当。調節タンパク質Rが過剰に発現しているという変化によって遺伝子Eと遺伝子Fの発現（転写）に変化が起これば，仮説が正しいと考えられる。

③適当。調節タンパク質Rが遺伝子Eと遺伝子Fの調節タンパク質であれば，遺伝子Eと遺伝子Fの転写調節領域（オペレーター）と結合するはずである。結合すれば，調節タンパク質Rが遺伝子Eと遺伝子Fの調節タンパク質である可能性が高くなるので，仮説は正しい可能性が高くなる。

④不適。遺伝子Eと遺伝子Fからつくられるタンパク質は既に転写と翻訳を行った後の生成物であり，これに調節タンパク質Rが結合しても，調節タンパク質Rが遺伝子Eと遺伝子Fの転写に関与するかどうかを確認することはできない。

⑤適当。遺伝子Eと遺伝子Fの発現（転写）が，硫酸イオン濃度の異なる条件によって変動しているので，調節タンパク質Rの発現が硫酸イオン濃度の異なる条件によって変動すれば，両者には何らかの関わりがあると推定される。

問4 ４ 正解は⑦（④で部分正解）

系統樹に関する考察問題である。

分類群	集光装置	
紅　藻	フィコシアノビリン-タンパク質複合体	単独
褐　藻	フコキサンチン-タンパク質複合体	同じグループ
ケイ藻	フコキサンチン-タンパク質複合体	
緑　藻	クロロフィル-タンパク質複合体	同じグループ
植　物	クロロフィル-タンパク質複合体	

　光合成色素の名称がでてきて戸惑うかもしれないが，ここで注目するのは，紅藻が単独で，褐藻とケイ藻が同じ色素，緑藻と植物が同じ色素であるということだけである。

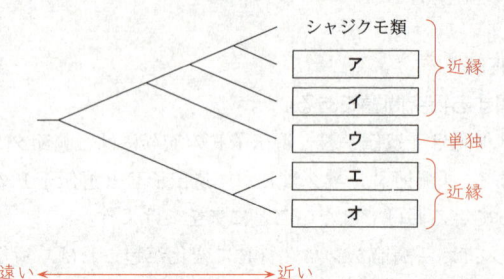

　この系統樹では，分岐点が右に行くほど近縁である（種が分かれてから時間が経っていない）ことを示している。シャジクモ類が植物の祖先と近縁であること，あるいはシャジクモ類が緑色であることを知っていれば，シャジクモ類と近縁なのは植物と緑藻のグループであることがわかる。また，**エ**と**オ**が近縁なので，褐藻とケイ藻，残りの**ウ**が単独の紅藻であることが予想できる。

　問題文に，クロロフィル-タンパク質複合体とフコキサンチン-タンパク質複合体は，それぞれフィコシアノビリン-タンパク質複合体から1回の変化で生じたことが示されているので，この系統樹が正しいことがわかる。

　なお，正答が⑦であり④でないことは，シャジクモ類が植物の祖先と近縁であることを知らないとわからない。

第2問 ── 生物の進化と系統，生物の環境応答

A　難　《進化の仕組み》

問1　5　正解は⑦

遺伝子重複に関する考察問題である。

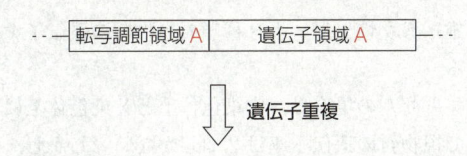

遺伝子重複は，染色体の乗換え時にごくまれに起きる出来事で，本来1つであった遺伝子が2つになってしまう現象である。

塩基配列に変化が起きる突然変異は，DNAのどの場所にも起きる可能性がある。2つの遺伝子領域のうちの1つに突然変異が起きれば，異なるアミノ酸配列のタンパク質を合成する場合もある（ⓐ適当）。2つの転写調節領域のうちの1つに突然変異が起きれば，異なる転写調節を受ける可能性もあり，さらにそれが偶然異なる組織で発現することもあり得る（ⓑ適当）。また，2つのうち1つが何らかの原因で働きが失われても，もう1つは残っているので，問題ない場合もある（ⓒ適当）。

ⓐ〜ⓒのいずれも「…ことがある」となっている。この記述を不適当だと判断するのは，記述されている内容が「絶対起こらない」場合だけである。ⓐ〜ⓒのいずれも絶対起こらないわけではないので，適当だといえる。

問2 　6 ・ 7 　正解は②・⑤

進化に関する考察問題である。

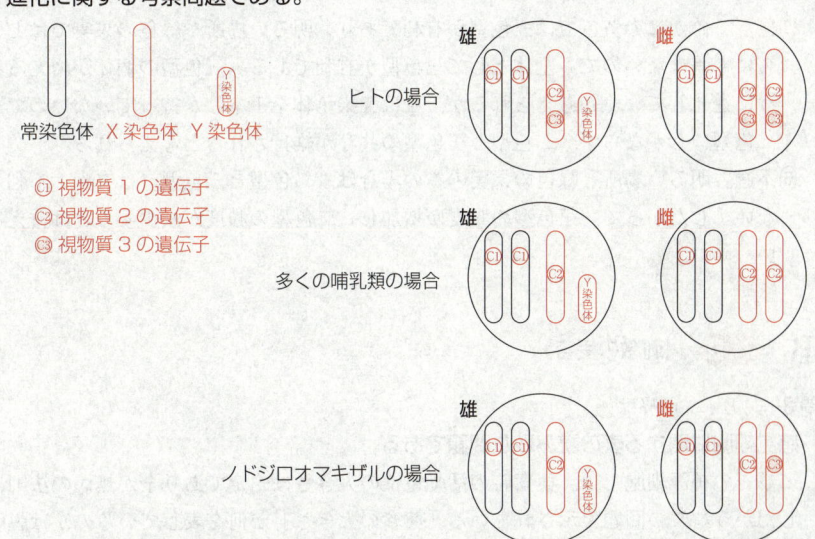

リード文で説明されている，二色型，三色型のしくみを図に表すと上図のようになる。ヒトの場合，常染色体上に1つ，X染色体上に2つの視物質の遺伝子座が存

在し，男性（雄）も女性（雌）も３種類の視物質の遺伝子を持つので，男性も女性も三色型になる。

　ノドジロオマキザルの場合は，常染色体上とX染色体上に一つずつ遺伝子座があり，全体として視物質の遺伝子座は２つしかない。しかし，X染色体上の遺伝子座には異なる視物質をつくる複数の対立遺伝子があり，X染色体上の遺伝子座がヘテロ接合の場合に三色型になる。雄はX染色体を１本しか持っていないので，ヘテロ接合になることはない。また，雌でもホモ接合の場合は二色型になる。

①不適。昆虫が存在しないとすれば，図１の昆虫の発見効率は関係なくなる。図２の果実の発見効率は赤黄色で三色型が高く緑色では同等なので，果実全体では，三色型の発見効率が高く，三色型が生存に有利である。

②適当。果実が存在しないとすれば，図２の果実の発見効率は関係なくなる。図１の昆虫の発見効率は，明るい場所では差がないが，暗い場所では二色型の方が高いので，昆虫全体では，二色型の発見効率が高く，二色型が生存に有利である。

③不適。確かに暗い場所では二色型が，赤黄色では三色型が有利なので，二色型と三色型が共存すると考えられる。しかし，雄はX染色体を１本しか持っていないので，二色型にしかならない。

④不適。確かに赤黄色では三色型が有利なので，三色型の個体が増えるように進化していくと考えられるが，雄はX染色体を１本しか持っていないので，二色型にしかならない。

⑤適当。確かに赤黄色では三色型が有利であり，明るい場所や緑色の果実ではどちらにも差はないので，全体として三色型が有利である。三色型の個体が増えるように進化していくと考えられるが，雄はX染色体を１本しか持っていないので，二色型にしかならず，二色型と三色型の共存が維持されると考えられる。

⑥不適。明るい場所と緑色の果実のみの場合は，二色型と三色型には有利・不利がない。したがって，三色型の頻度が増加し，二色型の頻度が減少するとは言えない。

B　やや難　《刺激の受容》

問3　　8　　正解は④

感覚細胞に関する表の読み取り問題である。

　単一の神経細胞では，興奮時の活動電位の大きさは一定であり全か無かの法則にしたがう。この問題で示されている「興奮の大きさ」が何を表しているのかは説明されていないが，さまざまな数値をとりうる何らかの指標を表しているものとして考えよう。

①適当。例えば，表２の培養細胞Bでは，匂い物質C，D，Eに対して，濃度が高

くなっても全く興奮していない。

②適当。例えば，表1の培養細胞Aは，匂い物質Cに対して，3mg/L の濃度で興奮しておらず 10mg/L 以上で興奮しているので，興奮する最低濃度は 10mg/L である。一方，匂い物質Eでは，この興奮する最低濃度が 30mg/L であり，匂い物質によって嗅細胞の興奮する最低濃度が異なることがわかる。

③適当。例えば，匂い物質Cの場合，3mg/L の濃度では培養細胞Aも培養細胞Bも興奮しないが，10mg/L の濃度では培養細胞Aだけが興奮する。また，匂い物質Fの場合，3mg/L の濃度では培養細胞Aだけが興奮するが，30mg/L 以上の濃度では培養細胞Aと培養細胞Bの両方が興奮する。つまり，匂い物質の種類や濃度によっては，興奮する嗅細胞の組合せが異なる。

④不適。例えば，表1の培養細胞Aをみると，匂い物質の濃度が 10mg/L の場合，匂い物質C〜Gに対してそれぞれ 25，15，0，40，35 とそれぞれ異なる大きさの興奮をしているのに対して，最も高い濃度である 300mg/L の場合は，全て 100 と同じ大きさの興奮を示している。

⑤適当。例えば，表1の匂い物質Cと匂い物質Dを見てみると，同じ 10mg/L の濃度でも，25，15 と興奮の大きさが異なっている。

問4　　9　　正解は⑦

感覚細胞に関する計算問題である。

　まず1種類の嗅細胞の情報は嗅球の1か所を興奮させるので，嗅細胞が 10 種類であれば，嗅球の興奮する場所も 10 か所である。

　嗅球の 10 か所がそれぞれ4段階の興奮の大きさを持つとすると，その組合せは 4^{10} 通りである。$4^{10} = 1,048,576$ なので，⑦が最も近い。

　ちなみに，$4^{10} = 2^{20}$ である。数学の対数を使うと，$2^x \fallingdotseq 10^{(x \times 0.3)}$ から，$2^{20} \fallingdotseq 10^6$ であることが簡単にわかる。

第3問　難 ── 生物の環境応答

問1　　10　　正解は⑧

光発芽種子に関する知識問題である。

CHECK　フィトクロム

　フィトクロムは，図のように赤色光を吸収して遠赤色光吸収型（Pfr 型）に，遠赤色光を吸収して赤色光吸収型（Pr 型）に変化する。

　葉では，光合成に必要な波長の光を多く吸収する。光合成では主に赤色光と青色光が使われ，

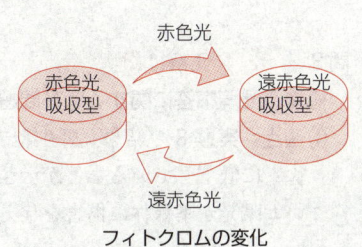

フィトクロムの変化

遠赤色光はあまり使われない。そのため，遠赤色光に対する赤色光の割合は，日なたで**高く（ア）**，葉陰で低い。

　赤色光の割合が高いということは，Pr 型（赤色光吸収型）は Pfr 型（遠赤色光吸収型）へと変化するので，Pfr 型（遠赤色光吸収型）は**増加**する（**イ**）。

　アブシシン酸は，種子の休眠を維持する働きのある植物ホルモンである。種子の発芽を促進するときには，このアブシシン酸の働きが**抑制（ウ）**される必要がある。

問2　　11　　正解は⑤

光合成色素に関する考察問題である。

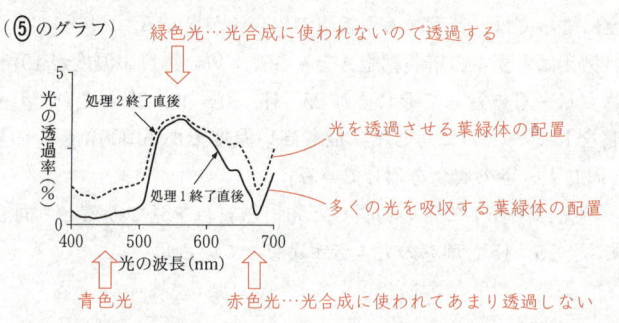

（⑤のグラフ）

緑色光…光合成に使われないので透過する

光を透過させる葉緑体の配置

多くの光を吸収する葉緑体の配置

青色光　　　　　赤色光…光合成に使われてあまり透過しない

　まず，知識として，光合成では主に赤色光（グラフ右側の 700 nm の方）と青色光（グラフ左側の 400 nm の方）が使われること，緑色光（グラフ中央付近）は使われないことを知っている必要がある。

　次に，グラフは，細胞を透過してきた光，つまり光合成に使われなかった光の割合を示したものであることを理解する必要がある。

　光合成に使われない光は，グラフ中央付近の緑色光であり，グラフ中央付近が高い値を示しているのは⑤と⑥である。

　実験1の図3から，処理1終了直後は葉緑体が細胞の上面と底面に集まり，より多くの光を吸収する（透過する光が少なくなる）形に，処理2終了直後は葉緑体が側面に集まりあまり光を吸収しない（透過する光が多くなる）形になっていることがわかる。このことから，処理2終了直後の方が透過する光の割合が大きい⑤が最も適当である。

問3　　12　　正解は②

植物の環境応答に関する考察問題である。

①**適当。実験3**の結果，野生型・変異体（QおよびR）の光合成速度はいずれも徐々に低下していることが示されている。この原因は特定できないが，仮に，強い太陽光が葉緑体に傷害を与えるとすれば，その結果光合成速度は低下するので，

その可能性はあると考えられる。

②不適。変異体Qの方が変異体Rよりもより多くの光を吸収する葉緑体の配置をしている。光合成速度に変化がなければ，変異体Qの方がより多くの光合成を行い，成長速度が大きいはずである。しかし，**実験3**で，日なたでの光合成速度の低下は変異体Qの方が大きいことが示されている。どの程度の低下なのかは示されていないので，変異体Qと変異体Rのどちらが多くの光合成を行ったのかはわからない。つまり，変異体Qの方が変異体Rよりも成長速度が大きいとは限らない。

③適当。**実験3**から日なたでは光合成速度の低下が見られることから，光によって葉緑体が傷害されている可能性がある。また，最初から葉緑体が側面にあった変異体Rが最も光合成速度の低下が小さかったことから，葉緑体が側面にあれば葉緑体の傷害が小さいことが推定される。**実験1**では，野生株は日なたにさらされると（処理2）葉緑体を側面に分布させ，光の吸収量を減らしていることが示されている。これらのことから，野生株は，日なたでは葉緑体を側面に分布させることで，強い太陽光による葉緑体の傷害を避けていると考えられる。

④適当。**実験2**から，葉緑体の分布には青色光受容体のフォトトロピンだけが関与していることが示されている。葉陰以外の場所でも青色の光が弱い環境では，葉陰と同様の分布，つまり葉緑体は細胞上面と細胞底面に分布すると考えられる。

第4問　　難 ── 生命現象と物質，生態と環境

問1　　13　正解は③

代謝に関する知識問題である。

①正文。RNAのアデニンをもつヌクレオチドにリン酸を2個つなげたものがATPである。アデニンには（他の塩基にも）窒素が含まれているし，ヌクレオチドにはリン酸が1個あるので，核酸（DNAとRNA）の合成にもATPの合成にも，窒素とリンの両方が必要である。

②正文。植物が行う窒素同化では，土中の硝酸イオンを使ってグルタミンというアミノ酸を最初に合成する。これに含まれる窒素を利用して，各種の有機窒素化合物が合成される。

③誤文。タンパク質の主鎖はペプチド結合でつながっているが，立体構造がつくられるのは，主鎖間の水素結合や，側鎖間のジスルフィド結合（S-S結合）などであり，側鎖のペプチド結合ではない。

④正文。カルビン・ベンソン回路では，$NADP^+$ による電子の運搬が必要であり，$NADP^+$ は窒素を含む有機物である。このことを知らなくても③が明らかに誤りなので正答できる。

問2　14　正解は③

生態ピラミッドに関する知識問題である。

　生態系内の全ての生物が呼吸をすると，有機物が分解されて二酸化炭素や水といった無機物になるので，生態系から有機物が失われる。

　植物の総生産量から全ての生物（生産者と，分解者を含む消費者）の呼吸量を差し引いたものが生態系内に有機物として残ることになる。

　生産者の純生産量は，総生産量から生産者の呼吸量を差し引いたものであるから，その純生産量からさらに分解者を含む消費者の呼吸量を差し引けばよい。よって，③が適当。

　なお，純生産量からさらに生産者の呼吸量を差し引くと二重に差し引くことになるため，①④⑤は不適。

問3　15　正解は②

植物の成長に関する考察問題である。

　問題文に「この結果から，植物Mの成長量は，窒素とリンのうち，土壌から得られる量が必要量に比べて不足している栄養分によって制限されていると考えられた」とある。ア～ウで肥料として与えた窒素とリンのうち，成長量が増えているものが，地点A～Cで不足していることになる。

　例えば，ハンバーガー1個＋ポテト1個＋ドリンク1個のハンバーガーセットで考えてみよう。今，ハンバーガーが100個，ポテトが150個，ドリンクが200個あるとする。このままではハンバーガーセットは100セットしかできない。ここにハンバーガーだけを100個追加すれば150セットまでつくれる（今度はポテトが足りなくなる）。一方，ポテトだけを100個追加してもつくれるハンバーガーセットは100セットのまま増えない。ハンバーガーとポテトの両方を100個追加すれば，200セットまでつくれるようになる。この変化をグラフにすると右のようになり，問題のアのグラフと似たものとなる。

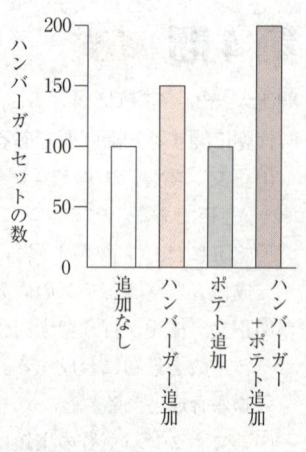

　逆に考えれば，このグラフから，最初に最も不足していたのはハンバーガーの数だったことが推測できる。

ア．肥料として窒素を与えると成長量が大きくなるのに対して，リンを与えても成長量に変化が見られない。これは，その場所に窒素が少なく，リンが十分に多いことを示している。地点A～Cの中でこの条件にあてはまるのは地点Aである。

イ．肥料としてリンを与えると成長量が大きくなるのに対して，窒素を与えても成長量に変化が見られない。これは，その場所にリンが少なく，窒素が十分に多いことを示している。地点A～Cの中でこの条件にあてはまるのは地点Cである。

ウ．肥料として窒素を与えると成長量がわずかに大きくなるのに対して，リンを与えても成長量に変化が見られない。さらに，窒素とリンの両方を与えると成長量が大きく増加する。これは，その場所ではどちらかと言えば窒素の方が不足しているが，窒素とリンの両方が少ないことを示している。地点A～Cの中でこの条件にあてはまるのは地点Bである。

問4　16　正解は③　　17　正解は⑦

窒素固定に関する知識問題である。

CHECK　窒素同化

植物体内に取り込まれたアンモニウムイオンは，下のような経路で利用される。

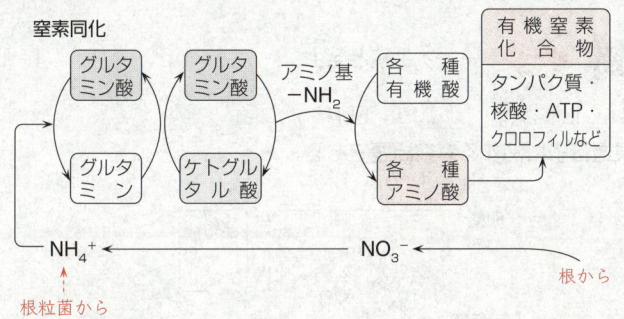

エ．図3の左下の図から，1分子の窒素（N_2）をアンモニアに還元するためには，16分子の ATP と 8 個の e^- が必要であることがわかる。図3の左上の図から，16分子の ATP を得るためにはグルコースが $\frac{1}{2}$ 分子必要なことが，右上の図から，8 個の e^- 得るためにはグルコースが $\frac{1}{2}$ 分子必要なことがわかり，合計 1 分子のグルコースが必要である。図3の左上の図と右上の図ではどちらもグルコースが使われているが，2つの反応は別々のものであることが問題文中に示されていることに注意しよう。

オ．植物の窒素同化で，アミノ基はグルタミン酸から有機酸（ケトグルタル酸）に転移される。また，このことを覚えていなくても，グルタミン酸がアミノ酸（アミノ基を持つ）で，オキサロ酢酸，ケトグルタル酸，ピルビン酸が有機酸（アミ

ノ基を持たない）であることを知っていれば，正答できる。

問5　　18　　正解は⑥　（②で部分正解）

窒素固定に関する考察問題である。

　NH_4^+ は既に還元されているのでこのまま窒素同化に用いられるが，NO_3^- は，一度 NH_4^+ に還元してから窒素同化に用いられる。問題文中で示されているとおり，この還元にはエネルギーが必要なので，NH_4^+（**カ**）よりも NO_3^-（**キ**）を用いる経路の方が，必要なエネルギー量が大きい。

　根粒菌は，無機物から有機物をつくること（光合成や化学合成）ができない従属栄養生物（**ク**）である。

　植物が根粒菌と共生すると，根粒菌による窒素固定に必要なエネルギーだけでなく，根粒菌が生きていくのに必要なエネルギーも負担しなくてはならないので，エネルギーをたくさん必要とする。このためには光合成がたくさんできる明るい環境が必要である。暗い環境（**ケ**）では，必要なエネルギーをまかなえずに負担が増える（大きな利益が得られない）ことになる。

第5問　　難 ── 生殖と発生

問1　　19　　正解は⑤　　20　　正解は④

母性効果遺伝子に関する考察問題である。

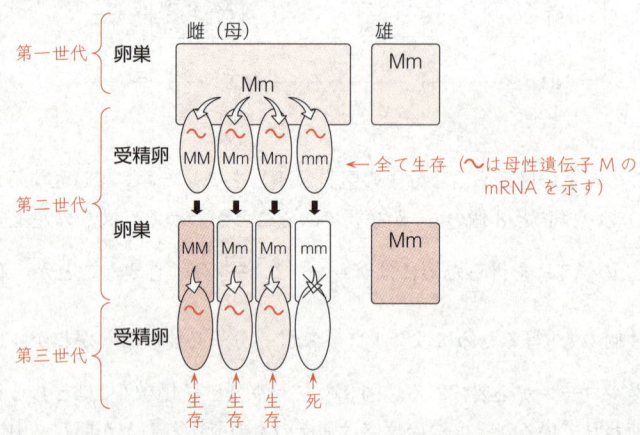

　説明する上で混乱しないために，ここでは最初のヘテロ接合どうしの雄雌を第一世代，第一世代の子を第二世代，第二世代の子を第三世代と呼ぶことにする。

　第二世代の卵の生存は，第二世代の持つ遺伝子が何であろうと母親の持つ遺伝子型によって決まる。同じ母親から生まれるのだから全て生存（100％生存）か全て

死亡する（0％生存）かのいずれかである。問題文より第二世代には生存する個体がいることが示されているので第二世代は理論上 100 ％が成虫まで発生する（**ア**）。ここで，遺伝子型 Mm の子は生存することがわかる。

第二世代の持つ遺伝子型は，ヘテロ接合どうしの交配なので，$\frac{1}{4}$ が MM，$\frac{1}{2}$ が Mm，$\frac{1}{4}$ が mm になる。

第三世代の卵が生存するかどうかは，第三世代の遺伝子型が何であろうと第二世代の母親が持つ遺伝子型で決まる。遺伝子型 MM，Mm の作る第三世代は生存し，生存に必要な遺伝子 M を持たない遺伝子型 mm がつくる第三世代は死亡する。よって第三世代は 75 ％が成虫まで発生する（**イ**）。

問2　21　正解は⑤　（本問については大学入試センターから「①も正解とする」と発表があった。詳しくは解答 p.1 の注 4 を参照）

母性効果遺伝子に関する知識問題である。

CHECK　前後軸の決定

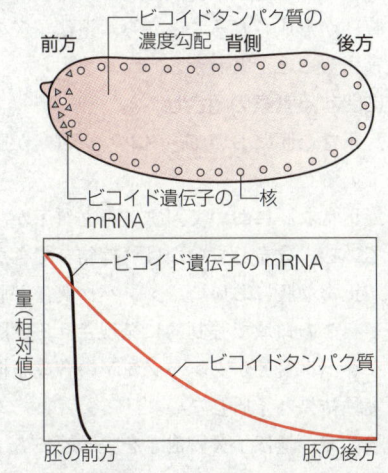

前後軸にかかわる母性因子の例としてビコイドがある。ビコイドの mRNA は胚の前方に局在し，ここでタンパク質に翻訳される。この時期は，核は分裂しているものの細胞質はまだ分かれていないので，翻訳されたタンパク質は拡散によって後方に広がっていき濃度勾配を形成する。そして，このビコイドの濃度の違いが，それぞれの核に異なった遺伝子の発現をもたらす。

ショウジョウバエの発生では，最初核だけが分裂して多核体となる。この時期に前後軸を決定する母性因子（タンパク質）は，前あるいは後ろに局在した mRNA が翻訳されてつくられ，拡散によって濃度勾配を形成する（ⓑ**不適**・ⓒ**適当**）。その後，核は細胞表面に移動し，一斉に細胞質分裂を起こして多数の細胞となる。こ

のとき各細胞には，前後の位置に応じた濃度の母性因子（タンパク質）があり，この濃度によって異なる遺伝子が発現する（ⓐ適当）。

問3 　22　 正解は⑤　 23　 正解は⑧

母性効果遺伝子に関する考察問題である。

実験1～3では，XとYの2つの遺伝子の関係で腹部が形成されたりされなかったりしている。この2つの遺伝子の関係を整理してみよう。

X	Y	腹部
有	有	形成される（正常胚）
有	無	不明（問題に示されていない）
無	有	形成されない（実験1）
無	無	形成される（実験2）

まず，どちらも働かない場合は腹部が形成されること，遺伝子Yだけが働くと腹部が形成されないことを考えると，遺伝子Yは腹部の形成を抑制していることがわかる。遺伝子Yが働くと腹部の形成が抑制されるにもかかわらず，遺伝子Yと遺伝子Xの両方が働くと腹部が形成されることから，遺伝子Xの働きは遺伝子Yの働きを何らかの方法で阻害することだとわかる。

タンパク質Xの働きに関する考察の組合せ

ⓓ不適。実験3より，正常な胚において，タンパク質Yが腹部の領域に分布していないことが示されている。

ⓔ不適。実験3より，正常な胚において，タンパク質Yが腹部の領域に分布していないことが示されている。分布していなければ結合できない。

ⓕ適当。実験3より，正常な胚において，タンパク質Yが腹部の領域に分布していないこと，遺伝子Yをこの領域で強制的に発現させると腹部が形成されないことが示されている。タンパク質Xがタンパク質Yの合成を抑制することで腹部を形成していることは実験結果と矛盾しない。

ⓖ適当・ⓗ不適。実験2で，遺伝子Xの働きを失わせても（タンパク質Xが合成されなくなっても）腹部が形成されることが示されている。

タンパク質Xの性質に関する推論

⑦不適。母性効果遺伝子なのでタンパク質Xは卵の中でつくられるが，タンパク質Yをつくる遺伝子YのDNAは母親の細胞内にある。

⑧適当。実験3で，正常な発生の過程では，タンパク質YのmRNAは卵の全域に分布するが，タンパク質Yは腹部が形成される領域に分布しないことが示されている。このことから，腹部が形成される領域においてmRNAからタンパク質Yへの翻訳が阻害されている可能性がある。よってタンパク質Xはタンパク質Yの

mRNA に結合することで，タンパク質Yの翻訳を阻害していると推察できる。

⑨**不適**。実験3で，正常な発生において腹部が形成される領域にタンパク質Yがないことが示されている。

⓪**不適**。タンパク質Xが合成されたタンパク質Yを細胞外に分泌させて，タンパク質Yの働きを阻害しているのであれば，**実験3**において，腹部でタンパク質Yを強制的に合成させても，タンパク質Xによってタンパク質Yは細胞外に分泌されるので，腹部が形成されるはずである。

問4　　24　　正解は②

母性効果遺伝子に関する考察問題である。

　まず，**実験1**で遺伝子Xの働きを失わせると卵が孵化しないことが示されている。配偶子は成虫になって形成されるので，配偶子に分化したかどうかは遺伝子Xの働きがないと確かめられない。したがって，移植を受け成虫まで生存したと推定される**エ**と**カ**は野生型である必要がある。

　次に，移植を受けた胚が同じなのにもかかわらず，配偶子形成の結果に違いが出ているので，正常に配偶子に分化した**ウ**が野生型，配偶子に分化しなかった**オ**が変異体であると考えられる。

第6問　🔴難　── 生態と環境

問1　　25　　正解は⑥

競争に関する知識問題である。

ⓐ**不適**。群れの大きさとは，群れの個体数のことである。種内での競争の結果，死ぬ個体が増えたり減ったりすれば個体数は変化する。捕食者の数も個体数に影響する。

ⓑ**不適**。縄張りを形成した個体は，他の個体を排除する。お互いに排除し合うと一様分布になりやすい。集中分布になりやすいのは群れを形成するときである。

ⓒ**適当**。この場合の種間競争は，食物を奪い合う関係だと考えられる。例えば，A種が大きいものを，B種が小さいものを食べるようになれば，食物を奪い合う関係は緩和されることになる。

ⓓ**適当**。種間競争は，食物や生活空間などの資源を奪い合う関係である。例えば，広範囲を移動できる生物間でも食物を奪い合うこともあるし，ほとんど移動できない生物の場合でも生活空間を奪い合うこともある。

問2　　26　　正解は②

縄張りに関する考察問題である。

①適当。実験1で「実験前の体重が重かった個体が縄張り個体に，軽かった個体が群れ個体になっていた」「実験期間中の体重増加量は，どの水路でも，縄張り個体になったアユが，群れ個体になったアユよりも大きかった」とある。重い個体の体重増加が大きく，軽い個体の体重増加が小さいのだから，その差は大きくなると考えられる。

②不適。表1で，縄張りの総面積は

　　　　［縄張り個体の数］×［縄張りの大きさ（平均値）］

で求まる。計算してみると，水路A〜Eでそれぞれ，7.2，7.2，7.2，6.5，5.0で，どの水路でも変わらないわけではない。

③適当。実験1で，「実験前の体重が重かった個体が縄張り個体」になったとあるので，実験2でも同じであると考えられる。

④適当。群れアユが生息していた面積が空くので，その分各個体の縄張りの面積が大きくなることは十分考えられる。

問3　　27　　正解は①　　28　　正解は⑨

縄張りに関する考察問題である。

　二人の会話にヒントがある。まず，「労力（コスト）は個体群密度の違いで変わる」と示されている。個体群密度が大きくなればなるほど，追い払わねばならない相手が増えるので労力（コスト）が増すと考えられる。また，水深が深くなると光が弱くなることが関係すると示されている。水深が深くなって光の量が減ると光合成量が減るので，同じ面積の縄張りから得られるエサが減り利益が小さくなると考えられる。

地点Yのモデル

　地点Yは地点Xと水深が同じことから，得られる利益は同じだと考えられる。利益を示すグラフが図1と同じなのは①だけ。また，個体群密度が地点Xよりも大きいので同じ大きさの縄張りに対する労力は地点Xよりも大きくなるはずであり，モデルとして①のグラフが適当である。

地点Zの最適な縄張りの大きさ

　地点Zは水深が地点Xよりも深いので，得られる利益は小さくなると考えられる。また，個体群密度が地点Xよりも小さいので，同じ大きさの縄張りに対する労力（コスト）も地点Xよりも小さくなるはずである。この2つを満たしているのは④である。④のグラフを用いて最適な縄張りの大きさを求める。最適な縄張りの大きさは，［利益］から［労力（コスト）］を引いた値が最大になる面積である。よって，次図より $5m^2$ となる。

（④のグラフ）

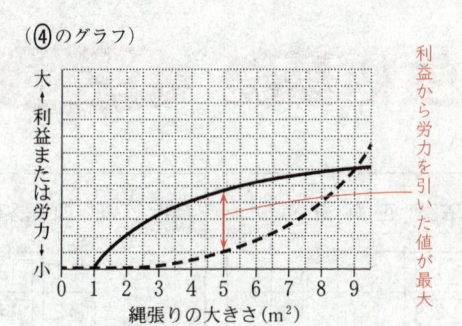

縦軸（左）：大 ← 利益または労力 → 小

横軸：縄張りの大きさ（m²） 0 1 2 3 4 5 6 7 8 9

利益から労力を引いた値が最大

生物基礎　本試験

問題番号（配点）	設問		解答番号	正解	配点	チェック
第1問（16）	A	問1	1	③	3	
		問2	2	⑤	3	
	B	問3	3	④	3	
		問4	4	①	3	
		問5	5	⑧	4	
第2問（17）	A	問1	6	⑥	4*1（各1）	
			7	⑧		
			8	⓪		
		問2	9	④	3	
	B	問3	10	②	3	
		問4	11	④	3	
		問5	12	⑥	4*2	

問題番号（配点）	設問		解答番号	正解	配点	チェック
第3問（17）	A	問1	13	⑤	3	
		問2	14	①	3	
		問3	15	①	4*3	
	B	問4	16	⑤	3	
		問5	17	③	2	
			18	①	2	

（注）
1　*1は，全部正解の場合に4点を与える。
2　*2は，②，⑤，⑧のいずれかを解答した場合は1点を与える。
3　*3は，④，⑤のいずれかを解答した場合は1点を与える。

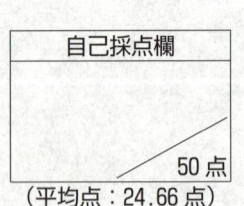

自己採点欄

50点

（平均点：24.66点）

第1問 ── 生物の特徴と遺伝子

A 〔やや難〕《生物の特徴》

問1　| 1 |　正解は③

原核細胞と真核細胞に関する知識問題である。

① 不適。核酸とは DNA と RNA のことである。原核細胞でも真核細胞でも，DNA の塩基は ATGC，RNA の塩基は AUGC で共通である。

② 不適。酵素は生物がつくる触媒のことで，化学反応を進行させる。代謝とは生物が行う化学反応全般を指す。原核細胞にも真核細胞にも酵素は存在している。

③ 適当。原核細胞も ATP の合成を行うが，核や葉緑体，ミトコンドリアなどの細胞小器官は存在しない。

④ 不適。細胞の大きさは一般的には真核細胞の方が大きい。真核細胞は一般的に肉眼では観察できないことが多いが，ゾウリムシやアメーバなどの比較的大きい単細胞は肉眼でも観察できるし，ニワトリの卵細胞（いわゆるタマゴの黄身の部分）などは十分に肉眼で観察できる。

⑤ 不適。酸素を用いて有機物を分解し ATP を合成する反応を呼吸という。生物の進化の過程で，呼吸は原核細胞の一部（好気性細菌）が最初に行うようになった。真核細胞のミトコンドリアは，この好気性細菌が起源となっている。つまり，原核細胞にも真核細胞にも呼吸を行うものがいる。

問2　| 2 |　正解は⑤

細胞内共生に関する考察問題である。

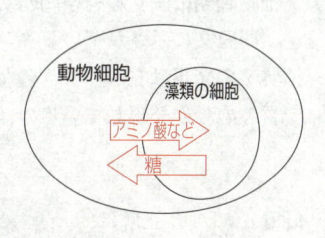

　問題文は，少し難しく感じるような書き方をしているが，内容はとても簡単である。まず共生関係とは，お互いに利益になる関係のことである。ここでは，お互いに必要な物質を与え合っている。

　藻類から動物細胞に供給される物質は光合成でつくられる有機物，つまり糖（ア）である。二酸化炭素は動物細胞にとって排出するべき物質なので，二酸化炭素をもらっても利益にはならない。

　動物細胞から藻類へ供給される物質はアミノ酸などである。これは「藻類は，動物細胞が生成するアミノ酸などを栄養分として利用するようになり」という部分で示されている。また，「この栄養分を取り込む働きを持つタンパク質…」とあるので，このような働きをするタンパク質があることが問題文から読み取れる。ここで，タンパク質が，遺伝子の転写・翻訳の過程を経てつくられることを「遺伝子の発現」という。藻類の細胞が動物細胞からアミノ酸などを取り込むために，その働き

を持つタンパク質をたくさんつくる必要があるので，その遺伝子の発現が<u>上昇</u>する（イ）。

　動物細胞にとっては，このアミノ酸などの栄養分を藻類に供給する分だけ余分に生成する必要があるので，その働きを持つタンパク質の発現が<u>上昇</u>する（ウ）。

B　やや難　《細胞周期》

問3　3　正解は④

DNA の複製に関する知識および計算問題である。

　まず，体細胞に含まれる DNA には，何個の塩基対があるかを考える。問題文には精子に含まれる DNA には 3×10^9 個の塩基対があることが示されている。体細胞は，精子と卵が受精してできた細胞であるから，精子が持っていた 3×10^9 個と卵が持っていた 3×10^9 個を合わせた 6×10^9 個の塩基対があることがわかる。

　DNA の複製は，一つの場所で 1×10^6 塩基対の複製が行われていることが問題文に示されているので，体細胞の核で全ての DNA が複製されるために，いくつの場所で複製が開始される必要があるかを求める計算は次のようになる。

$$6 \times 10^9 \quad \div \quad 1 \times 10^6 \quad = \quad 6 \times 10^3 \quad = \quad 6000$$

体細胞の核に含まれる　　一つの場所で複製される　　DNA が複製される
DNA の塩基対　　　　　DNA の塩基対　　　　　　場所の数

問4　4　正解は①

細胞周期に関する考察問題である。

　問題文に示されているタンパク質Xとタンパク質Yの発現は右図のようになっている。タンパク質Xのみが発現しているのは G_1 期である。

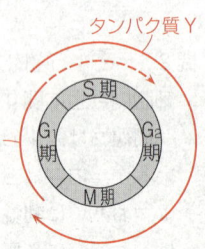

タンパク質Y
S 期
タンパク質X
G_1 期　　G_2 期
M 期

問5　5　正解は⑧

細胞周期に関する考察問題である。

CHECK　細胞周期と DNA 量の関係

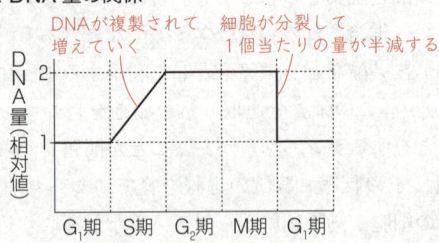

DNAが複製されて増えていく　　細胞が分裂して1個当たりの量が半減する

DNA量（相対値）

G_1期　S期　G_2期　M期　G_1期

　細胞周期の各時期における DNA 量はおおむね前図のようになる。S期に DNA が複製（合成）されて増えていき，G_1 期の 2 倍になる。また，M期の終わり頃に細胞が 2 つに分裂するため，細胞 1 個当たりの DNA 量は半減する。なお，問題文にある「細胞を固定した」というのは，細胞を瞬間的に殺し，細胞の状態が変化しないように処置した，ということである。

　物質Aは複製中の DNA に取り込まれることが示されている。つまり，物質Aの量が多い細胞集団工は，細胞周期のS期（DNA 合成期）であることがわかる。

　また，グラフの横軸には細胞の DNA 量が示されているので，細胞の DNA 量が「1」の細胞集団オは DNA 複製前，細胞の DNA 量が「2」の細胞集団力は DNA 複製後であることがわかる。

　DNA が複製され，分裂によって半減するまでの時期は G_2 期とM期である。

第2問 ── 生物の体内環境の維持

A 標準 《胆汁のはたらき》

問1 　6 　正解は⑥　 7 　正解は⑧　 8 　正解は⓪

胆汁のはたらきに関する探究問題である。

CHECK 対照実験

　実験を計画したり，実験結果から考察したりするときには，次の点に留意する必要がある。確かめたい条件以外は全て同じ条件で行った対照実験と比較することである。

結論1

　これを導き出すためには，リパーゼがあれば脂肪が分解されるが，なければ分解されないという結果が必要である。また，これ以外は全て同じ条件でなければならない。これにあてはまるのは，試験管ⓑと試験管ⓓである。

結論2

　これを導き出すためには，未処理のリパーゼだと脂肪が分解されるが，高温で処理したリパーゼだと分解されないという結果が必要である。また，これ以外は全て同じ条件でなければならない。これにあてはまるのは，試験管ⓒと試験管ⓓである。

結論3

　これを導き出すためには，胆汁を加えた方がリパーゼによる脂肪の分解が促進されるという結果が必要である。もし脂肪の分解が促進されれば，その分生成する脂肪酸が多くなり，反応液がより酸性に傾くはずである。これにあてはまるのは，試験管ⓓと試験管ⓔである。

問2　9　正解は④

胆汁のはたらきに関する探究問題である。

　油は水に浮くことを考えると，実験2で得られた各層は，層Xが食用油，層Yが蒸留水であることがわかる。また，胆汁を加えて新たに形成された層Zが，乳化した食用油の層であることがわかる。

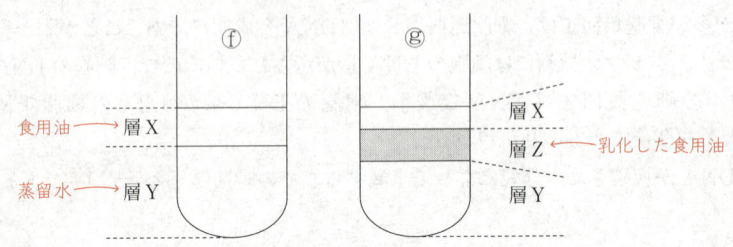

　仮説は「胆汁は，リパーゼによる脂肪の分解を，脂肪を乳化することにより助けている」である。これを検証するためには，「脂肪が乳化したもの」と「脂肪が乳化していないもの」を比べる必要がある。実験2で得られた層のうち，脂肪（食用油）が乳化したものは層Z，脂肪（食用油）が乳化していないものは層Xである。したがって，文章中のアとイには，XとZのいずれかが入る。アの選択肢中にはZが存在しないので，アにX，イにZが入る。そして，仮説が正しければ，脂肪（食用油）が乳化した層Zを入れた試験管の方がより濃い赤色になる（より分解する）ので，ウにはZが入る。

B　標準　《免 疫》

問3　10　正解は②

自然免疫に関する知識問題である。

　ナチュラルキラー（NK）細胞は，ウイルスに感染するなどして異常を起こした細胞を攻撃して殺すが，食作用は行わない。よって②が誤りである。

問4　11　正解は④

抗体産生に関する知識問題である。

　問題文で「抗体産生に関する」文章であることが示されている。抗体産生に関係する細胞は，樹状細胞，ヘルパーT細胞，B細胞であり，キラーT細胞は関係ない。また，これらの細胞が接触する場所はリンパ節であり，胸腺ではない。

問5　12　正解は⑥

免疫に関する考察問題である。

実験1．マウスRは，無毒化したウイルスWを注射してから2週間が経過しているので，ウイルスWに対する記憶細胞は既に存在すると考えられる。無毒化していないウイルスWが注射されると，自然免疫の好中球と獲得免疫の記憶細胞の両方が働き始めるが，獲得免疫の方が自然免疫よりも強力なので，主に獲得免疫によって無毒化していないウイルスWが排除されたと考えられる。よって，ⓙよりもⓚの方がより適当である。

実験2．マウスRの血清中にはウイルスWに対する抗体が含まれていると考えられる。この血清がマウスSに注射されたのだから，マウスSにはウイルスWに対する抗体が存在し，この抗体によって無毒化していないウイルスWが排除されたと考えるⓛが適当である。また，マウスSには，ウイルスWに対する記憶細胞が形成されるような処置をした記載がないので，記憶細胞が働いたと考えるⓜは不適である。

実験3．マウスTはB細胞を完全に欠くので，抗体は産生できない。よってⓝは不適である。B細胞がなくても，キラーT細胞が働くことはできるので，ⓞが適当である。

第3問 ── 生物の多様性と生態系

A 　標準　《窒素循環》

問1　13　正解は⑤

代謝に関する知識問題である。

　光合成は，光エネルギーを化学エネルギー（ア）に変換する。光エネルギーを熱エネルギーに変換しても温度が上がるだけで有機物には蓄えられない。

　同化は，比較的小さいものから，大きなものを合成していく過程のことである。グルコースがたくさんつながったものがグリコーゲンなので，同化の過程はグルコースからグリコーゲンを合成する過程（イ）である。また，ADPにリン酸が結合したものがATPなので，同化の過程はADPからATPを合成する過程（ウ）となる。

問2　14　正解は①

窒素循環に関する知識問題である。

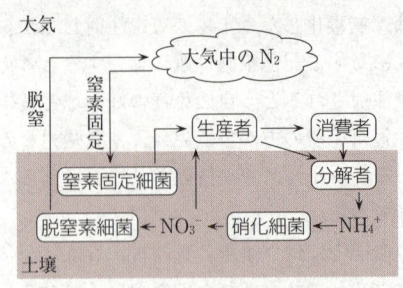

大気

大気中の N₂

脱窒　窒素固定

生産者　→　消費者

窒素固定細菌　→　分解者

脱窒素細菌　← NO₃⁻ ← 硝化細菌 ← NH₄⁺

土壌

　　上図は，土壌を中心とした窒素循環の図である。問題の水槽中では，窒素固定や脱窒は想定されていないが，それ以外は同様に循環する。

　　水槽中のエサの残りや魚から脱落した細胞などに含まれる有機窒素化合物は，細菌などによって分解され，アンモニウムイオンとなる。アンモニウムイオンは硝化菌（硝化細菌）の働きで硝酸イオンとなる（この過程を硝化という）。硝酸イオンは水草（生産者）に吸収される。

問3　15　正解は①

窒素循環に関する考察問題である。

ⓐ**適当**。問2で見たように，水槽中の窒素は水草（植物）に吸収されて利用される。水槽から水草を取り除けば，水草に含まれていた窒素を水槽から取り除くことができる。

ⓑ**不適**。水草を魚が食べれば，窒素は水草から魚へ移動するが，水槽からは出ていかない。

ⓒ**不適**。光の量を減らして水草の光合成量を減らせば，水槽中の炭素の量は減少するが，窒素の量は変化しない。

B　標準　《バイオーム》

問4　16　正解は⑤

バイオームに関する知識問題である。

①**不適**。バイオームAはツンドラである。ツンドラでは夏には表面が溶け，地衣類の他にコケ植物などが生育するので，植物が生育できないわけではい。

②**不適**。バイオームBは針葉樹林である。亜寒帯に分布するが，日本ではエゾマツなどの高木が優占種になるので，低木が優占するわけではない。

③**不適**。バイオームDは照葉樹林である。厚い葉を持つ常緑広葉樹が優占するが，日本では関東から西日本にかけて日本海側も含めて広く成立する。また，北海道には分布しない。

④**不適**。バイオームFは硬葉樹林である。地中海性気候で成立し，ユーラシア大陸特有のバイオームではない。

⑤**適当**。バイオームⅠはサバンナである。イネ科の草原で，樹木が点在することもある。

問5 　17　正解は③　　18　正解は①

バイオームに関する考察問題である。

　例として示されているバイオームGは雨緑樹林である。雨緑樹林は，雨季に葉を茂らせ，乾季に落葉する樹木が優占する。問題文に，グラフの指標Nは緑葉の量を表すことが示されているので，指標Nの高い時期が葉を茂らせる雨期であることが読み取れる。

バイオームC

　バイオームCは夏緑樹林である。夏緑樹林は，春から夏にかけて葉を茂らせ，秋から冬にかけて落葉する樹木が優占する。春から夏にかけて指標Nが上昇し，秋から冬にかけて下降するグラフ③を選ぶ。

バイオームE

　バイオームEは熱帯多雨林である。熱帯多雨林は，植物が年間を通じて最も高い密度で光合成をしている。年間を通じて指標Nが高いグラフ①を選ぶ。

生 物 本試験

問題番号 （配点）	設　問		解答番号	正　解	配　点	チェック
第1問 （12）	問1		1	⑤	4	
	問2		2	③	4	
	問3		3	⑤	4*1	
第2問 （22）	A	問1	4	④	4	
		問2	5	②	4	
	B	問3	6	②	3	
		問4	7	③	4	
		問5	8	①	3	
		問6	9	④	4	
第3問 （19）	問1		10	①	4	
	問2		11	④	3	
	問3		12	②	4	
	問4		13	③	4	
	問5		14	②	4	

問題番号 （配点）	設　問	解答番号	正　解	配　点	チェック
第4問 （12）	問1	15 - 16	③ - ④	4 （各2）	
	問2	17	③	4*2	
	問3	18	⑥	4	
第5問 （16）	問1	19	④	4	
	問2	20	②	2	
		21	⑥	2	
	問3	22	⑤	4	
	問4	23	①	4	
第6問 （19）	問1	24	④	3	
	問2	25	②	4	
	問3	26	⑤	4	
	問4	27	①	4	
	問5	28	①	4	

（注）
1　＊1は，②，④，⑥，⑧のいずれかを解答した場合は1点を与える。
2　＊2は，④を解答した場合は3点を与える。
3　－（ハイフン）でつながれた正解は，順序を問わない。

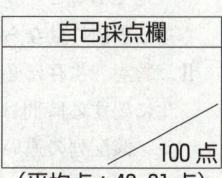

自己採点欄

/ 100 点

（平均点：48.81 点）

第1問　やや難 ── 生物の進化と系統

問1　　1　　正解は⑤

ヒトの特徴に関する知識問題である。

ⓐⓒ**不適**。拇指対向性と眼の位置が前方にあることは，直立二足歩行ではないチンパンジーやゴリラも持つ特徴である。

ⓑ適当。大後頭孔は脊髄が通る孔，つまり脊椎の方向を示す。これが真下を向いているのは，直立していたことを示す特徴である。

ⓓ適当。ゴリラなどの類人猿と比較して，骨盤の幅が広く，上下に短くなっているのは，直立二足歩行をする人類の特徴である。

問2　　2　　正解は③

系統樹に関する考察問題である。

アミノ酸配列の異なる割合は，系統樹における種間の距離と考えてよい。表1から，最も近いのはチンパンジーとゴリラであることがわかる。

まず，選択肢の中で，チンパンジーとゴリラが最も近い関係にあるのは，①と③でそれ以外は誤りとわかる。

次に，最も遠いのはニホンザルで，チンパンジー，ゴリラ，オランウータンとそれぞれ同じ距離で遠い。これを表しているのは③である。

問3　　3　　正解は⑤　（②，④，⑥，⑧のいずれかで部分正解）

分子時計に関する考察問題である。

分子時計の考え方とは，「アミノ酸配列の変化は，種が分岐してから一定の速度で大きくなっていく」というものである。つまりアミノ酸配列の変化と種が分岐してからの時間は比例する。予測値を X〔%〕とすると

$$1300〔万年〕：600〔万年〕＝1.93〔%〕：X〔%〕$$

から

$$X≒0.89〔%〕（ⓕ）$$

Ⅰ．**不適**。遺伝的浮動とは，偶然によって対立遺伝子の頻度が変動することである。この偶然の積み重ねでアミノ酸配列が変化するのであるが，これに要する時間が一定であるというのが分子時計の考え方である。分子時計の予測値よりも小さくなる理由にはならない。

Ⅱ．適当。生存に必要なタンパク質ほど，アミノ酸配列の変化は起こりにくい（変化に要する時間は長くなる）。生存のための重要度が上がれば，予測値よりもアミノ酸配列の違いが小さくなると考えられる。

Ⅲ．**不適**。医療の発達はごく最近であり，600万年と比べれば無視できる期間である。また，仮に十分に長い年月だったとしても，生存に影響しにくくなれば，アミノ酸配列の変化は予想よりも大きくなるはずである。

第2問 ── 生態と環境，生命現象と物質

A 《生物の相互作用》

問1　　4　　正解は④

個体群に関するグラフ読み取り問題である。

　問題文から，A型株とB型株とでは，乾燥重量当たりの生産する種子数が同じであることが示されている。下図のように，図1の健全区のB型株のグラフを使って，図2のグラフを検討していく。

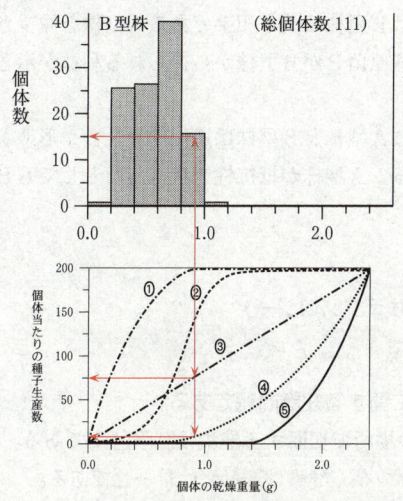

　例えば，図1のグラフから乾燥重量が0.8-1.0の個体数は15個体である。仮に③のグラフが正しいとすると，この乾燥重量の個体は1個体当たり，75個の種子を生産することになる。この15個体だけで1125個の種子を生産することとなり，B型株の種子の総計が約200個であることと矛盾する。①や②のグラフはこれよりももっと多くなるので誤りであることがわかる。また，⑤のグラフでは，B型株の乾燥重量では種子は生産できないことになるのでこれも誤りである。④では，1個体当たりの種子生産数は10個程度と読み取れるので，概ね妥当である。A型株のグラフで確かめても，総数が約2000個であることと矛盾しない。

問2 [5] 正解は②

種間競争に関する考察問題である。

①不適。リード文中には実験1の条件として「高密度」で両者を混ぜて栽培したことが示されており，高密度の環境でもA型株と同数の個体が生存していたことから，B型株が，A型株が繁茂しない場所でしか生存できないとは考えにくい。

②適当。実験1の健全区で，高密度で共存している個体の重量に差が出るということから，非生物的環境である光を巡る競争で，B型株がA型株に負けて大きく生育できず，次世代の種子数を増やせなかったと考えられる。

③不適。健全区と感染区はどちらも同数のB型株が植えられている。B型株どうしの競争によって個体数の増加が抑えられているとすれば，健全区と感染区のB型株の個体数と個体の乾燥重量の変化を説明できない。

④不適。実験1の健全区と感染区を比べると，病原菌PによってA型株の個体数は減少しており，A型株とB型株の両方の個体数が増加したとは考えられない。

⑤不適。病原菌PはB型株の競争相手であるA型株を減少させるので，B型株には利益があるが，病原菌PがB型株から得られる利益が示されていないので相利共生とは言えない。

⑥不適。リード文にA型株とB型株は遺伝的な性質や形態が異なり，交雑しないことが示されている。A型株が抵抗性を獲得したとしてもB型株に変化するとは考えられない。

B 標準 《バイオテクノロジー》

問3 [6] 正解は②

遺伝子組換え技術に関する知識問題である。

ア．DNAを特定の場所で切断する酵素は制限酵素である。

イ．DNAの主鎖をつなぐ酵素はDNAリガーゼである。

　DNAヘリカーゼは，DNAの二重らせん構造をほどく酵素である。

問4 [7] 正解は③

遺伝子組換え技術に関する考察問題である。

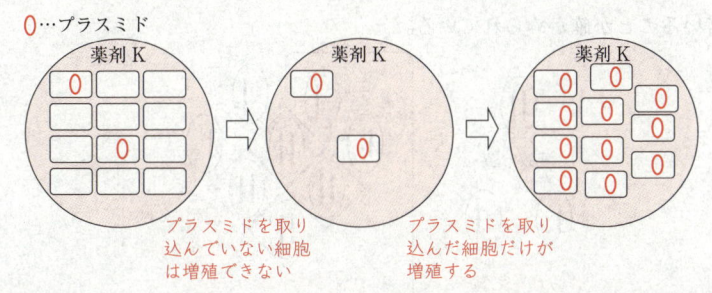

手順2まででは，プラスミドを取り込んだ細胞と取り込んでいない細胞がある。薬剤Kを含む培地では，遺伝子Xを取り込んでいない細胞は増殖できないので，プラスミドを取り込んだ細胞だけが増殖する。プラスミドには遺伝子Xと遺伝子Yの両方があるので，遺伝子Yを持たない細胞は増殖できないことになる。

①不適。薬剤Kが遺伝子Yに影響を与えるとは示されていない。

②④不適。薬剤Kが細胞の分化に影響を与えるとは示されていない。

③適当・⑤不適。手順3の条件で十分に増殖させれば，全ての細胞が遺伝子Yを導入した細胞とすることができる。

問5 　8　 正解は①

転写に関する思考問題である。

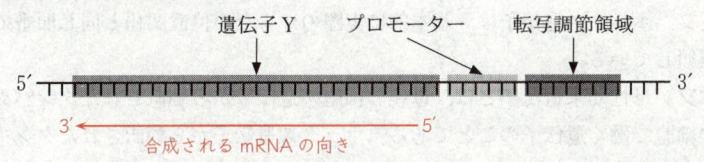

ウ． 転写で合成されるのは RNA なので RNA ポリメラーゼが適当。DNA ポリメラーゼ（DNA 合成酵素）は DNA の複製のときに働く酵素である。

エ． DNA も RNA も合成の方向は，5′ 末端 →3′ 末端の方向である。また，鋳型となる鎖とは逆向きになる。転写の場合は，プロモーターに RNA 合成酵素が結合することが起点となるので，上側の DNA が鋳型鎖となる。

問6 　9　 正解は④

遺伝の法則に関する思考問題である。

　問題文より，遺伝子Yは右の図のように，2本の相同染色体の一方にのみ取り込まれた状態であることが示されている。また，手順3で，この状態で遺伝子Y（病原菌に対する抵抗性）は発現

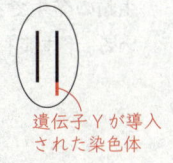

遺伝子Yが導入された染色体

している ことが確かめられている。

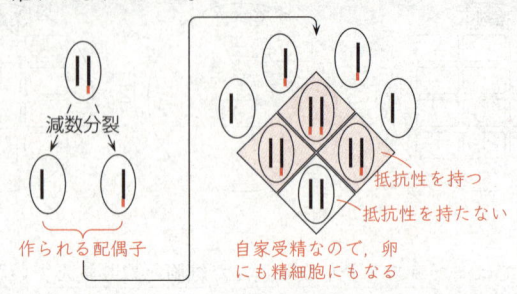

減数分裂

作られる配偶子

抵抗性を持つ
抵抗性を持たない

自家受精なので，卵
にも精細胞にもなる

中学校で学習した遺伝子の伝わり方である。

自家受粉させると，[抵抗性を持つ]：[抵抗性を持たない] ＝ 3：1 となる。つまり，抵抗性を持つ個体は **75%** である。

第3問　難 ── 生殖と発生

問1　10　正解は①

ホックス遺伝子に関する知識問題である。

ⓐ正文。ホックス遺伝子は，遺伝子の転写調節に関わる遺伝子なので，翻訳されたタンパク質は核内に移動して，DNA と結合し，他の遺伝子の転写を調節する。

ⓑ正文。ホックス遺伝子は，基本的に実際のからだの位置関係と同じ順番で並んで連鎖している。

ⓒ誤文。母性効果遺伝子とは，母親の細胞の遺伝子から翻訳されたタンパク質が子の細胞で働く遺伝子のことである。ホックス遺伝子から翻訳されたタンパク質は，発生の過程で自分自身の細胞に働きかける。

ⓓ誤文。ホックス遺伝子は，ほとんど全ての動物に存在し，からだを形作るのに働く遺伝子である。ほとんど全ての動物にあるということは，動物の共通の祖先が持っていたということである。動物の共通の祖先はバージェス動物群以前に存在していたはずである。

問2　11　正解は④

ホックス遺伝子に関する考察問題である。

この問題では主に鳥類の発生が取り扱われているが，教科書に載っているのは両生類の発生である。細部には違いがあるものの，基本的な発生の仕組みは共通している。「体節」や「側板」は中胚葉，「表皮」は外胚葉であることを確認しておこう。

CHECK 三胚葉（両生類の神経胚断面図）

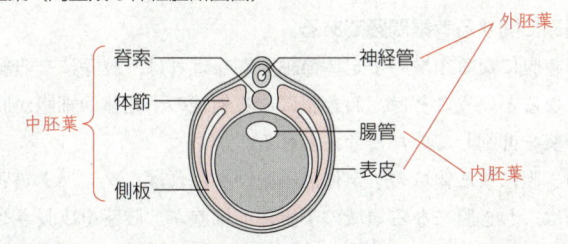

ⓔ**適当**。下線部(a)とその前後の文章で，肢芽がどの位置に形成されるかは，ホック
ス遺伝子がどの体節で働くかによって決まる，とある。体節は中胚葉である。

ⓕ**適当**。実験1で表皮を除去すると肢芽の成長が停止し，表皮由来のタンパク質W
によって成長が正常に行われることが示されている。表皮は外胚葉である。

ⓖ**不適**。実験3の記述の中に，前方の肢芽が翼になるのを決定するのは，前方の肢
芽の側板由来の細胞から作られるタンパク質Xによるものだと示されている。側
板は中胚葉である。

問3　12　正解は②

発生の仕組みに関する考察問題である。

正常発生において，タンパク質Xが，前方の肢芽から翼を形成する仕組みに必要
かどうかを確かめようとしている。これを確かめるには，前方の肢芽で，タンパク
質Xが存在しなければ，翼が形成されないことを示せばよい。

正常発生においてタンパク質Xが前方の肢芽で存在しないようにするためには，
その部位でタンパク質Xが作られないようにすればよいのだから，その部位でタン
パク質Xの遺伝子を働かないようにすればよいことになる。

問4　13　正解は③

細胞分裂に関する思考問題である。

問題文中に「細胞分裂に伴って取り込まれる分子」である必要があると述べられて
いる。細胞分裂をするときに必ず行われるのはDNAの複製である。このときに
必ず必要なのは，DNAの材料であるチミンを含むDNAのヌクレオチド（③）で
ある。

mRNAの材料のウラシルを含むRNAのヌクレオチド（②）と，タンパク質の
材料であるアミノ酸の一種のメチオニン（①）は，細胞分裂をしていない細胞でも
転写・翻訳に伴って必要である。アセチルCoA（④）は細胞の呼吸に必要な物質
である。

問5　　14　　正解は②

発生の仕組みに関する考察問題である。

①**適当**。わき腹になる領域の予定体節細胞がなければ，肢芽になる細胞の細胞分裂が盛んになるということは，わき腹になる領域の予定体節細胞が肢芽になる細胞の細胞分裂を抑制していたと考えられる。

②**不適**。わき腹になる領域の予定体節細胞がなければ，タンパク質Wが減少したということは，わき腹になる領域の予定体節細胞が，肢芽を成長させる働きを持つタンパク質Wの発現を促進していたと考えられ，「わき腹になる領域の予定体節細胞が肢芽の形成を抑えていること」と矛盾する。

③**適当**。わき腹になる領域の予定体節細胞を肢芽になる領域の予定体節細胞に置き換えると，タンパク質Wが増加したということは，わき腹になる領域の予定体節細胞の方が，肢芽になる領域の予定体節細胞よりも，肢芽を成長させる働きを持つタンパク質Wの発現量が少ないと考えられる。

④**適当**。肢芽になる領域の予定体節細胞をわき腹になる領域の予定体節細胞に置き換えたら，肢芽が小さくなるということは，わき腹になる領域の予定体節細胞の方が，肢芽を成長させにくいと考えられる。

第4問　標準 ── 生物の環境応答

問1　　15　・　16　　正解は③・④

動物の行動に関する表の読み取り問題である。

①**不適**。条件Ⅰにおける20回の試行の結果は，表1にあるとおり，0-20％が7回あるなど，それぞれの試行は約50％になっていない。

②**不適**。条件Ⅰでは，通路Aに集中する場合と通路Bに集中する場合があったことは，表1から読み取れるが，その順番が交互であったかどうかはわからない。

③**適当**。条件Ⅰの場合，通路Aの通行率は0-20％（つまり通路Bの通行率が80-100％）が7回，80-100％が7回，計14回ある。

④**適当**。ほぼ同数となるのは，表1で通路Aの通行率が40-60％となるところである。条件Ⅰでは1回，条件Ⅱでは0回と，各条件の中で，最も少なかったことがわかる。

⑤**不適**。条件Ⅱでは，16試行で通路Aの通行率が80-100％だった。多くのアリが通行したのは通路Bではなく，通路Aである。

⑥**不適**。条件Ⅱでは，通路の短い通路Aにアリが集中する傾向が見られるので，アリは短い方の通路を選択していると考えられる。

問2 　17　 正解は③ 　（④で部分正解）

動物の行動に関する考察問題である。

CHECK 　フィードバックの正と負

　通常，何らかの原因があって，結果が生まれる。例えば，ヒーターをつけたら室温が上昇する，という出来事があったとき，「ヒーターをつけた」が原因で「室温が上昇する」が結果である。フィードバックとは，この結果が遡って原因に影響を与えることを言う。この例で言えば「室温が上昇する」という結果が「ヒーターのスイッチを切る」という影響を与えることをフィードバックという。このとき，室温が上昇したら下げる方向に，室温が下降したら上げる方向に，というように結果と逆の方向になるような影響のしかたを負のフィードバックと言い，室温が一定の幅に収まり，安定する。甲状腺刺激ホルモンとチロキシン分泌の関係のところで学習したように，生物は負のフィードバックを様々な場面で活用し，安定させている。

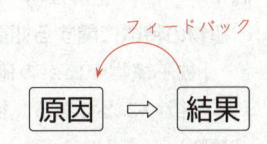

フィードバック

原因 ⇨ 結果

　しかし，逆に室温が上昇したらさらに室温を上げる方向に，室温が下降したらさらに室温を下げる方向に，というように結果と同じ方向になるような影響のしかたを正のフィードバックと言う。

　正のフィードバックの場合は，その影響が拡大していくことになる。日常生活で使う「悪循環」という言葉は，正のフィードバックの1つである。

ア. 表1から条件Ⅱでは，通路Aの通行率が高かった。「単位距離当たり」というのは，アリの通行量を距離で割ったもの。距離が短い方がこの値は大きくなる。

イ. アリは常に道標フェロモンを出しながら歩いている。通行するアリの量が多ければ多いほどフェロモンの量（濃度）は多くなる。通路Dは少量のアリしか通行していないからフェロモンの濃度も低い。

ウ. 多くのアリが通行すればフェロモンの濃度も高くなる。また，アリは道標フェロモンの濃度が高い方を選んで歩くので，一度フェロモンの濃度が高い状態になるとますます濃度が上昇する傾向にある。

エ. アリが通れば，フェロモンの濃度が高くなり，フェロモンの濃度が高ければアリは好んで歩くようになるので，正のフィードバックが生じている。

問3 　18　 正解は⑥

フェロモンに関する知識問題である。

　フェロモンは，同種の他個体に情報伝達をする物質である。⑥は別種の個体に情報を伝えているので，フェロモンの働きによるものではない。

第5問 やや難 ── 総合問題

問1 19 正解は ④

植物の特徴に関する知識問題である。

「被子植物がほかの植物と共通して持つ特徴」とは，つまり全ての植物に共通する特徴のことである。植物には，コケ植物・シダ植物・種子植物（裸子植物・被子植物）がある。

ⓐ共通の特徴である。植物は基本的には陸上で光合成をする生物である。乾燥から身を守るために水を通さないクチクラと呼ばれる層で覆われている。

ⓑ共通の特徴である。植物はシャジクモ類に近い生物を共通の祖先としているため，シャジクモ類と同じ光合成色素を持っている。

ⓒ共通の特徴ではない。果実の中に種子がつくられるのは被子植物だけの特徴である。裸子植物は文字通り種子が覆われていない。また，シダ植物やコケ植物は種子をつくらない。

問2 20 正解は ② 21 正解は ⑥

遺伝子の連鎖と組換えに関する思考問題である。

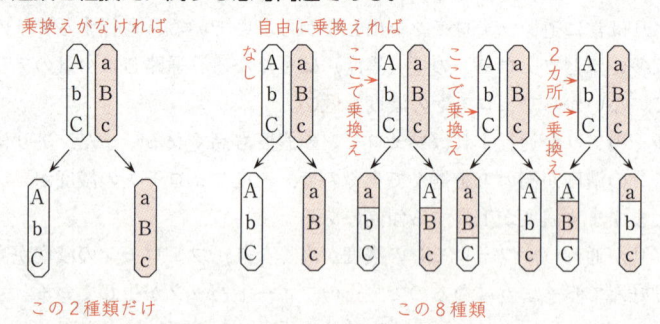

染色体の乗換えとは，相同染色体の一部が切れて入れ替わることである。

乗換えが起こらなければ，2本の相同染色体がそれぞれ配偶子に入るので，組合せは2種類しかできない。

自由に乗換えが起こった場合は，「なし」「A−B間」「B−C間」「A−B間とB−C間の2カ所」の4種類でそれぞれ相同染色体が2つに分かれるので，8種類の組合せができる。

問3 22 正解は ⑤

細胞の分化に関する探究問題である。

問題文には「考察を導くための実験」とある。「仮説」ではなく「考察」とある

ので，既に行われた実験結果から導かれたものである。実験やその結果の全容は示されていないが，もとになった実験として適当でないものを選ぶ。与えられた「考察」を図にすると下図のようになる。

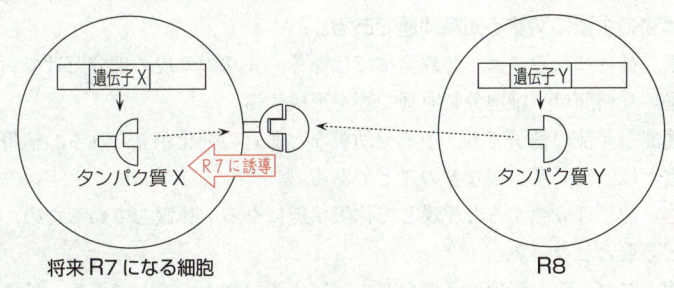

①②③適当。「将来R7になる細胞においてタンパク質Xがつくられる」ことを示すのに必要な実験である。

④適当。「R8においてタンパク質Yがつくられる」ことを示すのに必要な実験である。

⑤不適。「考察」では，タンパク質Xは，将来R7になる細胞から離れておらず，タンパク質Xが遺伝子Yの転写調節領域に結合するとは考えられていない。

問4 　23 　正解は①

走性に関する考察問題である。

走性とは，刺激に対して一定の方向に移動する行動で，刺激の種類を「走性」の前につけて，「光走性」「重力走性」などと表現する。また，刺激の発生源に近づく場合を「正の走性」，発生源から遠ざかる場合を「負の走性」という。

ⓓ適当。問3より変異体YはR7が分化しない変異体であることが示されている。変異体Yは，野生型と異なり紫外線に全く反応していない。このことから，紫外線に反応するためには，R7が必要であることがわかる。

ⓔ不適。R7が分化していない変異体Yは，紫外線のみを照射した実験において，紫外線から遠ざかる移動をしていないので，負の光走性を示してはいない。

ⓕ不適。R7が分化していない変異体Yが，可視光のみを照射された実験において，正の光走性を示しているので，正の光走性は，R7が分化していなくても起きる。つまり，R1〜R8の全てが分化する必要はない。

第6問 ── 生殖と発生，生物の環境応答

問1 　24　　正解は④

被子植物の生殖に関する知識問題である。

①不適。種皮になるのは，胚珠全体ではなく，胚珠の珠皮の部分だけである。

②不適。受精卵は，細胞分裂を経て胚を形成する。

③不適。発芽前の種子でも，子葉や幼根など器官の分化が見られる。植物における器官とは，葉，茎，根などのことである。

④適当。種子は成熟すると乾燥して休眠状態になる。休眠しているため，水をほとんど必要としない。

⑤不適。アブシシン酸は種子の発芽を抑制する植物ホルモンである。種子の発芽を促進するのは，ジベレリンである。

問2 　25　　正解は②

被子植物の生殖に関する考察問題である。

①不適。表1から花粉管細胞と雄原細胞の形成は，Vの段階であり，図1からVの受精しなかった割合は10％以下で，I〜Vの中では比較的低温の影響を受けない方であり，低温の影響を大きく受けると言えるかどうかはっきりしない。

②適当。表1から花粉四分子の形成はⅢの段階である。Ⅲの段階は，図1を見ると他の段階と比較して最も受精しなかった割合が大きいことから，他の段階よりも低温の影響を受けやすいと考えられる。

③不適。表1からおしべが分化するのは，Iの段階である。図1から，Iの段階での受精しなかった割合は，2％程度であり，分化しなくなるとは言えない。

④不適。図1で示されているのは，花粉が成熟する前の段階までであり，図1の結果からは成熟した花粉が低温によって受精の能力を失うかどうかはわからない。

⑤不適。図1から，10％以上受精の効率が低下したのは（10％以上受精しなかったのは）Ⅱ〜Ⅳの段階で，IやVの段階での受精の効率の低下は，10％未満である。

問3 　26　　正解は⑤

被子植物の生殖に関する考察問題である。

①適当。水深を深くしても植物体の上半分は低温にさらされることになる。問題文より，この状態で気温が一時的に低下しても花粉形成に大きな影響はないことがわかる。つまり，植物体の上半分が低温にさらされても，花粉の形成は影響を受けないと考えられる。

②適当。問2より，花粉四分子が形成される時期が最も低温の影響を受けやすいこ

とが示されている。一方問題文より，時期Xに水深を深くすると気温低下の影響を抑えることが示されているので，時期Xに最も低温の影響を受けやすい花粉四分子の形成が起こることは，結果と矛盾しない。

③適当。水の中は，空気に比べて温度の変化が起きにくい。水深を深くすることで花穂が水面下にあり，気温の低下の影響を受けなかったと考えるのは，結果と矛盾しない。

④適当。時期Xと「花粉の成熟が遅れたままで花穂が伸びたとき」の関係ははっきりしないが，花粉の形成を低温から保護するために，水深を深くするということと，矛盾はしない。

⑤不適。水深を深くした場合の一時的な気温の上昇については言及されておらず，この結果から導かれる考察としては，適当ではない。

問4　　27　　正解は①

ジベレリンに関する考察問題である。

ア．ジベレリンには，茎を細長くする（草丈を高くする）働きがある。

イ．実験1より，低温で処理した際，草丈が低い矮性のイネ（ジベレリン合成能力が低い）は異常な花粉の割合が増え，また，根からジベレリンを吸収させたイネでは正常な花粉が形成されたのだから，ジベレリンが多ければ，花粉の形成を低温の阻害から守る働きがあると考えられる。

ウ．草丈が低いことから，ジベレリンの量が少なくなっていることが考えられる。ジベレリンの量が少ないと，花粉の形成において低温による異常が出やすくなる（低温に対して弱くなっている）と考えられる。

問5　　28　　正解は①

植物の恒常性に関する探究問題である。

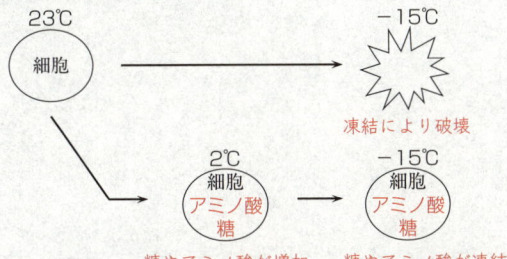

確かめようとしているのは「細胞内の糖やアミノ酸を増やすことが，凍結による細胞の破壊を回避する」という仮説である。

①不適。実験2に述べられている，「23℃から急速に−15℃に温度を下げて数時間

処理すると，23℃に戻してもすぐに枯れてしまった」原因は，確かめようとしている考えからすると，－15℃という温度により凍結したため，細胞が破壊されたからだと考えられる。最初に－15℃で数時間処理してしまえば，この時点で細胞は破壊されてしまっているはずなので，2℃に移しても意味がない。

②適当。2℃での栽培が細胞の破壊を防いでいるかどうかを確かめられる。

③適当。2℃での栽培が糖やアミノ酸の量を増やしているかどうかを確かめられる。

④適当。糖やアミノ酸は酵素によって合成される。この酵素が作れなくなれば糖やアミノ酸が合成できなくなる。糖やアミノ酸が少なくなることで，より破壊されやすいかどうかを確かめられる。

⑤適当。糖やアミノ酸の合成に関わる酵素が増えれば糖やアミノ酸は増加する。糖やアミノ酸が増えることで，より破壊されやすいかどうかを確かめられる。

生物基礎　本試験

問題番号 （配点）	設　問		解答番号	正　解	配　点	チェック
第1問 （19）	A	問1	1	④	3	
		問2	2	⑥	3	
		問3	3	①	3	
	B	問4	4	③	3	
		問5	5	⑤	3	
		問6	6	⑤	4	
第2問 （16）	A	問1	7	③	3	
		問2	8	②	2	
			9	④	2	
	B	問3	10	③	3	
		問4	11	①	3	
		問5	12	②	3	

問題番号 （配点）	設　問		解答番号	正　解	配　点	チェック
第3問 （15）	A	問1	13	⑥	3	
		問2	14	⑥	3	
		問3	15	⑤	3	
	B	問4	16	①	3	
		問5	17	②	3	

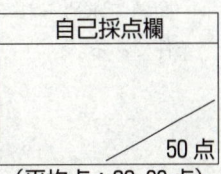

自己採点欄

50点

（平均点：23.90点）

第1問 —— 生物の特徴と遺伝子

A 〈やや難〉 《生物の特徴》

問1 　1　 正解は④

酵素に関する知識問題である。

①⑤正文。酵素は，生物が作る触媒であり，触媒とは化学反応を促進させるが，反応の前後では変化しないもののことである。

②③正文。酵素はタンパク質でできており，細胞内で，DNA の遺伝情報をもとに作られる。食物として口から取り込んだ生物の中にも酵素は含まれているが，消化管の中で消化されるので，酵素として細胞内に取り込まれることはない。

④誤文。アミラーゼなどの消化酵素は，細胞内で作られたあと，細胞外へ分泌されて働く。

問2 　2　 正解は⑥

ATP の合成に関する知識問題である。

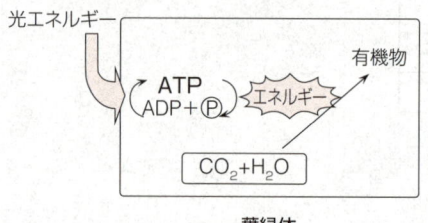

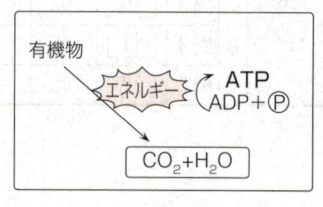

葉緑体　　　　　　　　　　ミトコンドリア

　葉緑体では，光のエネルギーを利用して ATP が合成され，そのエネルギーを使って有機物を合成する光合成が行われている。また，ミトコンドリアでは，有機物を分解して得られるエネルギーを利用して ATP を合成する呼吸が行われている。

　ATP の合成が行われている細胞小器官は，ⓑミトコンドリアとⓒ葉緑体だけである。

問3 　3　 正解は①

ATP に関する探究問題である。

　問題で求められているのは，「ATP 量から細菌数を推定する」のに前提となる条件である。

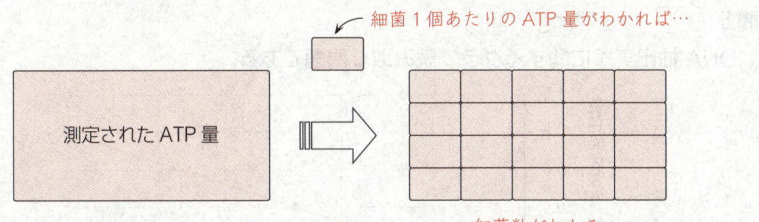

細菌1個あたりの ATP 量がわかれば…

測定された ATP 量

細菌数がわかる

ⓓ**適当**。細菌1個あたりの ATP 量がバラバラでは，細菌数を推定できない。

ⓔ**適当**。細菌以外に由来する ATP があれば，その分だけ細菌数に誤差が生じる。

ⓕ**不適**。細菌を含む全ての生物はエネルギー源として ATP を消費しているので，この文は正しいが，「ATP 量から細菌数を推定する」のには関係ない。

ⓖ**不適**。「ATP 量から細菌数を推定する」のには，細菌が増殖する必要はない。

B 標準 《遺伝子のはたらき》

問4 　4　 正解は③

DNA 抽出実験に関する考察問題である。

二人の会話文から，「同じ重さの花芽と茎から抽出したのに，茎のほうが花芽よりも抽出できた DNA の量が少ないのはなぜか」という疑問に対する解答として適当なものを選ぶ必要がある。

DNA は核の中にあり，細胞質にはない。基本的には細胞1つに核は1つで，含まれる DNA の量は細胞の大きさにかかわらず同じである。細胞が小さければ小さいほど「同じ重さ」中（つまり単位重量あたり）の核の数が多く，抽出できる DNA の量が多くなると考えられる。

図2の写真を比べると花芽の方が細胞の大きさが小さく，単位重量あたりの核の数が多いことがわかる。

①②**不適**。図2の写真では，核の染まりや大きさに違いが見られない。また，同じ種の生物であれば，核1つに含まれる DNA の量は同じなので，染まり方や大きさに違いがあるとは考えられない。

③**適当**。細胞（細胞質）が小さく，核がたくさんあるのがわかる。

④**不適**。写真から，細胞1つに核は1つであることがわかる。

⑤**不適**。写真には染色体が凝縮している（細胞分裂の前期〜終期）ものは見られない。また，染色体が凝縮していても含まれる DNA の量は同じである。

問5 <u>5</u> 正解は⑤

DNA 抽出実験に関するグラフ読み取り問題である。

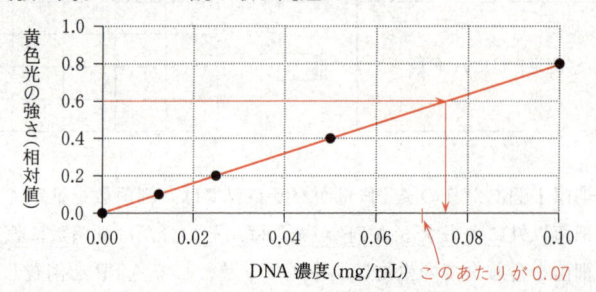

グラフの各点をつないで線にする。この場合は直線になる。黄色光の強さ 0.6 のところに相当する DNA 濃度の値は $0.075\,\text{mg/mL}$ であるので，$4\,\text{mL}$ の DNA 溶液に含まれる DNA 量は

$$0.075\,[\text{mg/mL}] \times 4\,[\text{mL}] = 0.30\,[\text{mg}]$$

問6 <u>6</u> 正解は⑤

DNA 抽出実験に関する探究問題である。

問題文には「仮説を支持する結果が得られた」とある。仮説は下線部(f)の「白い繊維状の物質には DNA のほかに RNA も含まれている」である。

白い繊維状の物質を水に溶かした溶液中には，DNA と RNA の両方が含まれていることを前提にして実験を考えてみよう。

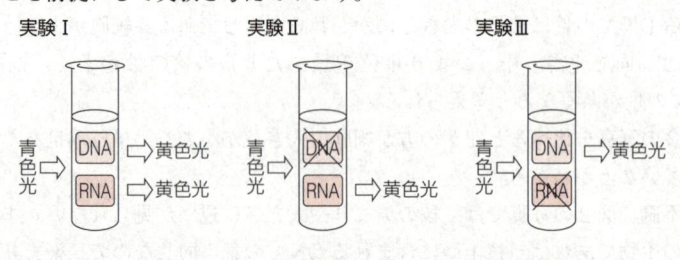

実験Ⅰ…含まれている DNA と RNA の両方が黄色光を発する。

実験Ⅱ…含まれている DNA が分解されるので，RNA だけが黄色光を発する。
　　DNA の分だけ黄色光は減少する。

実験Ⅲ…含まれている RNA が分解されるので，DNA だけが黄色光を発する。
　　RNA の分だけ黄色光は減少する。

実験Ⅱも実験Ⅲも，実験Ⅰよりも弱い黄色光を発するので⑤が適当。

第2問 — 生物の体内環境の維持

A 難 《体内環境》

問1 7 正解は③

ヘモグロビンに関するグラフ読み取り問題である。

① 不適。動脈血では，ほとんどの Hb が O_2 と結びついた HbO_2 となっている。図2のグラフから，赤色光に比べて赤外光の光を吸収する度合いが大きいことがわかる。赤外光の方が多く吸収されるのだから，透過量は少なくなる。

② 不適。酸素が消費されると，HbO_2 が減り Hb が増える。図2のグラフから，赤色光を見ると，HbO_2 よりも Hb の方が光を吸収する度合いが大きいことがわかる。赤色光の吸収が大きくなるのだから，赤色光は透過しにくくなる。

③ 適当。Hb も HbO_2 も赤色光と赤外光を吸収する。血流量が変化すれば，そこに含まれる Hb と HbO_2 の量も変化する。血流量の変化に伴って赤色光，赤外光ともにその吸収量が変化することになるので，その変化の周期（1周回って元に戻るまでの時間）から，脈拍の頻度を測定できる。

④ 不適。Hb と HbO_2 の割合によって，吸収する赤外光の度合いが変化するので，赤外光の透過量（吸収されなかった光の量）だけでは Hb の総量は測定できない。

問2 8 正解は② 9 正解は④

酸素解離曲線に関するグラフ読み取り問題である。

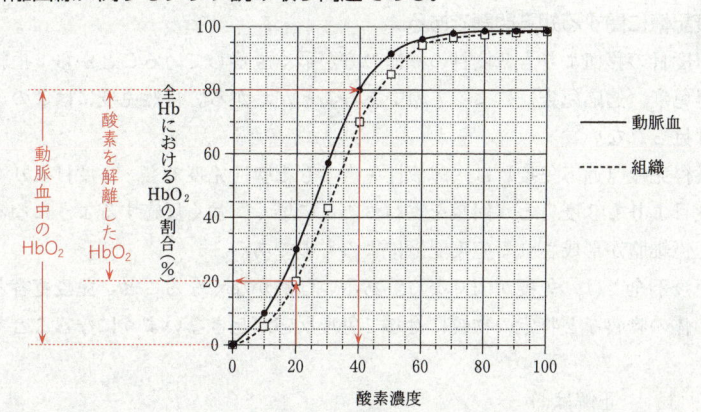

（平地における動脈血中の酸素濃度を 100 としたときの相対値）

動脈血中の酸素濃度

図3のグラフより，HbO_2 の割合が 80 のところから，動脈血の曲線と交わるところの酸素濃度を読み取る。② の 40 が適当である。

動脈血中の HbO_2 のうち組織で酸素を解離した割合（%）

　まず，酸素を解離した HbO_2 の割合を求める。問題文で組織中の酸素濃度は 20 だと与えられているので，グラフから組織中の HbO_2 の割合は 20 であることがわかる。動脈血中で 80 だったものが，20 にまで減ったので，差し引き 60 の HbO_2 が酸素と解離したことがわかる。次に，動脈血中の HbO_2（80）のうち，酸素を解離したもの（60）の割合は

$$\frac{60}{80} \times 100 = 75 \, [\%]$$

となる。分母になるのは，動脈血中の HbO_2（80）であって，全 Hb（100）ではないことに注意すること。

B 　やや難 　《免疫》

問3　10　正解は③

好中球に関する知識問題である。

ア．好中球は血管（血液中）に多く存在する。胸腺には主にリンパ球のT細胞が多く存在し，リンパ節にはリンパ球のT細胞やB細胞が多く存在している。

イ．食作用をするのはマクロファージ。ナチュラルキラー細胞は，食作用ではなく，異常を起こした細胞を殺す働きをするリンパ球である。

問4　11　正解は①

免疫記憶に関する知識問題である。

　1度目の移植よりも2度目の移植の方が早く脱落していることから，拒絶反応が獲得免疫（適応免疫）によるものであることがわかる。自然免疫にはこのような変化は見られない。

　獲得免疫（適応免疫）は，体液性免疫でも細胞性免疫でも，1度目よりも2度目，2度目よりも3度目と，回数を重ねるごとに早く，強く反応するようになる。これは記憶細胞が形成される免疫記憶によるものである。

　免疫不全とは，免疫が弱くなる，あるいは働かなくなること。免疫寛容とは，自分の体の物質など特定の物質に対して免疫反応が起きないようになることである。

問5　12　正解は②

血清療法に関する知識問題である。

　「毒素を注射した直後に，毒素を無毒化する抗体を注射した」とある。注射したのだから，この抗体を作り出したのはマウス自身ではなく，他の個体，あるいは他

の動物である。このように他の個体，あるいは動物が作った抗体を注射することで治療する方法を血清療法（ⓑ）という。

予防接種（ⓐ）は，抗原に対する記憶細胞を作り出し，記憶細胞の働きで，侵入した抗原を短期間で強く排除する仕組みであるが，「直後」には働かない。

T細胞（ⓒ）もB細胞（ⓓ）も獲得免疫（適応免疫）で働くリンパ球であるが，これらの細胞が働くには一定の時間が必要であり，「直後」には働かない。

第3問 ── 生物の多様性と生態系

A やや難 《バイオーム》

問1 　13　 正解は⑥

バイオームに関する知識問題である。

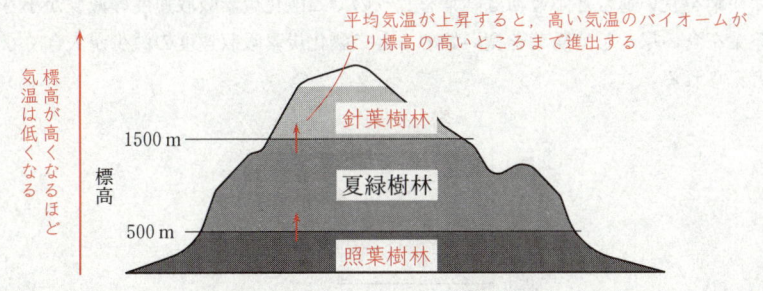

図1に標高500m〜1500mのバイオームが夏緑樹林だと示されている。これよりも温暖な気候のバイオームは照葉樹林であり，寒冷な気候のバイオームは針葉樹林である。

平均気温が上昇すれば，より標高の高いところまで，それぞれのバイオームが進出することになるので，500mでは照葉樹林，1500mでは夏緑樹林となる。

問2 　14　 正解は⑥

光合成速度に関する考察問題である。

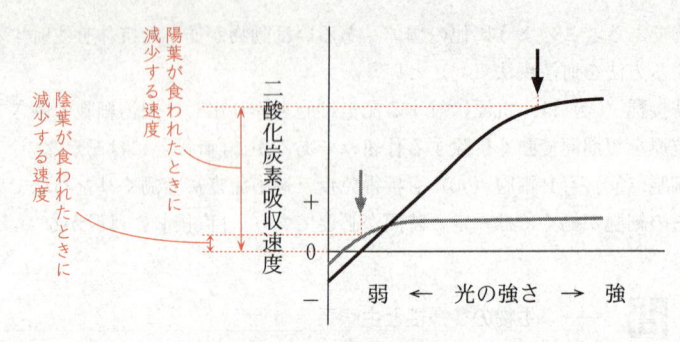

　下線部(b)にこのブナアオが，陰葉 → 陽葉の順に食い進むことが示されている。また，図2から，陰葉の二酸化炭素吸収速度が小さく，陽葉の二酸化炭素吸収速度が大きいことが示されている。二酸化炭素吸収速度は，光合成速度を表しており，葉が食われると食われた分だけ減少すると考えられる。これらのことから，ブナアオが葉を食い進むと，最初は陰葉を食うので二酸化炭素吸収速度の減少が小さく，陰葉を食い尽くして陽葉を食い始めると二酸化炭素吸収速度の減少が大きくなると考えられる。

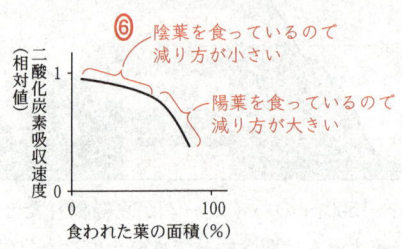

問3　15　正解は⑤

栄養段階に関する知識問題である。

CHECK　生産者と消費者
　生産者…無機物から有機物を合成する生物（光合成をする植物のことと考えてよい）
　一次消費者…生産者を食べる生物
　二次消費者…一次消費者を食べる生物
　三次消費者…二次消費者を食べる生物

　リード文から，ブナアオは植物（生産者）を食べるので，一次消費者である。クロカタビロオサムシとサナギタケは，どちらもブナアオ（一次消費者）を食べるので二次消費者であることがわかる。

B やや難 《窒素循環》

問4 16 正解は①

窒素循環に関する考察問題である。

リード文から，下水中の窒素とはヒトの排泄物に含まれる窒素であり，尿素などの有機窒素化合物である。下水処理では，有機窒素化合物を生物の働きで無機窒素化合物に変化させ，さらに脱窒素細菌の働きで大気中へ窒素（N_2）として放出することで取り除いていると考えられる。

①適当・②不適。有機窒素化合物から無機窒素化合物へ変化させる過程を「同化」とは言わない。同化とは単純な物質から複雑な物質を合成する過程を言う。

③④⑤不適。窒素固定は，大気中の窒素から窒素化合物を合成する過程であり，これを行うと，下水に窒素化合物が増えてしまうので不適当である。

問5 17 正解は②

窒素循環に関する考察問題である。

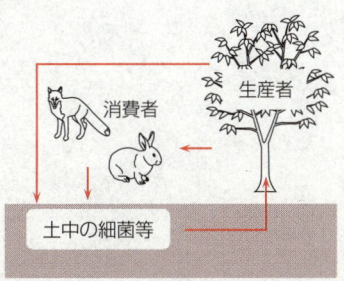

生態系では，土中の無機窒素化合物を植物（生産者）が吸収して，有機窒素化合物を合成（窒素同化）し，有機窒素化合物は動物（消費者）を通して，あるいは直接に土の中の細菌等によって無機窒素化合物に分解され，再び植物に吸収されるという循環をしている。

この循環の中から，一時的に植物（生産者）を取り除くと，無機窒素化合物を吸収するものがいなくなるので，河川に流れ出す窒素濃度が上昇する。その後，植物が回復してくれば再び無機窒素化合物を吸収するようになるので，河川に流れ出す窒素濃度が低下し元に戻る（②）。

生 物　追試験

問題番号 （配点）	設　問		解答番号	正　解	配　点	チェック
第1問 （15）	問1		1	②	3	
	問2		2	①	3	
	問3		3	①	4	
	問4		4	⑥	5*1	
第2問 （22）	A	問1	5	③	3	
		問2	6	⑦	4	
		問3	7	④	4	
		問4	8	④	3	
	B	問5	9	④	4	
		問6	10	⑥	4	
第3問 （18）	問1		11	⑤	3	
	問2		12	②	3	
	問3		13	④	4	
	問4		14	③	4	
	問5		15	①	4	

問題番号 （配点）	設　問	解答番号	正　解	配　点	チェック
第4問 （17）	問1	16	③	3	
	問2	17	⑤	3	
	問3	18	③	3	
	問4	19	⑨	4	
	問5	20	②	4	
第5問 （18）	問1	21	⑤	3	
	問2	22	②	3	
	問3	23	③	4	
	問4	24	④	4	
	問5	25	⑥	4	
第6問 （10）	問1	26	④	4	
	問2	27	⑤	3*2	
		28	①		
		29	⑦	3	

（注）
1　＊1は，⑤を解答した場合は2点を与える。
2　＊2は，両方正解の場合に3点を与える。
　ただし，いずれか一方のみ正解の場合は1点を与える。

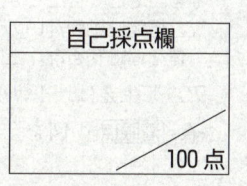

自己採点欄

100 点

第1問 （難）—— 生態と環境，生物の進化と系統

問1 　1　　正解は②

生物多様性に関する知識問題である。

①**正文**。適応放散とは，生物が多様な環境に合わせて多様な種に進化することをいう。適応放散が起これば種多様性は増加する。

②**誤文**。中程度のかく乱が生じると，既存の種に加えてかく乱による新たな種が生育して，種多様性が増加する。かく乱の規模が小さいと既存の種しか生育しないので中程度のかく乱が生じた場合よりも種多様性が低くなる。

③**正文**。捕食者が複数の被食者のうち，数の多い方を好んで捕食すると，複数の被食者のバランスが保たれ，種多様性が高く保たれる。

④**正文**。遺伝的多様性が低いと，環境が悪化した場合に，一斉に死滅して絶滅する可能性が高くなる。逆に遺伝的多様性が高いと，環境が悪化しても，その環境に比較的強い特徴をもった個体が生き延びて，絶滅を免れる可能性が高くなる。

問2 　2　　正解は①

個体群に関する考察問題である。

着眼点 個体群の分布様式の変化

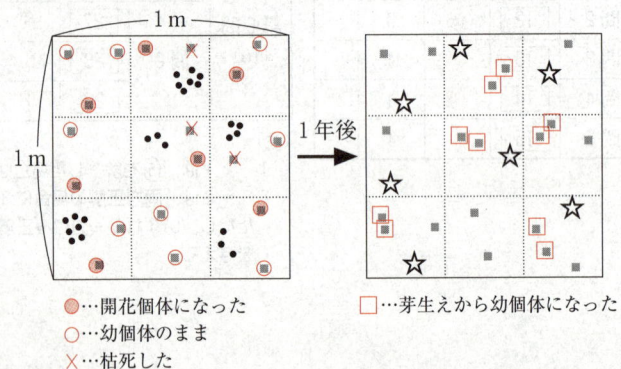

●…開花個体になった　　　□…芽生えから幼個体になった
○…幼個体のまま
×…枯死した

　リード文から，芽生えは1年後には幼個体となること，開花個体は開花後枯死することが示されている。ここから，図1の左図の開花個体（☆）は枯死するので右図には存在していないこと，芽生え（●）は枯死するか右図の幼個体となるので，右図に芽生えとしては残らないことがわかる。また，右図の芽生えは，左図にはなかったことがわかる。そこでここでは，左図から☆を，右図から●を除いた図を示してある。

　植物は動かないので，生育場所が同じなら，同じ個体であるとわかる。それぞれの個体を追跡すると，上に示した図のようになる。

ア. 芽生えは，1カ所にかたまっているので**集中**分布である。

イ. **着眼点** の図を見ると，左図の24個体の芽生えのうち，幼個体になったものは

10 個体で，半分以上が枯死したことがわかる。また，左図の 19 個体の幼個体のうち，16 個体は幼個体のまま，あるいは開花個体として生存しており，枯死したのはわずか 3 個体である。よって，芽生えの年死亡率は幼個体の年死亡率と比べて高い。

ウ．[着眼点] の図を見ると，どの芽生えの集団からも幼個体になったのは 2 個体なので，左図の芽生えの個体数が多い集団ほど多くの個体が枯死したことがわかる。よって，芽生えの密度が高い場所ほど年死亡率が高い。

問 3　　3　正解は①

個体群の成長に関する考察問題である。

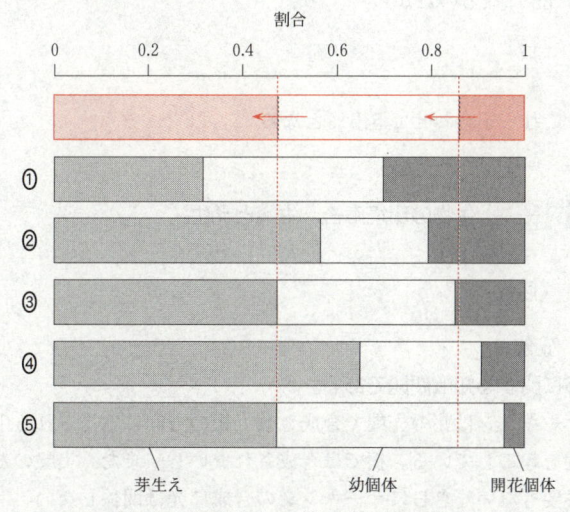

　図 1 で示されている「大きな個体群」の比率を図 2 に加えると，上図のようになり，③とほぼ同じとなる。問題文で示されている「開花個体当たりの種子数と発芽率が低下」したことから，開花個体当たりの芽生えの数が減少している選択肢は①と②であることがわかる。また，問題文の「小さな個体群は…個体数が減少しつつあることが読み取れた」とあること，さらに「動物の個体群における齢構成と同様に…個体数の増減の傾向を推測することができる」という記述から，全体に対して，より若い個体が少ない個体群が個体数を減少させていくことがわかる。②は芽生えの割合が大きいので，この後個体数が増加する可能性がある。よって，個体数が減少する傾向が読み取れる選択肢は①である。

問4　　4　　正解は⑥　（⑤で部分正解）

遺伝子頻度に関する計算問題である。

エ．Aの遺伝子頻度を p，a の遺伝子頻度を q とするとき，AA，Aa，aa はそれ
ぞれ p^2，$2pq$，q^2 となる。リード文から，aa の頻度が 1 ％（0.01）であることが
示されているので，$q^2 = 0.01$ から $q = 0.1$ と求めることができる。

$p + q = 1$ から $p = 0.9$ と求められる。ヘテロ接合体 Aa の頻度は

$$2pq = 2 \times 0.9 \times 0.1 = 0.18$$

より，18 ％となる。

オ．リード文より，1 ％を占める aa は全て aa となる。また，18 ％を占める Aa の

うち $\dfrac{1}{4}$ が aa になるのだから

$$18 \times \dfrac{1}{4} = 4.5$$

となる。これらを合わせて 5.5 ％となる。

第2問 ── 生物の環境応答，生殖と発生

A　標準　《屈性》

問1　　5　　正解は③

植物の反応に関する知識問題である。

①不適。オーキシンは芽の先端で合成され，根の方向に輸送される中で，光屈性や
重力屈性を起こしている。根では合成されないし，また，実験のために根で合成
される必要もない。さらにオーキシンの合成に光は関係しない。

②不適。光は重力屈性の抑制には関与しない。また，通常植物の根は光のない環境
で重力屈性を示していることを考えれば，誤りであることがわかる。

③適当。根でも光屈性は起きる場合がある。リード文から，この観察が水分環境や
重力刺激の方向などによる根の伸長方向を調べるためであることがわかる。これ
らを調べるためには，光など調べたい条件以外の刺激はない方がよい。

④不適。通常，根では光合成を行っていない。

⑤不適。根に光を当てて，根が緑化することも細胞壁が硬化することも知られてい
ない。

問2 | 6 | 正解は⑦

植物の反応に関する実験考察問題である。

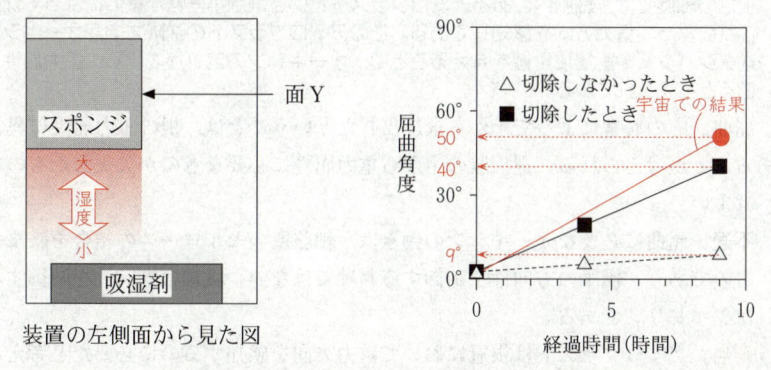

装置の左側面から見た図

　リード文より，スポンジ表面から吸湿剤に向かって湿度が低下する。重力方向（真下の方向）に向かうのが最も湿度が小さくなる。逆に角度が大きいほど高い湿度に向かうことになる。つまり，水分環境による屈性が大きければ大きい角度で，重力刺激による屈性が大きければ小さい角度で屈曲することになる。

ア. 図3のグラフから根冠を切除したときに，湿度の高い方向に大きく屈曲していることから，根冠がなくても湿度の高い方向を感知できることがわかる。よって，根冠以外で感知していると考えられる。

イ. 湿度が最も低いのは，重力方向に伸長して屈曲しないときである。逆に言えば，屈曲しているということは，湿度の高い方向へ向かっているということである。

ウ. 図3のグラフと実験2から，重力屈性がなければ約50°屈曲するはずだが，重力屈性があれば（図3△），約10°の屈曲しか起こらない。つまり，重力刺激に対する屈性によって約40°戻されたことになる。

問3 | 7 | 正解は④

植物の反応に関する知識問題である。

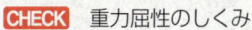 **重力屈性のしくみ**

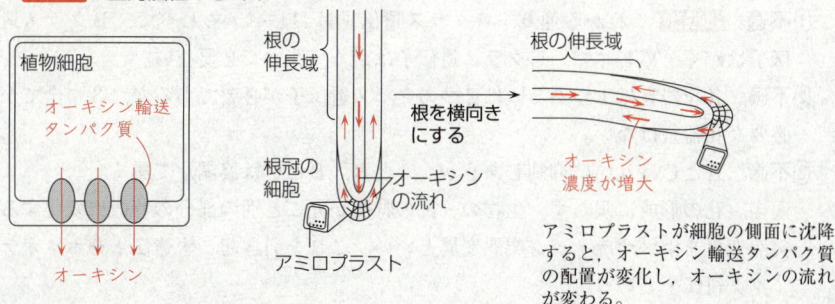

アミロプラストが細胞の側面に沈降すると，オーキシン輸送タンパク質の配置が変化し，オーキシンの流れが変わる。

　　オーキシンの細胞間の輸送は，オーキシン輸送タンパク質によって行われる。細胞の
どの方向に輸送されるのかは，このオーキシン輸送タンパク質の配置によって決まる。
根冠の細胞では，細胞内にあるアミロプラストという細胞小器官が重力によって沈降し，
これによって重力方向を感知している。このアミロプラストの沈降方向がオーキシン輸
送タンパク質の配置に影響を与えることで，オーキシンの流れが変化し，重力屈性が起
こると考えられている。

　　屈曲反応の異常によって土から飛び出したということは，根の重力屈性に異常が
あることが考えられる。選択肢の中から重力屈性に必要なものが欠失したものを選
べばよい。

ⓐ**不適**。屈曲に必要なオーキシンの働きは，細胞壁のセルロースの結合を緩ませる
　ものであり，繊維の方向性を制御するわけではない。繊維の方向性を制御するの
　はジベレリンである。

ⓑ**適当**。アミロプラストは根冠において重力方向を感知するのに必要だと考えられ
　ている。

ⓒ**適当**。オーキシンの輸送方向の制御には，オーキシン輸送タンパク質の分布が関
　わっている。

ⓓ**不適**。青色光受容体のフォトトロピンが関係するのは光屈性であり，重力屈性に
　は関係ない。

B　標準　《被子植物の器官形成》

問4　8　正解は④

ABC モデルに関する知識問題である。

CHECK　ABC モデル

　　花の形成では以下のような A，B，C クラスの遺伝子
の組み合わせで，花器官が形成されると考えられている。

　　　　A のみ…がく
　　　　A+B…花弁
　　　　B+C…おしべ
　　　　C のみ…めしべ

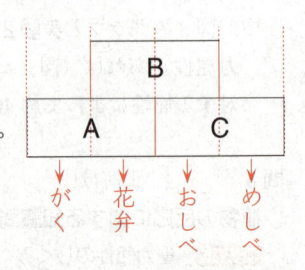

①**不適**。CHECK でわかる通り，A クラス遺伝子はおしべ・めしべで，B クラス遺
　伝子はがく・めしべで，C クラス遺伝子はがく・花弁で必要ない。

②**不適**。各花器官は 1 つあるいは 2 つのクラス遺伝子が必要であるが，3 つ全てが
　必要な花器官はない。

③**不適**。A と C は互いに抑制しあうが，A と B，B と C は協調して働く。

④**適当**。花の形成に限らず，生物の一部の特徴が丸ごと別の部分の特徴に変化する
　突然変異をホメオティック突然変異といい，これを引き起こす遺伝子をホメオテ
　ィック遺伝子という。

⑤不適。濃度勾配とは，少しずつ濃度が変化していくことであり，花器官の分化には，濃度勾配は必要ない。

問5 ⬚9⬚ 正解は④

ABC モデルに関する探究問題である。

「タンパク質Pが配列Rに結合することが，遺伝子Qの転写に大きな影響を与える」ということを検証しようとしている。「大きな影響」には，転写を促進する場合と抑制する場合が考えられるが，ここでは促進する場合を例にして説明する。

①適当。タンパク質Pがつくられる細胞と，遺伝子Qの転写が起こる細胞の分布が一致すれば，遺伝子Qの転写がタンパク質Pによって引き起こされるという可能性が高まる。

②適当。タンパク質Pの量と遺伝子QのmRNAの量の変化が一致する傾向にあれば，遺伝子Qの転写がタンパク質Pによって引き起こされるという可能性が高まる。

③適当。タンパク質Pの機能が失われた変異体で，遺伝子QのmRNAの量が大きく減少すれば，タンパク質Pが遺伝子Qの転写に必要であることを示せる。

④不適。タンパク質Pが遺伝子Qの転写に影響を与えるのは，遺伝子Qの調節領域である配列Rとの結合である。タンパク質Pをつくる遺伝子の調節領域に配列Rが存在するかどうかは，タンパク質Pの量を変化させるしくみには関係するだろうが，検証しようとしている遺伝子Qの転写が促進されるかどうかには関係がない。

⑤適当。配列Rがタンパク質Pと結合できない変異体で，遺伝子QのmRNAの量がとても少なくなれば，遺伝子Qの転写には，配列Rがタンパク質Pと結合することが必要であると示せる。

問6 ⬚10⬚ 正解は⑥

ABC モデルに関する知識問題である。

エ．花粉母細胞はおしべに，胚のう母細胞はめしべに形成される。おしべとめしべの形成に関与するのは，**C** クラス遺伝子である。

オ．花粉母細胞はおしべに，胚のう母細胞はめしべに形成される。おしべとめしべのどちらになるかを決めるのは **B** クラス遺伝子である。

第3問 —— 生命現象と物質，生殖と発生

問1　11　正解は⑤

細胞小器官に関する知識問題である。

①不適。葉緑体の特徴である。

②不適。核の特徴である。

③不適。ゴルジ体の特徴である。

④不適。リソソームの特徴である。

⑤適当。小胞体は，細胞内の物質の輸送に関わる。

問2　12　正解は②

動物に関する知識問題である。

①適当。脊椎動物は発生の途中で脊索を生じる。

②不適。イモリやカエルなど両生類の発生では羊膜は形成されない。

③適当。脊椎動物は有髄神経を持つ。

④適当。脊椎動物は腎臓を持ち，塩分濃度の調節をしている。

⑤適当。脊椎動物は上顎も下顎も持つ。

問3　13　正解は④

動物に関する考察問題である。

　論理的に，「AであるためにはBが必要だ」ということは，「BがなければAではない」ということである。①②は体内受精がA，③④は体内受精がBの関係にあることに注意しよう。①〜④の判定では，文章をこの形に変えて考えてみるとよい。

　また，脊索動物とは，脊索を形成するグループで，脊椎動物と原索動物を合わせたものである。

①不適。原索動物のホヤは肺を持っていないが，一部が体内受精である。

②不適。硬骨魚類や原索動物は胎生ではないが，一部が体内受精である。

③不適。メダカなどは体外受精であるが，淡水での生殖である。

④適当。体外受精であれば，全て水の中での生殖である。水のない環境での生殖には体内受精が必要であったと考えられる。

⑤⑥不適。この表からは，体内受精が獲得された時期は特定できない。また，進化的に原索動物は脊椎動物が出現する以前に存在した動物である。四足（四肢）を持たない原索動物の一部に体内受精をするものがいることを考えると，脊椎動物あるいは，四足（四肢）動物が初めて獲得したとはいえない。

問4 　14　 正解は③

動物の生殖に関する実験考察問題である。

リード文において，酵素Xが以下の反応を触媒していることが示されている。

オキサロ酢酸＋アセチル CoA＋H_2O $\rightleftharpoons$ クエン酸＋CoA

①②**不適**。リード文より，通常酵素Xはミトコンドリア内で，クエン酸の生成を触媒している酵素であることが示されている。酵素Xがクエン酸を生成することによって ATP の合成量を増加させ，Ca^{2+} 波を誘起するのだとすれば，実験4でクエン酸を注入しても Ca^{2+} 波を誘起しないことと矛盾する。

③**適当**。実験5より，アセチル CoA を注入すると Ca^{2+} 波がみられたことと，酵素Xはアセチル CoA を生成する反応を触媒することから，酵素Xはアセチル CoA を生成することで，Ca^{2+} 波を誘起していると考えられる。

④**不適**。リード文より，酵素Xはオキサロ酢酸を生成する反応を触媒することは示されているが，オキサロ酢酸が Ca^{2+} 波を誘起していると考える実験データがない。

問5 　15　 正解は①

動物の生殖に関する実験考察問題である。

グラフから，卵の活性化には，1回に注入する酵素Xの量が精子 330 個分以上必要であることがわかる。したがって©と◌は誤りであることがわかる。

しかし，問題文から，精子1個分の酵素Xの量でも2割の確率で Ca^{2+} 波が誘起されていること，複数回繰り返しても毎回その確率は同じ（つまり2割）であることが示されている。このことから，複数個の精子の進入は，1個目の進入で2割，2個目の進入で残りの卵の2割…と確率を増やしていくことがわかる。何個の精子で8割まで達するのかは，計算してみるしかない。

精子の進入1個あたり，Ca^{2+} 波を誘起しない確率は 0.8 である。2個の場合は，$0.8^2=0.64$，…，5個の場合は，$0.8^5 \fallingdotseq 0.33$ である。つまり，5個の精子が進入した場合，Ca^{2+} 波を誘起する確率は $1-0.33=0.67$ で，0.8（8割）に達しないので，◌も誤りである。

8個の精子の進入で Ca^{2+} 波を誘起しない確率が $0.8^8 \fallingdotseq 0.17$，$Ca^{2+}$ 波を誘起する確率は $1-0.17=0.83$ となり，初めて8割を超える。したがって◌は正しい。

第4問　標準 ── 生物の進化と系統，生態と環境

問1　16　正解は③

動物の分類に関する知識問題である。

CHECK　動物の分類

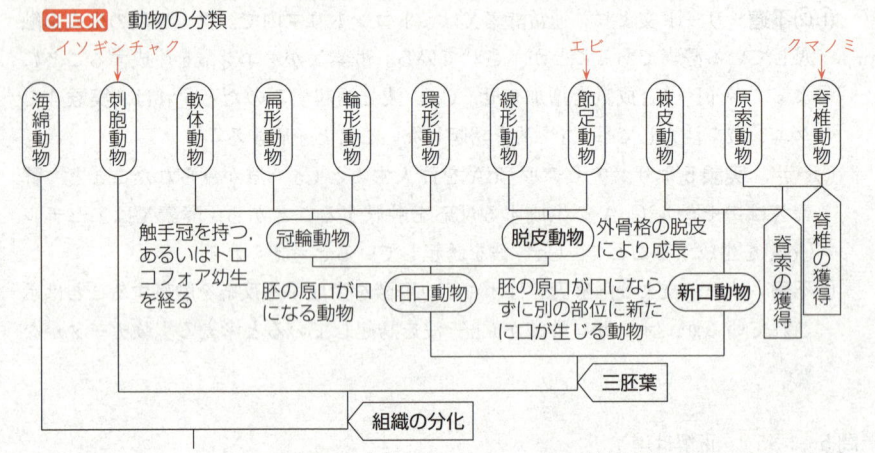

教科書では上図のような動物分類がなされている。できるだけ覚えておくようにしよう。

①不適。原口の反対側に口ができるのは新口動物のクマノミだけである。エビは旧口動物で，原口が口になる。イソギンチャクの消化管は袋のような構造で，口（入口）と肛門（出口）が共通で1カ所しかないので，2つの口はできない。

②不適。脱皮動物なのはエビだけである。クマノミもイソギンチャクも脱皮しない。

③適当。ほとんどの動物は三胚葉を持つが，刺胞動物は二胚葉，海綿動物は胚葉を持たない。中胚葉を持つのはクマノミとエビの2つだけである。

④不適。海綿動物だけは組織・器官を持たないが，それ以外の動物は持つ。

問2　17　正解は⑤

生物の変遷に関する知識問題である。

①②不適。アンモナイト類は中生代の示準化石であり，下線部Ⓧの記述は正しい。また，フズリナは古生代に繁栄したので，中生代は誤り。

③④不適。両生類は完全には水辺から離れられないので，下線部Ⓨの記述は正しい。また，無顎類は水中で生息する生物であり，爬虫類は完全に水辺から離れられる生物なのでこの修正はいずれも誤り。

⑤適当。被子植物も裸子植物も受精時に外界の水を必要としないが，中生代に繁栄したのは裸子植物である。被子植物が繁栄するのは新生代である。

⑥不適。被子植物が繁栄したのは新生代なので下線部Ⓩの記述は誤りである。また，コケ植物は受精時に外界の水が必要なので，この修正は不適である。

問3 18 正解は③

相利共生に関する考察問題である。

③不適。ホトトギスにとってウグイスの存在は，自分の子供を育ててくれるので利益となるが，ウグイスにとってホトトギスの存在は，自分の子供を育てられなくなるので不利益となる。このような関係は寄生の関係であり，相利共生ではない。

③以外は全て，両方にとって利益がある相利共生である。

問4 19 正解は⑨

個体群に関する考察問題である。

ⓐ適当。表１の各個体間の体長差を計算してみると，上から順に 11, 12, 11, 11, 10, 11 と，ほぼ一定である。

ⓑ不適。２個体のグループには，繁殖に参加できない個体はいない。

ⓒ適当。２個体のグループにも，４個体のグループにも 36 mm の個体がいる。２個体のグループでは繁殖に参加できるが，４個体のグループでは参加できない。これは，グループ内に自分より大きな体長の個体が何匹いるかが関係している。

ⓓ適当。表１から，ランク１，ランク２の個体はグループの個体数が大きくなるごとに大きくなっている。ランク３の個体も同様である。

問5 20 正解は②

個体群に関するグラフ読み取り問題である。

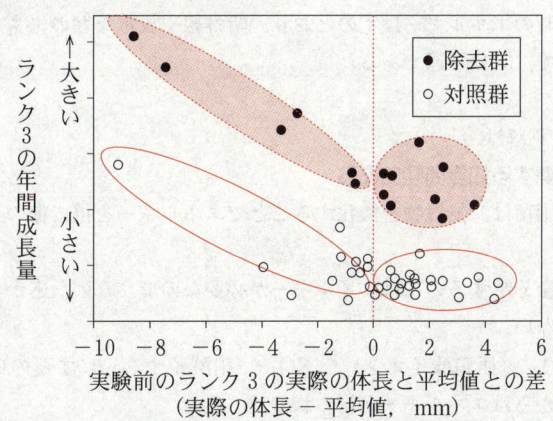

実験前のランク３の実際の体長と平均値との差
（実際の体長 − 平均値，mm）

ア．年間成長量はグラフの縦軸である。●（除去群）の方が，○（対照群）よりも上になっていることが読み取れる。よって，ランク３の年間成長量は大きくなっている。

イ．「実験前の体長と平均値との差」は横軸である。横軸の左へ行くほど縦軸の年

間成長量が大きくなることが読み取れる。よって，実験前の体長が平均値よりも小さかったランク3は，年間成長量が大きい傾向があるといえる。

ウ．ランク3が大きくなりすぎると，繁殖個体によってイソギンチャクから追い出されて，捕食者による死亡のリスクが高まる。したがって，ランク3が成長を調節することは，死亡のリスクを下げることにつながる。ここでの「競争」という用語には個体群内の各個体間での「種内競争」と，種と種の間で起こる「種間競争」がある。この場合，「種内競争」であれば適当である。しかし，「競争的排除（競争排除）」は生活環境が似ている種と種の間で起こる「種間競争」で用いる用語なので，個体群内の関係には用いることはできない。

第5問　標準 ── 生物の進化と系統，生命現象と物質

問1　21　正解は⑤

化学進化に関する知識問題である。

化学進化では，紫外線や放電などのエネルギーによって，無機物から簡単な有機物，複雑な有機物と段階を追って生命に必要な核酸やタンパク質などの有機物がつくられてきたと考えられている。よって，ⓐとⓒは適当。

現在いる生物はエネルギーを供給する物質としてATPを利用しているが，化学進化は生物が誕生する以前のことである。ATPは有機物として比較的複雑なものであり，最初に合成された有機物であるとは考えられない。また，最初に有機物がつくられた時のエネルギーはⓒのとおり，紫外線や放電などのエネルギーと考えられているので，ⓑは不適である。

問2　22　正解は②

化学合成に関する知識問題である。

化学合成細菌は，無機物を酸化することでエネルギーを得て糖の合成を行う生物である。

①不適。水を分解するのにはエネルギーが必要なので，この反応からはエネルギーは得られない。

②適当。NO_2^-（亜硝酸イオン）をNO_3^-（硝酸イオン）にするのは酸化であり，この反応からはエネルギーが得られる。

③不適。化学合成でも，無機物の酸化反応から得たエネルギーを使って二酸化炭素から糖を合成するが，問題文にある「エネルギー獲得方法の例」ではない。

④⑤不適。化学合成のエネルギーの獲得方法は無機物の酸化反応である。糖は有機物であり，これを分解して二酸化炭素を発生させるのは，呼吸や発酵である。

問3 　23　 正解は③

化学進化に関する考察問題である。

　化学進化とはリード文で説明されている通り，「最初の生命体を構成していた有機物は，生物によらずに化学的に生成した」ことである。

　①〜⑤の文には誤りは含まれていない。問題文で問われている「化学進化の過程が必要であった」理由として適切であるかどうかを判断する必要がある。

　独立栄養生物は，ほかの生物の有機物に依存せずに，必要な有機物を自分でつくれる生物である。独立栄養生物自身も有機物でできているので，問題文に示されている通り「初期の生命体が」独立栄養生物であった場合，一番最初は別の方法（化学進化）で有機物がつくられる必要がある。これを説明しているのは③である。

問4 　24　 正解は④

生物の変遷に関する考察問題である。

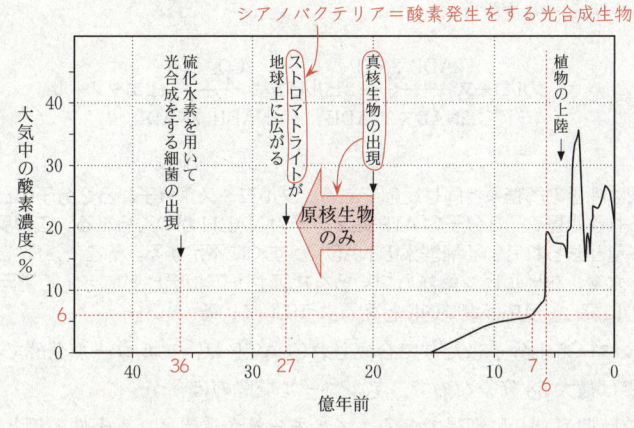

①適当。グラフから真核生物の出現が 20 億年前であることがわかる。これ以前は原核生物しかいない。また，ストロマトライトはシアノバクテリアが形成する岩石である。シアノバクテリアは酸素発生をする光合成生物なので適当である。また，細胞内共生説を考えれば，光合成をする真核生物は，原核生物であるシアノバクテリアを取り込んで形成されたことを考えても適当である。

②適当。「ストロマトライトが地球上に広がる」時期がシアノバクテリアが繁栄し始めた時（約 27 億年前）と考えてよい。現在の大気中の酸素濃度（約 21 %）の 3 割（約 6 %）に達したのは約 7 億年前なので，その間は約 20 億年である。

③適当。現在の大気中の酸素濃度（約 21 %）の約半分に達したのは約 6 億年前で，植物の上陸がその後になっている。生物の上陸の順序は，植物が先で，動物はその後であると考えられているので，植物の上陸が最初の生物の上陸と考えてよい。

④不適。光合成生物が酸素を発生させる能力は，ストロマトライトが地球上に広がった約27億年前には確実に獲得していた。これより約20億年前は約47億年前であり，地球誕生の46億年前よりも前のことになってしまうので不適である。また，硫化水素を用いて光合成をする細菌が最初の光合成生物だと考えられているので，この出現からは9億年程度だと考えられる。

⑤適当。細胞内共生説では，大きな細胞が好気性細菌を取り込んでミトコンドリアを形成したと考えられている。ミトコンドリアの形成と核の形成（真核生物の出現）のどちらが先だったのかは現在でも解明されていないので，ほぼ同時と考えてよい。グラフから，真核生物出現の時（20億年前）に，大気中の酸素濃度は現在の酸素濃度（約21％）の1割（2％）にも達していなかったことがわかる。

問5　　25　　正解は⑥

発酵に関する知識問題である。

CHECK　アルコール発酵

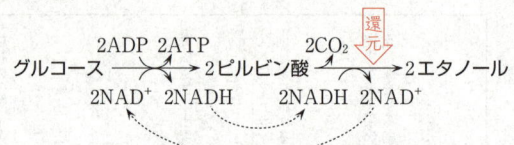

　　左側は呼吸の解糖系と同じ反応である。グルコース1分子から2分子のピルビン酸がつくられる過程で，2分子のATPと2分子のNADHがつくられる。この反応を継続すると，量が限られている補酵素のNAD$^+$がすぐに不足する。そこで，NADHの持つ電子（と水素）をピルビン酸からつくられたアセトアルデヒドに与えて還元することでNAD$^+$に戻し，反応が継続的に行えるようにしている。

ア．グルコース1分子当たりで合成されるATPは，アルコール発酵では約2分子，呼吸では最大38分子なので，アルコール発酵のほうが少ない。

イ．単位時間当たりに獲得できるエネルギー量が重要となる条件の例として細胞分裂の頻度が挙げられている。エネルギー量が重要になるのは分裂の頻度が高いときである。

ウ．解糖系の産物とはピルビン酸のことである。アルコール発酵では，ピルビン酸から二酸化炭素を取り出してアセトアルデヒドに変化させた後，NADHの電子（と水素）を付加して還元し，エタノールを生成する。

第6問　やや易 ── 生物の環境応答

問1　　26　　正解は④

視覚に関する実験考察問題である。

　　実験1から，a，bのそれぞれの個眼は同じ反応をすることが示されている。ま

た，aとbはお互いに抑制しあう関係であることも示されている。

　問題ではaには相対値4の光が常に照射されているから，bが興奮していなければ，興奮の頻度は30のままのはずである。

　まず，bに照射される光が相対値0〜2の間を考えてみよう。図3のグラフから，この光の強さでは，bは興奮しないことがわかる。bが興奮しなければaの興奮の頻度は30のまま変化しない。ここから②が誤りであることがわかる。

　次に，bに照射される光が相対値2以上の場合を考える。ここからbも興奮をし始める。aとbでお互いに抑制しあうので，bが興奮する分だけaの興奮の頻度は下がっていくはずであり，頻度が上がることはない。ここから①と③が誤りであることがわかる。

　したがって，相対値2の光までは変化せず，2以上では下がる④が適当である。

問2　　27　　正解は⑤　　28　　正解は①　　29　　正解は⑦
視覚に関する実験考察問題である。

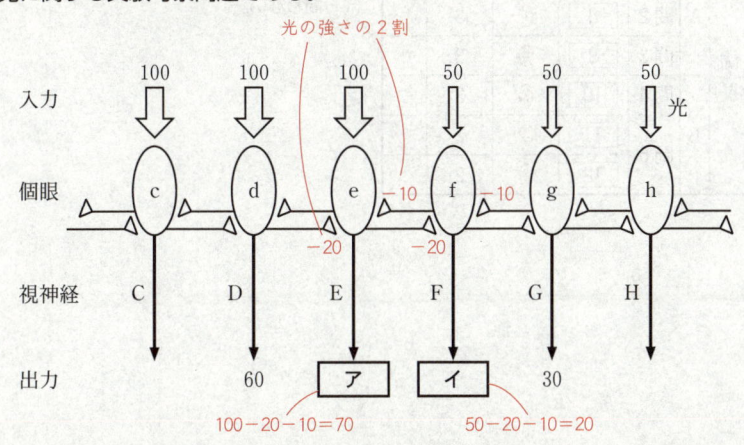

ア・イ．条件1と2で示されたように，それぞれの個眼に入力した光の強さの数値の2割を両隣の個眼から引く。アでは100の光に対して，dから20，fから10が引かれるので，100−20−10=70となる。イでは50−20−10=20となる。

ウ．「相対的」というのは，何かを基準にしたときの比で考える。たとえば，eの出力を基準として考えてみよう（別の基準でもよい）。このような回路がなければ，eは100，fは50となり，eを基準の1とすると，fは0.5となる。一方，この回路があれば，eが70，fが20なので，fが約0.3となって，その違いが大きくなる。つまり，入力の違いを相対的に強めることがわかる。また，明るい所eと暗い所fの違いが大きくなるのだから，明暗の境界をはっきりさせることになる。

生物基礎　追試験

問題番号 （配点）	設　問		解答番号	正　解	配　点	チェック
第1問 （18）	A	問1	1	⑦	3	
		問2	2	⑤	3	
		問3	3	①	3	
	B	問4	4	③	3	
		問5	5	④	3	
		問6	6	②	3	
第2問 （16）	A	問1	7	⑤	3	
		問2	8	①	3	
		問3	9	⑥	3	
	B	問4	10	⑦	3	
		問5	11	④	2	
			12	②	2	

問題番号 （配点）	設　問		解答番号	正　解	配　点	チェック
第3問 （16）	A	問1	13	④	3	
		問2	14-15	③-⑤	4 （各2）	
	B	問3	16	③	3	
		問4	17	①	3	
		問5	18	②	3	

（注）　-（ハイフン）でつながれた正解は，順序を
　　問わない。

自己採点欄

50 点

第1問 —— 生物の特徴と遺伝子のはたらき

A やや難 《生物の特徴》

問1 1 正解は⑦

生物の共通性に関する知識問題である。

ⓐ全ての生物に共通である。細胞の内外を隔てる膜は細胞膜である。細胞膜を持たない生物はいない。

ⓑ一部の生物の特徴である。生殖細胞は多くの生物がつくるが，原核生物やアメーバなど，生殖のための特別な細胞をつくらずに，体細胞分裂だけで増殖する生物もいる。

ⓒ一部の生物の特徴である。原核生物は，ミトコンドリアなどの細胞小器官を持たない。

ⓓ全ての生物に共通である。代謝とは生物が行う物質の合成や分解などの化学反応のことであり，全ての生物が行う。代謝を行わなければ，必要な物質もつくれず，エネルギーも利用できないので，いわゆる生命活動が何もできなくなる。

問2 2 正解は⑤

生物の共通性に関する探究問題である。

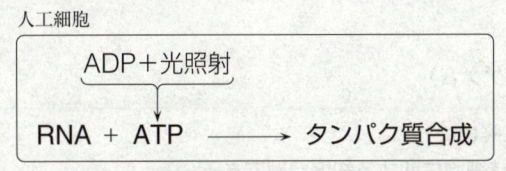

人工細胞

$$\text{RNA} + \text{ATP} \xrightarrow{\text{ADP}+光照射} タンパク質合成$$

　問題文で証明すべき内容は，RNA の情報からタンパク質をつくるには，「光を照射することで ADP からつくられる ATP が…必要である」という部分である。この部分は，次の2段階になっていることに注意しよう。

　第1段階…「ATP が必要である」

　第2段階…「光を照射することで ADP から ATP がつくられる」

　また，この証明すべき内容は正しいことを前提にこの問題は作られていることにも注意しよう。前提から考えられる実験の結果も含めて各実験を整理すると次のようになる。

実験Ⅰ RNA + ADP + 光照射	⟶ タンパク質合成する
実験Ⅱ RNA + 光照射 + ATP	⟶ タンパク質合成する
実験Ⅲ RNA + 光照射	⟶ タンパク質合成しない
実験Ⅳ RNA + ADP	⟶ タンパク質合成しない

実験V　RNA　　　　　　　　　　　＋ ATP ⟶ タンパク質合成する

実験VI　RNA　　　　　　　　　　　　　　 ⟶ タンパク質合成しない

まず，第1段階から考える。実験Vを行うと，ADP や光照射はタンパク質合成には，直接必要なものではなく，ATP があればタンパク質合成ができることを示すことができる。

次に，第2段階を考える。ATP がつくられるには，ADP と光照射の両方が必要であることを示す必要がある。実験IIIと実験IVはそれぞれいずれか一方でもなければタンパク質合成ができないことを示すので，この2つの実験から ADP と光照射の両方が必要であることがわかる。

問3　3　正解は①

体細胞分裂に関する知識問題である。

向かい合わせになっている染色体は，それぞれ複製された染色体であり，まったく同じもののはずである。

なお，「生物」で学ぶ染色体の乗換えを考えて混乱した受験生がいるかもしれないが，染色体の乗換えは体細胞分裂では起こらない。また，「生物基礎」では染色体の乗換えは扱わない。

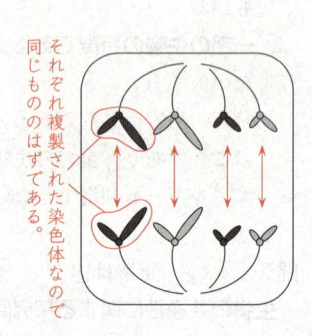

B　標準　《ゲノム》

問4　4　正解は③

真核細胞と原核細胞に関する知識問題である。

ヒトの細胞は真核細胞で，大腸菌は原核細胞である。

ⓔ**大腸菌のみが持つ特徴である。** 原核細胞には細胞壁があるが，動物細胞であるヒトの細胞にはない。

ⓕ**両方にない特徴である。** 原核細胞には細胞小器官がない。また，ヒトは光合成をしないので，ヒトの細胞にはない。

ⓖ**両方にある特徴である。** 原核細胞は細胞分裂によって増殖し，ヒトの細胞も細胞分裂によって増殖する。

ⓗ**ヒトのみが持つ特徴である。** 原核細胞には核がないので核膜もない。真核細胞には核膜につつまれた核があるので，ヒトの細胞には核膜がある。

問5　[5]　正解は④

遺伝子に関する知識問題である。

①正文。多細胞生物の細胞は，同じ個体の細胞であれば，持っている遺伝子はみな同じものである。同じ遺伝子を持っていても，発現する遺伝子が細胞によって異なるので，さまざまな細胞に分化することができる。

②正文。DNA を構成する塩基は A，T，G，C。mRNA を構成する塩基は A，U，G，C で，3つが同じである。

③正文。転写では，RNA ポリメラーゼが DNA の一方のヌクレオチド鎖に結合し，このヌクレオチド鎖を鋳型とする 1 本鎖の mRNA を合成する。

④誤文。転写では複製と異なり，全ての DNA の 2 本鎖がほどけることはないが，RNA ポリメラーゼが結合し，転写が起こっている部分では，2 本鎖がほどけた状態になる。

⑤正文。転写・翻訳の過程で，DNA の塩基配列によって指定されたアミノ酸配列のタンパク質がつくられる。

問6　[6]　正解は②

ゲノムに関する計算問題である。

CHECK　ヒトの遺伝子の平均的な大きさ

　　ヒトの平均的な遺伝子の大きさを計算してみよう。ゲノムには，遺伝子の領域と遺伝子ではない領域がある。表 1 では，遺伝子の領域の割合は 2%と示されている。ゲノム全体の大きさが 3,000,000,000 塩基対なので，この 2%は

　　　　$3,000,000,000 \times 0.02 = 60,000,000$ 〔塩基対〕

となる。この中に遺伝子が 20,000 個あるのだから，遺伝子 1 個当たりの大きさは

　　　　$60,000,000 \div 20,000 = 3,000$ 〔塩基対〕

となる。

①不適。ゲノムの大きさは，$3,000,000,000 \div 5,000,000 = 600$ で 600 倍と求まる。遺伝子の平均的な大きさは，ヒトでは **CHECK** で求めたように，3,000 塩基対である。大腸菌では，$(5,000,000 \times 0.9) \div 4,500 = 1,000$ で，1,000 塩基対と求まる。

②適当。ヒトのゲノムの大きさは，$3,000,000,000 \div 400,000,000 = 7.5$ で，イネのゲノムの大きさの 7 倍以上である。ゲノム中の遺伝子の領域の大きさは，ヒトでは **CHECK** で求めたように 60,000,000 塩基対であり，イネでは

　　　　$400,000,000 \times 0.2 = 80,000,000$

で 80,000,000 塩基対と求まり，ヒトの方がイネよりも小さい。

③不適。表 1 の中の原核生物は大腸菌だけである。大腸菌のゲノムの大きさは真核生物である酵母のゲノムの大きさに比べて，10 分の 1 よりも大きい。

④不適。①で求めたように，表 1 の中でゲノム中の遺伝子の領域の割合が最も高い大腸菌の遺伝子の平均的な大きさ（1,000 塩基対）は，遺伝子の領域の割合が最

も低いヒトの遺伝子の平均的な大きさ（3,000 塩基対）よりも小さい。

⑤不適。表 1 の中で最もゲノムの大きさが小さい生物である大腸菌は，ゲノム中の
遺伝子の領域の割合が最も高い。

第2問 ── 生物の体内環境の維持

A　難　《細菌の増殖》

問1　7　正解は⑤

細菌の増殖に関するグラフの作成・読み取り問題である。

　まず，表 1 のデータから，横軸に濁度，縦軸に細胞数のグラフをかく。このとき，
縦軸の桁に注意が必要である。

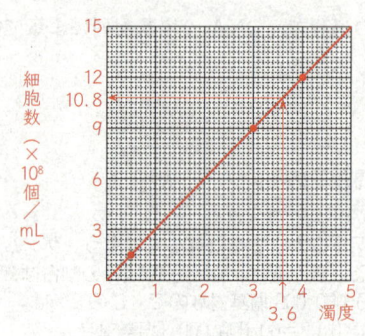

　リード文で，濁度が 3.6 であることが示されているので，グラフを読み取ると，
1 mL 当たり 10.8×10^8 個と読み取れる。問われているのは 10.1 mL の培地
（培地 10 mL ＋乳酸菌飲料 0.1 mL）に含まれる乳酸菌の総細胞数なので

$$10.8 \times 10^8 \times 10.1 = 10.9 \times 10^9 \fallingdotseq 1.1 \times 10^{10}$$

となり，⑤が最も適切である。

問2　8　正解は①

細菌の増殖に関する探究問題である。

　リード文から「ニンニクに細菌の増殖を抑制する作用があること」を確認するた
めの実験と示されている。対照実験としては，他の実験と比較した際に，ニンニク
抽出液だけが入っていないものが必要である。抽出液が入っておらず，あとは同じ
内容の実験は①である。

問3 　9　 正解は⑥

細菌の増殖に関する探究問題である。

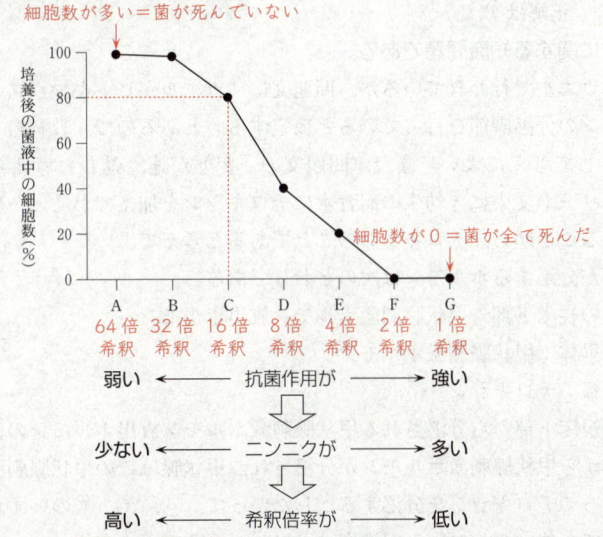

　まず，問題文中に「抽出液には抗菌作用があることが確認できた」とあるので，これを前提に考える必要がある。図2のグラフでは，縦軸が「菌液中の細胞数」となっているので，上に行くほど細菌が多い，つまり細菌が死んでいないので抗菌作用が低いことを意味する。ニンニクに抗菌作用があることは前提だから，グラフの右（Gの方向）へ行くほどニンニクが多い，つまり希釈倍率が低い（薄めていない）ことがわかる。

ⓐ**不適**。AからGに行くほど抗菌作用は大きいので，希釈倍率は低くなっている。

ⓑ**不適**。抗菌作用が強ければ，菌が死ぬので菌液中の細胞数は少なくなる。細胞数が少ないと，菌液の濁度は低くなる。

ⓒ**適当**。希釈倍率Cの細胞数は80％なので，20％減少したことがわかる。

ⓓ**適当**。実験2では1倍，2倍，4倍，8倍，16倍，32倍，64倍希釈の7種類で実験が行われているので，図2のグラフでは，それぞれG，F，E，…，Aと対応している。ニンニクの量を半分にして作った抽出液の1倍希釈液のニンニクの濃度は，実験2で作った1倍希釈液の半分の濃度となる。つまり，実験2で作った2倍希釈液と同じ濃度となる。グラフを見てみると，1倍希釈液と2倍希釈液はどちらも菌液中の細胞数が0で，同程度の抗菌作用であるといえる。

B　難　《ホルモン》

問4　10　正解は⑦

ホルモンに関する知識問題である。

　実験はカエルで行われているが，問題文に「カエルがヒトやマウスと同じ機構でチロキシンの分泌調節を行っていると仮定する」とあるので，教科書で学んだヒトの場合として考えてよい。また，問題文の「変態が速く進むと考えられるホルモン」とはリード文中に「幼生の飼育水にチロキシンを加えておくと…変態が速く進む」とあることから，チロキシンのことであると考えてよい。

　各器官が分泌するホルモンは次のとおりである。

　ⓔ間脳の視床下部：甲状腺刺激ホルモン放出ホルモン

　ⓕ脳下垂体：甲状腺刺激ホルモン

　ⓖ甲状腺：チロキシン

　間脳の視床下部から分泌される甲状腺刺激ホルモン放出ホルモンの作用により，脳下垂体から甲状腺刺激ホルモンが分泌され，甲状腺はこの甲状腺刺激ホルモンの作用によってチロキシンを分泌する。したがって，ⓔ，ⓕ，ⓖのいずれのホルモンを注射しても体内のチロキシン濃度は上昇し，変態が速く進む。

問5　11　正解は④　　12　正解は②

ホルモンに関する実験考察問題である。

　まず，問題文中にヒントが与えられている。「図3と比較すれば，Ⅰ～Ⅳのうち対照実験群に相当するものが分かる」とあるので，図3を見て，対照実験群を探す。**実験3**では，「3週間後の形態」と示されているので，図3の3週間後，つまり21日後を見れば，対照実験群の形態指標が6であることがわかる。

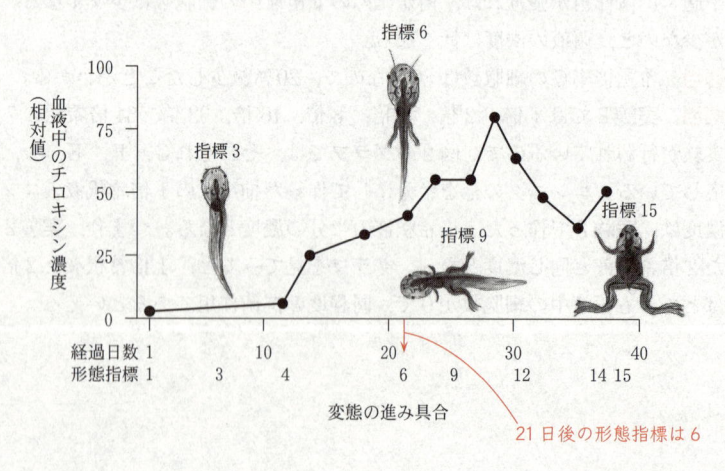

　次に，図4で形態指標が6のものを探すと，Ⅱであることがわかる。リード文から，この実験は「化学物質Xが，チロキシンの作用を阻害するか，それとも増強するかを調べる」ことが目的であることが示されている。仮に化学物質Xがチロキシンの作用を増強するとした場合，投与したチロキシンも化学物質Xもチロキシンの作用を増強することになり，図4のⅠのように変態が遅くなることが説明できない。したがって，化学物質Xはチロキシンの作用を阻害する物質であることがわかる。そうすると，最も変態が速くなるⅣは，「**チロキシン投与群**」であることがわかる。また，Ⅲは**チロキシン投与による促進が化学物質Xによって阻害**されて，少し変態が遅くなったと考えると矛盾がない。

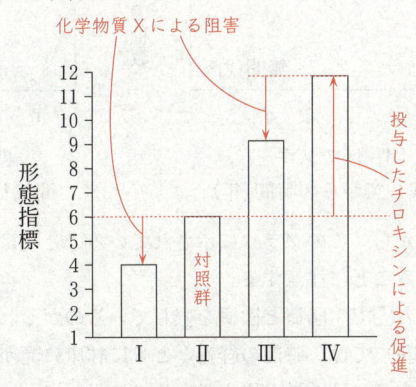

第3問 —— 生物の多様性と生態系

A　やや難　《バイオーム》

問1　13　正解は④

バイオームに関する知識問題である。

ⓐ**適当**。伐採された跡地（ギャップ）には光が林床まで届くので，陽樹林を形成する樹木（アカマツ，クロマツなどの針葉樹）が一時的に見られることがある。

ⓑ**適当**。年間の平均気温が高くても，雨季・乾季が見られる地域（熱帯多雨林よりも年間降水量が少ない地域）のバイオームは雨緑樹林（乾季に落葉する）である。

ⓒ**不適**。亜寒帯には，針葉樹林（針葉樹は常緑）のバイオームが形成されることがある。

問2　14・15　正解は③・⑤

遷移に関するグラフ読み取り問題である。

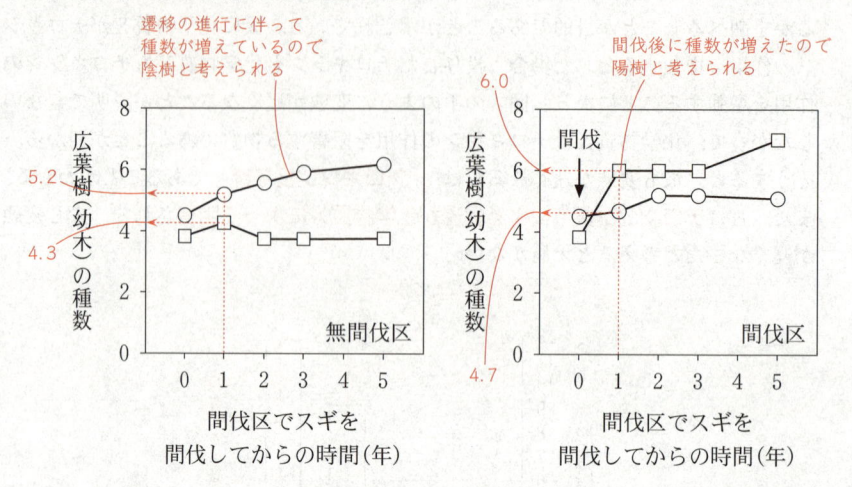

遷移の進行に伴って
種数が増えているので
陰樹と考えられる

間伐後に種数が増えたので
陽樹と考えられる

広葉樹（幼木）の種数

無間伐区

間伐区でスギを
間伐してからの時間(年)

広葉樹（幼木）の種数

間伐

間伐区

間伐区でスギを
間伐してからの時間(年)

　まず，リード文から，このグラフに示されている○と□はいずれも広葉樹であることが示されていることに注意する。

　次に，図1の○と□で，陽樹と陰樹を表しているのがそれぞれどちらなのかを考える。無間伐区（左）では，時間の経過とともに林床に光が届きにくくなっていくはずである。この中で○は種数が増えているのに対して□は増えていないことから，○が陰樹で□が陽樹の可能性が高い。また，間伐区では，間伐後に林床まで光がたくさん届くようになったはずであるが，この時□の種数が大きく増えているのに対して，○は大きくは変化していない。このことからやはり○が陰樹で□が陽樹と考えられる。

①不適。無間伐区（左）では陽樹（□）の種数は増えていない。

②不適。「広葉樹の種数」というのは○と□を合わせたものと考えられるので，無間伐区（左）では増加している。

③適当。間伐区（右）では，間伐後に陽樹（□）の種数が陰樹（○）の種数を上回っている。

④不適。間伐区（右）で，陰樹（○）の種数は，減ってはいない。

⑤適当・⑥⑦不適。「広葉樹の種数」というのは○と□を合わせたものと考えられる。グラフから，1年後の○と□を足して比較すると，無間伐区（左）では5.2+4.3=9.5，間伐区（右）では，6.0+4.7=10.7で，間伐区（右）の方が大きいことがわかる。

B 難 《生態系の保全》

問3 16 正解は③

生態系に関する知識問題である。

①**不適**。一次消費者というのは，生産者（植物）を食べている生物のことである。トキは動物を食べているので，二次消費者かそれより高次の消費者である。

②**不適**。グラフに示されているのは，割合だけである。採餌していた時間の長さや餌の量などは読み取れないので，春と秋に餌を獲得しにくいかどうか判定できない。また，わずかしかいないトキの採餌のしやすさが生態系の物質循環に与える影響がそれほど大きいとは考えられない。

③**適当**。図3のグラフから1年を通じて一定量のドジョウを捕食していることがわかる。

④**不適**。消費者と分解者の間には明確な区別はないが，トキは消費者であり，分解者としての働きをしているとはいえない。

問4 17 正解は①

生態系に関する考察問題である。

　トキが安定的に餌を獲得できるためには，餌となる生物が安定的に繁殖できる必要がある。

ⓓ**適当**。図2から，年間を通じて人が維持している水田や畔での採餌の割合が高いことがわかる。また観察結果1より，水路ではドジョウが，森林ではオタマジャクシの成体が観察されていることから水路や森林の維持も必要であることがわかる。

ⓔ**不適**。図2から，休耕田や耕作放棄地でも採餌していることや，観察結果1より，水路ではドジョウが，森林ではオタマジャクシの成体が観察されていることから水路や森林の維持も必要であることがわかる。

ⓕ**不適**。図2から，年間を通じて人が維持している水田や畔での採餌の割合が高いことがわかる。

Ⅰ．**適当**・Ⅱ．**不適**。観察結果1より，トキの餌となるドジョウは水路と水田や休耕田の間を，カエルは水田と周辺の森林の間を行き来していることがわかる。これらの生物の繁殖には生物の移動が容易であることが必要である。

問5 18 正解は②

生態系の保全に関する知識問題である。

①**不適**。干潟に生息する生物は，干潟の有機物を分解することで水質浄化作用を持っている。干潟に生息する生物が減少すると，有機物量が増加し，水質が悪化す

ると考えられる。

②適当。様々な餌生物を捕食する捕食者（キーストーン種）は，個体数の多い種を好んで食べる傾向があり，種の多様性を維持するのに役立っている。この生物が絶滅すると種の多様性が減少し，生態系のバランスが崩れやすくなる。

③不適。外来生物は，植物でも動物でも在来生物の個体数を減少させることがある。また，外来植物が繁殖すれば，生態系全体の生産量が変化（増加あるいは減少）することも考えられる。

④不適。非生物的環境が変化しても，分解者の個体数が減少するとは限らない。また，非生物的環境が生物に影響を与えることは「作用」と呼ばれる。「環境形成作用」は生物が非生物的環境に影響を与えることである。

⑤不適。湖沼など水中の生産者も含めて，光合成をする生物の生物量は窒素やリンなどの無機塩類の量に大きく影響される。湖沼に窒素やリンなどが増える（富栄養化）と生産者である藻類が増加し，さらにその死体が腐敗することで酸素不足になるなど，生態系のバランスを崩す大きな要因となる。

生 物　本試験（第1日程）

2021年度

問題番号（配点）	設　問	解答番号	正　解	配　点	チェック
第1問（14）	問1	1	①	3	
	問2	2	③	4	
	問3	3	⑤	3	
	問4	4	④	4	
第2問（15）	問1	5	③	3	
	問2	6	③	4	
	問3	7	①	4	
	問4	8	④	4	
第3問（12）	問1	9	④	4	
	問2	10	⑤	4	
	問3	11	⑥	4	
第4問（13）	問1	12	⑤	3	
	問2	13	②	3	
		14	⑦	3	
	問3	15	⑧	4	

問題番号（配点）		設　問	解答番号	正　解	配　点	チェック
第5問（27）	A	問1	16	①	4	
		問2	17	⑥	3	
		問3	18	⑤	5*	
	B	問4	19	②	4	
		問5	20	④	3	
		問6	21	③	4	
		問7	22	②	4	
第6問（19）	A	問1	23	②	3	
		問2	24	①	4	
	B	問3	25	④	4	
		問4	26	⑥	4	
		問5	27	③	4	

（注）　*は，①，③のいずれかを解答した場合は2点を与える。

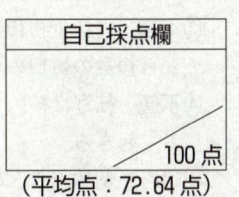

自己採点欄

_____100 点

（平均点：72.64 点）

第1問　標準 —— 生命現象と物質，生物の進化と系統

問1　　1　　正解は①

代謝に関する思考問題である。

ア．問題文中に「濃度にかかわらず取り込む」とあるので，能動輸送とわかる。受動輸送は濃度の高い方から低い方へ物質が輸送される現象である。

イ．発酵による有機物の分解では，必ずしも二酸化炭素が発生するわけではないが，酸素が発生することはあり得ない。

問2　　2　　正解は③

遺伝子頻度に関する計算問題である。

CHECK 遺伝子頻度

　Aの遺伝子頻度を p，aの遺伝子頻度を q とするとき，AA，Aa，aa の頻度は次のようになる。

　　AA … p^2

　　Aa … $2pq$

　　aa … q^2

　また，対立遺伝子がA，aの二つだけであれば，$p+q=1$ が成り立つ。

　問題文には示されていないが，L有の遺伝子をA，L無の遺伝子をaで表し，また，Aの遺伝子頻度を p，aの遺伝子頻度を q で表すとする。

　問題文から，L無（aa）の頻度が 0.16 であると示されているので

　　$q^2 = 0.16$

ここから，$q=\sqrt{0.16}=0.4$ が求められる。問題文に，対立遺伝子はAとaしか存在しないことも示されているので，$p+q=1$ から，$p=0.6$ が求まる。ヘテロ接合（Aa）の頻度は $2pq$，つまり③ 0.48 となる。

問3　　3　　正解は⑤

転写調節に関する知識問題である。

①不適。オペロンとは，一つの転写調節で転写される複数の遺伝子のまとまりのことである。原核生物では見られるが，真核生物では見られない。

②不適。転写は mRNA を合成する過程だから，必要な酵素は RNA ポリメラーゼであり，DNA ポリメラーゼは関係ない。

③不適。真核生物には，選択的スプライシングというしくみがあり，一つの遺伝子から複数の種類のポリペプチドを合成することが可能である。

④不適。転写は核内で起きるが，タンパク質合成（翻訳）は，細胞質中のリボソームで起きる。

⑤適当。個体内のどの細胞でも，基本的には全て同じ遺伝子をもっている。しかし，

個体内には神経細胞や筋細胞など様々な分化をとげた細胞が存在している。これは，細胞ごとに発現している遺伝子が異なるからであり，それぞれの細胞に存在する調節遺伝子の種類も異なるからである。

問4 　4　 正解は④

進化に関する考察問題である。

　実験2から，L無がCを含む配列で，L有がTを含む配列であることがわかる。また，実験3からヒトの祖先型はCを含む配列，つまりL無であることがわかる。

①不適。実験1の結果から，アジアとアフリカのいずれもL無（Cを含む配列）しか見られないことから，アフリカにおいて，L無（Cを含む配列）が不利だったとは考えられない。

②不適。実験2，および実験3からヒトの祖先型はL無（Cを含む配列）であることが示されているので，アフリカでのヒトの出現時にはL無（Cを含む配列）であることがわかる。

③不適。L有（Tを含む配列）がヨーロッパで見られることから，L有（Tを含む配列）がヨーロッパで有利だと考えられる。しかし，表1のデータでは，L無（Cを含む配列）の遺伝子頻度がスウェーデンで0.32，イタリアで0.95である。L無（Cを含む配列）の遺伝子頻度を2乗した割合で，L無（Cを含む配列）をホモでもつ，つまりL有（Tを含む配列）をもたない人がいると考えられる。

④適当。ヒトの祖先型がL無（Cを含む配列）であることがわかっているのだから，L有（Tを含む配列）が突然変異によって生じたと考えられる。

⑤不適。表1から，スウェーデンではL有（Tを含む配列）の遺伝子頻度の方が高いことがわかる。

第2問　標準 ── 生態と環境

問1 　5　 正解は③

外来生物に関する知識問題である。

　生物は一般に繁殖する能力が高いため，環境に適した生物を排除することは極めて困難である。環境に適した外来生物を駆除して生態系を復元する試みはほとんど成功していない。そのために，外来生物の侵入をなるべく防ぐための対策がとられている。

問2 　6　 正解は③

種間競争に関する考察問題である。

①不適。個体群密度が上昇したことが原因で種内競争が促進されることはあるが，

種内競争が促進したことが原因で個体群密度が上昇するわけではない。

②不適。環境収容力とは，限られた餌や生活空間などの生活資源をもつ環境におい て生物が生育できる最大の数のことである。環境収容力に達すると，個体群密度 はそれ以上上昇しない。図1のグラフでは，ブラウンの個体群密度は3年後まで 上昇し続けており，環境収容力に達したかどうかはわからない。

③適当。リード文にグリーンとブラウンは種間競争の関係にあることが示されてい る。種間競争の関係は，餌や生活空間などの生活資源を奪い合う関係であり，ブ ラウンの個体群密度が上昇すれば，グリーンの個体群密度は生活資源を奪われて 低下することになる。

④不適。図1のグラフから，導入区のグリーンとブラウンの1ヘクタールあたりの 合計の個体数は，1995年では1500個体程度であるが，1998年では4000個体程 度になっており，等しくはなっていない。

問3　　7　　正解は①

種間競争に関する考察問題である。

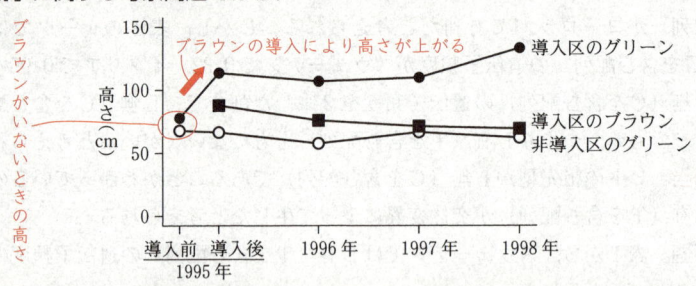

①適当。実験2より導入区のグリーンは幹のより高い所に位置するようになったこ とがわかる。また，実験3より導入区のアノールトカゲの方が指先裏パッドの表 面積が大きくなることがわかる。

②不適。実験2より，導入区のグリーンは幹のより高い位置を利用するようになっ たが，非導入区のグリーンには，位置の変化はほとんど見られない。また，図4 では，指先裏パッドの表面積は非導入区のアノールトカゲを1.0としたときの相 対値で示されており，表面積が両方とも増加した場合は，導入区・非導入区とも に相対値が1.0になるはずである。

③不適。実験2・3ともに導入区のグリーンのデータがあるのだから，生存してい たはずである。

④不適。実験3のデータはグリーンのものであり，グリーンとブラウンの指先裏パ ッドの表面積を比較したデータは示されていない。

問4　8　正解は④

種間競争に関する考察問題である。

①不適。実験1より，ブラウンが導入されたことにより，グリーンの個体数が減少していることがわかる。この後グリーンが絶滅するかどうかは示されていないが，絶滅の可能性は高くなっているのだから，影響がないとはいえない。

②不適。実験3から，導入区での指先裏パッドの表面積の増加は，人工環境下で育てた子孫にも受け継がれることが示されている。

③不適。非導入区での指先裏パッドの表面積の変化についてはデータがないので，貼りつく力を高める方向に進化するとは予測できない。逆に実験2で，非導入区のグリーンの留まっていた幹の高さにほとんど変化が見られないことから，指先裏パッドの表面積は変化しないのではないかとも考えられる。

④適当。実験2の傾向が15年後も見られたこと，また，指先裏パッドの表面積の増加が幹の高い位置に留まるために必要であることが，実験3の説明文で示されている。さらに，指先裏パッドの表面積の増加が次世代に伝わる遺伝的な変化であることも示されている。これらのことから，グリーンは生活空間を幹のより高い位置にすることで，ブラウンと生活空間を分割したことがわかる。また，それを可能にするための表現型（遺伝的な特徴）が進化したと考えられる。

第3問　標準 ── 生態と環境

問1　9　正解は④

生産構造図に関するグラフ読み取り問題である。

①不適。このグラフからは，どこの層のどの部分がどこの層へ移動したかといった情報は読み取れない。

②不適。このグラフからは，個体数の情報は読み取れない。

③不適。早春も初夏も，優占種Pの20cm以下の葉以外の器官の乾燥重量はおよそ3.5（第2層）＋5（第1層）〔g/m^2〕程度であり，同程度である。

④適当。グラフの形からでもおおよその傾向はわかる。優占種Pの20cm以上の部位は，早春では，葉と葉以外の器官の乾燥重量がほぼ等しいが，初夏では葉の乾燥重量は葉以外の器官の3倍程度になっている。

⑤不適。リード文に図1は林床における生産構造図であることが示されている。第1層と第5層の間は地上50cm以下の高さであり，高木の葉はない。

問2　10　正解は⑤

生産構造図に関するグラフ読み取り問題である。

ア. 「葉群」という語は会話の中で初めて出てくるが，ユメさんの第1発言で「優占種Pの第2層の葉群の重量は，初夏には，早春と比べて約半分に減ってる」とあるので，「葉」のことだと考えてよい。早春の優占種Pの第3層の葉の乾燥重量は $2g/m^2$，初夏の優占種Pの第3層の葉の乾燥重量は約 $6g/m^2$ 程度なので，約 3 倍に増加している。

イ. 早春における高さ 30cm の光量は 100 %，初夏における高さ 30cm の光量は 10 %なので，10分の1 に減少している。

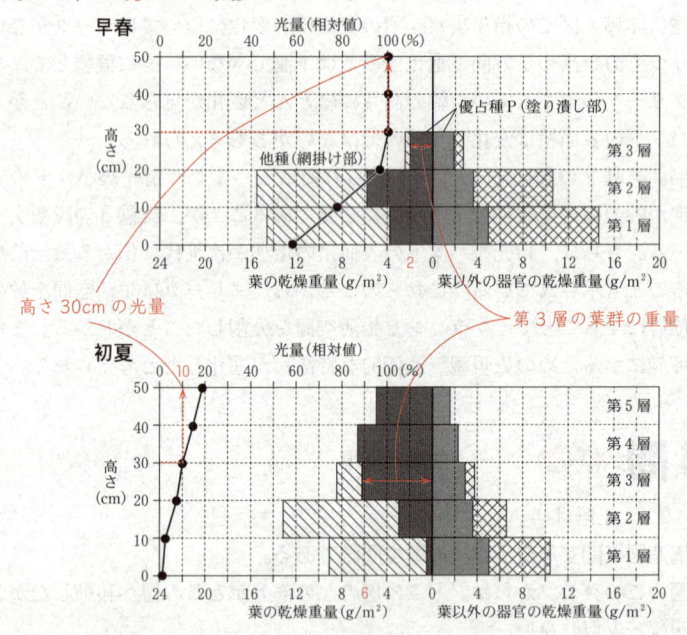

問3　　11　　正解は ⑥

生産構造図に関する表の読み取り・計算問題である。

ウ. 問題文の通りに計算をしていく。まず，早春の第3層の葉の合計面積を求める。表から葉 1g あたりの面積が $250cm^2$ で，葉の乾燥重量が 2.0g なので，合計面積は

$$250 (cm^2/g) \times 2.0 (g) = 500 (cm^2)$$

次に，1時間に吸収する二酸化炭素量を求める。表には，1時間あたりの CO_2 吸収量（mg/cm^2）が 0.175 と示されているが，単位からこの数字が $1 cm^2$ あたりであることがわかる。葉の全体の面積は $500cm^2$ だから

$$0.175 (mg/cm^2) \times 500 (cm^2) = 87.5 (mg)$$

エ. 初夏の葉についても同じ計算を行うと

$$360 \,[\mathrm{cm^2/g}] \times 5.0\,[\mathrm{g}] \times 0.070\,[\mathrm{mg/cm^2}] = 126\,[\mathrm{mg}]$$

となり，初夏の方が 1 時間に吸収する二酸化炭素量が多かったことがわかる。

CHECK　単位と計算

　理科では，数字には原則として単位が付いており，その数字がどんな意味をもつのかを表す重要なものである。

　例えば，「1g あたり 250 cm²」は，250 cm²/g と表される。この葉が 2.0 g あったときの面積を求める場合は，単位を付けて計算するとわかりやすい。

$$250\,[\mathrm{cm^2/g}] \times 2.0\,[\mathrm{g}] = 500\,[\mathrm{cm^2}]$$

このとき，250×2.0＝500 という数字の部分だけでなく

$$[\mathrm{cm^2/g}] \times [\mathrm{g}] = [\mathrm{cm^2}]$$

と，単位の部分も合わせて計算できる。

第4問　標準 ── 生物の環境応答

問1　12　正解は⑤

学習に関する知識問題である。

　学習とは，経験によって行動が変化することである。経験によって行動が変化するかどうかを判断すればよい。

ⓐ学習に関する記述である。孵化直後に見た動くものの後をついて歩くようになるので，何を見たか（経験）によってついていくものが変化する。

ⓑ学習に関する記述ではない。イトヨの雄は，婚姻色を呈した色をつけた模型に対して攻撃をする行動を，生得的（生まれつき）にもっている。文章の末尾が「…するようになる」で終わっているが，「イトヨの雄が繁殖期になると…するようになる」という文章の構成になっているので，経験による行動の変化ではなく，季節による変化を表している。

ⓒ学習に関する記述である。「刺激を受け続ける」という経験によって，引っ込めていたえらを引っ込めなくなる。

問2　13　正解は②　　14　正解は⑦

学習に関する考察問題である。

　A種

　実験1で，X期に父鳥の歌を聴かせなくても，また，Y期に聴覚がなくても，自種の歌をさえずることができたので，ⓓとなる。

　経験による行動の変化が見られないので，学習は関与していない（Ⅱ）。

　B種

　実験1〜3で，X期に父鳥の歌を聴かせることと，Y期に聴覚があることのいずれか一方が欠ければ不完全な歌になってしまうので，自種の歌をさえずるためには，

両方が必要であることがわかり，ⓖとなる。

　X期に歌を聴く，Y期に自らの歌を聴くという経験が必要なので，学習が関与している（I）。

問3　15　正解は⑧

学習に関する思考問題である。

ア．直前の文章に，種に固有の歌がなわばり防衛や求愛に必要であるという趣旨の記述がある。混ざった歌をさえずる（つまり，種に固有の歌をさえずることができない）雄は，繁殖に失敗しやすいと考えられる。

イ．「近縁種の歌を学習するような状況」とは，混ざった歌をさえずる雄が増える状況という意味であり，繁殖に失敗しやすい状況であるから，個体群の成長は妨げられると考えられる。

ウ．「競争的排除をもたらすことがある」という記述がある。競争的排除とは，種間競争の結果，ある種が排除される現象のことなので，共存はしにくくなると考えられる。

第5問 ── 生殖と発生，生物の環境応答

A　　《植物の生殖と発生》

問1　16　正解は①

被子植物の生殖に関する知識問題である。

　胚乳核（胚乳細胞の核）は，中央細胞の２つの極核と精細胞の核の合計３つの核が合体してできるのに対して，受精卵の核は，卵細胞の核と精細胞の核の合計２つの核が合体してできるから，ゲノム DNA（核の DNA）の量は胚乳核の方が多い。よって，①が誤り。

問2　17　正解は⑥

植物の発生に関する考察問題である。

・茎頂分裂組織

　図2に茎頂を真上から観察した図が示されており，その表面の中央（M）に茎頂分裂組織が示されているので，図1においてはYが茎頂分裂組織だとわかる。また，リード文に，「茎頂分裂組織からつくられたばかりの葉は…成長が進むにつれて扁平になる」とある。図1の構造の中でXとWは扁平な形なので葉だとわかる。

・先に形成が始まった葉

　先に形成が始まった葉ほど大きく成長しているはずである。P1よりもP2の方

が大きいので，先に形成された葉は **P 2** である。

問3　| 18 |　正解は⑤　（①，③のいずれかで部分正解）
植物の発生に関する考察問題である。

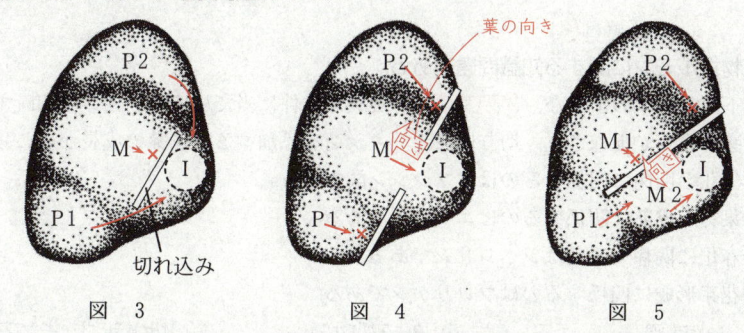

　　　図　3　　　　　　　　図　4　　　　　　　　図　5

　図3と図4を比較すると，Ⅰは図4では扁平な葉になるが，図3では扁平にならない。つまり，葉を扁平に誘導するのはM（茎頂分裂組織）であって，P 1・P 2（生じたばかりの葉）ではない。ここから，ⓐは適当で，ⓑは不適と判断できる。

　図4と図5を比較すると，いずれも葉の向きはM（茎頂分裂組織）の方を向いており，ⓒが適当であることがわかる。

B　やや易　《植物の環境応答》

問4　| 19 |　正解は②
植物の環境応答に関する考察問題である。

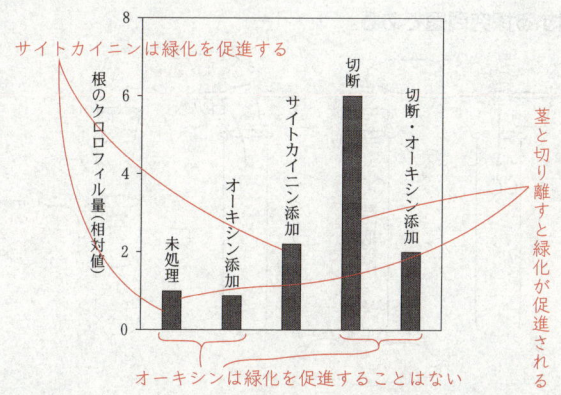

①不適。オーキシンを添加した場合，未処理の場合と比べて根のクロロフィル量にほとんど変化がなく，少なくとも緑化を促進はしていない。また，切断してから添加した場合は緑化を抑制している。

②適当・③④不適。サイトカイニンを添加した場合は，緑化が促進されている。
⑤不適。根と茎を切断した場合，緑化が促進されていることから，茎あるいは茎に
つながる葉などが，根の緑化を抑制していることが推測される。

問5　20　正解は④

植物ホルモンに関する知識問題である。

　下図(a)〜(c)のような，④頂芽優勢の実験が条件に当てはまる。頂芽を切断すると
側芽の成長が促進され，切り口にオーキシンを添加すると側芽の成長が起こらない。
①気孔の開閉に関係するのはアブシシン酸である。
②果実の成熟に関係するのはエチレンである。
③春化に関係するのはジベレリンである。
⑤花芽形成に関係するのはフロリゲンである。

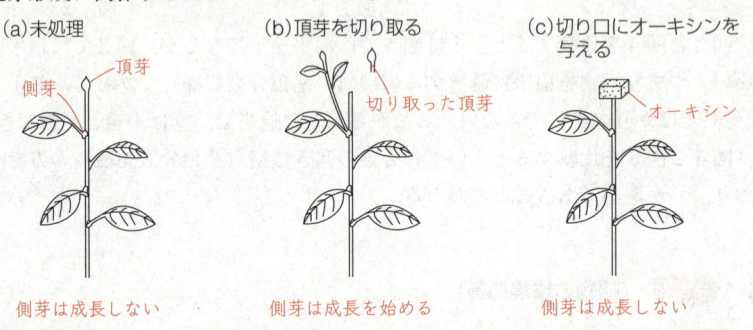

(a)未処理　　　　　　　　(b)頂芽を切り取る　　　　(c)切り口にオーキシンを
　　　　　　　　　　　　　　　　　　　　　　　　　　　　与える

側芽は成長しない　　　　側芽は成長を始める　　　　側芽は成長しない

問6　21　正解は③

光合成に関する探究問題である。

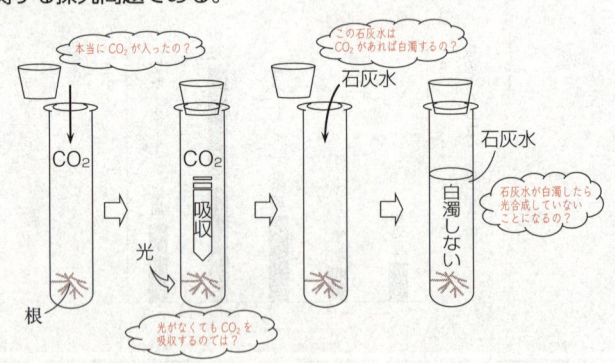

　生物実験のように，実験条件が複雑に変化する場合は，実験条件を1つだけ変え
て，実験結果を比較しなければならない。もし，実験結果に差が出れば，1つだけ
変えた条件が，その変化の原因だと結論づけることができる。

①**適当**。根のあり・なしという条件だけを変えて実験を行い，根がある場合には白濁せず，ない場合には白濁するという差が出れば，根が二酸化炭素を吸収したと結論づけることができる。

②**適当**。光照射のあり・なしという条件だけを変えて実験を行い，光がある場合は白濁せず，ない場合は白濁するという差が出れば，光による反応（この場合は光合成と考えてもよい）により二酸化炭素が吸収されたと結論づけることができる。

③**不適**。オーキシン溶液は二酸化炭素の有無によって何の変化も示さないので，石灰水の代わりにオーキシン溶液を入れても，光合成による二酸化炭素の吸収の有無を調べることはできない。

④**適当**。石灰水が二酸化炭素によって本当に白濁するかを確認することができる。

⑤**適当**。光合成をすることが確実な葉を入れて同じ実験を行っても，石灰水が白濁した場合は，想定通りに実験が進んでいないことを確かめられる。また，根を入れて実験を行った際に石灰水が白濁し，光合成をすることが確実な葉を入れた際に白濁しなかった場合は，根では光合成が行われていないか，あるいは光合成量が少ないことが確かめられる。

問7 　22 　正解は②

植物の環境応答に関する探究問題である。

①**適当**。根が緑色になるしくみを調べるために，茎と葉を切除したのだから，切除した後，根が緑色に変化するかどうかを調べることが必要である。根に含まれるクロロフィル量を測定すれば，緑色の変化に関する情報が得られる。

②**不適**。根が緑色になる原因を調べているのだから，ひげ根の長さを調べても，何の情報も得られない。

③・④**適当**。ヨウコさんが調べた図6から得られる情報として，根のクロロフィル量にオーキシンとサイトカイニンが関与していることがわかる（**問4**）。茎と葉を切除したことによってこれらの植物ホルモンの量が増減すれば，根が緑色になるしくみに関する情報が得られる。

第6問 ── 生殖と発生，生物の環境応答

A 　易　《動物の発生のしくみ》

問1 　23 　正解は②

発生のしくみに関する知識問題である。

①**不適**。母性因子は，発生のごく初期に働き，体軸など胚全体の基本構造を決定するものなので，眼の形成時にはすでに働いていない。

②**適当**。器官の形成は，誘導の連鎖によって決定される。

③**不適**。ホメオティック遺伝子は，眼の形成よりもっと早い段階で働き，前後軸に沿った形態形式に関与する遺伝子なので，眼の形成時にはすでに発現が完了している。

④**不適**。再生とは，失われた部位を再び形成しなおすことなので，一度目の形成は再生ではない。

⑤**不適**。二次胚とは，本来の体の他に，不完全ながらも形成された二つ目の体のことである。

問2　24　正解は①

発生のしくみに関する考察問題である。

問題文から，領域Mの細胞から眼が形成されることがわかる。また，タンパク質Xが働くと，その部分の領域Mの細胞の分化能力が消失することがわかる。

ア．タンパク質Xが**著しく拡大**すれば，タンパク質Xの働きによって領域Mのほぼ全ての細胞は分化能力を消失するので，眼は形成されなくなる。

イ・ウ．タンパク質Xが分布する範囲が**ほとんど消失**すれば，領域Mの細胞は全ての分化能力を維持するので，眼が**中央に一つ**形成されると考えられる。

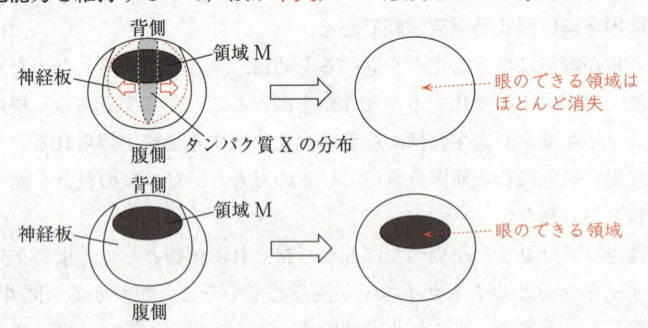

B　やや易　《動物の行動》

問3　25　正解は④

動物の行動に関するグラフ読み取り問題である。

①**不適**。図2において，ノーアイ（●）の方が，正常（○）よりもグラフ中でおおむね上に位置する（遊泳速度が速い）。

②**不適**。図2において，正常もノーアイも，青色光が照射されている間は，赤色光が照射されている間よりも，おおむね上に位置する。

③**不適**。図2において，およそ0〜30分の間は，赤色光が照射されているが，遊

泳速度は下がっている。

④**適当**。図２において，ノーアイは，眼がないにもかかわらず，正常と同じく，照射されている光の色によって遊泳速度を変化させている。このことから，赤色光と青色光の照射状態を識別するためには眼が必要ではないことがわかる。

問４　26　正解は⑥

動物の行動に関する考察問題である。

「電気ショック有・正常」はトレーニング回数が増えると赤色光を照射した領域に滞在する時間が短くなっているが，「電気ショック有・ノーアイ」は変化がない。

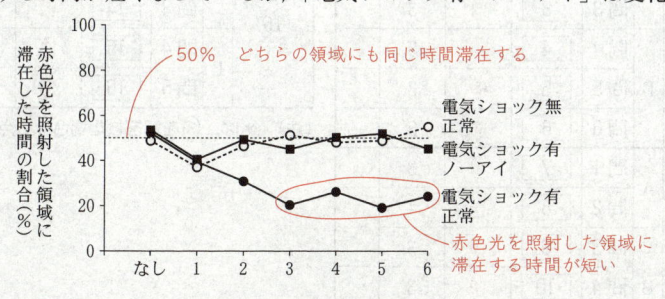

50%　どちらの領域にも同じ時間滞在する

電気ショック無
正常

電気ショック有
ノーアイ

電気ショック有
正常

赤色光を照射した領域に
滞在する時間が短い

トレーニング〜テストの繰り返し回数

エ．グラフから，オタマジャクシが避けたのは赤色光であることがわかる。

オ．「電気ショック有・ノーアイ」と「電気ショック無・正常」が赤色光を避けていない（どちらの領域にも同じ時間滞在する）ことから，赤色光を避けるように学習するためには，「眼に赤色光が入ること」と「電気ショックが与えられること」の両方が必要だとわかる。

問５　27　正解は③

動物の行動に関する考察問題である。

グラフから，テイルアイの中で学習が成立したのは，「脊髄方向」のものだけだということがわかる。

①**不適**。学習が成立したかどうかが問われている。反射は生得的な行動（反応）であり，学習ではない。

②**不適**。「胃方向」のものでは学習が成立していないので，光の色の情報が消化管を経由して脳に伝わったとは考えられない。

③**適当**。「脊髄方向」のものでは学習が成立したことから，尾にできた眼が受けた光の色の情報が脊髄を経由して脳に伝わったと考えられる。

④**不適**。本来の眼があるオタマジャクシ（正常）の学習成功率が40％，テイルアイのうち学習が成功した「脊髄方向」の学習成功率は20％であった。「なし」と「胃方向」の学習成功率はほぼ０％であったので，学習成功率は同じではない。

生物基礎

問題番号 (配点)	設　問		解答番号	正　解	配　点	チェック
第1問 (18)	A	問1	1	①	3	
		問2	2	④	3	
		問3	3	⑥	3	
	B	問4	4	④	3	
		問5	5	⑤	3	
		問6	6	③	3	
第2問 (16)	A	問1	7	①	3	
		問2	8	③	4	
	B	問3	9	⑦	3	
		問4	10	④	3	
		問5	11	③	3	

問題番号 (配点)	設　問		解答番号	正　解	配　点	チェック
第3問 (16)	A	問1	12	①	3	
		問2	13	②	3	
		問3	14	⑦	3	
	B	問4	15	②	3	
		問5	16	⑥	4*	

(注)　*は，③を解答した場合は2点を与える。

自己採点欄

50点

（平均点：29.17点）

第1問 —— 生物の特徴と遺伝子

A 易 《生物の特徴》

問1 [1] 正解は①

原核生物に関する知識問題である。

　選択肢のうち，原核生物でない生物（＝真核生物）は①の酵母菌である。全て「菌」がつくので紛らわしいが，酵母菌はカビのなかまであり，真核生物である。酵母菌が真核生物であることを問う問題は頻出なので，覚えておこう。

問2 [2] 正解は④

細胞に関する知識問題である。

ⓐ間違っている。細胞が正しい。「生物のからだの基本単位は，ⓐである」という記述から，DNA ではないとわかる。

ⓑ間違っている。細胞膜が正しい。細胞の外部との仕切りは細胞膜であり，動物細胞にもあることから，細胞壁ではないとわかる。

ⓒ間違っている。ミトコンドリアが正しい。呼吸を行うのはミトコンドリアである。シアノバクテリアは光合成を行う原核生物で，細胞小器官ではない。

ⓓ正しい。

問3 [3] 正解は⑥

光合成に関する知識問題である。

　完成した模式図は以下のようになる。

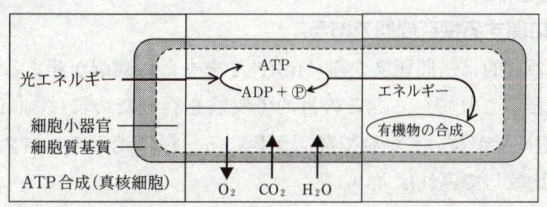

　問題文に「光合成あるいは呼吸の反応」と示されている。図2の左上には「光エネルギー」と書かれているので，光合成であるとわかる。

Ⅰ．光合成では有機物の分解は起こらないので，ⓑが適当。

Ⅱ．光合成では二酸化炭素を取り入れて酸素を放出するので，ⓒが適当。

Ⅲ．光合成ではデンプンなどの有機物の合成が起こるので，ⓕが適当。

B 　標準　《遺伝子のはたらき》

問4 　4　 正解は④

転写に関する知識問題である。

CHECK　転写は，2本ある DNA ヌクレオチド鎖のうちの片方を使って行われる。DNA の塩基と相補的な塩基をもつ RNA のヌクレオチドをつないで mRNA が合成される。

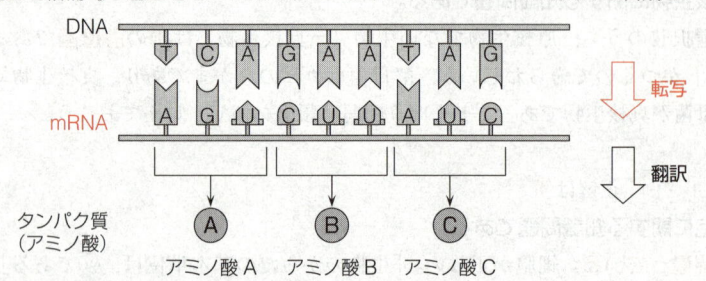

　転写で合成されるのは mRNA であることに注意しよう。mRNA を合成するのに必要なのは，RNA のヌクレオチドと mRNA を合成する酵素である。

問5 　5　 正解は⑤

翻訳に関する知識問題である。

　「○○C」の2つの○に入る塩基は，それぞれA，U，G，Cの4通りなので

　　4×4 = 16 通り

であり，末尾はCの1通りなので，最大16種類となる。

問6 　6　 正解は③

転写・翻訳に関する探究問題である。

　この実験の目的は，問題文から「mRNA をもとに翻訳が起こるかを検証するため」であると示されている。この目的で実験を行うためには，「mRNA がある」場合と「mRNA がない」場合で翻訳が起こる（緑に光るタンパク質が作られる）かどうかを比較してみればよい。

　図3では，既に転写が行われているので，左右のどちらの試験管にも mRNA はある。ここから「mRNA がない」場合を作るためには，mRNA を分解する酵素を加えればよい。その結果，「mRNA がある」場合はタンパク質Gが合成されて緑に光り，「mRNA がない」場合はタンパク質Gが合成されずに緑に光らないという結果になれば，実験の目的である「mRNA をもとに翻訳が起こるかを検証する」ことができる。

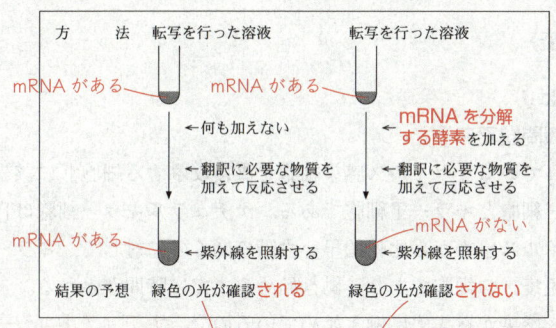

第2問 ── 生物の体内環境の維持

A 標準 《塩類濃度の調節》

問1 7 正解は①

尿生成に関する思考問題である。

ア．リード文に「体内の水が不足すると」バソプレシンが分泌されるとある。体内の水が不足すると，塩類濃度は高くなる。逆に，水を飲んで体内の水分が増加すると塩類濃度は低くなる。

イ．集合管は，輸尿管，さらには膀胱へとつながっている管である。ここから水が透過しやすくなると，血管内へ水が再吸収されやすくなる。細尿管でナトリウムイオンが再吸収されると，体内の塩類濃度がより高くなってしまう。

問2 8 正解は③

塩類濃度の調節に関する実験考察問題である。

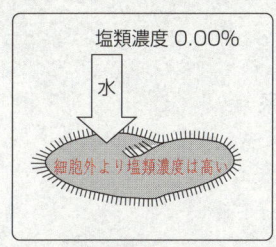
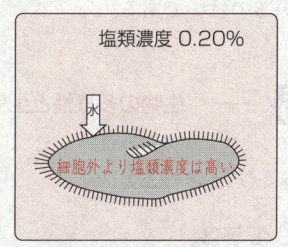

　細胞の内外で，塩類濃度に違いがある場合，濃度の差が大きい方が，水が流入する力が大きい。周囲の塩類濃度が高くなり，細胞内の濃度との差が小さくなれば，流入する水は少なくなる。流入する水が少なくなればなるほど，収縮胞が水を排出する頻度は少なくなる。よって，③のグラフが適当である。

B　標準　《免疫》

問3　9　正解は⑦

免疫に関する知識問題である。

　問題文で示されている「ウイルス感染細胞を直接攻撃する細胞」に該当するのは，ナチュラルキラー細胞とキラーT細胞である。ナチュラルキラー細胞は自然免疫の細胞であり，ウイルス感染から比較的早い段階で働くのに対して，キラーT細胞は獲得免疫（適応免疫）の細胞であり，働き始めるまでに時間がかかる。

細胞ⓐはウイルス感染からすぐに働き始めているので，**ナチュラルキラー細胞**である。

細胞ⓑはウイルス感染からしばらくたって働き始めているので**キラーT細胞**である。

問4　10　正解は④

免疫に関する知識問題である。

ⓒ好中球は，食作用によって異物を排除する細胞である。

ⓓ樹状細胞は，食作用によって異物を捕らえ，T細胞に抗原提示する細胞である。

ⓔリンパ球は，ナチュラルキラー細胞，T細胞，B細胞の総称で，食作用をもたない。

問5　11　正解は③

免疫に関する思考問題である。

　一度病原体に感染して，T細胞やB細胞が増殖すると，その一部が記憶細胞として残り，2回目の感染の時には，1回目の感染よりも**早く**，なおかつ**大量に**抗体を産生する。

　グラフの中で，1回目の抗原Bに対する抗体よりも早く，なおかつ大量に抗体を産生しているのは③である。

第3問　── 生物の多様性と生態系

A　　《バイオーム》

問1　12　正解は①

バイオームに関する知識問題である。

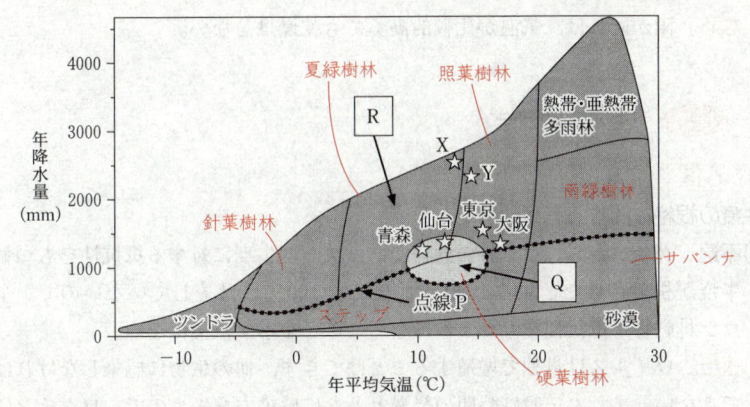

① 適当。点線Pより上側は，全て森林が発達しているバイオームである。

② 不適。熱帯・亜熱帯多雨林は点線Pよりも上側だが，雨季と乾季に分かれていない。

③ 不適。夏緑樹林，雨緑樹林は点線Pよりも上側だが，常緑樹ではなく，冬季や乾季に落葉する植物が優占しているので，常緑樹が優占しやすいとはいえない。

④ 不適。点線Pより下側は，草原や砂漠のバイオームであるが，樹木は優占していないだけで生育はしている。

⑤ 不適。点線Pより下側には，ステップやサバンナのバイオームが存在し，イネ科の植物などが優占している。

問2　13　正解は②

バイオームに関する考察問題である。

　図1のグラフは，横軸が年平均気温，縦軸が年降水量である。降水量の変化が少ないことが前提で温暖化が進行した場合，観測点XもYも右側へ移動することになる。Xが右に移動すると，夏緑樹林（落葉広葉樹）→照葉樹林（常緑広葉樹）へと変化する（②）。

　Yも大きく右に移動すると，照葉樹林（常緑広葉樹）→雨緑樹林（落葉広葉樹）へと変化する（⑧）が，わずかな変化で生じる②の方がより適当であると考えられる。

問3　14　正解は⑦

バイオームに関する知識および考察問題である。

エ．バイオームQは硬葉樹林である。

オ．図2のグラフから，ローマもロサンゼルスも夏季に降水が少ないことがわかる。

カ．冬季に比較的気温が高ければ降雪はほぼみられない。また，雨が降れば湿潤と

なる。雨が降れば，気温が比較的高くても乾燥はしない。

B　標準　《生態系の保全》

問4　15　正解は②

牛疫の根絶に関する考察問題である。

①不適。グラフから，ウシ科の動物であるヌーの牛疫に対する抵抗性をもつ個体は，牛疫が根絶されたとする1960年前後でも100%には達していないので，全てのウシ科動物が抵抗性をもつようになったことを示す根拠はない。

②適当。ウイルスは単独で増殖することはできず，他の生物に感染しなければ増殖できない。また，一般に時間の経過とともに感染力を失うので，ワクチンによって感染の機会が失われれば，その地域から根絶されることになる。

③不適。ワクチンによって得られる抵抗性は，獲得免疫なので子孫には引き継がれない。また，グラフより，1963年付近から抵抗性をもつヌーの割合は0%になっており，抵抗性は子孫に引き継がれないことがわかる。

④不適。ワクチンは，一般に弱毒化した病原体であり，ウイルスを無毒化できるものではない。

問5　16　正解は⑥　（③で部分正解）

生態系に関する考察問題である。

ⓐ非合理的。グラフから，牛疫に対する抵抗性をもつヌーはいないことがわかる。牛疫が蔓延すればヌーが病死して減少すると推論される。

ⓑ非合理的・ⓒ合理的。問題文に，ヌーの個体数が増加すると「草本の現存量は減少し，乾季に発生する野火が広がりにくくなった」とあるので，ヌーの個体数が減少すれば，草本の現存量が増加し，野火が広がりやすくなることが推論される。

ⓓ合理的。問題文中に「野火は樹木を焼失させる」とあるので，野火が広がれば森林の面積は減少すると考えられる。

生　物　本試験
（第2日程）

問題番号 （配点）	設　問		解答番号	正　解	配　点	チェック
第1問 （25）	A	問1	1	①	3	
		問2	2	④	3	
		問3	3	③	3	
		問4	4	②	4	
	B	問5	5	②	4	
		問6	6	①	4	
		問7	7	①	4	
第2問 （22）		問1	8	①	3	
		問2	9	③	4	
		問3	10	④	3	
		問4	11	②	4	
		問5	12	③	4	
		問6	13	③	4	
第3問 （14）		問1	14	⑥	4	
		問2	15	⑤	3	
			16	④	3	
		問3	17	⑤	4	

問題番号 （配点）	設　問	解答番号	正　解	配　点	チェック
第4問 （15）	問1	18	①	3	
	問2	19	②	4	
	問3	20	⑦	4	
	問4	21	⑧	4	
第5問 （12）	問1	22	②	4	
	問2	23	③	4	
	問3	24	④	4	
第6問 （12）	問1	25	②	3	
	問2	26	④	4	
	問3	27	④	5*	

（注）　＊は，⑤，⑥のいずれかを解答した場合
　　　は2点を与える。

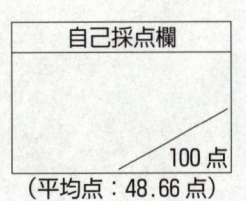

自己採点欄

100 点

（平均点：48.66 点）

第1問 ── 生命現象と物質，生物の進化と系統，生殖と発生

A やや難 《抗体の構造，塩基配列の置換》

問1 1 正解は①

タンパク質の構造に関する知識問題である。

①適当。酵素は，基質がぴったりはまる立体的な形をもっており，この立体的な形が基質特異性に関係している。

②不適。アミノ酸の並び方（アミノ酸配列）はタンパク質の一次構造である。

③不適。タンパク質の二次構造である α ヘリックスや β シートは，水素結合によって形成されている。

④不適。複数のポリペプチドが組み合わさってできるタンパク質の構造は四次構造である。三次構造は，1本のポリペプチドがS-S結合などで折りたたまれて形成する立体構造のことである。

問2 2 正解は④

進化に関する思考問題である。

①正文。「進化的に中立」とは，その置換が生存や繁殖に有利にも不利にも働かないことを意味する。同義置換を起こしても，つくられるタンパク質には何ら変化がないため，この置換は進化的に中立である。

②正文。タンパク質を構成する全てのアミノ酸が，タンパク質の機能に大きく影響しているわけではない。例えば，血液凝固に関係するフィブリノーゲンというタンパク質は，その一部が切り取られてフィブリンとなる。この場合，切り取られる部分に非同義置換が起こったとしても，血液凝固には影響しない。

③正文・④誤文。生存や繁殖に有利な表現型を示す突然変異（非同義置換）が生じた場合，この変異をもつものは次世代に多くの個体を残すことになるため，この変異は集団に広がりやすいと考えられる。一方，その変異が生存や繁殖に不利な表現型を示す場合には，自然選択が働いてその変異は集団から消えていくと考えられる。自然選択が働かない場合とは，その変異が進化的に中立なものである。

問3　3　正解は③

抗体に関する考察問題である。

①②**不適。** ⓔやⓕで切断されると，抗原と結びつく領域が分解されてしまうので，分解前の抗体と同じように抗原と結合することができなくなる。

③**適当。** ⓖで切断されると，抗原と結合する二つの断片と，抗原と結合しない一つの断片の，全部で三つの断片に分解される。

④**不適。** ⓗで切断されると，断片は三つになるが，抗原と結合する一つの断片と，抗原とは全く結合しない二つの断片に分解される。

⑤～⑧**不適。** これらの記号の場所を切断すると，四つ以上の断片に分解される。

問4　4　正解は②

抗体に関する考察問題である。

`CHECK` 同義置換と非同義置換の割合による自然選択の評価

　非同義置換の割合は自然選択によって変化する。非同義置換によって生じたタンパク質が生存に不利であれば子孫に伝わらないので減少していき，有利であれば集団に広がりやすいので増加していく。それに対して同義置換は，タンパク質には影響を与えないので常に進化的に中立である。そこで，常に中立である同義置換に対する非同義置換の割合を調べれば，その遺伝子領域における非同義置換が生存に有利なのか不利なのかを調べることができる。

①**不適。** ●で表された遺伝子Xの方が，○で表された遺伝子Yよりもアミノ酸配列に変化をもたらす非同義置換の割合が高い。よって，領域の違いによってアミノ酸配列の変化の割合は異なる。

②**適当。** 問2でも述べた通り，「進化的に中立」とは，生存や繁殖に有利にも不利にも働かないことを意味する。この場合は，生じた非同義置換と同義置換は，同じ確率で子孫に伝わり保存される。問題で示されている「非同義置換の割合」が何に対しての割合なのかはっきりしないが，●で示されている領域Xの非同義置換の割合は同義置換に対して高くなっている。また，他の選択肢は明らかに不適である。

③**不適。** ○で表された領域Yは非同義置換に対して同義置換の割合が大きい。これは，この領域に生じた非同義置換が自然選択によって取り除かれた（生存できないことによって子孫に伝わらなかった）ことを意味しており，進化的に中立とは考えられない。

④**不適。** 図2は可変部についての結果であるから，定常部についてこの結果からはわからない。

B 〔やや易〕 《植物の雑種形成》

問5　　5　　正解は②

バイオテクノロジーに関する考察問題である。

ア．DNAの正式名称はデオキシリボ核酸であることからもわかるとおり，DNA
　は酸性を示す物質である。酸性の物質とはH⁺を放出する物質のことであるから，
　DNAは水溶液中でH⁺を放出し，負に帯電する。

イ．寒天ゲルは，網目状の構造をもつ。この隙間をDNA分子が通り抜けていくの
　で，分子量が小さいものほど寒天ゲルの網目に邪魔されずに速く進むことができ
　る。

ウ．DNAは負に帯電しているので，⊖電極→⊕電極の方向に移動していく。より
　多く進んでいるバンドはⓑなので，ⓐよりも分子量が小さいことがわかる。

問6　　6　　正解は①

バイオテクノロジーに関する考察問題である。

　図3の結果から，葉緑体のDNAでは，ハイマツ（雌）×キタゴヨウ（雄）の雑
種個体は，キタゴヨウと同じ位置にバンドが見られ，ハイマツ（雄）×キタゴヨウ
（雌）の雑種個体は，ハイマツと同じ位置にバンドが見られた。ミトコンドリアの
DNAでは，ハイマツ（雌）×キタゴヨウ（雄）の雑種個体は，ハイマツと同じ位
置にバンドが見られ，ハイマツ（雄）×キタゴヨウ（雌）の雑種個体は，キタゴヨ
ウと同じ位置にバンドが見られた。

　このことから，葉緑体は雄親から，ミトコンドリアは雌親から子に伝わることが
わかる。

問7　　7　　正解は①

植物の生殖に関する考察問題である。

　雌性配偶子は，親個体から離れて移動することはない（③④は不適）。雄性配偶
子は花粉とともに移動する。問6から，葉緑体の遺伝子は雄親から子に伝わること
がわかっているので，葉緑体に存在する遺伝子Sに基づいて雄性配偶子の移動を見
ることができる。

　各個体の形態的な特徴から，標高の高い場所にハイマツが，標高の低い場所にキ
タゴヨウが分布する傾向にあることがわかる。一方，遺伝子Sは，標高の低い場所
ではキタゴヨウのタイプのみが見られ，標高1940mを超えて初めてハイマツのタ
イプが見られるようになる。このことから，雄性配偶子は，標高の低い場所から高
い場所へと運ばれやすいことがわかる。

第2問　標準 ── 生態と環境，生物の環境応答

問1　8　正解は①

生態系に関する知識問題である。

①**誤文**。攪乱は，台風や火山の噴火などの自然現象や，伐採などの人為的干渉によって起こるものであり，種内の相互作用によるものではない。

②**正文**。バッタの相変異は，幼虫時の個体群密度によって起こる。

③**正文**。自然に枯れる原因として，個体どうしの資源の奪い合いの結果による光不足や養分不足も考えられる。

④**正文**。一定の面積に生育できる植物の重量の合計は，おおよそ一定の値になる。これは，個体が利用できる資源の制限によって起こる。

問2　9　正解は③

種子の発芽に関する考察問題である。

①②**不適**。それぞれ，選択肢の内容に誤りはないが，実験1～3の結果から導かれるものではない。

③**適当**。実験2で胚を取り除いたときに失われたデンプンを分解する活性が，実験3でジベレリンを添加することによって再び生じたのであるから，デンプンの分解に限れば，胚の役割はジベレリンで代替できると考えられる。

④**不適**。糊粉層は胚を取り除いた種子にもあり，ジベレリンを合成できるのであれば，実験2でデンプンを分解する活性が見られるはずである。

問3　10　正解は④

光の吸収に関するグラフ読み取り問題である。

葉の密度が一番高いところでは，光が最もよく吸収される。そのため，光の強さが最も大きく変化したところの群落内の高さを読み取ればよい。これは，グラフの傾きが最も小さいときである。図1のグラフで読み取ると，約**0.8**である。

問4　11　正解は②

光合成に関するグラフ読み取り問題である。

①**不適**。図1より，群落内の高さが0の位置の光の強さは約5である。また，図2より，光の強さが5のときの二酸化炭素の吸収速度は−0.125である。

②**適当**。群落内の高さが0.1の位置の光の強さは10であり，その光の強さでの二酸化炭素の吸収量は0となる。問3の設問文から，図1のグラフは，一日で光が一番強くなる時刻に測定した結果である。よって，一日をとおしての二酸化炭素の吸収量は負の値となる。

③**不適**。群落内の高さが1の位置の光の強さは100であり，その光の強さでの二酸化炭素の吸収量は1である。また，群落内の高さが0.3の位置の光の強さは20であり，その光の強さでの二酸化炭素の吸収量は0.25である。よって，吸収速度は0.25倍程度である。

④**不適**。群落内の高さが0.5の位置の光の強さは30であり，その光の強さでの二酸化炭素の吸収量は0.5である。このとき，光の強さの増加とともに二酸化炭素の吸収量は増えており，まだ飽和に達していない。

問5 　12　 **正解は③**

フィトクロムに関するグラフ読み取り問題である。

CHECK フィトクロムの変化
　フィトクロムには，赤色光を吸収する赤色光吸収型と遠赤色光を吸収する遠赤色光吸収型がある。この2つの型は，吸収した光の波長によって互いに変化する。ボードゲームのリバーシの石のように入れ替わると考えればよい。

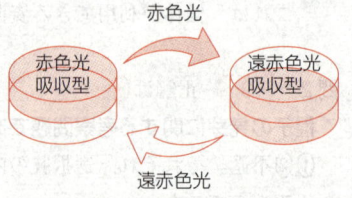
フィトクロムの変化

ア．群落の下層に届く光は，葉を通った光の強さのグラフ（破線）が示していると考えられる。フィトクロムの吸収スペクトルを示すグラフから，赤色光は660nm付近，遠赤色光は730nm付近の光であることがわかる。破線のグラフについて，660nm付近と730nm付近の光の強さを比べると，730nm付近の光の方が強いことがわかる。すなわち，群落の下層では遠赤色光の比率が高いことがわかる。

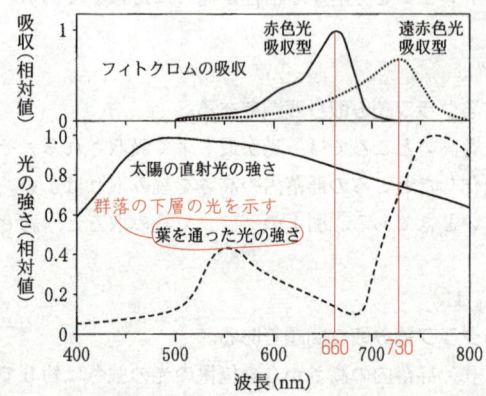

イ．フィトクロムは，遠赤色光を吸収すると，赤色光吸収型に変わる。

問6　　13　　正解は③

光発芽に関する考察問題である。

①不適。光合成には，もともと緑色の光はあまり利用されない。

②不適。光の色の情報を感知しているものではない。

③適当。光発芽種子は，赤色光が当たると発芽が促進され，遠赤色光が当たると発芽が抑制される。これは，種子の上に他の植物が存在して，葉が太陽光を遮っている環境を避けているのだと考えられる。

④⑤不適。この問題は光発芽の現象について問われている。

第3問　やや易 ── 生態と環境

問1　　14　　正解は⑥

生態ピラミッドに関する考察問題である。

ア．図1のグラフから，現存量，年間成長量，年間被食量のうち，小型底生魚が大きいのは，年間被食量だけである。

イ．グラフは重量（g）で表されているが，死亡率は通常個体の数（匹）を基に計算されるので，グラフから直接読み取ることはできない。年間被食量が大きく，現存量が小さいことから，1個体からたくさんの子供が生まれ，そのほとんどが被食されていると推定されるので，死亡率は高いと考えられる。

問2　　15　　正解は⑤　　16　　正解は④

生態ピラミッドに関する計算問題である。

ウ．表1に，大型魚の「年間生産量/現存量」が41％であることが示されている。図1から，大型魚の現存量は3200gであることが読み取れるので，次の計算式が成り立つ。

$$\frac{年間生産量}{3200} \times 100 = 41$$

$$年間生産量 = \frac{41 \times 3200}{100} = 1312 ≒ 1300 〔g〕$$

エ．図1から，小型底生魚の現存量は200gであることが読み取れるので，次の計算を行えばよい。

$$\frac{1350}{200} \times 100 = 675 〔％〕$$

問3　　17　　正解は⑤

生態ピラミッドに関するグラフ・表の読み取り問題である。

　オ.「現存量あたりの生産量」とは，問2で計算した表1の「年間生産量/現存量」のことである。小型底生魚が 675 で，大型魚の 41 よりも**大きい**。

　カ. 現存量は図1のグラフから，小型底生魚が 200 で，大型魚の 3200 よりも**小さい**。

第4問　やや難　── 生物の体内環境，生命現象と物質

問1　　18　　正解は①

尿生成に関する知識問題である。

　　腎小体では，血しょうからタンパク質などの大きな粒子を除いて，残りの物質はそのまま原尿へと濾し出される。そのため，血中のグルコース濃度が上昇すれば，原尿中のグルコース濃度も高くなる（③・④は**不適**）。正常な状態であれば，原尿中のグルコースは細尿管ですべて血液中に吸収される。このとき，濃度の低い方から高い方への輸送となるので，グルコースの再吸収は能動輸送である（①**適当**・②不適）。糖尿病患者では，原尿中のグルコース濃度が高すぎて，能動輸送による再吸収が間に合わなくなり，尿中にグルコースが排出される。

問2　　19　　正解は②

尿生成に関する探究問題である。

①適当。電子伝達系の働きを抑えると細胞の ATP 合成が大きく減少する。能動輸送には ATP のエネルギーが必要なので，タンパク質Yが能動輸送をしているのであれば，Na^+ 輸送はほとんど停止するはずである。この状態で利尿薬Xの効果がないことを確認すれば，利尿薬Xの標的が能動輸送をしているタンパク質Yであることが裏付けられる。

②**不適**。DNA の合成は，細胞分裂の前にのみ行われる。DNA の合成を抑えて細胞分裂ができないようにしても，Na^+ 輸送には関係ない。

③適当。利尿作用のない薬剤Zを作用させても，Na^+ 輸送に変化が見られないことが確認できれば，利尿薬Xの利尿作用が，タンパク質Yの Na^+ 輸送に影響を与えることで利尿作用を及ぼしていることが裏付けられる。

④適当。タンパク質Yが機能しない細胞には，利尿薬Xの効果がないことを確認すれば，利尿薬Xの標的がタンパク質Yである可能性を確かめられる。

問3 20 正解は⑦

細胞に関する思考問題である。

　まず根拠から検討しよう。

Ⅰ．能動輸送は濃度の差に逆らって物質を輸送するためエネルギーを必要とする。ミトコンドリアで行われる呼吸によって，ATP が大量に合成されるので，この根拠は適当である。

Ⅱ．能動輸送にはタンパク質合成が必要であるが，作られた輸送に関わるタンパク質がすぐに失われるということはないので，特別に多量のタンパク質合成が必要であるわけではない。この根拠は不適である。

Ⅲ．能動輸送は細胞膜を通じて行われるので，細胞膜の表面積が大きいほど効率はよくなる。扁平な細胞は細胞膜の表面積がそれほど大きくならないので，この根拠は不適である。

Ⅰの根拠から選ばれる細胞の模式図は，ⓒである。

問4 21 正解は⑧

細胞に関する知識問題である。

ア．図2から，細胞内部に分布していることがわかる。

イ．図3から，細胞表層へ移動しているのがわかる。

ウ．アクチンフィラメントを分解すると移動できなくなり，微小管を分解しても移動できるということは，この移動がアクチンフィラメントによって起こることがわかる。アクチンフィラメントに対応するモータータンパク質はミオシンである。ダイニンは微小管に対応したモータータンパク質である。

エ．アクアポリンは，水分子を特異的に透過させるチャネルである。アクアポリンが細胞膜に存在すると水の受動輸送が起こり，水の透過性が高くなる。また，バソプレシンは水の再吸収を促進するホルモンである。

第5問 やや易 ―― 生殖と発生，生物の進化と系統

問1 `22` 正解は②

転写調節に関する思考問題である。

リード文に，ショウジョウバエの遺伝子Yは，遺伝子Xの転写を直接抑制するとあるので，遺伝子Yが全身で発現すれば，全身で遺伝子Xの転写は抑制される。

問2 `23` 正解は③

転写調節に関する考察問題である。

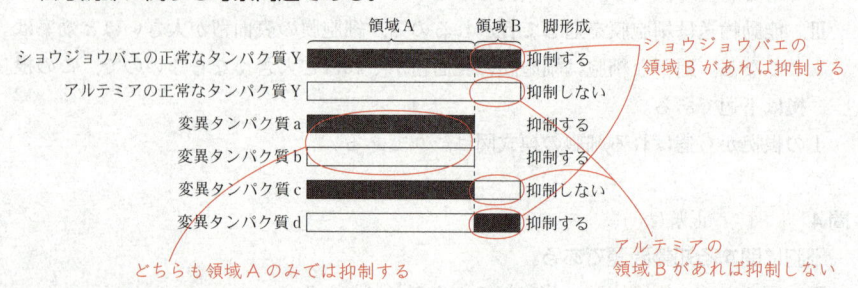

領域Aのみからなる，変異タンパク質aと変異タンパク質bのどちらも脚形成を抑制することから，ショウジョウバエの領域Aとアルテミアの領域Aのどちらも脚形成を抑制することがわかる（①・②は正文）。また，ショウジョウバエの正常なタンパク質Yと変異タンパク質dのどちらも脚形成を抑制することから，ショウジョウバエの領域Bは，領域Aの働きに影響を与えないことがわかる（③は誤文）。さらに，アルテミアの正常なタンパク質Yと変異タンパク質cのどちらも脚形成を抑制しないことから，アルテミアの領域Bは，領域Aの働きを阻害していることがわかる（④は正文）。

問3 `24` 正解は④

進化に関する考察問題である。

問1・問2から，ショウジョウバエの遺伝子Yは脚形成を抑制し，アルテミアの遺伝子Yは抑制しないことがわかる。また，設問文からムカデの遺伝子Yも脚の形成を抑制しないことがわかる。つまり，遺伝子Yの働きは，ムカデとアルテミアでは共通し，ショウジョウバエだけが異なることがわかる。ショウジョウバエだけが異なる機能をもつためには遺伝子Yは図3の**Q**で変異したと考えられる。よって，ショウジョウバエとアルテミアの共通祖先Pでは，遺伝子Yは脚形成を抑制していなかったと考えられる。

第6問 標準 —— 生物の環境応答

問1 | 25 | 正解は②

聴覚に関する知識問題である。

①**不適**。鼓膜の振幅の大きさは，音の大きさに関係し，高低には関係しない。

②**適当**。音の受容は，うずまき管内の基底膜の振動が関係している。うずまき管の基部に近いところでは高音を，先端に近いところでは低音を受容しており，位置によって高低を判断している。

③④**不適**。前庭は平衡覚，半規管は回転角の受容器であり，音は受容しない。

問2 | 26 | 正解は④

数学の三角比および速度の計算問題である。

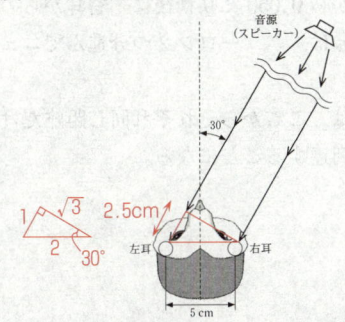

三角比を使って，右耳と左耳との距離の差を求めると，$5 \times \dfrac{1}{2} = 2.5$〔cm〕になる。

問題文から，音の速度は340m/秒だと示されているので，2.5cmの距離を340m/秒の速度で進むときの時間を求めればよい。計算式は下のようになる。ただし，距離はcmをmに，時間は秒をミリ秒に変換するのを忘れないようにしよう。

$$\frac{2.5 \times 10^{-2}}{340 \times 10^{-3}} = 0.00735 \fallingdotseq 0.074 \,〔ミリ秒〕$$

問3 　27　　正解は④　（⑤，⑥のいずれかで部分正解）

神経に関する計算問題である。

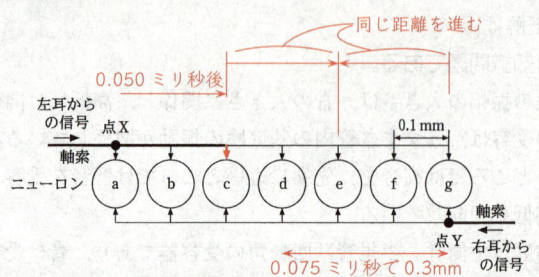

　0.075 ミリ秒の時間で，0.1mm 離れているニューロン 3 つ分進むことから，ニューロン 1 つ分（0.1mm）進むのに 0.025 ミリ秒かかることがわかる。点 X に左耳からの信号が届いてから 0.050 ミリ秒後に，右耳からの信号が点 Y に届くのであれば，点 X に届いた信号は，ニューロン 2 つ分進んでニューロン©の地点に到達しているはずである。

　左右の耳からの信号は，ここからそれぞれ同じ距離だけ進むのだから，ニューロン©のところに同時に到達することになる。

生物基礎　本試験（第2日程）

問題番号 （配点）	設　問	解答番号	正　解	配　点	チェック
第1問 (18)	A	問1	1	②	3	
		問2	2	③	3	
		問3	3	③	3	
		問4	4	④	3	
	B	問5	5	⑤	3	
		問6	6	②	3	
第2問 (16)	A	問1	7	④	3	
		問2	8	④	3	
		問3	9	①	3	
		問4	10	⑥	3	
	B	問5	11-12	①-⑤	4 （各2）	

問題番号 （配点）	設　問	解答番号	正　解	配　点	チェック
第3問 (16)	A	問1	13	⑥	3	
		問2	14	③	3	
		問3	15	⑤	3	
		問4	16	④	3	
	B	問5	17-18	②-⑤	4 （各2）	

（注）　-（ハイフン）でつながれた正解は，順序を
　　　問わない。

自己採点欄

50 点

（平均点：22.97 点）

第1問 ── 生物の特徴と遺伝子

A 易 《生物の特徴》

問1 　1　 正解は②

細胞の大きさに関する知識問題である。

①⑤不適。インフルエンザウイルスとT_2ファージはともにウイルスであり，通常の光学顕微鏡では観察できないほど小さい。

②適当。酵母（酵母菌）は真核細胞であり，選択肢の中では，動物細胞であるサンゴの細胞の大きさに最も近い。

③不適。カエルの卵は肉眼で観察できるほど大きい。

④不適。大腸菌は原核細胞であり，原核細胞は通常，ミトコンドリアや葉緑体と同じぐらいの大きさで，通常の真核細胞よりも小さい。

⑥不適。ヒトの座骨神経は脊髄からふくらはぎ付近まで伸びており，とても長い。

問2 　2　 正解は③

細胞に関する思考問題である。

　図2や会話文から，取り込まれた褐虫藻は核をもつ真核細胞であることがわかる。また図1から，サンゴは口や胃をもつ動物であることがわかる。よって，③が適当。⑤は，サンゴが取り込んだのは核をもつ真核細胞であり，葉緑体ではないので不適である。

問3 　3　 正解は③

代謝に関する知識問題である。

①不適。同化とは小さな物質から大きな物質を合成する反応であり，遺伝情報に基づいたタンパク質合成も同化である。タンパク質合成は全ての生物が行うので，同化をする能力を全くもたない生物は存在しない。

②不適。異化とは大きな物質を小さな物質に分解する反応であり，呼吸など有機物からエネルギーを取り出す反応は異化である。エネルギーを取り出してATP合成を行うことは全ての生物に共通であり，異化をする能力を全くもたない生物は存在しない。

③適当。会話文や図から，サンゴが口や胃をもち，餌を食べていることはわかる。また，褐虫藻が光合成で作った有機物を利用していることも会話文からわかる。

④不適。褐虫藻が有機物を合成する光合成は異化ではなく同化である。

⑤⑥不適。図から，サンゴは褐虫藻から葉緑体を取り込んだわけではないことがわかる。

B　標準　《遺伝子のはたらき》

問4　4　正解は④

染色体に関する知識問題である。

①②不適。DNA や RNA では，隣接するヌクレオチドどうしは，糖とリン酸の間で結合している。

③不適。二本のヌクレオチド鎖の塩基配列は，相補的な関係にあり，同じではない。

④適当・⑤不適。染色体とは，DNA とそれを支えるタンパク質からなる構造のことで，間期の核も染色体からできている。間期の染色体は，核内に分散しているが，分裂期になると，短く凝縮されて棒状の構造になる。

問5　5　正解は⑤

ゲノムに関する知識問題である。

　ゲノムとは，その生物が自らを形成・維持するのに必要な最小限の DNA の1組のことである。ゲノムには，遺伝子の領域もあるが，遺伝子以外の領域も含まれている。

問6　6　正解は②

ゲノムに関する知識問題である。

①不適・②適当。多細胞生物の細胞に存在する DNA は，基本的には全て同じものである。細胞がもつ遺伝子は全てが働くわけではなく，必要に応じて，働く遺伝子と働かない遺伝子がある。どの遺伝子が働いているかによって，その細胞の性質や働きが変わる。

③不適。ゲノムは，その個体の細胞全てで同じである。

④不適。細胞分裂時には，全ての染色体が複製されるので，細胞によって複製のしかたに違いはない。

⑤不適。「ミトコンドリアには，核とは異なる DNA がある」は正しい文であるが，細胞が異なる性質や働きをもつ理由にはならない。

第2問 —— 生物の体内環境の維持

A　やや難　《腎臓のはたらき》

問1　7　正解は④

尿生成に関する計算問題である。

CHECK 体積と濃度

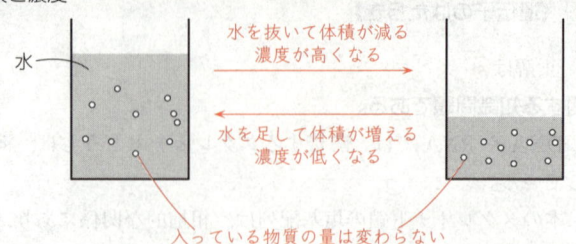

水溶液中に含まれる物質の量が変わらないとすると，水を加えて体積を増加させれば濃度は薄くなる。逆に，蒸発させるなどして水だけを抜いて体積を減少させれば，濃度は濃くなる。体積と濃度の関係は反比例の関係で，体積が2倍になれば濃度は $\frac{1}{2}$ 倍に，体積が $\frac{1}{2}$ 倍になれば濃度は2倍となる。

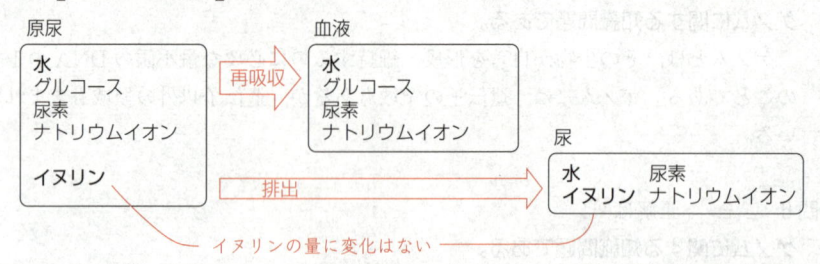

リード文から，イヌリンは分解も再吸収もされないとあるので，原尿中に含まれていたイヌリンは全て尿中に排出される。一方で，原尿中の水の多くは再吸収されるので，原尿に比べて尿の体積は減少し，イヌリンは濃縮されて濃くなる。

表1から，尿中のイヌリンの濃度は120倍であることがわかるので，尿の体積は原尿の体積の $\frac{1}{120}$ になったことがわかる。リード文に，尿は毎分1mL生成されるとあるから，生成される原尿は120倍で，毎分 120mL であることがわかる。

問2 ┃ **8** ┃ 正解は④

尿生成に関する計算問題である。

表1から，ナトリウムイオンの濃度は，原尿も尿も同じく0.3％であることがわかる。これは，原尿から，水と同じ割合でナトリウムイオンも再吸収されたことを

意味している。簡単に考えれば，原尿を，再吸収される部分と尿になる部分に単に分割したのと同じである。

　原尿は1分間に120mL生成されており，そのうちの119mLが再吸収されている。リード文中に血しょう，原尿，尿の密度は1g/mLと与えられているので，119mLの尿は119gである。ナトリウムイオンは0.3%なので

$$119 \times \frac{0.3}{100} = 0.357 \,(g) = 357 \,(mg)$$

問3　　**9**　　正解は①

尿生成に関する思考問題である。

ア．再吸収によって血液中に戻されるナトリウムイオンの量が増えると，尿中のナトリウムイオンの量が減り，濃度は低くなる。

イ．ナトリウムイオンの再吸収促進によって血液中のナトリウムイオンの量が増えると，そのままでは血液中のナトリウムイオン濃度が高くなる。しかし，再吸収で血液中に戻される水の量が増加すると，ナトリウムイオン濃度が維持される。

ウ．再吸収で血液中に戻される水の量が増加すると，血液の量が増加する。血液の量が増えると，血圧が上昇する。これは，水道のホースの中に，多くの水を入れると内部の圧力が高くなるのと同じである。

B　やや難　《体内環境の維持》

問4　　**10**　　正解は⑥

血液循環に関する知識問題である。

　図1の2つの心室のうち，筋肉が厚い方が左心室で，薄い方が右心室である。右心室から出る血液は肺に向かうので，rが肺へ向かう血管である。また，肺からの血液は左心房に入るから，sの血管である。つまり，肺循環を担っている血管は，⑥r，sとなる。

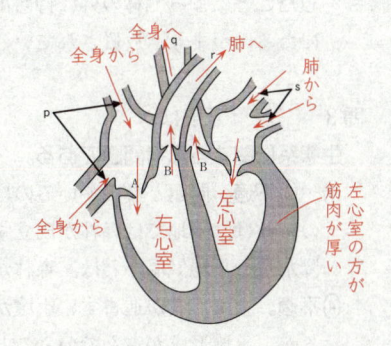

問5　　**11**・**12**　　正解は①・⑤

血液循環に関するグラフ読み取り問題である。

　リード文に，「Aの位置にある弁は心房の内圧が心室の内圧よりも高いときに開き，低いときに閉じる」とあるので，弁Aが開いている期間を知るには，図2上段の圧力のグラフで「心房の内圧が心室の内圧よりも高いとき」を探せばよく，適当なものは期間Ⅰと期間Ⅴである。

第3問 —— 生物の多様性と生態系

A 《遷移》

問1 13 正解は⑥

遷移に関する思考問題である。

ア．植物が成長するには光合成を行うことが必要である。高木が林冠に達してから光合成を行うというのは明らかに不適。また，この文の文末が「次の世代を残せない」なので，種子生産が適当である。

イ．前文で，「陰樹が次の世代を残せない」とあるので，ここで陰樹が発芽するというのは不適。また，ここから遷移が始まるのだから，草本が適当である。なお，「裸地」とは植物が生育しておらず，岩や土がむき出しになっている状態を指すので，山火事で植物が焼失した土壌も裸地である。

ウ．山火事後など，土壌が残っているところから出発する遷移は二次遷移である。

問2 14 正解は③

生態系に関する思考問題である。

成立する植生…西日本の低地でみられるバイオームは照葉樹林である。落葉広葉樹の林が放置されれば，遷移が進み，照葉樹の林となる。

窒素の循環量の変化…放置する前は，落ち葉が肥料として搬出されていたが，放置したことによって林の外に持ち出されずに林内にとどまり，そこで循環するようになる。つまり，放置されている間，窒素の循環量は増加する。

問3 15 正解は⑤

生態系に関する思考問題である。

①～③不適。問題となっているのは森林が成立しない日本の海岸沿いである。日本の気候は，平地では森林が成立する気候であり，海岸沿いであれば平地なので，降水量や平均気温などは，森林が成立する気候のもののはずである。

④不適。土壌形成が進まずに土壌が少ない場合には，森林が形成されない場合もあるが，土壌形成が進んでいることは，森林形成を妨げる原因にはならない。

⑤適当。海岸沿いであれば，砂が運ばれてくることは考えられるし，貧栄養の砂が運ばれれば，土壌の形成の妨げになり，森林が成立するのに必要な土壌が形成されないことは考えられる。

B 標準 《生態系の保全》

問4 16 正解は④

生態系の保全に関する知識問題である。

①**不適**。捕食性の生物とは限らない。植物にも外来生物であるものがある。

②**不適**。人為的に国外から移入された生物は外来生物であるが，国内でも別地域からもたらされた生物は外来生物である。

③**不適**。影響の有無にかかわらず，人為的に地域外からもたらされた生物は外来生物である。

④**適当**。外来生物は，人為的（意図的かどうかにかかわらず）に地域外からもたらされた生物のことである。人間の活動に関わりなく移動した生物は外来生物ではない。

⑤**不適**。外来生物が生態系に大きな影響を与えるのは，天敵がいないために増殖してしまう場合であるが，天敵がいるため増殖が抑えられていても，人為的に地域外からもたらされた生物は外来生物である。

問5 17 ・ 18 正解は② ・ ⑤

生態系の保全に関する知識問題である。

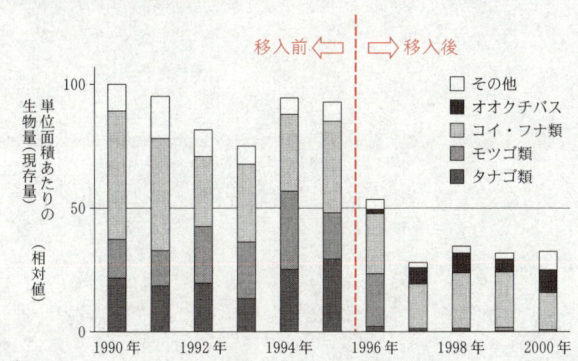

①**不適**。オオクチバスの移入後，魚類全体の生物量は移入前の3分の1に減少した。

②**適当**。オオクチバスの移入後，モツゴ類は大きく減少したが，コイ・フナ類の減少幅は少ない。

③**不適**。一次消費者とは，生産者（植物）を食べている生物である。オオクチバスが食べるものが変化したことを示すデータはない。

④**不適**。オオクチバスの移入後，魚類全体の生物量は減少したが，モツゴ類やタナゴ類は極端に減っているので，在来魚の多様性は減少しているように見える。少なくとも多様性が増加していることを示すデータはない。

⑤**適当**。オオクチバスの生物量は増加しているが，全体の生物量の減少の方が多い。

⑥**不適**。栄養段階とは，生産者，一次消費者，二次消費者…などのことであり，栄養段階の数が減少するということは，高次の消費者がいなくなるということであるが，それを示すデータはない。

第2回 試行調査：生物

問題番号 （配点）	設　問		解答番号	正　解	配　点	チェック
第1問 （12）	A	問1	1	④	4	
		問2	2	⑥ *1	5	
	B	問3	3	②	3	
第2問 （30）	A	問1	1	②	3	
		問2	2	⑤	3	
		問3	3 - 4	③ - ⑤ *2	5	
		問4	5	⑤	4	
	B	問5	6	④	3	
		問6	7	①	3	
		問7	8	④	4	
		問8	9	②	5 *2	
			10	④		
第3問 （14）		問1	1	③	3	
		問2	2	③	3	
		問3	3	④	3	
		問4	4	⑦ *3	5	

問題番号 （配点）	設　問		解答番号	正　解	配　点	チェック
第4問 （18）		問1	1	①	3	
		問2	2	②	3	
		問3	3	⑦	4	
		問4	4 - 5	② - ③ *4	4	
		問5	6	③	4	
第5問 （26）	A	問1	1	⑤ *5	5	
		問2	2	①	3	
		問3	3	⑧	3	
	B	問4	4	⑤	3	
		問5	5	②	3	
		問6	6 - 7	① - ⑤ *2	5	
		問7	8	①	4	

（注）

1 ＊1は，②，③のいずれかを解答した場合は2点を与える。
2 ＊2は，両方正解の場合に点を与える。ただし，いずれか一方のみ正解の場合は2点を与える。
3 ＊3は，④を解答した場合は3点，⑤，⑥のいずれかを解答した場合は1点を与える。
4 ＊4は，両方正解の場合のみ点を与える。
5 ＊5は，③を解答した場合は2点，，①を解答した場合は1点を与える。
6 －（ハイフン）でつながれた正解は，順序を問わない。

※平均点については，2018年11月の試行調査の受検者のうち，3年生の得点の平均値を示しています。
※解説中の「正答率」については，全受検者の正答率です。ただし，部分点が与えられる問題については，部分正答率も併せて示しています。

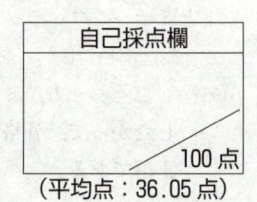

自己採点欄

100 点

（平均点：36.05 点）

第1問 ── 生物の環境応答，生命現象と物質

A やや易 《骨格筋の構造》

問1 [1] 正解は④

筋原繊維を構成するアクチンフィラメントとミオシンフィラメントのそれぞれの太さの違いの理解と，これらのフィラメントの存在部位と明帯・暗帯との関係の理解が問われている。（正答率47.0％）

下に図2のア〜カを対応させた模式図を示す。

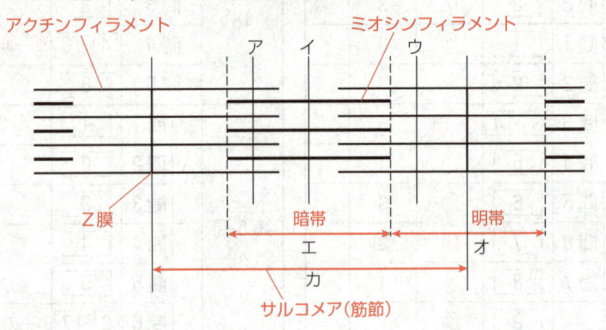

図2のアの部位は，細いアクチンフィラメントと太いミオシンフィラメントの両方が存在しているため，最も暗くみえる。そのためこの状態に対応する図3の断面図の模式図としては，**b**が適当である。図2のイの部位は太いミオシンフィラメントだけが存在していると判断できるので，図3の断面図としては**c**が適当である。図2のウの部位は細いアクチンフィラメントのみが存在していると判断できるので，図3の断面図としては**a**が適当である。

問2 [2] 正解は⑥ （②，③のいずれかで部分正解）

筋肉の収縮時における，明帯・暗帯・サルコメアの長さの変化に関する問題である。（正答率36.3％，部分正答率17.9％）

明帯はアクチンフィラメントのみが存在する部位である。一方，暗帯はアクチンフィラメントに加えミオシンフィラメントも存在する部位であり，暗帯の長さはミオシンフィラメントの長さを示している。筋収縮が起こると，アクチンフィラメントとミオシンフィラメントの重なりが増す。このとき，アクチンフィラメントのみからなる明帯（オ）は短くなる。また，Z膜とZ膜の間のサルコメア（筋節）（カ）も短くなる。一方，ミオシンフィラメントが存在する暗帯（エ）の長さは変化しない。したがって，骨格筋が収縮したときにその長さが変わる部分は，オ，カであり，⑥が正解である。

B　標準　《ヒトのエネルギー供給法》

問3　3　正解は②

呼吸などによってエネルギーが取り出されるしくみに関して，データの正確な読み取りが要求される考察問題である。（正答率 36.9%）

　図4には，運動開始直後の ATP 供給法として用いられるのは，クレアチンリン酸の分解であることが示されている。クレアチンリン酸から ATP の合成は，単一の酵素反応（クレアチンキナーゼ）により行われるので，ADP から ATP を即座に産生することができる。したがって，スタートダッシュ時にクレアチンリン酸が用いられているのは，理にかなっている。その後，キの反応が起こっているが，これは酸素を用いない解糖によるものであると判断できる。解糖は呼吸よりも反応経路が短く，素早く ATP を合成できる（下図）。しかし，**持続的な運動において解糖だけでは十分な ATP を得ることができないので，クの反応では酸素を用いた呼吸により多量の ATP が供給されるようになると判断できる**（下図）。呼吸は十分な ATP 産生までに解糖よりも多く反応段階を経るための時間を要するが，解糖と比較して同じ量のグルコースを基質とした場合，最大で 19 倍の ATP を合成できる。

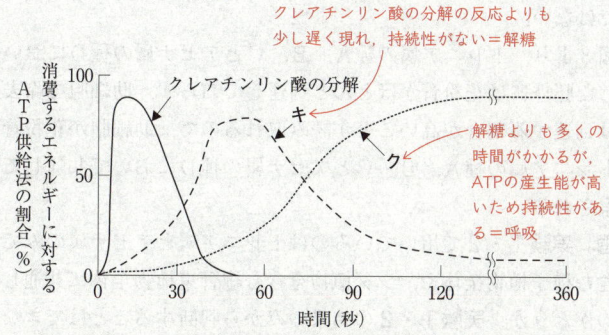

①正しい。キは解糖によるものであり，酸素を必要としない。

②誤り。キの解糖は細胞質基質で行われ，ミトコンドリアでは行われない。

③正しい。図4より，45秒後は解糖が盛んに行われている時間なので，解糖の産物である乳酸が生じているはずである。

④正しい。図4より，90秒後は主にクの呼吸によって ATP が合成されるようになっている。呼吸（クエン酸回路・電子伝達系）はミトコンドリアで行われ，解糖よりも反応経路が長く ATP が合成されるまでに多くの時間を要する。

⑤正しい。クの呼吸はキの解糖に比べて，同じ量のグルコースを基質とした場合，最大で 19 倍の ATP を合成できる（解糖では 1 モルのグルコースから 2 モルの

ATP を得ることができるが，呼吸では 1 モルのグルコースから最大 38 モルの
ATP を得ることができる）。

⑥正しい。クの呼吸では，全体として

$$C_6H_{12}O_6 + 6O_2 + 6H_2O \longrightarrow 6CO_2 + 12H_2O + （最大）38ATP$$

　　（左辺の水はクエン酸回路で消費され，右辺の水は電子伝達系で生成する）
の反応が生じる。

第 2 問 ── 生殖と発生，進化のしくみ，生物の系統，植物の環境応答，バイオーム，物質生産

A 　やや易　《植物の系統，交雑を妨げるしくみ》

問1　 1 　正解は②

実験データをもとに，結果から推察されることを考察していく問題である。（正答率 66.9%）

①不適。種 D はトレニア属ではなくアゼナ属であるが，花粉管は助細胞を除去していない胚珠に到達する割合が高く，助細胞を除去した胚珠にはほとんど到達していない。したがって，助細胞が花粉管を誘引する性質はトレニア属だけにみられるものではない。

②適当。図 3 より，トレニア属の種 A，B，C とアゼナ属の種 D において，助細胞を除去した胚珠には花粉管がほとんど到達しておらず，助細胞を除去していない胚珠には到達する割合が高いことが読み取れるので，助細胞が花粉管を誘引する性質はトレニア属の種 A，B，C とアゼナ属の種 D において共通してみられることが考察される。

③・④不適。実験 1・2 で用いているのはトレニア属とアゼナ属のみであり，裸子植物を含む種子植物全体や，シダ植物を含む維管束植物全体に共通してみられる現象なのかどうか，実験 1・2 の結果のみから判断することはできない。

⑤不適。トレニア属とアゼナ属の共通の祖先が，種 E の祖先と分岐した後で助細胞が花粉管を誘引する性質を獲得したものであるかどうかを判断するためには，種 E を用いて実験 1・2 を行い，その結果を考察する必要がある。

⑥不適。図 1 の系統樹からは，トレニア属に最も近縁である種は断定できない。また，図 3 のグラフにおいて，種 A，B，C の間に大きな差はみられない。したがって，近縁であるほど誘引する能力が低いかどうかは判断できない。

問2　 2 　正解は⑤

実験データをもとに，胚珠・花粉管・柱頭の相互作用について判断する問題である。（正答率 61.5%）

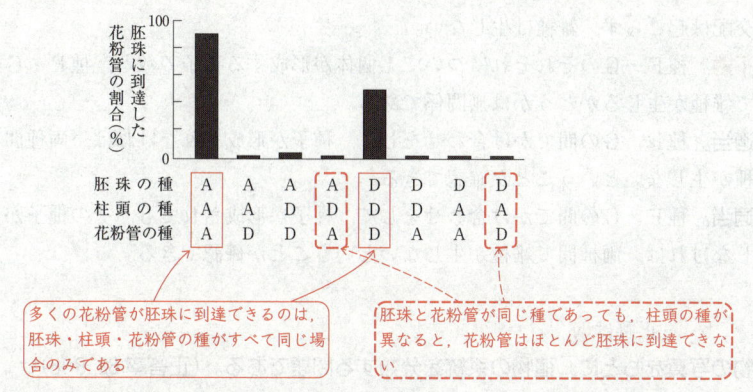

 の下の注釈：

多くの花粉管が胚珠に到達できるのは、胚珠・柱頭・花粉管の種がすべて同じ場合のみである

胚珠と花粉管が同じ種であっても、柱頭の種が異なると、花粉管はほとんど胚珠に到達できない

図4より、胚珠と花粉管の種が同一であるだけでは、花粉管はほとんど胚珠に到達できないことがわかる（上図の破線で囲んだデータ）。

①・②不適。種AとDの間にはたらく異種間での交雑を妨げるしくみが、種によって異なるのか、またはAに比べてDの方が発達しているのかは図4からは判断できない。

③・④不適。胚珠・柱頭・花粉管のどれかに異なる種が含まれると、花粉管はほとんど胚珠に到達できなくなっている。

⑤適当。胚珠・柱頭・花粉管の種がすべて同じ場合、多くの花粉管は胚珠に到達できている。よって、種AとDの間にはたらく異種間の交雑を妨げるしくみには、胚珠と花粉管の相互作用、柱頭と花粉管の相互作用の両方が関与していると判断できる。

問3　**3**・**4**　正解は③・⑤（順不同）

トレニア属の異なる2種が同じ場所に生育しているとき、この2種間の雑種個体がみられない理由を調べる研究計画として、適当でないものを特定する問題である。（正答率35.0%、部分正答率39.4%）

①適当。種F・Gの染色体数が異なれば、両者の間で受精が起こったとしても、雑種細胞は染色体数が種Fとも種Gとも異なる状態となり、生育できない場合が多い。まれに雑種が生存する場合もあるが、その雑種は染色体数が異常なので、子孫を残せない。

②適当。種F・Gの開花時期が異なれば、両種間で交配は起こらず、雑種は生じない。

③不適。種F・Gのおしべとめしべの本数と、種F・Gの間で雑種が生じるかどうかは無関係である。

④適当。種F・Gのそれぞれについて花粉を運ぶ動物の種類が異なれば、両種間で

交配は起こらず，雑種は生じない。

⑤**不適**。種 F・G のそれぞれについて 1 個体が形成する種子の数と，種 F・G の間
で雑種が生じるかどうかは無関係である。

⑥**適当**。種 F・G の間でかけ合わせをして，種子が形成されなければ，両種間で雑
種が生じないということが確認できる。

⑦**適当**。種 F・G の間でかけ合わせをして，種子が形成されても，その種子が発芽
しなければ，両種間で雑種が生じないということが確認できる。

問 4 　　5　　正解は⑤

植物の写真をもとに，植物の系統を分類する問題である。（正答率 62.8%）

　　写真 H はゼニゴケであり，コケ植物である。コケ植物は維管束をもたない。また，
根・茎・葉の区別がない。アは維管束を獲得し，種子形成を行わないので，シダ植
物である。写真 K はスギナであり，シダ植物に属しているので，アに対応するのは
写真 K である。イは種子形成を行うが子房を獲得していないので，裸子植物である。
写真 I はマツであり，裸子植物に属しているので，イに対応するのは写真 I である。
ウは子房を獲得しているので被子植物である。写真 J はイネであり，被子植物に属
しているので，ウに対応するのは写真 J である。被子植物は大きく双子葉植物と単
子葉植物に分かれ，トレニア属は双子葉植物に，イネは単子葉植物にそれぞれ属し
ている。よって正解は⑤である。

B　標準　《花芽形成，植生の分布，物質収支》

問 5 　　6　　正解は④

**植物の光周性について，日長の年間変動のデータから，有用情報を抽出して比較・
分析する問題である。（正答率 22.6%）**

　　表 1 より，脇に屋外灯がない花壇 a では，2015 年 6 月 1 日に種子をまいたもの
も，2015 年 10 月 15 日に種子をまいたものも，ともに翌年の 2016 年 4 月 15 日に
花芽形成がみられた。このことから，植物 X は，日が長くなる（暗期が短くなる）
過程で花芽形成する長日植物であることがわかる。植物 X が限界暗期よりも暗期が
短くなったことを感知して実際に花芽形成が起こるまでには，いくらかの日数を要
すると考えられるので，仮に 4 月初め頃に暗期の長さが限界暗期よりも短くなった
とすると，日の入りがおよそ 18：00，日の出が 5：30 なので，暗期の長さは約 11
時間 30 分である。したがって，植物 X は暗期の長さが約 11 時間 30 分よりも，短
くなると花芽形成を行うようになる長日植物であると判断できる。

　　また，脇に屋外灯がある花壇 b の結果についても確認すると，2015 年 6 月 1 日
に種子をまいたものも，2015 年 10 月 15 日に種子をまいたものも，ともに翌年の

2016 年 3 月 10 日に花芽形成がみられた。仮に 2 月末か 3 月初め頃に暗期の長さが限界暗期よりも短くなったとすると，屋外灯の点灯が終わるのが 19：00，日の出がおよそ 6：15 なので，暗期の長さは約 11 時間 15 分である。したがって，限界暗期は 11 時間よりも長いと推定できる。よって④が正解である。

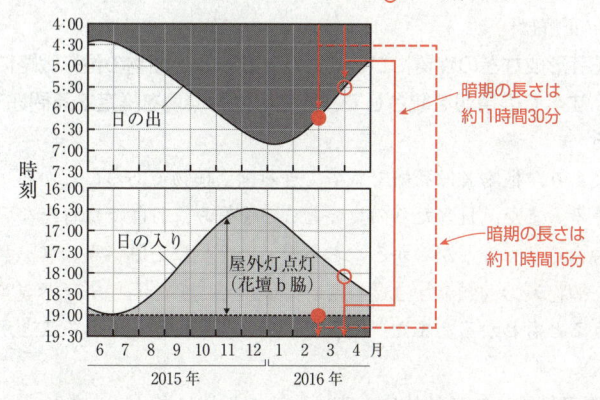

問6 　7　正解は①

日長と気温の年間変動のデータから，有用な情報を抽出し，植物Xの花芽形成と温度との関係について考察する問題である。（正答率 68.7％）

　まず，植物Xの種子を 2015 年 6 月 1 日に花壇aにまいた場合に注目してみる。種子が発芽してすでに葉が展開している可能性が高いと考えられる 8 月初めの暗期は約 10 時間である。この 8 月の暗期は 11 時間強の限界暗期よりも短いにもかかわらず花芽形成が起こっていないことから，植物Xは日長のみに反応して花芽形成をするわけではないことがわかる。図 8 に記されている気温の変化の情報もあわせて考慮すると，植物Xは一定期間低温を経験（春化という）し，その後，暗期が限界暗期よりも短くなったという情報を受容して花芽形成を開始すると判断できる。

①適当。植物Xは低温を一定期間以上経験してはじめて，花芽形成を行うことができるようになると考えられる。

②不適。低温を経験していないことが前提となるのであれば，2015 年 6 月 1 日に種子をまいた場合は，その年の夏に花芽形成するはずであるが，実際は低温の冬を経た翌年の春に花芽形成している。

③不適。高温を一定期間以上経験していることが前提となるのであれば，2015 年 6 月 1 日に種子をまいた場合は，その年の夏または秋に花芽形成するはずであるが，実際は翌年の春に花芽形成している。

④不適。高温を経験していないことが前提となるのであれば，2015 年 6 月 1 日に種子をまいた場合は，花芽形成が起こらないはずであるが，実際は高温の夏を経

て翌年の春に花芽形成している。

⑤不適。植物Xは低温を一定期間以上経験してはじめて，花芽形成を行うことができ
　るようになるので，過去に経験した温度は花芽形成に影響するはずである。

問7　 8 　正解は④

植物Xの花芽形成などの性質について，バイオームと植物の生存戦略に関する理解
をもとに，すべての情報を統合して，原種の生育環境を推定する問題である。（正
答率9.3%）

　リード文より，植物Xは花壇で栽培できる園芸植物であることから，草本である
と判断できる。また，日当たりの良いところを好み，日陰では育たないという記述
から陽生植物であることがわかる。さらに，自家受粉では結実しないという記述か
ら，周囲に植物Xの他個体が生育している環境ではじめて種子を形成することがで
きるということもわかる。また，問5で植物Xは長日植物であることが判明してい
る。

　 エ 　長日植物は比較的緯度の高い寒冷な地域に多く，春先に花をつけ，短い
夏の間に確実に結実できるような繁殖戦略をとるものが多い。したがって，植物X
が生育するのは低緯度地域の熱帯多雨林や雨緑樹林ではないと判断できる。

　 オ 　自家受粉では結実しないということから，周囲に植物Xの他個体が生育
している必要があり，植物Xはある程度安定的にその場所に定着して生育する植物
であると判断できる。攪乱に乗じて新たに生育地を広げるような繁殖戦略は，自家
受粉によって結実できる植物に有利であり，植物Xのような自家受粉では結実しな
い植物には不利であると考えられる。

　 カ 　リード文の中に，植物Xの種子は生存期間が比較的短い（2〜3年）と
いう記述があるので，常緑広葉樹林である照葉樹林のいつ生じるかわからないギャ
ップでの発芽を待つ植物であるとは考えにくい。植物Xは落葉広葉樹林である夏緑
樹林の林床が明るくなる春先に開花して結実する植物であると判断できる。

　以上より，④が正解となる。

問8　 9 　正解は②　 10 　正解は④

X，Y，Zの3種類の植物における，物質収支に関する理解をもとに，乾燥重量・
食害の有無・脱落器官の有無のデータから，純生産量と総生産量を見積もる問題で
ある。（正答率6.7%，部分正答率38.0%）

　 9 　植物Xでは395mg増加しており，食害（＝被食量）や脱落器官（＝枯死
量）がないことから，この395mgは植物Xの純生産量を示していると判断できる。
純生産量とは総生産量から呼吸量を差し引いた値であり，成長量，被食量，枯死量
の和であることを，押さえておこう。

　植物 Y では 395 mg 増加しているが，食害があり，また，子葉の脱落もみられることから，この 395 mg は純生産量から被食量と枯死量を差し引いた値を示していると判断できる。したがって，植物 Y の純生産量は 395 mg よりも大きい値になるはずである。

　植物 Z では 380 mg 増加しており，食害や脱落器官がないことから，この 380 mg は植物 Z の純生産量を示している。

　したがって，植物 X，Y，Z のうち，純生産量が最も大きいのは ② 植物 Y である。

　⑩ 総生産量は純生産量に呼吸量を加えた値であるが，表 2 のデータから，植物 X，Y，Z それぞれの呼吸量を求めることはできない。よって，植物 X，Y，Z のうち，最も総生産量が大きい植物がどれかを判断することはできない（④）。

第3問 ── ショウジョウバエの発生，ホメオティック遺伝子

問1 　 1 　 正解は ③

昆虫が属する節足動物門の動物について，小学校から高等学校までに習得した生物分類の知識をもとに共通する形質の理解を問う，基礎的な問題である。（正答率 50.2%）

① 不適。節足動物は従属栄養生物であり，独立栄養生物ではない。独立栄養生物は無機物から有機物を合成できる生物である。従属栄養生物は，有機物を取り入れる生物である。

② 不適。節足動物では，発生の過程で生じる原口は肛門ではなく口になる。

③ 適当。節足動物には甲殻類や昆虫類，クモ類が含まれており，どれも外骨格をもつ。

④ 不適。脊索は新口動物である原索動物や脊椎動物の発生初期にみられる構造であり，旧口動物である節足動物にはみられない。

⑤ 不適。3 対の肢をもつのは昆虫類のみであり，節足動物のすべてにみられる特徴ではない。エビやムカデなどは多くの肢をもつことからも確認できる。

問2 　 2 　 正解は ③

ショウジョウバエの受精卵における調節タンパク質の濃度勾配の形成について，胚の前後軸の決定に関する理解をもとに，卵に局在する調節タンパク質が適切にはたらくために有効と考えられる卵や胚の性質を考察する問題である。（正答率 14.3%）

① 不適。卵黄の分布は卵割の起こり方に影響するが，調節タンパク質の濃度勾配には関係しない。

② 不適。卵割が卵の表面だけで起こることと，調節タンパク質の濃度勾配が形成されることは関係がない。

③**適当**。ショウジョウバエの卵では受精後しばらくの間は細胞質分裂が起こらないので，調節タンパク質は胚全体にわたって濃度勾配をつくりやすい環境になっている。

④**不適**。球形であっても濃度勾配の形成は可能である。

⑤**不適**。調節タンパク質Yの濃度勾配が形成されることと，別の調節タンパク質のmRNAが後端に偏って蓄えられていることは直接関係しない。

問3　　3　　正解は④

ショウジョウバエの形態形成について，細胞分化と形態形成のしくみについての理解をもとに，ホメオティック遺伝子の変異体の表現型から，その遺伝子のはたらきを推定する問題である。（正答率46.8%）

　ホメオティック遺伝子Xは正常個体では第3体節ではたらいており，遺伝子Xがはたらいていると，第3体節は第2体節とは異なる（翅ができない）形態となる。しかし，遺伝子Xがはたらかなくなると，第3体節が，第2体節と同じ形態を示すようになることから，遺伝子Xは一つ前方の体節と同じ形態を示すようになることを抑制するはたらきをもつと判断できる。

①**不適**。発現している体節の一つ前方の体節（第2体節）にはたらきかけて，発現している体節（第3体節）と同じものになるのを促進しているのであれば，正常な個体で第2体節と第3体節は同じ構造になるはずである。

②**不適**。発現している体節の一つ前方の体節（第2体節）にはたらきかけて，発現している体節（第3体節）と同じものになるのを抑制しているのであれば，変異体では第2体節と第3体節はともに同じ構造になり，翅が生じないはずである。

③**不適**。発現している体節（第3体節）ではたらいて，一つ前方の体節（第2体節）と同じものになるのを促進しているのであれば，正常な個体で第2体節と第3体節は同じ構造になり，両体節で翅が生じるはずである。

④**適当**。発現している体節（第3体節）ではたらいて，一つ前方の体節（第2体節）と同じものになるのを抑制しているのであれば，正常な個体で第2体節と第3体節は異なる構造になり，また，遺伝子Xがはたらかない変異体で，第3体節で翅が生じる。

問4　　4　　正解は⑦　（④，⑤，⑥のいずれかで部分正解）

ホメオティック遺伝子のはたらき方について，ショウジョウバエの変異体の知見をもとに，チョウの形態形成のメカニズムについての仮説の整合性を判断する問題である。（正答率7.8%，部分正答率：3点21.3%，1点32.7%）

ⓐ問3で，遺伝子Xは第3体節ではたらいて，一つ前方の第2体節と同じものになる（翅ができる）のを抑制するはたらきをもつことが判明しているので，チョウ

の第3体節で翅が生じているということは，チョウでは遺伝子Xが存在せず第3体節ではたらいていないという可能性がある。

ⓑチョウの第3体節で翅が生じているということは，チョウでは遺伝子Xは第3体節で発現していないという可能性がある。

ⓒチョウでもショウジョウバエと同様に，第3体節で遺伝子Xが発現するが，遺伝子Xからつくられる調節タンパク質が調節する遺伝子群の種類がショウジョウバエと異なれば，チョウでは第3体節に翅が生じる可能性も考えられる。

　したがって，これらの仮説ⓐ〜ⓒはどれも，チョウが2対の翅をもっている理由を説明する仮説として，ショウジョウバエでの遺伝子Xのはたらき方とは矛盾しない。よって，⑦が正解となる。

第4問 ── リスの個体群動態

問1 　**1**　正解は①

リスの個体群について，個体群とその変動に関する理解をもとに，生命表の変数から，個体群の大きさの変化についての情報を整理する問題である。（正答率 16.6 %）

　表1の内容に関して，分析と解釈を加えてみると以下のようになる。

N_0（=180）に対するその年齢の生存個体の割合 ／ 各年齢の生存率 ／ 各年齢の死亡率 ／ 各年齢の個体が産んだ子の平均数 ／ 各年齢の生存個体の割合と子の平均数の積 → 各年齢の個体の割合に対応した，各年齢で生じる子の数の相対値

x：年齢	N_x	ℓ_x	p_x	m_x	$\ell_x m_x$
0	180	1.00	0.25	0.75	0.0	0.000
1	45	0.25	0.60	0.40	1.1	0.275
2	27	0.15	0.59	0.41	2.1	0.315
3	16	0.09	0.56	0.44	2.2	0.198
4	9	0.05	0.56	0.44	2.5	0.125
5	5	0.03	0.00		2.9	0.087
合計	282				10.8	1.000

各年齢で生じる子の数の相対値の総和が1を上回れば，この個体群の大きさは今後増加し，1を下回れば，この個体群の大きさは今後減少するということを意味する

　ℓ_x は N_0（=180）に対するその年齢の生存個体の割合を示しており，m_x は各年齢の個体が産んだ子平均数を示しているので，各年齢の $\ell_x m_x$ の値は，各年齢の個体の割合に対応した，各年齢で生じる子の数の相対値を示していることになる。したがって，$\ell_x m_x$ の値の合計は，「この個体群全体に対する，生まれる子の割合を示している」ことになる。$\ell_x m_x$ の値の合計が1を上回れば，この個体群の大きさは増加していくと判断でき，1を下回れば，この個体群の大きさは減少していくと判断できる。実際の $\ell_x m_x$ の値の合計が 1.000 なので，このリスの個体群の個体数

はほとんど変化していないと考えられる。

問2 2 正解は②

リスの生存曲線について，個体群とその変動に関する理解をもとに，生命表の数値から作成したグラフを特定する問題である。（正答率 30.8%）

表1の生命表から，各年齢の死亡率を求めておくと，比較検討が行いやすい。

0歳（年齢0）から1歳までの生存率は0.25なので，死亡率は0.75である。同様に1歳から2歳，2歳から3歳，…の死亡率を求めると，それぞれ0.40，0.41，0.44，0.44であり，1歳から4歳における死亡率はほぼ一定であることがわかる。この情報に合致したグラフは②である。

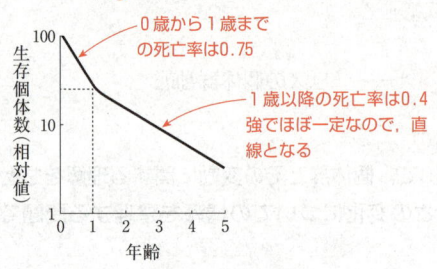

問3 3 正解は⑦

生息地の大きさとその生態的影響について，個体群とその変動に関する理解をもとに，生息地の分断によって変化する環境の指標を特定する問題である。（正答率 16.6%）

ⓐリスの生息地が分断されて小さくなるほど，分断されている部分の表面（分断面）が増加する。分断面は分断される前とは異なる環境となると考えられるので，その分断面が増加するほど，リスの生活範囲が奪われる可能性が高くなる。よって，各生息地のリスの個体群の環境収容力は生息地が分断されるほど小さくなると考えられる。

ⓑリスの生息地が分断されるということは，捕食者の生息地も同様に分断されることになる。リスの場合と同様に，分断面が増加するほどリスの捕食者の生活範囲が奪われる可能性が高くなるので，リスの捕食者の個体数は生息地が分断されるほど少なくなると考えられる。

ⓒリスの生息地が分断されて小さくなるほど，分断面が増加する。分断されて小さくなるほど，その生息地の湿度などの生態的多様性は小さくなると考えられる。

したがって，指標ⓐ〜ⓒはどれも，リスの生息地が分断されて小さくなるほど，減少すると考えられる。よって，⑦が正解となる。

問4 　4　・　5　　正解は②・③（順不同）

生物が絶滅するリスクについて，個体群内や個体群間の相互作用に関する理解をもとに，生息地の分断による個体群の縮小によって，絶滅のリスクが上昇する理由について考察する問題である。（正答率 26.3%）

①不適。ℓ_x は N_0 に対するその年齢の生存個体の割合を示している。生息地が分断されて個体群が小さくなることで，近親交配は起こりやすくなるが，そのことが原因となって，各年齢全体におけるその年齢の生存個体の割合は変化しない。よって，生息地が分断されて個体群が小さくなることで，絶滅のリスクが上昇する理由として適当ではない。

②適当。m_x は各年齢の個体が産んだ子の平均数を示している。生息地が分断されて個体群が小さくなることで，近親交配が起こりやすくなる。その結果，生存に不利な遺伝子をホモでもつ頻度が高まり，生まれる子の平均数が低下する可能性（近交弱勢）が考えられる。よって，生息地が分断されて個体群が小さくなることで，絶滅のリスクが上昇する理由として適当である。

③適当。生息地が分断されて個体群が小さくなることで，その分断された区画内で，偶然に個体数がゼロになる確率が上昇する。この区画以外の残った区画内でのみ繁殖が起こることになるので，生息地が分断されて個体群が小さくなることで，絶滅のリスクが上昇する理由として適当である。

④不適。もともと安定した生態系として成立しているような環境で考えた場合，それぞれの生物種はそれぞれに適した生態的地位を占めていると考えられる。よって，もともと競争排除が強くはたらいているような環境ではないはずである。また，生息地が分断されて個体群が小さくなることで，種間競争の緩和による競争排除が減少するのであれば，絶滅のリスクは低下する。

⑤不適。共倒れ型の種内競争はアズキゾウムシなど，特殊な増殖様式をもつ生物でみられる現象である。アズキゾウムシでは，限られた資源（1粒のアズキ）に対して，産み付けられる卵の数によって幼虫や成体の数，生存率が大きく影響を受け，産み付けられる卵の数が多くなりすぎると，どの子も死亡してしまうという「共倒れ型」の種内競争が激化する。本問において，この「共倒れ型」の種内競争を考慮する必要はないと考えられる。

問5 　6　　正解は③

遺伝的多様性について，遺伝的浮動に関する理解をもとに，個体群が分断されることによる各個体群における遺伝子型の構成の変化について考察する問題である。（正答率 23.4%）

　図1に示された各個体の太字に該当する遺伝子型を解析すると，20個体中10個体がGとCのヘテロ接合である。この集団が多くの小集団に分断され，それ以降多

くの世代が経過したとすると，小集団に分離されたホモ接合体の子孫は，ホモ接合体の集団を形成する。また，小集団に分離されたヘテロ接合体の子孫は，ヘテロ接合体とホモ接合体が混合した集団を形成すると考えられる。この内容を踏まえて選択肢①〜④のうち，可能性が最も低いものを判断する。

①・②可能性は低くない。調べた小集団のうち，どの集団も太字に該当する遺伝子型がホモ接合であり，これは図1のホモ接合体が小集団に分離され，その子孫によって形成された可能性が高い。

③可能性は低い。調べた小集団のうち，集団内の個体のすべてがヘテロ接合になっている集団があり，このような集団が存在する可能性は低い。小集団に分断された際に，仮にヘテロ接合のみがその集団に含まれていたとしても，分断され，それ以降多くの世代が経過すると，子孫の半数以上がホモ接合となるはずであり，ヘテロ接合ばかりの集団とはならない。また，異なるホモ接合を含む小集団に分断されたとしても，それ以降多くの世代が経過すると，同様に半数以上がホモ接合となるはずであり，ヘテロ接合ばかりの集団とはならない。

④可能性は低くない。調べた小集団に関して，提示された4つの小集団のうち2つはホモ接合の集団となっている。これは小集団に分断された際に，1種類のホモ接合のみを含んでいた小集団に由来すると考えられる。また，残り2つの小集団はヘテロ接合を約半分含んだ集団となっているので，これは小集団に分断された際に，ヘテロ接合のみを含んでいた小集団であったか，異なるホモ接合を含む小集団であったと考えられる。整合性のある結果が示されており，正しい内容であると判断できる。

第5問 —— 生命現象と物質，生物の進化と系統

A　　《遺伝子組換えとタンパク質の発現》

問1　| 1 |　正解は⑤　（③，①のいずれかで部分正解）

遺伝子組換え実験について，遺伝子を扱った技術の原理に関する理解をもとに，制限酵素の認識配列などの資料から，特定の配列で切断されている線状のプラスミドDNAと結合できるDNA断片を特定する問題である。（正答率31%，部分正答率：2点27.7%，1点：4.6%）

まず，図1に関して考察する。

制限酵素Yと制限酵素Zによって同一の1本鎖断片が生じるので，これらの制限酵素で生じた断片を互いに連結させることが可能である。一方，制限酵素Xによって生じる1本鎖断片と同一の断片を生じさせる制限酵素は存在しない。DNAのヌクレオチドの配列には方向性があるので，たとえば，制限酵素Xで切断したものと

制限酵素 Y で切断したものは連結できない。下図のように 1 本鎖部分の塩基配列同士は相補的に見えるが，連結できない（5′↔3′ に注目）ことを理解しよう。

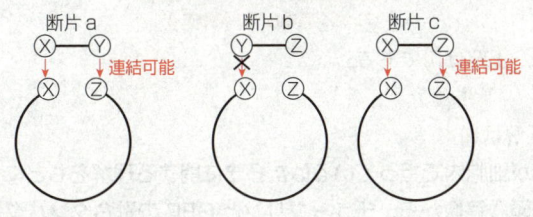

したがって，プラスミドの切断面とうまく連結できるのは断片 a と断片 c である。

よって，⑤が正解となる。

問2　　2　　正解は①

融合タンパク質を題材として，遺伝子の発現調節に関わる領域の配列順序を特定する問題である。（正答率 40.3%）

　まず，DNA の遺伝子の最も上流には転写調節領域がある。**転写調節領域とは，調節タンパク質が結合する領域**であり，調節タンパク質の結合により遺伝子の転写が促進，または抑制される。したがって，図中のアは転写調節領域である。転写調節領域よりも下流にあり，**RNA ポリメラーゼが結合して転写が始まる部分はプロモーター**である。したがって，図中のイはプロモーターである。また，図中のウは**転写された mRNA に含まれる領域であり，リボソームが結合して翻訳を開始する部分**であると考えられる。

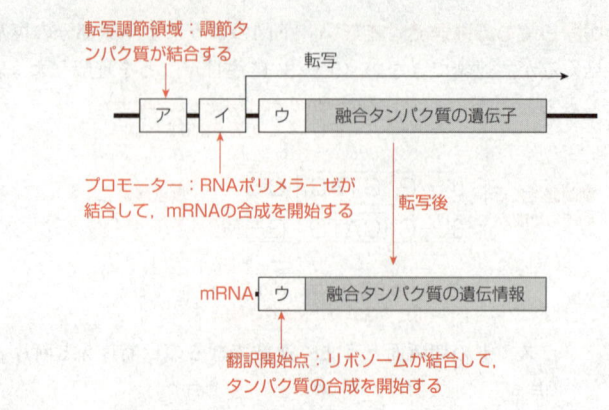

したがって，正解は①である。

問3　　3　　正解は⑧

チューブリンが細胞内で担っているはたらきに関する理解をもとに，マウスの様々な細胞の蛍光顕微鏡像から，チューブリンと GFP の融合タンパク質の局在の適合を特定する問題である。（正答率 15.8 %）

　チューブリンと GFP の融合タンパク質からの蛍光はチューブリン（微小管）と同じ局在を示していたとあるので，蛍光部位に微小管が存在する。

　それぞれの図において，みられる細胞骨格などの名称を整理すると，下図のようになる。

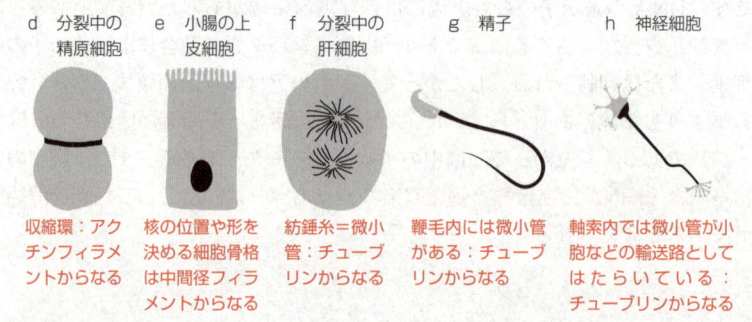

　したがって，図 f，g，h の細胞がチューブリンを含む細胞であり，チューブリンの蛍光顕微鏡像として正しい。よって，正解は⑧である。

B 　標準 　《酵素の活性，遺伝子頻度》

問4 　4 　正解は⑤

細胞小器官について，そのはたらきや特徴に関する理解をもとに，細胞外に分泌されるタンパク質を翻訳するリボソームが存在する場所を特定する問題である。（正答率 56.0%）

①**不適**。核の内部で合成されるものは mRNA などである。核内ではタンパク質の合成は起こらない。

②**不適**。細胞膜の表面にはリボソームは存在しておらず，タンパク質の合成は起こらない。

③**不適**。ゴルジ体ではすでに合成されたタンパク質に糖鎖をつけるなどのタンパク質の修飾が起こるが，ゴルジ体にはリボソームは存在せず，タンパク質の合成は起こらない。

④**不適**。「小胞」とは分泌小胞などをイメージすればよいだろう。小胞内部には物質（タンパク質など）が蓄えられているが，リボソームは存在せず，タンパク質は合成されない。

⑤**適当**。細胞外に分泌されてはたらくタンパク質は，小胞体の表面に存在するリボソームによって合成され，小胞体内に入る。小胞体からこのタンパク質を取り込んだ小胞が生じて，ゴルジ体に輸送され，ゴルジ体から分泌小胞が生じる。この分泌小胞が細胞膜と融合すると，タンパク質が細胞外に分泌されることになる（下図参照）。

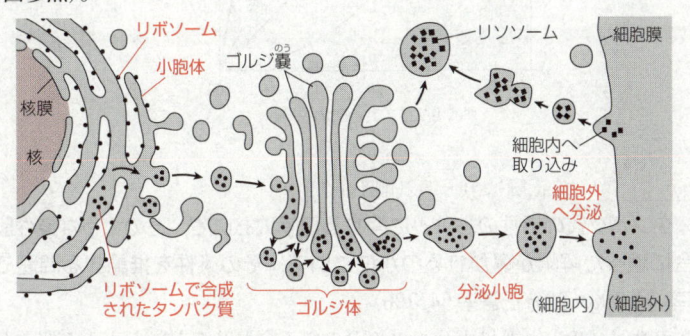

問5 　5 　正解は②

正常ポリペプチドが 2 本集合して初めてはたらく酵素について，変異ポリペプチドの占める割合が変化したときに予想される酵素活性の変化のグラフを，数的処理を行って特定する問題である。（正答率 30.7%）

　問題文中に「2 本の正常ポリペプチドが集合して初めてはたらく」とあるので，

　2 本の正常ポリペプチドからなる酵素のみが酵素活性をもつことがわかる。さらに，変異ポリペプチドは正常ポリペプチドと「集合はできるが複合体の活性に寄与しない」とあるので，変異ポリペプチドを含む酵素も生じるが，これらには酵素活性がないと判断できる。

　変異ポリペプチドの割合が 50 ％のときについて考えてみると，以下のようなポリペプチドの組み合わせが生じ，その比率は，1：2：1 となる。

$$ \fbox{正}\fbox{正} : \fbox{正}\fbox{変} : \fbox{変}\fbox{変} $$

$$ = \quad 1 \quad : \quad 2 \quad : \quad 1 $$

　よって，生じる酵素のうち活性をもつのは，正常ポリペプチドのみからなるものだけであり，その割合は $\dfrac{1}{4}$，すなわち 25 ％である。よって，変異ポリペプチドの割合が 50 ％のとき，25 ％の活性を示している曲線②が正解となる。

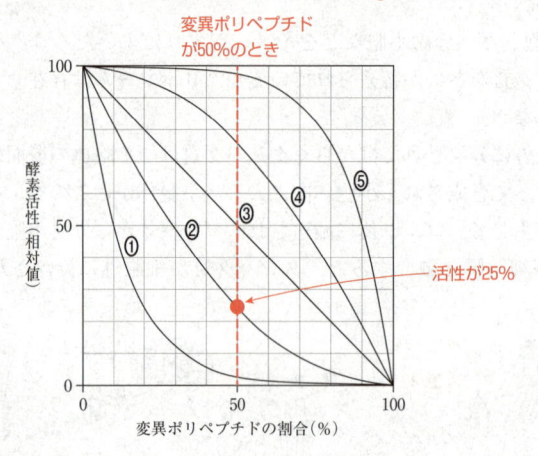

　問 6　$\boxed{6}$・$\boxed{7}$　正解は①・⑤（順不同）

四量体タンパク質の活性のしくみに関する理解において，どのような条件設定をした場合に誤った解釈が導かれるのかについて，その条件を推論する問題である。（正答率 14.3 ％，部分正答率 54.3 ％）

　正常ポリペプチドと変異ポリペプチドの組み合わせを記した表 1 と照らし合わせて考えるとわかりやすい。

①適当。複合体の酵素活性が，複合体中の正常ポリペプチドの本数に比例するのであれば，細胞内に存在する正常ポリペプチドと変異ポリペプチドの比率がそのまま活性の比として現れてくるはずであり，活性が半分になるという計算結果とつじつまが合う。

変異ポリペプチドの本数	0	1	2	3	4
存在比	$\dfrac{1}{16}$	$\dfrac{4}{16}$	$\dfrac{6}{16}$	$\dfrac{4}{16}$	$\dfrac{1}{16}$
酵素活性（相対値）	100	48 →75	12 →50	5 →25	4 → 0
複合体の例	正 正 正 正	正 正 正 変	変 正 正 変	変 変 正 変	変 変 変 変

これで全体の酵素活性を計算すると，$\dfrac{1}{16}\times100+\dfrac{4}{16}\times75+\dfrac{6}{16}\times50+\dfrac{4}{16}\times25$

$+\dfrac{1}{16}\times0=50$ となる。

② 不適。複合体の酵素活性が，複合体中の変異ポリペプチドの本数に反比例する場合は，酵素活性の相対値の数値をどのように設定すればよいのか判断しづらい。単に，①での「比例」に対応した選択肢であると判断できるので，適当ではない。

③ 不適。正常ポリペプチドが 1 本でも入った複合体の酵素活性が 100 になるのであれば，すべての複合体のうち，$\dfrac{15}{16}$ が 100 の酵素活性を示すこととなり，この場合，全体の酵素活性を計算すると，$\dfrac{1}{16}\times100+\dfrac{4}{16}\times100+\dfrac{6}{16}\times100+\dfrac{4}{16}\times100$

$+\dfrac{1}{16}\times0=93.75$ となる。

④ 不適。変異ポリペプチドが 1 本でも入った複合体の酵素活性が 0 になるのであれば，すべての複合体のうち，$\dfrac{15}{16}$ が 0 の酵素活性を示すこととなり，この場合，全体の酵素活性を計算すると，$\dfrac{1}{16}\times100+\dfrac{4}{16}\times0+\dfrac{6}{16}\times0+\dfrac{4}{16}\times0+\dfrac{1}{16}\times0=6.25$ となる。

⑤ 適当。変異ポリペプチドは複合体の構成要素とならないのであれば，酵素活性は正常ポリペプチドの本数に比例することになる。この場合の全体の酵素活性は 50 となる。

問 7　　8　　正解は①

遺伝的浮動に関する理解をもとに，ALDH の活性の高低について集計した表 2 の数値から，数的処理により遺伝子頻度を求める問題である。（正答率 6.4％）

表 2 において，正常型の ALDH 遺伝子をホモにもつ人は「活性が高い」の 90 人に，正常型と変異型の ALDH 遺伝子をヘテロにもつ人，または変異型の ALDH

遺伝子をホモにもつ人は「活性が低いかほとんどない」の 70 人に対応している。

　変異型の ALDH 遺伝子を A とし，この遺伝子頻度を p，正常型の ALDH 遺伝子を a とし，この遺伝子頻度を q とする（$p+q=1$）。

　正常ポリペプチドからなる酵素のみを生じるヒトの遺伝子型は aa である。したがって，$q^2=\dfrac{90}{160}=\left(\dfrac{3}{4}\right)^2$ より，$q=\dfrac{3}{4}=0.75$ と求めることができる。問われているのは，変異型の ALDH 遺伝子の遺伝子頻度なので，$p=1-0.75=0.25$ となる。よって正解は①となる。

第 2 回 試行調査：生物基礎

問題番号 （配点）	設　問		解答番号	正　解	配　点	チェック
第1問 （17）	A	問1	1	③	3	
		問2	2	①	3	
		問3	3	③	4	
	B	問4	4	①	3	
		問5	5	⑦	2	
			6	②	2	
第2問 （19）	A	問1	7	⑤	3	
		問2	8 - 9	① - ③	4 （各2）	
		問3	10	③	3	
	B	問4	11	⑤	3	
		問5	12	⑤	3	
		問6	13	④	3	

問題番号 （配点）	設　問		解答番号	正　解	配　点	チェック
第3問 （14）	A	問1	14 - 15	② - ⑦	4 （各2）	
		問2	16	④	3	
	B	問3	17 - 18	① - ④	4 （各2）	
		問4	19	②	3	

（注） －（ハイフン）でつながれた正解は，順序
を問わない。

※平均点については，2018年11月の試行調査
　の受検者のうち，3年生の得点の平均値を
　示しています。

自己採点欄

╱ 50点

（平均点：25.60点）

第1問 ── 生物と遺伝子

A　標準　《生物の特徴》

問1　1　正解は③

CHECK 共生説

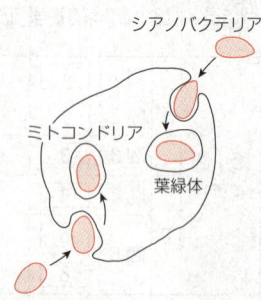

もともと独立した原核生物であったシアノバクテリアや好気性細菌を，より大きな細胞が取り込んで共生するようになり，それぞれ葉緑体とミトコンドリアになったと考えられている。そのため，葉緑体やミトコンドリアは，独自の DNA をもち，独立した分裂を行う。また，自分自身の細胞膜（図中の赤）と，取り込んだ細胞の細胞膜（図中の黒）に由来する二重の膜に包まれている。

　4つの記述に誤った内容は含まれていない。いずれも葉緑体の特徴を表した文として正しい内容である。適当かどうかの判断は「共生説の根拠となる記述」であるかどうかである。共生説の根拠として考えられるのは，葉緑体やミトコンドリアがもともとは独立した生物であったことを示す内容である。

ⓐすべての生物は，遺伝子として DNA をもっているので，独自の DNA をもつことは，以前独立した生物であったことの根拠の一つである。

ⓑ大きさは，独立した生物であったこととは関係ない。

ⓒ細胞内では，物質も細胞小器官も基本的には移動している。移動することは，独立した生物であったこととは関係ない。

ⓓ細胞の分裂とは独立した分裂を行って増殖することは，以前独立した生物であったことの根拠の一つである。

問2　2　正解は①

CHECK 顕微鏡の焦点距離

　顕微鏡を含め，レンズで観察をするときは，ピントが合う距離は決まっている。下図のように，対物レンズから決まった距離の部分にピントが合い，その部分が見えている。試料（観察しているもの）と対物レンズの距離を変えると，見える場所も変わる。

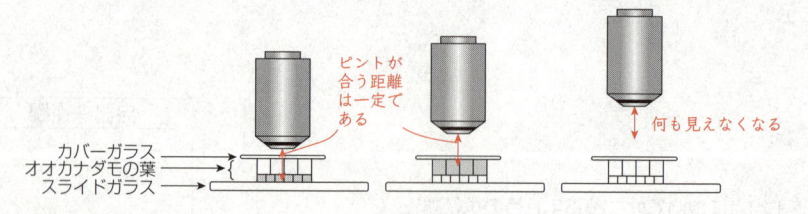

会話から，次のことがわかる。

- 葉の表側を上にしていること
- 小さい細胞が見えているところから，対物レンズを離していくと，大きい細胞が見えること
- 大きい細胞の見えている時間の方が長い＝ピントが合っている距離が長い＝細胞が厚いこと

　これらのことから，葉の表側の方が大きくて厚い細胞であり，裏側の方が小さくて薄い細胞であることがわかる。選択肢の中で，それに当てはまるのは①である。

問3　3　正解は③

CHECK　実験方法の組み立て

　自然科学の実験を組み立てる場合には，「条件を1つだけ変えた2つの実験を行い，その結果を比較する」という鉄則がある。得られた結果の違いは，変えた条件の違いに原因があることが明確になるからである。

　設問文で指定されている条件の違いは，「細胞の代謝」と「二酸化炭素」である。光については検討しないことが明示されているので，勘違いしないようにしたい。

「細胞の代謝」が必要であることを示す実験：「細胞の代謝」「二酸化炭素」「光」のすべての条件を変えていない植物体Aと，温度を下げて細胞の代謝を低下させているが，「二酸化炭素」「光」の条件を変えていない植物体Eを比較する。植物体Aに比べて植物体Eのデンプン量が少なければ，「細胞の代謝」が必要であるという結論になり，変化がなければ必要ないという結論となる。

「二酸化炭素」が必要であることを示す実験：「細胞の代謝」「二酸化炭素」「光」のすべての条件を変えていない植物体Aと，水中の二酸化炭素濃度を下げているが，「細胞の代謝」「光」の条件を変えていない植物体Cを比較する。植物体Aに比べて植物体Cのデンプン量が少なければ，「二酸化炭素」が必要であるという結論になり，変化がなければ必要ないという結論となる。

　以上より，この2つの実験に必要な植物体は，A，C，Eである。

B　標準　《遺伝子のはたらき》

問4　4　正解は①

①適当。がんなど，特定の遺伝子における変異の有無によって，かかりやすさを予想できる病気もある。

②不適。ゲノムを調べても食中毒にかかった回数はわからない。

③・④不適。ゲノムの大きさも遺伝子の総数も，生物の種類によって異なる。

⑤不適。光合成速度は，基本的に，光の量など環境によって変化する。

問5　5　正解は⑦　6　正解は②

　　RNA の塩基には AUGC の4種類があり，塩基3つの並べ方は $4 \times 4 \times 4 = 64$ 通りある。

ア．表2から，トリプトファンを指定する塩基の並びは UGG の1通りしかない。全部で64通りの中の1通りだから，**64**分の1。

イ．表2から，セリンを指定する塩基の並びは6通りある。トリプトファンを指定する塩基の並びは1通りであるから，確率は**6**倍となる。

第2問 ── 生物の体内環境の維持

A　標準　《肝臓による体内調節》

問1　7　正解は⑤

　　腹部の横断面の図を覚えていなくても，肝臓に関する知識から推定できればよい。

　　肝臓は，成人で1〜2kg もある体内最大の臓器であることから，最も大きい**オ**を選ぶことができる。右図のような肝臓の形や位置を知っていれば，より確実である。

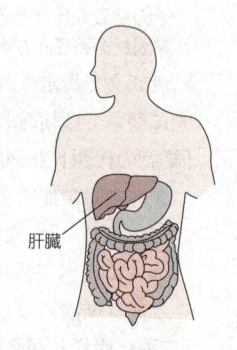

肝臓

問2　8　9　正解は①・③

　　このような図を記憶しておく必要はなく，肝小葉の図や，肝臓や血管に関する知識から推定できればよい。

　　肝臓に出入りしている管は，心臓からの血液が入る肝動脈，消化管からの血液が入る肝門脈，肝臓から心臓へ血液が出ていく肝静脈，肝臓から胆のうを経て十二指腸へ胆汁が出ていく胆管の4種類がある。このうち，血液に関しては，肝動脈と肝門脈の2つの血管からの血液が合流して流入し，中心静脈に集まり，肝静脈から流出していく。このことから，図の管Aか管Bのいずれかが肝動脈と肝門脈であり，管Dが中心静脈であることがわかる。また，設問文に「管Bには酸素を多く含む血液が流れている」という記述があるので，管Bが肝動脈，管Aが肝門脈であることがわかる。残りの単独の管Cが胆管である。

①**適当**・②**不適**。血液は肝動脈（管B）あるいは肝門脈（管A）から中心静脈（管D）の方へ流れている。

③**適当**。管Aは肝門脈である。肝門脈とは，消化管を経て肝臓に入る血液が流れている血管である。

④**不適**。管Cは胆管で，肝細胞から分泌された胆汁を集めて流出させる管である。

⑤・⑥**不適**。管Bは肝動脈，管Dは中心静脈である。

問3　　10　　正解は③

ⓐ肝臓は，アルブミンなど血しょう中に含まれるタンパク質を合成している。

ⓑ胆汁を生成するのは肝臓だが，貯蔵した後，十二指腸に放出するのは胆のうである。

ⓒ肝臓は，有害なアンモニアから比較的無害な尿素を合成している。尿素からアンモニアを合成しているわけではない。

ⓓ肝臓では多くの化学反応が進行しているので，多くの熱が発生する。この熱が体温の保持に役立っている。

B　やや難　《ホルモンと免疫》

問4　　11　　正解は⑤

①不適。インスリンはすい臓のランゲルハンス島B細胞から分泌されるホルモンの一つである。

②・③不適。インスリンはホルモンであり，酵素ではない。

④不適・⑤適当。インスリンはすい臓のランゲルハンス島B細胞から分泌され，血糖濃度を減少させるはたらきをもつ。

問5　　12　　正解は⑤

　　口から入ったタンパク質がどうなるかを考えればよい。食物に含まれるタンパク質と同様に，胃や十二指腸などでペプシンやトリプシンなどのタンパク質分解酵素のはたらきを受けてアミノ酸まで分解され，インスリンとしての機能を失う。

問6　　13　　正解は④

　　まず，ハブに咬まれた直後と40日後に注射した血清とは何かを考えてみよう。この血清は，会話の中でも示されているとおり「ハブ毒素に対する抗体」を含んでいるものであり，「ハブ毒素」は入っていないことに注意する必要がある。つまり，40日後に再びこの血清を注射したとしても，「ハブ毒素」に対する「患者が産生する抗体」は増えることがない。選択肢のグラフの中で，40日後に再び血清を注射した後で「患者が産生する抗体」が増えていないのは④と⑥である。咬まれた直後については，「ハブ毒素に対する抗体」を含んでいる血清を注射したので，この注射による外部からの抗体によって患者の体内の「ハブ毒素」は急速に減少したことが考えられる。これにより，患者自身の抗体産生は低く抑えられたと考えられる。よって④が適当。⑥は，咬まれた直後からずっと抗体の産生が続いているグラフになっているが，「ハブ毒素」はいつまでも体内にとどまってはいないので，このように抗体を産生し続けることは考えられない。

第3問 ── 生物の多様性と生態系

A 標準 《バイオーム》

問1 14 15 正解は② ・ ⑦

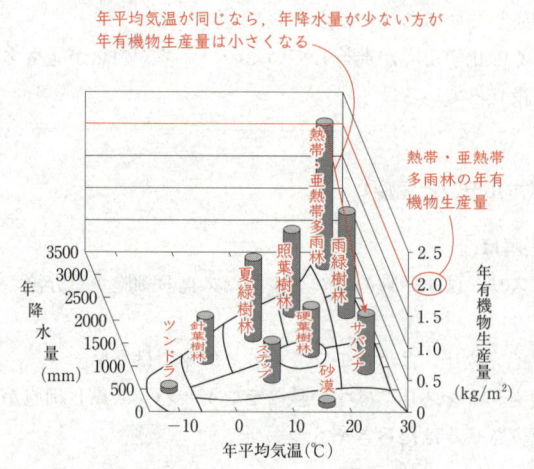

①・③不適。②適当。上図のように，どの気温で比べても，同じ年平均気温のバイオームでは，年降水量が少ない方が年有機物生産量は小さくなる。

④～⑥不適。⑦適当。それぞれのバイオームの年有機物生産量を比較してみればよい。

問2 16 正解は④

図1より，熱帯・亜熱帯多雨林の年有機物生産量は，1平方メートルあたり2.1 kg くらいだと読み取れる。設問文より，生産された有機物量の0.7％が窒素なので，熱帯・亜熱帯多雨林の年有機物生産量に占める窒素量は

$$2.1 \times 1000 \times 0.007 = 14.7 \fallingdotseq 15 〔g〕$$

図1中の単位はkgで，設問の指定はgであることに注意。

B　標準　《生態系の保全》

知っておこう　光合成と呼吸による大気中の二酸化炭素濃度の変化は正反対である。
光合成＞呼吸 となれば，大気中の二酸化炭素濃度は減少する。
光合成＜呼吸 となれば，大気中の二酸化炭素濃度は増加する。

問 3　17　18　正解は①・④

①・④適当。光合成量が呼吸量を上回ると，有機物と酸素の量は増加し，二酸化炭素の量は減少する。

問 4　19　正解は②

生態系内の有機物のエネルギーとして取り込まれた光エネルギーは，さまざまなエネルギーとして変化していくが，最終的には熱エネルギーとして生態系内から放出される。有機物のエネルギーの一部が残るということは，生態系内の有機物が増えることになるので，二酸化炭素濃度は減少するといえる。

第１回 試行調査：生物

問題番号	設　問		解答番号	正解	備考	チェック
第１問	問１		1	⑤		
	問２		2	③, ④	＊1	
	問３		3	④		
第２問	A	問１	1	①		
		問２	2	⑥		
		問３	3	⑥	＊2	
			4	②		
	B	問４	5	③		
		問５	6	⑤		
		問６	7	⑤		
第３問	A	問１	1	⑤		
		問２	2	⑦		
		問３	3	⑥		
	B	問４	4	②		
		問５	5	①		
			6	①	＊3	
			7	②		
			8	①	＊3	
			9	②		

問題番号	設　問		解答番号	正解	備考	チェック
第４問	A	問１	1	①		
		問２	2	①, ⑤	＊1	
		問３	3	⑦		
	B	問４	4	①		
		問５	5	③		
第５問	A	問１	1	③		
		問２	2	⑥		
		問３	3	②		
	B	問４	4	⑥		
		問５	5	④, ⑤	＊1	
第６問		問１	1	③		
		問２	2	④		
		問３	3	①		

（注）
＊1は，過不足なくマークしている場合に正解とする。
＊2は，両方を正しくマークしている場合に正解とする。
＊3は，全部を正しくマークしている場合のみ正解とする。

● 各設問の配点は非公表。
※ 解説中の「正答率」については，全受検者の正答率です。

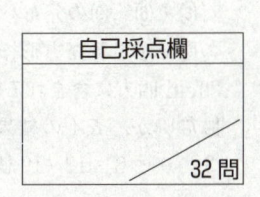

自己採点欄

32 問

第1問 やや易 ── 生物の分布とゴカイの発生

問1 　 1 　 正解は ⑤

生物の分布とその測定に関するデータ考察の問題である。（正答率36.8%）

　下図のように方形枠をさまざまに設定してみながら考察する。

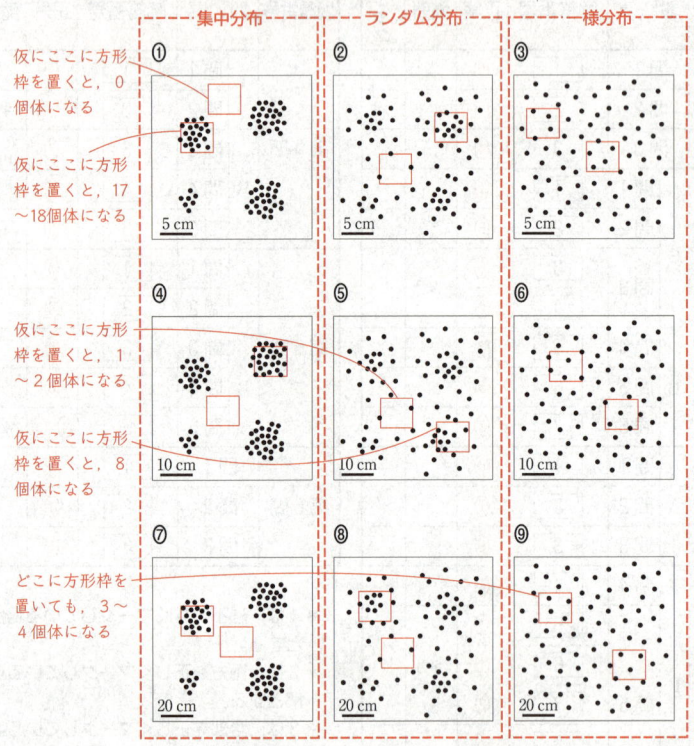

　①・④・⑦の分布パターンは集中分布という。この分布パターンの場合，① 5 cm 四方・④ 10 cm 四方・⑦ 20 cm 四方のどの場合でも，0 〜約 20 匹の個体が含まれる場合が予想されるが，表 1 の 5 cm 四方，10 cm 四方では個体数はそれぞれ 0 〜 3，0 〜 8 であり，予想に矛盾する。さらに，⑦ 20 cm 四方で 0 個体になる場合も予想されるが，表 1 の結果では個体数は 12 〜 19 であり，これも矛盾している。

　③・⑥・⑨の分布パターンは一様分布という。この分布パターンの場合，選択肢の図で示された方形枠と個体数の関係を見ると，③ 5 cm 四方・⑥ 10 cm 四方・⑨ 20 cm 四方に含まれる個体数はどれも 3 〜 4 となることが予想され，**0 となることはないが**，表 1 の結果の 5 cm 四方，10 cm 四方，20 cm 四方ではそれぞれ，0 〜 3，0 〜 8，12 〜 19 個体となっており，どれも図③・⑥・⑨で予想される結果に

矛盾している。

②・⑤・⑧の分布パターンはランダム分布という。② 5cm 四方・⑧ 20cm 四方の場合，場所によって個体数に大きな変動が見られ，0〜約 10 個体くらいの幅でさまざまな数値が現れることが予想される。しかし，表 1 の 5cm 四方の結果では0〜3 個体となっており矛盾する。また，表 1 の 20cm 四方の結果では 12〜19 個体となっており，⑧では 0 個体あるいはそれに近い数値が現れるはずなので，誤りであると判断できる。

以上より，⑤が正解。表 1 の 10cm 四方の結果では 0〜8 個体となっており，予想と結果に整合性が見られる。

問2 　2 　**正解は③・④**

（ 2 は過不足なくマークした場合のみ正解）

密度効果に関するデータ考察の問題である。（正答率 66.3%）

①・②**不適**。③**適当**。生息密度と成長速度の関係についての記述である。成長速度は表 2 の 1 日当たりの体重増加量からわかる。下表のように小型個体も大型個体も，生息密度が高いほど成長が遅いことがわかる。

個体の大きさ	容器当たりの個体数	ゴカイの平均体重 (mg/個体)		1 日当たりの体重増加量 (mg/個体)
		実験前	実験後	
小型個体	3	442	1506	76
	7	449	1300	61
	15	409	987	41
	30	435	813	27
大型個体	3	873	1727	61
	7	833	1639	58
	15	813	1303	35
	30	867	1025	11

生息密度が高いほど成長が遅い

④**適当**。⑤・⑥**不適**。小型個体と大型個体の成長速度の違いについての記述である。

個体の大きさ	容器当たりの個体数	ゴカイの平均体重 (mg/個体)		1 日当たりの体重増加量 (mg/個体)
		実験前	実験後	
小型個体	3	442	1506	76
	7	449	1300	61
	15	409	987	41
比較	30	435	813	27
大型個体	3	873	1727	61
	7	833	1639	58
	15	813	1303	35
	30	867	1025	11

どの密度でも，大型個体の方が，成長速度が遅い

　　小型個体と大型個体について，容器当たりの個体数が同じものの間で比較してい
く。上表では個体数3のときと，個体数15のときを例に示したが，どの個体数の
場合も，大型個体の方が1日当たりの体重増加量が小さい（＝成長速度が遅い）こ
とがわかる。

問3　3　正解は④

生物の発生に関する考察問題である。（正答率77.6%）

　　発生が進むほど，割球は小さくなるので@→ⓑはすぐに決めることができる。
次に，ⓒとⓓは細胞数やその配置が類似しているが，ⓒには繊毛が生じている。よ
り発生の進んだⓔ・ⓕにも毛があることを考慮すると，ⓓ→ⓒの順番であると推
察できる。また，ウニの発生段階でも胞胚期に繊毛が生じることも，考えていく上
での重要なヒントになる。よって，ここまでの発生段階は@→ⓑ→ⓓ→ⓒの順番
であると判断できる。ⓔ・ⓕは@〜ⓓよりも体制が発達しているが，ⓕには@〜ⓓ
の割球内に認められる丸い粒（卵黄成分の油滴と考えられる）が存在し，ⓔには存
在しないので，発生の順番はⓕ→ⓔであると判断できる。また，ⓔには体に区切
りも見られるようになっており，体節構造をもつゴカイの成体との関連性も判断材
料になる。よって，④が正解である。

第2問 ── 生殖と発生

A　　《遺伝情報と減数分裂》

問1　1　正解は①

**遺伝子発現に関する概念的知識をもとに，機能するタンパク質を合成できなくなる
ような遺伝子の塩基配列の変異を起こす方法として適当でないものを特定する問題
である。（正答率38.2%）**

①**不適**。開始コドンや終止コドンはリボソームにおける**タンパク質合成**のそれぞれ
　始まりと終わりを決定するコドンである。したがって，開始コドンの直前に終止
　コドンを挿入しても，**開始コドン以降は正常に翻訳が起こり正常に機能するタン
　パク質が合成される**ことになる。

②**適当**。開始コドンの3塩基を欠失させると，転写されたmRNAからの翻訳が開
　始されなくなり，機能するタンパク質は合成されない。

③**適当**。開始コドンの直後に1塩基を挿入すると，それ以降の読み枠が1つずつず
　れていくことになり，正常なタンパク質とはアミノ酸配列が全く異なったアミノ
　酸配列となってしまう。そのため，機能するタンパク質は合成されない。

④**適当**。DNAからRNAが転写されたのち，イントロンはスプライシングによっ

て取り除かれる。イントロンの両端にはスプライシングの目印となる塩基配列があると推察されるが，イントロンとエキソンの両方にまたがるように６塩基を欠失させると，その目印が失われてしまうことになる。そのため，正常にスプライシングができなくなり，機能するタンパク質が合成されない。

⑤適当。タンパク質をコードしているエキソンの塩基配列をすべて欠失させると，もちろん機能するタンパク質は合成されない。

問2　　2　　正解は⑥

減数分裂に関する基本的知識をもとに，図に示された卵細胞の減数分裂の時期を特定する問題である。（正答率 23.6％）

①・②・③・④不適。図１には極体が１つだけ観察される（下図左）。しかし，図２で子が生まれた組合せで体外授精した卵を見ると，極体が２つ観察される（下図右）。このことから，図１は減数分裂の全過程が終了しておらず，極体が１つ存在しているので，１回だけ分裂が起こっていると判断できる。つまり，減数分裂の第一分裂は完了しており，「卵細胞」と記された大きな細胞は，正確には二次卵母細胞である。

⑤・⑦・⑧・⑨不適。⑥適当。図１の「卵細胞」内において紡錘体の赤道面に染色体が並んでいるので，減数分裂第二分裂中期の状態であるとわかる。「卵細胞」と記されているからといって，減数分裂は必ずしも完了していないことが多いことを知っておこう。その判断の際には，図と知識とをきちんと対応させる必要がある。哺乳類では，減数分裂第二分裂中期で止まった状態の細胞が「卵細胞」として排卵される。これは知識として知っておいてもよい内容である。

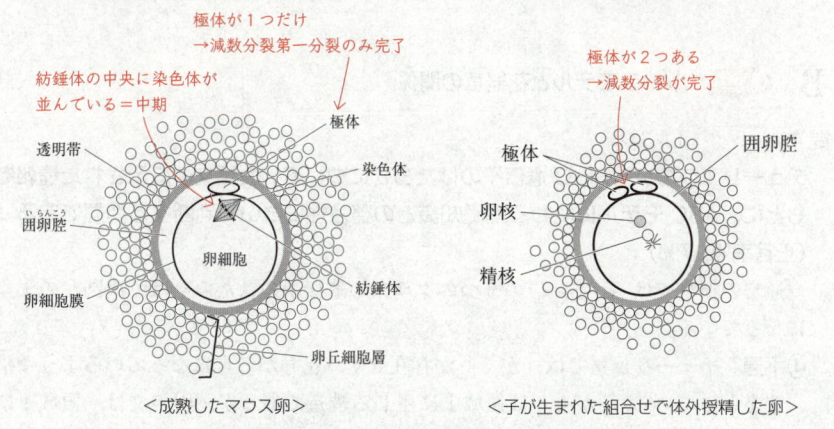

<成熟したマウス卵>　　　　　　<子が生まれた組合せで体外授精した卵>

問 3　$\boxed{3}$　正解は⑥　　$\boxed{4}$　正解は②

（$\boxed{3}$・$\boxed{4}$ は両方を正しくマークした場合のみ正解）

実験の結果に示された情報をもとに，受精に関わる遺伝子のはたらきを特定する問題である。（正答率 27.1%）

　リード文にある「それぞれ遺伝子 X と遺伝子 Y の産物であるタンパク質 X とタンパク質 Y は，マウスの配偶子（卵と精子のこと）ではたらき，受精の成立に関与する」という趣旨の記述をきちんと確認した上でデータを見ていく。

　実験 2 の文章および図 3 に，「子が生まれなかった組合せでは……精子は囲卵腔に進入しているものの，卵細胞膜との結合が見られなかった」と記されている（図 3 はその様子）。

　また，表 1 の結果から，遺伝子 X は卵細胞ではたらき，遺伝子 Y は精子ではたらくことがわかる。

遺伝子 X がはたらかない卵から，子は生じない

遺伝子 Y がはたらかない精子から，子は生じない

		雌マウス		
		XXYY	xxYY	XXyy
雄マウス	XXYY	生まれた	生まれなかった	生まれた
	xxYY	生まれた	生まれなかった	生まれた
	XXyy	生まれなかった	生まれなかった	生まれなかった

　したがって，遺伝子 X は卵ではたらき，精子と卵細胞膜との結合に必要であるという，選択肢⑥が正解となる。また，遺伝子 Y は精子ではたらき，精子と卵細胞膜との結合に必要であるという，選択肢②が正解となる。文章で与えられた情報を正確に使えるようにしたい。

B　標準　《ABC モデルと花器官の関係》

問 4　$\boxed{5}$　正解は③

チューリップの A・B・C 遺伝子のはたらきについて，会話文中に示された情報をもとに，ABC モデルに関わる基礎知識との整合性について判断する問題である。（正答率 49.7%）

　通常の植物では A，B，C の 3 つのクラスの遺伝子のはたらきは，次図左のようになっている。

①不適。チューリップでは「がく」が存在せず，花弁が二重になっているような構造をとっている。「がく」は領域 1 に生じる構造であるが，①の文は，領域 1 に関する内容となっていない（A 遺伝子が領域 3 ではたらくとおしべができず，その部位に花弁が生じる。チューリップはがくができない状態なので，この記述は

　　誤りである）。

②**不適**。領域 1 に関する内容となっていない。

③**適当**。チューリップでは A 遺伝子と B 遺伝子が領域 1 ではたらくことになるので，領域 1 ががくとならず花弁になる（次図右）と考えるとうまく説明できる。

④**不適**。領域 1 に関する内容となっていない。

⑤**不適**。C 遺伝子が領域 1 ではたらくとその部分にめしべが生じる。チューリップの構造とは異なる。

⑥**不適**。領域 1 に関する内容となっていない。

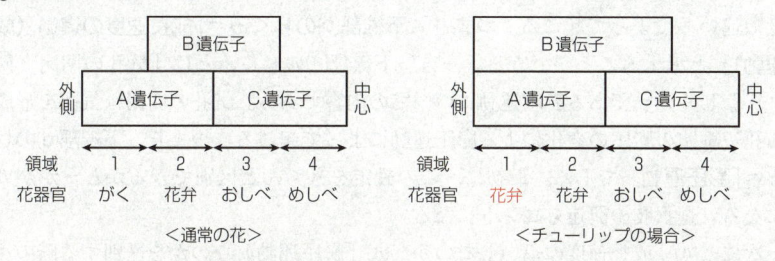

問5　　6　　正解は⑤

スイレンの A・B・C 遺伝子のはたらきについて，会話文中に示された情報をもとに，ABC モデルに関わる基礎知識との整合性について判断する問題である。（正答率 51.5%）

①**不適**。A 遺伝子と C 遺伝子は互いに拮抗的にはたらいており，A 遺伝子のはたらきが失われると，その領域では C 遺伝子がはたらくようになる。したがって，領域 1 で A 遺伝子がはたらかなくなると C 遺伝子がはたらき，領域 1 にめしべが生じる。このように特定の遺伝子がはたらかなくなる（またははたらくようになる）ことで，本来の器官とは全く異なる器官が生じるような変異をホメオティック突然変異という。ABC モデルの 3 つの遺伝子はホメオティック遺伝子であることも確認しておこう。

②**不適**。領域 2 で A 遺伝子がはたらかなくなると C 遺伝子がはたらき，領域 2 では B 遺伝子と C 遺伝子のはたらきでおしべが生じる。

③**不適**。領域 2 で B 遺伝子がはたらかなくなると，A 遺伝子のみがはたらいて，がくが生じる。

④**不適**。領域 3 で B 遺伝子がはたらかなくなると，C 遺伝子のみがはたらいて，めしべが生じる。

⑤**適当**。通常の花の構造と異なり，スイレンではがくと花弁の中間的な花器官や花弁とおしべの中間的な花器官が見られる。このことから，スイレンの場合は A，B，C の 3 つのクラスの遺伝子のはたらく部位の境界が，あいまいになっている

と考えるとうまく説明できる。

問6　　7　　正解は⑤

チューリップの花弁の内側・外側の温度傾性で見られる成長の違いについて，温度変化前後の表皮片の長さを示したグラフから得た情報をもとに，下線部(c)・(d)に注目して，しくみを特定する問題である。(正答率6.8％)

　下線部(c)のしくみとは，「光や重力で茎が曲がるときと同じようなしくみ」なので，屈曲に関わる内容である。屈曲は刺激を受けた側と受けていない側の「成長速度の違い」によって起こる。つまり，下線部(c)のしくみ＝「成長速度の違い（成長運動）」と考えることができる。一方，下線部(d)のしくみとは「気孔の開閉と同じようなしくみ」である膨圧運動についての内容である。気孔の開閉は気孔を形成する孔辺細胞の膨圧の変化による膨圧運動によって起こる。つまり，下線部(d)のしくみ＝「膨圧運動」である。最初に，この設定をきちんと区別できるかどうかがカギになる。選択肢の記述もヒントになる。

　次に，(c)「成長速度の違い」なのか，(d)「膨圧運動」なのかを区別する際の注目点は，図5の表皮片の長さの変化の様子である。(c)「成長速度の違い」の場合，成長することはあっても縮むことはない。一方，(d)「膨圧運動」の場合，膨圧が上昇すると成長し膨圧が低下すると縮む現象が見られるはずである。しかし，実験結果（図5）は，どの温度条件下においても全体において，長さが長くなるという現象は認められても，短くなるという現象は認められない。よって，(d)膨圧運動ではなく，(c)成長運動であると判断でき，注目点は「縮むという現象が起こるかどうか」という点であるから，⑤が正解となる。

第3問 —— 生命現象と物質

A　標準　《物質循環と光合成》

問1　　1　　正解は⑤

気孔の開閉や葉緑体のはたらきに関わる基礎的な知識をもとに，低温時の CO_2 吸収速度の低下について，その原因を特定するために新たに比較するべき条件を決定する問題である。(正答率20.8％)

①不適。低温処理の前後で葉の面積の比較をしても，低温による CO_2 吸収速度の低下が「気孔の閉鎖」によるものなのか「葉緑体の機能の低下」によるものなのか区別できない。

②不適。低温処理の前後で，暗所での葉中の ATP 量を比較しても，低温による CO_2 吸収速度の低下の原因はわからない。

③・④不適。気孔が閉鎖した場合でも葉緑体の機能が低下した場合でも，葉の周囲の CO_2 は吸収（消費）されなくなり，O_2 は排出されなくなる。よって，③・④では，低温処理による CO_2 吸収速度の低下が「気孔の閉鎖」によるものなのか「葉緑体の機能の低下」によるものなのか区別できない。

⑤適当。低温処理の前後で，気孔が閉鎖した場合は，葉緑体による光合成が起こり，葉の細胞の間の CO_2 濃度は低下するはずである。一方，葉緑体の機能が低下した場合は，葉の細胞間の CO_2 濃度と O_2 濃度は変化しないはずである。

　区別したい対象が，「気孔の閉鎖」または「葉緑体の機能の低下」なので，その区別が明確になる選択肢を選ぶ。

問2　　2　　正解は⑦

CO_2 濃度の変動と光合成の季節変動について，大気中の月別の CO_2 濃度を示したグラフを分析し，光合成による大気中 CO_2 濃度への影響が最も大きい時期を特定する問題である。（正答率 58.5%）

　大気中 CO_2 濃度が，光合成による影響を最も大きく受けるということは，CO_2 濃度の変化量が最も大きいということであるから，そのような箇所を探せばよい。図1からその時期は⑦7月から8月であることがわかる。

問3　　3　　正解は⑥

O_2 濃度の季節変動について，地球上の光合成をする生物がある1つの種だけになったと仮定して，O_2 濃度の変動の幅が最も小さくなると考えられる生物を特定する問題である。（正答率 35.3%）

　被子植物，裸子植物，コケ植物，緑藻類，シアノバクテリアは，いずれも O_2 を発生させる光合成を行う。これらの生物が存在した場合は，条件のよい季節の夏に光合成により大気中の O_2 濃度が上昇する。一方，冬には光合成があまり起こらないが，さまざまな生物の呼吸は一定量あるので，O_2 濃度が低下すると考えられる。つまり，大気中の O_2 濃度の季節変動が大きくなるはずである。これより，①〜⑤は不適。

　緑色硫黄細菌などの光合成細菌は，光合成によって CO_2 と H_2S からグルコースと H_2O（水）と S（硫黄）を生じ，O_2 発生が起こらない。よって，大気中の O_2 濃度の季節変動は小さいはずである。⑥が最も適当である。

B　やや難　《農薬と窒素同化の過程》

問4　　4　　正解は②

除草剤が植物を枯らすしくみについて，物質を抽出する実験方法として，複数の試料を適切に比較するために行うべき処理を確定する問題である。（正答率 29.8％）

①不適。植物の量と希塩酸の量の関係が一定とはならず，NH_4^+ 量を適切に比較するには好ましくない。

②適当。植物の重さに比例した量の希塩酸を加えているので，植物体に含まれている NH_4^+ 量を試料間で直接比較することが可能となる。

③・④不適。植物体を乾燥させているので，NH_4^+ が NH_3 となって揮発して失われている可能性が高くなり，実験手順として好ましくない。

問5　　5　　正解は①　　6　　正解は①　　7　　正解は②
　　8　　正解は①　　9　　正解は②

（　5　・　6　・　7　，　8　・　9　はそれぞれ全部を正しくマークした場合のみ正解）

除草剤が植物を枯らすしくみに関わる議論を通して，探究活動を振り返り，植物を枯死させると考えられる2つの原因について特定するための実験内容の有用性を判断する問題である。（正答率　5　・　6　・　7　11.4％，　8　・　9　22.3％）

　リード文に窒素同化の流れが記されており，除草剤Xはグルタミン合成酵素を阻害することも示されているので，これをいったん，図の形にして考えると，比較検討が行いやすい。

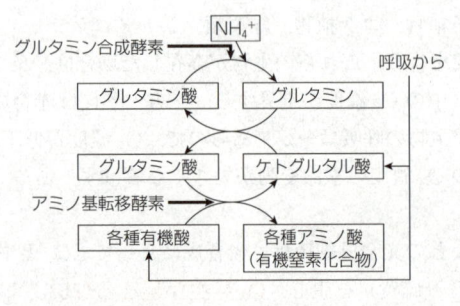

A班案　　5　　除草剤 X ＋グルタミン酸

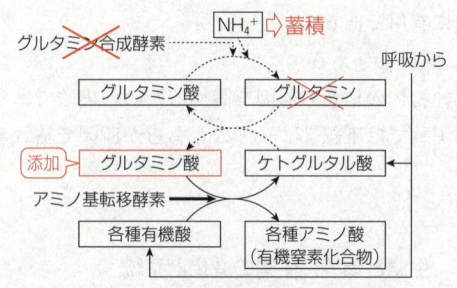

　グルタミン酸を添加した場合，**有機窒素化合物の合成ができる**が，細胞内には NH_4^+ **が蓄積**する。よって，下線部(d)・(e)のどちらであるかの判定に有用である。

B班案　　6　　除草剤 X ＋グルタミン

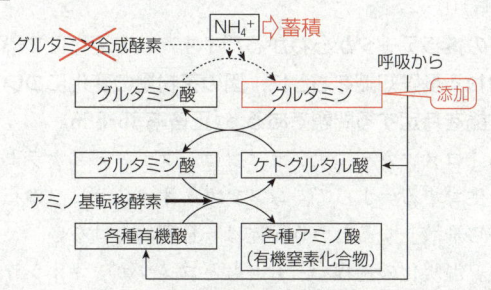

　グルタミンを添加した場合，**有機窒素化合物の合成ができる**が，細胞内には NH_4^+ **が蓄積**する。よって，下線部(d)・(e)のどちらであるかの判定に有用である。

C班案　　7　　除草剤 X ＋ケトグルタル酸

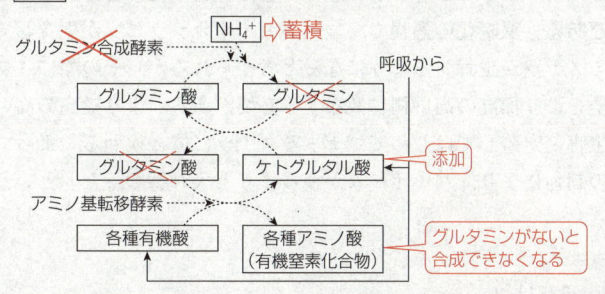

　ケトグルタル酸を添加したとしても，**グルタミンがないので，有機窒素化合物の合成ができない**。また，細胞内には NH_4^+ **が蓄積**する。よって，下線部(d)・(e)のどちらが原因で枯れるのかの判定はできない。

D班案　　8　　いろいろな濃度の除草剤 X ＋窒素肥料

　窒素肥料を施した植物には窒素が多く供給されるので NH_4^+ が蓄積する。枯死の原因が NH_4^+ が蓄積することであれば，窒素肥料を施した植物は施していない

植物より，低濃度の除草剤Ｘで枯死するはずである。よって，下線部(d)・(e)のどちらであるかの判定に有用である。

　　Ｅ班案　　9　　NH₃を与える

　　除草剤Ｘによる植物体の枯死の原因を調べるための実験である。したがって，除草剤Ｘを加えない実験では下線部(d)・(e)のどちらが原因で枯れるのかの判定はできない。

第4問 ── 生態と環境，生物の進化と系統

A　やや難　《遷移とバイオーム》

問1　　1　　正解は①

堆積した花粉量の推移データからわかるバイオームの変化について，植生の遷移やバイオームに関わる基礎知識をもとに，図の花粉量の変化についての説明として合理的ではない推論を特定する問題である。（正答率 15.5%）

ⓐ合理的でない。コメツガ・オオシラビソは，ブナ・ミズナラよりも標高が高い，寒冷な場所に生育する。よって，コメツガ・オオシラビソの花粉が「標高の低い，暖かい場所から飛散」するという記述は，合理的ではない。

ⓑ合理的である。温暖化の過程で，もともとコメツガ・オオシラビソが生育していた場所に，より温暖な場所での生育に適しているブナ・ミズナラが生育するようになると考えられるが，コメツガ・オオシラビソとブナ・ミズナラ間で，生息場所を巡る競争があることも容易に想像できる。よって，合理的な記述である。

ⓒ合理的である。温暖化の過程で，コメツガ・オオシラビソが生育していた場所に，ブナ・ミズナラが生育するようになると考えられるが，その際に，ブナ・ミズナラは種子をより標高の高い側に散布する必要がある。より標高の高い側に散布し，それが生育・定着してはじめてブナ・ミズナラに置き換わる。よって「種子の散布距離の制約により，バイオームがゆっくりと入れ替わった」という記述は合理的である。

問2　　2　　正解は①・⑤

（　2　は過不足なくマークした場合のみ正解）

図の花粉量や微粒炭の推移データから，遷移の進行が二次遷移としては遅い理由について，植生の遷移に関わる基礎知識をもとに，合理的な推論を特定する問題である。（正答率 10.0%）

①適当。人間が行った火入れ（森林や草原を焼き払うこと）によって，生育していた植物が失われるだけではなく，土壌中の有機物も燃焼により失われると推察さ

れる。よって，合理的な推論である。

②**不適**。図 2 から，微粒炭が草本の生育に影響（抑制）しているとはいえない。よって，合理的な推論ではない。

③**不適**。「火入れのために日照がさえぎられて」という記述は明らかに誤りである。

④**不適**。図 2 の微粒炭のデータから，火入れは 600 年前には盛んに行われていたが，現在は行われていないことが読み取れる（実際に，現在はアカマツ林が成立しているので火入れが行われていない）。したがって，極相林を構成する夏緑樹の種子が「火入れのために」供給されなかったという記述は誤りである。

⑤**適当**。火入れが盛んに行われた 600 年前以降，300 年前までの 300 年間も草原の状態が続き，300 年前〜現在にかけてアカマツ林が成立してその状態が続いているのは，何らかのかく乱が続いていることを示唆している。よって，「人間の活動によるかく乱が続いたため」という記述は合理的な推論である。

B ⬤やや易 《花粉の進化》

問 3 　3 　正解は⑦

表 1 に記された花粉の発芽孔の数と，図 3 に記された系統樹の情報から，被子植物の発芽孔の数が進化した過程について，合理的な考察を特定する問題である。（正答率 42.6%）

　表 1 の内容を図 3 に反映すると，下図のようになる。

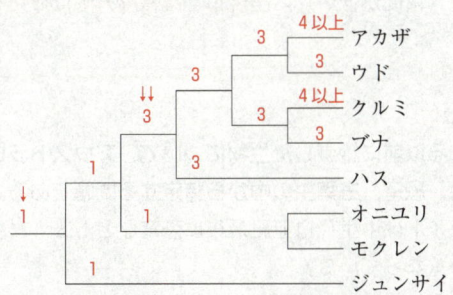

　ジュンサイや，オニユリ・モクレンはごく初期に分岐している。ジュンサイ・オニユリ・モクレンはともに発芽孔が 1 個なので，もともとの祖先種（↓）は発芽孔が 1 個である植物だったと判断できる。ハス・ブナ・ウドは発芽孔が 3 個となっているので，これらの共通祖先（↓↓）において発芽孔が 3 個になる突然変異が起こったと判断できる。アカザとクルミは発芽孔が 4 個以上であるが，これはアカザとクルミの系統が分岐する過程で独立に起こった突然変異によると判断できる。よって，正解は⑦である。

問4　　4　　正解は①

　問3で解析した系統樹の情報と，生育年代や場所の情報をもとに，被子植物の分布とその変化に関して，合理的な推論を特定する問題である。（正答率 52.5%）

試料番号	発芽孔の数(個)	年代(百万年前)	当時の緯度
1	3	67	北緯60°
2	3	90	南緯40°
3	1	67	北緯60°
4	1	110	南緯20°
5	1	135	北緯 5°
6	1	130	南緯10°
7	3	110	北緯25°
8	1	110	北緯30°
9	1	100	南緯35°
10	1	120	北緯10°
11	3	90	南緯20°
12	3	80	北緯40°
13	4 以上	67	北緯60°
14	4 以上	67	南緯55°

発芽孔が1個のものは年代が古く，緯度が低い →暖かい地方で生じた

発芽孔が3個以上のものは年代が新しく，緯度が高い →寒い地方に分布を広げた

　　表2から発芽孔1個の被子植物の共通の祖先種は古い年代で確認でき，分布の緯度が低いことも傾向として読み取れる。また，発芽孔3個以上の種は新しい年代で確認でき，緯度が高いことも傾向として読み取れる。したがって，この被子植物は①当時の赤道付近（緯度が低い）に出現し，高緯度方向に分布を広げたと判断できる。

問5　　5　　正解は③

被子植物が出現する以前に絶滅した生物について，アウストラロピテクス，アンモナイト，イチョウ，恐竜，三葉虫の中から特定する問題である。（正答率 63.6%）

①不適。アンモナイトは中生代白亜紀最後に恐竜などとともに絶滅するが，被子植物と生息年代が重なっている。

②不適。アウストラロピテクスは新生代新第三紀に出現した。

③適当。三葉虫は古生代最後のペルム紀にその他多くの生物とともに絶滅した。よって，被子植物が出現する以前に絶滅した生物である。

④不適。恐竜は中生代に繁栄し，中生代白亜紀最後にアンモナイトなどとともに絶滅した。被子植物と生息年代が重なっている。

⑤不適。イチョウは裸子植物であり，中生代に繁栄したが，現在も「生きている化石」として存在している。被子植物と生息年代が重なっている。

第 5 問 —— 生命現象と物質，生物の進化と系統

A 《遺伝情報の発現》

問 1 正解は③

大腸菌が合成するルシフェラーゼの検出について，実験の結果をより明確にするために行う追加の手法として適当でないものを特定する問題である。（正答率 45.6 %）

① 適当。大きいコロニーを用いると多くの大腸菌が合成したルシフェラーゼを得ることができ，合成されたルシフェラーゼの検出をより明確にすることができる。

② 適当。ルシフェラーゼはルシフェリンを分解する酵素なので，反応時に濃度の高いルシフェリン溶液を使用すると，合成されたルシフェラーゼの検出をより明確にすることができる。

③ **不適**。この実験の目的は大腸菌が合成したルシフェラーゼの検出なので，ホタル由来のルシフェラーゼを加えると，大腸菌が合成したルシフェラーゼによる反応なのか，ホタル由来のルシフェラーゼによる反応なのか区別できなくなる。

④ 適当。ルシフェラーゼは ATP 存在下でルシフェリンを分解する酵素である。したがって，反応時に ATP 溶液を加えると，合成されたルシフェラーゼの検出をより明確にすることができる。

⑤ 適当。ルシフェラーゼがルシフェリンを分解する際に発光が起こる。したがって，反応を確認する際には部屋を暗くする方が発光を確認しやすい。

問 2 2 正解は⑥

260 nm の波長の光を利用した DNA 溶液の濃度推定について，表の数値をもとにグラフを作成し，グラフを活用してプラスミド DNA の総量を求める問題である。（正答率 12.8%）

　表をもとにグラフを作成してみると，下図のようになる。

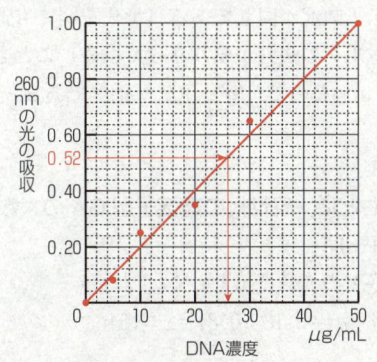

　　260nm の光の吸収（吸光度）のデータより作成したグラフから，吸光度が 0.52
のときの DNA の濃度はおよそ 26µg/mL と読み取ることができる。この値は 100
倍に希釈した溶液の濃度の値なので，希釈前の濃度は，2600µg/mL
＝2600µg/1000µL である。もともとプラスミド DNA を溶かした水は 100µL なの
で，その中に存在する DNA 量は 260µg ということになる。よって，⑥ 250µg が
最も適当な値である。

B　やや難　《ヒトの耳垢の表現型》

問3　[3]　正解は②
表の数値をもとに，耳垢の対立遺伝子Gの頻度の推定値を求める問題である。（正
答率 9.1%）

　　それぞれの世代で，ハーディ・ワインベルグの法則が成り立つと仮定して，G遺
伝子の頻度を p，A遺伝子の頻度を q（$p+q=1$）とおいて計算する。親世代は湿
った耳垢の人数がわからないので計算には用いない。計算に用いることができるの
は，祖父母世代と，自分（生徒）世代である。

　　祖父母世代の各遺伝子頻度は，乾いた耳垢の人（遺伝子型 AA）に注目して求め
る。

$$q^2 = \frac{234}{234+55} = 0.8096 \fallingdotseq 0.810$$

よって　　$q=0.9$，$p=0.1$

　　　　　　　　　→A遺伝子の頻度は 0.9，G遺伝子の頻度は 0.1 ということ
自分（生徒）世代の各遺伝子頻度も同様に

$$q^2 = \frac{90}{90+21} = 0.8108 \fallingdotseq 0.811$$

よって　　　$q \fallingdotseq 0.9$，$p=0.1$

　　上記のように祖父母世代，自分（生徒）世代をそれぞれ計算し，祖父母世代と自
分（生徒）世代で遺伝子頻度が同じである（世代を経ても遺伝子頻度は変化しない
＝ハーディ・ワインベルグの法則が成り立っている）ことを確認するとよい。対立
遺伝子Gの頻度は $p=0.1$ なので，② 0.100 が正解である。

問4　[4]　正解は⑥
問3で求めた数値をもとに，親世代の遺伝子型 GA の人数の推定値を求める問題
である。（正答率 23.9%）

　　親世代の遺伝子型 GA の人数を x とおく。

　　　GA：AA＝$2pq : q^2$＝0.18：0.81＝x：164

より，$x \fallingdotseq 36.44$ となるので，**⑥ 36** が正解である。

問5　　⑤　　正解は④・⑤

（　⑤　は過不足なくマークした場合のみ正解）

問3・4で求めた数値・考え方をもとに，表の各地域の乾いた耳垢の対立遺伝子Aの頻度を比較し，その適応や分布について考察する。（正答率 4.1%）

　対立遺伝子Aの遺伝子頻度は，東アジア（大陸北部）・東南アジア（北部）や高緯度地方で高い（下表★）。

地域	対立遺伝子 A の頻度	
東アジア（大陸北部）	0.977	★
東南アジア（北部）	0.696	★
東南アジア（南部）	0.175	
ヨーロッパ（南部）	0.103	
ヨーロッパ（西部）	0.208	
ヨーロッパ（東部）	0.246	
ヨーロッパ（北部）	0.093	
東シベリア	0.786	★
アラスカ	0.515	★
中南米	0.167	
中東	0.276	
西アフリカ	0.000	●
東アフリカ	0.010	●

★：遺伝子頻度が高い
●：遺伝子頻度がきわめて低い

　このことより，対立遺伝子Aによる，乾いた耳垢の形質は比較的寒冷な気候に適応している可能性が考えられる。（参考：この遺伝子 ABCC11 は汗の分泌などに関与しており，G型は汗の分泌が多くなる。）

　一方で，西アフリカに対立遺伝子Aが存在しないことや，東アフリカでもほとんど存在しない（0.010）ことから（上表●），この対立遺伝子Aはアフリカで誕生したのではなく，ユーラシア大陸で誕生したこともわかる。これらのことをもとに，選択肢を見ていく。

①・③不適。乾いた耳垢の形質は比較的寒冷な気候に適応しているのではないかと考えられる。

②不適。表2から湿度との関係は読み取れない。

④適当。中東（0.276）とヨーロッパ東部（0.246）での対立遺伝子Aの遺伝子頻度は，ユーラシア大陸の西側の中では比較的高いといえる。可能性として，対立遺伝子Aは中東で生じ，人類の移動によって（遺伝的浮動の作用も受けながら），分布を広げたという解釈は合理的な推論として適当である。

⑤適当。東アジアでは対立遺伝子Aの遺伝子頻度が高く，ヨーロッパにおいては頻

度が低下しているので，東アジアから遺伝的交流によって分布を広げたという解釈は合理的である。

⑥不適。世界各地で様々な頻度で独立に生じたのであれば，地域によって，0.977や0.000といったばらつきはないはずである。

第6問　やや易 ── オキシトシンを介したヒトとイヌの関係

問1　1　正解は③

飼主と動物の，見つめ合う時間と尿中のオキシトシン量の関係を見る問題である。（正答率 65.9％）

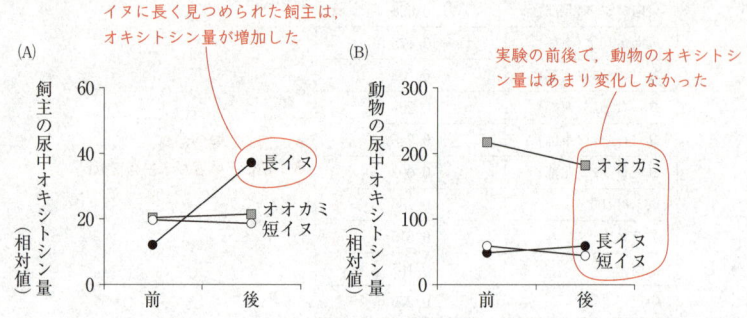

イヌに長く見つめられた飼主は，オキシトシン量が増加した

実験の前後で，動物のオキシトシン量はあまり変化しなかった

①不適。図2(B)のグラフより，飼主を見つめてもイヌやオオカミの尿中オキシトシン量はあまり変化しないことがわかる。

②不適。図2(B)のグラフより，オオカミは尿中オキシトシン量が多めであるが，図1より，飼主を見つめないことがわかっている。よって，尿中オキシトシン量が多い動物ほど飼主を見つめる時間が長いわけではない。

③適当。図2(A)のグラフより，イヌに見つめられる時間が長い飼主の尿中オキシトシン量が多いことがわかる。

④不適。飼主に見つめられる実験をしていないので，イヌの尿中オキシトシン量が飼主に見つめられる時間が長い方が少ないかどうかは判断できない。

⑤不適。飼主に見つめられる実験をしていないので，オオカミの尿中オキシトシン量が飼主に見つめられる時間が長い方が多いかどうかは判断できない。

問2　2　正解は④

噴霧したオキシトシンが，イヌが飼主を見つめる時間に与える影響と，イヌに見つめられた飼主の尿中のオキシトシン量，イヌの尿中のオキシトシン量の関係を見る問題である。（正答率 56.5％）

実験2では，イヌが一緒に実験室に入っている飼主および飼主以外のどちらを見

つめているかという要素と，雌イヌ・雄イヌの区別という要素が加わり，設定が複雑になっている。実験の結果から確実にいえることを抽出しながら選択肢を検討する必要がある。それぞれのデータから読み取れることを抽出していく。

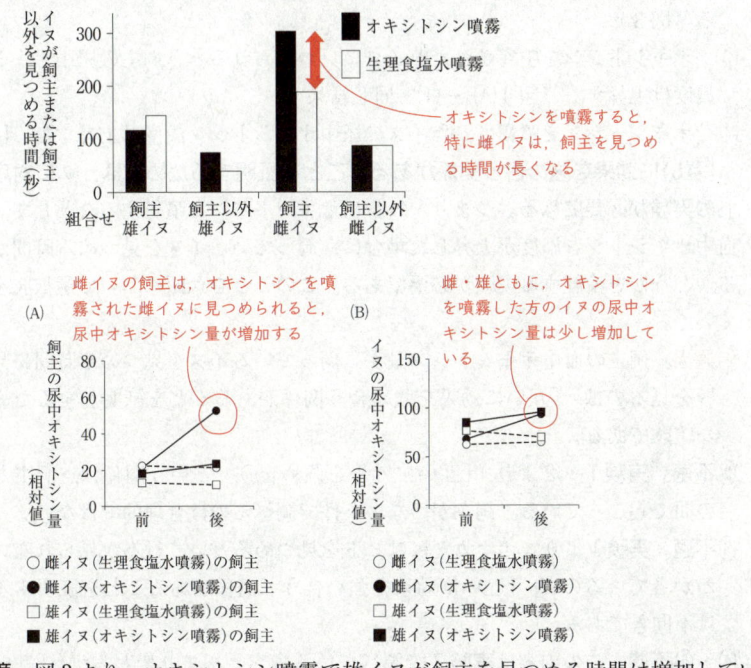

オキシトシンを噴霧すると，特に雌イヌは，飼主を見つめる時間が長くなる

雌イヌの飼主は，オキシトシンを噴霧された雄イヌに見つめられると，尿中オキシトシン量が増加する

雌・雄ともに，オキシトシンを噴霧した方のイヌの尿中オキシトシン量は少し増加している

① 不適。図 3 より，オキシトシン噴霧で雄イヌが飼主を見つめる時間は増加していない。

② 不適。図 3 より，オキシトシン噴霧で雌イヌが飼主以外を見つめる時間はほぼ変化していない。

③・⑤ 不適。④ 適当。図 4（B）のグラフより，オキシトシンを噴霧された場合，雌イヌ・雄イヌともに尿中オキシトシン量は少し増えている。これより，尿中オキシトシン量を減少させるという効果が導かれることはない。なお，飼主を見つめる場合と飼主以外を見つめる場合のイヌの尿中オキシトシン量のデータは区別してとられていないので，それらに差があるかどうかは実験結果からは判断ができない。イヌの性別にかかわらず尿中オキシトシン量が増えているという結果から，合致する選択肢を絞り込む。

問3　　3　　正解は ①

見つめ合い行動とオキシトシンの分泌との間に，「互いに効果を強め合う関係がある」ことを証明するために，必要な情報を特定する問題である。（正答率 11.3%）

これまで得られたデータをまとめると

(1) イヌに長く見つめられると，飼主の尿中オキシトシン濃度は上昇する（図2）

(2) イヌにオキシトシンを噴霧すると，特に雌イヌは飼主を見つめる時間が長くなる（図3）

(3) オキシトシンを噴霧された雌イヌに見つめられると，飼主の尿中オキシトシン濃度は上昇する（図4(A)）→(1)と同じ結果

(4) オキシトシンを噴霧されたイヌの尿中オキシトシン濃度は上昇する（図4(B)）

「互いに効果を強め合う関係がある」ことを証明するためには，(2)に対応するヒトの実験が必要になる。つまり，ヒトにオキシトシンを噴霧するなどして，ヒトの血中オキシトシン濃度が上昇した場合に，飼っているイヌを見つめる時間が長くなるかどうかを検証する実験が必要である。このことを念頭において選択肢を吟味していく。

①適当。飼主の血中オキシトシン量が，飼っているイヌを見つめる時間に与える影響を見るのは，「互いに効果を強め合う関係があることを証明」するために必要な実験である。

②不適。実験1・2より，「互いに効果を強め合う」という関係は，飼主と雌イヌの間で起こっている。飼主がいない条件で調べるのは合理的ではない。

③不適。実験1より，オオカミにはヒトを見つめるという行為が見られないことがわかっているので，「互いに効果を強め合う」関係があることを証明する実験には不向きである。

④・⑤不適。この内容は実験2で調べている内容とあまり変わらず，「互いに効果を強め合う」関係があることを証明するための情報としては不足である。また，飼主以外との実験を追加しても意味をなさない。

センター試験

生 物 本試験

2020 年度

問題番号 （配点）	設　問	解答番号	正　解	配　点	チェック
第1問 (18)	A 問1	1	⑧	3	
	A 問2	2	④	4	
	A 問3	3	⑤	3	
	B 問4	4	②	4	
	B 問5	5	⑤	4	
第2問 (18)	A 問1	1	⑦	3	
	A 問2	2	⑥	3	
	A 問3	3	⑤	3	
	B 問4	4	③	3	
	B 問4	5	①	3	
	B 問5	6	⑥	3	
第3問 (18)	A 問1	1	⑤	3	
	A 問2	2	③	3	
	A 問3	3	⑧	3	
	B 問4	4	②	3	
	B 問5	5	③	3	
	B 問6	6	②	3	
第4問 (18)	A 問1	1	②	3	
	A 問2	2	①	3	
	A 問3	3	②	4	
	問4	4	②	4	
	B 問5	5	③	2	
	B 問5	6	④	2*	
	B 問5	7	⑤		
	B 問5	8	④		

問題番号 （配点）	設　問	解答番号	正　解	配　点	チェック
第5問 (18)	A 問1	1	①	2	
	A 問2	2	④	3	
	A 問3	3	④	4	
	B 問4	4	③	3	
	B 問5	5	①	3	
	B 問6	6	②	3	
第6問 (10)	問1	1	①	3	
	問2	2	②	4	
	問3	3	⑤	3	
第7問 (10)	問1	1	⑧	3	
	問2	2 - 3	①－⑤	4 （各2）	
	問3	4	③	3	

（注）　1　＊は，全部正解の場合のみ点を与える。
　　　　2　－（ハイフン）でつながれた正解は，順
　　　　　序を問わない。
　　　　3　第1問〜第5問は必答。第6問，第7
　　　　　問のうちから1問選択。計6問を解答。

自己採点欄
100 点

（平均点：57.56 点）

第1問 —— 生命現象と物質

A （標準）《遺伝情報の発現》

問1 ☐1☐ 正解は⑧

原核生物の転写調節に関する知識問題である。

ア．1つのオペレーターによって制御される遺伝子群は**オペロン**とよばれる。イントロンは，真核細胞において転写後に切り取られる領域のこと。

イ．リプレッサー（調節タンパク質）が結合する領域は**オペレーター**。プライマーは，DNA の複製時に DNA ポリメラーゼが合成を開始するために必要な RNA あるいは DNA の短い断片である。

ウ．リプレッサーがオペレーターに結合すると，RNA ポリメラーゼ（RNA 合成酵素）がプロモーターに結合できなくなり，転写が**抑制**される。

問2 ☐2☐ 正解は④

原核生物の転写調節に関する知識理解問題である。

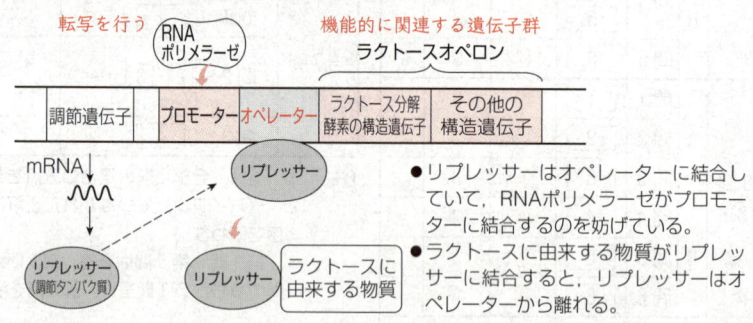

①・②不適。RNA ポリメラーゼはラクトースに由来する物質とは結合しない。

③不適・④適当。ラクトースオペロンの場合は，リプレッサーはラクトースに由来する物質と結合すると，オペレーターに結合できなくなる。

⑤・⑥不適。リプレッサーは常につくられる。

問3 ☐3☐ 正解は⑤

真核生物の転写調節に関する知識問題である。

エ．ヌクレオソームを形成しているタンパク質は**ヒストン**である。DNA ポリメラーゼは DNA の複製のときにはたらく酵素である。

オ．真核生物の転写調節では，プロモーターに RNA ポリメラーゼと**基本転写因子**

が複合体になったものが結合する。

カ．スプライシングは**核内**で行われ，完成した mRNA が核膜孔から細胞質基質へと出ていく。

B 標準 《細胞周期》

問4 [4] 正解は②

細胞周期に関するグラフ読み取りと計算の組合せ問題である。

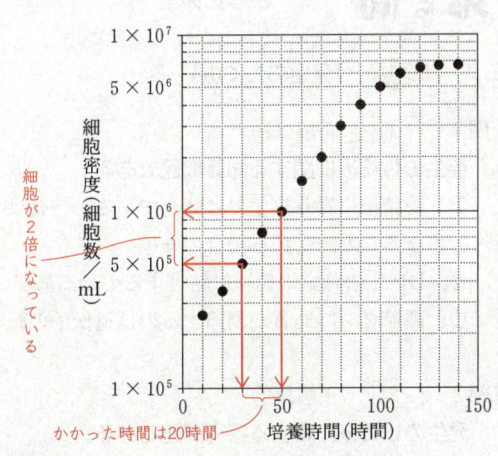

まず，グラフから細胞が2倍になるのに要する時間は20時間であることが読み取れる。これは，細胞周期が1周するのに要する時間である。

実験1で，細胞の10％が分裂期の細胞であることが示されている。分裂期に要する時間は次の式で与えられる。

　[全細胞数]：[分裂期の細胞数]

　　＝[細胞周期の1周に要する時間]：[分裂期に要する時間]

ここに，与えられた値を代入すると

　100％：10％＝20時間：[分裂期に要する時間]

となり

$$[分裂期に要する時間]＝20×\frac{10}{100}＝2\ 時間$$

と求まる。

問5 [5] 正解は⑤

細胞周期に関する考察問題である。

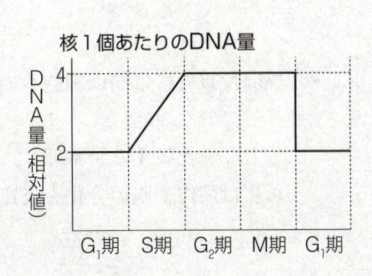

　細胞周期とDNA量については，右図のようなグラフで説明されることが多い。このグラフと問題の図2のグラフを比較するとわかりやすい。

キ．DNAの複製を行う時期はS期であり，問題の図2の**B**の範囲にある細胞である。

　ク．DNA の複製完了から分裂開始までの時期は G_2 期で，分裂期はM期。問題の
　　図2では**C**の範囲の細胞である。

　ケ．分裂完了から DNA の複製開始までの時期は G_1 期。問題の図2の **A** の範囲の
　　細胞である。

第2問 —— 生殖と発生

A　　《発生のしくみ》

問1　1　正解は⑦

発生のしくみに関する知識問題である。

　ア．受精後に繰り返すのは**卵割**である。接合は2つの配偶子が合体して1つの細胞
　　になること。受精も接合の一種。

　イ．DNA の特定の領域に結合するのは調節**タンパク質**である。

　ウ．調節タンパク質が調節するのは遺伝子の**転写**である。

問2　2　正解は⑥

発生のしくみに関する探究問題である。

　「黒卵片のみに筋肉細胞への分化を決定づける能力がある」という推論を導くた
めには，「黒卵片には筋肉細胞への分化を決定づける能力がある」と「黒卵片以外
には筋肉細胞への分化を決定づける能力がない」の二つのことを示す必要がある。

・「黒卵片には筋肉細胞への分化を決定づける能力がある」を示す実験の組合せ
　　ⓑとⓒを比較する。条件の違いは黒卵片の有無であり，結果の違いは筋肉細胞
　　の有無である。

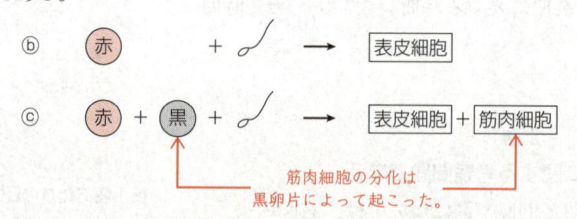

・「黒卵片以外には筋肉細胞への分化を決定づける能力がない」を示す実験の組合
せ
　　ⓑとⓓを比較する。茶卵片，白卵片では筋肉細胞は分化していないので，これ
　　らには筋肉細胞の分化を決定づける能力がないことを示している。

問3 ☐3☐ 正解は⑤

発生のしくみに関する実験考察問題である。

　それぞれの実験を図にするとわかりやすい。**実験1〜4**では，RNAがあるときにのみ筋肉細胞が分化していることがわかる。

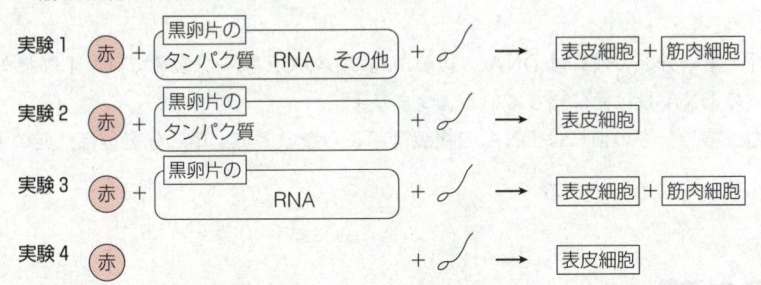

①〜③・⑦〜⑨**不適**。実験からタンパク質が関係していないことがわかる。

④・⑥**不適**。この実験からはRNAがどのようにはたらいているのかはわからない。

⑤**適当**。RNAがあるときに筋肉細胞が分化しているので，黒卵片内のRNAが発生運命を決めていることがわかる。

　発生運命は，遺伝子の転写調節によって決まっていく。DNAに結合して転写調節を行うのはタンパク質である。黒卵片内のRNAは発生の進行とともにタンパク質に翻訳されて筋肉細胞を分化させる転写調節タンパク質となることが考えられるが，そのことは，この実験からはわからない。この問題では「**実験1〜4**の結果から導かれる」ことのみを答えなければならないことに注意しよう。

B やや易 《被子植物の生殖と発生》

問4 ☐4☐ 正解は③　☐5☐ 正解は①

ABCモデルに関する考察問題である。

　被子植物の花器官の形成は，右図のようにA，B，Cの3つのクラスの遺伝子によって調節されている。また，AとCは互いのはたらきを抑制しあっている。

変異体X…がく片のみなので，はたらいている遺伝子はAのみ。つまり，**B**と**C**の遺伝子が機能を失っている。

変異体Y…めしべとおしべしか形成されていないので，はたらいているのはBとCで，**A**の遺伝子が機能を失っている。

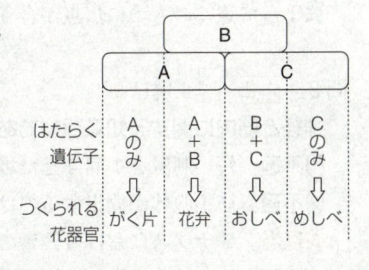

問5　6　正解は⑥

減数分裂に関する知識問題である。

エ. 染色体の一部が交換されるのは乗換え。組換えが起きるのは染色体ではなくて遺伝子である。紛らわしいので，「染色体の乗換え」「遺伝子の組換え」と覚えよう。

オ. 第一分裂の前には DNA の複製が起こるので，第一分裂後では，1 細胞あたりの DNA 量は元に戻っている。つまり 1 倍。

カ. 第二分裂の前には DNA の複製は起こらないので，第二分裂後は，元の DNA 量の $\frac{1}{2}$ になっている。

第3問 —— 生物の環境応答

A 　標準 　《動物の環境応答》

問1　1　正解は⑤

遠近調節のしくみに関する知識問題である。

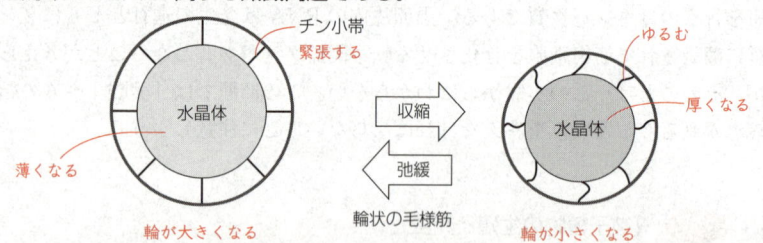

　遠くを見るときは，毛様筋が弛緩して毛様筋のつくる輪が大きくなる。チン小帯は毛様筋に引っ張られて緊張し，水晶体もチン小帯に引っ張られて薄くなる。これによって遠くのものに焦点が合うようになる。

問2　2　正解は③

神経と筋肉に関する知識問題である。

①不適。短い刺激を 1 回与えた場合に起こる短い収縮は単収縮（れん縮）という。

②不適。筋小胞体が放出するのはカルシウムイオンである。

③適当。シナプスにおける興奮の伝達は軸索の末端から放出される伝達物質によって伝えられる。神経伝達物質は軸索の末端からしか放出されないので，一方向のみに情報が伝わる。

④**不適**。末梢神経系は，自律神経系と体性神経系の二つに分けられる。

⑤**不適**。興奮が軸索に沿って伝わることを伝導といい，隣接する細胞に伝わることを伝達という。

⑥**不適**。軸索の直径が同じであれば，跳躍伝導を行う有髄神経繊維の方が興奮を伝える速度は速い。

問3 　3　 正解は⑧

動物の行動に関する実験考察問題である。

ⓐ**不適**。実験1と実験2の比較から，両側の触角がないときは性フェロモンを感知できないことがわかる。つまり，性フェロモンの感知には触角が必要である。

ⓑ**不適**・ⓒ**適当**。実験2から片側の触角しか残っていなくても，性フェロモンに反応したことがわかる。

ⓓ・ⓕ**不適**。ⓔ**適当**。実験3から視覚情報を奪っても両側の触角がそろっていれば雌に近づけることがわかる。また，実験2から，片側だけでは反応はできても雌に近づくことはできないことが示されている。

B 　標準　《植物の環境応答》

問4 　4　 正解は②

植物の環境応答に関する実験考察問題である。

　実験5の結果では，野生型と変異体Cは同じ反応をしており，乾燥ストレスに対して，正常にアブシシン酸を合成しているのに対して，変異体Dは乾燥ストレスにさらされてもアブシシン酸を合成していない。つまり，乾燥ストレスを受けたときのアブシシン酸合成は，変異体Cは正常で，変異体Dは異常である。

問5 　5　 正解は③

植物の環境応答に関する実験考察問題である。

　実験5と実験6の結果から，乾燥耐性の誘導は下のようになっていることがわかる。

乾燥ストレス⇨ アブシシン酸合成 ⇨アブシシン酸⇨ 乾燥耐性に関連する遺伝子の発現 ⇨乾燥耐性

	アブシシン酸合成	乾燥耐性に関連する遺伝子の発現	乾燥耐性
野生型	○	○	あり
変異体C	○	×	なし
変異体D	×	○	なし

変異体C…実験6から，アブシシン酸が作用していることを直接示す遺伝子Xが，

アブシシン酸を噴霧されても発現していないことが示されている。つまり，アブシシン酸が噴霧されても作用しないので，乾燥耐性は回復しないと予想される。

変異体D…**実験6**から，アブシシン酸が作用していることを直接示す遺伝子Xが，アブシシン酸を噴霧されると発現していることが示されている。つまり，アブシシン酸が噴霧されれば，乾燥耐性は回復すると予想される。

問6　　**6**　　正解は②

種子の発芽に関する知識問題である。

　胚（ア）で合成されたジベレリンが糊粉層（イ）にはたらきかけてアミラーゼの合成を誘導し，このアミラーゼが胚乳（ウ）に貯蔵されたデンプンを分解する。

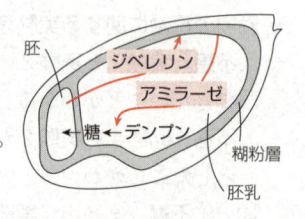

第4問 ── 生態と環境

A　やや易　《生態系》

問1　　**1**　　正解は②

種間関係に関する考察問題である。

ア． アブラムシとヒアリの双方に利益があるので，相利共生である。寄生は一方には利益があるがもう一方には不利益がある関係である。

イ． アブラムシは，ヒアリにテントウムシの捕食から守ってもらっていたのだから，ヒアリだけを駆除すると，テントウムシによる捕食が増加するので，アブラムシが減少することが予想される。アブラムシが減少すればワタの食害も減少すると考えられる。

問2　　**2**　　正解は①

絶滅の要因に関する知識問題である。

①適当。個体数が減少するとその分，遺伝的な多様性は低下する。仮にその後に個体数が増加したとしても，遺伝的な多様性は簡単には戻らない。遺伝的な多様性が低下すると，環境への適応力の低下や，近親交配の影響の増大などにより，絶滅の危機が増加する。

②・③不適。個体数が減少すると，個体群密度が低下するので，種内競争が激化することはない。

④**不適**。相変異はバッタでよく知られている。個体数が減少した場合の相変異はバッタの場合，群生相から孤独相への変化であるが，孤独相はバッタにとってごく普通の状態であり，絶滅の確率が高まる要因には当てはまらない。

⑤**不適**。種間競争が緩和すれば，競争に負けて死ぬ個体が減少するので，個体の数を増加させる方向にはたらく。

問3　｜　**3**　｜　正解は②

社会性昆虫に関する知識問題である。

ウ. 社会性昆虫と呼ばれ，コロニーを形成するのは**シロアリ**である。トノサマバッタは個体群密度が上昇すると相変異を起こす昆虫として知られている。

エ〜カ. **ヘルパー**（**オ**）はある条件のときに他個体の子育てを助けるが，条件によっては自らも生殖を行う。それに対して，**ワーカー**（**エ**）は一生を通じて生殖を行わないので，生殖能力を**もたない**（**カ**）ことが多い。

B　標準　《生態ピラミッド》

問4　｜　**4**　｜　正解は②

生態ピラミッドに関する知識問題である。

CHECK　生態ピラミッドは出題されやすい内容なので，しっかり理解しておこう。

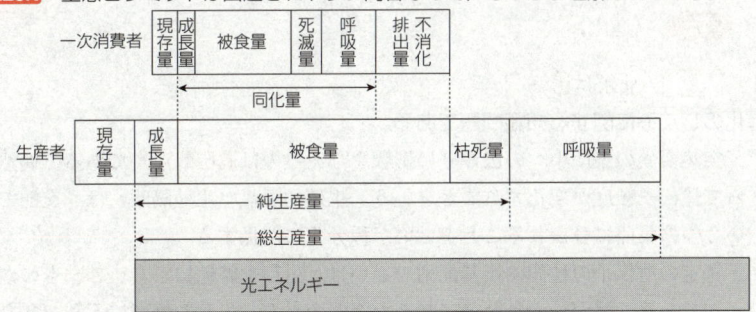

純生産量は，成長量＋被食量＋枯死量である。

問5　｜　**5**　｜　正解は③　｜　**6**　｜　正解は④　｜　**7**　｜　正解は⑤　｜　**8**　｜　正解は④

生態ピラミッドに関する実験考察問題である。

キ. 「虫なし区」を見る。富栄養土壌でも，貧栄養土壌でも，富栄養植物の方が成長量が大きいので，富栄養土壌と貧栄養土壌の両方（③）で成長能力が高いといえる。

ク．成長量における「虫なし区」と「虫あり区」の違いは虫による被食があるかないかである。この差が被食量を表しているので，この差が小さいほど被食防御の能力が高い（④），つまり，食べられないことを示している。

ケ・コ．富栄養土壌でも，貧栄養土壌でも，「虫なし区」と「虫あり区」の差は，富栄養植物の方が大きく，貧栄養植物の方が小さい。つまり，被食防御の能力は，富栄養植物の方が低く（⑤），貧栄養植物の方が高い（④）。

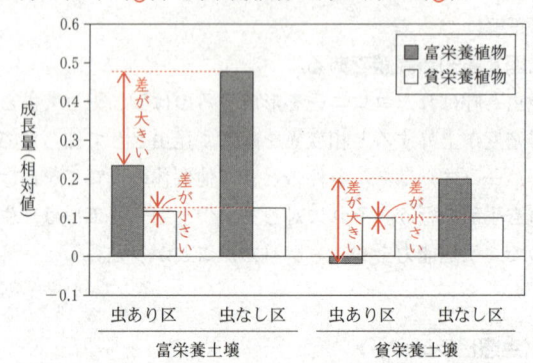

第5問 ── 生物の進化と系統

A　難　《進化》

問1　1　正解は①

進化のしくみに関する知識問題である。

ア．突然変異の集団中への広がりに影響を与えるのは遺伝的浮動である。偶然によって遺伝子頻度が変化することをいう。生殖的隔離（生殖隔離）は，交配できない2つの集団に分かれることをいい，種分化に関係する。

イ．特定の遺伝子の種間の塩基配列の違いは，生存や繁殖に影響しないものがほとんどである。種が分かれた後に起きた突然変異が，生存や繁殖に不利だった場合は取り除かれるので定着せず，種間の違いにはならない。集団に定着するのは，有利だった場合と，影響しない場合のどちらかである。一方，特定の遺伝子に起きる突然変異が生存や繁殖に有利にはたらくことは稀であり，影響を与えない突然変異の方が多い。したがって，種間の違いはそのほとんどが影響を与えない突然変異に由来していると考えられる。

ウ．時間とともに塩基配列の違いは積み重なっていくので，時間の経過とともに大きくなっていく。

問2　　2　　正解は④

遺伝子頻度に関する計算問題である。

　Wの遺伝子頻度が 0.8 ならば，wの遺伝子頻度は 1−0.8＝0.2 である。ハーディ・ワインベルグの法則が成り立つ集団においては，各遺伝子型の個体数の割合は，それぞれ次の式で与えられる。

　　　WW…　0.8×0.8＝0.64

　　　Ww…　2×(0.8×0.2)＝0.32

　2をかけるのは Ww と wW の両方があるからである。

　　　ww…　0.2×0.2＝0.04

それぞれ割合になおすには，100 をかければよいので

　　　WW　64%　　Ww　32%　　　ww　4%

となる。この数値を表しているグラフは④である。

問3　　3　　正解は④

進化に関する実験考察問題である。

同義置換…アミノ酸配列の変化を起こさないので，生存や繁殖に有利でも不利でもない。中立な突然変異なので，一定の割合で蓄積していく。

非同義置換…アミノ酸配列が変化するので，その変化によって，生存や繁殖に有利なもの，有利不利がないもの，不利なもののいずれかになることが考えられる。有利なものは，速やかに定着するはずであるが，問1で考察したように起きる可能性は少ない。有利でも不利でもないものは同義置換と同等に定着し，不利なものは取り除かれるので定着しない傾向にある。

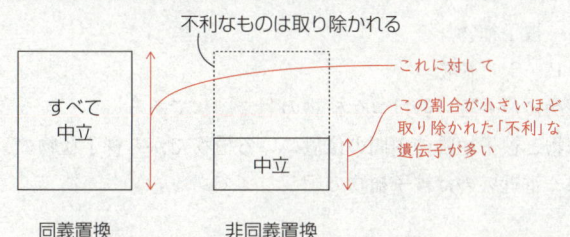

遺伝子X．非同義置換がない。これは，遺伝子Xに生じた非同義置換が生存に不利なために集団から取り除かれた結果を表している。

遺伝子Y．非同義置換が同義置換よりも少ない。この突然変異が有利なものではないと考えた方がわかりやすい。しかし，非同義置換が同義置換の半分近くの割合で存在していることから，突然変異の半分程度が不利なもので半分程度が有利でも不利でもないと考えられる。

遺伝子Ｚ．遺伝子Ｙと同様に，非同義置換が同義置換よりも少ないので，この突然変異が有利なものではないと考えられる。しかし，非同義置換が同義置換の６分の１〜７分の１程度の割合しかない。これは，突然変異の大半が不利なもので，少数が有利でも不利でもないことが考えられる。

　このことから，最も生存や繁殖に有害な作用が起きる確率の大きいのはＸ，最も小さいのがＹである。

B　やや難　《生物の系統》

問4　　4　　正解は③

植物の系統に関する知識問題である。

CHECK　植物の系統について，確認しておこう。

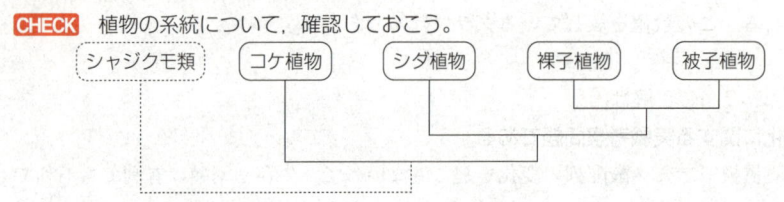

　選択肢と系統樹に示されている植物のおおまかな分類は次のとおりであることを知っている必要がある。

　　　アカマツ…裸子植物
　　　アジサイ…被子植物
　　　ギンゴケ…コケ植物
　　　ゼニゴケ…コケ植物
　　　ハス…被子植物
　　　ワラビ…シダ植物

エ．ギンゴケに最も近いのはコケ植物のゼニゴケである。

オ．シダ植物と被子植物の中間の位置にいる植物だから裸子植物のアカマツである。

カ．ハスに一番近いのは被子植物のアジサイである。

問5　　5　　正解は①

植物の系統に関する考察問題である。

　コケ植物は，維管束をもたず，また，根・葉・茎の器官は分化していない。シダ植物は，維管束をもち，また，根・葉・茎の器官が分化している。問題文に示されている化石の植物は，「維管束はもつが根や葉をもたない」という，コケ植物とシダ植物の中間的な特徴をもっている。このことから，ワラビのようなシダ植物が分

岐した年代（約 **4億年** 前）**以前** の地層であると考えることができる。

問6 　6 　正解は ②

コケ植物に関する知識・計算問題である。

キ. コケ植物には気孔はない。また，根もないので **からだ全体** から吸水する。

ク. 含水率が 60 ％であるということは，全体の重量 X に占める水の割合が 60 ％であり，水以外の重量が 40 ％の状態ということである。水以外の重量は生命活動が回復しなければ変化しないと考え

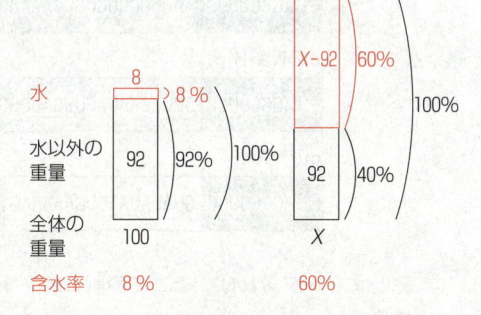

られるので，処理時間 0 分の時点の 92（相対値）のままである。全体の重量 X は次の比で求められる。

$$92 : 40\% = [全体の重量] : 100\%$$

$$[全体の重量] = \frac{92 \times 100}{40} = 230$$

最も早く 230 を超えているのは **90** 分の時点である。

第6問 　やや難 　── 　生命現象と物質，生物の環境応答

問1 　1 　正解は ③

酵素に関する実験考察問題である。

ア. 実験 2 から，ペルオキシソームに移動したのは，GFP-1（酵素 X1 の末尾の 7 つのアミノ酸の配列をつないだもの）であった。したがって，酵素 **X1 の末尾の 7 つのアミノ酸** がペルオキシソームへの輸送に関わっていると考えられる。

イ. 実験 1 の結果から末尾の 7 つ，あるいは 2 つのアミノ酸配列は酵素 X の活性を **変化させない** ことがわかる。

問2 　2　 正解は②

翻訳に関する考察問題である。

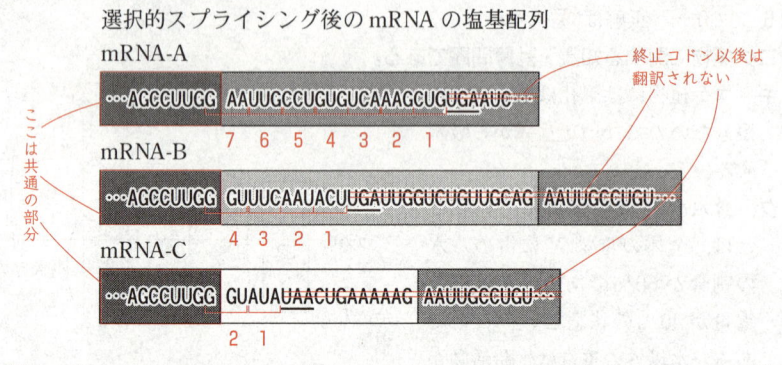

選択的スプライシング後の mRNA の塩基配列

　終止コドンがあれば，そこで翻訳は終了するので，以後の塩基配列はアミノ酸には翻訳されない。コドンは塩基3つで構成されている。3つの塩基の区切り目は，mRNA の上流（左）側では省略されていてわからないので，終止コドンから逆算する。共通のアミノ酸のアミノ酸配列から，mRNA-A では7つ，mRNA-B では4つ，mRNA-C では2つが異なっている。リード文から，共通部分から酵素 X1 は7つ，酵素 X2 は2つのアミノ酸がつながっていることが示されているので，酵素 X1 は mRNA-A，酵素 X2 は mRNA-C であることがわかる。

問3 　3　 正解は⑤

植物の環境応答に関する知識問題である。

ウ・エ．発芽にかかわる受容体は**フィトクロム**（ウ）。光屈性にかかわる受容体は**フォトトロピン**（エ）である。

オ．フィトクロムは**赤**色の光を受容する受容体である。

第7問 　標準　── 生物の進化と系統

問1 　1　 正解は⑧

生物の変遷に関する知識問題である。

ア．化学合成も光合成も酸素の発生を伴うが，大気中の酸素濃度を増加させるほど大規模に行われるのは**光合成**である。化学合成は光合成に比べて，規模としてはとても小さい。

イ．酸素濃度が上昇して形成されるのは**オゾン**層である。フロンは人工的に合成された物質で，オゾン層を破壊する。

ウ．先カンブリア時代に生息していた，軟らかいからだの多細胞生物群は**エディア**
カラ生物群とよばれる。バージェス動物群は硬い殻をもった動物に代表されるカ
ンブリア紀の動物群。

問2 　 2 　 3 　　正解は①・⑤

生物の系統に関する知識問題である。

①**適当**・②〜④**不適**。節足動物の原口は将来の口になる。同様に原口が将来の口に
なるのは線形動物である。ウニでよく知られている棘皮動物は，原口が肛門にな
る。

⑤**適当**・⑥〜⑧**不適**。節足動物は，からだが体節に分かれる（からだに節がある）。
同様にからだが体節に分かれるのは，他にはミミズでよく知られている環形動物
がある。タコや貝に代表される軟体動物はからだが体節に分かれていない。

問3 　 4 　　正解は③

生物の変遷に関する実験考察問題である。

エ．A〜Dの中で，クロロフィルbがあるのは，CとDのみである。CとDのみに
あるのは，クロロフィルbの他にはビオラキサンチンと**ネオキサンチン**である。
ルテインは，クロロフィルbがないBにもあるので不適。

オ．陸上の植物は，すべてクロロフィルaとbの両方をもつので，**シロツメクサ**が
適当。紅藻（マクサ）はクロロフィルbをもたない。

カ．シロツメクサと**緑藻**であるアナアオサは，クロロフィルaとbの両方をもつだ
けでなく，すべての色素の構成が同じであることから，系統的に近縁であること
がわかる。

生物基礎　本試験

問題番号 （配点）	設　問		解答番号	正　解	配　点	チェック
第1問 （18）	A	問1	1	⑤	3	
		問2	2	②	3	
		問3	3	①	3	
	B	問4	4	⑥	1	
			5	③		
			6	②	2 *	
			7	①		
		問5	8	⑥	3 *	
			9	②		
		問6	10	⑥	3	
第2問 （16）	A	問1	11	⑤	3	
		問2	12	⑦	3	
		問3	13	⑥	3	
	B	問4	14	⑧	4	
		問5	15	④	3	

問題番号 （配点）	設　問		解答番号	正　解	配　点	チェック
第3問 （16）	A	問1	16	①	3 *	
			17	②		
			18	⑥		
		問2	19	①	3	
		問3	20	②	3	
	B	問4	21 - 22	⑥ - ⑦	4 （各2）	
		問5	23	③	3	

（注）　1　＊は，全部正解の場合のみ点を与える。
　　　　2　−（ハイフン）でつながれた正解は，
　　　　　順序を問わない。

自己採点欄
50 点

（平均点：32.10 点）

第1問 — 生物の特徴と遺伝子のはたらき

A 標準 《生物の特徴》

問1 　1　正解は⑤

細胞小器官に関する知識問題である。

①正文。核で酢酸カーミンなどの染色液に染まる部分を染色体という。染色体は DNA とタンパク質でできている。

②正文。呼吸は主にミトコンドリアで行われ，糖（有機物）と酸素と水から，水と二酸化炭素が生成する。この過程で得たエネルギーを用いて ATP を合成する反応である。

③正文。ミトコンドリアは，進化の過程で好気性の細菌が取り込まれ，これが細胞内に共生するようになったものである。

④正文。光合成でも呼吸でも ATP は合成される。呼吸で合成された ATP は生命活動のエネルギー源として使われ，光合成で合成された ATP は糖（有機物）合成のエネルギー源としても使われる。

⑤誤文。葉緑体に含まれる主な色素はクロロフィルである。アントシアン（アントシアニン）は，液胞中に含まれる色素である。

問2 　2　正解は②

ミクロメーターに関する計算問題である。

下線部(b)に「接眼ミクロメーターの 20 目盛りが対物ミクロメーターの $50\mu m$ に相当している」とあり，「ミトコンドリアは接眼ミクロメーターの 2 目盛り」とあるので，次の式で計算できる。

$$[接眼ミクロメーターの 20 目盛り]:[50\mu m]$$
$$=[接眼ミクロメーターの 2 目盛り]:[X(\mu m)]$$

$$X = \frac{50 \times 2}{20} = 5 (\mu m)$$

問3 　3　 正解は①

細胞の構成成分に関する知識問題である。

　水の次に多いのはタンパク質（①）である。

　生物に必要な化学反応や情報伝達などは，すべてタンパク質が中心となって担っている。

　炭水化物（グルコースなど）は主にエネルギー源である。

　核酸（DNA と RNA）はタンパク質の合成などにかかわっているので，重要ではあるが，量としては少ない。

　無機塩類（食塩など）も生命活動を支えてはいるがタンパク質ほど多くはない。

ヒト（真核細胞）の構成成分
核酸・炭水化物など（2％）

水（65％）
タンパク質（15％）
脂質（12％）
無機物（6％）

B 　標準 　《遺伝子のはたらき》

問4 　4　 正解は⑥ 　5　 正解は③ 　6　 正解は② 　7　 正解は①

セントラルドグマに関する知識問題である。

ア．「DNA→RNA→タンパク質」の流れをセントラルドグマ（⑥）という。

イ．セントラルドグマの「DNA→RNA」の部分を転写（③）という。

ウ．セントラルドグマの「RNA→タンパク質」の部分を翻訳（②）という。

エ．「DNA を鋳型に DNA を合成する」つまり DNA をコピーすることを複製（①）という。

　④遺伝は，親から子に特徴が伝わること。⑤代謝は生物の中で行われる化学反応全般のこと。⑦デオキシリボースは DNA を構成している糖の名称。⑧ゲノムプロジェクトは，生物のゲノムを丸ごと読み取る計画のこと。⑨バクテリオファージはバクテリアに感染するウイルスの仲間のこと。

問5 　8　 正解は⑥ 　9　 正解は②

塩基の相補性に関する知識問題である。

　RNA は，DNA の T のかわりに U をもっており，A，U，G，C の4種類の塩基からできている。相補的な塩基は以下のようになる。

　　　DNA　　RNA
　　　A　→　U
　　　T　→　A
　　　G　→　C
　　　C　→　G

問6　□**10**□　正解は⑥

遺伝子の本体に関する知識問題である。

オ. 病気の症状を引き起こすのは**S型菌**である。

カ. **形質転換**は，遺伝子を導入して特徴を変化させることをいう。分化は，細胞が特定の形やはたらきをもつようになることをいう。

キ・ク. 遺伝子が導入されれば形質転換が起こり，S型菌が出現する。**タンパク質**（キ）を分解してもタンパク質は遺伝子ではないので，形質転換が起こって，S型菌が出現するが，**DNA**（ク）が分解されると，DNAは遺伝子なので形質転換が起こらず，S型菌は出現しない。

第2問 ── 生物の体内環境の維持

A　 《塩類濃度の調節》

問1　□**11**□　正解は⑤

魚類の塩類濃度の調節に関する知識問題である。

CHECK 硬骨魚類の塩類濃度（浸透圧）調節のしくみ

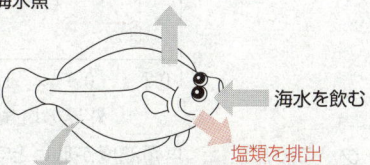

淡水魚　　　　　　　　　　　　　　　　海水魚

塩類を吸収　　　　　　　　海水を飲む　　塩類を排出

塩類濃度の低い尿を多量に排出　　　体液とほぼ同じ塩類濃度の尿を少量排出

　コイ（淡水魚）は，水を積極的には飲まないが，鰓（エラ）などから水が入り込んでくる。その分，塩類濃度の低い尿を多量に排出している。このため体内の塩類が抜け出てしまうので，鰓の塩類細胞で周囲の淡水から積極的に塩類を体内に取り込んでいる。

　カレイ（海水魚）は，鰓などから水分が出て行ってしまう。これを補うために大量の海水を飲むが，尿の塩類濃度は体液と同じ程度にしかならない。このため体内の塩類濃度が上昇してしまうので，鰓の塩類細胞で体内の塩類を積極的に排出している。

問2 [12] 正解は⑦

代謝に関する知識と，魚類の塩類濃度の調節に関する考察と，ホルモンに関する知識の組合せ問題である。

エ．ミトコンドリアで呼吸によって合成されるのは ATP である。

オ・カ．淡水魚は体内の塩類濃度が低下する傾向にあるのだから，低下しないように塩類細胞によって，**外界**（オ）から，**体内**（カ）へ塩類の輸送を行う。

キ．ヒトにおける成長ホルモンの内分泌腺は，**脳下垂体**（の前葉）である。

問3 [13] 正解は⑥

魚類の塩類濃度の調節に関するグラフの読み取り問題である。

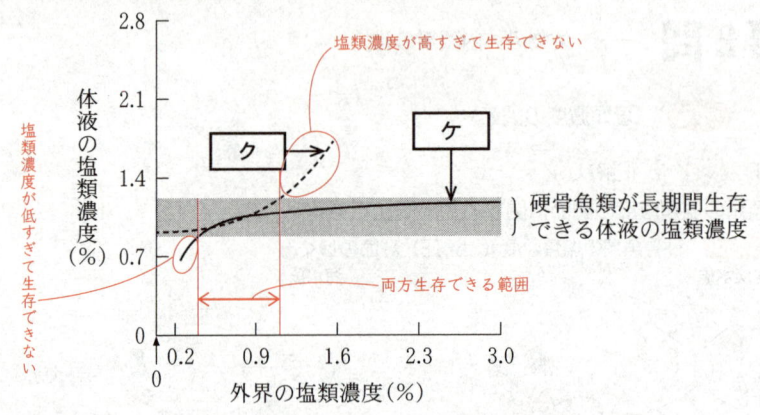

ク．この魚類は，塩類濃度が低いところでは生存できるが，塩類濃度が高すぎると生存できなくなることがわかる。つまり，淡水魚である**コイ**である。

ケ．この魚類は，塩類濃度が高いところでは生存できるが，塩類濃度が低すぎると生存できなくなることがわかる。つまり，海水魚である**カレイ**である。

沼の塩類濃度…グラフから，両方とも生存できる範囲がわかる。選択肢のうち，この範囲に入っているのは**0.9%**のみである。

B 標準 《免疫》

問4 [14] 正解は⑧

細胞性免疫に関する知識問題である。

コ．抗原を取り込んで分解し，その情報をT細胞に提示するのは，**樹状細胞**である。マクロファージも食作用を行うが，抗原提示の中心は樹状細胞である。

サ．他の免疫細胞を活性化させるのは**ヘルパーT細胞**，感染細胞を直接排除する細

胞である免疫細胞Rはキラー T 細胞である。

シ．記憶細胞として残るのは，ヘルパー T 細胞とキラー T 細胞の両方（QとR）である。

問5　15　正解は④

体液性免疫に関する実験考察問題である。

①不適。問題の図3の棒グラフのうち，1段目を見る。「B細胞を除く前のリンパ球のみ」にはB細胞が含まれており，抗原はないことを示している。B細胞があるにもかかわらず抗原がなければ，ほとんど抗体産生細胞は分化していない。

②・⑤不適。④適当。3段目と5段目を比較する。この2つのデータの違いは，「B細胞を除いたリンパ球」の有無である。「B細胞を除いたリンパ球」がある場合（5段目）は，ない場合（3段目）よりも抗体産生細胞の数がとても多い。つまりB細胞の抗体産生細胞への分化を，B細胞以外のリンパ球が助けていることが示されている。

③不適。4段目を見る。B細胞を除いたリンパ球に抗原を加えても，ほとんど抗体産生細胞は分化していない。このことから，B細胞を除いたリンパ球には抗体産生細胞に分化する細胞があるとはいえない。

第3問 ── 生物の多様性と生態系

A　標準　《生態系》

問1　16　正解は①　17　正解は②　18　正解は⑥

バイオームに関する知識問題である。

ア．ステップは温帯性の草原である。選択肢の中で「草本」なのはイネのなかま（①）とサボテン類だけ。サボテン類は砂漠の代表的な植物である。

イ．硬葉樹林の代表的な植物として覚えておくべきなのは，オリーブ（②），コルクガシ，ゲッケイジュ（月桂樹）である。

ウ．雨緑樹林の代表的な植物として覚えておくべきなのは，チーク（⑥）である。

他の選択肢のバイオームについては以下のようになる。

③サボテン類…砂漠　　④タブノキ…照葉樹林　　⑤地衣類…ツンドラ

⑦トドマツ…針葉樹林　⑧ヒルギ類…亜熱帯多雨林　⑨ブナ…夏緑樹林

問2 　19　 正解は①

物質循環に関する知識問題である。

エ. 窒素の循環の場合，大気中に窒素を供給するのは脱窒素細菌だけである。この図のようにすべての生物が大気中に供給しているのは二酸化炭素である。そのため，この図は炭素の循環を示していることがわかる。

オ. 大気中の二酸化炭素を吸収するのは主に光合成をする生産者である。

カ. 一次消費者を捕食するのは二次消費者である。

キ. 二酸化炭素を大気中に放出するのは呼吸である。脱窒は，分解者ではなく，脱窒素細菌による窒素の放出のことである。

ク. 炭素は，生産者→一次消費者→二次消費者の方向に移動する。

問3 　20　 正解は②

エネルギーの流れに関する知識問題である。

①・③不適。②適当。生態系においては，熱エネルギーは生態系外へ放出されるのみであり，化学エネルギーや光エネルギーに変換されることはない。

④不適。活動しているすべての生物は熱エネルギーを放出している。

B 　標準　 《生態系の保全》

問4 　21　　22　 正解は⑥・⑦

温室効果ガスに関する知識問題である。

温室効果ガスとして覚えておくべきなのは，二酸化炭素の他に，フロン（⑥）とメタン（⑦）である。

問5 　23　 正解は③

物質循環に関するグラフ読み取り問題である。

サ. グラフから読み取ると，1960〜1970 年の 10 年間で約 10 ppm 増加しているのに対して，2000〜2010 年の 10 年間では約 20 ppm 増加しているので，増加速度は大きい。

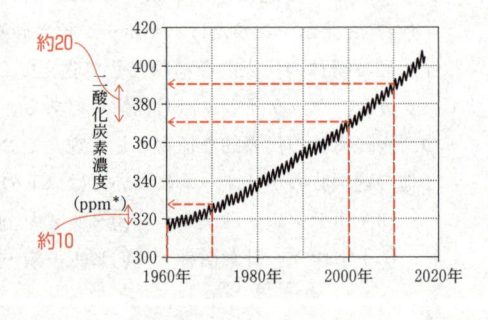

シ．グラフを見ると，■で示されている与
那国島のほうが，○で示されている綾里
よりも，二酸化炭素濃度が上昇している
ときは低く，低下しているときは高い値
を示しており，変動の幅が小さい。

ス．ここで挙げられている亜熱帯と冷温帯
では冷温帯のほうが季節変動は大きい。
冷温帯では冬季に落葉するので光合成を
行う期間は亜熱帯に比べて短い。

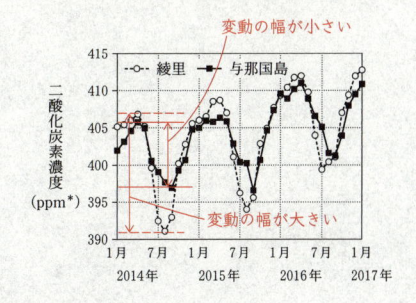

生 物　本試験

問題番号（配点）	設　問		解答番号	正　解	配　点	チェック
第1問 (18)	A	問1	1 - 2	④-⑥	6（各3）	
		問2	3	③	3	
		問3	4	③	3	
	B	問4	5	③	3	
		問5	6	⑤	3	
第2問 (18)	A	問1	1	③	4	
		問2	2	②	4	
		問3	3	③	4	
	B	問4	4	④	4	
		問5	5	②	3	
第3問 (18)	A	問1	1	⑦	4	
		問2	2	④	3	
		問3	3	②	3	
	B	問4	4	①	4	
			5	③	4	
第4問 (18)	A	問1	1	①	2	
		問2	2 - 3	②-⑦	8（各4）	
	B	問3	4 - 5	①-③	8（各4）	

問題番号（配点）	設　問		解答番号	正　解	配　点	チェック
第5問 (18)	A	問1	1	④	3	
		問2	2	②	2	
		問3	3	②	2	
			4	⑨	2	
		問4	5	③	3	
	B	問5	6 - 7	①-⑤	4（各2）	
		問6	8	④	2	
第6問 (10)		問1	1	④	3	
		問2	2	①	3	
		問3	3	①	4	
第7問 (10)		問1	1	③	3	
		問2	2	②	3	
		問3	3	④	3	

（注）　1　-（ハイフン）でつながれた正解は，順序を問わない。

　　　　2　第1問～第5問は必答。第6問，第7問のうちから1問選択。計6問を解答。

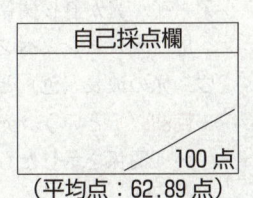

自己採点欄

／100 点

（平均点：62.89 点）

第1問 ── 生命現象と物質

A 標準 《光合成》

問1 　1　　2　　正解は④・⑥

光合成に関する探究問題である。

①適当。光合成に必要な二酸化炭素は空気から供給されるので，空気を取り除けば二酸化炭素は供給されなくなる。また，空気を抜いて圧力が下がると，液体中に溶けていた二酸化炭素も液体から出て行ってしまう。二酸化炭素が供給されない状態で酸素が発生したのだから，発生した酸素は二酸化炭素に由来しないことがわかる。

②適当。シュウ酸鉄（Ⅲ）は酸素の発生とともに還元されている。シュウ酸鉄（Ⅲ）は還元されやすい物質だと考えられる。このシュウ酸鉄（Ⅲ）を加えなければ酸素が発生しないのだから，酸素の発生には還元されやすい物質が必要だと考えられる。

③適当。通常の酸素原子は ^{16}O であり，^{18}O は同位体で，酸素原子に目印（標識）をつけるために利用されている。H_2O の O に目印をつけると，発生する O_2 は目印のついたものとなるから，O_2 は H_2O の O に由来するとわかる。一方で，CO_2 の O に目印をつけても発生する O_2 には目印がついていないから，O_2 は CO_2 に由来しないことがわかる。

④不適。この実験からは，CO_2 が何に変化するのかを判断することはできない。

⑤適当。通常の炭素原子は ^{12}C であり，^{14}C は同位体で，炭素原子に目印（標識）をつけるために利用されている。この目印がついている物質を探していくことで，取り込まれた CO_2 の C がどの物質に変化していくのかを追跡することができるので，二酸化炭素が固定される反応経路の一部がわかる。

⑥不適。この実験は，温度を一定に保ったまま行われているので，温度変化に影響を受けるかどうかはこの実験からはわからない。

問2 　3　　正解は③

光合成に関する知識問題である。

ア・イ．光が直接関係する反応（光化学系など）はチラコイド，直接関係しない反応（カルビン・ベンソン回路）はストロマで行われる。

ウ．光の波長（色）と植物の光合成速度の関係を示したものを作用スペクトル（作用曲線）という。光の波長（色）と植物が各波長の光をどれくらい吸収するかという関係を示したものが吸収スペクトル（吸収曲線）である。

B やや易 《生体膜》

問3 4 正解は③

細胞小器官に関する知識問題である。

　基本的には，生体膜は一重膜である。細胞膜や液胞，リソソーム，小胞体，ゴルジ体などの細胞小器官の膜は一重膜である。

　二重膜をもつのは，葉緑体，ミトコンドリア，核の3つだけである。二重膜はその起源が特別で，葉緑体とミトコンドリアは，それぞれシアノバクテリアと好気性細菌を細胞膜で包んだからであり，核は細胞膜が落ち込んで形成されたからであると考えられている。

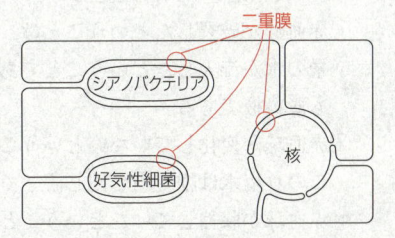

問4 5 正解は③

物質の輸送に関する知識問題である。

CHECK 　生体膜は，脂質二重層とよばれる構造をしており，疎水性（水となじまない）の層で膜の内外を区切っている。そのため，疎水性の物質（脂溶性の物質）は比較的自由に生体膜を通過できるが，親水性の物質は通過することができない。

　親水性の物質は膜にあるタンパク質を通じて輸送される。この輸送を担うタンパク質には3つのタイプがある。トンネルのような構造で物質を通過させるのが**チャネル**，形を変形させながら物質を輸送するのが**担体**である。チャネルと担体は濃度差に従って物質を移動させる，受動輸送を行う。また，担体と同様にタンパク質の構造変化を伴いながら，ATP のエネルギーを用いて濃度差に逆らった能動輸送を行うのが**ポンプ**である。

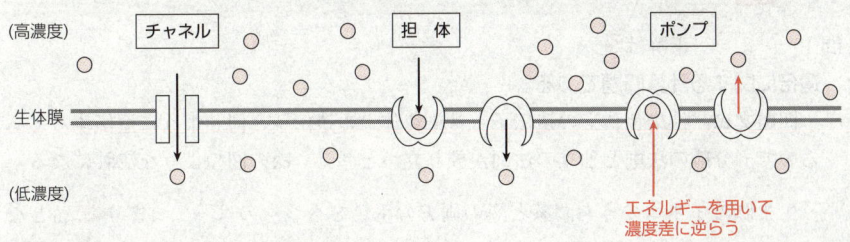

①**不適**。チャネルは受動輸送を行う。

②**不適**。ナトリウムポンプは ATP のエネルギーを使って，ナトリウムイオンを細胞外へ放出し，カリウムイオンを細胞内へ取り込む。カルシウムイオンではない。

③**適当**。ナトリウムイオンを通過させるチャネルをナトリウムチャネルという。

④**不適**。ナトリウムポンプは，ATP のエネルギーを利用している。

⑤**不適**。アクアポリンは水チャネルともよばれ，チャネルの一種である。

問5 　6　 正解は⑤

浸透に関する考察問題である。

CHECK 浸透

　半透膜で仕切られた2つの溶液に，半透膜を通らない物質の濃度差がある場合，薄いほうから濃いほうへ，濃度差を減少させるように水が移動する。濃度の差が大きければ大きな圧力で移動するが，濃度差がない場合は移動しない。

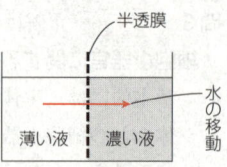

ⓔ赤血球が破裂したということは，細胞外から細胞内に多量の水が流入したということである。つまり，この食塩水は細胞内に比べてとても薄い液である。

ⓕ赤血球が変化していないということは，濃度差がないということである。つまり，この食塩水は細胞内と同じ濃さである。

ⓖ赤血球が収縮していたということは，細胞内から細胞外へと水が移動したということである。つまり，この食塩水は細胞内よりも濃い液であることがわかる。

ⓗ赤血球が膨張したということは，細胞外から細胞内に破裂しない程度の水が流入したということである。つまり，この食塩水は細胞内に比べて薄い液であるが，食塩水ⓔほど薄くないことがわかる。

以上より，食塩濃度を濃い順に並べると，ⓖ＞ⓕ＞ⓗ＞ⓔとなる。

第2問 —— 生殖と発生

A やや難 《性と遺伝》

問1 　1　 正解は③

遺伝に関する計算問題である。

　問題文に，性染色体上の遺伝子も常染色体上の遺伝子と同じように遺伝するとあるので，分離の法則と独立の法則が成り立つと考え，次の図のような流れになる。

　生まれる子ネコのうち，茶と黒の両方の毛色をもつものは $\frac{1}{4}$，つまり **25%** となる。

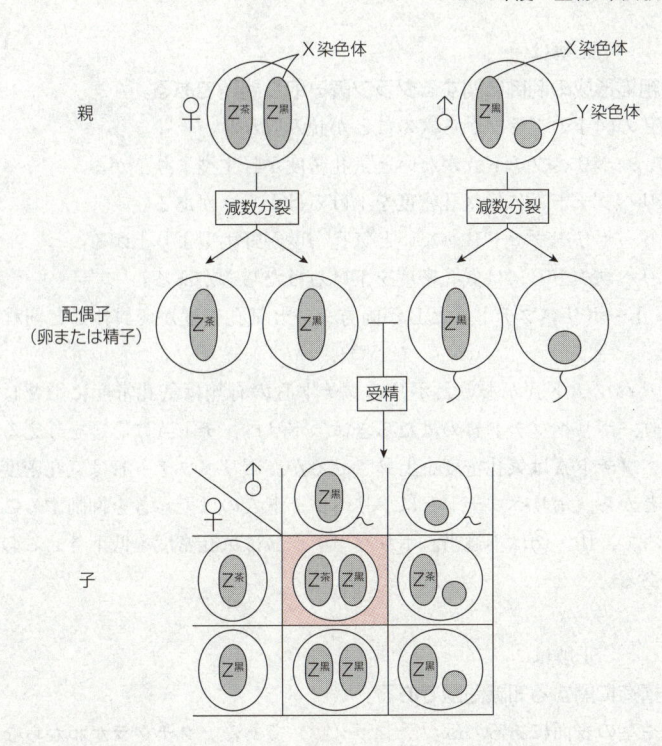

問2　　2　　正解は②

発生に関する考察問題である。

　作られたクローンネコは，もとの三毛ネコとまったく同じ遺伝情報をもつので，黒と茶の両方の遺伝子をもち，図1に示されたのと同じ過程を経て発生することが予想される。その際，黒と茶の遺伝子のどちらが不活性化するかはランダムであることが示されていることから，まったく同じ遺伝子型であっても，発生のたびにどの部分が黒で，どの部分が茶になるのかは変化することになる。つまり，三毛ネコにはなるが，もとのネコとは異なるまだらとなる。

B　やや易　《遺伝子と植物の発生》

問3　　3　　正解は③

植物の組織形成の制御に関するグラフ読み取り問題である。

　図2のグラフから，ポリペプチドAがつくられているのは葉肉細胞であることがわかる。また，図3のグラフから，ポリペプチドAは気孔密度を上昇させることがわかる。

問4 ‖4‖ 正解は④

植物の組織形成の制御に関するグラフ読み取り問題である。

実験2の図4のグラフから次のことが読み取れる。

変異体a…ポリペプチドAがないと気孔密度が野生型より下がる。

→ポリペプチドAには気孔密度を上げるはたらきがある。

変異体b…ポリペプチドBがないと気孔密度が野生型より上がる。

→ポリペプチドBには気孔密度を下げるはたらきがある。

変異体ab…ポリペプチドAとBが両方ないと気孔密度が変異体aと同程度に下がる。

→ポリペプチドAがないとポリペプチドBの有無は気孔密度に影響しない。つまり，ポリペプチドBのはたらきは，ポリペプチドAに影響を与える。

ポリペプチドAは気孔密度を上昇させるが，ポリペプチドBは気孔密度を低下させることから，ポリペプチドBはポリペプチドAのはたらきを抑制することがわかる。よって，①・②は不適当。ポリペプチドBは気孔密度を低下させるので，④が適当である。

問5 ‖5‖ 正解は②

植物の構造に関する知識問題である。

ア．葉や茎の表面にあるのは**クチクラ（層）**である。クチクラがわからなくても，形成層が分裂組織で茎の内側にあることを知っていれば正答できる。

イ．根冠が保護しているのは根の**分裂組織**（根端分裂組織）である。根端は分裂組織なので，根冠以外に維管束や根毛といった分化した細胞はない。

第3問 ── 生物の環境応答

A  《視覚》

問1 ‖1‖ 正解は⑦

視覚に関するグラフ読み取り問題である。

ア．**暗順応**は，暗いことに慣れてよく見えるようになることである。**明順応**は，その逆にまぶしいのが収まってよく見えるようになることである。

イ・ウ．暗いところではたらくのは**桿体細胞**である。図1のグラフから，青色に見える光の波長のほうが，赤色に見える光の波長よりも桿体細胞に吸収されることが示されており，桿体細胞の感度が上がることで，暗くなると青色が赤色よりもはっきり見えることが説明できる。青と赤の錐体細胞については，暗くなったと

きにどのように感度が上昇するかが示されておらず，錐体細胞の感度の変化では
この現象は説明できない。

問2　2　正解は④

視覚に関する知識問題である。

①**不適。**通常，まぶたは瞳孔よりは開いており，より大きく開いても眼球に入る光
の量は多くならない。

②**不適。**街灯の光が眼に入ってしまうと，瞳孔が狭くなり，視細胞の感度が下がる
ので，星は見えにくくなってしまう。

③**不適。**視線の中心（黄斑の中心）に星の像が結ばれると，そこには桿体細胞がほ
とんどないので，暗い星は見えにくくなってしまう。

④**適当。**問題文にもあるように，桿体細胞は黄斑（視線の中心になるところ）の周
辺部分に多い。したがって，星が黄斑の周辺部分に像を結ぶように見れば，暗い
星でも見えやすくなる。つまり，視線の中心から少しずらして見るとよい。

問3　3　正解は②

視覚に関する知識問題である。

図2と図3の関係は下図のようになっている。

光は，角膜や水晶体で屈折し，反転して網膜上に像を結ぶ。盲斑は鼻側の20°付
近にあるので，視野では耳側の20°付近（B）が見えない。

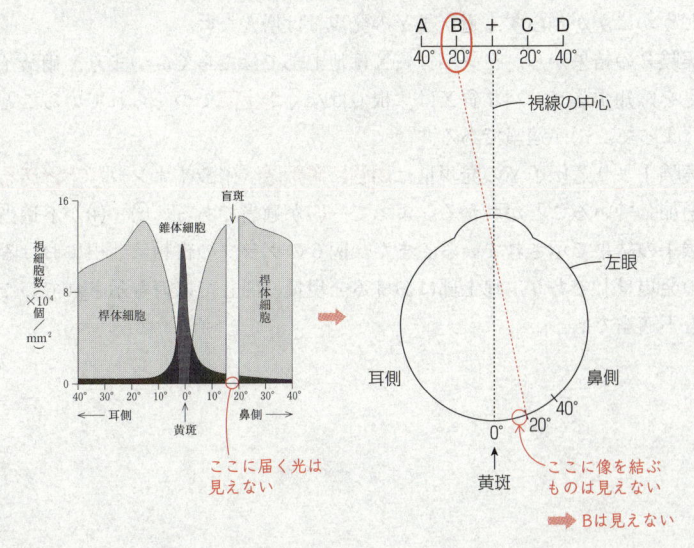

B　標準　《植物の反応》

問4　　4　　正解は①　　5　　正解は③

植物の反応に関する実験考察問題である。

リード文から，タンパク質Xと遺伝子Yの機能をまとめると，次のようになる。

タンパク質X…窒素源不足を感知する。

遺伝子Y…硝酸イオンの取り込みを促進する。

また，**実験1・実験2**からは次のことが読み取れる。

実験1：図5と図6から，硝酸イオンが培地の左右両方にある場合は，遺伝子Yの
発現量は増加しないことがわかる。つまり，窒素源が不足しなければ遺伝子Yの
発現量は増えない。

また，図4と図6から，硝酸イオンが培地の片方にしかない場合は，硝酸イオ
ンのあるほうの根では遺伝子Yの発現量が増加しているが，硝酸イオンがないほ
うの根では遺伝子Yの発現量に変化がないことがわかる。つまり，培地の一方
（右側）で窒素源が不足している場合，硝酸イオンがあるほう（左側）の根で遺
伝子Yの発現量が増加することが読み取れる。

実験2：図8から，地上部が野生型の場合（地上部にタンパク質Xがある場合）は，
硝酸イオンのあるほうの根で遺伝子Yの発現量が増加している。これは，根が野
生型でも，根が変異体xでも，同じ結果である。一方，地上部でタンパク質Xが
はたらかない場合（地上部が変異体xの場合）は，根でタンパク質Xがはたらく
かどうかにかかわらず，遺伝子Yの発現量は増えない。

エ. 実験2の結果から，タンパク質Xは地上部ではたらく。つまり，硝酸イオンの
不足を感知するタンパク質Xは，根ではなく地上部でつくられていることがわか
る。よって，①が適当である。

オ. 実験1より遺伝子Yの発現量は周囲に窒素源（硝酸イオン）が十分ある根での
み増加していることがわかる。よって，③が適当である。②・④が不適当なのは，
実験1の結果で示されている。また，図6のグラフの縦軸は「根における遺伝子
Yの発現量」であり，地上部における発現量に関しては何も示されていないので，
①も不適当である。

第4問 ── 生態と環境

A　　《個体群》

問1　1　正解は①

齢構成に関するグラフ読み取り問題である。

　齢構成

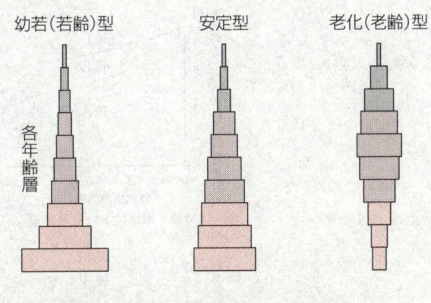

個体群の齢構成のピラミッド（年齢ピラミッド）は，次の3つの型に分類される。

幼若（若齢）型：若い年齢層が多く，これから個体数が増えることが推定される。

安定型：出生率と死亡率のバランスが取れており，個体数が変わらないことが推定される。

老化（老齢）型：若い年齢層が少なく，これから個体数が減ることが推定される。

　グラフから1988年から1990年に個体数が大きく増加していることが読み取れる。つまり，1988年の時点で齢構成は**幼若（若齢）型**であったことが推定される。リード文に，1988年と1990年の齢構成の型が同じであることが示されているので，1990年の後も個体数が大きく**増加していく**ことが予測される。

問2　2　3　正解は②・⑦

群れに関するグラフ読み取り問題である。

　オオカミのいない地域，オオカミの少ない地域，オオカミの多い地域の3つを比べてみると，季節Xを比べても，季節Yを比べても，オオカミが多くなるほど群れが大きくなっている。これは，群れが大きくなるほど，オオカミに捕食されにくくなることを示している。

　それぞれの地域で，季節X（餌を見つけやすい）と季節Y（餌を見つけにくい）を比べてみると，どの地域であっても季節Yのほうが群れは大きい。これは，オオカミの数にかかわらず，群れが大きいほうが餌を見つけやすくなることを示している。

B 標準 《種間競争》

問3 [4] [5] 正解は①・③

種間競争に関するグラフ読み取り問題である。

④塩分濃度の増加によって現存量が増加した種はない

①塩分濃度が最も高いとき種Aは耐塩性が最も低い

③種Cは塩分濃度０％のとき，種間競争がなければ現存量が一番大きいが，種間競争下では最も小さい

②種Bは塩分濃度0.7％のとき耐塩性が最も高い。競争力は最も高い

⑤塩分濃度０％のときの現存量を，種間競争がないときとあるときで比べると，差はC＞B＞Aである

⑥種Bでは，現存量が最大になる塩分濃度と優占度が最大になる塩分濃度は違う

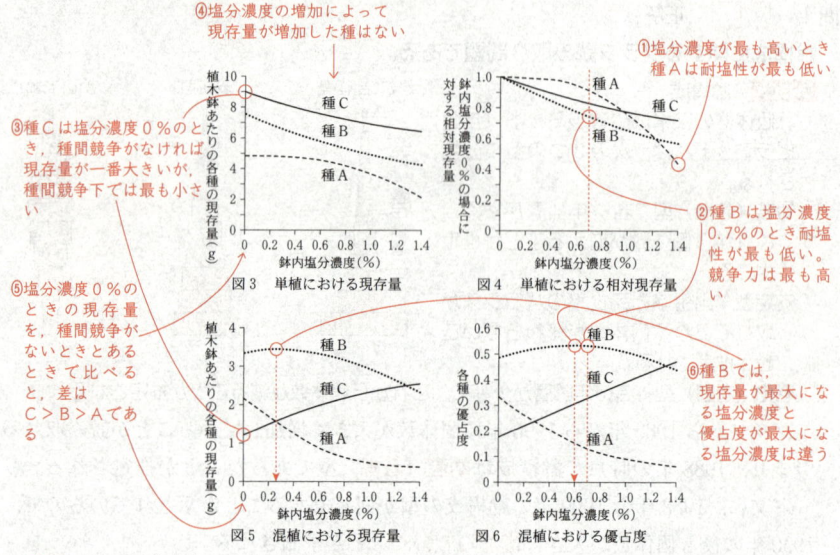

図3 単植における現存量
図4 単植における相対現存量
図5 混植における現存量
図6 混植における優占度

① 適当。耐塩性を示しているのは図４のグラフである。最も塩分濃度の高い1.4％のところを見たとき，種Aの耐塩性が最も低い。

② 不適。耐塩性を示しているのは図４のグラフである。塩分濃度が0.7％のとき，種Bは耐塩性が最も低い。また，競争力を示しているのは図６のグラフで，種Bは塩分濃度が0.7％のときに最も競争力が高い。

③ 適当。種間競争がないときの現存量を示しているのは図３のグラフであり，塩分濃度が０％のとき，種Cは最も現存量が大きい。また，種間競争下の現存量を示しているのは図５のグラフであり，塩分濃度が０％のとき，種Cは最も現存量が少ない。

④ 不適。種間競争がないときの現存量を示しているのは図３のグラフである。どの種も塩分濃度の上昇とともに現存量が減少しており，増加した種はない。

⑤ 不適。種間競争がないときの現存量を示しているのは図３のグラフで，種間競争下の現存量を示しているのは図５のグラフである。塩分濃度が０％のときの現存量をそれぞれ読み取って，差を計算する。A：4.9－2.2＝2.7，B：7.6－3.3＝4.3，C：9.0－1.2＝7.8となり，C＞B＞Aが正しい。

⑥ 不適。種間競争下の現存量を示しているのは図５のグラフで，優占度を示してい

るのは図6のグラフである。現存量が最大になる塩分濃度と優占度が最大になる塩分濃度は，種Aは0％で一致，種Cは1.4％で一致しているが，種Bは現存量は0.3％付近で最大となり，優占度は0.6％付近で最大となるので一致しない。

第5問 ── 生物の進化と系統

A 標準 《生物の系統》

問1 [1] 正解は④

系統分類に関する知識問題である。

　　系統分類の階層は高いほうから順に界，門，綱，目，科，属，種である。

問2 [2] 正解は②

ドメインに関する知識問題である。

CHECK ドメイン

　　3ドメインの進化については，まず，細菌と［古細菌＋真核生物］のグループが分かれ，その後で，古細菌と真核生物が分かれた。

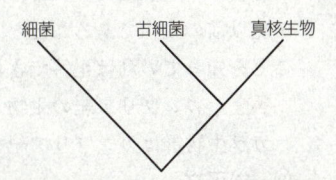

　　真核生物の細胞小器官である葉緑体とミトコンドリアは，それぞれシアノバクテリアと好気性細菌（どちらも細菌ドメインに属する）が真核生物の細胞に取り込まれてできたものである。これより，ドメインBとCのいずれかが細菌で，もう一方が真核生物であることがわかり，ドメインAは古細菌であることが確定する。古細菌と細菌では，古細菌のほうが系統的に真核生物に近い。よって，ドメインBが真核生物で，ドメインCが細菌であることがわかる。

問3 [3] 正解は② [4] 正解は⑨

ドメインに関する知識問題である。

CHECK 各ドメインの生物

　　これだけは代表的な生物として覚えておこう。

　　古細菌…超好熱菌，高度好塩菌，メタン菌

　　細菌…大腸菌，乳酸菌，シアノバクテリア

　　真核生物…酵母菌，アメーバ，ゾウリムシ

エ．古細菌のドメインなので，②メタン生成菌（メタン菌）が当てはまる。

オ．真核生物のドメインである。また，2つの点線のうち，古いほうがミトコンドリアの起源（真核生物全体がもっている細胞小器官）であり，新しいほうが葉緑体の起源であると考えられる。したがって，選択肢の中から葉緑体をもっている

真核生物を選べばよく，⑨ゼニゴケが当てはまる。

B やや易 《生物の変遷》

問4　5　正解は③

生物の変遷に関する知識問題である。

カ．約5.4億年前に始まるのはカンブリア紀。オルドビス紀はその次である。

キ．ヒトが属するのは脊椎動物。棘皮動物はウニやヒトデの仲間である。

ク．陸上に進出したのは節足動物（クモや昆虫など）。刺胞動物はクラゲやイソギンチャクの仲間で，陸上にはいない。

問5　6　7　正解は①・⑤

生物の変遷に関する知識問題である。

それぞれの詳細についてはよくわからなくても，エディアカラ生物群がカンブリア紀以前の生物であることと，裸子植物には子房がない（胚珠がむきだしである）ことを知っていれば正答できる。

①誤文。カンブリア紀の生物として有名なのはバージェス動物群である。エディアカラ生物群はカンブリア紀より前の生物として知られている。

②〜④正文。

⑤誤文。被子植物は胚珠を子房で被った植物である。裸子植物はこの子房をもたない植物のことである。

⑥・⑦正文。

問6　8　正解は④

生物の変遷に関する知識問題である。

陸上植物に最も近いのはシャジクモ（藻）類である。これは覚えておこう。

知らなかった場合は，次のように考えればよい。まず，③は細菌なので，真核生物ではないから近縁とは考えにくい。また，陸上植物は緑色であるのに対し，②は赤色，⑤・⑥は褐色であり，似ていないことがわかる。①のミドリムシは単細胞生物であるから，緑色で多細胞生物である④のシャジクモが最もそれらしいことがわかる。

第6問 やや難 —— 遺伝子の複製と発現

問1　1　正解は④

遺伝子の複製に関する考察問題である。

ア．DNA の複製は半保存的複製とよばれ，複製されてできた 2 本鎖のうち，1 本は鋳型の鎖であり，もう 1 本は新たにつくられたものとなる。すべて標識されたヌクレオチドからなる DNA を，標識されていないヌクレオチドを用いて 1 回だけ複製させると，すべての DNA は，2 本鎖のうち，1 本は標識されたもの，もう

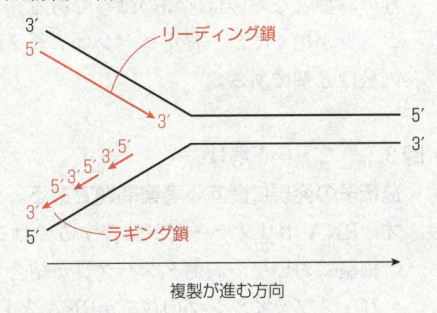

1 本は新たにつくられた標識されていないものになるはずである。つまり，すべての DNA は標識されたヌクレオチドを含んでいることになる。よって，標識されたヌクレオチドを含む DNA をもつ大腸菌の割合は 100 ％である。

イ．新たにできる DNA 鎖は 5′ 末端から 3′ 末端の方向にしか伸びることができない（赤矢印）。複製が右図のように進む場合，上側の連続的に複製が進むほうがリーディング鎖，下側の断片的に複製していくほうがラギング鎖である。岡崎フラグメントは，このラギング鎖において，複製途中でできる断片的な DNA 鎖のことである。

問 2　　2　　正解は①

遺伝子の発現に関する考察問題である。

まず，ⓐ鎖，ⓑ鎖のそれぞれについて，mRNA をつくって考えてみる。ただし，問題文中にもあるとおり，RNA が合成される方向（転写の進む方向）は必ず 5′→3′ の方向であることに注意しよう。コドンを読み取る方向（翻訳が進む方向）も 5′→3′ の方向である。

終止コドン　　　　　　　　　　　　　　開始コドン

ⓐ鎖　5′-TTACTAG CTAAGTTGAATAGCTACT CATAT-3′

3′-AAUGAUC GAU UCA ACU UAU CGA UGA GUA UA-5′ mRNA

6　5　4　3　2　1

（アミノ酸の数）

5′から3′の
方向に読む

ⓑ鎖　3′-AATGATCGATTCAACTTATCGATGAGTATA-5′

mRNA　5′-UUACUAGCUAAGUUGAAUAGCUACUCAUAU-3′

（こちら側には開始コドンのAUGが出てこない）

5′から3′の
方向に読む

ⓐ鎖を鋳型にしてつくられる mRNA では，図中に示す位置に開始コドンの AUG が出てくるが，ⓑ鎖を鋳型にしてつくられる mRNA には出てこない。よって，転写の鋳型となるのはⓐ鎖のほうである。また，開始コドンから数えて 7 番目に終止コドンが出てくる。終止コドンはアミノ酸を指定しないので，翻訳されるアミノ酸の数は 6 個である。

問3　　3　　正解は①

遺伝子の発現に関する考察問題である。

オ． RNA ポリメラーゼが結合するのはプロモーターである。オペレーターは原核細胞において，調節タンパク質が結合する領域である。エキソンは真核細胞の転写・スプライシングの後，mRNA として残る領域である。

カ． 親の遺伝子を子に伝えるのは生殖細胞である。生殖細胞以外の体細胞の遺伝子は子に伝わらない。

第7問　標準 ── 種間関係

問1　　1　　正解は③

種間関係に関する考察問題である。

ア． それぞれの生物が食べるものを整理してみよう。

ハエ幼虫：虫こぶ内部の組織（植物）を食べる→一次消費者

ハチ幼虫：ハエ幼虫（一次消費者）を捕食→二次消費者

虫こぶ内部の組織（植物）を食べる→一次消費者

鳥：ハエ幼虫（一次消費者）を捕食→二次消費者

よって，一次消費者であり，二次消費者でもあるのはハチである。

イ・ウ． 表 1 から，直径 2 cm 以上の大きい虫こぶは，鳥がより多く捕食している

ことがわかる。また，直径2cm未満の小さい虫こぶは，ハチがより多く産卵することから，ハチによる捕食が多いとわかる。

問2 ☐2☐ 正解は②

種間関係に関する考察問題である。

エ．鳥は大きい虫こぶを好んで捕食し，ハチは大きい虫こぶには産卵できない。このことから，鳥がいなくなれば，大きい虫こぶをつくるハエは生存する確率が高くなる。したがって，大きい虫こぶが増える。

オ．ハエが大きな虫こぶをつくるように進化すれば，長い産卵管をもつハチが生殖に成功するようになり，ハチの産卵管が長くなる。ハチの産卵管が長くなれば，より大きな虫こぶをつくるハエが生存する確率が高くなる。というように複数の生物が互いに影響を与えながら進化することを共進化という。

問3 ☐3☐ 正解は④

自然選択に関する知識問題である。

①〜③・⑤正文。

④誤文。原因が人間の活動であるかどうかにかかわらず，環境の変化によって生存率や繁殖率に差が出れば自然選択の原因となる。人為選択という用語もあるが，自然選択と対立する言葉ではなく，人為選択は広い意味の自然選択の一種である。

生物基礎 本試験

問題番号（配点）	設問		解答番号	正解	配点	チェック
第1問（19）	A	問1	1	②	3	
		問2	2	③	3	
		問3	3	④	3	
	B	問4	4	⑥	3	
		問5	5	①	3	
		問6	6	④	2	
			7	②	2	
第2問（15）	A	問1	8	③	3	
		問2	9	①	3	
		問3	10	④	3 *	
			11	①		
	B	問4	12	⑧	3	
		問5	13	⑤	3	

問題番号（配点）	設問		解答番号	正解	配点	チェック
第3問（16）	A	問1	14	③	3	
		問2	15	②	3	
	B	問3	16	⑥	4	
		問4	17	⑥	3	
		問5	18	③	3	

（注） ＊は，両方正解の場合のみ点を与える。

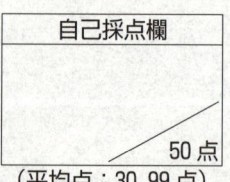

自己採点欄

50 点

（平均点：30.99 点）

第1問 ── 生物の特徴と遺伝子のはたらき

A やや難 《生物の特徴》

問1　 1 　正解は②

真核生物と原核生物，単細胞生物と多細胞生物に関する知識問題である。

　原核生物はすべて単細胞生物であり，多細胞生物は存在しない。真核生物には，一生の間，常に単細胞である単細胞生物と，一生のうち少なくとも一時期で多細胞の体をつくる多細胞生物がいる。

　酵母菌（酵母）が真核生物（子のう菌類）であることは覚えておこう。

ⓐゾウリムシ…真核細胞からなる単細胞生物

ⓑオオカナダモ…真核細胞からなる多細胞生物

ⓒ酵母菌（酵母）…真核細胞からなる単細胞生物

ⓓネンジュモ…原核細胞からなる単細胞生物

問2　 2 　正解は③

代謝に関する知識問題である。

①不適。光合成で合成される有機物の材料となる物質は，水と二酸化炭素である。

②不適。酵素は生体触媒であるが，タンパク質からできている。

③適当。外界から取り入れた物質を利用して，生命活動に必要な物質を合成する反応を同化という。光合成や，アミノ酸をつなげてタンパク質をつくる反応なども同化である。

④不適。呼吸では，放出されるエネルギーで ADP から ATP が合成される。

問3　 3 　正解は④

酵素に関する探究問題である。

CHECK　理科実験の基本

　「1つだけ条件を変えた2つの実験を比較する」というのが基本である。2つの実験の結果が異なれば，1つだけ変えた条件の違いがその原因であることが特定できるからだ。

可能性[1]：「何らかの物質を加えることによる物理的刺激」というのは，「加えた物質の化学的な性質の違いは関係ない」ということである。つまり可能性[1]は「どんな物質を加えても必ず過酸化水素が分解し酸素が発生する」という可能性である。この可能性を否定的に検討するためには，「触媒作用をもたない物質を加えると過酸化水素は分解されず酸素は発生しない」という実験結果を示せばよ

い。選択肢の注釈に酸化マンガン（IV）はこの反応を触媒し，石英砂は触媒しないと書かれていることから，石英砂を加えたときに酸素が発生しなければ，可能性［1］が否定できることがわかる。よって，ⓑの実験を行えばよい。

ニワトリの肝臓片	＋ 過酸化水素水 ⟶	酸素発生する
石英砂	＋ 過酸化水素水 ⟶	酸素発生しない

1つだけ条件を変えた ➡ 加える物質はどんな物質でもよいわけではない。

可能性［2］：「ニワトリの肝臓片自体から酸素が発生する」という可能性を否定的に検討するためには「ニワトリの肝臓片があっても酸素は発生しない」という実験結果を示す必要がある。そのためには，肝臓片を加えて実験を行う必要があるので，ⓓの実験を行う。

B やや難 《遺伝子の本体》

問4 4 正解は⑥

細胞小器官に関する知識問題である。

CHECK 葉緑体とミトコンドリアは，それぞれ，祖先的な真核細胞がシアノバクテリアと好気性細菌を取り込んだものを起源としている。もともとは独立した生物だったものなので独自の DNA をもっている。

ア．植物細胞で細胞膜の外側にあるのは細胞壁である。細胞質基質は細胞膜の内側にある。

イ．DNA をもつ細胞小器官は核である。液胞には DNA は含まれていない。

ウ・エ．細胞小器官のうち，呼吸に関与するのはミトコンドリア，光合成に関与するのは葉緑体である。

問5 5 正解は①

DNA とゲノムに関する知識問題である。

①適当。②・③不適。同じ個体であれば，どの細胞でも同じ塩基配列の DNA をもっている。細胞ごとに異なるということはないと考えてよい。

④不適。RNA は DNA の塩基配列を転写してつくられる。同一個体であればどの細胞でももっている DNA の塩基配列は同じであるが，転写してつくられる RNA は細胞や時期によって異なる。

問6 [6] 正解は④ [7] 正解は②

遺伝子の発現に関する計算問題である。

オ. 2本鎖のDNAではアデニンとチミン，シトシンとグアニンが対をなして結合しているので，アデニンとチミン，シトシンとグアニンは，それぞれ必ず同数存在する。つまり，アデニンの割合が20％であれば，チミンも20％である。残りの60％がシトシンとグアニンであるが，必ず同じ数だけ存在するのだから，シトシンの割合は半分の30％である。

　1つの塩基対とは，2つの塩基が対になったものである。よって，300塩基対には600個の塩基がある。シトシンの数は600個の30％であるから，④ 180 個である。

カ. 300塩基対の2本鎖DNAの片方の鎖がすべて転写されてできたmRNAの塩基配列は300塩基である。3つの塩基の並びで1つのアミノ酸を指定しているので，300塩基がすべてのアミノ酸を指定するなら，② 100 個のアミノ酸が生じることになる。

第2問 ── 生物の体内環境の維持

A やや難 《体液》

問1 [8] 正解は③

血球のはたらきに関する知識問題である。

　出血を止めるはたらきをもつ血球は③血小板である。赤血球は主に酸素の運搬，白血球は主に生体防御にはたらく。血清はすでに血液が凝固した後の液体成分を指す。血清は血しょうとは異なることに注意すること。

問2 [9] 正解は①

血液循環に関する考察問題である。

①適当。肺静脈から戻ってきた血液は左心室から体循環へと向かうが，左心室と右心室を仕切る壁に大きな穴が開いていれば，その穴を通って一部の血液は右心室へと入るはずである。右心室に入った血液は肺へと向かうので，その血液の一部は肺へと送り出される。

②不適。肺動脈を流れる血液は最も酸素が少ない血液である。一方，肺静脈を流れる血液は最も酸素が多い。穴によって酸素を多く含む血液が肺動脈の血液に混ざったとしても，肺静脈を流れる血液よりも酸素が多くなることはない。

③不適。穴の有無にかかわらず，左心室から出た血液は，全身を巡った後，右心房

へと戻る。

④不適。穴の有無にかかわらず，右心室から出た血液は，肺に到達した後，左心房へと戻る。

問3 　10 　正解は④ 　11 　正解は①

酸素解離曲線に関する知識問題である。

　問題文中にあるように，ヘモグロビンが酸素と結合する割合は，血液中の酸素濃度だけでなく，二酸化炭素濃度によっても変化する。二酸化炭素の濃度が高くなるほど，ヘモグロビンが酸素と結合する割合は低くなる（ヘモグロビンと酸素は離れやすくなる）。グラフの縦軸は，酸素ヘモグロビンの割合（ヘモグロビンと酸素が結合している割合）なので，二酸化炭素濃度が高くなると，グラフは下の方へ変化する。

活発に収縮している筋肉：ここでは静止している筋肉に比べて二酸化炭素濃度が高くなるので，グラフは下の方に変化する。③は一部で上の方に変化しているので誤り。よって，④が当てはまる。

肺胞…ここでは静止している筋肉に比べて二酸化炭素濃度が低くなるので，グラフは上の方に変化する。②は一部で下の方に変化しているので誤り。よって，①が当てはまる。

B 　標準 　《免疫》

問4 　12 　正解は⑧

免疫に関する知識問題である。

ア．T細胞もB細胞も，抗原を認識して増殖すると，その一部は記憶細胞となって残る。樹状細胞は，抗原を貪食（食作用）してT細胞に抗原提示する細胞で，記憶細胞にはならない。

イ．抗原を認識すると増殖して，抗体産生細胞（形質細胞）に分化するのはB細胞である。T細胞も同じ抗原を認識して増殖し，ヘルパーT細胞やキラーT細胞になるが，抗体はつくらない。

ウ．アレルギーは抗原に対する免疫反応が過剰になって起こる。免疫反応が低下した場合，免疫不全症を生じる。

問5 　13 　正解は⑤

抗体に関する知識問題である。

①不適。抗体をつくるのはB細胞から分化した細胞だけである。マクロファージは

抗体をつくらない。

②**不適**。ヘルパーT細胞は同じ抗原を認識したB細胞の増殖を促進し，抗体産生細胞への分化を促進する。

③**不適**。抗体が関係する免疫は体液性免疫である。細胞性免疫には抗体は関係しない。

④**不適**。自分とは異なるもの（非自己）のタンパク質は抗原となって，それに対する抗体をつくる。

⑤**適当**。抗原に結合した抗体は，マクロファージなどを引き寄せるはたらきをもつ。マクロファージは食作用によって異物を排除する。

第3問 ── 生物の多様性と生態系

A 標準 《生態系》

問1 　14 　正解は③

窒素循環に関する知識問題である。

ア．有機窒素化合物としては，タンパク質，核酸などが代表例である。グルコースは光合成で水（H_2O）と二酸化炭素（CO_2）からつくられるので，使われる元素はC，H，Oの3種類だけで，Nは含まれていない。

イ．窒素固定細菌は大気中の窒素（N_2）から，窒素化合物をつくることができ，この作用は窒素固定とよばれる。窒素固定細菌としては，根粒菌の他に，シアノバクテリアなどがいる。硝化細菌はアンモニウム塩を硝酸塩に変化させる細菌である。

ウ．無機窒素化合物を窒素（N_2）にするはたらきは脱窒であり，窒素固定の逆のはたらきである。

問2 　15 　正解は②

生態系とエネルギーに関する知識問題である。

①**正文**。光合成のエネルギー源は太陽の光エネルギーである。

②**誤文**。生態系内でエネルギーは循環しない。エネルギーは主に光エネルギーとして生態系に供給されて，熱エネルギーとして生態系から出て行く。地球からも熱エネルギーは宇宙空間に放出されている。

③**正文**。このはたらきを光合成という。

④**正文**。呼吸などによって得られたエネルギーはATPの合成に使われるが，一部

は熱となって放出される。

⑤正文。これも主に呼吸によって行われる。

B 標準 《植物の分布と特性》

問3 16 正解は⑥

植物に関するグラフ読み取り問題である。

エ・オ. 常緑樹はスダジイとタブノキとヤブツバキ。落葉樹はブナとミズナラ。

カ・キ. 常緑の広葉樹の葉は落葉樹の葉に比べて厚い。常緑広葉樹は照葉樹ともいう。グラフから，葉の厚さが厚いほうが寿命が長い。

よって，⑥が当てはまる。

問4 17 正解は⑥

陽生植物と陰生植物に関するグラフ読み取り問題である。

陽樹…陽生植物の樹木。図2では点線。

陰樹…陰生植物の樹木。図2では破線。

①不適。陽樹の葉（点線）は，光の強さがAより弱いときにCO_2を放出する。

②不適。陰樹の葉（破線）では光の強さがBのとき，CO_2を吸収している。

③不適。正比例とは，グラフが原点（縦軸・横軸の値がともに0の点）を通る右肩上がりの直線になる関係である。陽樹の葉（点線）では，グラフが直線になっていない。

④不適。反比例とは，例えば横軸の値が2倍になれば，縦軸の値が$\frac{1}{2}$の形になる関係である。陰樹の葉（破線）では，横軸の値を2倍にしても，縦軸の値は$\frac{1}{2}$の形になっていない。

⑤不適。陽樹の葉（点線）は光の強さがBのとき，CO_2を吸収している。つまり，光合成によるCO_2吸収速度が，呼吸によるCO_2放出速度を上回っている。

⑥適当。陰樹の葉（破線）では，光の強さがAのとき，CO_2を吸収している。これは光合成によるCO_2吸収速度が，呼吸によるCO_2放出速度を上回っているからである。

⑦不適。光が十分弱いところでは，陰樹の葉（破線）のほうが，陽樹の葉（点線）よりCO_2吸収速度が大きい。

問5　　18　　正解は③

二次遷移に関する実験考察問題である。

　実験2に下線部(d)の樹木種は，「実験1で芽生えた樹木種と共通」だと書かれている。また，実験1で芽生えた樹木種は「極相林の主要な構成種のものではなかった」と書かれているので，極相林を構成していた樹木の切り株，あるいは種子に由来するものではないことがわかる。よって，①・②・④は誤りである。

　極相林には陽樹の成木はないので，陽樹の種子であれば条件に合う。よって，③が正しい。

生 物 本試験

2018年度

問題番号 （配点）	設 問		解答番号	正 解	配 点	チェック
第1問 (18)	A	問1	1	③	3	
		問2	2	②	3	
		問3	3	⑤	3	
	B	問4	4	①	3	
		問5	5	⑤	3	
		問6	6	④	3	
第2問 (18)	A	問1	1	④	3	
		問2	2 - 3	① - ⑦	6 （各3）	
	B	問3	4 - 5	② - ⑤	6 （各3）	
		問4	6	①	3	
第3問 (18)	A	問1	1	⑤	3	
		問2	2	④	3	
		問3	3	③	3	
	B	問4	4	①	2	
			5	⑥	2	
			6	⑦	2	
		問5	7	②	3	
第4問 (18)	A	問1	1	⑥	3	
		問2	2	⑥	3	
		問3	3	④	3	
	B	問4	4	④	3	
		問5	5 - 6	③ - ⑥	6 （各3）	

問題番号 （配点）	設 問		解答番号	正 解	配 点	チェック
第5問 (18)	A	問1	1	⑤	3	
		問2	2	②	3	
		問3	3	③	3	
	B	問4	4	④	3	
		問5	5	③	3	
		問6	6	①	3	
第6問 (10)		問1	1	③	3	
		問2	2	②	3	
		問3	3	⑤	4	
第7問 (10)		問1	1	①	3	
		問2	2	⑤	3	
		問3	3	③	4	

（注） 1 －（ハイフン）でつながれた正解は，順
序を問わない。

2 第1問〜第5問は必答。第6問，第7
問のうちから1問選択。計6問を解答。

自己採点欄

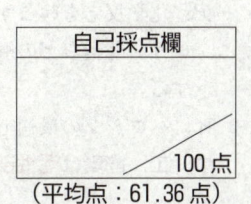

100 点

（平均点：61.36 点）

第1問 ── 生命現象と物質

A 《タンパク質のはたらき》

問1 　1　正解は③

インスリンに関する知識問題である。

CHECK タンパク質の立体構造

　　タンパク質の立体構造には，アミノ酸配列を示す一次構造，水素結合で形成される，主鎖の部分的な立体構造である二次構造，三次元的な立体構造で，アミノ酸側鎖間の水素結合やS—S結合などで形成される三次構造，サブユニットの構成で決まる四次構造がある。

①不適。インスリンは細胞表面から分泌されるが，結合するのは細胞表面にある受容体である。

②不適。イオンチャネルはイオンの通り道であり，ホルモンと結合する受容体ではない。

③適当・④不適。インスリンは2本のポリペプチド鎖がS—S結合（Sは硫黄の元素記号）で結合した構造をしている。

問2 　2　正解は②

抗体に関する知識問題である。

①不適。ラギング鎖やリーディング鎖は，DNA複製の際の，DNA鎖の名称である。

②適当。抗体の可変部と抗原は立体的に結合する形をしているので，抗原の形に合わせて抗体の形も異なる。

③不適。抗体の可変部の多様なアミノ酸配列は，それを指定する遺伝子の再構成によって生じており，ポリペプチド鎖が直接繋ぎ直されているわけではない。

④不適。1個のB細胞は1種類の抗体しかつくらない。

問3 　3　正解は⑤

酵素に関する知識問題である。

ア．化学反応を起こすのに加えなくてはならないエネルギーを活性化エネルギーという。酵素などの触媒はこのエネルギーを低下させることで反応を起こしやすくする。

イ．ペプシンの最適pHは約2である。胃の中は酸性の環境である。

ウ・エ．酵素は活性部位で基質と結合する。酵素によっては基質以外と結合し，酵

素の立体構造を変化させる部位をもつものもあり，そのような酵素をアロステリック酵素，結合する部位をアロステリック部位という。

B 　やや難　《遺伝子の発現》

問4　4　正解は①

核酸に関する知識問題である。

①**適当**。転写は片方の鎖だけで行われる。

②**不適**。DNA は核から出ることはない。転写も核内で行われる。

③**不適**。隣り合ったヌクレオチドどうしの結合は，リン酸どうしではなく，糖とリン酸の間で形成される。

④**不適**。細胞分裂時に，染色体がどのようにして折りたたまれるかについては詳しく学んでいないが，rRNA はリボソームを構成する RNA である。

問5　5　正解は⑤

DNA の塩基比に関する計算問題である。

CHECK　1本鎖 DNA の塩基の比率の計算

　2本鎖 DNA では，塩基の割合が必ず A＝T，G＝C になる。したがって，1つの塩基の割合がわかれば，あとは計算で求まる。しかし，1本鎖 DNA では，A＝T，G＝C になるとは限らない。

　たとえば，下図のように A＋T＝60％，G＋C＝40％ の2本鎖 DNA を1本鎖で考えた場合，［A か T］が 60％，［G か C］が 40％ となるが，それぞれの塩基の割合はわからない。もし，A が 40％ とわかれば，T が 20％ とわかり，G が 20％ とわかれば，C が 20％ とわかる。

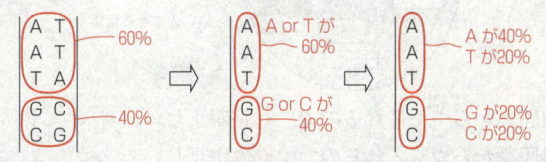

　mRNA 前駆体とは，スプライシングを受ける前の転写された RNA のことで，2本鎖 DNA のうちの1本鎖のコピーとなる。問題文より，2本鎖 DNA の C（シトシン）の比率が 24％ なので，G（グアニン）の比率も 24％，合わせて 48％ となる。2本鎖 DNA で，G＋C の比率が 48％ なら，1本鎖 DNA では［G か C］の比率が 48％。さらに問題文から1本鎖 DNA の C の比率が 15％ であることがわかっているので，1本鎖 DNA の G の比率は，48－15＝33％ となる。

問6　　6　　正解は④

選択的スプライシングに関する計算問題である。

　選択的スプライシングとは，いくつかあるエキソンのうち，一部のエキソンの組合せで mRNA をつくることである。

　問題文より，1〜4のエキソンのうち，1と4は常に mRNA に含まれるのだから，2と3が含まれるかどうかで組合せが変化する。考えられる組合せは次の4通りである。よって，最大で4種類の mRNA がつくられる。

　　　1 2 3 4
　　　1　 3 4
　　　1 2 　4
　　　1　 　4

第2問 ── 生殖と発生

A 標準 《両生類の初期発生》

問1　　1　　正解は④

原基分布図に関する知識問題である。

　外胚葉，中胚葉，内胚葉からつくられる器官を大まかに覚えておこう。

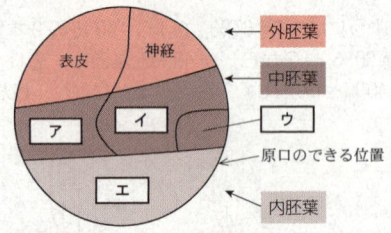

ア．肝臓は内胚葉からつくられるので，心臓が正しい。

イ．脊髄は外胚葉からつくられるので，真皮が正しい。

ウ．膵臓は内胚葉からつくられるので，脊索が正しい。

エ．眼は外胚葉からつくられるので，肺が正しい。

問2　　2　　3　　正解は①・⑦

初期発生に関する実験考察問題である。

実験1

　S層でしか発現しない遺伝子Aの機能が失われるとD層が単層化しないので，遺

伝子AがD層の単層化に影響を与えていることがわかる。
実験2

　S層の細胞が分泌する物質によって，D層の細胞の移動が促されることがわかる。
実験3

　S層の細胞がD層の細胞の移動を促すには，遺伝子Aが必要なことがわかる。

①⑦適当・②〜⑥⑧不適。**実験1**よりS層の遺伝子AがD層の単層化に関係していること，**実験2・3**より，S層の遺伝子AがD層の細胞移動に関係していることがわかる。

B　標準　《植物の受精》

問3　　4　　5　　正解は②・⑤

花粉管伸長に関する実験考察問題である。

①不適・②適当。b，d，fの結果を比べると，めしべの有無，さらにその花柱の長さが花粉管の誘引に関係していることがわかる。

③不適。c，dの結果を比べると，放置時間が花粉管の誘引に関係していることがわかる。

④⑥不適・⑤適当。b，d，fの結果から通過する花柱の長さが，c，dの結果から放置時間が，花粉管の誘引に関係していることがわかる。これらより，花柱の中を，花粉管が十分な長さ通過していく過程で，誘引能力が得られると考えられる。

問4　　6　　正解は①

重複受精に関する知識問題である。

①適当。2個ある精細胞のうち，1個は卵細胞と受精して胚になり，1個は中央細胞と融合して胚乳細胞となる。胚乳細胞はその後胚乳を形成する。

②不適。精細胞になるのは花粉管細胞ではなく，花粉管細胞内にある雄原細胞である。

③不適。精細胞と卵細胞が受精してできた受精卵の核相は $2n$ になる。

④不適。花粉母細胞が減数分裂してできた花粉四分子は，4個の細胞が全て花粉に成熟する。

⑤不適。1個の胚のう母細胞が減数分裂してできた4個の細胞のうち，1個だけが胚のう細胞になり，あとの3個の細胞は退化する。

第3問 —— 生物の環境応答

A 標準 《筋収縮》

問1 ⬚1⬚ 正解は⑤

筋収縮に関する知識問題である。

ア． グルカゴンはホルモンであり神経伝達物質ではないので，当てはまるのは**アセチルコリン**である。

イ． ナトリウムポンプは神経細胞だけでなくどの細胞にもあり，細胞内は K^+ が多く，細胞外は Na^+ が多いので，外部から流入するのは Na^+ である。

ウ． 筋小胞体から放出された Ca^{2+} がトロポニンに結合することで，トロポミオシンがアクチンから離れ，筋収縮が始まる。

問2 ⬚2⬚ 正解は④

筋収縮に関する実験考察問題である。

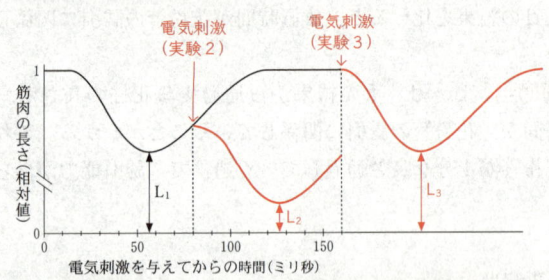

筋収縮では，一度収縮してから元の長さに戻るまでの間に再び刺激を受けると，そこからさらに収縮するために，より強く収縮する（**実験2**）。完全に元の長さに戻ってから再び刺激を受けると，1回目と同じ収縮になる（**実験3**）。

したがって，$L_1 = L_3 > L_2$ という関係になる。

当てはまるのは　ⓑ $L_2 < L_1$，ⓓ $L_3 > L_2$ である。

問3　　3　　正解は③

筋収縮に関する知識問題である。

エ．筋収縮はエネルギーを必要とする反応なので，ATP を分解する。

オ．下図のように ATP の分解に伴い，ミオシンの頭部が変形して進んでいく。

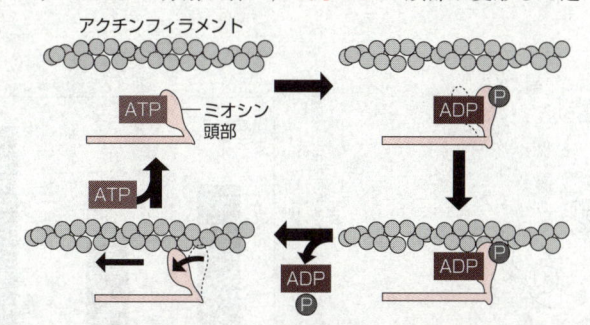

カ．ミオシンは逆向きに移動しようとする結果，アクチンフィラメントをたぐり寄せる。

キ．暗帯はミオシンの存在する部分，明帯はそれ以外の部分である。ミオシンの長さは変化しないので，暗帯の長さは変化せず，明帯の長さが変化する。

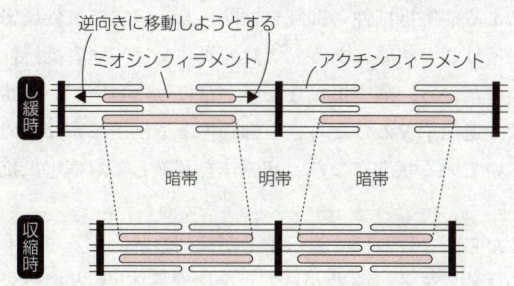

B　やや難　《植物の反応》

問4　　4　　正解は①　　5　　正解は⑥　　6　　正解は⑦

植物ホルモンに関する知識問題である。

　病気のことが書かれていて戸惑ったかもしれないが，問われていることは植物ホルモンの一般的な知識である。

ク．気孔を閉じさせるのはアブシシン酸である。

ケ．イネばか苗病菌から見つかった，種子の発芽を促進する植物ホルモンはジベレリンである。

コ．オーキシンとともにカルスを形成するのはサイトカイニンである。

問5 ☐7 正解は②

植物の反応に関する実験考察問題である。

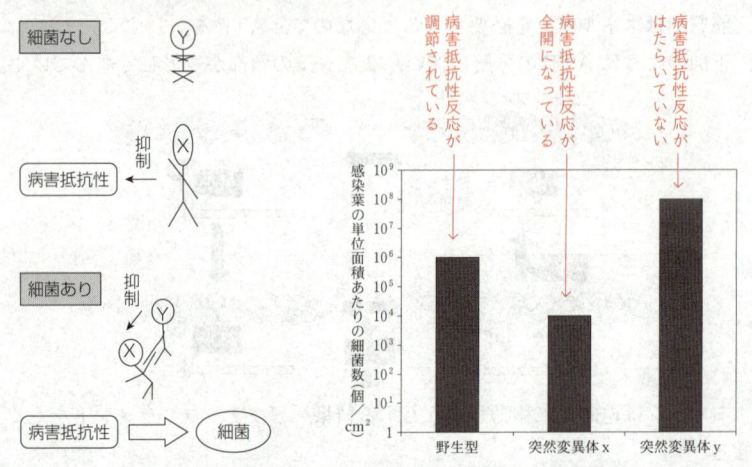

リード文にあるとおり，病害抵抗性は遺伝子Xによって抑制されており，通常ははたらかない。しかし，病原体を認識すれば，遺伝子Yが遺伝子Xのはたらきを抑制（遺伝子Xによる病害抵抗性の抑制を解除）し，病害抵抗性反応がはたらく。

実験4の野生型はこの状態にある。突然変異体xは，病害抵抗性反応を抑制する遺伝子Xがないのだから，病害抵抗性反応が常にはたらいている状態になっている。突然変異体yは，遺伝子Xのはたらきを抑制する遺伝子Yがないのだから，遺伝子Xが常にはたらいている状態になり，病原体を認識しても病害抵抗性反応は起きない。

遺伝子Xがはたらかなければ，遺伝子Yが抑制を解除するまでもなく，病害抵抗性反応は全開の状態である。したがって，突然変異体xyと突然変異体xの病害抵抗性反応は，全開の状態で同程度である。

第4問 —— 生態と環境

A 標準 《物質循環とエネルギー》

問1 　1　 正解は⑥

窒素固定に関する知識問題である。

ア. 生体内の主要な窒素化合物として覚えておく必要があるのは，タンパク質と核酸（ATPも含む）とクロロフィルである。ピルビン酸はグルコース（$C_6H_{12}O_6$）が解糖系で分解してできる物質で，窒素は含まれていない。

イ. 窒素固定細菌と共生する植物はマメ科である。このために，いわゆる豆はタンパク質が豊富である。

ウ. マメ科植物と共生する窒素固定細菌は根粒菌である。担子菌は菌類（カビやキノコ）であって，細菌ではない。

問2 　2　 正解は⑥

生態系での物質収支に関する計算問題である。

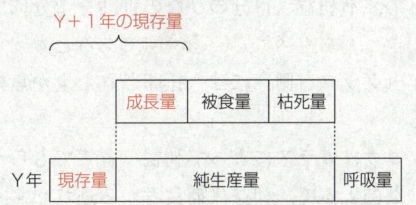

　Y年の純生産量のうち，枯死量と被食量で減少した残りが成長量，つまり現存量の増加分となる。

　したがって，純生産量は次の計算式によって求められる。

　　［Y＋1年の現存量］－［Y年の現存量］＋［被食量］＋［枯死量］

　　←－－－－－　　成長量　　－－－－－→

　表1で与えられた数値より，純生産量を求めると

　　$(23.71 - 23.01) + 0.08 + 0.40 = 1.18$

問3 　3　 正解は④

生態系での物質収支に関する計算問題である。

　表1のデータを用いて問2で求めたのは純生産量である。総生産量は純生産量に呼吸量を足して求めるので，表1の他に必要な調査項目は生産者の呼吸量である。

B 標準 《生態系》

問4 ☐4 正解は④

個体群間の関係に関する実験考察問題である。

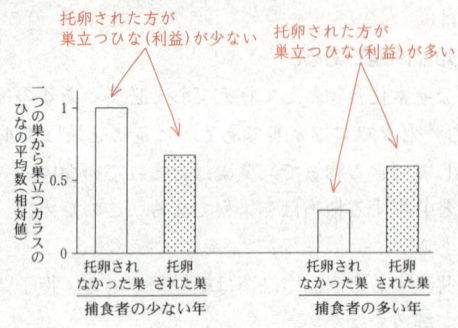

托卵された方が巣立つひな（利益）が少ない

托卵された方が巣立つひな（利益）が多い

エ. 捕食者の少ない年（グラフ左側）には，托卵された巣から巣立つカラスのひなの数は減少している。

オ. このとき，カッコウはカラスによって利益（育ててもらう）を得るが，カラスはカッコウによって，不利益（自分のひなの世話を十分にできなくなる）を被るので，カッコウによって寄生されている状態であると考えられる。

カ. 捕食者の多い年（グラフ右側）には，托卵された巣から巣立つカラスのひなの数は増加している。

キ. このとき，カッコウはカラスによって利益（育ててもらう）を得ており，カラスもカッコウのひなによって，利益（捕食者から逃れやすくなる）を得るので，カッコウと相利共生の状態であると考えられる。

問5 5 6 正解は③・⑥

多様性に関する知識問題である。

CHECK 撹乱の規模

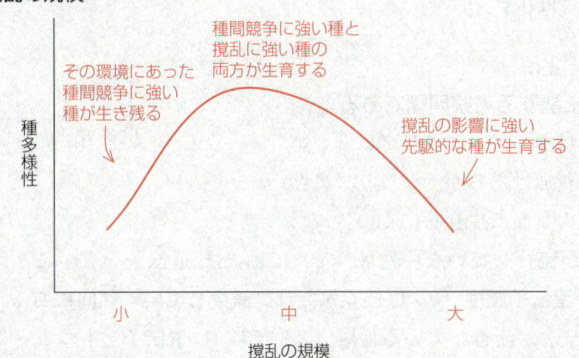

種間競争に強い種と
撹乱に強い種の
両方が生育する

その環境にあった
種間競争に強い
種が生き残る

撹乱の影響に強い
先駆的な種が生育する

種多様性

小　　　　中　　　　大

撹乱の規模

①**不適**。文章の主語が「個体」であることに注意。個体の遺伝子は環境によって変化しない。

②**不適**。生態系多様性は，海洋生態系や森林生態系など生物的環境以外の非生物的環境要因によっても変化する。

③**適当**。逆に遺伝的多様性が低い場合を考えるとわかりやすい。全ての個体が同じ遺伝子をもっていれば，環境が変化したときに全滅する可能性が高い。つまり，遺伝的多様性が高い方が絶滅しにくい。

④**不適**。撹乱が中規模で適度にはたらく場合は，種多様性は高くなる。

⑤**不適**。個体数が少なくなると絶滅しやすくなるので，種多様性は低下しやすくなる。

⑥**適当**。生態系多様性は，海洋生態系や森林生態系などのことである。生態系多様性が高ければ，種多様性も高いと考えられる。

第5問 ── 生物の進化と系統

A  《進化》

問1 　1　　正解は⑤

遺伝子頻度に関する考察問題である。

H_1H_1：貧血はないが，マラリアに弱い。

H_1H_2：軽い貧血はあるが，マラリアに強い。

H_2H_2：重度の貧血で生存しにくい。

　マラリアが流行していない地域（Y）では，H_2 遺伝子をもつことに利点がないため，H_2 の遺伝子頻度（y）は低く保たれ，減少していく傾向にあると考えられる。一方，マラリアが流行している地域（X）では H_2 遺伝子をもつことは生存に有利にはたらくため，H_2 の遺伝子頻度（x）は，マラリアが流行していない地域での H_2 の遺伝子頻度（y）より高く保たれていると考えられる。しかし，H_2H_2 が生存に大きく不利であることから，H_2 の遺伝子頻度が1となることは考えられないため，$y<x<1$ が成立すると考えられる。

問2 　2　　正解は②

分子時計に関する計算問題である。

種A：TGTGAAAATACAGAGCGTTCGCATATCAAAGAAAAC
種B：TGTGAAAGTACTCGCGTTGCATATCAACGAAAA
種C：TGTGAAAATACAGAGCGTTCGCATATTAAAGAAAA

種Aと種Bの塩基の違いは6個，種Aと種Cの塩基の違いは2個である。9000万年で塩基に6個の違いが生じるのだから，2個の違いが生じるのに x 年かかるとすると

　　　6個：2個＝9000万年：x 年

　∴　x＝3000万

したがって，種Aと種Cはおよそ 3000万年前 に分岐したと考えられる。

問3　　3　　正解は③

突然変異に関する知識問題である。

①正文。DNA 合成酵素も一定の確率で相補的でない塩基を結合させるなどのミスを生じ，突然変異の原因となる。

②正文。ハーディ・ワインベルグの法則が成り立つためには，他にも，自然選択がはたらかない，自由交配が行われる，他集団との間に移動がない，集団が十分に大きい，個体間で繁殖力の差がないという条件がある。

③誤文。突然変異は偶然によって生じるものなので，突然変異が起こるしくみには，生存に有利・不利はない。

④正文。放射線や紫外線，化学物質の一部などは，突然変異を起こす確率を高める。

⑤正文。突然変異が遺伝子の領域ではないところで生じた場合などは，形質には全く影響を及ぼさないことがある。

B やや易 《進化と系統》

問4 　4 　正解は④

適応に関する実験考察問題である。

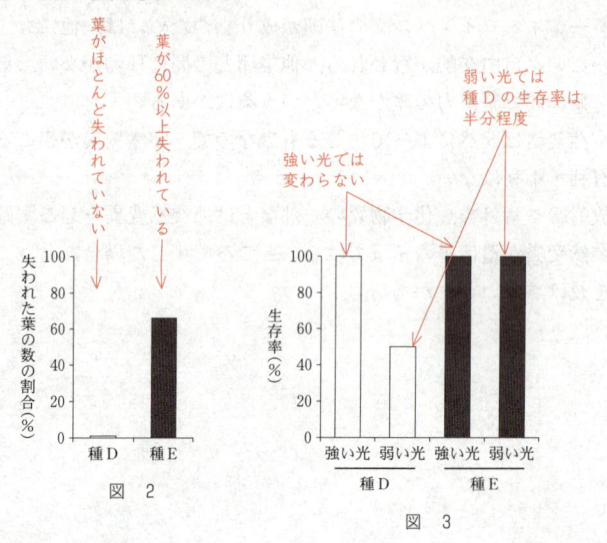

図 2

図 3

実験1

　増水時の水流でも種Dはほとんど葉を失わないが，種Eでは半分以上の葉を失うことが示されている。これより，増水が起こっても種Dは生息し続けられるが，種Eが生息し続けるには不利であると考えられる。

実験2

　強い光では，どちらも生存率が100％なのに対して，弱い光では，種Dは生存率が50％程度しかない。これは，種Eは弱い光でも十分に光合成ができるが，種Dは弱い光では十分に光合成ができないことを示している。

①・②正文。実験1が示すとおり，種Dは水流に対して強い特徴をもっているが，種Eは水流には弱い特徴をもっている。

③正文。実験2が示すとおり，種Dは暗い環境には適応していない。

④誤文。実験2で，種Eは強い光でも弱い光でも生存率は100％で変わりない。暗い環境にも適応していると考えるのは正しいが，明るい環境よりも暗い環境に適応しているかどうかはわからない。

問5 　5　 正解は③

植物の系統に関する知識問題である。

ア．［コケ植物］は維管束をもたないが，［被子植物，裸子植物，シダ植物］は維管束をもつ。

イ．［シダ植物］は種子をつくらないが，［被子植物，裸子植物］は種子をつくる。

ウ．［被子植物］は胚珠が子房で包まれている（子房をもつ）が，［裸子植物］は胚珠がむき出しになっている。

問6 　6　 正解は①

進化に関する知識問題である。

「適応放散」とは，元になる種が，様々な環境に合わせて，様々な種に進化していくことを表した言葉である。

①適当。哺乳類は元々それほど多様ではなかったが，恐竜の絶滅後，多様な環境に適応して，現在のように多種多様になった。

②～④不適。一つ（あるいは少数）の種の中に起こった進化であり，多種多様な種に進化した例ではない。

第6問 　標準　── 遺伝子組換え技術

問1 　1　 正解は③

酵素に関する知識問題である。

①・④不適。DNA 鎖をほどくはたらきをもつ酵素は DNA ヘリカーゼである。

②・⑤不適。DNA に相補的な 1 本鎖 RNA を合成するはたらきをもつ酵素は RNA 合成酵素である。

③適当・⑥不適。特定の塩基配列を識別して DNA 鎖を切断するはたらきをもつ酵素は制限酵素である。

なお，DNA リガーゼは，切れ目のある DNA の主鎖をつなげる酵素である。

問2 　2　 正解は②

遺伝子組換えに関する実験考察問題である。

基本的に，大腸菌は，抗生物質を含む培地では増殖できない。しかし，特定の抗生物質に対する耐性遺伝子をもっている場合は，その抗生物質を含む培地でも増殖できる。

カナマイシン耐性遺伝子：この遺伝子をもっていれば，カナマイシンを含む培地で増殖できる。

アンピシリン耐性遺伝子：この遺伝子をもっていれば，アンピシリンを含む培地で
　増殖できる。

ア．抗生物質が含まれていないので増殖できる（＋）。

イ．プラスミドＺにはアンピシリン耐性遺伝子があるので増殖できる（＋）。

ウ．プラスミドＺにはカナマイシン耐性遺伝子がないので増殖できない（－）。

問3　3　正解は⑤

遺伝子組換えに関する実験考察問題である。

①・②不適。プラスミドＸには緑色の蛍光を発する GFP 遺伝子がないので，増殖
　してもしなくても緑色の蛍光を発する大腸菌はいない。

③・④不適。リード文にあるとおり，全ての大腸菌にプラスミドが導入されるわけ
　ではない。寒天培地Ａでは全ての大腸菌が増殖できるので，プラスミドＹを取り
　込んでいて緑色の蛍光を発する大腸菌と，プラスミドＹを取り込んでおらず緑色
　の蛍光を発しない大腸菌の両方が混在する。

⑤適当。寒天培地Ｃにはカナマイシンが含まれているので，プラスミドＹを取り込
　んでいて緑色の蛍光を発する大腸菌は増殖できるが，プラスミドＹを取り込んで
　おらず緑色の蛍光を発しない大腸菌は増殖することができない。

第7問 ── 系統，生態，進化

問1　1　正解は①

系統分類に関する知識問題である。

　　　　　属名　　　　　　　種小名
　　属に共通した名前　　　種に固有の名前
　　　　　↓　　　　　　　　　↓

　　　Ficedula　　　　　*hypoleuca*
　　　Ficedula　　　　　*albicollis*

　学名とは世界共通の正式名称で，1つの生物種は，属に共通の属名と，種固有の
種小名で記述される。これは，我々の氏名に，家族に共通の「姓」と，個人特有の
「名」があることと似ている。

①適当・②不適。2つの学名の属名が同じなので，同じ属の生物であることがわか
　る。また，生物の分類は大きい方から順に「界門綱目科属種」となり，同じ属の
　生物は必ず同じ科に属することになる。

③不適。学名で表すのは属までで，その上の分類までは表さない。

④**不適**。シロエリの種小名は *albicollis* であり，*Ficedula* は属名である。

問2　　2　　正解は⑤

縄張りに関する知識問題である。

①**不適**。基本的には，縄張りをもてる個体は限られており，縄張りのもてない個体もいるのが普通である。

②**不適**。縄張りを維持するには見回りなどが必要であり，縄張りが大きいほど守るために費やすエネルギーは大きくなる。

③**不適**。縄張りからはエサの獲得などの利益があるため，縄張りが大きいほど得られる利益は大きくなる。

④**不適**。個体群密度が大きければ同じ場所にいる個体が増えるので，縄張りは小さくなる傾向にある。このように，個体群密度の影響を受けて，縄張りの大きさは変化する。

⑤**適当**。縄張りから得る利益には，食物，繁殖場所，交配相手の確保などがある。

問3　　3　　正解は③

進化に関する実験考察問題である。

　「結果は，仮説を支持するものであった」とあるので，仮説を支持する結果とはどのようなものかを考えてみよう。

仮説のポイント1：同所的分布域のマダラの雌はシロエリの雄とマダラの黒型雄を区別できない。

仮説のポイント2：同所的分布域のマダラの雌は茶型雄を選ぶように好みが進化した。

実験2

　仮説のポイント2が正しければ，「同所的分布域のマダラの雌は茶型雄を選ぶ」はずなので，黒型雄を選んだ数（**ア**）は茶型雄を選んだ数（**イ**）より少ないはずである。よって，**ア**は **2**，**イ**は **10** である。

実験3

　仮説のポイント1が正しければ，「同所的分布域のマダラの雌はシロエリの雄とマダラの黒型雄を区別できない」はずなので，マダラの黒型雄を選んだ数（**ウ**）とシロエリの雄を選んだ数（**エ**）はほぼ同数になるはずである。よって，**ウ**と**エ**は **6** である。

生物基礎　本試験

問題番号 （配点）	設　問		解答番号	正　解	配　点	チェック
第1問 （19）	A	問1	1	⑤	3	
		問2	2	①	3	
		問3	3	③	3	
		問4	4	⑥	3	
	B	問5	5 - 6	②-⑥	4 （各2）	
		問6	7	⑦	3	
第2問 （15）	A	問1	8	②	3	
		問2	9	④	3	
		問3	10	②	3	
	B	問4	11	①	3	
		問5	12	①	3	

問題番号 （配点）	設　問		解答番号	正　解	配　点	チェック
第3問 （16）	A	問1	13	④	3	
		問2	14	③	3	
	B	問3	15	①	3	
		問4	16	③	4	
		問5	17	⑦	3	

（注）　－(ハイフン) でつながれた正解は，順序を
　　　問わない。

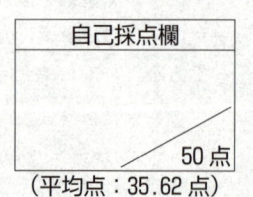

自己採点欄

50 点

（平均点：35.62 点）

第1問 ── 生物と遺伝子

A 易 《生物の特徴》

問1　1　正解は⑤

細胞の共通性に関する知識問題である。

①不適。ATP（アデノシン三リン酸）は固有の物質名であり，生物によって構造が異なることはない。

②不適。大腸菌は原核生物であり，原核生物の細胞（原核細胞）には細胞小器官と呼ばれる構造はない。

③不適。原核細胞（細菌の細胞）には細胞壁があるが，ヒトを含む動物の細胞には細胞壁はない。

④不適。全ての生物は共通の祖先から出発したと考えられているので，ヒトと大腸菌にも共通の祖先がある。遺伝子として DNA をもっているなど共通点も多い。

⑤適当。全ての細胞は細胞分裂によって増殖する。

問2　2　正解は①

細胞の構造に関する知識問題である。

①適当。細胞質基質には様々な酵素が存在し，酵素はタンパク質でできている。

②不適。原核細胞には核はない。

③不適。ミトコンドリアの起源は細菌の細胞であると考えられており，現在でも独自の DNA をもっている。

④不適。リボソームは mRNA の塩基配列を元にタンパク質を合成するものであり，DNA には結合しない。この内容は生物基礎で学ぶ内容ではないが，①がはっきり正答とわかるので，この選択肢が誤りであることがわかる。

問3　3　正解は③

炭酸同化に関する知識問題である。

　炭酸は二酸化炭素のことで，同化は合成反応のこと。葉緑体で行われ，二酸化炭素を使ってデンプンなどを合成するのは光合成である。

ア．光合成では光エネルギーを吸収する。化学エネルギーとは化学物質に含まれるエネルギーのこと。

イ．デンプンは炭素を含んだ有機物である。無機物とは，水や食塩など炭素を含まない物質のこと。ただし，炭素を含んでいても二酸化炭素と一酸化炭素は無機物に分類される。

　ウ．シアノバクテリアは原核生物である。「バクテリア」は細菌のことで，細菌は
　　原核生物である。

B　やや難　《遺伝子のはたらき》

問4　　4　　正解は⑥

染色体に関する知識問題である。

　エ．遺伝子が存在するのは染色体である。小胞体は生物基礎では詳しく学ばないが，
　　染色体に遺伝子があるのは明らかなので正答できる。

　オ．染色体は DNA とタンパク質でできている。

問5　　5　　6　　正解は②・⑥

遺伝子の本体の研究に関する考察問題である。

　　全ての選択肢に誤りは含まれていないが，この中から出題の意図に合った研究を
　選ぶ必要がある。新しいタイプの問題である。

　①不適。DNA という物質が存在することを見つけた研究であるが，遺伝との関係
　　は明らかにしていない。

　②適当。病原性菌抽出物は，生物の特徴を変化させることがあるが，そこから
　　DNA を分解してしまうとそのはたらきを失うことから，生物の特徴を変化させ
　　る物質（おそらく遺伝子）は DNA であることを示唆した実験である。

　③不適。DNA の構造を決定するのに役立った研究であるが，DNA が遺伝を担う
　　ことに関しては触れていない。

　④不適。DNA の構造を決定した研究であるが，DNA が遺伝を担うことが既に明
　　らかにされた後の研究である。

　⑤不適。遺伝子の存在を示した研究であるが，DNA との関係については明らかに
　　していない。

　⑥適当。ファージ（ウイルス）の遺伝子が細胞内に注入されることに注目し，注入
　　される物質，つまり遺伝子が DNA であることを明らかにした研究である。

問6　　7　　正解は⑦

核酸の構造に関する知識問題である。

　カ・キ．ヌクレオチドは，塩基，糖，リン酸からできている。アミノ酸はタンパク
　　質の構成単位である。脂質は生物基礎では取り扱わない物質。

　ク．RNA（リボ核酸）の糖はリボースであり，デオキシリボースは DNA（デオ
　　キシリボ核酸）の糖である。

第2問 ── 生物の体内環境の維持

A　標準　《体液と尿生成》

問1　　8　　正解は②

体液に関する知識問題である。

①不適。血管の壁が最も厚いのは血圧のかかる動脈であるが，最も薄いのは毛細血管である。

②適当。リンパ管は徐々に合流して太くなり，最終的に鎖骨下静脈から血液に入る。

③不適。試験管の中で沈殿物（血ぺい）と分離するのは血しょうではなく，血清である。血清と血しょうはよく似ているが，フィブリノーゲンの有無など若干の違いがある。

④不適。肺静脈は肺で酸素を取り込んで心臓に戻る血液なので，最も酸素ヘモグロビンの割合が高い。逆に肺動脈は全身から集められた血液が心臓から肺に向かう血液であり，最も酸素ヘモグロビンの割合が低い。

⑤不適。血液 $1mm^3$ 中の赤血球数は約 450 万～500 万個なのに対して，白血球は数千個程度である。

問2　　9　　正解は④

尿生成に関する知識問題である。

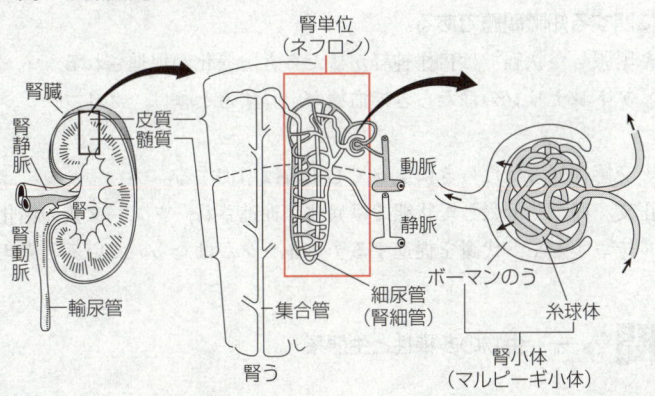

ア・イ．血しょうは糸球体からボーマンのうにろ過される。集合管は細尿管が集まる管であり，尿生成の最後の部分である。腎静脈は，ろ過されなかった血液成分が心臓に帰っていく血管である。

ウ．再吸収は細尿管や集合管から毛細血管に向かって行われる。腎小体とは糸球体とボーマンのうを合わせた構造の名称である。

問3　　10　　正解は②

尿生成に関する知識問題である。

①不適。健康なヒトでは，タンパク質はボーマンのうへろ過されず，原尿には含まれない。

②適当。健康なヒトでは，原尿中の全てのグルコースが細尿管で再吸収される。

③不適。腎臓に入る血しょうと生成される原尿が等量ということは，腎臓に入る液体の全てが原尿になるということである。そうしたら，血管に残った血球などは流れなくなってしまう。

④不適。尿素の合成は肝臓で行われ，腎臓では行われない。

B　標準　《体内環境の調節》

問4　　11　　正解は①

自律神経系と内分泌系に関する知識問題である。

エ．自律神経や内分泌系の中枢は間脳の視床下部にある。

オ．胃や腸のはたらきを抑制するのは交感神経である。

カ．副腎皮質刺激ホルモンを分泌するのは脳下垂体前葉である。脳下垂体後葉から分泌されるホルモンにはバソプレシンがある。

問5　　12　　正解は①

恒常性に関する知識問題である。

興奮や緊張した状態では自律神経がはたらき，異化が促進される。

①誤文。アドレナリンのはたらきで血糖が上昇するときは，グリコーゲンは分解される。

②正文。交感神経のはたらきによって心拍数は増加する。

③・④正文。興奮や緊張した状態では異化が促進され，タンパク質の糖化を促す糖質コルチコイドや，代謝を促進するチロキシンがはたらいていると考えられる。

第3問　——　生物の多様性と生態系

A　やや難　《バイオーム》

問1　　13　　正解は④

バイオームに関する知識問題である。

①**不適**。バイオームは主に気温と降水量によって決まる。年平均気温が約20℃以上であっても，降水量が少なければ，砂漠やサバンナとなり，樹木が優先するとは限らない。

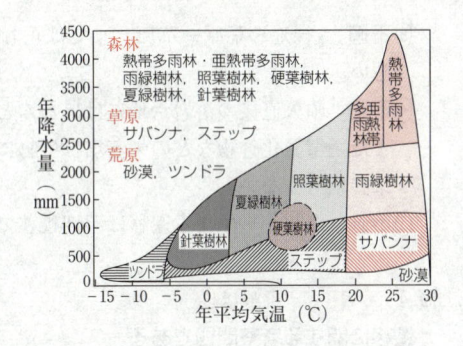

②**不適**。年平均気温が約-5℃以下のバイオームはツンドラである。ツンドラでは降水量は少なく，多くても年間1000mm程度である。

③**不適**。年平均気温が約5℃は比較的寒冷な地域であり，このような気温にできる森林は夏緑樹林である。

④**適当**。年平均気温が約10℃以上で，年降水量が500mm程度であれば，草原（ステップ，サバンナ）のバイオームとなる。

問2 ［ **14** ］ **正解は③**

バイオームに関する考察問題である。

大雑把に日本のバイオームを覚えておこう。

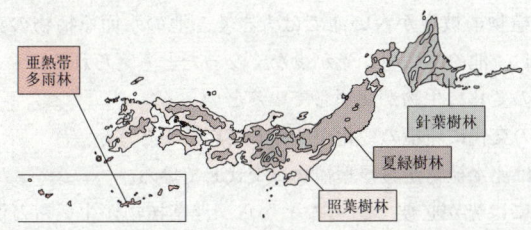

ア・ウ．選択肢にある3つのバイオームのうち，自然植生の割合は，北海道東部の針葉樹林が高く，西日本を中心とした照葉樹林が低いことがわかる。夏緑樹林は東北地方で割合が低く，北海道西部で割合が高いので，その中間である。

イ．ブナが優先するバイオームは夏緑樹林である。

B 易 《遷移》

問3 ［ **15** ］ **正解は①**

遷移に関する知識問題である。

①**適当**。全体として大きな変化が起こらなくなった状態を極相という。

②**不適**。その地域の環境によって極相の状態は異なる。林床は熱帯多雨林ではかなり暗く，夏緑樹林では比較的明るい。

③不適。「裸地・荒原→草原」までは正しいが，その後は「低木林→高木林」が正しい。

④不適。噴火直後の溶岩台地にはほとんど土壌がなく，水はほとんど利用できない。また，窒素化合物などの栄養塩は生物に由来するものであり，生物が少なければ，栄養塩も少ない。

⑤不適。湖沼から始まる遷移は湿性遷移である。

問4　16　正解は③

遷移に関する考察問題である。

遷移の順番に並べると

　　　過去　　　　現在

「新しい池」→「古い池」

の順であることに注意。

選択肢の文の前半と後半を分けて検討してみよう。

前半：池の中の環境が変化することに生物が関係するかどうか。

水深50cmでの相対光強度が古い池では減少している（環境が変化している）。

→浮葉植物の被度が古い池では大きく，池の水面を植物の葉が覆っていることから，池の中に届く光が少なくなったと考えられる。

→環境の変化に生物が関係しているといえる。

後半：生物種の交代に環境の変化が関係しているかどうか。

生物種は沈水植物から浮葉植物に交代している。

→植物には光が必要であることから，浮葉植物が生えると沈水植物は生育できなくなると考えられる。

→この生物種の交代は，光強度の変化という環境の変化が原因であると考えられる。

問5　17　正解は⑦

遷移に関する知識問題である。

エ・オ．森林伐採の跡地などの，土壌が既にある状態からの遷移を二次遷移，裸地などの，土壌がない状態からの遷移のことを一次遷移という。

カ．二次遷移では，既に土壌がある状態から出発する。

キ．二次遷移では，土壌を形成しながら進む一次遷移に比べて進行が速い。

生 物 本試験

2017年度

問題番号 （配点）	設 問		解答番号	正 解	配 点	チェック
第1問 （18）	A	問1	1 - 2	③ - ⑦	6 （各3）	
		問2	3	③	3	
		問3	4	③	3	
	B	問4	5	④	3	
		問5	6	④	3	
第2問 （18）	A	問1	1	④	3	
		問2	2	①	3	
		問3	3	②	3	
	B	問4	4	①	2	
			5	②	2	
			6	④	2	
		問5	7	③	3	
第3問 （18）	A	問1	1	⑤	3	
		問2	2	③	3	
		問3	3	②	3	
	B	問4	4	①	3	
		問5	5	②	3	
		問6	6	④	3	
第4問 （18）	A	問1	1	③	3	
		問2	2 - 3	④ - ⑦	6 （各3）	
	B	問3	4	④	3	
		問4	5	①	3	
		問5	6	②	3	

問題番号 （配点）	設 問		解答番号	正 解	配 点	チェック
第5問 （18）	A	問1	1	⑤	3	
		問2	2	②	3	
		問3	3	②	3	
	B	問4	4	④	3	
		問5	5	③	3	
		問6	6	②	3	
第6問 （10）		問1	1	⑤	4	
		問2	2 - 3	① - ⑦	6 （各3）	
第7問 （10）		問1	1	①	2	
			2	⑥	2	
		問2	3	④	3	
		問3	4	①	3	

（注） 1 －（ハイフン）でつながれた正解は，順序を問わない。

2 第1問〜第5問は必答。第6問，第7問のうちから1問選択。計6問を解答。

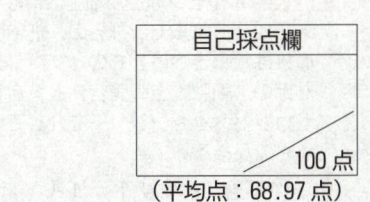

自己採点欄

100 点

（平均点：68.97 点）

第1問 —— 生命現象と物質

A　やや難　《タンパク質》

問1　□1□　□2□　正解は③・⑦

タンパク質に関する知識問題である。

タンパク質の立体構造は右のようになっている。

①・②正文。タンパク質は，構成単位である 20 種類のアミノ酸がペプチド結合によって多数結合しているものであり，そのアミノ酸の配列（並ぶ順番）によって，立体構造が変化する。

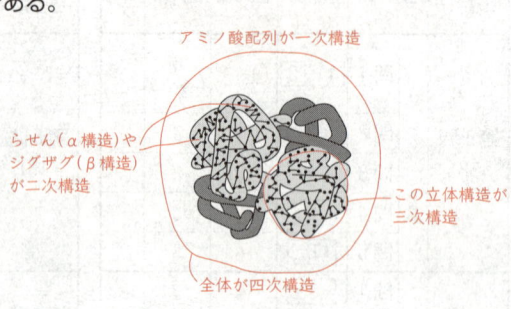

アミノ酸配列が一次構造

らせん（α構造）やジグザグ（β構造）が二次構造

この立体構造が三次構造

全体が四次構造

③誤文。タンパク質の一次構造はアミノ酸配列のこと。ジグザグ状やらせん状の構造は二次構造。

④正文。タンパク質は水素結合によって立体的でより安定した構造を形成している（主に二次構造）。

⑤正文。タンパク質の三次構造は立体的な形のことであり，主にシステイン間のS—S結合と呼ばれる硫黄同士の結合で維持されている。

⑥正文。1 本のポリペプチドでできているタンパク質もあるが，複数のポリペプチドでできているタンパク質もある。その場合は 1 本のポリペプチドをサブユニットといい，サブユニットの組み合わせによってできる構造を四次構造という。

⑦誤文。高温では水素結合が切れるので，立体構造が変化する。

⑧正文。強い酸やアルカリを作用させると，タンパク質の立体構造が変化する。

問2　□3□　正解は③

受容体と情報伝達に関する知識問題である。

CHECK　ホルモンなどが細胞に情報を伝える場合，ステロイドホルモンなどの，細胞膜を通過して直接はたらきかけるものと，ペプチドホルモンなどの，細胞膜上の受容体と結合し，細胞内のセカンドメッセンジャーを介してはたらきかけるものがある。

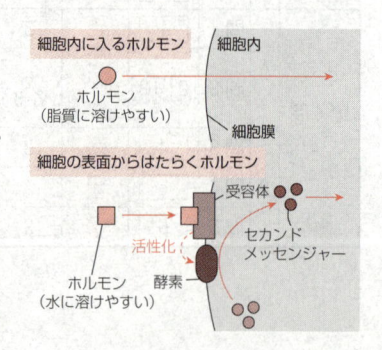

細胞内に入るホルモン　細胞内

ホルモン（脂質に溶けやすい）

細胞膜

細胞の表面からはたらくホルモン

受容体

セカンドメッセンジャー

活性化

ホルモン（水に溶けやすい）　酵素

①・②不適。ペプチドホルモンは細胞膜を通

過できない。通過できるのはステロイドホルモンなど。一般に，物質が細胞膜を通過する際にはチャネルなどを通り，脂質二重層を直接は通過しない。しかし，疎水性（脂溶性）の物質は細胞膜の脂質二重層を直接通過することができる。ステロイドは脂溶性の物質である。

③適当。ペプチドホルモンと結合した細胞膜上の受容体タンパク質が酵素の活性を変化させることなどにより生じた細胞内の化学変化を通じて，情報が細胞内に伝達される。この細胞内で情報を伝える物質をセカンドメッセンジャーという。

④不適。ホルモンと結合した受容体タンパク質自身が調節タンパク質となることはない。

B　標準　《遺伝子の発現》

問3　4　正解は③

細胞の分化に関する知識問題である。

①不適。同じ生物の体細胞であれば，染色体の数は同じである。

②不適。同じ生物であれば，もっている遺伝子は同じである。

③適当。同じ生物であれば，もっている遺伝子は同じであるが，どの遺伝子が転写されるかは細胞によって異なり，これが細胞の分化の仕組みである。調節タンパク質はこの転写を調節するタンパク質のことである。

④不適。オペレーターは原核細胞の転写調節において調節タンパク質が結合するDNA の領域のことである。真核細胞では同様のはたらきをする DNA の領域を転写調節領域と呼ぶが，いずれにしても DNA の塩基配列の一部なので，すべての細胞で同じである。

問4　5　正解は④

真核細胞の転写調節に関する知識問題である。

CHECK　真核細胞の転写調節

真核細胞では，転写調節領域に結合した転写調節因子（転写調節タンパク質）が，プロモーターと結合した基本転写因子と RNA ポリメラーゼにはたらきかけて，転写が開始される。調節タンパク質には，転写を促進するものと，抑制するものの両方がある。

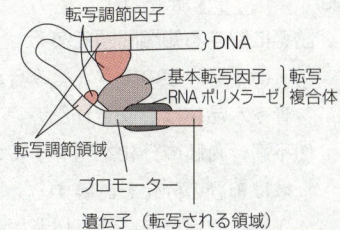

①・③不適。転写調節領域に結合した調節タンパク質は，転写を調節する。すでに転写された mRNA にはたらきかけるものではない。

②不適。転写調節領域は，調節タンパク質が結合する領域である。調節タンパク質のアミノ酸配列を決定しているのは調節遺伝子である。

④適当。転写調節領域（DNA）に結合した調節タンパク質が，プロモーター（DNA）に結合した基本転写因子（タンパク質）とRNAポリメラーゼ（酵素＝タンパク質）に作用することで，転写が開始する。

問5　6　正解は④

真核細胞の転写調節に関する考察問題である。

問題文を整理すると，次のようになる。

遺伝子Aの転写には，調節タンパク質Dが必要である。また，調節タンパク質Dがあっても調節タンパク質Eがあれば，転写されない。

つまり，転写が行われるのは，調節タンパク質Dがあって，なおかつ調節タンパク質Eがない細胞である。選択肢の中でそのような細胞を示しているのは，④。

第2問 —— 生殖と発生

A　標準　《発生のしくみ》

知っておこう　誘導と分化

　誘導とは，ある細胞（形成体）が，まだ何になるか決まっていない細胞（未分化な細胞）に物質を分泌して，細胞を分化させることである。誘導が成立するためには，形成体に誘導する能力（誘導する物質を分泌する能力）が必要なのと同時に，未分化な細胞が誘導（誘導する物質）を受け取る能力が必要である。

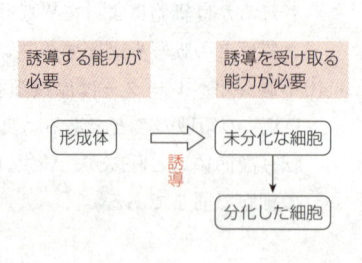

問1　1　正解は④

誘導に関する知識問題である。

①・③不適。どのような組み合わせで培養しても，イモリの予定内胚葉からは神経管や水晶体は形成されない。

②不適。角膜の分化を誘導するのは，表皮から分化した水晶体であり，予定中胚葉域は神経の分化を誘導する。

④適当。初期原腸胚の原口背唇部は予定中胚葉域であり，陥入後接触している外胚葉の神経管への分化を誘導する。

問2 ☐2☐ 正解は①

誘導に関する実験考察問題である。

誘導が成立するためには，眼杯に「誘導する能力」があると同時に，予定水晶体領域に「誘導を受け取る能力」がなくてはならない。

水晶体が形成される胚Wの眼杯と予定水晶体領域はどちらもその能力があると考えられる。それに対して，水晶体が形成されない胚Xは少なくともどちらかの能力がないはずである。

①適当。胚Xの眼杯と一緒に培養された，誘導を受け取る能力のある胚Wの予定水晶体領域は水晶体に分化しなかったことから，胚Xの眼杯には誘導する能力がないことがわかる。

②不適。誘導する能力のある胚Wと培養された胚Xの予定水晶体領域は水晶体に分化していることから，胚Xの予定水晶体領域には誘導を受け取る能力があることがわかる。

③・④不適。胚Wは水晶体を形成するので，眼杯には誘導する能力があり，予定水晶体領域には誘導を受け取る能力がある。

問3 ☐3☐ 正解は②

誘導に関する実験考察問題である。

CHECK ES 細胞（胚性幹細胞）

基本的には分化した細胞は細胞分裂をしない。逆に細胞分裂をしている細胞は未分化なままである。体が完成した後でも我々の体は常に新しい細胞を生み出しているが，これは，未分化な細胞が細胞分裂をして，増えた細胞が分化しているからである。我々の体に残る未分化な細胞を幹細胞という。

幹細胞にも，分化できる細胞が狭く限定している幹細胞から，何にでも分化できる幹細胞まで，さまざまなレベルがある。発生の初期の段階から人工的に作られた ES 細胞は体のどんな細胞にも分化することができる能力をもった幹細胞である。

①不適。実験1〜3の中で胚Wから作った ES 細胞から形成された眼胞と胚Wの予定水晶体領域とを合わせて培養した実験はないので，胚Wから作った ES 細胞から形成された眼胞が誘導する能力をもっているかどうかはわからない。

②適当。実験3では予定水晶体領域とは培養していないが，眼杯になっている。

③不適。実験1〜3の中で胚Wから作った ES 細胞から形成された眼胞と胚Xの眼胞とを交換移植した実験はないので，交換移植したときに水晶体の分化が誘導されるかどうかはわからない。

④不適。眼胞がくほんで眼杯となり，その眼杯から網膜が分化するので，眼胞が眼杯に変化するのに網膜は必要とは考えられない。

B ［標準］ 《被子植物の生殖》

問4 ［4］ 正解は① ［5］ 正解は② ［6］ 正解は④

被子植物の配偶子形成に関する知識問題である。

減数分裂をする前の細胞の染色体数は体細胞と同じ24本であり，減数分裂後の細胞の染色体数は半数の12本となる。

ア．減数分裂後なので12本（①）。

イ．減数分裂前なので24本（②）。

ウ．減数分裂後なので1つの核がもつ染色体は12本。3回の分裂で核は8つになっているから，合計で12×8＝96本（④）。

問5 ［7］ 正解は③

重複受精に関する遺伝の考察問題である。

CHECK 胚乳を形成する胚乳細胞は，雄親からの対立遺伝子を1つ，雌親からの対立遺伝子を2つ（ただし必ず同じ遺伝子）の合計3つの対立遺伝子をもつ。

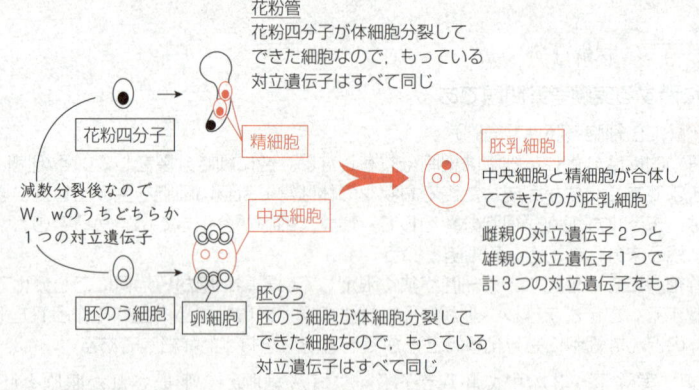

交配1～4に用いられた種子の遺伝子型を示すと，次のようになる。

	雌親の遺伝子型	雄親の遺伝子型	胚乳細胞の遺伝子型
交配1	WW	ww	WWw
交配2	ww	WW	Www
交配3	ww	Ww	Www（青紫）
			www（赤紫）
交配4	Ww	ww	WWw（青紫）
			www（赤紫）

①不適。交配1で実った種子の胚乳の遺伝子型はWWwで，交配2で実った種子の

胚乳の遺伝子型はWwwなので，遺伝子型は異なる。

②不適。交配1で実った種子の胚乳の遺伝子型はWWwで，交配3で青紫色に呈色した種子の胚乳の遺伝子型はWwwなので，遺伝子型は異なる。

③適当。交配2で実った種子の胚乳の遺伝子型はWwwで，交配3で青紫色に呈色した種子の胚乳の遺伝子型はWwwなので，遺伝子型は同じである。

④不適。交配3で赤紫色に呈色した種子の胚乳の遺伝子型はwwwで，交配4で赤紫色に呈色した種子の胚乳の遺伝子型はwwwなので，遺伝子型は同じである。

⑤不適。交配3で青紫色に呈色した種子の胚乳の遺伝子型はWwwで，交配4で青紫色に呈色した種子の胚乳の遺伝子型はWWwなので，遺伝子型は異なる。

第3問 ── 生物の環境応答

A 《動物の環境応答》

問1　　1　　正解は⑤

神経系に関する知識問題である。

ア．中枢神経系を構成するのは脳と脊髄。

イ．末梢神経系のうち，感覚神経と運動神経を，あわせて体性神経という。

ウ．末梢神経系のうち，体性神経ではなく，消化や循環などの調節を行うのは自律神経。

問2　　2　　正解は③

有髄神経繊維に関する知識問題である。

CHECK　有髄神経繊維の跳躍伝導

　　有髄神経繊維は，ランビエ絞輪を除いて髄鞘という電気を通さない膜に包まれている。静止電位も活動電位も，ランビエ絞輪でしか生じないため，興奮が飛び飛びに（跳躍伝導）伝わるために，伝導速度が非常に速い。

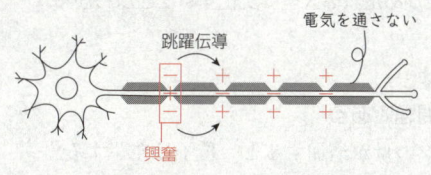

①不適。有髄神経繊維でも無髄神経繊維でも，興奮した部位はしばらく興奮できない。しかし，このことと有髄神経繊維の伝導速度が速いことは関係ない。

②不適。静止状態では，有髄神経繊維でもランビエ絞輪の部分で外側が＋の静止電位が生じている。しかし，このことと有髄神経繊維の伝導速度が速いことは関係

ない。

③適当。有髄神経繊維では，髄鞘で絶縁されているため，髄鞘がないランビエ絞輪の部分だけで活動電位が生じる。これにより，飛び飛びに興奮が伝わるので，伝導速度が速くなる。

④不適。有髄神経繊維でも無髄神経繊維でも，閾値よりも強い刺激が加わってはじめて興奮が生じる。しかし，このことと有髄神経繊維の伝導速度が速いことは関係ない。

⑤不適。有髄神経繊維でも無髄神経繊維でも，活動電位が生じるときはナトリウムイオンが流入する。しかし，このことと有髄神経繊維の伝導速度が速いことは関係ない。

⑥不適。有髄神経繊維でも無髄神経繊維でも，活動電位が両方向に伝導することは可能である。しかし，このことと有髄神経繊維の伝導速度が速いことは関係ない。

問3　　3　　正解は②

興奮の伝達に関する知識問題である。

エ. 興奮が到達すると，シナプス小胞が移動して軸索の末端の膜に融合して開口する。

オ. シナプス小胞の内部に蓄えられているのは神経伝達物質。

カ. 神経伝達物質が次のニューロンの受容体に結合すると，イオンチャネルが活性化し

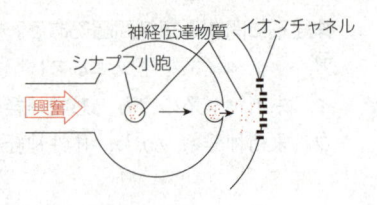

てナトリウムイオンなど（シナプスによって異なる）が細胞内に流入する。

B　標準　《植物の環境応答》

着眼点　リード文より，フィトクロムは 660 nm の光があたればY型に，730 nm の光があたればX型に変化することがわかる。

問4　　4　　正解は①

発芽に関する知識問題である。

①適当。ジベレリンの量が増加すると，種子は発芽する。

②不適。アブシシン酸の量が増加すると，種子は休眠を継続する。

③不適。フロリゲンは花芽形成に関係する物質。

④不適。春化は，主に長日植物が花芽形成するために一度低温にさらされることをいう。発芽とは関係ない。

問5 5 正解は②

フィトクロムに関するグラフの読み取り問題である。

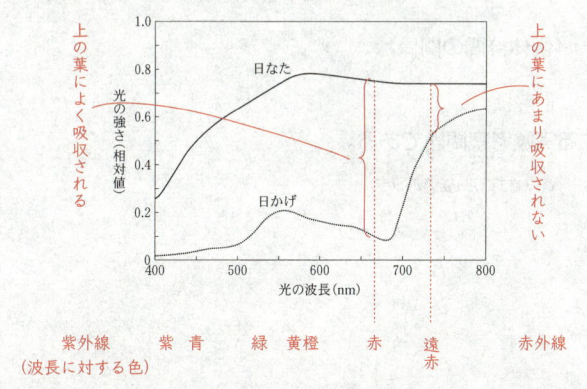

ク・ケ．上方にある他の植物の葉に 660 nm の光が吸収されてしまうため，日かげにある葉にはそれを透過してきた 730 nm の光の方がよく届くと考えられる。

コ．[着眼点] で示したように，730 nm の光をあてると X 型に変化するので，Y 型が減少する。

問6 6 正解は④

光発芽種子に関する実験考察問題である。

[着眼点] で示したように，フィトクロムには X 型と Y 型の 2 つの型がある。また問 5 より，日かげでは 730 nm の光が強くなることから，フィトクロムは X 型に変化していることが示されている。図 2 の Ⅳ で，日なたで処理した後で日かげで処理したものは発芽率が低下したことから，X 型のフィトクロムが発芽率を低下させることがわかる。また，Ⅰ では発芽しないが Ⅱ で発芽することより，日なたで処理されることで光受容体であるフィトクロムに変化が起きていることがわかる。この変化は，660 nm の光が多く含まれている日なたでのフィトクロムの Y 型への変化であることが示唆される。

つまり，660 nm の光が多い日なたでは Y 型への変化が，730 nm の光が多い日かげでは X 型への変化が起き，Y 型のフィトクロムが発芽を促進し，X 型のフィトクロムが発芽を抑制すると考えられる。

Ⅴ では，最後に日なたで処理されているので，Y 型のフィトクロムが存在し，Ⅱや Ⅲ と同様に 100 ％の発芽率になると考えられる。

第4問 ── 生態と環境

A 標準 《個体群間の関係》

問1 　1　 正解は③

寄生に関する実験考察問題である。

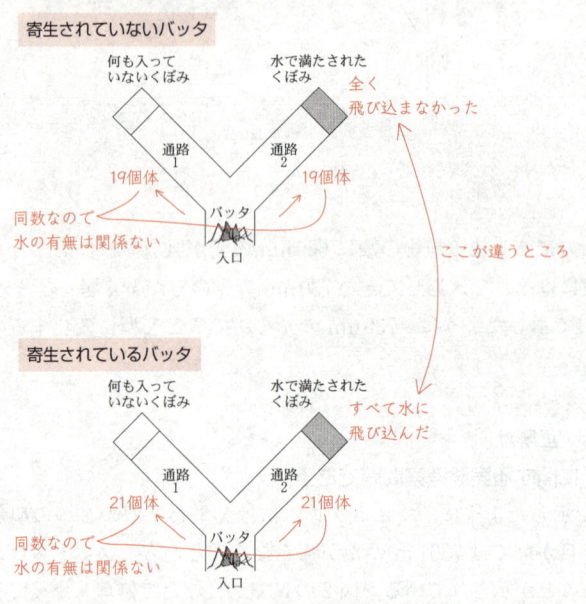

① · ②不適。寄生されていないバッタでは水のある方とない方に同数が進んでおり，水辺に近づくことも遠ざかる傾向もない。寄生されているバッタでも，全く同じ結果であり，傾向に変化は見られない。

③適当 · ④不適。水のある方に行ったバッタの中で，寄生されていないバッタでは水に飛び込んだバッタはいなかったが，寄生されているバッタでは，すべてのバッタが水に飛び込んでいることから，ハリガネムシに寄生されると水に飛び込むように行動が変化すると考えられる。

問2 　2　　3　 正解は④ · ⑦

寄生に関するグラフの読み取りおよび実験考察問題である。

①不適。ハリガネムシに寄生されているバッタの数の割合が高い地域の川ほど（右のグラフほど），淡水魚Aがバッタ以外の陸生無脊椎動物を食べる重量割合は低い。

②不適。ハリガネムシに寄生されているバッタの数の割合が低い地域の川ほど（左

のグラフほど），淡水魚Aが水生無脊椎動物を食べる重量割合は高い。

③不適。ハリガネムシに寄生されているバッタの数の割合が低い地域の川ほど（左のグラフほど），淡水魚Aがバッタを食べる重量割合は低い。

④適当。バッタは陸生無脊椎動物である。バッタとバッタ以外の陸生無脊椎動物を合わせると，その重量割合が最も低い川Xでも80％近くを占めており，どの川でも淡水魚Aは水生無脊椎動物よりも高い重量割合で食べている。

⑤不適。実験1・2では，川に寄生者がいないかどうかはわからない。また，食物網の安定に関しても判断できない。

⑥不適。陸生無脊椎動物がもっているエネルギーを，川にいる淡水魚Aが食べることで陸の生態系のエネルギーが川の生態系に流入している。

⑦適当。実験1よりハリガネムシ（寄生者）に寄生されたバッタ（宿主）が水に飛び込むようになるという行動の変化が示されている。また実験2で，寄生されたバッタの数の割合が増加するほど，淡水魚Aが陸生無脊椎動物を捕食する割合が高くなることが示されている。これらのことから，寄生された宿主の行動の変化が，陸の生態系から川の生態系へのエネルギーの流れを変化させていることがわかる。

⑧不適。この実験での宿主はバッタである。水に飛び込んだバッタが生産者（主に光合成をする生物）になることはない。

B　標準　《生態系》

問3　4　正解は④

撹乱に関する知識問題である。

撹乱の定義がリード文に示されている。生態系の「外部の要因によって」，既にある生態系の一部（あるいは全部）が破壊されることである。

①～③・⑤・⑥不適。「外部の要因」が示されていない。また，生態系が「破壊」されてもいない。

④適当。人間によって導入されたマングースという「外部の要因」が，ヤンバルクイナの激減という「破壊」を引き起こしている。

問4　5　正解は①

種間競争に関する知識問題である。

CHECK　種間競争

種間競争とは，ニッチ（エサや生活空間などに関する生態系内での地位）が近い複数の種の間での競争のことである。エサや生活空間などの資源を奪い合い，いずれか一方

の種が勝者となり資源を独占する結果となる。ただし，環境が異なれば，勝者が変わることもある。

①適当。土壌の窒素という資源を奪い合う関係で，種間競争である。

②不適。捕食と被食の関係であり，競争ではない。

③不適。（相利）共生という関係であり，競争ではない。

④不適。寄生という関係であり，競争ではない。

⑤不適。片利共生という関係であり，競争ではない。

⑥不適。寄生という関係であり，競争ではない。

問5 　 6 　 正解は②

撹乱に関する考察問題である。

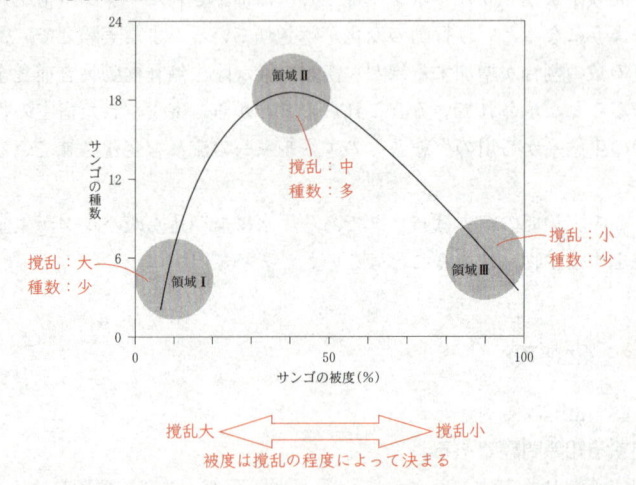

領域 I

　大きな撹乱で，生態系が大きく破壊されているため，生存している生物が少ない状態だと考えられる。生活空間などの資源は十分にあるので，この領域にいるのは撹乱に強くて生き残った種か，撹乱後の空いた生活空間にすばやく侵入する種が考えられる。最も近い選択肢は ⓐ 。 ⓑ は残った種が種間競争に強い種というのが誤り。種間競争というのは多くの生物が生活資源を奪い合う関係のことで，あまり生物が残っていない領域 I には当てはまらない。

領域 II

　中程度の撹乱で，多くの種が生存している（種数が多いということであって個体数が多いとは限らないことに注意）。破壊の程度が中くらいということは，破壊された部分と破壊されなかった部分があると考えられる。破壊された部分では，領域

Ⅰと同様にすばやく侵入する種が生存し，破壊されなかった部分では，領域Ⅲと同様に種間競争に強い種が生き残っていると考えられる。領域ⅠとⅢの両方の種のサンゴが生息しているので，種数が最も多い。最も近い選択肢は⓪。ⓒは逆である。

領域Ⅲ

撹乱が小さく，ほとんど破壊されていない。この場合は，多くのサンゴが少ない資源を奪い合っていると考えられる。種間競争では，競争に強い種が勝者となって生活資源を独占するために，種数が減少する（個体数が少ないわけではないことに注意）。最も近い選択肢は⑥。⑥はほとんど撹乱が起こっていないので，外部から侵入しやすい状態ではない。

第5問 ── 生物の進化と系統

A  《生物の進化と系統》

問1 [1] 正解は⑤

生物の変遷に関する知識問題である。

ア. 哺乳類は中生代のはじめの三畳紀に誕生。恐竜の誕生とほぼ同じ。

イ. 羽毛をもつ鳥類の祖先はジュラ紀の化石から見つかっている。始祖鳥もジュラ紀。

ウ. 恐竜の絶滅でよく知られている中生代の終わり（新生代の始まり）は約6600万年前。

問2 [2] 正解は②

生物の系統に関する考察問題である。

CHECK 系統の近さ

系統樹において，2つの系統をたどっていった場合，より低い位置の分岐でたどり着けるものが近縁である。

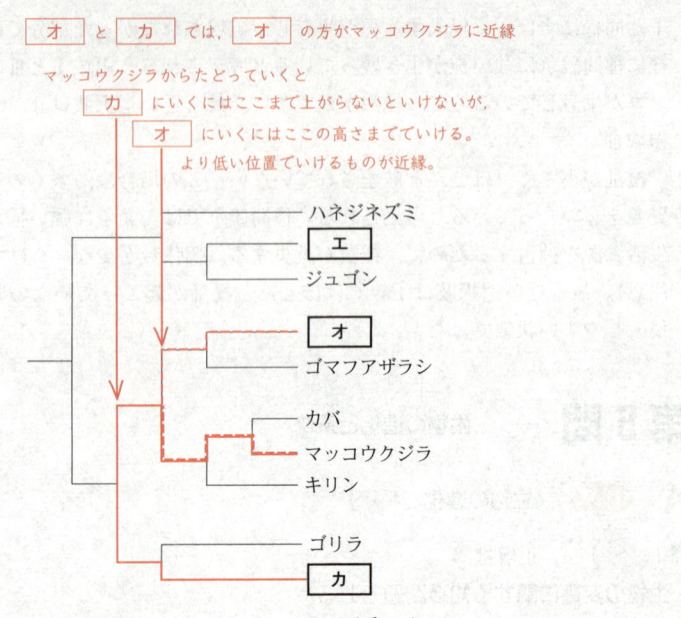

ⓐマッコウクジラに近縁なのは，**オ**，**カ**，**エ**の順番である。

ハツカネズミはアフリカゾウよりもマッコウクジラに近縁なのだから，**オ**か**カ**。

ⓑキリンに近縁なのも，同じく**オ**，**カ**，**エ**の順番である。

ハツカネズミはイヌよりもキリンに近縁ではないのだから，**カ**か**エ**。

ⓐ，ⓑより，ハツカネズミは**カ**であることがわかる。ハツカネズミよりもキリンに近縁な**イヌ**は**オ**，マッコウクジラに近縁でない**アフリカゾウ**は**エ**であることがわかる。

問3　3　正解は②

生物の系統に関する知識問題である。

①正文。両生類の祖先に近い特徴をもつと考えられている。

②誤文・③正文。イチョウとソテツは精子をつくる裸子植物である。

④正文。哺乳類とは「母乳で子供を育てる」動物という意味であり，カモノハシやハリモグラのように卵を産むものもいる。

B 《遺伝子頻度》

問4 　4　　正解は④

遺伝子頻度に関する計算問題である。

$$\frac{\text{対立遺伝子Aの総数}}{\text{全個体中の対立遺伝子の総数}} = \frac{250 \times 2 + 200 \times 1}{(250 + 200 + 50) \times 2} = \frac{700}{1000} = ④\,0.70$$

問5 　5　　正解は③

遺伝子頻度に関する知識問題である。

　遺伝子頻度が変化しないということを示した法則は③ハーディ・ワインベルグの法則。ちなみに，正答以外の法則の内容は以下の通り。

①2本鎖DNAを構成する塩基の割合では，A＝T，G＝Cとなる。

②神経や筋繊維では，興奮（収縮）するかしないかのどちらかしかなく，中間が存在しない。

④体細胞で2つある対立遺伝子が，生殖細胞では1つずつにわかれる。

⑤Aaのようにヘテロ接合体になった場合，優性遺伝子のもつ形質が現れる。

問6 　6　　正解は②

遺伝子頻度に関する知識問題である。

　遺伝子頻度が変化しないというハーディ・ワインベルグの法則が成り立つ条件は次の5つである。

　1．集団が十分に大きい

　2．自由な交配

　3．突然変異が起こらない

　4．個体の出入りがない

　5．自然選択が働かない

　①・③・④はハーディ・ワインベルグの法則が成り立つ条件と一致しないので，遺伝子頻度が変化する要因として適当である。適当でないものを選べばよいので②が正答である。

第6問 ── 生命現象と物質

問1 　1　　正解は⑤

メセルソンとスタールの実験に関する考察問題である。

　DNAが複製するときは，2本ある鎖のうち，1本は元のもので，もう1本は新

たにつくる（半保存的複製）。最初は ^{15}N のみのものから出発し，^{14}N のみを材料として新たにつくるので次のようになる。

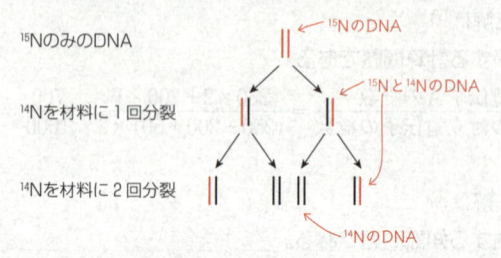

　2回分裂させたものは，^{15}N と ^{14}N の両方をもつ DNA と ^{14}N のみの DNA の 2 種類がある。

問2　　2　　3　　正解は①・⑦

細胞分画法に関する考察問題である。

　問題文に示された内容を図示すると以下のようになる。

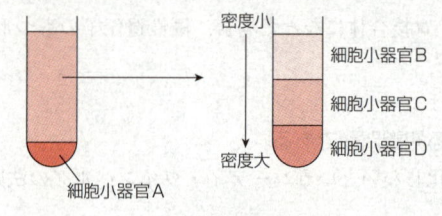

細胞小器官A．「ほとんど全ての遺伝情報を含む」のは核。

細胞小器官B．「タンパク質を分解する酵素が多く含まれる」のでリソソームのことであるが，そのことを知らなくても問題は解ける。

細胞小器官C．動物細胞で「ATP を合成する酵素が多く含まれる」のはミトコンドリア。

細胞小器官D．「カタラーゼが多く含まれる」のでペルオキシソームのことであるが，そのことを知らなくても問題は解ける。

①適当。細胞小器官Aは核であり，真核細胞の核内ではスプライシングが行われている。

②不適。酸化的リン酸化とは，電子伝達系内での ATP 合成のこと。電子伝達系はミトコンドリアにあり，ミトコンドリアは細胞小器官Cである。

③不適。細胞小器官Cはミトコンドリア。ミトコンドリア内ではアルコール発酵は起こらない。また，動物細胞ではアルコール発酵は起こらない。

④不適。光エネルギーを利用した ATP の合成は葉緑体内で起こる。ラットは動物

なので葉緑体はない。

⑤**不適**。クエン酸回路があるのはミトコンドリア。ミトコンドリアは細胞小器官C
であり，底から最も遠いのは細胞小器官B。

⑥**不適**。カルビン・ベンソン回路があるのは葉緑体。ラットは動物なので葉緑体は
ない。

⑦**適当**。底から一番近いのは細胞小器官D。ここにはカタラーゼが多く含まれると
書かれている。カタラーゼは過酸化水素を水と酸素に分解する酵素である。

⑧**不適**。細胞内でアルコールは水と酸素に分解されることはない。アルコールは肝
細胞で代謝されるが，ミトコンドリア内で呼吸に使われ，最終的には水と二酸化
炭素になる。

第7問 （標準）── 動物の分類と行動

問1 ┃ 1 ┃ 正解は① ┃ 2 ┃ 正解は⑥

動物の分類に関する知識問題である。

(a)のアサリは①**軟体動物**であり，(b)のクラゲは⑥**刺胞動物**である。

問2 ┃ 3 ┃ 正解は④

動物の行動に関する知識問題である。

(c)「**慣れ**」と呼ばれる最も単純な学習の例。

(d)経験によって行動が変化することを**学習**という。

問3 ┃ 4 ┃ 正解は①

動物の分類に関する知識問題である。

①**適当**。ヒトデはウニと同じ棘皮動物であり，原口が肛門になる新口動物。

②**不適**。脊索ができるのはナメクジウオなどの原索動物と脊椎動物だけ。タコは軟
体動物。

③**不適**。ウニの原腸胚には，外胚葉，内胚葉の他に，遊離した細胞からなる中胚葉
がある。この中胚葉から骨片が形成される。

④**不適**。アマモは被子植物。花を咲かせるのは被子植物である。

生物基礎　本試験

問題番号 （配点）	設　問		解答番号	正　解	配　点	チェック
第1問 （19）	A	問1	1	③	3	
		問2	2	④	3	
		問3	3	④	3	
	B	問4	4	②	3	
		問5	5	②	3	
		問6	6	③	2	
			7	⑦	2	
第2問 （15）	A	問1	8	⑥	3	
		問2	9	④	3	
		問3	10	②	3	
	B	問4	11	②	3	
		問5	12	③	3	

問題番号 （配点）	設　問		解答番号	正　解	配　点	チェック
第3問 （16）	A	問1	13 - 14	② - ⑦	6 （各3）	
		問2	15	⑥	3	
	B	問3	16	③	3	
		問4	17	①	4	

（注）　–（ハイフン）でつながれた正解は，順序を
　　問わない。

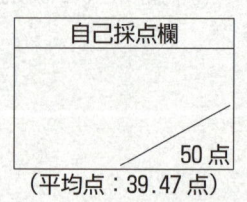

自己採点欄

50 点

（平均点：39.47 点）

第1問 —— 生物と遺伝子

A 《生物の特徴》

問1 1 正解は③

細胞に関する知識問題である。

ⓐアデノシン三リン酸…ATP のこと。すべての生物はエネルギーの供給源として利用している。

ⓑクロロフィル…葉緑体に含まれ，光合成に必要な色素。光合成をする生物はもっているが，動物など光合成をしない生物の細胞には含まれていない。

ⓒセルロース…植物の細胞壁の主成分。いくつかの例外はあるが，セルロースを含んでいるのは植物だけと考えてよい。

ⓓヘモグロビン…酸素を運搬する色素。動物の赤血球などに含まれているが，植物などの細胞には含まれていない。

ⓔ水…すべての生物は細胞内に水を多量に含んでいる。生物の細胞内外の活動は，主に水を溶媒として行われている。休眠している植物の種子などの細胞でも，水の割合は減少しているものの，全くないわけではない。

問2 2 正解は④

原核生物と真核生物に関する知識問題である。

選択肢中の真核生物…オオカナダモ，ミドリムシ，ゾウリムシ

選択肢中の原核生物…ネンジュモ，乳酸菌，大腸菌

問3 3 正解は④

細胞小器官に関する知識問題である。

ア．酸素を使って有機物を分解するのはミトコンドリア。

イ．光合成を行うのは葉緑体。

　ミトコンドリアと葉緑体は，それぞれ生物の進化の過程で，独立して生活していた細菌が真核生物の祖先の細胞に取り込まれたものだと考えられている（細胞内共生説）。

B 標準 《細胞周期》

問4 ☐4☐ 正解は②

細胞周期に関する知識問題である。

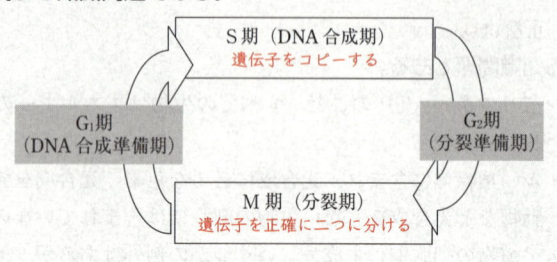

問5 ☐5☐ 正解は②

細胞周期に関する計算問題である。

CHECK 細胞の数の比と時間の比は一致する。その理由は以下のように確率で考える。数学が苦手な人は，理由を考えずにこの関係を覚えてしまおう。

理由：1個の細胞が一定の時間で分裂を繰り返すとする。その細胞を観察したとき，たまたま分裂期である確率は，「分裂期の時間÷全体の時間」である。ランダムに（タイミングを合わせたりせずに）分裂を繰り返している多数の細胞がある場合，観察したときにたまたま分裂期である細胞の数は，「全細胞数×分裂期の時間÷全体の時間」で求められる。

（分裂期の細胞数）÷（全細胞数）＝（分裂期の時間）÷（全体の時間）

なので

（分裂期の細胞数）：（全細胞数）＝（分裂期の時間）：（全体の時間）

である。間期の細胞数でも同様に考えられる。

細胞の数の比と時間の比は一致するので，分裂期の時間を X とすると

間期の細胞 分裂期の細胞 間期の時間 分裂期の時間
$$168 : 42 = 20 : X$$

$42 \times 20 = 168X$ より $X = 5$。よって，分裂期の長さは 5 時間。全体の時間は $20 + 5$ で 25 時間となる。

問6 ☐6☐ 正解は③ ☐7☐ 正解は⑦

細胞の分化に関する知識問題である。

カ．遺伝子がはたらきを示すことを発現という。具体的には遺伝子からタンパク質を合成することで発現する。

キ．だ液腺の組織ではだ液をつくっており，だ液に含まれるタンパク質は選択肢の中ではアミラーゼしかない。

第2問 ── 生物の体内環境の維持

A　易　《体内環境》

問1　8　正解は⑥

血液に関する知識問題である。

①不適。脊椎動物では，酸素は主に赤血球中のヘモグロビンによって運ばれる。

②不適。血しょうには，グルコースや無機塩類の他に，アルブミン，グロブリン，フィブリノーゲンなどのタンパク質も多く含まれている。

③不適。血ぺいは，フィブリノーゲンからフィブリンが合成され，血球と絡まってつくられる。

④不適。二酸化炭素は，主に血しょうによって運ばれる。血小板は血液凝固に関係する。

⑤不適。白血球はヘモグロビンを含まない。ヘモグロビンを含むのは赤血球。

⑥適当。ヘモグロビンは，酸素が多いところでは酸素と結合し，少ないところでは離す性質がある。

問2　9　正解は④

血液循環に関する知識問題である。

①不適。運動すると，筋肉に流入する血液は増加する。

②不適。交感神経が興奮すると，心拍数は上昇する。

③不適。肺動脈を流れる血液は，酸素を取り込む肺に向かっている血液，つまり酸素を取り込む前の血液である。また，肺静脈を流れる血液は，肺から心臓へ向かっている血液，つまり酸素を取り込んだ後の血液である。よって，肺動脈を流れる血液に含まれる酸素の量は，肺静脈を流れる血液よりも少ない。

④適当。毛細血管では，血しょうが血管から出て組織液になる。また，組織液が血管内に入り込んで血しょうとなっている。

⑤不適。血液は，小腸などの消化管から肝門脈を通って，肝臓へと流入する。

⑥不適。リンパ管から静脈にリンパ液が流れ込み，血しょうとなる。

問3　10　正解は②

ホルモンに関する知識問題である。

　体液の水分量を調節するホルモンはバソプレシンで，腎臓で水の再吸収を促進する。バソプレシンを分泌する内分泌腺は脳下垂体後葉。

B　《生体防御》

問4　[11]　正解は②

免疫に関する知識問題である。

ア. 食作用を行うのは樹状細胞。血小板は血液凝固に関係し，食作用は行わない。

イ. 樹状細胞は抗原提示細胞の代表例。食作用により取り込んだ異物を部分的に分解し，抗原として提示する。ワクチンとは，記憶細胞をつくるために意図的に用いる，弱毒化した抗原のことをいう。

ウ. 抗体を産生するのはB細胞。キラーT細胞は細胞を直接攻撃する細胞で，抗体は産生しない。

問5　[12]　正解は③

免疫に関する知識問題である。

CHECK　1回目の抗体産生は，抗原侵入から時間がかかり（1週間前後），抗体産生量も少ない。2回目になると，抗原侵入からより短時間で，より大量に抗体を産生する（回を重ねるごとにより短時間に，より大量になっていく）。グラフを選ぶときには，この点に注目して選べばよい。

　1回目よりも2回目の抗体産生量が多いのは，①と③。このうち，1回目よりも2回目の方が抗原侵入から抗体産生までの時間が短いのは③。

第3問 ── 生物の多様性と生態系

A　《バイオーム》

問1　[13]　[14]　正解は②・⑦

バイオームに関する知識およびグラフの読み取り問題である。

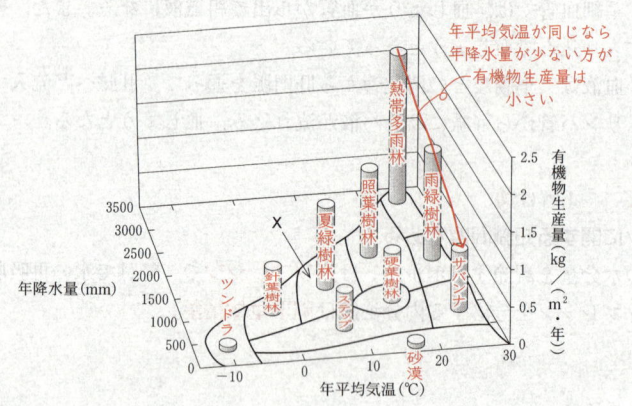

①③不適・②適当。グラフから，同じ年平均気温のバイオームを比べると，年降水量が少ない方が有機物生産量は小さくなることがわかる。

④⑤⑥不適・⑦適当。それぞれのバイオームの有機物生産量（グラフでは，円柱の高さで示される）を比較してみればよい。

問2　15　正解は⑥

日本のバイオームに関する知識問題である。

　夏緑樹林は，主に東日本の平野部に多く見られるが，北海道の平野部や西日本の標高の高いところにも分布している。分布していないのは，沖縄だけである。

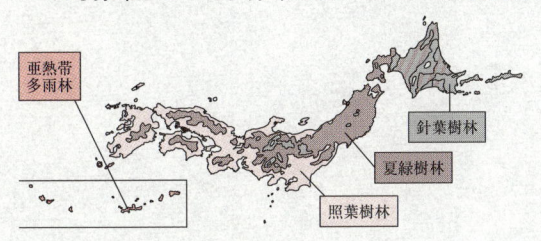

B　易　《生態系》

問3　16　正解は③

生態系の役割に関する知識問題である。

①正文。生産者は硝酸イオンやアンモニウムイオンを取り込んで窒素同化も行う。

②正文。光合成などで，無機物から有機物を合成するものを生産者という。

③誤文。生産者も呼吸をしている。

④正文。消費者は（生産者も）呼吸を行い，得たエネルギーで活動を行っている。

⑤正文。生産者が合成した有機物を栄養源として取り込むものを消費者という。

問4　17　正解は①

生態系に関する知識問題である。

ア．分解者が分解するのは有機物である。火山灰や風化した岩石は有機物ではない。

イ．熱帯多雨林は湿潤で温度が高く，分解者の活動がしやすい環境であるため，分解速度は速い。また，文脈から有機物の供給速度が速いにもかかわらず有機物量が少ないというのだから，分解速度が速くなくては意味が通らない。

2024年版

共通テスト
過去問研究

生物
生物基礎

問題編

矢印の方向に引くと
本体から取り外せます ➡

ゆっくり丁寧に取り外しましょう

問題編

＊ 2021 年度の共通テストは，新型コロナウイルス感染症の影響に伴う学業の遅れに対応す
る選択肢を確保するため，本試験が以下の 2 日程で実施されました。
第 1 日程：2021 年 1 月 16 日(土)および 17 日(日)
第 2 日程：2021 年 1 月 30 日(土)および 31 日(日)

＊ 第 2 回試行調査は 2018 年度に，第 1 回試行調査は 2017 年度に実施されたものです。

＊ 生物基礎の試行調査は，2018 年度のみ実施されました。

マークシート解答用紙　2 回分
※本書に付属のマークシートは編集部で作
成したものです。実際の試験とは異なる
場合がありますが，ご了承ください。

生物
生物基礎

共通テスト 本試験

2023

生物：

解答時間 60 分　配点 100 点

生物基礎：

解答時間　2 科目 60 分

配点　2 科目 100 点

（物理基礎，化学基礎，生物基礎，
地学基礎から 2 科目選択）

生　　　　　物

（解答番号 $\boxed{1}$ ～ $\boxed{28}$ ）

第1問 次の文章を読み，後の問い（**問1 ～ 4**）に答えよ。（配点 17）

　シアノバクテリアは，光合成に用いる光エネルギーを捕集する色素-タンパク質複合体（以下，集光装置）としてフィコシアノビリン-タンパク質複合体を用いている。この複合体を構成する主なタンパク質は，αサブユニットとβサブユニットとが結合した複合体（以下，α/β複合体）であり，それらの遺伝子は(a)オペロンを形成している。

　細菌は，必須元素の硫黄を硫酸イオンとして取り込み，硫黄を含むアミノ酸であるメチオニンやシステインの合成に利用している。ある種のシアノバクテリアは，硫酸イオンを十分取り込める培養条件（以下，硫酸十分条件）から硫酸イオンが欠乏する培養条件（以下，硫酸欠乏条件）に切り替わると，メチオニンやシステインをアミノ酸配列中に必要最小限しか持たないα/β複合体を使うようになる。シアノバクテリアでは集光装置がタンパク質全体のおよそ半分を占めるため，このような応答によって，生育に必要な硫酸イオンの量を大幅に少なくすることができる。

　シアノバクテリアの硫酸欠乏条件への適応におけるα/β複合体の発現調節の仕組みを調べるため，**実験1**を行った。

問 1　下線部(a)に関連して，原核生物における遺伝子発現の調節に関する記述として最も適当なものを，次の①〜⑤のうちから一つ選べ。　　1

① オペロンを構成する個々の遺伝子の転写は，それぞれ異なる調節タンパク質によって制御される。

② オペロンを構成する個々の遺伝子は，それぞれ異なる種類の RNA ポリメラーゼによって転写される。

③ リプレッサーは，RNA ポリメラーゼに結合して遺伝子の転写を抑制する。

④ 転写には，核内にある基本転写因子が必要である。

⑤ 調節タンパク質は，オペレーターに結合して遺伝子の転写を制御する。

実験 1 硫酸十分条件および硫酸欠乏条件で培養したシアノバクテリアで，α/β 複合体の α サブユニットのアミノ酸配列を指定する遺伝子A・C・Eおよび β サブユニットのアミノ酸配列を指定する遺伝子B・D・Fの発現量を調べたところ，図1の結果が得られた。なお，遺伝子Aと遺伝子B，遺伝子Cと遺伝子D，および遺伝子Eと遺伝子Fは，それぞれオペロンを形成している。

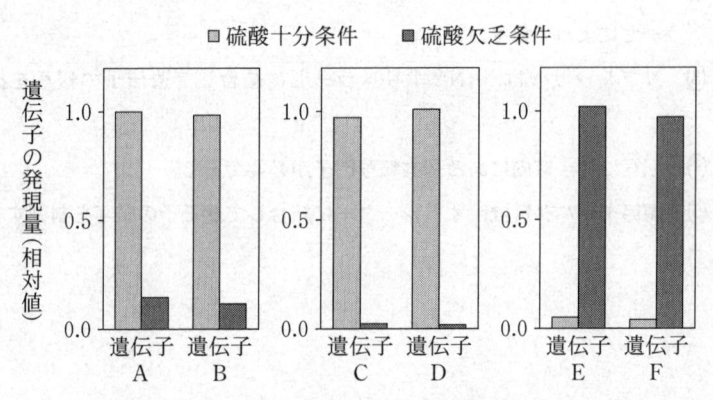

注：各グラフにおいて，縦軸は各遺伝子セットで発現量の最も多いものの値を1とする。

図　1

問2 次の記述ⓐ～ⓓのうち，**実験1**の結果から導かれる考察として適当な記述は
どれか。その組合せとして最も適当なものを，後の①～⑥のうちから一つ選
べ。　| 2 |

ⓐ　遺伝子Ａと遺伝子Ｂは，硫酸イオン濃度による制御を受けない。

ⓑ　遺伝子Ｃと遺伝子Ｄは，主に硫酸十分条件で働く。

ⓒ　遺伝子Ｅと遺伝子Ｆは，メチオニンやシステインの少ないα/β複合体の
各サブユニットのアミノ酸配列を指定する。

ⓓ　シアノバクテリアは，硫酸欠乏条件では光合成を行わない。

① ⓐ，ⓑ　　　　② ⓐ，ⓒ　　　　③ ⓐ，ⓓ

④ ⓑ，ⓒ　　　　⑤ ⓑ，ⓓ　　　　⑥ ⓒ，ⓓ

問3 図1の遺伝子Ｅと遺伝子Ｆの転写には，調節タンパク質Ｒが関わっている
と考えられた。この仮説を証明するための実験として**適当でないもの**を，次の
①～⑤のうちから一つ選べ。　| 3 |

①　調節タンパク質Ｒの機能を失っている変異体で，遺伝子Ｅと遺伝子Ｆの
発現を調べる。

②　調節タンパク質Ｒを過剰に発現している変異体で，遺伝子Ｅと遺伝子Ｆ
の発現を調べる。

③　調節タンパク質Ｒが，遺伝子Ｅと遺伝子Ｆの転写調節領域に結合するか
を調べる。

④　調節タンパク質Ｒが，遺伝子Ｅと遺伝子Ｆからつくられるタンパク質と
結合するかを調べる。

⑤　調節タンパク質Ｒの発現が，硫酸イオン濃度の異なる条件によって変動
するかを調べる。

問 4　光合成を行う真核生物どうしでも，葉緑体内の集光装置は分類群によって異なる。表1は，光合成を行ういくつかの真核生物の分類群とその集光装置を示している。表1を踏まえて，図2に示す系統樹中の ┃ **ア** ┃ ～ ┃ **オ** ┃ に入る分類群の組合せとして最も適当なものを，後の①～⑨のうちから一つ選べ。ただし，それぞれの集光装置は，フィコシアノビリン-タンパク質複合体から1回の変化により生じたとする。 ┃ **4** ┃

表　1

分類群	集光装置
紅　藻	フィコシアノビリン-タンパク質複合体
褐　藻	フコキサンチン-タンパク質複合体
ケイ藻	フコキサンチン-タンパク質複合体
緑　藻	クロロフィル-タンパク質複合体
植　物	クロロフィル-タンパク質複合体

注：フコキサンチンはカロテノイド（カロテン類）の一種。

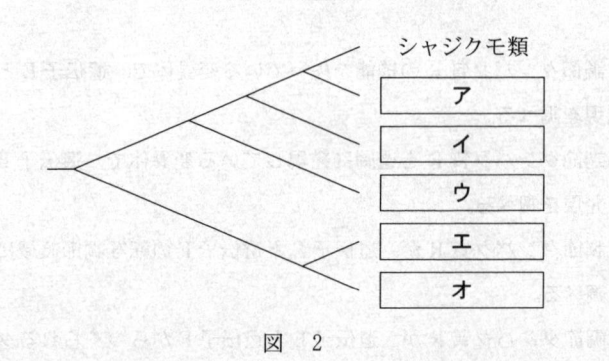

図　2

	ア	イ	ウ	エ	オ
①	紅　藻	褐　藻	ケイ藻	緑　藻	植　物
②	紅　藻	ケイ藻	褐　藻	緑　藻	植　物
③	紅　藻	緑　藻	植　物	褐　藻	ケイ藻
④	緑　藻	植　物	紅　藻	褐　藻	ケイ藻
⑤	緑　藻	植　物	褐　藻	紅　藻	ケイ藻
⑥	緑　藻	植　物	ケイ藻	紅　藻	褐　藻
⑦	植　物	緑　藻	紅　藻	褐　藻	ケイ藻
⑧	植　物	緑　藻	褐　藻	紅　藻	ケイ藻
⑨	植　物	緑　藻	ケイ藻	紅　藻	褐　藻

第2問 次の文章（**A・B**）を読み，後の問い（問1～4）に答えよ。（配点 18）

A ヒトでは，3種類の錐体細胞が色覚を担っている。各錐体細胞には光に反応する物質（視物質）が1種類ずつ存在し，3種類の視物質はそれぞれ異なる波長の光に反応する。これら3種類の視物質それぞれをつくる三つの遺伝子のうち，一つは常染色体に存在する。残りの二つはX染色体上に並んで存在し，(a)遺伝子重複によって生じたと考えられている。他方，多くの哺乳類では，この遺伝子重複が起こっていないため，視物質をつくる遺伝子がX染色体上には一つしかなく，2種類の視物質からなる二色型色覚になっている。(b)ノドジロオマキザルという霊長類の一種では，X染色体における遺伝子の重複は起こっていないにもかかわらず，二色型色覚の個体（以下，二色型）と三色型色覚の個体（以下，三色型）とが共存している。ノドジロオマキザルでは，X染色体上の一つの遺伝子座に複数の対立遺伝子があり，それぞれの対立遺伝子は互いに異なる色に対応するため，X染色体の遺伝子座がヘテロ接合になっている個体は，三色型になる。なお，ノドジロオマキザルは，ヒトと同じ性決定様式を持つ。

問1 下線部(a)について，次の記述ⓐ～ⓒのうち，適当なものはどれか。それを過不足なく含むものを，後の①～⑦のうちから一つ選べ。 | 5 |

ⓐ 重複によって生じた遺伝子の片方に突然変異が起こることで，もう一方の遺伝子が合成するタンパク質とは異なるアミノ酸配列のタンパク質が合成されるようになることがある。

ⓑ 重複によって生じた遺伝子の片方の転写調節領域に突然変異が起こることで，その遺伝子はもう一方の遺伝子とは異なる組織で発現するようになることがある。

ⓒ 重複によって生じた遺伝子の片方に突然変異が起こることでその遺伝子の働きが失われても，個体の生存にとって不利にならないことがある。

① ⓐ ② ⓑ ③ ⓒ ④ ⓐ, ⓑ
⑤ ⓐ, ⓒ ⑥ ⓑ, ⓒ ⑦ ⓐ, ⓑ, ⓒ

問 2　下線部(b)に関連して，動物の色覚にはその生態が関与している可能性がある。ノドジロオマキザルは森に棲み，視覚を使って食物となる昆虫や果実を見つける。図 1 は明るさの違う場所での昆虫の発見効率を，図 2 は果実の色の違いによる果実の発見効率を，二色型と三色型との間で比較した結果である。ここで，食物の発見効率が個体の生存に関連するとしたとき，X 染色体の遺伝子座における遺伝子型を踏まえて，図 1 と図 2 から導かれる推論として適当なものを，後の①～⑥のうちから二つ選べ。ただし，解答の順序は問わない。なお，食物の発見効率は性によらないものとし，果実の発見効率は明るさによらないものとする。新たな突然変異や遺伝子重複は考えないこととする。　 6 ・ 7

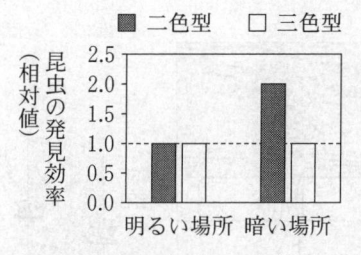

注：二色型が明るい場所で昆虫を
　　発見する効率を 1 とする。

図　1

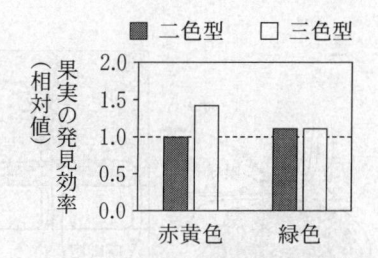

注：二色型が赤黄色の果実を発見
　　する効率を 1 とする。

図　2

①　果実が存在し，昆虫は存在しない場合，三色型が生存に不利になるだろう。

②　昆虫が存在し，果実は存在しない場合，二色型が生存に有利になるだろう。

③　暗い場所のみが存在し，果実は赤黄色のみが存在する場合，雌と雄のそれぞれに二色型と三色型が共存するだろう。

④　明るい場所のみが存在し，果実は赤黄色のみが存在する場合，世代を経ると三色型が増え，最終的に全ての個体が三色型になるだろう。

⑤　明るい場所のみが存在し，果実は赤黄色と緑色が混在する場合，世代を経ても二色型と三色型の共存が維持されるだろう。

⑥　明るい場所のみが存在し，果実は緑色のみが存在する場合，世代を経ると三色型の頻度は増加し，二色型の頻度は減少するだろう。

B ヒトのゲノムには，重複によって生じた数百種類の(c)匂いの受容体(嗅覚受容体)の遺伝子があり，ヒトの感覚受容に役立っている。ヒトでは，空気中の匂い物質が鼻腔の奥に到達し，嗅細胞の繊毛に存在する嗅覚受容体に結合すると，電位が発生する。嗅細胞が受容した匂い物質の情報は，(d)脳の一次中枢(嗅球)で分類されたのち大脳へと伝わり，匂いの感覚が生じる。図3は，ヒトの嗅覚の仕組みを模式的に示したものである。通常，1個の嗅細胞では1種類の嗅覚受容体のみが発現しており，同じ種類の嗅覚受容体を発現する嗅細胞の情報は，嗅球の1か所のみを興奮させる。嗅覚受容体は，何種類もの匂い物質と結合できるが，それぞれの結合の強さは匂い物質ごとに異なる。

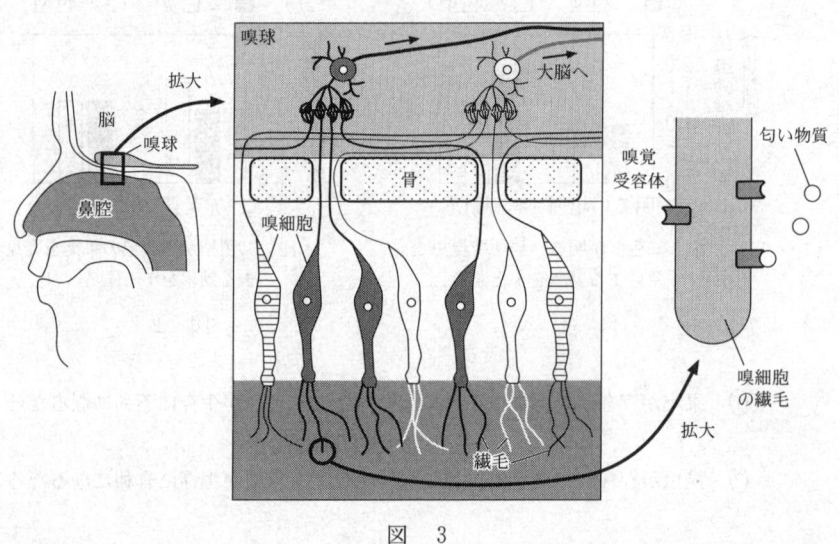

図 3

問 3 下線部(c)に関連して，ヒトは，ゲノムにある嗅覚受容体の遺伝子の数より
も，はるかに多くの種類の匂いを識別することができる。その仕組みを調べ
るため，嗅覚受容体 A を発現させた培養細胞 A と，嗅覚受容体 B を発現さ
せた培養細胞 B とを用い，匂い物質 C〜G の様々な濃度に対する興奮の大き
さを調べたところ，表 1 および表 2 の結果が得られた。これらの結果から導
かれる嗅細胞に関する推論として**適当でないもの**を，後の**①**〜**⑤**のうちから
一つ選べ。 8

表 1

培養細胞 A の興奮の大きさ

| 匂い物質 | 匂い物質の濃度(mg/L) | | | | |
の種類	3	10	30	100	300
C	0	25	50	75	100
D	0	15	45	75	100
E	0	0	30	65	100
F	10	40	70	100	100
G	0	35	65	100	100

表 2

培養細胞 B の興奮の大きさ

| 匂い物質 | 匂い物質の濃度(mg/L) | | | | |
の種類	3	10	30	100	300
C	0	0	0	0	0
D	0	0	0	0	0
E	0	0	0	0	0
F	0	0	30	65	100
G	0	25	50	75	100

注：表中の数値は，各細胞の興奮の大きさの最大値を 100 とした相対値を示す。
例えば 25 は，最大値の 25 % の大きさの興奮が起こったことを示す。

① 嗅細胞によっては，興奮しない匂い物質がある。

② 嗅細胞が興奮する匂い物質の最低濃度は，匂い物質の種類によって異な
ることがある。

③ 匂い物質の種類と濃度によっては，興奮する嗅細胞の組合せが異なる。

④ 匂い物質の濃度が高ければ高いほど，嗅細胞は，より多くの種類の匂い
物質に対して異なる興奮の大きさを示す。

⑤ 匂い物質の種類が異なると，同じ濃度でも，嗅細胞の興奮の大きさが異
なることがある。

問 4 下線部(d)に関連して，嗅球で匂いの情報が処理される仕組みに関する次の
考察文中の　**ア**　に入る数値として最も適当なものを，後の①～⑧のうち
から一つ選べ。　**9**

　　匂いの情報は，嗅球の興奮する位置と興奮の大きさの組合せとして表現さ
れると考えられる。例えば，嗅細胞が 10 種類だけであるとする。このと
き，それぞれの嗅細胞の情報は嗅球の異なる 1 か所ずつを興奮させるので，
仮に嗅球の各箇所の興奮の大きさが最大値の 0，30，65，100 ％ の 4 段階し
かない場合でも，興奮する位置と興奮の大きさの組合せは約　**ア**　通りと
なる。このような仕組みが嗅球の数百か所で働くことで，ヒトは非常に多く
の匂いを識別することができる。

① 　　40　　　　② 　　　100　　　　③ 　　400
④ 　1,000　　　⑤ 　　10,000　　　⑥ 　100,000
⑦ 1,000,000　　⑧ 10,000,000

第3問　次の文章を読み，後の問い(問1〜3)に答えよ。(配点　12)

　太陽からの直射光が到達する場所の光環境(以下，日なた)に対して，葉に覆われて陰になっている場所の光環境(以下，葉陰)は異なる。(a)植物は，このような周囲の光環境の違いを種々の光受容体により感知して，光環境に応答しながら生きている。

問 1　下線部(a)に関連して，次の文章中の　ア　〜　ウ　に入る語句の組合せとして最も適当なものを，後の①〜⑧のうちから一つ選べ。　10

　日なたは葉陰と比較して，遠赤色光に対する赤色光の割合が　ア　。このことから，植物によっては，日なたで Pfr 型(遠赤色光吸収型)フィトクロムが　イ　することで，種子の発芽が促進される。この発芽の調節は，Pfr 型フィトクロムの　イ　により，ジベレリンの合成が誘導されアブシシン酸の働きが　ウ　されることによる。

	ア	イ	ウ
①	低 い	減 少	促 進
②	低 い	減 少	抑 制
③	低 い	増 加	促 進
④	低 い	増 加	抑 制
⑤	高 い	減 少	促 進
⑥	高 い	減 少	抑 制
⑦	高 い	増 加	促 進
⑧	高 い	増 加	抑 制

　光環境は，細胞内での葉緑体の分布にも影響を与える。そこで，光環境を変えたときに葉緑体の分布がどのように変化するかを調べるため，**実験1**を行った。

実験1　日なたで生育させたシロイヌナズナを，よく晴れた日の正午に葉陰に移した(処理1)。そのシロイヌナズナを，翌日の正午に葉陰から日なたに再び移して3時間置いた(処理2)。図1はこの処理を模式的に表したものである。図2は，葉緑体の分布を観察した細胞の模式図である。また図3は，処理1を施す前，処理1終了直後，および処理2終了直後のそれぞれについて，細胞内の葉緑体の分布を模式的に示したものである。

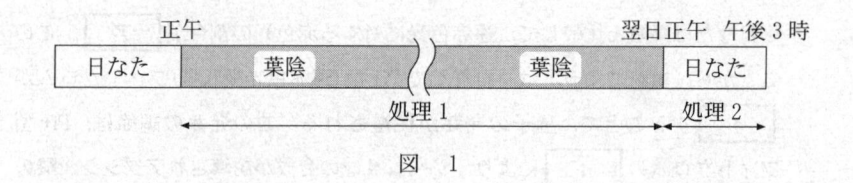

図　1

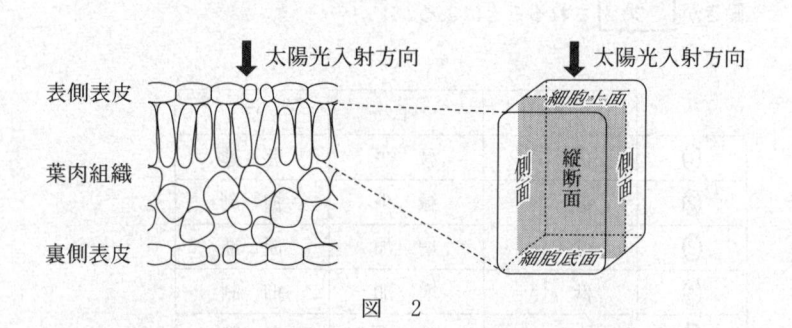

図　2

処理1を施す前		処理1終了直後		処理2終了直後	
細胞上面	縦断面	細胞上面	縦断面	細胞上面	縦断面

注：●は葉緑体を示す。

図　3

問 2　葉緑体の分布の違いが，葉を通る光にどのような影響を及ぼすかを調べるため，処理1終了直後と処理2終了直後のシロイヌナズナの葉の表側表皮から波長 400～700 nm の一定の強度の光(以下，入射光)を照射して，裏側表皮に透過する光(以下，透過光)の強度を波長ごとに測定し，波長 400～700 nm の光の透過率(入射光に対する透過光の割合)を記録した。得られた各波長の光の透過率を示すグラフとして最も適当なものを，次の**①**～**⑥**のうちから一つ選べ。なお，図中の実線は処理1終了直後，破線は処理2終了直後の結果を示したものである。　$\boxed{11}$

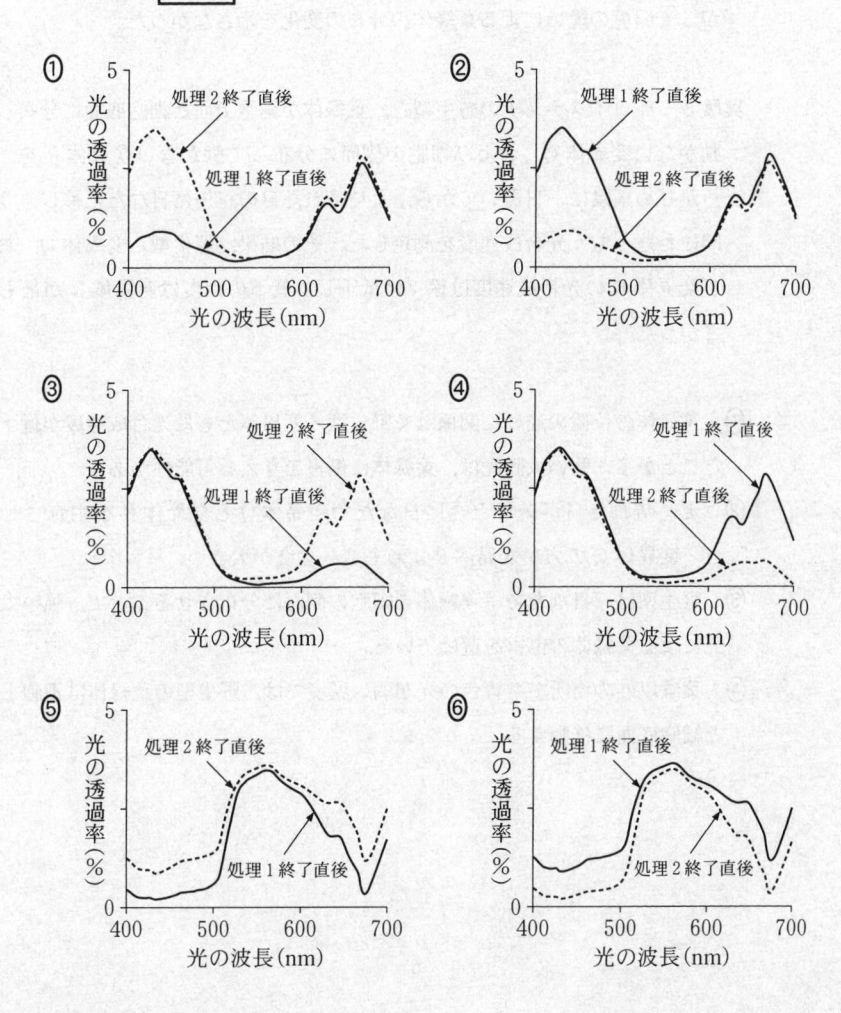

問 3　光環境の違いにより葉緑体の分布が変化する仕組みと生理的な意味を調べる
ため，**実験 2・実験 3** を行った。**実験 1 ～ 3** の結果から導かれる考察として**適
当でないもの**を，後の**①～④**のうちから一つ選べ。　　12

実験 2　光受容体のどれか 1 種類を欠失した種々のシロイヌナズナ変異体に，
実験 1 と同様の処理 1・処理 2 を施し，葉肉細胞内の葉緑体の分布を観察し
た。その結果，青色光受容体であるフォトトロピンを欠失した変異体のみ
が，光環境の違いによる葉緑体の分布の変化を示さなかった。

実験 3　シロイヌナズナの野生型と，葉緑体が細胞上面と細胞底面に分布して
動かない変異体 Q，および細胞の側面に分布して動かない変異体 R を，あ
らかじめ葉陰に一日置いてから，よく晴れた日の正午に日なたに移し，3 時
間にわたって，光合成速度を測定した。その結果，野生型，変異体 Q，およ
び変異体 R の光合成速度は徐々に低下し，低下の程度は変異体 R が最も小
さかった。

① 葉緑体の位置の違いに関係なく野生型・変異体ともに光合成速度が低下し
たことから，強い太陽光は，葉緑体に傷害を与える可能性がある。

② よく晴れた日が続くときに日なたで変異体 Q と変異体 R を生育させる
と，変異体 Q の方が変異体 R よりも成長速度が大きい。

③ 野生型は，日なたでは葉緑体を細胞の側面に分布させることで，強い太陽
光による葉緑体の傷害を避けている。

④ 葉陰以外の場所でも青色の光が弱い環境では，野生型の葉緑体は細胞上面
と細胞底面に移動する。

第4問　次の文章を読み，後の問い（**問1～5**）に答えよ。（配点　20）

　植物は，窒素を硝酸イオン（NO_3^-）やアンモニウムイオン（NH_4^+）として，リンをリン酸イオンとして根から吸収し，(a)有機物の合成に用いている。窒素とリンはどちらも植物の成長に不可欠であり，どちらか一方でも不足すると，植物の成長が妨げられる。窒素やリンは自然界においても不足しやすく，(b)生態系の純生産量が制限される要因になる。植物 M が優占する3か所の地点A～Cにおいて，土壌水分中の窒素とリンの濃度を調べたところ，図1のように，場所によって濃度が異なっていた。

　マメ科の植物など根粒菌と共生する一部の植物は，(c)根粒菌の窒素固定を通じて窒素を補うことで，窒素が不足する土壌でも成長することができる。しかし，多くの場所において土壌中の窒素が不足しているにもかかわらず，(d)根粒菌などの細菌との共生を通じて窒素を得る植物が常に有利であるわけではない。

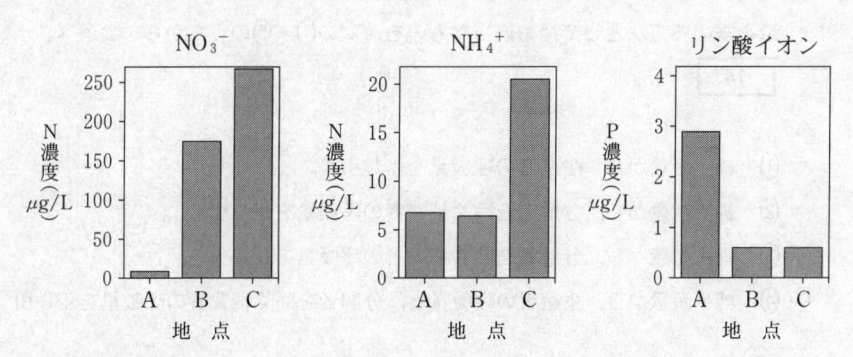

注：N濃度はイオンとして存在する窒素（N）の濃度を，P濃度はイオンとして存在するリン（P）の濃度を表す。

図　1

問 1 下線部(a)についての記述として**誤っているもの**を，次の①〜④のうちから一つ選べ。 13

① 核酸の合成とATPの合成のどちらにも，窒素とリンの両方が必要である。

② アミノ酸は，タンパク質以外の有機窒素化合物の合成にも利用される。

③ タンパク質の合成過程では，アミノ酸の側鎖どうしがペプチド結合でつながることで，立体構造がつくられる。

④ カルビン・ベンソン回路によってCO_2が固定される反応には，窒素を成分とする有機物の働きが必要である。

問 2 下線部(b)に関連して，生態系の純生産量は，その一部が生産者の成長量となったり，消費者の摂食量となったりするほか，落葉や落枝のように枯死量として生態系内に蓄積される。一定期間のうちに生態系内に蓄積された有機物の量を求める方法として最も適当なものを，次の①〜⑤のうちから一つ選べ。 14

① 純生産量から，生産者の呼吸量を差し引く。

② 純生産量から，分解者を除く消費者の呼吸量を差し引く。

③ 純生産量から，分解者を含む消費者の呼吸量を差し引く。

④ 純生産量から，生産者の呼吸量と，分解者を除く消費者の呼吸量を差し引く。

⑤ 純生産量から，生産者の呼吸量と，分解者を含む消費者の呼吸量を差し引く。

問 3　図1の地点 A～C において，重量が同じ植物 M を複数個体用意し，それぞれの個体に窒素とリンのいずれか，またはその両方（以下，窒素＋リン）を肥料として与え，何も与えなかった個体（以下，無処理）と成長量を比較する実験を行ったところ，図2の結果が得られた。この結果から，植物 M の成長量は，窒素とリンのうち，土壌から得られる量が必要量に比べて不足している栄養分によって制限されていると考えられた。図2の**ア～ウ**の結果が得られた場所の組合せとして最も適当なものを，後の**①～⑥**のうちから一つ選べ。なお，与えた窒素およびリンの量は，いずれの処理でも，それぞれ等しいものとする。

| 15 |

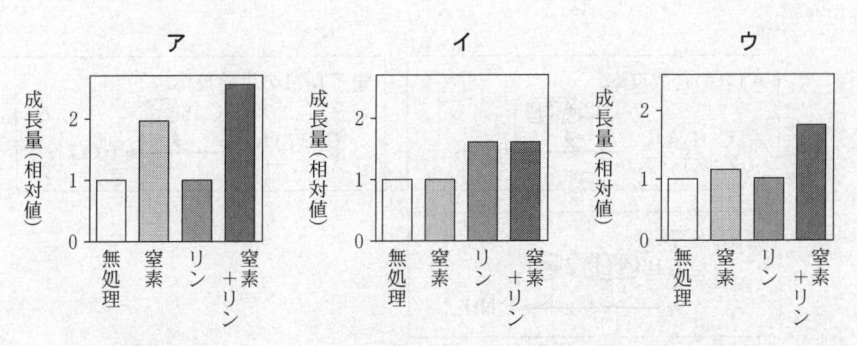

注：無処理の成長量を1とする。窒素肥料は，NO_3^- と NH_4^+ を半量ずつ含む。

図　2

	ア	イ	ウ
①	地点 A	地点 B	地点 C
②	地点 A	地点 C	地点 B
③	地点 B	地点 A	地点 C
④	地点 B	地点 C	地点 A
⑤	地点 C	地点 A	地点 B
⑥	地点 C	地点 B	地点 A

問 4 下線部(c)に関連して，窒素固定はATPと電子(e^-)を必要とする反応である。根粒菌では，植物から供給された有機物を利用してATPと e^- を得て，窒素固定を行っている。図3は，ある条件において，グルコースから呼吸を通じてATPが合成される反応，ATPの合成とは別の反応によりグルコースから e^- が供給される反応，および窒素固定反応について調べた結果を示した模式図である。図3を踏まえて，窒素が固定され，植物で利用される過程に関する後の文章中の エ ・ オ に入る数値または語句として最も適当なものを，後の①～⑧のうちからそれぞれ一つずつ選べ。ただし，同じものを繰り返し選んでもよい。

エ 16 ・オ 17

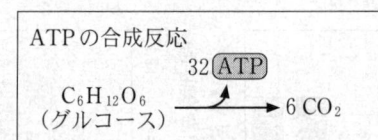
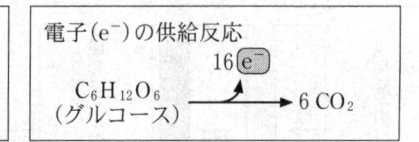
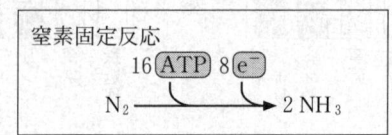

図 3

　1分子の窒素をアンモニアに還元するためには， エ 分子のグルコースが必要である。生成したアンモニアは NH_4^+ に変換され，植物細胞内で数段階の反応を経て オ となる。 オ のアミノ基は有機酸に転移され，様々なアミノ酸の合成に利用される。

① $\dfrac{1}{4}$　　　② $\dfrac{1}{2}$　　　③ 1　　　④ 2
⑤ オキサロ酢酸
⑥ ケトグルタル酸（α-ケトグルタル酸）
⑦ グルタミン酸
⑧ ピルビン酸

問 5 下線部(d)について，根粒菌などの細菌を通じて窒素を得る植物が，そうでは
ない植物に比べ必ずしも有利ではない理由に関する次の文章中の ┃ **カ** ┃ ～
┃ **ケ** ┃ に入る語句の組合せとして最も適当なものを，後の①～⑧のうちから
一つ選べ。┃ 18 ┃

　無機窒素化合物の還元には，エネルギーが必要である。そのため，植物が土
壌から吸収した無機窒素化合物を用いて有機窒素化合物を合成するのに必要な
エネルギー量は，┃ **カ** ┃ よりも ┃ **キ** ┃ を用いる経路の方が大きい。植物が
根粒菌と共生すると，窒素が不足した環境でも成長できるが，**問4**で考えたと
おり，根粒菌の窒素固定にはエネルギーが必要である。根粒菌は ┃ **ク** ┃ であ
るため，植物が根粒菌と共生して N_2 から有機窒素化合物を得る際，植物は窒
素固定のエネルギーに加え，根粒を形成し，維持するためのエネルギーも負担
している。したがって，根粒菌と共生する植物は，┃ **ケ** ┃ 環境では共生に
よって大きな利益を得ることができないと考えられる。

	カ	キ	ク	ケ
①	NO_3^-	NH_4^+	従属栄養	明るい
②	NO_3^-	NH_4^+	従属栄養	暗　い
③	NO_3^-	NH_4^+	独立栄養	明るい
④	NO_3^-	NH_4^+	独立栄養	暗　い
⑤	NH_4^+	NO_3^-	従属栄養	明るい
⑥	NH_4^+	NO_3^-	従属栄養	暗　い
⑦	NH_4^+	NO_3^-	独立栄養	明るい
⑧	NH_4^+	NO_3^-	独立栄養	暗　い

第5問 次の文章を読み，後の問い(問1～4)に答えよ。(配点 19)

　ショウジョウバエでは，タンパク質 X の mRNA は，(a)母性因子の遺伝子(母性効果遺伝子)(以下，母性遺伝子)から転写され，卵の後端の細胞質に蓄えられる。卵が産みだされると，この mRNA からタンパク質 X が翻訳され，発生を開始した卵(以下，胚)の後端から前方の領域にかけて(b)タンパク質 X の濃度勾配が生じ，タンパク質 X の濃度が一定以上になった領域に腹部が形成される。

問 1 下線部(a)に関連して，ショウジョウバエの胚の生存に必要な母性因子を合成する母性遺伝子 M に関する次の文章中の **ア**・**イ** に入る数値として最も適当なものを，後の①～⑤のうちからそれぞれ一つずつ選べ。ただし，同じものを繰り返し選んでもよい。なお，遺伝子 M は，常染色体上にあり，母性遺伝子としてのみ働くものとする。

ア 19 ・イ 20

　遺伝子 M と，その働きを失った対立遺伝子 m とをヘテロ接合で持つ個体どうしを交配して得られた受精卵のうち，理論上は **ア** ％が成虫まで発生する。このとき成虫まで発生した全ての雌と野生型の雄とを交配して得られる受精卵のうち，**イ** ％が成虫まで発生する。

① 0　　　② 25　　　③ 50　　　④ 75　　　⑤ 100

問 2　下線部⒝に関連して，ショウジョウバエの前後軸の形成に関わる母性因子の
なかには，濃度勾配を形成するものがある。次の記述ⓐ～ⓒのうち，濃度勾配
を形成する母性因子の特徴として適当なものはどれか。それを過不足なく含む
ものを，後の①～⑦のうちから一つ選べ。　　21

ⓐ　タンパク質の濃度の違いによって，細胞に異なる応答を引き起こす。

ⓑ　タンパク質が胚の全域に均一に分布した後，濃度勾配が生じる。

ⓒ　胚において，核分裂だけを起こしている時期に，タンパク質の濃度勾配が
生じる。

① ⓐ　　　　　② ⓑ　　　　　③ ⓒ　　　　　④ ⓐ，ⓑ
⑤ ⓐ，ⓒ　　　⑥ ⓑ，ⓒ　　　⑦ ⓐ，ⓑ，ⓒ

　母性遺伝子の働きを明らかにするため，ショウジョウバエを用いて**実験1〜3**を行った。

実験1　卵形成に先立って，タンパク質Xをつくる母性遺伝子Xの働きを失わせた雌から産みだされた卵を発生させたところ，腹部は形成されず，孵化しなかった。

実験2　腹部形成の制御には，母性遺伝子Xとは別の母性遺伝子Yも関わることが分かっている。卵形成に先立って，母性遺伝子Xの働きと母性遺伝子Yの働きをともに失わせた雌から産みだされた卵を発生させたところ，腹部が形成された。

実験3　母性遺伝子Yから転写されるmRNAの分布と，タンパク質Yの分布とを調べた。正常な発生の過程では，タンパク質YのmRNAは，卵の全域に分布するが，タンパク質Yは，腹部が形成される領域に分布しないことが分かった。そこで，この領域でタンパク質Yを強制的に合成させたのち卵を発生させたところ，腹部が形成されなかった。

問 3　次の記述ⓓ〜ⓗのうち，**実験 1 〜 3** の結果から導かれるタンパク質 X の働きに関する考察として適当なものはどれか。その組合せとして最も適当なものを，後の①〜⑥のうちから一つ選べ。また，その考察に矛盾しないタンパク質 X の性質に関する推論として最も適当なものを，後の⑦〜⓪のうちから一つ選べ。

タンパク質 X の働きに関する考察の組合せ　　　| 22 |

タンパク質 X の性質に関する推論　　　　　　| 23 |

ⓓ　正常な胚において，タンパク質 X は，腹部形成に必要なタンパク質 Y の合成を促進するので，腹部が形成される。

ⓔ　正常な胚において，タンパク質 X は，タンパク質 Y と結合するので，腹部が形成される。

ⓕ　正常な胚において，タンパク質 X は，腹部形成を阻害するタンパク質 Y の合成を抑制するので，腹部が形成される。

ⓖ　タンパク質 X の働きを失わせても，腹部が形成されることがある。

ⓗ　タンパク質 X の働きを失わせると，腹部が形成されることはない。

① ⓓ, ⓖ　　　　　② ⓓ, ⓗ　　　　　③ ⓔ, ⓖ

④ ⓔ, ⓗ　　　　　⑤ ⓕ, ⓖ　　　　　⑥ ⓕ, ⓗ

⑦　タンパク質 X は，タンパク質 Y をつくる遺伝子 Y の DNA に結合する。

⑧　タンパク質 X は，タンパク質 Y の mRNA に結合する。

⑨　タンパク質 X は，タンパク質 Y に結合する。

⓪　タンパク質 X は，タンパク質 Y を細胞外に分泌させる。

問 4　母性遺伝子 X は，始原生殖細胞が成虫において配偶子に分化する過程にも
　　　必要である。始原生殖細胞の分化における母性遺伝子 X の働きについて調べ
　　　るため，遺伝子 X の働きを失った変異体(以下，変異体)を用いて**実験4**を
　　　行った。**実験1～3**の結果を踏まえて，**実験4**の文章中の　ウ　～　カ
　　　に入る語句の組合せとして最も適当なものを，後の①～⑦のうちから一つ選
　　　べ。　24

実験4　　ウ　　の雌から産みだされた卵を発生させ，胚の後端に形成された
　　　始原生殖細胞を，　エ　の雌から産みだされた卵を発生させた胚の後端に
　　　移植したところ，移植した始原生殖細胞は配偶子に分化した。他方，
　　　オ　の雌から産みだされた卵を発生させ，胚の後端に形成された始原生
　　　殖細胞を，　カ　の雌から産みだされた卵を発生させた胚の後端に移植し
　　　たところ，移植した始原生殖細胞は配偶子に分化しなかった。

	ウ	エ	オ	カ
①	野生型	野生型	野生型	変異体
②	野生型	野生型	変異体	野生型
③	野生型	変異体	変異体	野生型
④	野生型	変異体	変異体	変異体
⑤	変異体	野生型	野生型	野生型
⑥	変異体	野生型	野生型	変異体
⑦	変異体	野生型	変異体	変異体

第6問　次の文章を読み，後の問い(**問1～3**)に答えよ。(配点　14)

　　ヒカルさんとユウさんは，アユの縄張りと群れについて話をした。

ヒカル：この前，アユの縄張りのことが授業に出てきたよね。教科書には，縄張り
　　　　を持つアユと群れるアユがいるって書いてあったけど，そうなったのは個
　　　　体どうしが(a)資源をめぐって争った結果だよね。縄張り個体と群れ個体
　　　　との間には何か違いがあるのかな。

ユ　ウ：そうだね。縄張りを維持することで食物の藻類を確保できるのだったら，
　　　　縄張り個体と群れ個体の成長も違うかもしれないね。アユの縄張りに関す
　　　　る論文があるかインターネットで調べてみようよ。

問1　　下線部(a)に関する次の記述ⓐ～ⓓのうち，適当なものはどれか。その組合せ
　　　として最も適当なものを，後の①～⑥のうちから一つ選べ。　| 25 |

　ⓐ　群れの大きさは，種内競争の影響を受けないが，捕食者の数の影響を受け
　　　る。
　ⓑ　種内競争によって縄張りを形成した個体の分布は，集中分布になりやす
　　　い。
　ⓒ　同じ種類の食物を利用する2種でも，異なる大きさの食物を食べること
　　　で，同じ大きさの食物を食べるときと比べ，種間競争が緩和される。
　ⓓ　種間競争は，広範囲を移動できる生物間でも，ほとんど移動できない生物
　　　間でも起こる。

①　ⓐ，ⓑ　　　　　　②　ⓐ，ⓒ　　　　　　③　ⓐ，ⓓ

④　ⓑ，ⓒ　　　　　　⑤　ⓑ，ⓓ　　　　　　⑥　ⓒ，ⓓ

ヒカルさんとユウさんは，**実験1・実験2**を行った論文を見つけた。

実験1　集団で飼育していたアユの体重を測定し，標識を付けて個体を識別できるようにした。その後，大きさや環境条件が等しい人工水路A〜Eのそれぞれに，異なる数のアユを放した。1か月後に，縄張り個体の数，群れ個体の数，および縄張りの大きさを調べたところ，表1の結果が得られた。また，実験前の体重が重かった個体が縄張り個体に，軽かった個体が群れ個体になっていた。さらに，実験期間中の体重増加量は，どの水路でも，縄張り個体になったアユが，群れ個体になったアユよりも大きかった。なお，アユの食物は水路の底面に生える藻類のみであり，同じ水路内において，縄張り個体間で縄張りの大きさにほとんど違いはなかった。

表　1

	水路A	水路B	水路C	水路D	水路E
放したアユの個体数	3	6	10	15	50
縄張り個体の数	1	2	3	5	10
群れの個体の数	2	4	7	10	40
縄張りの大きさ（平均値，m^2)	7.2	3.6	2.4	1.3	0.5

実験2　**実験1**の後，水路Dから全ての縄張り個体を，水路Eから全ての群れ個体を，それぞれ取り除いた。1か月後に調べたところ，どちらの水路でも，縄張り個体と群れ個体が観察された。

問2　**実験1・実験2**の結果から導かれる考察や推論として**適当でないもの**を，次の①〜④のうちから一つ選べ。　26

① どの水路でも，**実験1**の後は，実験の前に比べて，体重の個体差がより大きくなった。

② **実験1**終了時の水路内における縄張りの総面積は，どの水路でも変わらなかった。

③ **実験2**の結果，水路Dでは，より体重の重い個体が縄張り個体になった。

④ **実験2**の結果，水路Eでは，各縄張り個体の縄張りは，より大きくなった。

ヒカル：この実験の結果から二人の疑問は解決したけど，他の種の魚でも，アユの
　　　　ように縄張りの大きさは変化するのかな。

ユ　ウ：(b)湖底の藻類を食べるアフリカの魚で，水深と個体群密度によって縄張
　　　　りの大きさが変化する種がいるって書いてある論文を見つけたよ。

ヒカル：たしかに，縄張りを維持する労力（コスト）は個体群密度の違いで変わるよ
　　　　ね。でも，どうして水深が縄張りの大きさと関係するのかな。

ユ　ウ：藻類の成長には太陽の光が関係しているからだと思うよ。

ヒカル：そうだね。水の中では深くなるにつれて暗くなっていくからね。

問3　下線部(b)に関連して，論文中では，湖の地点X〜Zで，藻類食の魚Tの縄張
　　り行動が観察され，縄張り個体の数と群れ個体の数の合計から個体群密度が算
　　出されている。さらに，各地点の水深と藻類の量が調べられている。表2は，
　　各地点の水深と個体群密度を表したものである。また図1は，地点Xにおい
　　て，藻類の量と縄張り行動から推定された，縄張りの大きさと利益・労力の関
　　係（以下，モデル）を示したものである。地点Yと地点Zのモデルが後の①〜
　　④のいずれかとすると，地点Yのモデルとして最も適当なものを，後の①〜
　　④のうちから一つ選び，地点Zの最適な縄張りの大きさとして最も適当な数
　　値を，後の⑤〜⓪のうちから一つ選べ。

地点Yのモデル　　　　　　　　27

地点Zの最適な縄張りの大きさ　　28　m²

表　2

	地点 X	地点 Y	地点 Z
水深(m)	2	2	10
個体群密度 (個体/m²)	1.0	1.5	0.3

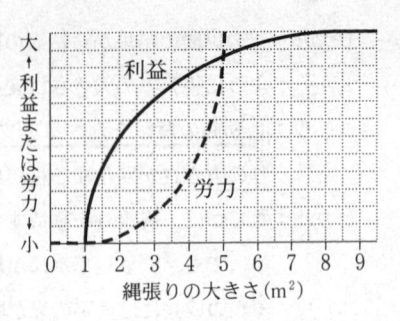

図　1

①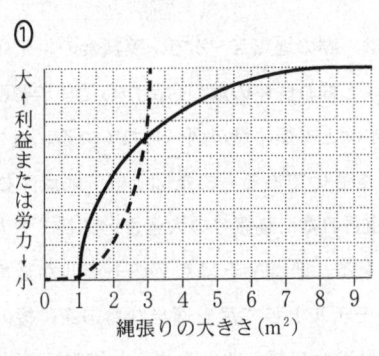

②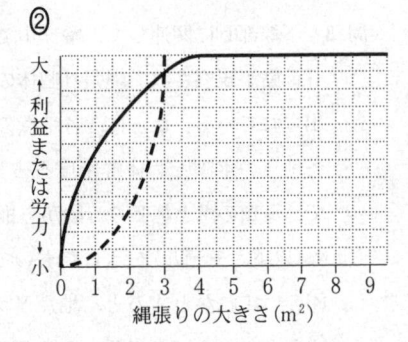

③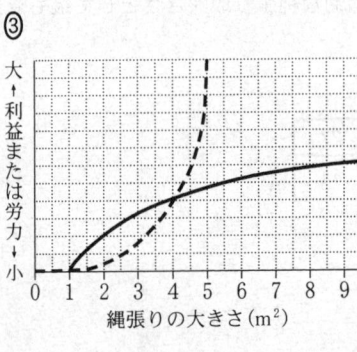

④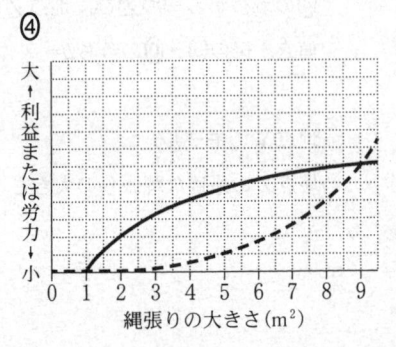

⑤ 1.5　　⑥ 2　　⑦ 2.5　　⑧ 3　　⑨ 5　　⓪ 9

生 物 基 礎

(解答番号 $\boxed{1}$ ~ $\boxed{18}$)

第1問 次の文章（**A・B**）を読み，後の問い（**問1～5**）に答えよ。（配点　16）

A (a)地球上に出現した最初の生物は原核生物であり，原核生物の進化によって真核生物が出現したと考えられている。真核細胞の一部は葉緑体を持つが，葉緑体の起源は真核細胞に共生したシアノバクテリアであるとされる。(b)長い共生の歴史のなかで独立して代謝を行うことができなくなったシアノバクテリアが，葉緑体になったと推測されている。

問1 下線部(a)に関連して，原核細胞と真核細胞の比較に関する記述として最も適当なものを，次の①～⑤のうちから一つ選べ。 $\boxed{1}$

① 核酸は，原核細胞にも真核細胞にも存在するが，核酸を構成する塩基の種類は両者で異なる。

② 酵素は，原核細胞には存在しないが，真核細胞には存在するので，真核細胞では原核細胞よりも代謝が速く進む。

③ ATPは，原核細胞でも真核細胞でも合成されるが，原核細胞にはATP合成の場であるミトコンドリアは存在しない。

④ 細胞の大きさは，原核細胞よりも真核細胞のほうが大きいことが多いが，原核細胞と真核細胞のどちらにも1個の細胞を肉眼で観察できるものはない。

⑤ 呼吸は，真核細胞の多くが行うが，原核細胞は行わない。

問 2 下線部(b)に関連して，葉緑体を持つ藻類が動物細胞に取り込まれて共生している例が知られている。この例で，藻類が動物細胞に取り込まれた直後と，その共生の関係が長く続いたときとを比べた場合にみられる，藻類と動物細胞の代謝の変化に関する次の文章中の ア ～ ウ に入る語句の組合せとして最も適当なものを，後の①～⑧のうちから一つ選べ。 2

藻類から動物細胞へ ア が供給されるため，動物細胞が生存できる可能性が高くなると考えられる。藻類は，動物細胞が生成するアミノ酸などを栄養分として利用するようになり，その結果，この栄養分を取り込む働きを持つタンパク質の遺伝子の発現が イ する。動物細胞では，この栄養分を生成するために働くタンパク質の遺伝子の発現が ウ する。

	ア	イ	ウ
①	二酸化炭素	上　昇	上　昇
②	二酸化炭素	上　昇	低　下
③	二酸化炭素	低　下	上　昇
④	二酸化炭素	低　下	低　下
⑤	糖	上　昇	上　昇
⑥	糖	上　昇	低　下
⑦	糖	低　下	上　昇
⑧	糖	低　下	低　下

B 培養液で満たしたペトリ皿の中で動物細胞を培養し，増殖している細胞の様子を観察したところ，(c)細胞周期の間期の細胞はペトリ皿の底に貼り付いて扁平であったが，分裂期の細胞はペトリ皿の底から球形に盛り上がっていた。(d)培養細胞が細胞周期のどの時期にあるのかは，細胞周期における特定の時期に発現するタンパク質を指標として調べることができる。また，このことは，(e)DNAが複製される仕組みを利用することによっても調べることができる。

問 3 下線部(c)に関連して，ヒトの体細胞では，細胞周期に伴う DNA の複製は，DNA の複数の場所から開始される。1 回の細胞周期の間に，DNA の一つの場所で 1×10^6 塩基対の DNA が複製されるとすると，1 個の体細胞の核で全ての DNA が複製されるためには，いくつの場所で複製が開始される必要があるか。その数値として最も適当なものを，次の①～⑥のうちから一つ選べ。ただし，ヒトの精子の核の中には，3×10^9 塩基対からなる DNA が含まれるとする。　| 3 |

① 1500　　　　　② 2000　　　　　③ 3000

④ 6000　　　　　⑤ 12000　　　　　⑥ 24000

問 4 下線部(d)に関連して，タンパク質 X は，分裂終了直後に発現を開始し，DNA の複製中に減少していく。他方，タンパク質 Y は，DNA の複製が始まると発現を開始し，分裂終了直後に急速に減少する。ペトリ皿の底に貼り付いている扁平な細胞についてタンパク質 X とタンパク質 Y の発現を調べたところ，一部の細胞は，タンパク質 X のみを発現し，タンパク質 Y を発現していなかった。この細胞における細胞周期の時期として最も適当なものを，次の①～④のうちから一つ選べ。　| 4 |

① G_1 期　　　　② G_2 期　　　　③ S 期　　　　④ M 期

問 5 下線部(e)に関連して，細胞周期がばらばらで同調していない多数の培養細胞を含む培養液に，細胞内に入り複製中の DNA に取り込まれる物質 A を加えて，短時間培養した後に細胞を固定した。細胞ごとに物質 A の量と全 DNA 量を測定したところ，図 1 の結果が得られた。図中の**エ〜カ**の三つの細胞集団のうち，**カ**の細胞集団における細胞周期の時期として最も適当なものを，後の**①〜⑧**のうちから一つ選べ。ただし，物質 A は，複製中の DNA に取り込まれるだけでなく，細胞周期のどの時期においても細胞質に少量残存する。また，物質 A を加えて培養する時間は細胞周期に比べて十分に短いものとする。 | **5** |

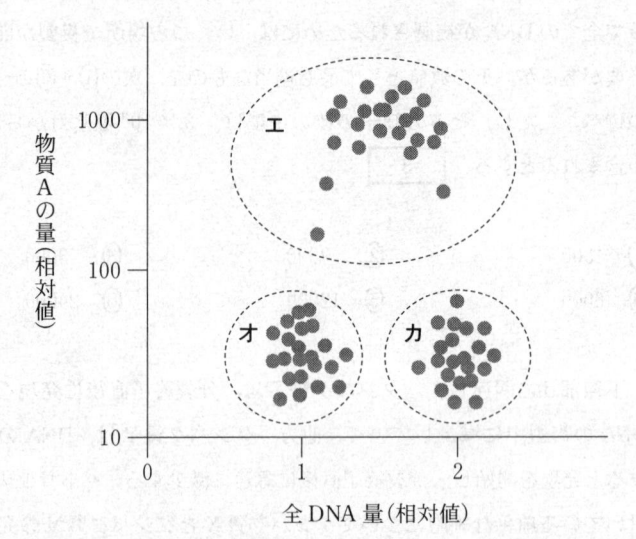

注：●は一つ一つの細胞の測定値を示す。
また，全 DNA 量については**オ**の細胞集団の平均値を 1 とする。

図　1

① G$_1$ 期   ② G$_2$ 期   ③ S 期

④ M 期   ⑤ G$_1$ 期と S 期   ⑥ G$_1$ 期と M 期

⑦ G$_2$ 期と S 期   ⑧ G$_2$ 期と M 期

第2問　次の文章（**A・B**）を読み，後の問い（**問1～5**）に答えよ。（配点　17）

A　「胆汁には脂肪の消化を助ける作用がある」と授業で学んだマオさんとナツさんは，この作用について調べることにした。

マ　オ：脂肪の分解は消化酵素のリパーゼが行っているから，胆汁は脂肪を直接分解しているのではないということだね。胆汁はリパーゼの作用に関わっているのかもしれないね。

ナ　ツ：実験して調べてみようよ。脂肪がリパーゼで分解されると，脂肪酸ができて反応液が酸性に傾くはずだから，この変化を検出する方法を考えればいいね。牛乳には脂肪が含まれているから，基質（酵素が作用する物質）に使えないかな。

マ　オ：牛乳にリトマスの粉末を溶かしたリトマスミルクというのがあるよ。リトマス紙と同じように，pH がアルカリ性から中性の範囲だと青色に，酸性だと赤色になるんだ。アルカリ性・酸性の度合いが強くなると，それぞれの色も濃くなるよ。

ナ　ツ：リトマスミルク中の脂肪が分解されれば，色が変化するはずだね。さっそく**実験1**をやってみよう。

実験1　試験管ⓐ～ⓔを用意し，表1に従って，リトマスミルク，リパーゼ溶液，100 ℃ で処理したリパーゼ溶液，蒸留水，水分を除去して粉末にした胆汁（以下，胆汁の粉末）を，それぞれ該当する試験管に入れて，よく攪拌した。37 ℃ で1時間反応させた後，反応液の色調を観察したところ，図1のようであった。なお，胆汁の粉末がリトマスミルクの色を直接変化させることはないものとする。

表　1

試験管に入れるもの	試験管ⓐ	試験管ⓑ	試験管ⓒ	試験管ⓓ	試験管ⓔ
リトマスミルク	＊水	○	○	○	○
リパーゼ溶液	○	＊水	×	○	○
100℃で処理したリパーゼ溶液	×	×	○	×	×
胆汁の粉末	×	×	×	×	○

注：○印は試験管に入れたことを，×印は入れなかったことを示し，「＊水」はリトマスミルクまたはリパーゼ溶液の代わりに等量の蒸留水を入れたことを示す。

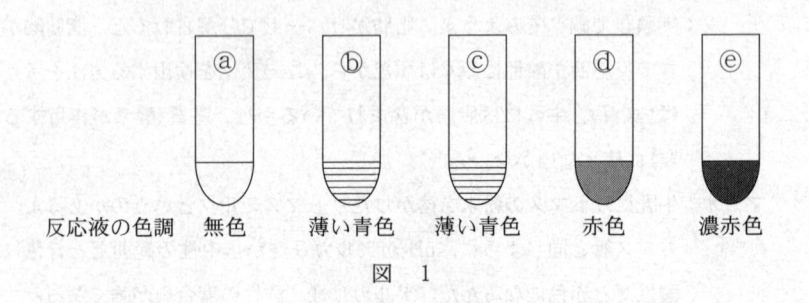

反応液の色調　　　無色　　　薄い青色　　薄い青色　　　赤色　　　濃赤色

図　1

問 1　実験1の操作および結果から，二人は次の結論1～3を得た。これらの結論を得るために二人が比較した試験管の組合せとして最も適当なものを，後の①～⓪のうちからそれぞれ一つずつ選べ。

結論1　| 6 |　　結論2　| 7 |　　結論3　| 8 |

結論1：リパーゼには，脂肪を分解する作用がある。

結論2：リパーゼは，高温で処理すると，作用しなくなる。

結論3：胆汁には，リパーゼによる脂肪の分解を助ける作用がある。

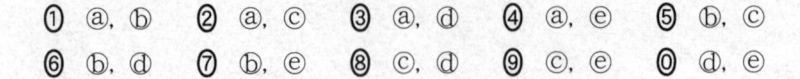

① ⓐ, ⓑ　　② ⓐ, ⓒ　　③ ⓐ, ⓓ　　④ ⓐ, ⓔ　　⑤ ⓑ, ⓒ
⑥ ⓑ, ⓓ　　⑦ ⓑ, ⓔ　　⑧ ⓒ, ⓓ　　⑨ ⓒ, ⓔ　　⓪ ⓓ, ⓔ

マ　オ：胆汁はどのようにして脂肪の消化を助けているのだろうね。資料を調べ
　　　　たら，「胆汁は脂肪を乳化する」と書いてあったけど。

ナ　ツ：乳化って，食用油にセッケン水を入れて振ったときに，油分が微粒子に
　　　　なって水中に分散し，白く濁る現象のことだね。胆汁による乳化がどん
　　　　なものか，**実験2**で確かめてみよう。

実験2　試験管ⓕ・ⓖのそれぞれに蒸留水2mLと食用油1mLを入れ，さらに
　　　試験管ⓖにのみ胆汁の粉末を入れた。それぞれの試験管をよく撹拌し，室温で
　　　静置した。1時間後，図2のように，試験管ⓕには層Xと層Yが，試験管ⓖ
　　　には層X，層Y，および層Zが，それぞれ観察された。

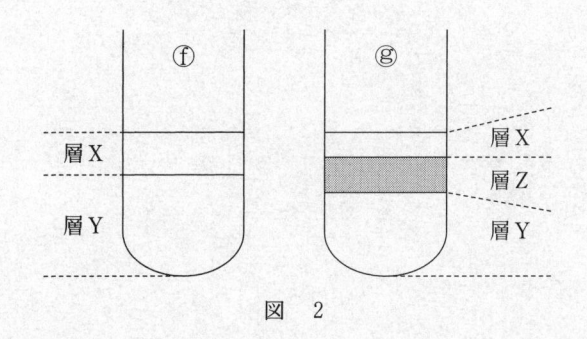

図　2

問2　二人は，**実験1・実験2**の結果から，「胆汁は，リパーゼによる脂肪の分
　　　解を，脂肪を乳化することにより助けている」と仮説を立て，その検証実験
　　　と，仮説が正しい場合に得られる結果を考えた。この検証実験と予想される
　　　結果について述べた次の文章中の　**ア**　～　**ウ**　に入る語句の組合せと
　　　して最も適当なものを，後の**①**～**⑥**のうちから一つ選べ。　9

　　　　2本の試験管を用意し，一方には**実験2**で得られた層　**ア**　を，他方に
　　　は層　**イ**　を，それぞれ等量入れる。次にリパーゼ溶液とリトマスの粉末
　　　を入れてよく撹拌し，37℃で1時間反応させた後，試験管内の液体の色調
　　　を比較する。仮説が正しければ，2本の試験管のうち，層　**ウ**　を入れた
　　　試験管が，より濃い赤色になる。

	ア	イ	ウ
①	X	Y	X
②	X	Y	Y
③	X	Z	X
④	X	Z	Z
⑤	Y	Z	Y
⑥	Y	Z	Z

B　免疫には，(a)物理的・化学的な防御を含む自然免疫と(b)獲得免疫（適応免疫）とがある。また，免疫を人工的に獲得させ，感染症を予防する方法として，(c)予防接種がある。

問 3　下線部(a)に関する記述として**誤っているもの**を，次の①〜⑤のうちから一つ選べ。　| 10 |

① マクロファージは，細菌を取り込んで分解する。

② ナチュラルキラー（NK）細胞は，ウイルスに感染した細胞を食作用により排除する。

③ だ液に含まれるリゾチームは，細菌の細胞壁を分解する。

④ 皮膚の角質層や気管の粘液は，ウイルスの侵入を防ぐ。

⑤ 汗は，皮膚表面を弱酸性に保ち，細菌の繁殖を防ぐ。

問 4　下線部(b)に関連して，抗体産生に関する次の文章中の | エ | に入る語句として最も適当なものを，後の①〜⑥のうちから一つ選べ。　| 11 |

　　ウイルス W が感染した全てのマウスは，10 日以内に死に至る。ウイルス W を無毒化したものをマウスに注射したところ，2 週間後，マウスは生存しており，その血清中にウイルス W の抗原に対する抗体が検出された。この過程において，マウスの | エ | の接触は重要な役割を果たしたと考えられる。

① 胸腺における樹状細胞とヘルパー T 細胞

② 胸腺における樹状細胞とキラー T 細胞

③ 胸腺におけるヘルパー T 細胞とキラー T 細胞

④ リンパ節における樹状細胞とヘルパー T 細胞

⑤ リンパ節における樹状細胞とキラー T 細胞

⑥ リンパ節におけるヘルパー T 細胞とキラー T 細胞

問 5 下線部(C)に関連して，ウイルス W を無毒化したものを注射してから 2 週間経過したマウス（以下，マウス R），好中球を完全に欠いているマウス（以下，マウス S），および B 細胞を完全に欠いているマウス（以下，マウス T）を用意し，**実験 1 ～ 3** を行った。後の記述ⓙ～ⓞのうち，**実験 1 ～ 3** でそれぞれのマウスが生存できたことについての適当な説明はどれか。その組合せとして最も適当なものを，後の①～⑧のうちから一つ選べ。 ┃ 12 ┃

実験 1 マウス R に無毒化していないウイルス W を注射したところ，このマウスは生存できた。

実験 2 マウス S に，マウス R の血清を注射した。その翌日，さらに無毒化していないウイルス W を注射したところ，このマウスは生存できた。

実験 3 マウス T に，ウイルス W を無毒化したものを注射した。その 2 週間後に，さらに無毒化していないウイルス W を注射したところ，このマウスは生存できた。

ⓙ **実験 1** では，ウイルス W の抗原を認識する好中球が働いた。

ⓚ **実験 1** では，ウイルス W の抗原を認識する記憶細胞が働いた。

ⓛ **実験 2** では，ウイルス W の抗原に対する抗体が働いた。

ⓜ **実験 2** では，ウイルス W の抗原を認識する記憶細胞が働いた。

ⓝ **実験 3** では，ウイルス W の抗原に対する抗体が働いた。

ⓞ **実験 3** では，ウイルス W の抗原を認識するキラー T 細胞が働いた。

① ⓙ, ⓛ, ⓝ   ② ⓙ, ⓛ, ⓞ   ③ ⓙ, ⓜ, ⓝ   ④ ⓙ, ⓜ, ⓞ
⑤ ⓚ, ⓛ, ⓝ   ⑥ ⓚ, ⓛ, ⓞ   ⑦ ⓚ, ⓜ, ⓝ   ⑧ ⓚ, ⓜ, ⓞ

第3問 次の文章（**A・B**）を読み，後の問い（**問**1～5）に答えよ。（配点　17）

A　水槽で水草と魚を一緒に育てるときには，(a)水草の光合成を促進させるために，図1のように光を当て二酸化炭素を送り込むとよい。また，ろ過装置を設置して(b)硝化菌（硝化細菌）を増やすことも重要である。

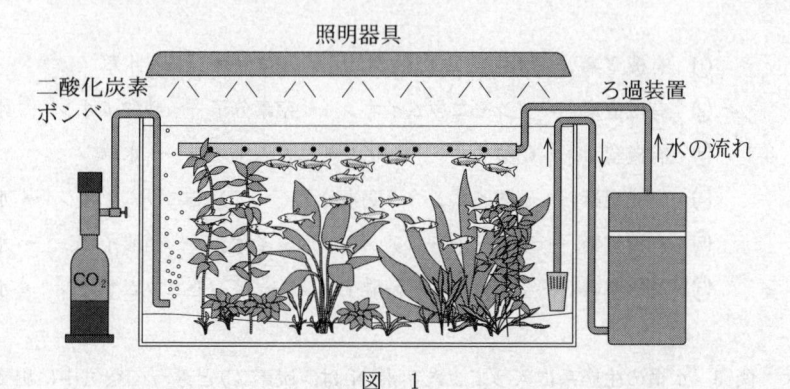

図　1

問1　下線部(a)に関連して，光合成に関する次の文章中の　ア　～　ウ　に入る語の組合せとして最も適当なものを，後の①～⑧のうちから一つ選べ。　13

水草は，光合成により光エネルギーを　ア　エネルギーに変換し，有機物中に蓄える。光合成は同化の一種であり，　イ　が生成される過程や　ウ　が生成される過程も，同化に相当する。

	ア	イ	ウ
①	熱	グルコースからグリコーゲン	ADP から ATP
②	熱	グルコースからグリコーゲン	ATP から ADP
③	熱	グリコーゲンからグルコース	ADP から ATP
④	熱	グリコーゲンからグルコース	ATP から ADP
⑤	化　学	グルコースからグリコーゲン	ADP から ATP
⑥	化　学	グルコースからグリコーゲン	ATP から ADP
⑦	化　学	グリコーゲンからグルコース	ADP から ATP
⑧	化　学	グリコーゲンからグルコース	ATP から ADP

問 2 下線部(b)に関連して，魚の餌として水槽内に入ってくる有機窒素化合物（以下，有機窒素）は，硝化菌（硝化細菌）などの働きによって無機窒素化合物に変換されていき，最終的に水草に利用される。その過程として最も適当なものを，次の①～⑥のうちから一つ選べ。 $\boxed{14}$

① 有機窒素 → アンモニウムイオン → 硝酸イオン → 水草

② 有機窒素 → アンモニウムイオン → 窒素分子 → 硝酸イオン → 水草

③ 有機窒素 → 硝酸イオン → アンモニウムイオン → 水草

④ 有機窒素 → 硝酸イオン → 窒素分子 → アンモニウムイオン → 水草

⑤ 有機窒素 → 窒素分子 → アンモニウムイオン → 硝酸イオン → 水草

⑥ 有機窒素 → 窒素分子 → 硝酸イオン → アンモニウムイオン → 水草

問 3 水槽の生態系に入ってきた窒素（N）は，炭素（C）と違って空気中に出ていきにくい。これは，水槽のような好気的な（酸素が十分にある）生態系では，窒素の循環は生物から生物への経路が主であり，炭素の循環における光合成や呼吸のような，生物と大気との間で直接やりとりされる経路がほとんどないからである。このことを踏まえて，次の操作@～©のうち，水槽の生態系から窒素を取り除くための操作として適当なものはどれか。それを過不足なく含むものを，後の①～⑦のうちから一つ選べ。 $\boxed{15}$

@ 茂った水草を切り取って水槽から取り除く。

ⓑ 水草を食べる魚を水槽に入れて水草を減らす。

© 光の量を減らして水草の成長を遅らせる。

① @   ② ⓑ   ③ ©   ④ @, ⓑ

⑤ @, ©   ⑥ ⓑ, ©   ⑦ @, ⓑ, ©

B　陸上のバイオーム（生物群系）は(C)植生を外から見たときの様子に基づいて区分される。世界には，図2のように気温や降水量などの気候条件に対応した様々なバイオームが分布している。

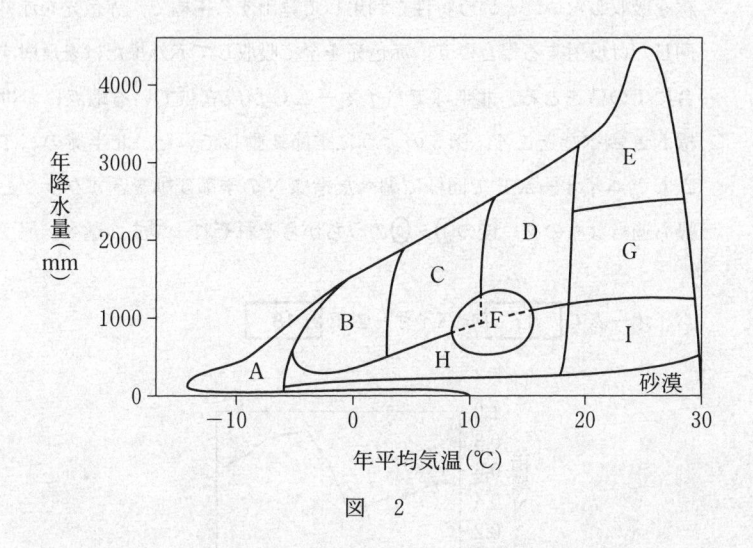

図　2

問 4　図2に示すバイオームに関する記述として最も適当なものを，次の①〜⑤のうちから一つ選べ。　16

①　バイオームAは，植物が生育できず，菌類や地衣類，およびそれらを食物とする動物から構成される。

②　バイオームBは，亜寒帯に広く分布し，寒さや強風に耐性のある低木が優占する。

③　バイオームDは，厚い葉を持つ常緑広葉樹が優占し，日本では本州から北海道にかけての太平洋沿岸に成立する。

④　バイオームFは，ユーラシア大陸に特有で，他の大陸の同じ気候条件の地域では，バイオームC，D，またはHが成立する。

⑤　バイオームIは，イネのなかまの草本が優占するが，樹木が点在することもある。

問 5 下線部(C)に関連して，人工衛星でとらえた地表の反射光のデータを解析することで，現地に行かずに，その場所の植生の様子を推定する技術が開発されてきた。緑葉の量を表す指標 N は，葉緑体が赤色の光を吸収するが赤外線を吸収しない，という特性を利用して算出する指標で，赤色光を赤外線と同じだけ反射する場合に 0，赤色光を全て吸収して赤外線だけを反射する場合に 1 の値をとる。北半球でバイオーム G が成立している地点における指標 N を調べたところ，図3のように季節変動していた。北半球のバイオーム C とバイオーム E で同様に調べた指標 N の季節変動を示すグラフとして最も適当なものを，後の①〜④のうちからそれぞれ一つずつ選べ。

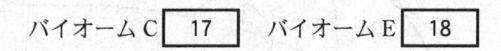

バイオーム C ⬚ 17 ⬚　　バイオーム E ⬚ 18 ⬚

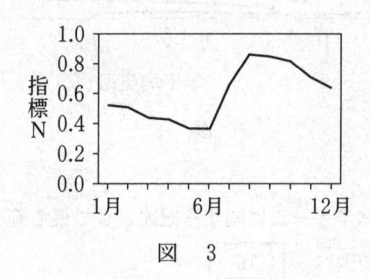

図　3

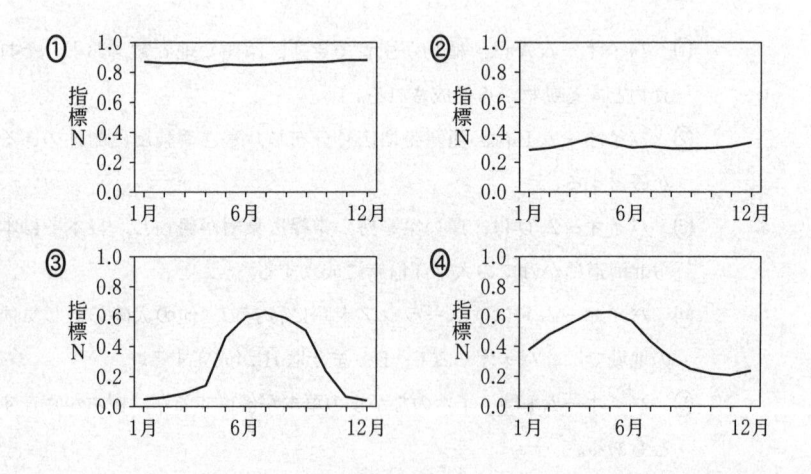

2022

共通テスト 本試験

生物：

解答時間 60 分　配点 100 点

生物基礎：

解答時間　2 科目 60 分

配点　2 科目 100 点

（物理基礎，化学基礎，生物基礎，
地学基礎から 2 科目選択）

生　　　物

$$\left(\text{解答番号}\quad\boxed{1}\sim\boxed{28}\right)$$

第1問　次の文章を読み，後の問い(**問1～3**)に答えよ。(配点　12)

　(a)ヒトの近縁種の系統関係を調べるため，チンパンジー，ゴリラ，オランウータン，およびニホンザルのそれぞれについて，遺伝子Aからつくられるタンパク質Aのアミノ酸配列を調べたところ，互いに異なっているアミノ酸の割合は，表1のとおりであった。

表　1

	チンパンジー	ゴリラ	オランウータン
ゴリラ	0.90 %	—	—
オランウータン	1.93 %	1.77 %	—
ニホンザル	4.90 %	4.83 %	4.85 %

問1　下線部(a)について，ヒトが持つ次の特徴ⓐ～ⓓのうち，直立二足歩行に伴って獲得した特徴はどれか。その組合せとして最も適当なものを，後の①～⑥のうちから一つ選べ。　$\boxed{1}$

ⓐ　手には，親指がほかの指と独立に動く，拇指(母指)対向性がある。

ⓑ　大後頭孔が頭骨の底面に位置し，真下を向いている。

ⓒ　眼が前方についている。

ⓓ　骨盤は幅が広く，上下に短くなっている。

① ⓐ, ⓑ　　　　　② ⓐ, ⓒ　　　　　③ ⓐ, ⓓ

④ ⓑ, ⓒ　　　　　⑤ ⓑ, ⓓ　　　　　⑥ ⓒ, ⓓ

問 2　表 1 の結果から得られる系統樹として最も適当なものを，次の①〜⑤のうち
から一つ選べ。　2

①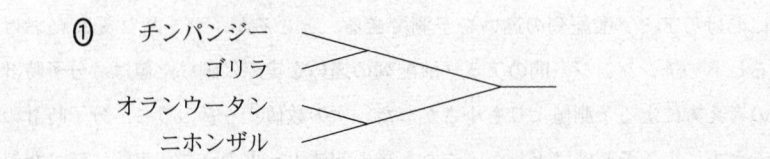

②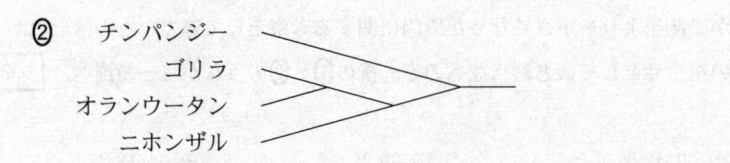

③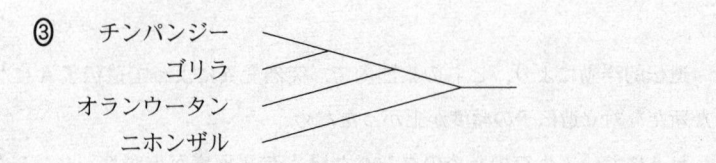

④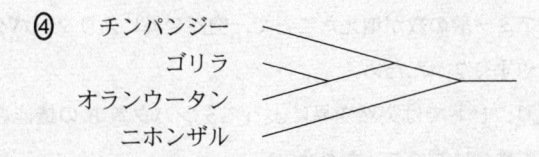

⑤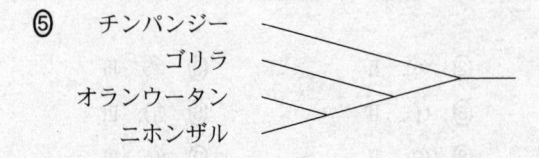

問 3 チンパンジーの祖先とオランウータンの祖先が分岐した年代が 1300 万年前，ヒトの祖先とチンパンジーの祖先が分岐した年代が 600 万年前とすると，分子時計の考え方により，表 1 を用いてヒト－チンパンジー間のタンパク質 A におけるアミノ酸配列の違いを予測できる。ところが，タンパク質 A におけるヒト－チンパンジー間のアミノ酸配列の違いを実際に調べた値は，分子時計の考え方による予測値よりも小さかった。次の数値 ⓔ～ⓖ のうち，分子時計の考え方による予測値はどれか。また，後の記述 Ⅰ～Ⅲ のうち，実際に調べた値が予測値よりも小さくなった原因に関する考察として適当なものはどれか。その組合せとして最も適当なものを，後の ①～⑨ のうちから一つ選べ。 ▢3

ⓔ 0.42 %   ⓕ 0.89 %   ⓖ 4.18 %

Ⅰ 遺伝的浮動により，ヒトの集団内で，突然変異によって遺伝子 A に生じた新たな対立遺伝子の頻度が上がったため。

Ⅱ ヒトにおいて生存のためのタンパク質 A の重要度が上がり，タンパク質 A の機能に重要なアミノ酸の数が増えたことで，突然変異によりタンパク質 A の機能を損ないやすくなったため。

Ⅲ 医療の発達により，ヒトでは突然変異によってタンパク質 A の機能を損なっても，生存に影響しにくくなったため。

① ⓔ, Ⅰ   ② ⓔ, Ⅱ   ③ ⓔ, Ⅲ
④ ⓕ, Ⅰ   ⑤ ⓕ, Ⅱ   ⑥ ⓕ, Ⅲ
⑦ ⓖ, Ⅰ   ⑧ ⓖ, Ⅱ   ⑨ ⓖ, Ⅲ

第2問　次の文章（**A・B**）を読み，後の問い（**問1～6**）に答えよ。（配点　22）

A　キク科の草本Rには，A型株とB型株とがある。両者は遺伝的な性質や形態が異なり，互いに交雑することがない。A型株は病原菌Pに感染することがあるが，B型株は病原菌Pに対する抵抗性を持ち，病原菌Pには感染しない。

　アオバさんとミノリさんは，草本RのA型株とB型株とを高密度で混ぜて栽培した**実験1**に関する資料を見つけ，このことについて話し合った。

実験1　温室内の2箇所の栽培区画のそれぞれに，草本RのA型株とB型株の芽生えを144個体ずつ混ぜて植えた。片方の区画を健全区，もう片方の区画を感染区とし，感染区では病原菌PをA型株に感染させた。両区の個体を同じ環境条件で育成し，十分に成長させた後，健全区と感染区においてA型株とB型株の個体数と個体の乾燥重量をそれぞれ測定し，図1のように頻度分布としてまとめた。

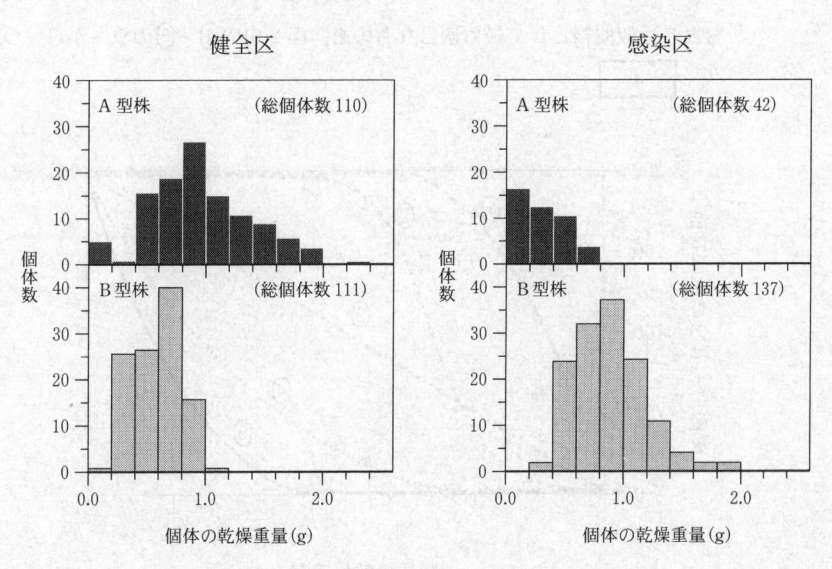

図　1

アオバ：図1を見ると，個体によって乾燥重量が違うね。乾燥重量が大きい個体は小さい個体よりも高い位置に多くの葉を配置して，光をたくさん浴びることができるということだよね。

ミノリ：そうだね。つまり，光は植物の生存に必須の資源なので，個体が重いほど生存に有利になるということが言えるね。

アオバ：だけど，健全区のA型株ではB型株よりも重い個体が多いのに，個体数の差はほとんどないよ。

ミノリ：**実験**1では1年しか栽培していないからね。個体数が変わらなくても，(a)個体の大きさが違うので，生産される種子数は変わってくるはずだよ。

問1 下線部(a)に関連して，**実験**1の健全区において，A型株とB型株が生産した種子数の総計は，それぞれ約2000個と約200個であった。個体の乾燥重量が同じであれば，A型株とB型株とが生産する種子数は互いに等しいとするとき，草本Rの個体の乾燥重量と個体当たりの種子生産数との関係を表す近似曲線として最も適当なものを，図2中の①〜⑤のうちから一つ選べ。 4

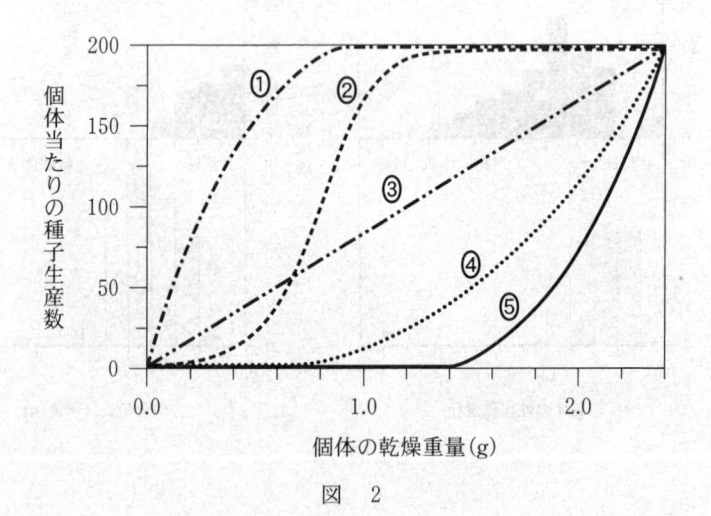

図 2

　二人はさらに文献を調べ，**実験**1が行われた歴史的背景に関する**資料**1を見つけ，話し合った。

資料1　1960年代のオーストラリア南東部では，草本Rが外来種として侵入し，深刻な農業被害が発生していた。当時，多くの場所で農作物の脅威となったのはA型株であった。そこで，1971年に病原菌Pを海外から移入してA型株に感染させ，草本Rの防除を図った。しかし，結果として，それまで少数派であったB型株が多くの場所で繁茂し，農業被害を起こし始めた。

アオバ：外来の病原菌を移入する際には，慎重な検討が必要だね。

ミノリ：B型株が繁茂した理由を調べるために，**実験**1が行われたんだね。

アオバ：(b)1971年を境にA型株とB型株に何が起こったのか，図1をもとに考えてみようよ。

問2　下線部(b)に関連して，図1の結果と**資料**1から導かれる，病原菌の移入前後のオーストラリアにおける草本RのA型株とB型株の状況に関する考察として最も適当なものを，次の①～⑥のうちから一つ選べ。　| 5 |

　　① 病原菌Pの移入前には，B型株はA型株が繁茂しない日照条件が悪い農地でのみ生存していたため，個体数の増加が抑えられていた。

　　② 病原菌Pの移入前には，B型株はA型株との非生物的環境をめぐる競争によって，個体数の増加が抑えられていた。

　　③ 病原菌Pの移入前には，B型株は同型株どうしの生育場所をめぐる競争によって，個体数の増加が抑えられていた。

　　④ 病原菌Pの移入後には，B型株はA型株とは異なる生態的地位を占めるようになり，A型株とB型株の両方の個体数が増加した。

　　⑤ 病原菌Pの移入後には，B型株は病原菌と相利共生の関係になり，A型株に対する競争力を高め，個体数が増加した。

　　⑥ 病原菌Pの移入後には，A型株の多くの個体が病原菌に対する抵抗性を獲得し，B型株へと変化することで，B型株の個体数が増加した。

B 栽培種のキクも，病原菌に感染することで枯れたり成長が抑制されたりすることがある。そこで，トランスジェニック植物の作製技術を用いて，キクに病原菌に対する抵抗性を付与する研究が進められている。その実験方法の一例として，**手順1～3**がある。

手順1 薬剤Kの耐性遺伝子Xを組み込んだプラスミドを準備する。薬剤Kを与えると，遺伝子Xが導入されていない植物の細胞は増殖できないが，遺伝子Xが導入された植物の細胞は増殖することができる。(c)このプラスミドに病原菌に対する抵抗性を付与する遺伝子YのDNAを組み込み，図3のプラスミドを作製する。なお，作製したプラスミドにおいて，遺伝子Xと遺伝子Yはいずれも転写調節領域とプロモーターに連結されており，それぞれの遺伝子は導入された植物細胞で発現する。

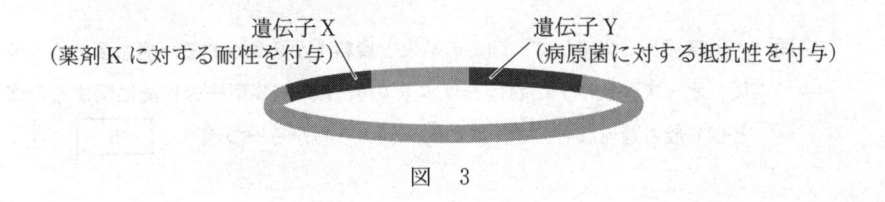

遺伝子X
（薬剤Kに対する耐性を付与）　　　遺伝子Y
　　　　　　　　　　　　　（病原菌に対する抵抗性を付与）

図　3

手順2 図3のプラスミドをアグロバクテリウムに導入する。このアグロバクテリウムを，輪切りにしたキクの茎の細胞に感染させる。その後，茎から多数の新たな芽(不定芽)を形成させる。これらの不定芽には，遺伝子Xと遺伝子Yの両方が導入されたものと，どちらも導入されていないものとがある。

手順3 (d)薬剤Kを含む培地で，**手順2**で得られた不定芽を培養する。その後，不定芽から植物体を再生させ，トランスジェニック植物を作製する。作製したトランスジェニック植物で(e)遺伝子Yが発現していることを確認する。

問 3　下線部(c)について，プラスミドに遺伝子 Y の DNA を組み込む際に必要な処理や操作に関する次の文中の　ア　・　イ　に入る語句の組合せとして最も適当なものを，後の①～⑥のうちから一つ選べ。　6

　　遺伝子 Y の DNA の両端とプラスミドのそれぞれを　ア　で切断後，イ　を用いて両者をつなぐ。

	ア	イ
①	制限酵素	DNA ヘリカーゼ
②	制限酵素	DNA リガーゼ
③	DNA ヘリカーゼ	制限酵素
④	DNA ヘリカーゼ	DNA リガーゼ
⑤	DNA リガーゼ	制限酵素
⑥	DNA リガーゼ	DNA ヘリカーゼ

問 4　下線部(d)について，トランスジェニック植物の作製過程で，この操作を行う理由として最も適当なものを，次の①～⑤のうちから一つ選べ。　7

① 遺伝子 Y が導入された細胞で，遺伝子 Y の働きを適度に弱めるため。

② 遺伝子 Y が導入された細胞の分化を抑制し，導入されていない細胞の分化を促進するため。

③ 遺伝子 Y が導入されていない細胞が，増殖しないようにするため。

④ 遺伝子 Y が導入されていない細胞が，未分化な状態を維持するため。

⑤ 遺伝子 Y が導入された細胞とされていない細胞を同程度に増殖させるため。

問 5 下線部(e)について，図4はキクの染色体に組み込まれた遺伝子Yを模式的に示したものである。トランスジェニック植物における遺伝子Yの転写に関する後の文章中の $\boxed{ウ}$・$\boxed{エ}$ に入る語句の組合せとして最も適当なものを，後の①～④のうちから一つ選べ。 $\boxed{8}$

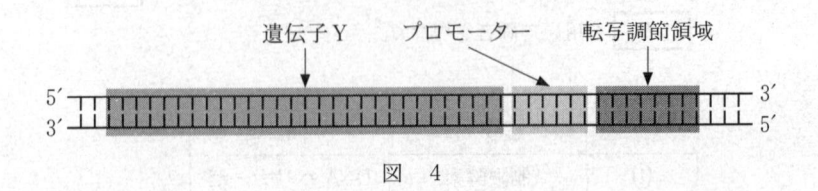

図　4

遺伝子Yは $\boxed{ウ}$ によって転写される。遺伝子Yが転写される際にアンチセンス鎖（鋳型鎖）となるのは，図4に示す2本鎖のうち，$\boxed{エ}$ の鎖である。

	ウ	エ
①	RNA ポリメラーゼ	上 側
②	RNA ポリメラーゼ	下 側
③	DNA ポリメラーゼ	上 側
④	DNA ポリメラーゼ	下 側

問 6 手順1～3により作製したトランスジェニック植物を自家受粉させて多数の種子を回収し，発芽させ，育てた。このとき得られた個体のうち，病原菌に対する抵抗性を持つ個体の割合として最も適当なものを，次の①～⑤のうちから一つ選べ。ただし，トランスジェニック植物を作製したキクは二倍体であり，遺伝子Yはキクの細胞で1本の染色体の1箇所に組み込まれたものとする。 $\boxed{9}$

① 25 %　　② 33 %　　③ 50 %　　④ 75 %　　⑤ 100 %

第3問　次の文章を読み，後の問い(**問1～5**)に答えよ。(配点　19)

　マウスの前肢と後肢やニワトリの翼と脚など，四足(四肢)動物の肢は，肢芽と呼ばれるふくらみから形成される。肢芽は，胚の前後軸に沿った特定の部位に移動してきた側板由来の細胞が，表皮に覆われて形成される。形成された肢芽は伸長し，外胚葉と中胚葉の相互作用によって，それぞれの部位に特有の肢を形成する。このことを学んだミハルさんとヒデヨさんは，この仕組みについて議論した。

ミハル：肢芽がそもそもからだのどこに形成されるかは，どの(a)ホックス(Hox)遺伝子がどの体節で働くかによって決まっているそうだよ。

ヒデヨ：だから，同じ鳥類でも，Hox 遺伝子の発現の場所が異なることで翼が生じる場所が変わるから，首が長いものと短いものとがいるんだね。

ミハル：Hox 遺伝子の発現する場所が変化しなくても，Hox 遺伝子によって直接的または間接的に制御される遺伝子の発現や働きを変えることでも，肢芽が本来とは別の場所に形成されたり，その肢芽が翼や脚を形成したりしそうだよね。

ヒデヨ：それは面白そうだね。そういう論文があるか，図書館で調べてみよう。

　ミハルさんとヒデヨさんは，図書館に行って，ニワトリ胚の肢芽で外胚葉と中胚葉の相互作用を変化させた**実験1～3**を行った論文を見つけた。

実験1　肢芽が途中まで伸長した段階で，肢芽の先端の表皮を除去したところ，肢芽の伸長は停止した。しかし，表皮を除去した肢芽に，肢芽の先端の表皮から分泌されるタンパク質 W を染み込ませた微小なビーズを埋め込んだところ，肢芽は正常に伸長した。

実験2 本来は肢芽を形成しないわき腹の表皮の下に，タンパク質Wを染み込ませた微小なビーズを埋め込んだところ，わき腹に新たな肢芽が形成された。新たに形成された肢芽は，翼になる肢芽の近くにあると翼を，脚になる肢芽の近くにあると脚を形成した。

実験3 翼になる予定の前方の肢芽と脚になる予定の後方の肢芽との間で発現に違いのあるタンパク質を探したところ，前方の肢芽の側板由来の細胞から調節タンパク質Xが，後方の肢芽の側板由来の細胞から調節タンパク質Yが，それぞれ見つかった。**実験2**と同様にわき腹の中間に形成させた新たな肢芽で，調節タンパク質Xまたは調節タンパク質Yを発現させたところ，肢芽はそれぞれ翼または脚を形成した。

ヒデヨ：論文を読むと，(b)外胚葉と中胚葉の相互作用が変化することで2対の翼や2対の脚を持つニワトリができるのだから，形態形成の過程は想像以上に柔軟だということが分かるね。そういえば，この相互作用が邪魔されて2対の後肢が生えるカエルが，自然界でも見つかっているそうだよ。

ミハル：でも，よく考えたら，**実験3**だけでは，正常発生でからだの前方の肢芽が翼を形成する仕組みに，調節タンパク質Xが本当に必要かどうか分からないよね。

ヒデヨ：それを証明するためには，調節タンパク質Xの遺伝子を，ニワトリのからだの ア の肢芽で イ ，その部位で ウ が エ ことを確かめればいいんじゃないかな。

ミハル：なるほどね。次は，(c)肢芽ができるときに，どの辺りの細胞が分裂して増えるか調べる方法を考えてみようよ。

ヒデヨ：(d)正常発生で，わき腹で肢芽が形成されないようにしている仕組みにも興味があるね。

問 1　下線部(a)について，次の記述ⓐ～ⓓのうち，正しい記述はどれか。その組合せとして最も適当なものを，後の①～⓪のうちから一つ選べ。　10

ⓐ　核に移動して DNA に結合するタンパク質の遺伝子である。

ⓑ　連鎖している遺伝子群である。

ⓒ　母性効果遺伝子（母性因子）である。

ⓓ　バージェス動物群はまだ持っていなかったと考えられる遺伝子である。

①　ⓐ, ⓑ　　　　②　ⓐ, ⓒ　　　　③　ⓐ, ⓓ　　　　④　ⓑ, ⓒ

⑤　ⓑ, ⓓ　　　　⑥　ⓒ, ⓓ　　　　⑦　ⓐ, ⓑ, ⓒ　　⑧　ⓐ, ⓑ, ⓓ

⑨　ⓐ, ⓒ, ⓓ　　⓪　ⓑ, ⓒ, ⓓ

問 2　下線部(b)について，次の記述ⓔ～ⓖのうち，二人の会話と**実験 1 ～ 3** の結果とから導かれる考察はどれか。それを過不足なく含むものを，後の①～⑦のうちから一つ選べ。　11

ⓔ　正常発生において，からだのどこに肢芽を形成するかを最初に決めているのは，Hox 遺伝子を発現する中胚葉である。

ⓕ　肢芽の形成と伸長を支えているのは，外胚葉である。

ⓖ　からだの前方の肢芽が翼を形成することを決めているのは，からだの前方の外胚葉である。

①　ⓔ　　　　　　②　ⓕ　　　　　　③　ⓖ　　　　　　④　ⓔ, ⓕ

⑤　ⓔ, ⓖ　　　　⑥　ⓕ, ⓖ　　　　⑦　ⓔ, ⓕ, ⓖ

問 3 次の文は，上の会話文の一部を再掲したものである。文中の ア ～ エ に入る語句の組合せとして最も適当なものを，後の①～⑥のうちから一つ選べ。 12

それを証明するためには，調節タンパク質 X の遺伝子を，ニワトリのからだの ア の肢芽で イ ，その部位で ウ が エ ことを確かめればいいんじゃないかな。

	ア	イ	ウ	エ
①	前　方	強制的に働かせて	翼	できる
②	前　方	働かないようにして	翼	できない
③	前　方	働かないようにして	脚	できる
④	後　方	強制的に働かせて	翼	できる
⑤	後　方	強制的に働かせて	脚	できない
⑥	後　方	働かないようにして	脚	できない

問 4 下線部(c)に関連して，ミハルさんは，生体を構成する分子に目印をつけたものを一定時間取り込ませることによって，その時間内に分裂した細胞に目印を蓄積させ，分裂した細胞の場所を調べる方法を考えた。目印をつける分子は，細胞が増殖せずに活発に活動しているだけで蓄積してしまう分子ではなく，必ず細胞分裂に伴って取り込まれる分子でないといけない。目印をつけるべき分子として最も適当なものを，次の①～④のうちから一つ選べ。 13

① メチオニン

② ウラシルを含む RNA のヌクレオチド

③ チミンを含む DNA のヌクレオチド

④ アセチル CoA

問 5　下線部(d)に関連して，ヒデヨさんは，わき腹になる領域の将来体節になる細胞(以下，予定体節細胞)が肢芽の形成を抑えていることを明らかにした論文を見つけた。そのなかで行われた実験とその結果として**適当でないもの**を，次の①～④のうちから一つ選べ。　| 14 |

① 　わき腹になる領域の予定体節細胞を死滅させたところ，肢芽になる細胞が盛んに細胞分裂する様子がみられた。

② 　わき腹になる領域の予定体節細胞を死滅させたところ，肢芽になる領域でタンパク質 W を発現する細胞数が減少した。

③ 　わき腹になる領域の予定体節細胞を除去し，肢芽になる領域の予定体節細胞に置き換えたところ，発現するタンパク質 W の量が増加した。

④ 　肢芽になる領域の予定体節細胞を除去し，わき腹になる領域の予定体節細胞に置き換えたところ，生じた肢芽が小さかった。

第4問　次の文章を読み，後の問い(**問1～3**)に答えよ。(配点　12)

　一般的に働きアリ(以下，アリ)は，餌を見つけると，腹部から分泌される道標_(みちしるべ)
_(a)フェロモンを地面に付けながら，巣と餌場との間を往復して餌を運ぶ。同じ巣
のほかのアリが，これをたどりながら巣と餌場の行き来を繰り返すと，徐々にアリ
の行列ができる。アリの行列の形成過程における道標フェロモンの役割を調べるた
め，**実験1・実験2**を行った。

実験1　アリの巣と餌場との間を，図1のような二つの通路(通路A，通路B)でつ
　　ないだ。しばらくすると，アリの行列が観察された。条件Ⅰでは通路Aと通路
　　Bの長さを同じにし，条件Ⅱでは通路Aよりも通路Bを長くした。実験開始か
　　ら30分経過した後に，通路Aと通路Bを通行しているアリの数を10分間記録
　　した。条件Ⅰと条件Ⅱで各20回の試行を行い，両通路のうち通路Aを通行して
　　いるアリの割合が0-20 %，20-40 %，40-60 %，60-80 %，80-100 %であ
　　ることが観察された回数をそれぞれ数えたところ，表1の結果が得られた。図2
　　は，条件Ⅰでの通路Aの通行率と，そのときの通路上のアリの分布の例を示し
　　たものである。なお，実験中のアリは巣と餌場の周囲以外では通路上のみを通行
　　できるものとする。

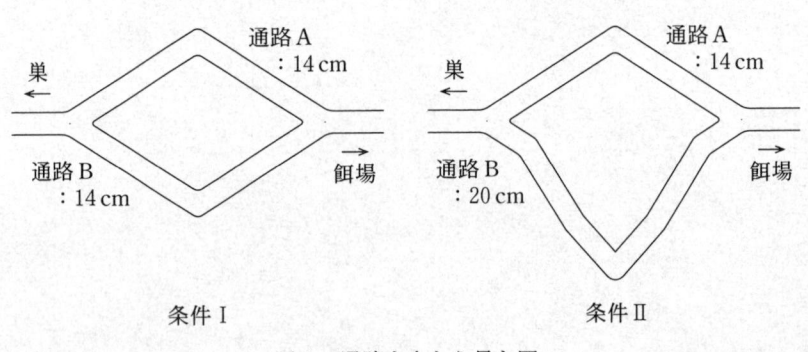

条件Ⅰ　　　　　　　　　　　　　条件Ⅱ

図1　通路を上から見た図

表　1

通路 A の通行率	0 – 20 %	20 – 40 %	40 – 60 %	60 – 80 %	80 – 100 %
条件 I での観察回数 （計 20 回）	7	3	1	2	7
条件 II での観察回数 （計 20 回）	1	2	0	1	16

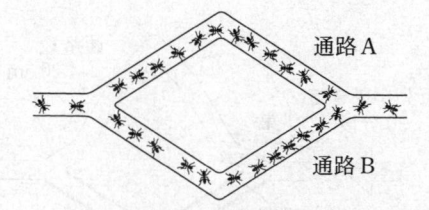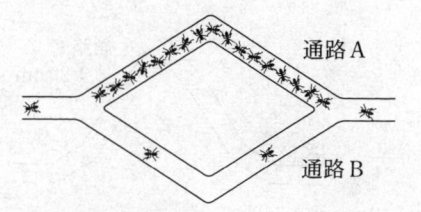

通路 A の通行率が 40 – 60 ％ の例　　　　通路 A の通行率が 80 – 100 ％ の例

図　2

問 1　**実験** 1 の結果の記述として適当なものを，次の①～⑥のうちから二つ選べ。ただし，解答の順序は問わない。　15 ・ 16

①　条件 I では，各試行における，通路 A および通路 B の通行率は，それぞれ約 50 ％ になった。

②　条件 I では，各試行における行列は，通路 A と通路 B とに交互にできた。

③　条件 I では，20 試行中の 14 試行で，80 ％ を超えるアリが，通路 A または通路 B のどちらかに集中した。

④　条件 I・条件 II ともに，通路 A と通路 B の両方にほぼ同数のアリが行列をつくった観察回数は，全体のなかで最も少なかった。

⑤　条件 II では，20 試行中の 16 試行で，80 ％ を超えるアリが通路 B を通行した。

⑥　条件 II では，通路の長短はアリの通路の選択に影響しなかった。

実験2 図3左のように，通路Cだけが存在する状態で**実験1**と同様の実験を行った。行列ができて30分後に，図3右のように通路Cより短い通路Dを追加し，その後，各通路を通行するアリの数を10分間記録した。その結果，通路Dを通行するアリが少数観察されたが，ほとんどの試行で多くのアリが通路Cを通行する状態が続いた。なお，実験を通じて餌は十分にあり，アリは餌を運び続けた。

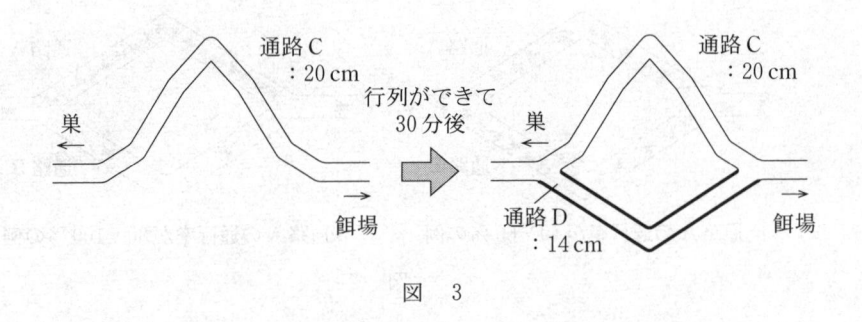

図　3

問 2 **実験1**・**実験2**の結果から導かれる次の考察文中の ア ～ エ に入る語句の組合せとして最も適当なものを，後の①～⑧のうちから一つ選べ。 17

　　実験1の条件Ⅱで得られた結果は，試行開始後，単位距離当たりのアリの通行量が，通路 ア で多く，その後も個々のアリが道標フェロモン濃度のより高い通路を通行し続けたことによるものと考えられる。

　　実験2のほとんどの試行では，通路Dが新たに追加された後，少数のアリが通路Dを通行し，餌場にたどり着くと道標フェロモンを通路Dに付けた。しかし，通路Dは通路Cよりも道標フェロモンの濃度が相対的に イ 状態が続くので，多くのアリが通路Cを通行し続け，通路Cの道標フェロモンは濃度が相対的に ウ 状態が続いたと考えられる。いずれの実験結果も エ のフィードバックで説明できる。

	ア	イ	ウ	エ
①	A	高 い	低 い	正
②	A	高 い	低 い	負
③	A	低 い	高 い	正
④	A	低 い	高 い	負
⑤	B	高 い	低 い	正
⑥	B	高 い	低 い	負
⑦	B	低 い	高 い	正
⑧	B	低 い	高 い	負

問 3　下線部(a)に関連して，生物が体外に放出する化学物質の働きに関する次の記述のうち，フェロモンの働きとして**誤っているもの**を，次の①〜⑥のうちから一つ選べ。　18

① カイコガのメスが，オスを誘引する。

② ミツバチのコロニーにおいて，女王バチが，働きバチの性成熟を抑制する。

③ チャバネゴキブリが，ほかの個体を誘引して群れを形成する。

④ 同じ巣のアリどうしが，同じコロニーの仲間であることを伝える。

⑤ 巣への侵入者を発見したミツバチが，コロニーの仲間に警戒を促す。

⑥ アブラムシが，アリを誘引する。

第5問 次の文章を読み，後の問い（問1～4）に答えよ。（配点 16）

(a)被子植物は，植物の中で最も多様化している。この理由の一つは，動物を利用することで花粉をほかの個体の柱頭へと付着させ，(b)有性生殖によって子孫を残す効率を高めることができる仕組みを獲得したためである。例えば，被子植物に見られる多様な花の色や模様は，花粉を運ぶ動物（送粉者）に花の存在や，餌となる蜜や花粉のありかを知らせることで，送粉者を効率よく誘引することに役立つ特徴である。

被子植物の主要な送粉者である昆虫は，ヒトが感知できない花の色や模様を目印に訪花する。これは，ヒトと昆虫とでは(c)視細胞の発生過程が異なるだけでなく，(d)昆虫は紫外線を感知できる視細胞を持つためである。このように，私たちヒトが感知できない情報のやり取りも，生物の多様化に関与している。

問 1 下線部(a)に関連して，次の記述ⓐ～ⓒのうち，被子植物がほかの植物と共通して持つ特徴はどれか。それを過不足なく含むものを，後の①～⑦のうちから一つ選べ。 19

ⓐ 表皮がクチクラ（クチクラ層）で覆われる。

ⓑ シャジクモ類と同じ光合成色素を持つ。

ⓒ 果実の中に種子がつくられる。

① ⓐ ② ⓑ ③ ⓒ ④ ⓐ, ⓑ

⑤ ⓐ, ⓒ ⑥ ⓑ, ⓒ ⑦ ⓐ, ⓑ, ⓒ

問 2　下線部(b)に関連して，有性生殖が多様な遺伝子型をつくる仕組みに関する次の文章中の　ア　・　イ　に入る数値として最も適当なものを，後の①～⑧のうちからそれぞれ一つずつ選べ。ただし，同じものを繰り返し選んでもよい。

ア 20 ・イ 21

　ある常染色体に，三つの連鎖した遺伝子座が存在し，それぞれで対立遺伝子がヘテロ接合している個体を想定する。この個体が形成する配偶子における対立遺伝子の組合せの種類は，減数分裂の際に相同染色体の乗換えが全く起こらない場合には　ア　種類であり，乗換えが自由に起こった場合には最大　イ　種類になる。こうした相同染色体の乗換えによる遺伝子の組換えは，減数分裂の際に全ての染色体で起こるため，有性生殖により多様な遺伝子型を持つ子孫がつくられる。

①　1　　　　　②　2　　　　　③　3　　　　　④　4
⑤　6　　　　　⑥　8　　　　　⑦　9　　　　　⑧　36

問 3 下線部(C)に関連して，ショウジョウバエの眼は，複数の個眼から構成される複眼であり，各個眼には視細胞としてR1〜R8の光受容細胞が1個ずつある。8個の光受容細胞はR1〜R6，R7，R8の3種類に大別され，それぞれ異なる波長の光に反応する。遺伝子Xが働かない変異体Xと，遺伝子Yが働かない変異体Yでは，R1〜R6とR8は正常に分化するが，R7は分化しなくなる。遺伝子Xと遺伝子Yに関する次の考察を導くための実験として**適当でないもの**を，後の①〜⑤のうちから一つ選べ。 22

　将来R7になる細胞において遺伝子Xからつくられるタンパク質Xが，R8において遺伝子Yからつくられるタンパク質Yの受容体として働き，R7の分化が誘導される。

① タンパク質Xが細胞のどこに存在するかを調べる。

② 遺伝子XのmRNAがどの細胞で転写されているかを調べる。

③ 遺伝子Xの発現をどの細胞で阻害したら，R7が分化しなくなるかを調べる。

④ 遺伝子Yの発現をどの細胞で阻害したら，R7が分化しなくなるかを調べる。

⑤ タンパク質Xが遺伝子Yの転写調節領域に結合するかを調べる。

問 4　下線部(d)に関連して，野生型のショウジョウバエと**問 3**の変異体 Y とを用いて，**実験 1** を行った。後の記述ⓓ～ⓕのうち，**実験 1** の結果から導かれる，ショウジョウバエの光走性と光受容細胞に関する考察はどれか。それを過不足なく含むものを，後の①～⑦のうちから一つ選べ。　| 23 |

実験 1　暗所において，図 1 のように，透明な容器の中心に野生型または変異体 Y を入れ，光を照射せずに 1 分間放置したところ，どちらも容器全体に一様に広がった。次に，容器に一定の可視光や紫外線を照射して 1 分間放置したところ，ショウジョウバエの分布は図 2 のようになった。

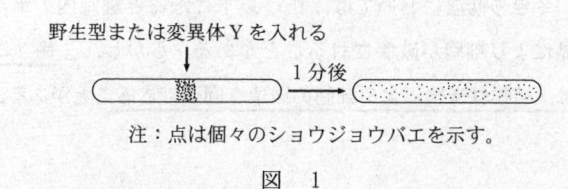

注：点は個々のショウジョウバエを示す。

図　1

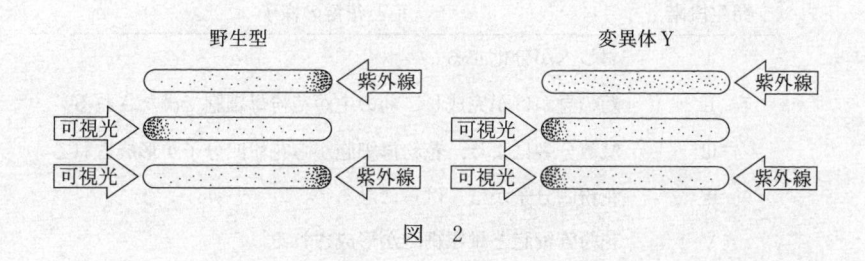

図　2

ⓓ　紫外線に対する正の光走性には，R 7 が紫外線に反応することが必要である。

ⓔ　R 7 が分化しないと，紫外線に対して負の光走性を示す。

ⓕ　可視光に対する正の光走性には，R 1 ～R 8 の全てが分化する必要がある。

① ⓓ　　　　② ⓔ　　　　③ ⓕ　　　　④ ⓓ, ⓔ

⑤ ⓓ, ⓕ　　⑥ ⓔ, ⓕ　　⑦ ⓓ, ⓔ, ⓕ

第6問 次の文章を読み，後の問い(問1〜5)に答えよ。(配点 19)

　宮沢賢治が「サムサノナツハオロオロアルキ」と詠んだ夏場の低温による凶作では，10℃を上回る温度でも，イネの(a)種子が形成されにくくなる。その原因は，(b)低温では成熟した花粉が正常に形成されないことにある。この現象を調べるため，(c)イネの花のおしべが分化してから花粉が成熟するまでの約20日間の発生の過程を調べたところ，表1の結果が得られた。成熟した花粉が正常に形成されない現象は，(d)表1の発生段階のどこかが低温において進行しなくなっていることが原因と考えられる。

　他方，冬場の低温においては，0℃以下になると細胞内の水が凍結し，生じた氷の結晶により細胞が破壊されることがある。しかし，(e)徐々に温度が低下した場合には，植物は凍結による細胞の破壊を回避できることがある。

表　1

発生段階	花と花粉の様子
I	おしべが分化する
II	葯（やく）の見かけが完成し，葯の中が花粉母細胞で満たされる
III	減数分裂により，花粉母細胞から花粉四分子が形成される
IV	花粉四分子がばらばらになる
V	花粉管細胞と雄原細胞が形成される
VI	花粉が成熟する

問 1　下線部(a)に関連して，一般的な被子植物の種子の形成から発芽に至る過程に
　　おける現象の記述として最も適当なものを，次の①～⑤のうちから一つ選べ。

　　　24

①　胚珠全体が，種子では種皮になる。

②　受精卵は，細胞分裂を経ずに胚となる。

③　発芽前の種子では，まだ器官の分化はみられない。

④　種子は，成熟すると乾燥に対して強くなる。

⑤　種子は，アブシシン酸の含有量が増えると発芽しやすくなる。

問 2 下線部(b)に関連して，低温が花粉の形成に与える影響を調べるため，花粉の成熟に至る途中の様々な時期のイネを 12 ℃ の低温にさらして受精しなかった割合を調べ，発生段階ごとに示したところ，図 1 の結果が得られた。この結果から考えられる低温の影響の記述として最も適当なものを，後の ①～⑤ のうちから一つ選べ。なお，図中の I～V は，表 1 の発生段階である。　　25

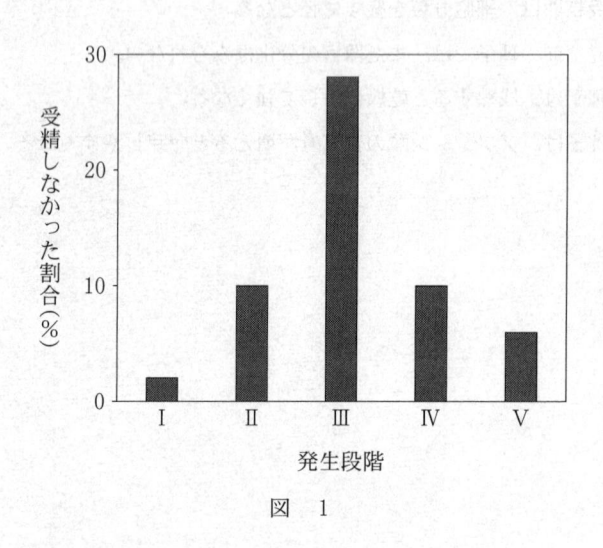

図　1

① 花粉管細胞と雄原細胞の形成は，低温の影響を大きく受ける。

② 花粉四分子の形成は，他の段階よりも低温の影響を受けやすい。

③ 低温により，おしべが分化しなくなる。

④ 成熟した花粉は，低温にさらされると受精の能力を失う。

⑤ どの発生段階であっても，低温にさらされることにより受精の効率は 10 ％ 以上低下する。

問 3　下線部(C)に関連して，イネでは，花芽形成前の茎は見かけより短く，茎頂分
裂組織が地面近くにあり（図2），葉や花穂はここから分化して伸びる。イネの
成長のある時期（以下，時期 X）に，水田の水深を，イネの下半分が水につかる
くらいまで深くしておくと，気温が一時的に低下しても，花粉の形成には大き
な影響がなかった。この結果から導かれる考察として**適当でないもの**を，後の
①〜⑤のうちから一つ選べ。　26

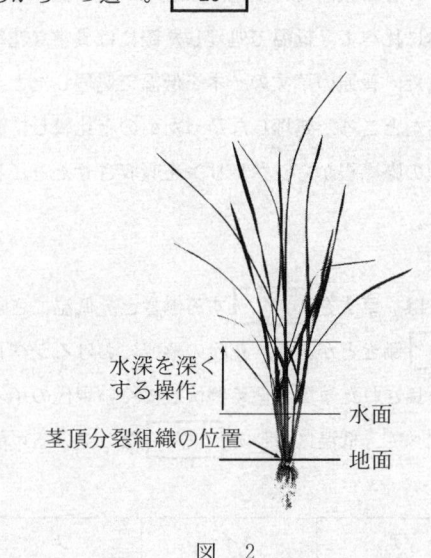

水深を深く
する操作

茎頂分裂組織の位置

水面

地面

図　2

① 時期 X に植物体の上半分だけが低温にさらされても，花粉の形成は影響
　を受けない。
② 時期 X に花粉四分子の形成が起こった。
③ 花穂が水面下にあることにより，気温の一時的な低下から花粉の形成が保
　護された。
④ 花粉の成熟が遅れたままで花穂が伸びたときには，花粉の形成を低温から
　保護するために，水田の水深をより深くする必要がある。
⑤ 時期 X に水田の水深を深くした際の気温の一時的上昇は，気温が変化し
　ない場合と比べて，種子の実る割合を低下させる。

問 4 下線部(d)に関連して，低温処理が花粉の形成に与える影響を調べるため，**実験1**を行った。**実験1**の結果から導かれる後の考察文中の ア ～ ウ に入る語句の組合せとして最も適当なものを，後の①～⑧のうちから一つ選べ。 27

実験1 ジベレリン合成能力の変化が原因で草丈が低い矮性(わいせい)のイネでは，普通の草丈のイネに比べて，低温で処理した際には異常な花粉の割合がさらに高くなった。また，普通の草丈のイネを低温で処理したときの葯のジベレリンの量を測定したところ，処理しなかったものと比較して減少していた。さらに，この処理の際に根からジベレリンを吸収させたところ，正常な花粉の割合が回復した。

ジベレリンには，草丈を ア する働きと，低温にさらされたときの花粉の形成を イ 働きとがある。花粉の形成におけるジベレリンの働きから考えると，品種改良された草丈が低く倒伏しにくい現代のイネは，品種改良される前のイネに比べて，低温に対して ウ なっている可能性がある。

	ア	イ	ウ
①	高 く	阻害から守る	弱 く
②	高 く	阻害から守る	強 く
③	高 く	阻害する	弱 く
④	高 く	阻害する	強 く
⑤	低 く	阻害から守る	弱 く
⑥	低 く	阻害から守る	強 く
⑦	低 く	阻害する	弱 く
⑧	低 く	阻害する	強 く

問 5 下線部(e)に関連して，植物が 0 ℃ を大きく下回るような低温での凍結をどのように回避しているかを調べるため，**実験 2** を行った。

> **実験 2** 実験室でよく栽培されるシロイヌナズナの植物体を，通常の生育温度である 23 ℃ から急速に −15 ℃ に温度を下げて数時間処理すると，23 ℃ に戻してもすぐに枯れてしまった。しかし，あらかじめ生育温度を通常の 23 ℃ から 2 ℃ に下げて 3 日間栽培して寒さに慣らしてから −15 ℃ の低温処理を数時間行った場合，植物は枯れずに生き続けることができた。また，−15 ℃ にさらされても生き残った植物の細胞内の糖やアミノ酸の量は，通常に生育させた植物に比べて増えていた。

この実験の結果から，細胞内の糖やアミノ酸を増やすことが，凍結による細胞の破壊を回避するために有効であると考えた。この考えが正しいかどうかを調べるために追加すべき実験として**適当でないもの**を，次の①〜⑤のうちから一つ選べ。 28

① まず −15 ℃ で数時間処理し，次いで 2 ℃ に移して 3 日後に糖やアミノ酸の量を測定する。

② −15 ℃ での処理による細胞の破壊の程度を，あらかじめ 2 ℃ での栽培をする場合としない場合とで比較する。

③ 2 ℃ で 3 日間栽培する前後で，糖やアミノ酸の量を比較する。

④ 増えた糖やアミノ酸の合成に関わる酵素の遺伝子が働かなくなるようにした株が，−15 ℃ の低温処理に対して弱くなるかどうかを調べる。

⑤ 増えた糖やアミノ酸の合成に関わる酵素の遺伝子を過剰に働くようにした株が，−15 ℃ の低温処理に対して強くなるかどうかを調べる。

生 物 基 礎

$$\left(\text{解答番号}\ \boxed{1}\ \sim\ \boxed{17}\ \right)$$

第1問 次の文章（**A・B**）を読み，後の問い（**問1～6**）に答えよ。（配点　19）

A ホタルの腹部にある発光器には，(a)酵素の一つであるルシフェラーゼと，その基質（酵素が作用する物質）となるルシフェリンが多量に存在する。ルシフェリンは，ルシフェラーゼの作用で(b)ATPと反応して光を発する。この発光量を測定することで細胞内のATP量を測定できるキットが作られている。現在はこの方法をさらに応用し，(c)測定されたATP量から，牛乳などの食品内に存在している，あるいは食器に付着している細菌数を推定するキットも開発されている。

問1 下線部(a)に関する記述として**誤っているもの**を，次の**①～⑤**のうちから一つ選べ。　$\boxed{1}$

① 化学反応を促進する触媒として働く。

② 口から摂取した酵素は，そのままの状態で体内の細胞に取り込まれて働くことはない。

③ タンパク質が主成分であり，細胞内で合成される。

④ 細胞内で働き，細胞外では働かない。

⑤ 反応の前後で変化しないため，繰り返し働くことができる。

問 2 下線部⒝に関連して，次の細胞小器官ⓐ～ⓒのうち，ATP が合成される細胞小器官はどれか。それを過不足なく含むものを，後の①～⑦のうちから一つ選べ。 [2]

ⓐ 核　　　ⓑ ミトコンドリア　　　ⓒ 葉緑体

① ⓐ　　　　　　② ⓑ　　　　　　③ ⓒ　　　　　　④ ⓐ, ⓑ
⑤ ⓐ, ⓒ　　　　⑥ ⓑ, ⓒ　　　　⑦ ⓐ, ⓑ, ⓒ

問 3 下線部⒞について，次の記述ⓓ～ⓖのうち，ATP 量から細菌数を推定するために，前提となる条件はどれか。その組合せとして最も適当なものを，後の①～⑥のうちから一つ選べ。 [3]

ⓓ 個々の細菌の細胞に含まれる ATP 量は，ほぼ等しい。
ⓔ 細菌以外に由来する ATP 量は，無視できる。
ⓕ 細菌は，エネルギー源として ATP を消費している。
ⓖ ATP 量の測定は，細菌が増殖しやすい温度で行う。

① ⓓ, ⓔ　　　　② ⓓ, ⓕ　　　　③ ⓓ, ⓖ
④ ⓔ, ⓕ　　　　⑤ ⓔ, ⓖ　　　　⑥ ⓕ, ⓖ

B ナツキさんとジュンさんは，DNA の抽出実験について話し合った。

ナツキ：今日の授業で，ブロッコリーの花芽から DNA を抽出したけど，花芽を使ったのはなぜかな。茎からも花芽と同じように抽出できるんじゃないかな。放課後に実験して調べてみようよ。

ジュン：じゃあ，授業と同じ簡易抽出方法（図 1）で，花芽と茎を比べてみよう。

図 1

ナツキ：花芽を使ったときと同じように，茎を使っても白い繊維状の物質が出てきたよ。でも，同じ重さの花芽と茎を使ったのに，茎のほうが花芽より少ないね。

ジュン：その理由を考えようよ。花芽と茎の細胞を顕微鏡で観察したら違いが分かるんじゃないかな。

　二人は，(d)花芽と茎を酸で処理し，細胞を解離した後，核を染色して，光学顕微鏡で観察した。

ナツキ：濃く染まっているのが核だね。

ジュン：花芽と茎とを比較すると，花芽のほうが，　**ア**　から，DNA を多く得やすいんだね。だから，花芽を材料にしたんだね。

ナツキ：ところで，この(e)白い繊維状の物質は全部 DNA なのかな。

ジュン：RNA は DNA と同様にヌクレオチドがつながってできた鎖状の物質だから，(f)白い繊維状の物質には DNA のほかに RNA も含まれているんじゃないのかな。調べてみようよ。

問 4　下線部(d)について，図 2 は二人が観察した花芽と茎の細胞の写真である。この写真を踏まえて，DNA の抽出実験の材料に関する上の会話文中の　ア　に入る文として最も適当なものを，後の①〜⑤のうちから一つ選べ。　4

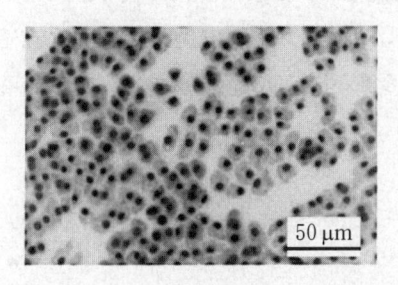

花　芽

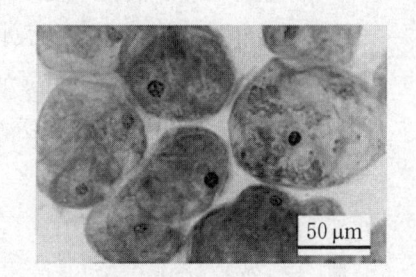

茎

図　2

① 核がより濃く染まっているので，核の DNA の密度が高い

② 核が大きいので，核に含まれている DNA 量が多い

③ 細胞が小さいので，単位重量当たりの細胞の数が多い

④ 一つの細胞に複数の核が存在しているので，単位重量当たりの核の数が多い

⑤ 体細胞分裂が盛んに行われているので，染色体が凝縮している細胞の割合が高い

問 5 下線部(e)に関連して，白い繊維状の物質に含まれる DNA 量を，試薬 X を用いて測定した。試薬 X は DNA に特異的に結合し，青色光が照射されると DNA 濃度に比例した強さの黄色光を発する。図3は，DNA 濃度と黄色光の強さ(相対値)の関係を表したグラフである。

花芽 10 g から得られた白い繊維状の物質を水に溶かして 4 mL の DNA 溶液を作り，試薬 X を使って調べたところ，0.6(相対値)の強さの黄色光を発した。この実験で花芽 10 g から得られた DNA 量の数値として最も適当なものを，後の①～⑧のうちから一つ選べ。 | 5 | mg

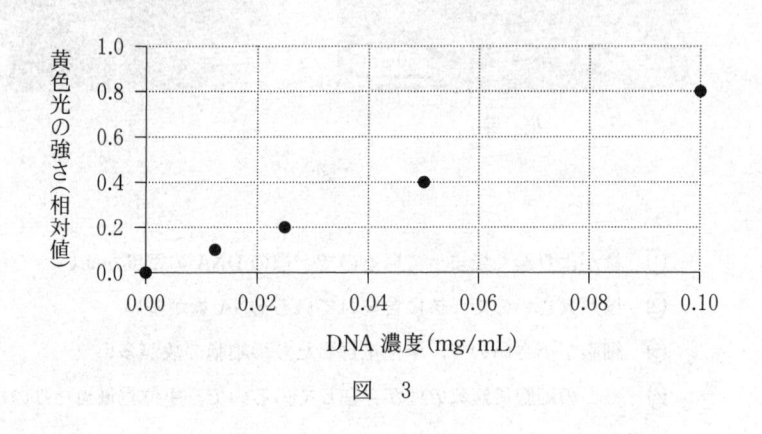

図 3

① 0.019	② 0.030	③ 0.075	④ 0.19
⑤ 0.30	⑥ 0.75	⑦ 1.9	⑧ 3.0

問 6　下線部(f)について，二人はこの仮説を確かめるため，DNA と RNA に結合する試薬 Y を用いた実験を計画した。試薬 Y は青色光が照射されると，DNA および RNA の量に比例した強さの黄色光を発する。白い繊維状の物質を水に溶かした溶液を三等分して，表 1 の実験Ⅰ～Ⅲを行ったところ，仮説を支持する結果が得られた。表 1 中の　イ　・　ウ　に入る結果の組合せとして最も適当なものを，後の①～⑨のうちから一つ選べ。　6

表　1

実　験	実　験　操　作	結　果
Ⅰ	試薬 Y を加え，青色光を照射した。	光を発した
Ⅱ	DNA 分解酵素を加え，反応させた。その後，試薬 Y を加え，青色光を照射した。	イ
Ⅲ	RNA 分解酵素を加え，反応させた。その後，試薬 Y を加え，青色光を照射した。	ウ

	イ	ウ
①	実験Ⅰの結果より強い光を発した	実験Ⅰの結果より強い光を発した
②	実験Ⅰの結果より強い光を発した	実験Ⅰの結果より弱い光を発した
③	実験Ⅰの結果より強い光を発した	全く光を発しなかった
④	実験Ⅰの結果より弱い光を発した	実験Ⅰの結果より強い光を発した
⑤	実験Ⅰの結果より弱い光を発した	実験Ⅰの結果より弱い光を発した
⑥	実験Ⅰの結果より弱い光を発した	全く光を発しなかった
⑦	全く光を発しなかった	実験Ⅰの結果より強い光を発した
⑧	全く光を発しなかった	実験Ⅰの結果より弱い光を発した
⑨	全く光を発しなかった	全く光を発しなかった

第2問 次の文章（**A・B**）を読み，後の問い（**問1～5**）に答えよ。（配点 16）

A ヒトでは，細胞の呼吸に必要な酸素は，赤血球中のヘモグロビン(Hb)に結合して運ばれる。動脈血中の酸素が結合したヘモグロビン(HbO_2)の割合(%)は，図1のような光学式血中酸素飽和度計を用いて，指の片側から赤色光と赤外光とを照射したときのそれぞれの透過量をもとに連続的に調べることができる。図2は，HbとHbO_2が様々な波長の光を吸収する度合いの違いを示しており，縦軸の値が大きいほどその波長の光を吸収する度合いが高い。(a)光学式血中酸素飽和度計では，実際の測定値を，あらかじめ様々な濃度で酸素が溶けている血液を使って調べた値と照合することで，動脈血中のHbO_2の割合を求めている。

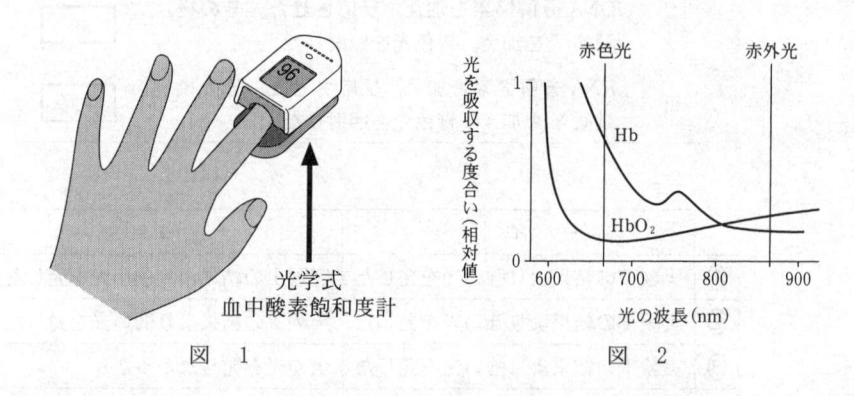

光学式
血中酸素飽和度計

図 1　　　　　　　　　　　図 2

問1 下線部(a)に関連して，図2を参考に，光学式血中酸素飽和度計を用いた測定に関する記述として最も適当なものを，次の**①**～**④**のうちから一つ選べ。

7

① 動脈血では，赤色光に比べて赤外光の透過量が多くなる。

② 組織で酸素が消費された後の血液では，赤色光が透過しやすくなる。

③ 血管内の血流量が変化すると，それに伴い赤色光と赤外光の透過量も変化するため，透過量の時間変化から脈拍の頻度を知ることができる。

④ 赤外光の透過量から，動脈を流れる Hb の総量を知ることができる。

問 2　ある人が富士山に登ったところ，山頂付近(標高 3770 m の地点)で息苦しさを感じた。そこで，光学式血中酸素飽和度計を使って HbO_2 の割合を計測すると，80 % だった。図 3 を踏まえて，山頂付近における動脈血中の酸素濃度(相対値)と，動脈血中の HbO_2 のうち組織で酸素を解離した割合の数値として最も適当なものを，後の ①〜⑥ のうちからそれぞれ一つずつ選べ。なお，山頂付近における組織の酸素濃度(相対値)は 20 であるとする。

山頂付近における

　　動脈血中の酸素濃度(相対値)　　　　　　　　　　　　　　 8

　　動脈血中の HbO_2 のうち組織で酸素を解離した割合(％)　　 9

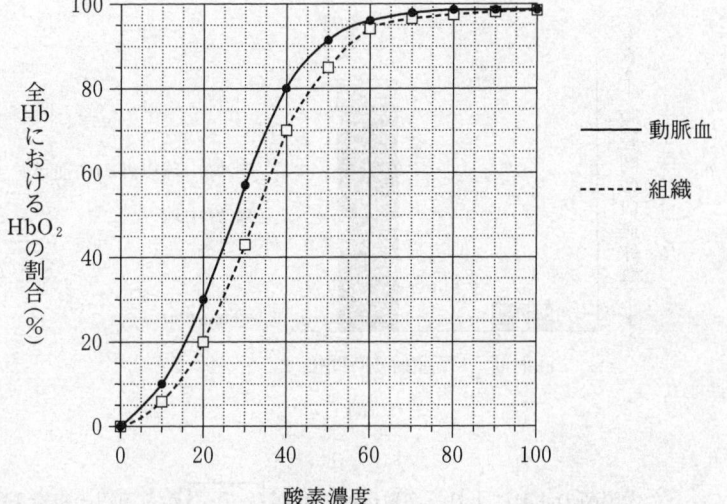

酸素濃度
(平地における動脈血中の酸素濃度を 100 としたときの相対値)

図　3

①　30　　　②　40　　　③　60　　　④　75　　　⑤　80　　　⑥　95

B 免疫には，(b)自然免疫と(c)獲得免疫（適応免疫）とがある。獲得免疫には，細胞性免疫と(d)抗原抗体反応の関与する体液性免疫とがある。

問 3 下線部(b)について，細菌感染の防御における役割を調べるため，**実験**1を行った。**実験**1の結果から導かれる後の考察文中の ア ・ イ に入る語句の組合せとして最も適当なものを，後の①〜⑥のうちから一つ選べ。 10

実験1 大腸菌を，マウスの腹部の臓器が収容されている空所（以下，腹腔）に注射した。注射前と注射4時間後の腹腔内の白血球数を測定したところ，図4の実験結果が得られた。

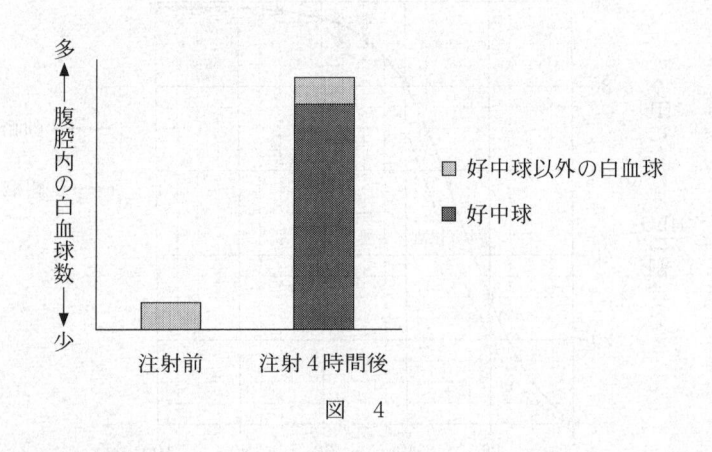

図 4

大腸菌の注射により，多数の好中球が ア から周辺の組織を経て腹腔内に移動したと考えられる。好中球は， イ とともに，食作用により大腸菌を排除すると推測される。

	ア	イ
①	胸　腺	マクロファージ
②	胸　腺	ナチュラルキラー(NK)細胞
③	血　管	マクロファージ
④	血　管	ナチュラルキラー(NK)細胞
⑤	リンパ節	マクロファージ
⑥	リンパ節	ナチュラルキラー(NK)細胞

問 4　下線部(C)に関連して，移植された皮膚に対する拒絶反応を調べるため，**実験2**を行った。**実験2**の結果から導かれる考察として最も適当なものを，後の①〜⑥のうちから一つ選べ。　| 11 |

実験2　マウスXの皮膚を別の系統のマウスYに移植した。マウスYでは，マウスXの皮膚を非自己と認識することによって拒絶反応が起こり，移植された皮膚(移植片)は約10日後に脱落した。その数日後，移植片を拒絶したマウスYにマウスXの皮膚を再び移植すると，移植片は5〜6日後に脱落した。

① 免疫記憶により，2度目の拒絶反応は強くなった。

② 免疫記憶により，2度目の拒絶反応は弱くなった。

③ 免疫不全により，2度目の拒絶反応は強くなった。

④ 免疫不全により，2度目の拒絶反応は弱くなった。

⑤ 免疫寛容により，2度目の拒絶反応は強くなった。

⑥ 免疫寛容により，2度目の拒絶反応は弱くなった。

問 5 下線部(d)に関連して，抗体の働きを調べるため，**実験3**を行った。後の記述ⓐ～ⓓのうち，**実験3**でマウスが生存できたことについての適当な説明はどれか。それを過不足なく含むものを，後の**①**～**⓪**のうちから一つ選べ。 12

実験3 マウスに致死性の毒素を注射した直後に，毒素を無毒化する抗体を注射したところ，マウスは生存できた。

ⓐ 予防接種の原理が働いた。
ⓑ 血清療法の原理が働いた。
ⓒ このマウスのT細胞が働いた。
ⓓ このマウスのB細胞が働いた。

① ⓐ 　　　　**②** ⓑ 　　　　**③** ⓒ 　　　　**④** ⓓ

⑤ ⓐ, ⓒ 　　**⑥** ⓐ, ⓓ 　　**⑦** ⓑ, ⓒ 　　**⑧** ⓑ, ⓓ

⑨ ⓐ, ⓒ, ⓓ 　**⓪** ⓑ, ⓒ, ⓓ

第3問　次の文章（**A・B**）を読み，後の問い（問1～5）に答えよ。（配点　15）

A　年降水量の多い日本列島では，主に(a)気温によってバイオームが決まる。中部地方の内陸から東北地方を経て北海道南部にまで主に見られるバイオームは，ブナなどの落葉広葉樹が優占する夏緑樹林と，そこに生息する生物とから成立している。

　ブナの葉を食うガであるブナアオシャチホコ（以下，ブナアオ）の幼虫は，しばしば大発生して一帯の葉を食いつくすことがある。(b)この幼虫は，日当たりの良い林冠につくられる陽葉よりも，日当たりの悪い下層につくられる陰葉から食い始める。

　(c)ブナアオが大発生すると，その幼虫を食う甲虫のクロカタビロオサムシが追いかけるように大発生する。同様に，ブナアオの蛹（さなぎ）を栄養源とする菌類のサナギタケも大発生する。そのため，ブナアオの大発生は長続きしない。

問1　下線部(a)について，地球温暖化の進行により，今後100年間で年平均気温は2～4℃上昇すると見積もられている。これにより，現在の中部地方において見られる図1のようなバイオームの分布が変化したとするとき，標高500mと標高1500mではそれぞれどのようなバイオームが成立すると予測されるか。予測の組合せとして最も適当なものを，後の①～⑦のうちから一つ選べ。　13

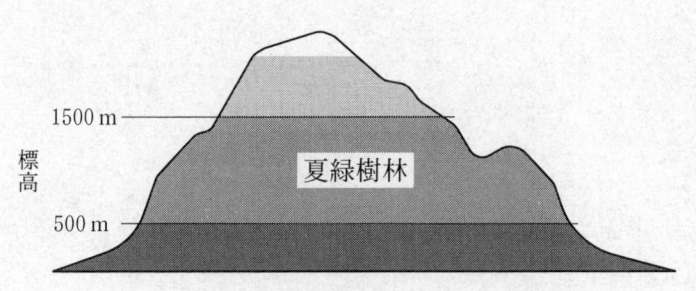

注：濃さの違いは異なるバイオームを示す。

図　1

	標高 500 m	標高 1500 m
①	夏緑樹林	夏緑樹林
②	夏緑樹林	針葉樹林
③	夏緑樹林	照葉樹林
④	針葉樹林	夏緑樹林
⑤	針葉樹林	照葉樹林
⑥	照葉樹林	夏緑樹林
⑦	照葉樹林	針葉樹林

問 2　下線部(b)に関連して，図2は陽葉と陰葉における，光の強さと二酸化炭素吸収速度との関係である。図中の下向きの矢印は，陽葉か陰葉のいずれかが日中に受ける平均的な光の強さを示している。大発生したブナアオが陽葉と陰葉を共につけるブナ個体の葉を食い進むと，二酸化炭素吸収速度はどのように変化すると予測されるか。ブナ1個体当たりの変化の傾向を示すグラフとして最も適当なものを，後の①～⑥のうちから一つ選べ。　14

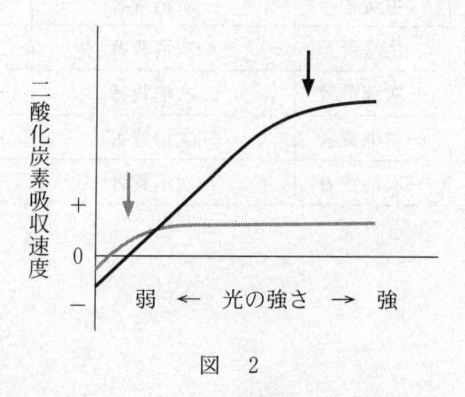

図　2

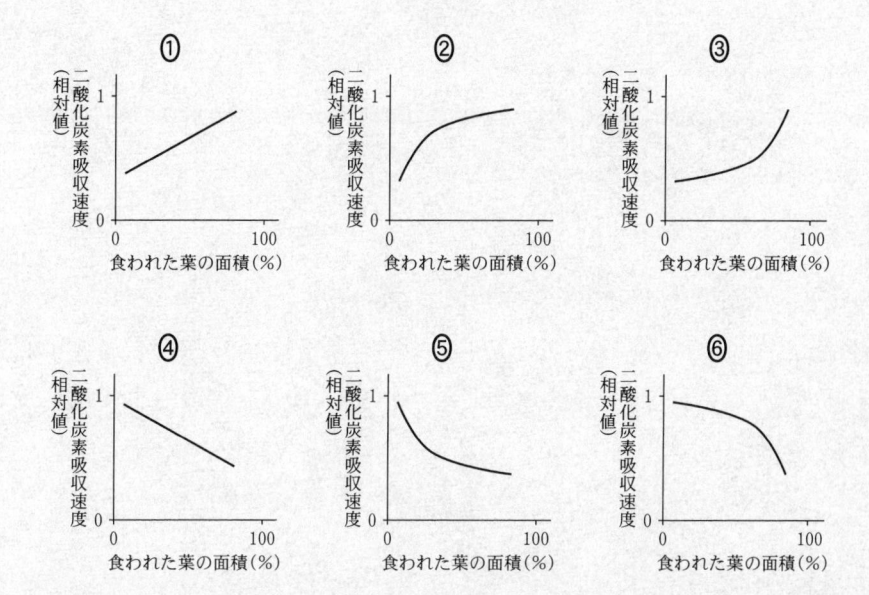

問 3 下線部(C)について，このような食物連鎖を含む生態系におけるブナアオ，クロカタビロオサムシ，およびサナギタケの栄養段階の組合せとして最も適当なものを，次の①～⑥のうちから一つ選べ。 15

	ブナアオ	クロカタビロオサムシ	サナギタケ
①	生産者	一次消費者	一次消費者
②	生産者	一次消費者	二次消費者
③	生産者	一次消費者	三次消費者
④	一次消費者	二次消費者	一次消費者
⑤	一次消費者	二次消費者	二次消費者
⑥	一次消費者	二次消費者	三次消費者

B　自然の生態系内で窒素は循環しているが，人間活動はその経路や量を変化させることがある。農地では，農作物が収穫されて食物として利用される。食物に入っていた窒素は排泄物として下水道に入り，その後，河川に出ていく。この場合，(d)下水中の窒素を取り除かないと，河川や海の富栄養化を引き起こす。また，森林では，(e)樹木の伐採および除草剤の散布による植生の一時的な消失が窒素の循環に影響することが知られている。

問 4　下線部(d)について，下水処理場では，生物を利用して下水から窒素を取り除いている。この下水処理過程の順序として最も適当なものを，次の①〜⑤のうちから一つ選べ。　| 16 |

①　無機窒素化合物の生成　　⟶　　脱　窒

②　無機窒素化合物の同化　　⟶　　脱　窒

③　窒素固定　⟶　　脱　窒

④　窒素固定　⟶　　無機窒素化合物の生成

⑤　窒素固定　⟶　　無機窒素化合物の同化

問 5 下線部(e)について，人間活動によって森林植生の大部分が一時的に消失した後，そこから流れ出す河川水の窒素濃度の変化に関する記述として最も適当なものを，次の①〜⑥のうちから一つ選べ。 | 17 |

① 植生が消失すると上昇し，植生の回復後も高い状態が続く。

② 植生が消失すると上昇し，植生の回復後に低下して元に戻る。

③ 植生が消失しても変化しないが，植生の回復後に上昇する。

④ 植生が消失しても変化しないが，植生の回復後に低下する。

⑤ 植生が消失すると低下し，植生の回復後に上昇して元に戻る。

⑥ 植生が消失すると低下し，植生の回復後も低い状態が続く。

共通テスト 追試験

2022

生物：

解答時間 60 分　配点 100 点

生物基礎：

解答時間　2 科目 60 分

配点　2 科目 100 点

（物理基礎，化学基礎，生物基礎，
地学基礎から 2 科目選択）

生　　　　物

（解答番号　1　～　29　）

第1問　次の文章を読み，後の問い（**問1～4**）に答えよ。（配点　15）

　　現在，多くの生物で絶滅のおそれが高まり，(a)生物多様性の低下が懸念されている。近年，植物種Xの生息地は分断され，(b)個体数が減少しつつある。植物種Xは多年生の草本で，地下茎により越冬し，翌年まで生存した個体は前年と同じ位置から地上部を出す。植物種Xには三つの生育段階（芽生え，幼個体，開花個体）があり，種子から発芽した芽生えは，成長すると翌年は幼個体になる。幼個体は数年をかけて成長して開花個体になり，一度だけ開花したのち，枯死する。

問1　下線部(a)に関する記述として**誤っているもの**を，次の**①**～**④**のうちから一つ選べ。　1

①　これまで，適応放散が様々な系統において生じ，種多様性の増加に寄与してきた。

②　かく乱は生態系を破壊するため，かく乱の規模が小さいほど，生物群集の種多様性が高い。

③　一部の生物が圧倒的に優占するのを捕食者が妨げることで，多くの種が共存でき，種多様性が高く保たれることがある。

④　遺伝的多様性が高い個体群は，生息環境が変化しても，その環境に対応して生存できる個体がいる可能性が高く，絶滅を免れやすい。

問 2　植物種 X の大きな個体群の生息地に $1\,m^2$ の区画をつくり，個体の分布を翌年まで観察したところ，図 1 の結果が得られた。この結果から導かれる次の考察文中の ア ～ ウ に入る語句の組合せとして最も適当なものを，後の①～⑧のうちから一つ選べ。 2

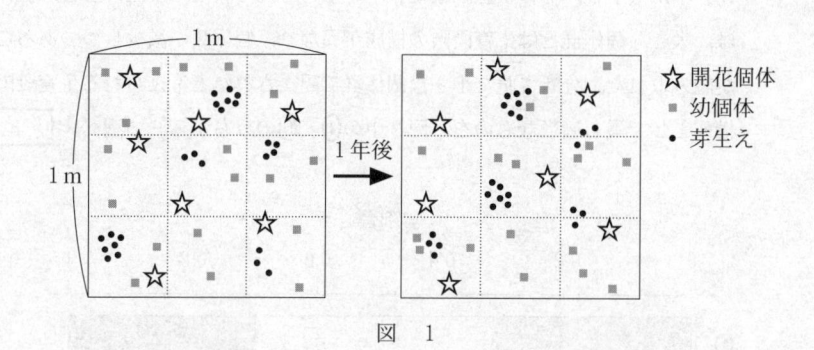

図 1

　芽生えは ア 分布だが，開花個体へ成長する過程で分布様式が次第に変化している。区画全体でみると，芽生えの年死亡率は，幼個体の年死亡率と比べて イ が，区画内のどの場所でも同じではなく，芽生えの密度が高い場所ほど年死亡率が ウ 。成長する過程で分布様式が変化するのは，このためだと考えられる。

	ア	イ	ウ
①	集　中	高　い	高　い
②	集　中	高　い	低　い
③	集　中	変わらない	高　い
④	集　中	変わらない	低　い
⑤	ランダム	高　い	高　い
⑥	ランダム	高　い	低　い
⑦	ランダム	変わらない	高　い
⑧	ランダム	変わらない	低　い

問 3 動物の個体群における齢構成と同様に，植物の個体群における生育段階の構成から，個体数の増減の傾向を推測することができる。**問 2** と同様の調査を生息地が分断されて小さくなった個体群でも行ったところ，大きな個体群では個体数が安定に維持されていたが，小さな個体群では開花個体当たりの種子数と発芽率が低下し，その状態が継続していると考えられた。また，小さな個体群は，大きな個体群とは生育段階の構成が異なり，個体数が減少しつつあることが読み取れた。分断された小さな個体群で観察されたと考えられる生育段階の構成として最も適当なものを，図 2 中の①〜⑤のうちから一つ選べ。　3

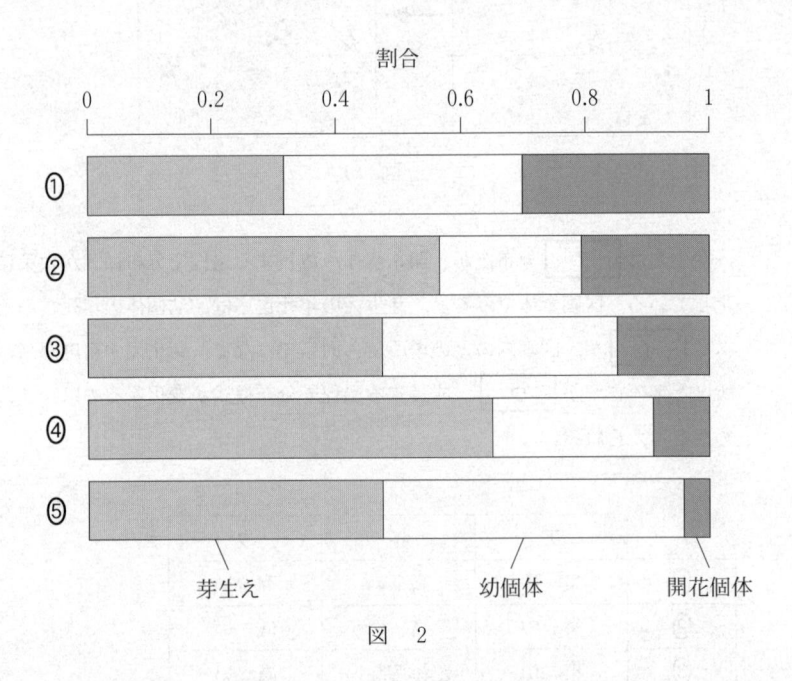

図　2

問 4　下線部(b)に関連して，個体数が減少すると近親交配の機会が増して，生まれてくる子の生存率や成長速度が低下することがある。これは，低頻度で存在する劣性の有害な対立遺伝子がホモ接合になることで起こる。近親交配が生じるとホモ接合体が増えることは，中立な対立遺伝子を用いて確かめることができる。自家受粉によるホモ接合体の頻度の変化に関する次の文章中の　エ　・　オ　に入る数値の組合せとして最も適当なものを，後の①～⑧のうちから一つ選べ。　4

　まず，自由に交配が行われている個体群を考え，対立遺伝子 A と a (A は a に対して優性)を含む遺伝子座において，劣性のホモ接合体 aa の頻度が 1 ％であるとする。このとき，ヘテロ接合体 Aa の頻度は　エ　％ である。ここで，全ての個体が自家受粉によって等しい数の子を次世代に残すとすると，aa の個体が次世代に残す子の遺伝子型は全て aa となるが，Aa の個体が残す子の 4 分の 1 も aa となる。したがって，次世代における aa の頻度は　オ　％ と求められ，自由に交配が行われていた親世代に比べて頻度が高まる。

	エ	オ
①	1.98	1.495
②	1.98	2.495
③	9	2.25
④	9	3.25
⑤	18	4.5
⑥	18	5.5
⑦	54	13.5
⑧	54	14.5

第2問 次の文章(**A・B**)を読み，後の問い(**問1～6**)に答えよ。(配点 22)

A 植物の根は，周囲の水分環境や重力刺激の方向などを感知して，伸長方向を制御している。このような根の伸長方向を制御する仕組みを調べるため，図1に示す装置を組み立て，キュウリの芽生えを用いて，**実験1・実験2**を行った。用いた装置は，(a)内部に光が透過しない暗箱で，装置内の水分環境を不均一にするために，装置内側の壁には十分に水で湿らせたスポンジ(以下，スポンジ)を，スポンジから離れた床面には吸湿剤を，それぞれ設置した。これにより，スポンジ表面から吸湿剤に向かって湿度が低下する水分環境となった。

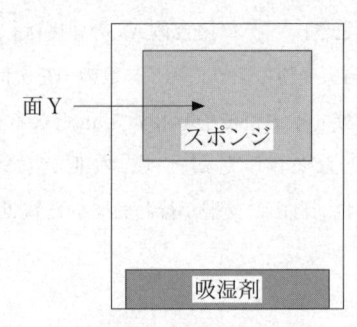

面Y →

スポンジ

吸湿剤

装置の正面から見た図

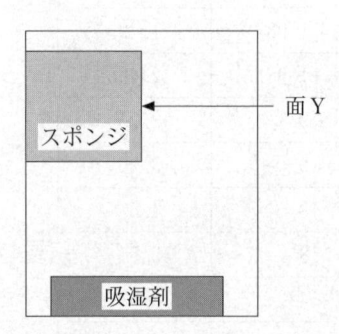

スポンジ

← 面Y

吸湿剤

装置の左側面から見た図

図 1

実験 1　装置のスポンジの面 Y に 6 個のキュウリ種子を固定し，発芽させた。発芽後，根は鉛直下方向に伸びた。根が 1 cm ほど伸びたとき半数の 3 個体の根冠部分を切除した。そして，0 時間，4 時間，および 9 時間後に，図 2 に示すように，根がスポンジ底面と接する点（以下，接点）と根の先端部を直線で結び，鉛直線となす角度（以下，屈曲角度）を計測した。図 3 は，根冠部分を切除しなかったときと切除したときの計測結果である。

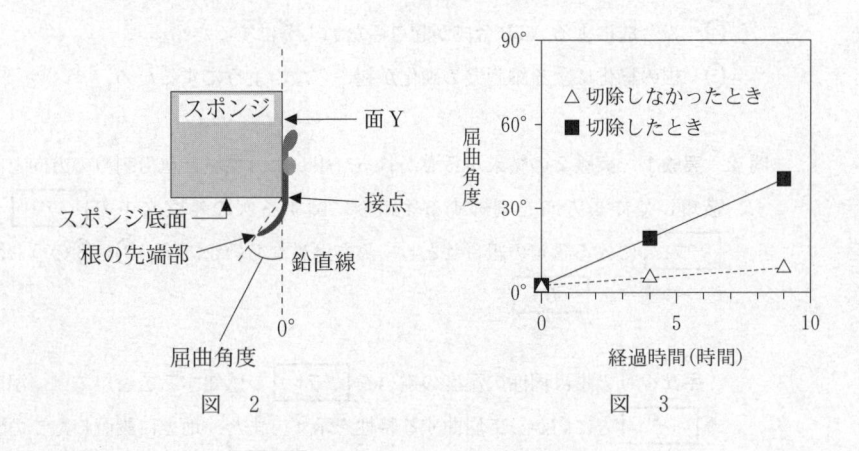

図　2　　　　　　　　　　　　　　図　3

実験 2　装置を宇宙ステーションに運び，微小な重力環境下でキュウリを用いて，根冠部分を切除せずに**実験** 1 と同様の実験を行った。その結果，9 時間後の屈曲角度は，約 50° であった。

問 1 下線部⒜に関連して，不均一な水分環境に応答した根の伸長方向の変化を観察するためには，暗箱で実験する必要があった。その理由として最も適当なものを，次の①〜⑤のうちから一つ選べ。 5

① 根におけるオーキシン合成を促進するため。

② 根における重力屈性の反応を抑制するため。

③ 根における光屈性の反応が起こらないようにするため。

④ 光合成による ATP 合成が起こらないようにするため。

⑤ 根の緑化による細胞壁の硬化が起こらないようにするため。

問 2 **実験 1・実験 2** の結果から導かれる，根が水分環境と重力刺激の方向とを感知して伸長方向を制御する仕組みに関する次の考察文中の ア 〜 ウ に入る語句の組合せとして最も適当なものを，後の①〜⑧のうちから一つ選べ。 6

キュウリの根は周囲の湿度の違いを ア で感知することができ，湿度の イ 方に向かって屈曲する特性を示す。また，地上に設置したこの装置における水分環境と重力刺激の下では， ウ に対する屈性のほうが強く現れると考えられる。

	ア	イ	ウ
①	根 冠	低 い	重力刺激
②	根 冠	低 い	水分環境
③	根 冠	高 い	重力刺激
④	根 冠	高 い	水分環境
⑤	根冠以外	低 い	重力刺激
⑥	根冠以外	低 い	水分環境
⑦	根冠以外	高 い	重力刺激
⑧	根冠以外	高 い	水分環境

問 3 水分環境が均一な条件の暗箱で，キュウリ変異体の種子を土壌中に播いて発芽させたところ，一部の個体の根が，屈曲反応の異常により土から飛び出して様々な方向に伸長した。次の変異体@〜@のうち，このような表現型を示す変異体はどれか。その組合せとして最も適当なものを，後の①〜⓪のうちから一つ選べ。 ☐ 7 ☐

ⓐ 細胞壁の主成分であるセルロース繊維の方向性を制御する機能が欠失している変異体

ⓑ 根冠の細胞に存在するアミロプラストが欠失している変異体

ⓒ 根のオーキシン輸送タンパク質の細胞膜での分布を制御する機能が欠失している変異体

ⓓ 青色光受容体であるフォトトロピンが欠失している変異体

① ⓐ, ⓑ   ② ⓐ, ⓒ   ③ ⓐ, ⓓ   ④ ⓑ, ⓒ

⑤ ⓑ, ⓓ   ⑥ ⓒ, ⓓ   ⑦ ⓐ, ⓑ, ⓒ   ⑧ ⓐ, ⓑ, ⓓ

⑨ ⓐ, ⓒ, ⓓ   ⓪ ⓑ, ⓒ, ⓓ

B 被子植物の花では，一般にがく片，花弁，おしべ，めしべの4種類の器官（花器官）が形成される。これらの花器官の分化には(b)ホメオティック遺伝子であるA，B，およびCの三つのクラスの遺伝子が必要である。いずれのクラスの遺伝子も，花の発生に必要なほかの遺伝子群の転写を制御する(c)調節タンパク質をつくる。

問 4 下線部(b)に関する記述として最も適当なものを，次の①〜⑤のうちから一つ選べ。　　8

① 全ての花器官の分化に共通して必要なクラスの遺伝子がある。

② 全てのクラスの遺伝子の働きを必要とする花器官がある。

③ 全てのクラスの遺伝子は，互いの働きを抑制し合う。

④ ホメオティック遺伝子に変異が生じてその働きが変化すると，花の一部の特徴が別の部分の特徴に転換する。

⑤ ホメオティック遺伝子がつくるタンパク質の濃度勾配が，花器官の種類を決定する。

問 5　下線部(C)に関連して，シロイヌナズナのホメオティック遺伝子の一つがつくる調節タンパク質Pが，別の遺伝子Qの調節領域(転写調節領域)の中にある 16 塩基対の DNA(以下，配列R)に結合することが分かった。この配列Rへのタンパク質Pの結合が，遺伝子Qの転写の制御に重要であるかどうかを，複数の面から検証したい。そのための解析として**適当でないもの**を，次の①〜⑤のうちから一つ選べ。 9

①　花芽において，タンパク質Pがつくられる細胞と遺伝子Qの転写が起こる細胞の分布を調べる。

②　花器官の形成過程において，タンパク質Pの量と遺伝子Qから転写される mRNA の量の変化を調べる。

③　タンパク質Pの機能が失われた変異体で，遺伝子Qから転写される mRNA の量を調べる。

④　タンパク質Pをつくる遺伝子の調節領域中に，配列Rが存在するかどうかを調べる。

⑤　配列Rがタンパク質Pと結合できない別の配列に変化した変異体で，遺伝子Qから転写される mRNA の量を調べる。

問 6 問 5 の解析の結果から，タンパク質 P は遺伝子 Q の転写を促進すること
が分かった。また，別の実験から，遺伝子 Q の機能が失われた変異体は一
見正常な花をつくるが，その花の内部では，花粉母細胞の形成と胚のう母細
胞の形成が損なわれていることが分かった。これらの結果から導かれる次の
考察文中の　エ　・　オ　に入る語句の組合せとして最も適当なもの
を，後の①〜⑥のうちから一つ選べ。　10

　　花芽において，タンパク質 P は　エ　クラスの遺伝子からつくられ，
花器官の形成に必要なほかの遺伝子群の転写を調節する。その一つが花粉母
細胞と胚のう母細胞の形成に必要な遺伝子 Q である。遺伝子 Q が働く細胞
が，花粉母細胞と胚のう母細胞のどちらになるかは，　オ　クラスのホメ
オティック遺伝子の働きによって決まると考えられる。

	エ	オ
①	A	B
②	A	C
③	B	A
④	B	C
⑤	C	A
⑥	C	B

第3問　次の文章を読み，後の問い(**問1～5**)に答えよ。(配点　18)

　多くの動物の卵では，受精すると(a)小胞体に蓄えられている Ca^{2+} が放出され，卵の細胞質基質の Ca^{2+} 濃度が一時的に上昇する。これを Ca^{2+} 波と呼ぶ。Ca^{2+} 波は，受精膜の形成や，卵が発生するために必要な様々な代謝系の活性化(以下，卵の活性化)に必要である。

　(b)両生類のイモリや哺乳類のマウスは(c)体内受精を行い，受精の際に卵内に進入する精子の細胞質基質のタンパク質によって，Ca^{2+} 波が誘起される。イモリでは，(d)精子の細胞質基質に存在する酵素Xが，卵内で Ca^{2+} 波を誘起することが明らかとなっている。酵素Xは次に示す反応を触媒する酵素で，通常はミトコンドリアにおいてクエン酸を生成しているが，逆方向の反応の触媒も可能である。

$$\text{オキサロ酢酸} + \text{アセチル CoA} + H_2O \rightleftharpoons \text{クエン酸} + \text{CoA}$$

問1　下線部(a)の働きに関する記述として最も適当なものを，次の①～⑤のうちから一つ選べ。　11

① 内部にチラコイドを持ち，ATP を合成する。

② 内部に DNA を持ち，mRNA を合成する。

③ タンパク質を細胞外へ分泌(エキソサイトーシス)するための小胞をつくる。

④ 内部に分解酵素を含み，細胞内で生じた不要物を取り込んだ小胞と融合して，不要物を分解する。

⑤ リボソームで合成されたタンパク質を取り込み，ほかの細胞小器官への輸送に関わる。

問2 下線部(b)に関連して，イモリとマウスに共通する特徴として**適当でないもの**を，次の①〜⑤のうちから一つ選べ。　12

① 胚の発生期に脊索を持つ時期がある。

② 胚の発生期に羊膜を生じる。

③ 有髄神経繊維を持つ。

④ 腎臓で体液の塩分濃度を調節する。

⑤ 顎を持つ。

問3 下線部(c)について，表1は，脊索動物の生殖の様式のリストである。この表を参考に，脊索動物の体内受精に関する考察として最も適当なものを，後の①〜⑥のうちから一つ選べ。　13

表1　脊索動物の生殖の様式

体内受精を行う動物		体外受精を行う動物	
哺 乳 類	マウスなど全ての種	両 生 類	カエル，サンショウウオのなかまなど
鳥 　 類	ニワトリなど全ての種	硬骨魚類	メダカなど多くの種
爬 虫 類	トカゲなど全ての種	無 顎 類	ヌタウナギなど全ての種
両 生 類	イモリのなかまなど	原索動物	ナメクジウオ，多くのホヤなど
硬骨魚類	ウミタナゴなど一部の種		
軟骨魚類	サメなど全ての種		
原索動物	一部のホヤなど		

① 体内受精の獲得には，肺を持つ必要があった。

② 体内受精の獲得には，胎生である必要があった。

③ 体内受精は，淡水での生殖を行うために必要な条件であった。

④ 体内受精は，水のない環境での生殖を行うために必要な条件であった。

⑤ 体内受精は，脊椎動物で初めて獲得された。

⑥ 体内受精は，四足（四肢）動物で初めて獲得された。

問 4 下線部(d)について，Ca^{2+} 波の誘起における酵素 X の働きを調べるため，イモリを用いて**実験 1 ～ 5** を行った。**実験 1 ～ 5** の結果から導かれる，Ca^{2+} 波の誘起における酵素 X の働きに関する考察として最も適当なものを，後の①～④のうちから一つ選べ。 | 14 |

実験 1 酵素 X を未受精卵に注入したところ，Ca^{2+} 波がみられた。

実験 2 酵素 X の阻害剤 A をあらかじめ未受精卵に添加してから酵素 X を注入したところ，Ca^{2+} 波はみられなかった。

実験 3 精子の細胞質基質の成分を分析したところ，クエン酸が大量に含まれていた。

実験 4 未受精卵にクエン酸を注入したところ，Ca^{2+} 波はみられなかった。

実験 5 未受精卵にアセチル CoA を注入したところ，Ca^{2+} 波がみられた。

① ミトコンドリアにおける呼吸を活性化し，ATP の合成量を増加させることで Ca^{2+} 波を誘起する。

② 卵内でクエン酸の生成を活性化し，生成されたクエン酸が Ca^{2+} 波を誘起する。

③ 卵内でアセチル CoA の生成を活性化し，生成されたアセチル CoA が Ca^{2+} 波を誘起する。

④ 卵内でオキサロ酢酸の生成を活性化し，生成されたオキサロ酢酸が Ca^{2+} 波を誘起する。

問 5 下線部(d)に関連して，多くの動物では，1 個の卵に進入する精子は 1 個であるが，興味深いことに，イモリでは多くの場合，複数個の精子が進入する多精が起こる。この場合でも，最終的に卵核と融合する精子の核は 1 個である。イモリにおける卵の活性化と多精の関係を調べるため，**問 4** の**実験 1** を発展させ，多数の未受精卵を用いて，卵に注入する酵素 X の量と Ca^{2+} 波が誘起された卵の割合との関係を調べたところ，図 1 の結果が得られた。

　図1から，相対値1の量の酵素Xで Ca^{2+} 波が誘起される確率は，2割であることが分かる。1回当たり相対値1の量の酵素Xを卵に複数回注入したとき，Ca^{2+} 波を誘起する確率は毎回同じであるとすると，後の記述ⓐ～ⓓのうち，図1から導かれる考察はどれか。それを過不足なく含むものを，後の①～⑧のうちから一つ選べ。ただし，8割以上の卵で Ca^{2+} 波が誘起されたとき，卵の活性化に十分であるとみなす。　15

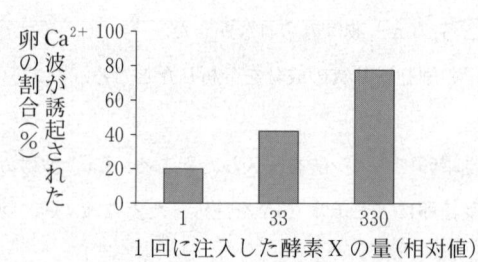

注：精子1個当たりの酵素Xの量を相対値1とする。

図　1

ⓐ　5個の精子の進入は，確率的に卵の活性化に十分である。

ⓑ　10個の精子の進入は，確率的に卵の活性化に十分である。

ⓒ　精子5個分の酵素Xの1回の注入は，卵の活性化に十分である。

ⓓ　精子10個分の酵素Xの1回の注入は，卵の活性化に十分である。

① ⓑ　　　　　　② ⓓ　　　　　　③ ⓐ, ⓑ

④ ⓒ, ⓓ　　　　⑤ ⓑ, ⓓ　　　　⑥ ⓐ, ⓑ, ⓓ

⑦ ⓑ, ⓒ, ⓓ　　⑧ ⓐ, ⓑ, ⓒ, ⓓ

第4問　次の文章を読み，後の問い（**問1～5**）に答えよ。（配点　17）

　生物部のユウキさんとレイさんは，水族館で水槽を眺めていた。そのとき，(a)魚のクマノミやエビがイソギンチャクと一緒にいる様子が目に留まった。二人は，これらの生物の系統と進化，生態について話をした。

ユウキ：そういえば，地球上での魚類の出現について，授業で習ったよね。たしか，原始的な魚類は，古生代に繁栄したんだよね。

レ　イ：エビと同じ門に分類される昆虫類が出現したのも古生代だよね。この時代は，生物が陸上に進出した時代だったと思うけど，陸上の乾燥した環境に適応した生物が繁栄するのは，(X)アンモナイト類の化石がたくさん出てくる中生代だったよね。

ユウキ：そうだね，(Y)完全には水辺から離れられない両生類が陸上に進出したのは古生代だし，この時代には植物の陸上進出も起こったよね。でも，植物のうち(Z)受精時に外界の水を必要としない被子植物が陸上で繁栄したのは中生代だったよね。

レ　イ：ところで，クマノミはイソギンチャクのそばにずっといるね。この2種の種間関係は(b)相利共生だって，先生が話していたのを思い出したよ。

ユウキ：よく見ると，(c)同じイソギンチャクのそばで暮らしているクマノミの体長が違うみたいだけど，順位制があるのかな。

レ　イ：水族館の飼育員さんにお願いして，調べてみようよ。

問 1 下線部(a)について，これらの動物が分類される三つの門のうち二つの門だけに共通する形態や発生の記述として最も適当なものを，次の①～④のうちから一つ選べ。 16

① 原口の反対側に口ができる。

② 脱皮により大きくなる。

③ 中胚葉を持つ。

④ 組織や器官を持つ。

問 2 下線部Ⓧ～Ⓩのいずれかには，生物群の名称に誤りが1箇所ある。誤りの修正として最も適当なものを，次の①～⑥のうちから一つ選べ。 17

① Ⓧ アンモナイト類 → サンゴ類　　② Ⓧ アンモナイト類 → フズリナ類

③ Ⓨ 両生類 → 無顎類　　④ Ⓨ 両生類 → 爬虫類（はちゅう）

⑤ Ⓩ 被子植物 → 裸子植物　　⑥ Ⓩ 被子植物 → コケ植物

問 3 下線部(b)について，次の下線部の生物にみられる種間関係のなかで相利共生の例として**適当でない**ものを，次の①～④のうちから一つ選べ。 18

① マルカメムシの腸内細菌は，この昆虫の腸内でしか生きられない。マルカメムシは，この腸内細菌を失うと栄養不足になり成長できない。

② スズメガの一種は，長い口吻（こうふん）でランの一種の花蜜を吸う。ランは，特徴的な花の形によりスズメガに花粉を付け，花粉が運ばれることで受粉する。

③ ホトトギスは，抱卵しているウグイスの巣に卵を産む。ウグイスの親鳥は，自分の雛（ひな）ではなく，ホトトギスの雛を巣立ちまで育てる。

④ 小型魚のベラの一種は，自分より大きな肉食魚の口内や体表につく小型の動物を餌とする。肉食魚は，ベラにからだを掃除してもらう。

問 4　下線部(c)に関連して，1個体のイソギンチャクには，血縁関係のない複数の
クマノミ個体がグループで生活する。クマノミは，まず雄として成熟し，その
後，雄から雌へ性転換を行う。グループごとに体長の大きい個体から順にラン
ク1〜4とすると，ランク1は常に雌，ランク2は常に雄となり，ランク1と
ランク2が一夫一妻で繁殖する。ランク3以降の個体は，繁殖に参加しない。
ユウキさんとレイさんが，クマノミのグループの大きさごとに各ランクの個体
の体長を測定して平均したところ，表1の結果が得られた。後の記述ⓐ〜ⓓの
うち，表1の結果の記述として適当なものはどれか。その組合せとして最も適
当なものを，後の①〜⓪のうちから一つ選べ。　19

表1　グループの大きさごとの各ランクの体長（平均値，mm）

グループの大きさ	ランク			
	1	2	3	4
2個体のグループ	47	36	—	—
3個体のグループ	54	42	31	—
4個体のグループ	57	46	36	25

ⓐ　グループの大きさに関係なく，グループ内の隣り合ったランクの個体間には，ほぼ一定の体長差がある。

ⓑ　どのグループにも，繁殖に参加できない個体がいる。

ⓒ　繁殖に参加できるかどうかは，個体自身の体長だけでなく，グループ内のほかの個体の体長も関係する。

ⓓ　グループが大きくなると，ほかのグループと同じランクでも個体の体長が大きくなる。

① ⓐ，ⓑ　　② ⓐ，ⓒ　　③ ⓐ，ⓓ　　④ ⓑ，ⓒ

⑤ ⓑ，ⓓ　　⑥ ⓒ，ⓓ　　⑦ ⓐ，ⓑ，ⓒ　　⑧ ⓐ，ⓑ，ⓓ

⑨ ⓐ，ⓒ，ⓓ　　⓪ ⓑ，ⓒ，ⓓ

問 5 飼育員さんから，ランク 2 の雄が何らかの原因でいなくなった場合は，ランク 3 がランク 2 の雄として繁殖に参加するようになるという興味深い話を聞いた。そこで，ユウキさんとレイさんは，図書館で関連する論文を探したところ，**実験 1** を行った論文を見つけた。二人は，この実験結果について話をした。後の会話文中の　ア　～　ウ　に入る語句の組合せとして最も適当なものを，後の①〜⑧のうちから一つ選べ。　20

実験 1　ランク 2 をグループから除去した群（以下，除去群）と除去しなかった群（以下，対照群）について，ランク 3 の年間成長量を調べた。ランク 3 について，実験前に調べた実際の体長とグループの大きさごとの体長の平均値との差を横軸に，ランク 3 の年間成長量を縦軸に表したところ，図 1 の結果が得られた。

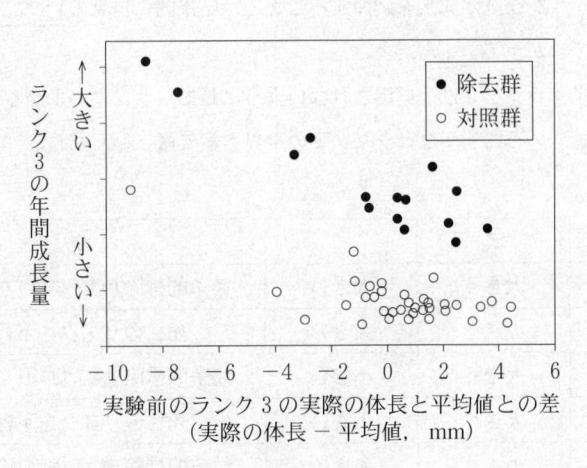

実験前のランク 3 の実際の体長と平均値との差
（実際の体長 − 平均値，mm）

図　1

レ　イ：図1から二つのことが分かるね。まず，除去群では，対照群に比べて，ランク3の年間成長量が　　ア　　なっているね。

ユウキ：つまり，ランクが3から2に上がった個体は成長量を変化させたってことだよね。図1からは，除去群，対照群ともに，実験前の体長が平均値よりも小さかったランク3は，年間成長量が　　イ　　傾向があることも読み取れると思うよ。

レ　イ：ランク3は成長量を調節しているってことかな。どうして，ランク3はどんどん餌を食べて成長しないのかな。

ユウキ：それは，クマノミの住みかとなるイソギンチャクが限られた資源であることが，関係しているみたいだよ。自然界では，ランク3は大きくなりすぎると，繁殖個体によってイソギンチャクから追い出されることがあるんだって。繁殖をめぐって争うことになるからね。でも，ランク3が成長を調節することで，結果的に自身の　　ウ　　ことにつながっているんだよ。

レ　イ：ランク3は追い出されないようにして，ランクが上がる機会を待つということかな。クマノミの世界も案外厳しいんだね。

	ア	イ	ウ
①	大きく	大きい	競争的排除（競争排除）を避ける
②	大きく	大きい	死亡のリスクを下げる
③	大きく	小さい	競争的排除（競争排除）を避ける
④	大きく	小さい	死亡のリスクを下げる
⑤	小さく	大きい	競争的排除（競争排除）を避ける
⑥	小さく	大きい	死亡のリスクを下げる
⑦	小さく	小さい	競争的排除（競争排除）を避ける
⑧	小さく	小さい	死亡のリスクを下げる

第5問 次の文章を読み，後の問い（**問 1 ～ 5**）に答えよ。（配点 18）

　生命の誕生について，物質とエネルギーの両面から考えよう。生物は有機物から構成される。生物は有機物をつくることができるが，地球に誕生した最初の生命体を構成していた有機物は，生物によらずに化学的に生成したに違いない。そのような考え方に基づき，生命に必要な物質が生命の出現以前に生成されていったであろう過程が研究されている。この過程を(a)化学進化という。

　他方，生命活動にはエネルギーが必要である。生物におけるエネルギーの獲得は，かつては光合成が全ての基盤になっていると考えられていた。しかし，1977年に，深海底から熱水が噴出する場所で，光合成に依存しない生物群集が発見された。この生物群集の生命活動のエネルギーを支えているのは，(b)化学合成細菌であった。この発見をもとに，一部の研究者は，(c)地球上に誕生した初期の生命体は，化学合成によってエネルギーを得ていた，という仮説を提唱した。この仮説のとおり，初期の生命体が化学合成によって栄養を得ていた独立栄養生物であったにしろ，あるいはそうではなく，体外から栄養を取り入れる従属栄養生物であったにしろ，初期生命体が生まれた後，(d)酸素を発生する光合成生物が現れ，更に(e)酸素を用いて呼吸をする生物が出現することで，地球上の生命は急速に多様化し，繁栄の道をたどっていった。

問 1　下線部(a)について，次の記述ⓐ～ⓒのうち，現在考えられている化学進化の過程として適当な記述はどれか。それを過不足なく含むものを，後の①～⑦のうちから一つ選べ。　　21

ⓐ　無機物から段階的に複雑な有機物が生成された。

ⓑ　ATP がエネルギー物質として使われるようになって初めて，ほかの有機物がつくられた。

ⓒ　紫外線や放電などの物理的な現象が供給するエネルギーにより，化学反応が進行した。

①　ⓐ　　　　　②　ⓑ　　　　　③　ⓒ　　　　　④　ⓐ，ⓑ

⑤　ⓐ，ⓒ　　　⑥　ⓑ，ⓒ　　　⑦　ⓐ，ⓑ，ⓒ

問 2 下線部(b)について，化学合成細菌のエネルギー獲得方法の例として最も適当なものを，次の①〜⑤のうちから一つ選べ。 | 22 |

① 水を分解して酸素を発生する。

② 亜硝酸イオンを硝酸イオンにする。

③ 二酸化炭素から糖を合成する。

④ 糖を分解して二酸化炭素を発生する。

⑤ 糖を分解して乳酸にする。

問 3 下線部(c)に関連して，地球上の初期の生命体が，ほかの生物の有機物に依存しない独立栄養生物であった場合にも，従属栄養生物であった場合と同様に，その誕生の前には化学進化の過程が必要であったと考えられる。その理由として最も適当なものを，次の①〜⑤のうちから一つ選べ。 | 23 |

① 無機物からエネルギーを取り出す代謝には，光のエネルギーは必ずしも必要ではないため。

② 有機物を合成する代謝には，エネルギーが必要であるため。

③ 有機物を合成する代謝の仕組み自体に，有機物が必要であるため。

④ 有機物から代謝で取り出せるエネルギーの大きさが，有機物の種類によって異なるため。

⑤ 有機物を分解する代謝には，無機物が生じる反応があるため。

問 4　下線部(d)に関連して，図1は，地球の大気の酸素濃度が歴史的にどのように変化してきたかを，地球上で起きた出来事のおおよその時期とともに示している。この図の時系列の情報を踏まえた，地球と生物の歴史についての考察として**適当でないもの**を，後の①～⑤のうちから一つ選べ。　24

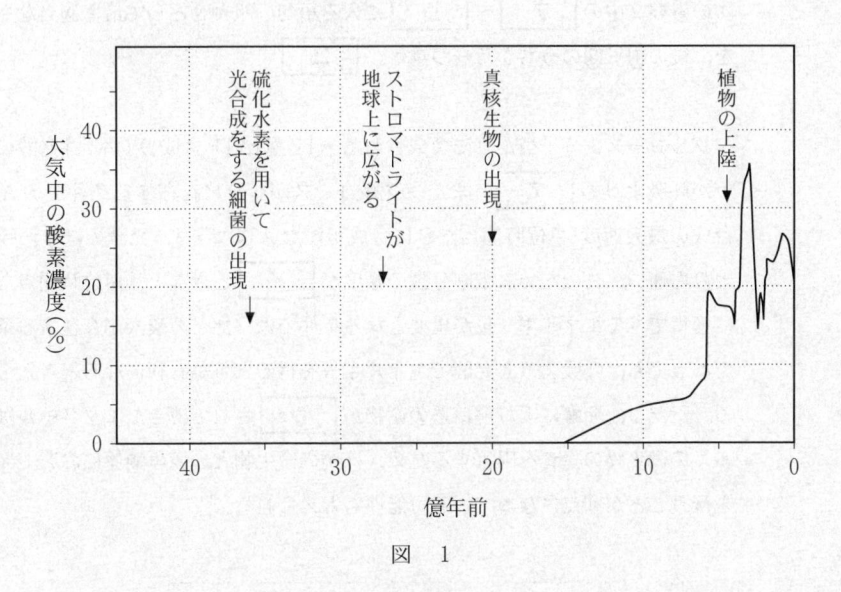

図　1

① 酸素発生をする光合成生物で最初に出現したものは，原核生物であった。

② 酸素発生をする光合成生物が繁栄し始めてから，大気中の酸素濃度が現在の3割に達するまでには，約20億年かかった。

③ 大気中の酸素濃度が現在の半分程度まで上昇した後に，生物は陸上に進出した。

④ 光合成をする細菌が出現してから，光合成生物が酸素を発生する能力を獲得するまでには，約20億年が必要であった。

⑤ ミトコンドリアが獲得された時期の大気中の酸素濃度は，現在の1割にも満たなかった。

問 5 下線部(e)に関連して，酵母のなかまの多くはアルコール発酵(以下，発酵)によってエネルギーを得ることができる一方，酸素を用いた呼吸によりエネルギーを得ることもできる。そのうちの多くの種では，グルコースが十分に存在すると，酸素の存在下でも発酵によってエネルギーを得る。その理由に関する次の考察文中の ┃ ア ┃ ～ ┃ ウ ┃ に入る語句の組合せとして最も適当なものを，後の①～⑧のうちから一つ選べ。┃ 25 ┃

グルコース 1 分子当たりに合成される ATP 量(ATP 合成の効率)は発酵のほうが呼吸よりも ┃ ア ┃ 。また，グルコースが十分に存在する条件での ATP 合成の最大速度(単位時間当たりに合成可能な ATP 量)は，発酵のほうが呼吸よりも速い。このため，細胞分裂の頻度が ┃ イ ┃ ときなど，単位時間当たりに獲得できるエネルギー量が重要となる条件では，たとえ酸素が存在する条件であっても，呼吸よりも発酵でエネルギーを得るほうが有利になると考えられる。ただし，発酵により解糖系の産物が ┃ ウ ┃ されてできたエタノールは，多くの微生物の生育を阻害するため，ほかの微生物との競争関係において発酵を行うことが利点になっている可能性も考えられる。

	ア	イ	ウ
①	多 い	高 い	酸 化
②	多 い	高 い	還 元
③	多 い	低 い	酸 化
④	多 い	低 い	還 元
⑤	少ない	高 い	酸 化
⑥	少ない	高 い	還 元
⑦	少ない	低 い	酸 化
⑧	少ない	低 い	還 元

第6問　次の文章を読み，後の問い（**問1・問2**）に答えよ。（配点　10）

ヒトの明るさの感じ方は，周囲の情報に影響されることがある。例えば，図1の矢印の位置の帯状の領域の濃さは均一であるが，左側はより明るく，右側はより暗く感じられる。これは，その上下の領域との濃さの違いに影響されたためであり，光が光受容細胞で受容されて生じた信号が，そのまま脳に伝えられるのではなく，網膜の中にある神経回路で処理されてから，脳に伝えられることに起因する。

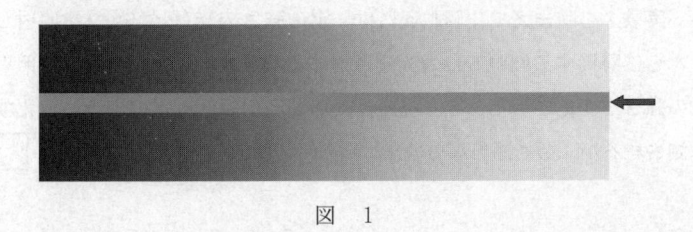

図　1

ほかの動物でも，外界の刺激は受容器で受け取られて，電気信号に変換され，神経回路で処理されることで感覚が生じる。例えば，小さな個眼が集合した複眼を持つカブトガニでは，個眼内の光受容細胞が受容した光刺激は，電気信号に変換される。そして，個眼どうしを結んだ神経回路によって処理された後に，視神経を介して脳に伝えられる。(a)個眼どうしを結んだ神経回路の働きを調べるため，**実験1**を行った。

実験1　カブトガニの複眼を取り出して，個眼aへの光照射に対する視神経Aの興奮（活動電位が生じること）を調べた。それぞれの個眼から伸びる視神経は，中枢に向かって興奮を伝えると同時に，隣接する個眼を興奮しにくくするように抑制する（図2）。個眼aのみに様々な強さの光を照射したとき，視神経Aの興奮の頻度を計測したところ，図3の結果が得られた。なお，個眼a以外の個眼を用いても，同様の結果が得られた。

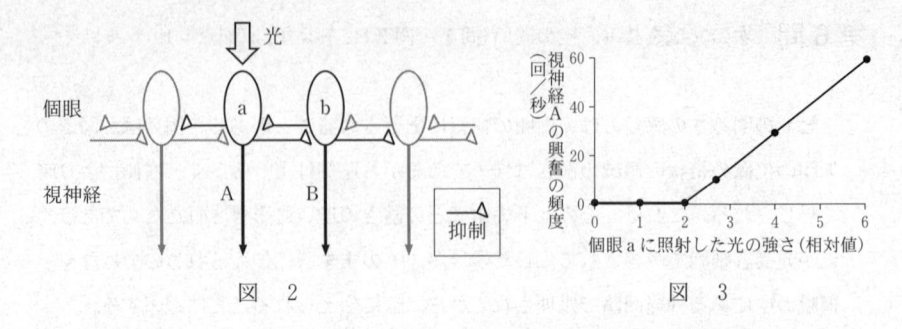

図　2　　　　　　　　　　　　図　3

問 1 **実験**1を踏まえて，個眼 a には一定の強さの光（相対値 4 ）を照射しつつ，さらに隣接する個眼 b にも光を照射する実験を行った。個眼 b に照射する光の強さを変化させたとき，視神経 A の興奮の頻度はどのように変化すると予測されるか。最も適当なものを，次の①〜④のうちから一つ選べ。　26

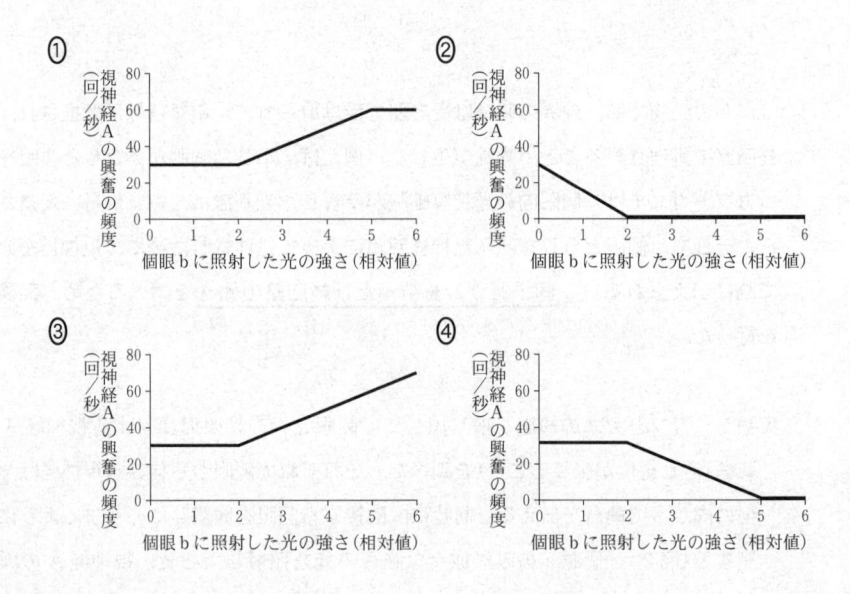

問 2　下線部(a)に関連して，図4は，カブトガニの個眼を結ぶ神経回路の働きを単純化した模式回路である。この模式回路において，次の**条件1・条件2**を設定した。なお，この模式回路では，一列に並んだ個眼に照射した光の強さ(入力)や視神経の興奮の頻度(出力)を数値として表している。

条件1　全ての個眼は，直下の視神経を入力と同じ大きさで興奮させる。

条件2　個眼から左右に伸びる神経は，両隣の個眼を興奮しにくくするように抑制する。この抑制の大きさは，個眼への入力の2割の大きさである。

これらの条件下では，図4左のように，一つの個眼のみに100が入力されると，直下の視神経が100を出力する。他方，図4右のように，全ての個眼に100が入力されると，隣接する個眼によって抑制され，直下に伸びる視神経の全てが，入力の4割減である60を出力する。

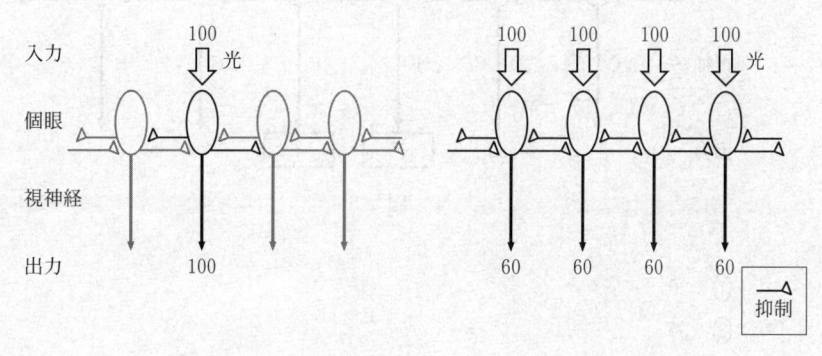

図　4

図 4 の模式回路の働きに関する次の文章中の ア ～ ウ に入る数値または文として最も適当なものを，後の①～⓪のうちからそれぞれ一つずつ選べ。ただし，同じものを繰り返し選んでもよい。

ア 27 ・イ 28 ・ウ 29

図 5 のように，個眼 c～h のそれぞれに対して 100，100，100，50，50，50 を同時入力すると，視神経 D～G の出力はそれぞれ，60，ア，イ，30 となる。そのため，この神経回路は個眼 e と個眼 f の間で隣接する個眼への入力の違いを ウ ように働く。

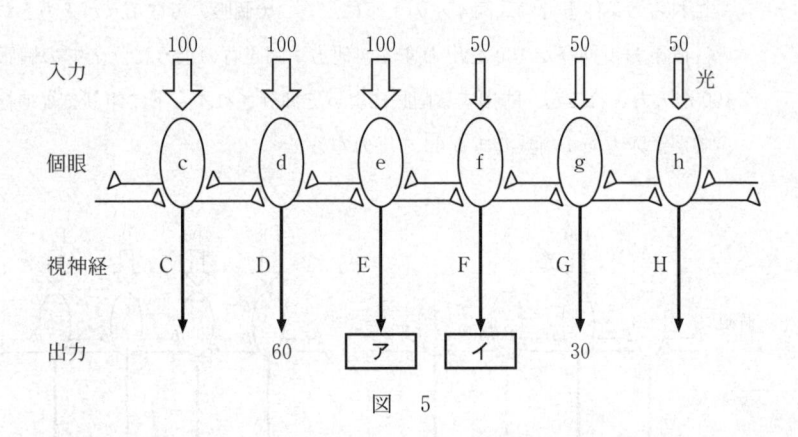

図　5

① 20

② 30

③ 40

④ 60

⑤ 70

⑥ 80

⑦ 相対的に強め，明暗の境界をはっきりさせる

⑧ 相対的に強め，明暗の境界を滑らかにする

⑨ 相対的に弱め，明暗の境界をはっきりさせる

⓪ 相対的に弱め，明暗の境界を滑らかにする

生　物　基　礎

（解答番号　1　～　18　）

第1問　次の文章（**A・B**）を読み，後の問い（**問1～6**）に答えよ。（配点　18）

A　細胞は全ての生物の基本単位である。生物の仕組みを理解するために，人工的に"細胞"（以下，人工細胞）を作製する試みが行われている。しかし，(a)現段階の人工細胞はまだ生物の特徴を全て有しているとはいえない。最近，(b)光を照射するとタンパク質をつくる人工細胞が開発された。また，(c)分裂してできる二つの細胞に遺伝情報を担う DNA を分配する，生物により近い人工細胞についても開発が進められている。

問1　下線部(a)に関連して，次の記述@〜@のうち，全ての生物に共通してみられる特徴はどれか。それを過不足なく含むものを，後の①〜⓪のうちから一つ選べ。　1

@　細胞の内外が膜で隔てられている。
ⓑ　生殖細胞をつくって増殖する。
ⓒ　ミトコンドリアを持つ。
ⓓ　代謝を行う。

①　@　　　　②　ⓑ　　　　③　ⓒ　　　　④　ⓓ
⑤　@, ⓑ　　⑥　@, ⓒ　　⑦　@, ⓓ　　⑧　ⓑ, ⓒ
⑨　ⓑ, ⓓ　　⓪　ⓒ, ⓓ

問 2 下線部(b)について，この人工細胞は，RNA や ADP をつくることはでき
ないが，RNA と ADP とを加えて光を照射すると，RNA の情報に基づいて
タンパク質をつくることができる(実験Ⅰ)。このとき，人工細胞に光を照射
することで ADP からつくられる ATP が，RNA の情報に基づいてタンパク
質をつくるときに必要であることを証明したい。後の実験Ⅱ～Ⅵのうち，こ
の証明のために実験Ⅰに追加すべき実験はどれか。その組合せとして最も適
当なものを，後の①～⑧のうちから一つ選べ。　　| 2 |

実験Ⅰ　人工細胞に RNA と ADP とを加え，光を照射する。

実験Ⅱ　人工細胞に RNA と ATP とを加え，光を照射する。

実験Ⅲ　人工細胞に RNA のみを加え，光を照射する。

実験Ⅳ　人工細胞に RNA と ADP とを加え，光を照射しない。

実験Ⅴ　人工細胞に RNA と ATP とを加え，光を照射しない。

実験Ⅵ　人工細胞に RNA のみを加え，光を照射しない。

① 実験Ⅱ，実験Ⅲ，実験Ⅴ　　　　② 実験Ⅱ，実験Ⅲ，実験Ⅵ

③ 実験Ⅱ，実験Ⅳ，実験Ⅵ　　　　④ 実験Ⅱ，実験Ⅴ，実験Ⅵ

⑤ 実験Ⅲ，実験Ⅳ，実験Ⅴ　　　　⑥ 実験Ⅲ，実験Ⅳ，実験Ⅵ

⑦ 実験Ⅲ，実験Ⅴ，実験Ⅵ　　　　⑧ 実験Ⅳ，実験Ⅴ，実験Ⅵ

問 3　下線部(C)に関連して，図1は，ある動物細胞の体細胞分裂で，一つの細胞中の分裂期中期にみられる染色体の模式図である。この細胞の体細胞分裂の分裂期後期にみられる染色体の様子として最も適当なものを，後の①～⑥のうちから一つ選べ。ただし，図1で同じ大きさの染色体は相同染色体であり，色の異なる染色体の一方は父親由来，他方は母親由来である。　　3

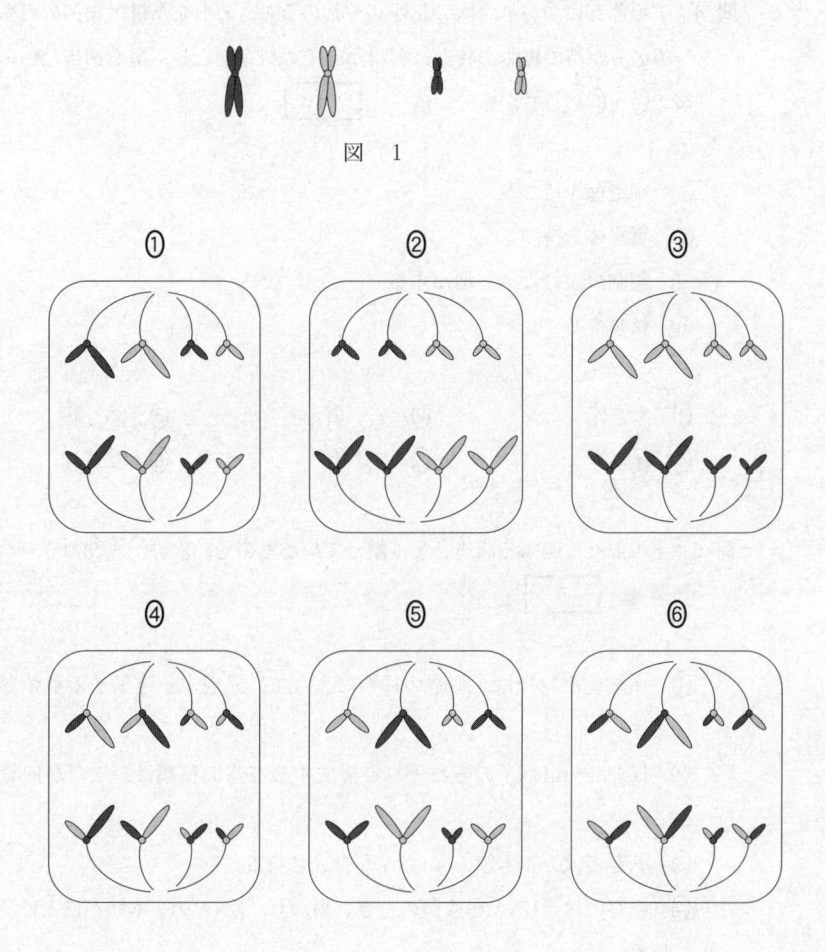

図　1

B　(d)ヒトと大腸菌との間には，重さにして 10^{16} 倍以上の違いがあるが，ゲノムの実体が DNA であることは共通している。また，(e)遺伝子が転写と翻訳とにより発現することも互いに共通しているが，(f)ゲノムの大きさや遺伝子の数は，ヒトと大腸菌に限らず，生物種によって大きく異なっている。

問 4　下線部(d)について，次の記述ⓔ〜ⓗのうち，ヒトまたは大腸菌のどちらか一方のみが持つ細胞の特徴はどれか。その組合せとして最も適当なものを，後の①〜⑥のうちから一つ選べ。　4

　　ⓔ　細胞壁を持つ。
　　ⓕ　葉緑体を持つ。
　　ⓖ　細胞分裂によって増殖する。
　　ⓗ　核膜を持つ。

　　①　ⓔ，ⓕ　　　　　②　ⓔ，ⓖ　　　　　③　ⓔ，ⓗ
　　④　ⓕ，ⓖ　　　　　⑤　ⓕ，ⓗ　　　　　⑥　ⓖ，ⓗ

問 5　下線部(e)に関する記述として**誤っているもの**を，次の①〜⑤のうちから一つ選べ。　5

　　①　多細胞生物では，細胞の種類によって，発現する遺伝子の種類が異なる。

　　②　DNA と mRNA のそれぞれを構成する塩基の種類は，三つが同じである。

　　③　転写では，1 本鎖の mRNA が合成される。

　　④　転写では，DNA の複製のときと異なり，DNA の 2 本鎖がほどけることはない。

　　⑤　タンパク質のアミノ酸配列は，遺伝子の塩基配列によって指定される。

問 6　下線部(f)について，表1は，様々な生物のゲノムの特徴をまとめたものである。表1の数値に関する記述として最も適当なものを，後の①〜⑤のうちから一つ選べ。なお，ゲノム，遺伝子の領域，および遺伝子のそれぞれの大きさは，塩基対を単位として表す。　　6

表　1

	ゲノムの大きさ （塩基対）	ゲノム中の遺伝子の 領域の割合(%)	遺伝子の数 （個）
ヒ　ト	3,000,000,000	2	20,000
大腸菌	5,000,000	90	4,500
酵　母(酵母菌)	12,000,000	70	6,000
イ　ネ	400,000,000	20	32,000

注：数値はいずれも概数である。

①　ヒトと大腸菌とでは，ゲノムの大きさは約 600 倍違うが，遺伝子の平均的な大きさは，ほぼ同じである。

②　ヒトのゲノムの大きさはイネのそれの 7 倍以上であるが，ヒトのゲノム中の遺伝子の領域の大きさの総計はイネのそれよりも小さい。

③　表中の原核生物のゲノムの大きさは，表中のいずれの真核生物と比べても，10 分の 1 以下である。

④　ゲノム中の遺伝子の領域の割合が高い生物では，遺伝子の平均的な大きさは大きい傾向がある。

⑤　ゲノムの大きさが小さい生物では，ゲノム中の遺伝子の領域の割合が低い傾向がある。

第 2 問 次の文章（**A・B**）を読み，後の問い（問 1 ～ 5）に答えよ。（配点　16）

A 細菌を液体の培地で培養すると，細菌の増殖に伴い，培地が白濁していく。この白濁の度合い（以下，濁度）は一定の基準で数値化されていて，濁度をもとに培地中の生きた細菌の細胞数を推定することができる。ある高校の生物部は，その活動のなかで，ニンニクに細菌の増殖を抑制する作用（以下，抗菌作用）があることを知り，その作用を確認するため，**実験 1・実験 2** を行った。

実験 1 市販の乳酸菌飲料と培地を混合して，濁度の基準値が 0，0.5，3.0，4.0，5.0 に相当する乳酸菌の懸濁液を作り，それぞれ 1 mL 当たりに含まれる細胞数を計測したところ，表 1 の結果が得られた。次いで，(a)10 mL の培地に 0.1 mL の乳酸菌飲料を加え，37 ℃ で培養した。実験開始直後の試験管内の液体の濁度はほぼ 0 であったが，8 時間後には乳酸菌が増殖し，3.6 となった。

表　1

濁度	細胞数（個）/mL
0	0
0.5	1.47×10^8
3.0	9.05×10^8
4.0	1.18×10^9
5.0	1.52×10^9

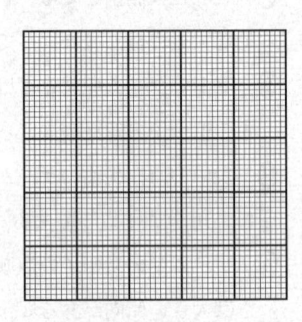

グラフ用紙

問 1 下線部(a)について，得られた培養液中の乳酸菌の総細胞数の概数として最も適当な数値を，次の①～⑥のうちから一つ選べ。なお，上のグラフ用紙を使ってもよい。　　7

① 1.1×10^8　　　　② 3.6×10^8　　　　③ 1.1×10^9

④ 3.6×10^9　　　　⑤ 1.1×10^{10}　　　⑥ 3.6×10^{10}

実験2　ニンニク一片を薄くスライスし，10 mL の培地に浸しながら冷所に静置した。2時間後に培地からニンニクを取り除いたものを，ニンニク抽出液(以下，抽出液)の1倍希釈液とした。さらに，培地を使って2倍，4倍，8倍，16倍，32倍，および64倍の希釈液も作り，これらの希釈液を1.5 mL ずつ別々の試験管に入れた。各試験管に，濁度が0.05になるように薄めた乳酸菌液(以下，乳酸菌液)を0.5 mL ずつ加え，37℃で8時間培養したのち，濁度を測定した(図1)。

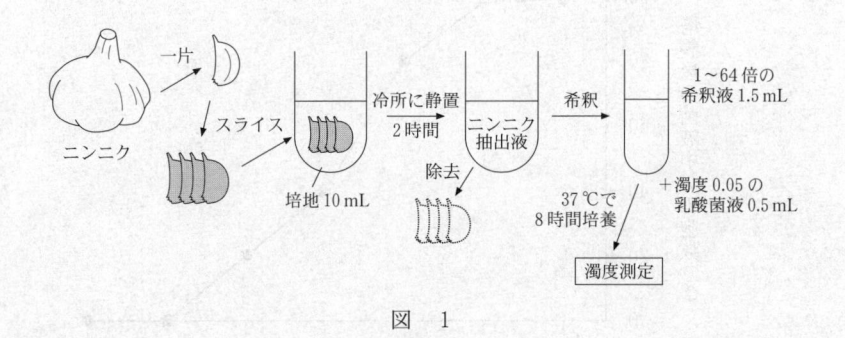

図　1

問 2　実験2では，抽出液の抗菌作用の有無を確認するために必要となる対照実験がない。対照実験として最も適当なものを，次の①〜⑤のうちから一つ選べ。ただし，抽出液中には乳酸菌や雑菌の混入はないものとする。　　8

① 1.5 mL の培地に，0.5 mL の乳酸菌液を加えたもの

② 1.5 mL の培地に，0.5 mL の水を加えたもの

③ 1.5 mL の乳酸菌液に，0.5 mL の培地を加えたもの

④ 1.5 mL の乳酸菌液に，0.5 mL の水を加えたもの

⑤ 2.0 mL の水を入れたもの

問 3 **問 2** の対照実験を加えて改めて**実験 2** を行ったところ，図 2 のグラフが得られ，抽出液には抗菌作用があることが確認できた。後の記述ⓐ～ⓓのうち，**実験 1**・**実験 2** の結果から導かれる考察の組合せとして最も適当なものを，後の**①**～**⑥**のうちから一つ選べ。ただし，培養後の各試験管内の液体（以下，菌液）中の細胞数は，対照実験の細胞数に対する百分率で示している。 9

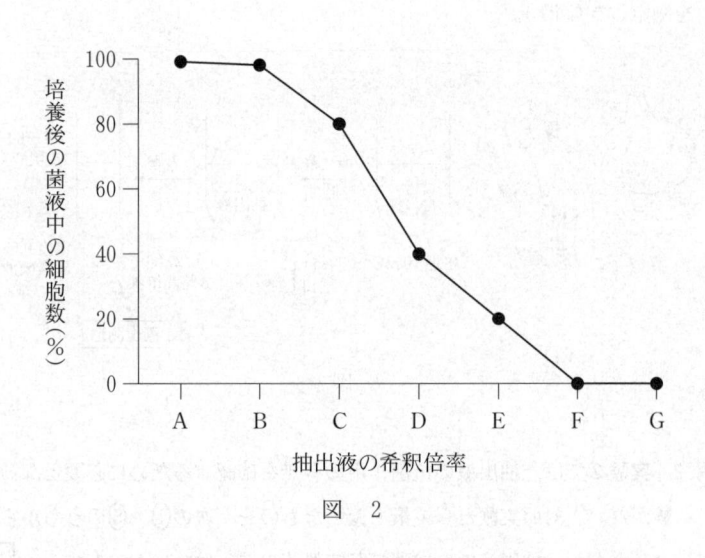

図 2

ⓐ 抽出液の希釈倍率は，A から G に向かって高くなっている。

ⓑ 抗菌作用が強い希釈液のほうが，培養後の菌液の濁度が高くなる。

ⓒ 対照実験に対し，培養後の菌液中の細胞数が 20 % ほど少なくなる希釈倍率は，C である。

ⓓ 使用するニンニクの量を半分にして作った抽出液の 1 倍希釈液には，**実験 2** で作った 1 倍希釈液と同じ程度の強さの抗菌作用を期待できる。

① ⓐ, ⓑ 　　　　**②** ⓐ, ⓒ 　　　　**③** ⓐ, ⓓ

④ ⓑ, ⓒ 　　　　**⑤** ⓑ, ⓓ 　　　　**⑥** ⓒ, ⓓ

B　(b)チロキシンは，生体内の代謝を促進するホルモンであるが，カエルでは変態にも必須で，幼生（オタマジャクシ）の血液中のチロキシン濃度は，変態の進み具合に応じて変化する。また，幼生の飼育水にチロキシンを加えておくと，加えていない場合よりも変態が速く進む。この現象に着目し，アフリカツメガエルの幼生を使って，変態に影響を及ぼすことが分かっている化学物質 X が，チロキシンの作用を阻害するか，それとも増強するかを調べることにした。変態の進み具合は，幼生の形態的変化を指標に数値化（以下，形態指標）できる。血液中のチロキシンが検出可能となる濃度まで上昇した幼生の形態指標を 1 に設定したところ，その後の経過日数に対する形態指標および血液中のチロキシン濃度は，図 3 のように変化した。これを参考に，**実験 3** を行った。

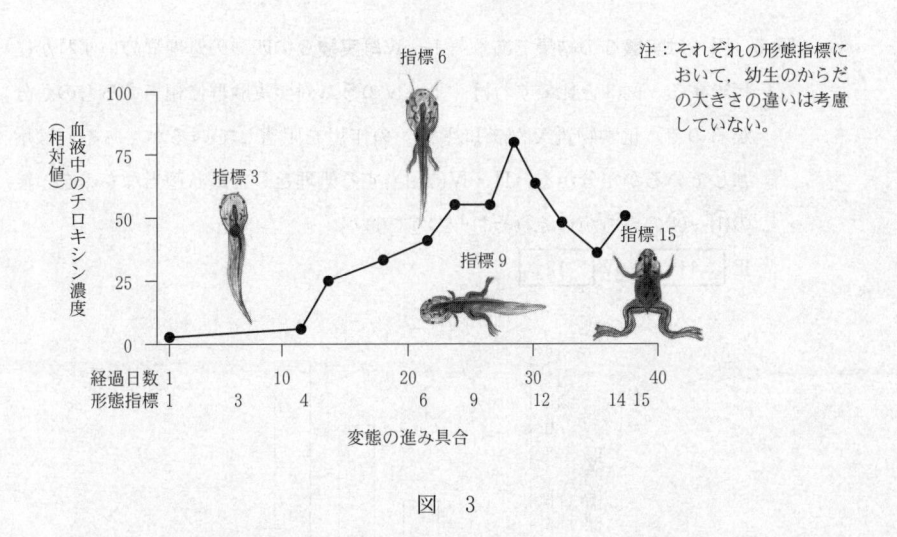

図　3

実験3　形態指標 1 の幼生を数匹ずつ四つの水槽に入れ，それぞれ「対照実験群（飼育水のみ）」，「チロキシン投与群」，「化学物質 X 投与群」，「チロキシンおよび化学物質 X 投与群」とした。温度や餌，明暗周期などの条件を全て同一にして飼育し，3 週間後の形態を形態指標に基づいて比較した。なお，投与したチロキシンおよび化学物質 X の濃度は，いずれの投与群でも，それぞれ等しいものとする。

問 4 下線部(b)に関連して，カエルがヒトやマウスと同じ機構でチロキシンの分泌調節を行っていると仮定する。カエルの成体から次の器官ⓔ～ⓖを摘出し，すりつぶしてそれぞれの抽出液を作り，形態指標 1 の幼生に注射した場合，変態が速く進むと考えられるホルモンを含んでいるものはどれか。それを過不足なく含むものを，後の①～⑦のうちから一つ選べ。　10

ⓔ　間脳の視床下部　　　ⓕ　脳下垂体　　　　　ⓖ　甲状腺

① ⓔ　　　　　② ⓕ　　　　　③ ⓖ　　　　　④ ⓔ, ⓕ
⑤ ⓔ, ⓖ　　　⑥ ⓕ, ⓖ　　　⑦ ⓔ, ⓕ, ⓖ

問 5 図 4 は**実験 3** の結果であり，Ⅰ～Ⅳは**実験 3** の四つの処理群のいずれかに相当する。図 3 と比較すれば，Ⅰ～Ⅳのうち対照実験群に相当するものが分かるので，化学物質 X がチロキシンの作用を阻害しているか，あるいは増強しているかが分かる。Ⅲ・Ⅳに相当する処理として最も適当なものを，後の①～④のうちからそれぞれ一つずつ選べ。
Ⅲ　11 ・Ⅳ　12

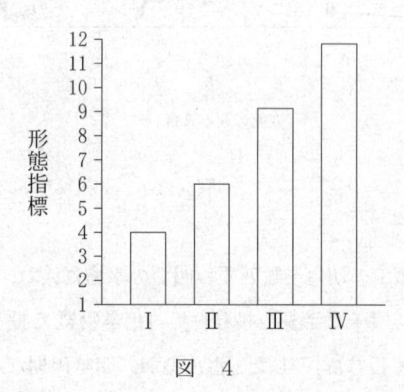

図　4

① 対照実験群　　　　　　② チロキシン投与群
③ 化学物質 X 投与群　　　④ チロキシンおよび化学物質 X 投与群

第3問　次の文章(**A・B**)を読み，後の問い(**問1〜5**)に答えよ。(配点　16)

A　(a)森林は，世界的に広く見られる植生である。日本では戦後，木材需要の高まりを背景に，広葉樹林の伐採跡地にスギなどの針葉樹を植栽して，人工林に転換する政策が進められた。しかし近年，適切な管理が施されず過密になった人工林が問題となっている。そこで，過密な人工林において，針葉樹の大部分を伐採(間伐)する実験が行われている。間伐が及ぼす初期の影響を調べるため，20年前にスギを植栽した人工林に設けた区画の半数において，スギの本数(密度)が3分の1になるまで間伐した。図1は，間伐しなかった区画(以下，無間伐区)と，間伐した区画(以下，間伐区)において，広葉樹(陽樹と陰樹)の幼木を5年間観察し，種数の平均値を示したものである。

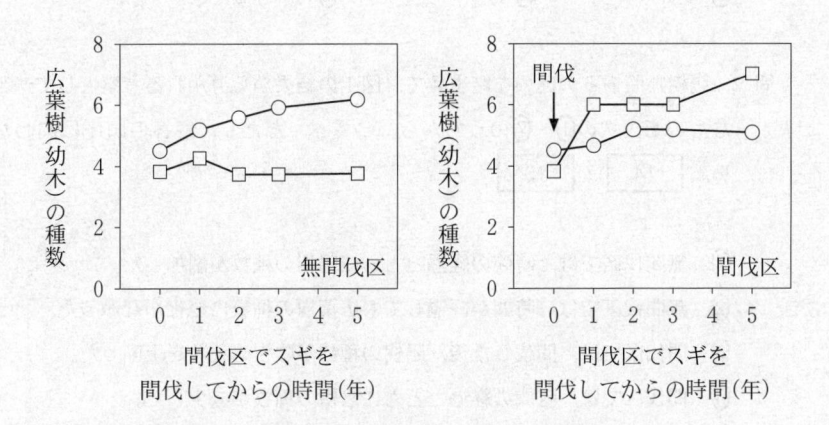

○, □：一方は陽樹の，他方は陰樹の種数を示す。

図　1

問 1　下線部ⓐについて，次の記述ⓐ～ⓒのうち，森林のバイオームに関する記述として適当なものはどれか。それを過不足なく含むものを，後の①～⑦のうちから一つ選べ。　13

ⓐ　照葉樹林のバイオームが分布する地域でも，過去に伐採された跡地には，常緑広葉樹以外の樹木が優占する森林が見られることがある。

ⓑ　熱帯・亜熱帯でも，雨季と乾季が明瞭な地域には，落葉性の樹木が優占する森林のバイオームが分布する。

ⓒ　亜寒帯には，常緑性の樹木が優占する森林のバイオームは分布しない。

① ⓐ　　　　② ⓑ　　　　③ ⓒ　　　　④ ⓐ, ⓑ

⑤ ⓐ, ⓒ　　　⑥ ⓑ, ⓒ　　　⑦ ⓐ, ⓑ, ⓒ

問 2　陽樹と陰樹との違いを踏まえて，図1の結果から導かれる考察として適当なものを，次の①～⑦のうちから二つ選べ。ただし，解答の順序は問わない。　14　・　15

① 無間伐区では，時間の経過とともに陽樹の種数が増加した。

② 無間伐区では，時間が経過しても広葉樹の種数に変化がなかった。

③ 間伐区では，間伐した後，陽樹の種数が陰樹の種数を上回った。

④ 間伐区では，時間の経過とともに陰樹の種数が減少した。

⑤ 間伐には，広葉樹の種数を増加させる効果があり，間伐した1年後にはその効果がみられた。

⑥ 間伐は，広葉樹の種数には影響を及ぼさなかったが，陽樹の種数を増加させ，陰樹の種数を減少させる効果があった。

⑦ 間伐には，広葉樹の種数を減少させる効果があり，時間が経過するにつれてその効果が大きくなった。

B　日本産のトキは，かつて日本各地に生息していたが，(b)絶滅した。その後，中国産のトキの人工繁殖により生まれた若鳥が佐渡島に再導入されている。里山におけるトキの採餌行動を観察したところ，採餌場所については図2の結果が，餌として利用している生物については図3の結果が得られた。また，餌となる生物の生態について**観察結果1**が得られた。

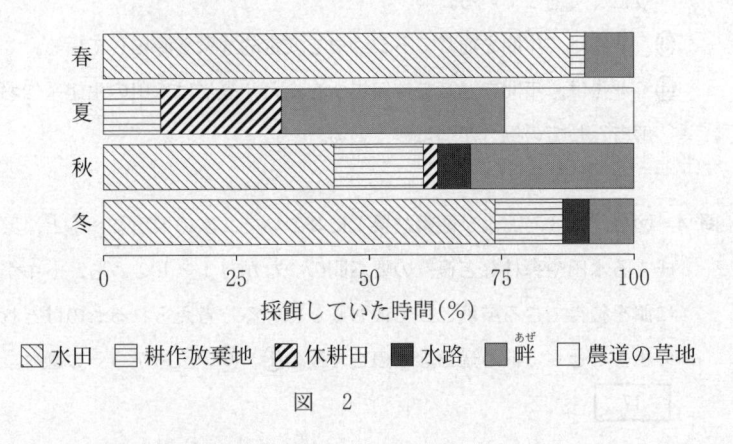

図　2

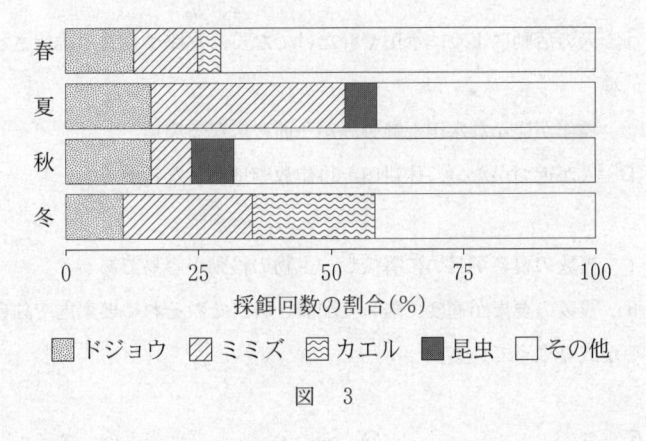

図　3

観察結果1　夏や秋に水路で観察されたドジョウは，春に水田や休耕田で繁殖していた。春に水田で見られたオタマジャクシの成体は，夏に周辺の森林で観察された。

問 3 図2・図3の結果から導かれる，トキ再導入後の生態系についての記述として最も適当なものを，次の①～④のうちから一つ選べ。 16

① トキは，水田の生態系における一次消費者になっている。

② トキは，春と秋には餌を獲得しにくいため，この時期は物質循環が起こりにくくなっている。

③ トキは，年間を通じてドジョウを安定的な栄養源にしている。

④ トキは，年間を通じて採餌場所を変え，夏には水田の生態系における分解者としての働きが弱まっている。

問 4 図2，図3，および**観察結果1**に基づいて，次の環境ⓓ～ⓕと，環境を構成する水田や森林など複数の要素間のつながりⅠ・Ⅱのうち，トキが安定的に餌を獲得できる環境として最も適していると考えられるものはどれか。その組合せとして最も適当なものを，後の①～⑥のうちから一つ選べ。 17

ⓓ 人の活動により，水田や畔だけでなく，水路や森林が維持されている環境

ⓔ 稲作が盛んな水田と畔のみが一面に広がる環境

ⓕ 人が近づかない，休耕田と耕作放棄地からなる環境

Ⅰ 複数の要素が互いに隣接し，生物の移動が容易である。

Ⅱ 複数の要素が適度に離れて配置され，それぞれの要素内で独自の生態系が成り立っている。

① ⓓ，Ⅰ　　　② ⓔ，Ⅰ　　　③ ⓕ，Ⅰ

④ ⓓ，Ⅱ　　　⑤ ⓔ，Ⅱ　　　⑥ ⓕ，Ⅱ

問 5　下線部(b)に関連して，生物の個体数の減少や絶滅を伴う生態系の変化についての記述として最も適当なものを，次の①〜⑤のうちから一つ選べ。

18

① 干潟に生息する生物が減少すると，有機物量が減少し，干潟の持つ水質浄化作用が向上する。

② 様々な餌生物を利用する捕食者が絶滅すると，生態系のバランスが崩れやすくなる。

③ 外来植物は在来植物の個体数を減少させないため，生態系全体の生産量は変化しない。

④ 非生物的環境が変化すると，環境形成作用を通じて分解者の個体数が減少するため，生態系のバランスが急速に変化する。

⑤ 湖沼への窒素やリンの供給量が増加しても，生産者の個体数は変化しないため，生態系のバランスは崩れない。

共通テスト

本試験
（第1日程）

2021

生物：

解答時間 60 分　配点 100 点

生物基礎：

解答時間　2 科目 60 分

配点　2 科目 100 点

（物理基礎，化学基礎，生物基礎，
地学基礎から 2 科目選択）

生　　　　物

（解答番号　1 ～ 27 ）

第1問　次の文章を読み，下の問い(問1～4)に答えよ。(配点　14)

　　牛乳をはじめ，多くの哺乳類の乳にはラクトース(乳糖)が含まれている。乳糖は消化酵素の一つであるラクターゼによって消化されるが，ラクターゼの働きは個体の成長とともに弱まるので，成長した個体が大量に乳を飲むと，(a)乳糖を消化しきれずに下痢をする。ヒトでもこの性質は一般的だが，成長後もラクターゼの働きが持続し，乳糖を消化できる形質(以下，L有)をもつ者もいる。(b)L有は，常染色体上のラクターゼ遺伝子で決まる形質で，ラクターゼの働きが持続しない形質(以下，L無)に対して優性である。L有およびL無の遺伝子は，ラクターゼの(c)遺伝子発現を制御している転写調節領域の塩基配列に違いがある対立遺伝子である。この二つの形質の頻度は世界の各地域によって差があり，(d)この地域差の出現には自然選択が関与したと考えられている。

問 1　下線部(a)に関連して，このような現象が起こる仕組みを説明した次の文章中の　**ア**　・　**イ**　に入る語句の組合せとして最も適当なものを，下の**①**〜**④**のうちから一つ選べ。　1

　　柔毛では乳糖は吸収されないが，乳糖がラクターゼによって分解されて生じるグルコースは吸収される。柔毛表面の細胞は，グルコースを　**ア**　輸送するタンパク質を発現しており，グルコースを小腸管内の濃度にかかわらず取り込む。他方，未分解の乳糖が大量に大腸に入ると，大腸管内の浸透圧が高くなり，便の水分が吸収されにくくなる。さらに，大腸内の細菌による発酵で乳糖が代謝されて生じる　**イ**　などの影響で腹部が膨満することがある。

	ア	イ
①	能　動	二酸化炭素
②	能　動	酸　素
③	受　動	二酸化炭素
④	受　動	酸　素

問 2　下線部(b)について，L無の成人の頻度が 0.16 の集団でのヘテロ接合の頻度として最も適当なものを，次の**①**〜**⑥**のうちから一つ選べ。ただし，ラクターゼ遺伝子には二つの対立遺伝子しか存在せず，この集団ではハーディ・ワインベルグの法則が成立しているものとする。　2

①　0.81　　　　　　　**②**　0.64　　　　　　　**③**　0.48

④　0.24　　　　　　　**⑤**　0.16　　　　　　　**⑥**　0.018

問 3　下線部(c)について，真核生物における遺伝子発現に関する記述として最も適
当なものを，次の①〜⑤のうちから一つ選べ。　　3

① 乳糖の代謝に関係する複数の遺伝子が，オペロンという共通して転写の制
御を受ける単位を構成している。

② DNA ポリメラーゼがプロモーターに結合することにより，転写が開始さ
れる。

③ 一つの遺伝子からは，一種類のポリペプチドのみが合成される。

④ タンパク質合成は，核内で起きる。

⑤ 細胞の種類が違うと，発現する調節遺伝子の種類も異なる。

問 4　下線部(d)に関連して，ヒトでの L 有と L 無の進化を知るため，**実験 1 〜 3**
を行った。**実験 1 〜 3** の結果から導かれる考察として最も適当なものを，下の
①〜⑤のうちから一つ選べ。　　4

実験 1　世界の 6 つの地域について，そこで生活する多人数のヒトを対象にラ
クターゼ遺伝子の転写調節領域の塩基配列を調査すると，塩基が C または
T である一塩基多型(SNP)が見つかった。この SNP の塩基に基づいたラク
ターゼ遺伝子の対立遺伝子の頻度を，これらの地域で比較したところ，表 1
の結果が得られた。

表　1

SNP の塩基	対立遺伝子の頻度					
	アジア（中国）	アジア（日本）	ヨーロッパ（スウェーデン）	ヨーロッパ（イタリア）	アフリカ（コンゴ）	アフリカ（ナイジェリア）
C	1.00	1.00	0.32	0.95	1.00	1.00
T	0.00	0.00	0.68	0.05	0.00	0.00

実験 2　実験 1 の SNP を含む DNA 断片について，ラクターゼ遺伝子の転写を促進する調節タンパク質 Y が結合できるかどうかを，培養細胞を用いて確かめたところ，調節タンパク質 Y は T を含む配列と強く結合したが，C を含む配列とは強く結合しなかった。この実験から，T をもつラクターゼ遺伝子のほうが，転写活性が高いことが分かった。

実験 3　実験 1 の SNP の塩基について，チンパンジー，ゴリラ，およびオランウータンのそれぞれ複数の個体のゲノムを調べたところ，全ての個体が C のホモ接合であり，ヒトの祖先型は C であることが分かった。

① 　L 無はアジアで生存上有利だったが，アフリカでは不利だった。

② 　L 無対立遺伝子は，ヨーロッパで最初に出現し，その後のヒトの移動に伴ってアフリカにも伝わった。

③ 　ヨーロッパでは L 有が生存上有利だったので，ほぼ全てのヒトが L 有対立遺伝子をもっている。

④ 　ヒトでは，L 無対立遺伝子に突然変異が起きて，L 有対立遺伝子が生じた。

⑤ 　どの地域でも，L 無のほうが L 有よりも頻度が高い。

第2問 次の文章を読み，下の問い(**問1〜4**)に答えよ。(配点 15)

フロリダ半島には，アノールトカゲの在来種であるグリーンアノール(以下，グリーン)が生息しているが，ある時期にキューバやバハマから(a)外来生物のブラウンアノール(以下，ブラウン)が移入された。グリーンとブラウンはともに木の幹に生息するため，種間競争が生じている。この種間関係がグリーンに及ぼす影響を調べるため，グリーンのみが生息する複数の人工島において，**実験1〜3**が行われた。

問1 下線部(a)に関する記述として**誤っているもの**を，次の**①〜④**のうちから一つ選べ。 5

① 外来生物は，在来種との交雑により，在来種集団の遺伝的な固有性を損なうことがある。

② 外来生物は，ヒトの健康を脅かすことがある。

③ 外来生物を駆除して生態系を復元する試みは，世界中でほぼ成功している。

④ 外来生物は，移入されるまでは，在来種との間に共進化関係を有していない。

実験1　ある人工島に1995年にブラウンを導入し(以下，導入区)，別の人工島には導入しなかった(以下，非導入区)。導入区と非導入区において，グリーンとブラウンそれぞれの個体群密度の変化を追跡したところ，図1の結果が得られた。なお，この2種のアノールトカゲの寿命は約1年半で，互いに交雑せず，島から出ることもなかった。

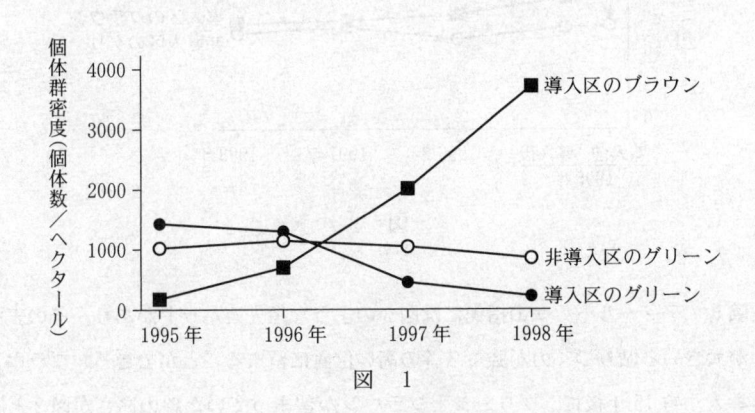

図　1

問2　実験1の結果から導かれる考察として最も適当なものを，次の①～④のうちから一つ選べ。　6

① ブラウンの急速な増加は，種内競争が促進されたことによる。

② ブラウンは，導入から3年後には環境収容力に達した。

③ 導入区でのグリーンの減少は，ブラウンの影響による。

④ 導入区において，ブラウンとグリーンの合計個体数は，ブラウン導入前のグリーンの個体数とおおよそ等しくなり，安定した。

実験 2　導入区と非導入区において，グリーンとブラウンが留まっていた幹の高さを 3 年間にわたって記録したところ，図 2 の結果が得られた。

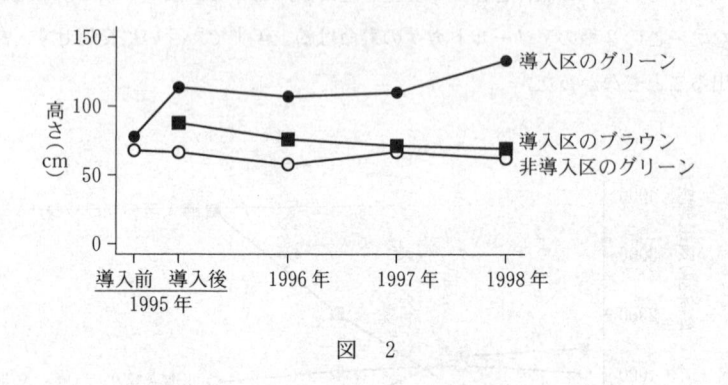

図　2

実験 3　アノールトカゲの指先には図 3 のような指先裏パッドがあり，その表面積が大きいと貼りつく力が強く，幹の高い位置に留まることができる。ブラウンの導入から 15 年後に，グリーンとブラウンが留まっていた幹の高さが図 2 と同様の傾向を示すことを確認したのち，導入区と非導入区からグリーンを採集し，指先裏パッドの表面積を比べた。また，それぞれのグリーンの雌から得た卵を同じ人工環境下で育て，子の指先裏パッドの表面積を比べたところ，図 4 の結果が得られた。

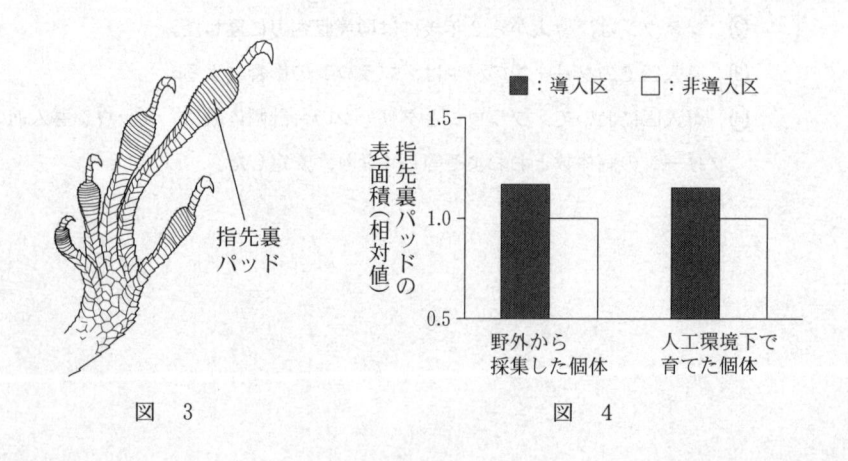

図　3　　　　　　　　　　　　　　　　　図　4

問 3　**実験 2・実験 3** の結果から導かれる考察として最も適当なものを，次の①～④のうちから一つ選べ。　　7

① 　導入区のグリーンは，幹のより高い位置を利用するようになり，かつ，指先裏パッドの表面積が増加した。

② 　導入区と非導入区のグリーンはともに，幹のより高い位置を利用するようになり，かつ，指先裏パッドの表面積が増加した。

③ 　導入区のグリーンは，ブラウンとの競争により絶滅した。

④ 　ブラウンは，グリーンより指先裏パッドの表面積が大きいため，幹を利用する競争において優位であった。

問 4　**実験 1～3** の結果から導かれる考察として最も適当なものを，次の①～④のうちから一つ選べ。　　8

① 　ブラウンが導入されても，グリーンの個体群の存続には影響がないことが示された。

② 　導入区と非導入区との間でみられたグリーンの指先裏パッドの違いは，世代を超えた変化によるものではなく，個体の成長の過程で生じたものである。

③ 　ブラウンとの種間競争の有無にかかわらず，グリーンは幹に貼りつく力を高める方向に進化すると予測される。

④ 　ブラウンの導入後 15 年間に，導入区のグリーンはブラウンと生活空間を分割するようになり，その表現型が進化した。

第3問 次の文章を読み，下の問い(問1～3)に答えよ。(配点 12)

　　図1は，ある落葉樹林の林床に発達した複数の種からなる草本植物群集(以下，群落)における，早春と初夏の生産構造図である。図1の折れ線グラフは，群落内の光量の分布を示しており，早春の高さ50 cmにおける日平均の光量に対する百分率(%)で表している。図1の棒グラフは，1 m²の区画で地面からの高さの層ごとに植物を刈り取り，葉とそれ以外の器官とに分けて乾燥重量を示したものである。棒グラフの塗り潰し部と網掛け部は，この群落の優占種Pとそのほかの種の生産構造をそれぞれ示している。

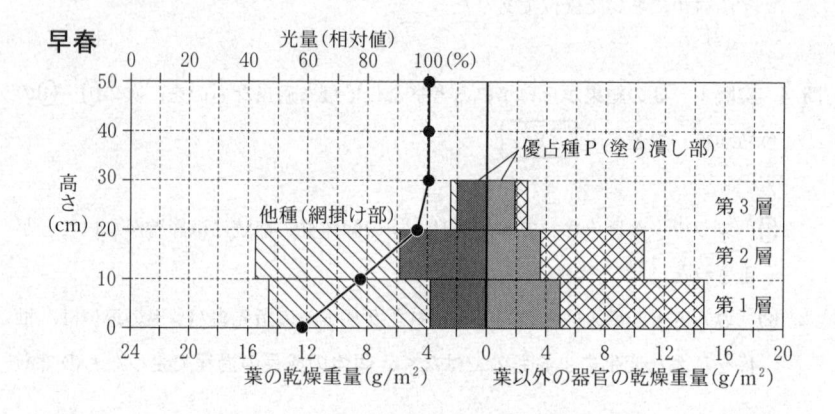

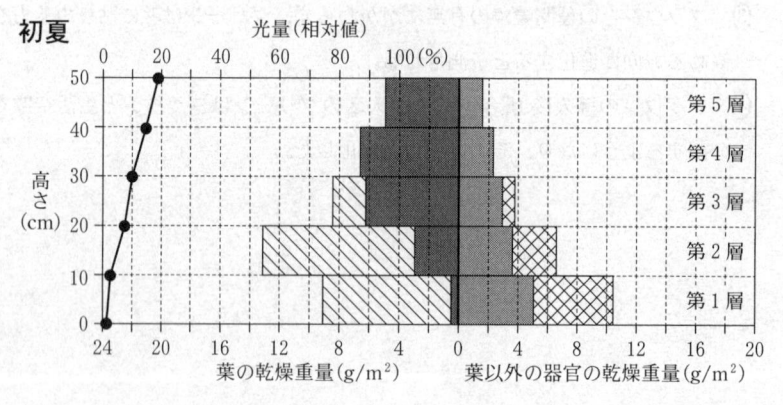

図　1

　ソラさんとユメさんは，図１から読み取れることについて話し合った。

ソ　ラ：(a)図１の生産構造図から読み取れることはいろいろありそうだね。

ユ　メ：優占種Ｐの第２層の葉群の重量は，初夏には，早春と比べて約半分に
　　　　減ってるよ。

ソ　ラ：逆に，優占種Ｐの第３層の葉群の重量は，初夏には，早春と比べて約
　　　　　ア　　倍に増加してるよ。この優占種の草丈は 20 cm も伸び，上に新
　　　　しい葉が多くついてるね。

ユ　メ：光量の変化についても見てみよう。第３層の上端である高さ 30 cm の光
　　　　量は，初夏には，早春と比べて約　イ　　にまで減少してるよ。

ソ　ラ：初夏には，第５層の上端の光量も 100 ％ と比べて大幅に低いから，早春
　　　　から初夏にかけて，樹木が葉を広げて日当たりが悪くなったんだね。

問１　下線部(a)について，図１から読み取ることができる，この草本群落内で生じ
　　た現象として最も適当なものを，次の①～⑤のうちから一つ選べ。　　9

　①　早春の第１層の葉群は，初夏には第３層にもち上がり，茎の下部に新たな
　　　葉がついた。

　②　早春から初夏にかけて，優占種Ｐ以外の植物の個体数は減少した。

　③　早春から初夏にかけて，優占種Ｐの高さ 20 cm 以下の部位では，葉以外
　　　の器官の乾燥重量が大きく減少した。

　④　早春から初夏にかけて，優占種Ｐの高さ 20 cm 以上の部位では，全体の
　　　乾燥重量に占める葉の乾燥重量の割合が高まった。

　⑤　初夏の第１層と第５層との間の光量の差は，高木の葉が光を遮ることに
　　　よって生じた。

問2　会話文中の　ア　・　イ　に入る数値の組合せとして最も適当なものを，次の①～⑨のうちから一つ選べ。　10

	ア	イ
①	2	5分の1
②	2	10分の1
③	2	20分の1
④	3	5分の1
⑤	3	10分の1
⑥	3	20分の1
⑦	4	5分の1
⑧	4	10分の1
⑨	4	20分の1

問 3　二人は，別の区画で，早春の第3層と初夏の第5層(ともに最上層)から優占種Pの全ての葉を採取し，葉の乾燥重量と面積，および光合成速度を調べ，表1を作成した。光合成速度については，最上層の平均的な光量の下で，葉1 cm^2 あたり1時間あたりの二酸化炭素の吸収量を測定した。次に，表1に基づいて，早春と初夏の最上層の葉が1時間に吸収する二酸化炭素量を計算した。二人が行った計算に関する下の文章中の　**ウ**　・　**エ**　に入る，数値と語句との組合せとして最も適当なものを，下の①～⑥のうちから一つ選べ。　11

表　1

	早春の葉(第3層)	初夏の葉(第5層)
区画内の葉の乾燥重量(g)	2.0	5.0
葉1gあたりの面積(cm^2)	250	360
最上層の平均的な光量下での 1時間あたりの CO_2 吸収量(mg/cm^2)	0.175	0.070

注：CO_2 吸収速度の測定は，全て 20 ℃ の環境で行われたものとする。

　　まず，早春の第3層の葉の合計面積を求め，次に，この値を用いて1時間に吸収する二酸化炭素量を求めたところ，　**ウ**　mg となった。初夏の第5層の葉についても同様の計算を行ったところ，早春と比べて林床が暗くなった初夏のほうが，1時間に吸収する二酸化炭素量は　**エ**　。

	ウ	エ
①	0.29	少なかった
②	0.29	多かった
③	21.9	少なかった
④	21.9	多かった
⑤	87.5	少なかった
⑥	87.5	多かった

第4問　次の文章を読み，下の問い(**問1～3**)に答えよ。(配点　13)

　　動物は，経験に基づいて行動を変化させることがあり，これを(a)学習という。多くの鳥類の雄は，繁殖期までに種に固有の音声構造をもつ歌(以下，自種の歌)をさえずるようになる。一部の鳥類では，若鳥が孵化後の一定期間(以下，X期)に主に父鳥の歌を聴いて記憶し，後の成長過程の一定期間(以下，Y期)に，記憶した歌と自らがさえずる歌を比較しながら練習を繰り返すことで，自種の歌が固定する。

　　自種の歌の獲得における学習の役割に関して，A種とB種の雄の若鳥をそれぞれ用いて，X期に聴かせる自種の歌の有無，Y期における若鳥の聴覚の有無を様々に組み合わせた，表1のような古典的な**実験**1～4がある。実験の結果，成鳥は，自種の歌の特徴が壊れた歌(以下，不完全な歌)または自種の歌をさえずることが分かった。

表　1

	X期		成鳥において固定した歌 (実験結果)	
	Y期			
	聴かせる歌	若鳥の聴覚	A種	B種
実験1	な　し	な　し	自種の歌	不完全な歌
実験2	な　し	あ　り	自種の歌	不完全な歌
実験3	自種の歌	な　し	自種の歌	不完全な歌
実験4	自種の歌	あ　り	自種の歌	自種の歌

問 1　下線部(a)について，次の記述@～ⓒのうち，学習に関するものを過不足なく含むものを，下の①～⑦のうちから一つ選べ。　12

　@　アヒルのヒナは，孵化直後に見た動くものの後をついて歩くようになる。

　ⓑ　繁殖期のイトヨの雄は，婚姻色を呈したほかの雄だけでなく，同様の色をつけた模型に対しても攻撃するようになる。

　ⓒ　アメフラシは，水管を刺激されるとえらを引っ込めるが，刺激し続けるとえらを引っ込めなくなる。

① @　　　　② ⓑ　　　　③ ⓒ　　　　④ @, ⓑ

⑤ @, ⓒ　　　⑥ ⓑ, ⓒ　　　⑦ @, ⓑ, ⓒ

問 2　A種とB種について，自種の歌をさえずることができるようになるための条件(ⓓ～ⓖ)と，学習の関与の有無(Ⅰ, Ⅱ)との組合せとして最も適当なものを，下の①～⑧のうちからそれぞれ一つずつ選べ。ただし，同じものを繰り返し選んでもよい。

A種　13　・B種　14

　ⓓ　成長の過程で自種の歌を聴く必要はない。

　ⓔ　X期に自種の歌を聴く必要はないが，Y期に聴覚が必要である。

　ⓕ　X期に自種の歌を聴く必要があるが，Y期に聴覚は必要ない。

　ⓖ　X期に自種の歌を聴く必要があり，Y期に聴覚が必要である。

　Ⅰ　学習が関与している。

　Ⅱ　学習は関与していない。

① ⓓ, Ⅰ　　　② ⓓ, Ⅱ　　　③ ⓔ, Ⅰ　　　④ ⓔ, Ⅱ

⑤ ⓕ, Ⅰ　　　⑥ ⓕ, Ⅱ　　　⑦ ⓖ, Ⅰ　　　⑧ ⓖ, Ⅱ

問 3 野外では，自種と近縁種の歌の特徴が混ざった歌(以下，混ざった歌)をさえ
ずる雄が見つかることは，めったにない。その理由についての考察に関する次
の文章中の ア ～ ウ に入る語句の組合せとして最も適当なものを，
下の①～⑧のうちから一つ選べ。 15

雄の姿や歌が似ている近縁種どうしの巣が互いに近接すると，若鳥が近縁種
の雄の歌を聴き，姿を見る機会が生じるため，互いに近縁種の歌を学習する可
能性がある。種に固有の歌は，なわばり防衛のアピールや自種の雌に対する求
愛であるため，混ざった歌をさえずる雄は，繁殖に ア しやすい。そのた
め，近縁種の歌を学習するような状況では，両種の個体群の成長は イ 。
これは，繁殖干渉と呼ばれる繁殖の機会をめぐる種間の競争である。繁殖
干渉は競争的排除(競争排除)をもたらすことがあり，近縁種どうしが共存し
ウ なるので，近縁種の歌の学習はめったにないと考えられる。

	ア	イ	ウ
①	成 功	促進される	やすく
②	成 功	促進される	にくく
③	成 功	妨げられる	やすく
④	成 功	妨げられる	にくく
⑤	失 敗	促進される	やすく
⑥	失 敗	促進される	にくく
⑦	失 敗	妨げられる	やすく
⑧	失 敗	妨げられる	にくく

第5問　次の文章(**A・B**)を読み，下の問い(**問1～7**)に答えよ。(配点　27)

A (a)被子植物の地上部は，茎，葉，および花などからなり，これらの構造は(b)茎頂分裂組織から形成される。(c)茎頂分裂組織からつくられたばかりの葉は，かたちが単純で，丸いこぶ状であるが，成長が進むにつれて扁平(へんぺい)になる。葉には表裏の違いがあり，表面の色合いや光沢，構成する細胞の種類などが異なる。

問1　下線部(a)に関連して，被子植物の発生と生殖に関する記述として**誤っている**ものを，次の①～④のうちから一つ選べ。　16

①　受精直後の胚乳核に含まれるゲノム DNA の量は，受精直後の受精卵の核に含まれるゲノム DNA の量と同じである。

②　フロリゲンは，花芽の分化に関係する遺伝子の発現を誘導する。

③　花の4種類の構造(がく片，花弁，おしべ，めしべ)の形成には，A，B，および C の三つのクラスの遺伝子が必要である。

④　花粉母細胞は減数分裂により，4個の細胞からなる花粉四分子となる。

問 2 下線部(b)に関連して，茎頂分裂組織から葉が形成される様子を調べるため，**実験 1・実験 2** を行った。

実験 1 ジャガイモの塊茎から芽をくりぬき，その芽をカミソリで縦に二つに分割した。切断面を顕微鏡で観察し，図 1 の模式図を描いた。

実験 2 別の芽を取り出し，茎頂を真上から観察したところ，図 2 のように茎頂分裂組織（M）と，そこから生じたばかりの二つの葉（P1 と P2）が見えた。P2 は，P1 より扁平で大きかった。このまま茎頂を培養すると，P1 も P2 も扁平な葉へと成長した。さらに，I の位置から新たな葉が生じ，やはり成長して扁平になった。いずれの葉も，表側が M の方を向いていた。

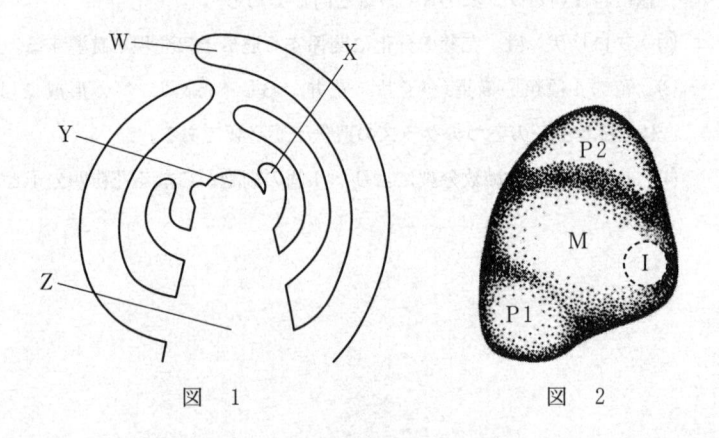

図 1　　　　　　　図 2

図 1 において茎頂分裂組織の位置を示す記号と，図 2 において先に形成が始まった葉の位置を示す記号との組合せとして最も適当なものを，次の①～⑧のうちから一つ選べ。 | 17 |

① W，P1　　② W，P2　　③ X，P1　　④ X，P2

⑤ Y，P1　　⑥ Y，P2　　⑦ Z，P1　　⑧ Z，P2

問 3　下線部(c)に関連して，茎頂分裂組織から葉がつくられる仕組みを調べるため，**実験 3**を行った。

> **実験 3**　図 3 のようにカミソリで茎頂に切れ込みを入れることで，ⅠとM との連絡を遮断したところ，Ⅰから棒状のかたちをした，表裏がはっきりしない異常な葉が形成された。また，図 4 のようにP 1，P 2 と，Ⅰとの連絡を遮断したところ，Ⅰから扁平な葉が形成され，その表側はM の方を向いていた。さらに，図 5 のようにM を二つの小領域(M 1 とM 2)に分割すると，それぞれの小領域が独立した茎頂分裂組織となった。Ⅰからは表側がM 2 の方を向いた扁平な葉が形成された。

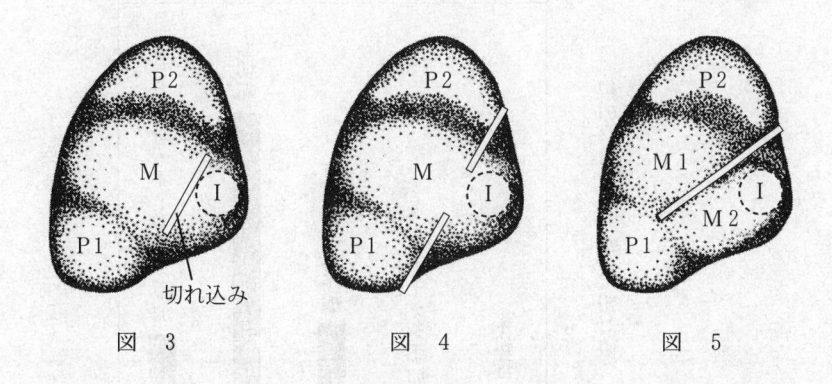

図 3　　　　　　　　図 4　　　　　　　　図 5

次の記述ⓐ～ⓒのうち，**実験 3**の結果から導かれる考察を過不足なく含むものを，下の①～⑦のうちから一つ選べ。　| 18 |

ⓐ　茎頂分裂組織には，葉を扁平にする作用がある。

ⓑ　生じたばかりの葉には，次に生じる葉を扁平にする作用がある。

ⓒ　茎頂分裂組織には，葉の向きを決める作用がある。

①　ⓐ　　　　　②　ⓑ　　　　　③　ⓒ　　　　　④　ⓐ, ⓑ

⑤　ⓐ, ⓒ　　　⑥　ⓑ, ⓒ　　　⑦　ⓐ, ⓑ, ⓒ

B 授業で光合成について学んだヨウコさんは，植物が葉以外の部分でも光合成をするのかを知りたくなった。根は白いし，そもそも土の中に存在するので光合成をしないはずだと考えて調べてみると，樹木に付着して大気中に根を伸ばすランのなかまや，幹を支える支柱根を地上に伸ばすヒルギのなかまでは，根が緑色になって光合成をしているという記事を見つけた。さらに，その記事に紹介されていたシロイヌナズナを用いた論文では，根に光があたっても必ず緑色になるわけではなく，図6のように植物ホルモンのオーキシンやサイトカイニンの添加，あるいは茎から切断されることによって，根のクロロフィル量が変化することが報告されていた。

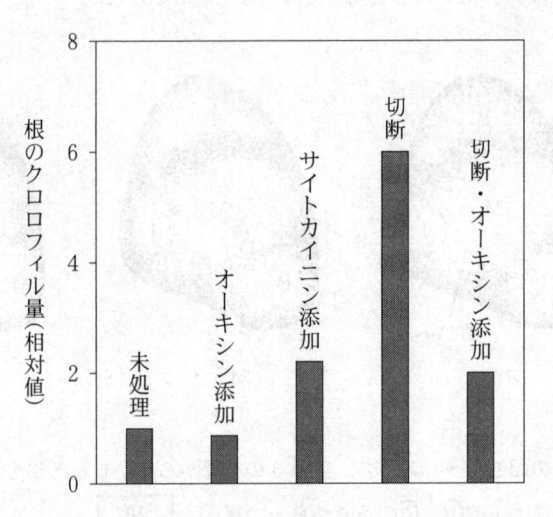

注：発芽後2週目の芽ばえに各処理を行い，光照射下で7日間育成した。

図 6

問 4　ヨウコさんは，図6をもとに，どのような場合に根が緑色になるのかを考えてみた。根が緑色になるかどうかを制御する仕組みに関して，図6の結果から導かれる考察として最も適当なものを，次の①〜⑤のうちから一つ選べ。　19

① オーキシンは，根の緑化を促進する作用をもつ。
② サイトカイニンは，根の緑化を促進する作用をもつ。
③ オーキシンとサイトカイニンは，どちらも根の緑化を阻害する。
④ オーキシンとサイトカイニンは，どちらも根の緑化に関係しない。
⑤ 茎や葉は，根の緑化に関係しない。

問 5　図6の結果を見ているときに，ヨウコさんは，植物の一部を切断してオーキシンを添加する実験が，植物の別のオーキシン応答を明らかにした実験と類似していることに気がついた。その応答として最も適当なものを，次の①〜⑤のうちから一つ選べ。　20

① 気孔の開閉
② 果実の成熟
③ 春　化
④ 頂芽優勢
⑤ 花芽形成

問 6 ヨウコさんは，緑色になった根が実際に光合成をするかどうか自分で確かめたいと思い，次の実験を計画した。

　最初に，息を吹き込んだ試験管に根を入れて，ゴム栓でふたをしてしばらく光をあてる。次に，試験管に石灰水を入れてすぐにふたをしてよく振り，石灰水が濁らなければ，光合成をしていると結論できると考えた。しかし，この計画を友達のミドリさんに話したところ，たとえ石灰水が濁らなくても，それだけでは本当に光合成によるものかどうか分からないと指摘されたので，追加実験を計画した。このとき追加すべき実験として**適当でないもの**を，次の①〜⑤のうちから一つ選べ。　21

① 根を入れないで同じ実験をする。

② 光をあてないで同じ実験をする。

③ 石灰水の代わりにオーキシン溶液を入れて同じ実験をする。

④ 石灰水に息を吹き入れて石灰水が濁ることを確認する。

⑤ 根の代わりに光合成をすることが確実な葉を入れて同じ実験をする。

問 7 ヨウコさんは，樹木に取りついたランの根がなぜ緑色なのかにも興味をもち，その仕組みを調べるため，茎と葉を切除して，その後の根にみられる変化を経時的に測定する実験を計画した。このときに測定すべき項目として**適当でないもの**を，次の①〜④のうちから一つ選べ。　22

① クロロフィル量

② ひげ根の長さの総和

③ オーキシン濃度

④ サイトカイニン濃度

第6問　次の文章（**A・B**）を読み，下の問い（**問1～5**）に答えよ。（配点　19）

A　脊椎動物の眼は，頭部の決まった位置に，左右対称に二つ形成されることが多い。しかし，(a)胚において，将来，眼ができる頭部の領域を移植すると，本来は眼をつくらない場所に眼ができる。他方，光の届かない洞窟に生息している魚類のなかには，一部の発生過程が変異して，(b)眼を形成しなくなった種もある。

問1　下線部(a)について，この現象の仕組みとして最も適当なものを，次の①～⑤のうちから一つ選べ。　23

①　卵の中で局在する母性因子（母性効果遺伝子）の mRNA も移植された。

②　移植した部位で，誘導の連鎖が起こった。

③　移植した部位で，ホメオティック遺伝子（ホックス遺伝子）の発現に変化が起こった。

④　移植した部分から眼が再生された。

⑤　形成体の移植によって二次胚が生じた。

問 2 下線部(b)に関連して，多くの魚類では，眼胞となる能力をもつ細胞からなる領域 M は，図1に示す位置に形成される。その後，領域 M の細胞の分化能力を抑制するタンパク質 X が脊索から神経板の正中線付近に分泌されることによって，眼胞が左右の小領域に形成され，眼が二つになる。しかし，眼を形成しなくなった種の一つでは，進化の過程でタンパク質 X の空間的な分布が変化したことが分かった。このことから考えられる，タンパク質 X の分布の変化とそのときにできる眼との関係の考察に関する下の文章中の ア ～ ウ に入る語句の組合せとして最も適当なものを，下の①～⑥のうちから一つ選べ。 24

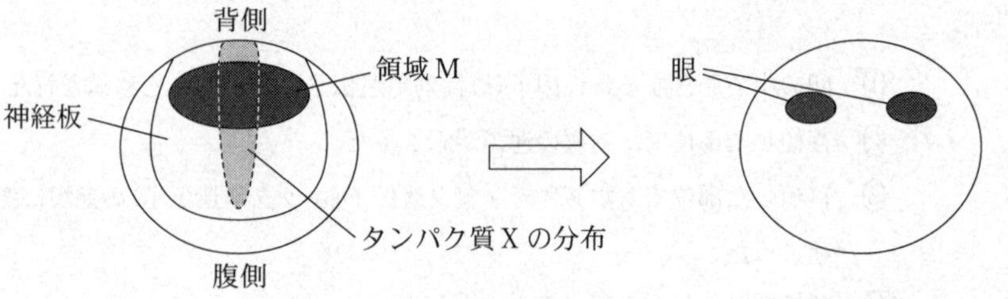

図1 頭部正面から見た胚

眼を形成しなくなった種では，タンパク質 X が分布する範囲が ア したと考えられる。逆に，タンパク質 X が分布する範囲が イ すると，眼が ウ できると予想される。

	ア	イ	ウ
①	著しく拡大	ほとんど消失	中央に一つ
②	著しく拡大	ほとんど消失	左右に二つ
③	著しく拡大	ほとんど消失	前後に二つ
④	ほとんど消失	著しく拡大	中央に一つ
⑤	ほとんど消失	著しく拡大	左右に二つ
⑥	ほとんど消失	著しく拡大	前後に二つ

B　将来，眼ができる頭部の領域を全て切り取ったカエルの胚を発生させた場合，眼がないオタマジャクシ(以下，ノーアイ)になる。他方，同様にして切り取った領域を同じ胚の尾ができるところに移植して発生させた場合，頭部に眼はできず，本来は眼ができないはずの尾に眼をもつオタマジャクシ(以下，テイルアイ)になる。眼の役割を調べるため，ノーアイとテイルアイを用いて，**実験 1 ～ 3** を行った。

実験 1　正常とノーアイのオタマジャクシを，それぞれ別のペトリ皿に入れ，ペトリ皿の底面から赤色光もしくは青色光を照射した状態で遊泳速度を計測したところ，図 2 の結果が得られた。

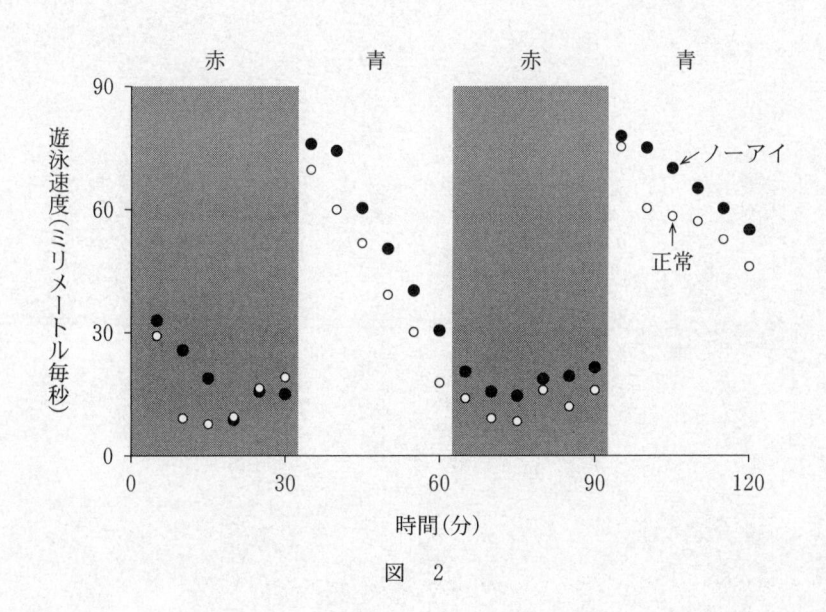

図　2

問 3 **実験**1の結果から導かれる考察として最も適当なものを，次の①~④のうちから一つ選べ。　25

① 正常のオタマジャクシは，ノーアイのオタマジャクシに比べて遊泳速度が速い。

② 青色光を照射した状態では，赤色光を照射した状態に比べてオタマジャクシの遊泳速度が遅くなった。

③ 赤色光が照射されている間，オタマジャクシの遊泳速度は速くなり続けた。

④ オタマジャクシが赤色光と青色光の照射状態を識別するためには，眼に光が入力することが必要ではない。

実験2　図3のように底面の半分(図中，灰色の領域)に赤色光を，もう半分(図中，白の領域)に青色光を照射したペトリ皿に，オタマジャクシを入れ，どちらに滞在するか調べた。そして，赤色光を照射した領域に入ったときにオタマジャクシが嫌う電気ショックを与えた(以下，トレーニング)。トレーニングに引き続き，電気ショックを与えない状態で赤色光もしくは青色光を照射し，オタマジャクシがどちらの領域に滞在するか調べた(以下，テスト)。なお，正常のオタマジャクシの一部では，トレーニングのときに電気ショックを与えなかった。トレーニング～テストを6回繰り返し，テストのたびにオタマジャクシが赤色光を照射した領域に滞在した時間の割合を調べたところ，図4の結果が得られた。

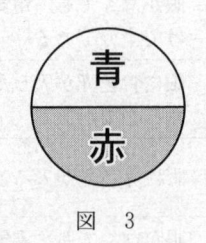

図　3

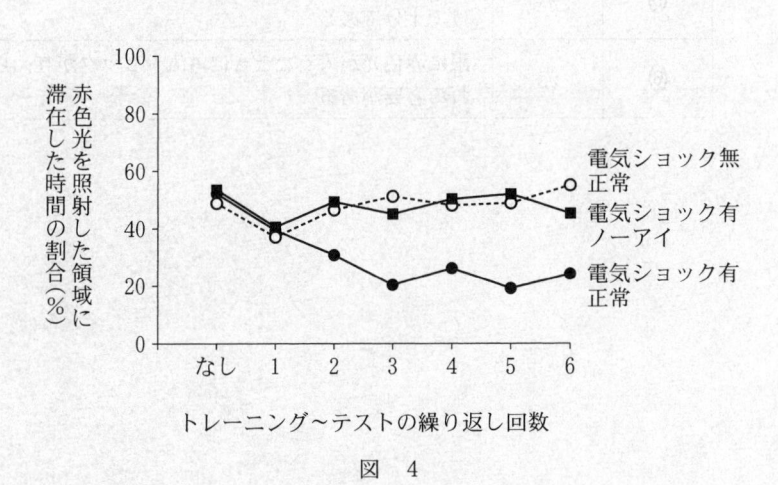

電気ショック無
正常

電気ショック有
ノーアイ

電気ショック有
正常

トレーニング～テストの繰り返し回数

図　4

問 4 **実験 2** の結果から導かれる考察に関する次の文章中の エ ・ オ に入る語句の組合せとして最も適当なものを，下の①～⑥のうちから一つ選べ。 26

オタマジャクシが エ 色光を照射した領域を避けることを学習するためには， オ 。

	エ	オ
①	青	眼に青色光が入ることだけで十分である
②	青	眼がなくても，電気ショックが与えられることだけで十分である
③	青	眼に青色光が入ったときに電気ショックが与えられる必要がある
④	赤	眼に赤色光が入ることだけで十分である
⑤	赤	眼がなくても，電気ショックが与えられることだけで十分である
⑥	赤	眼に赤色光が入ったときに電気ショックが与えられる必要がある

実験3　テイルアイに形成された眼として，眼から軸索が伸長しなかったもの（以下，なし），眼から胃まで軸索が伸長したもの(以下，胃方向)，眼から脊髄まで軸索が伸長したもの(以下，脊髄方向)という3種類が観察された。これら3種類のテイルアイを使って**実験2**と同様の実験を繰り返して，学習が成立したオタマジャクシの割合(学習成功率)を調べたところ，図5の結果が得られた。

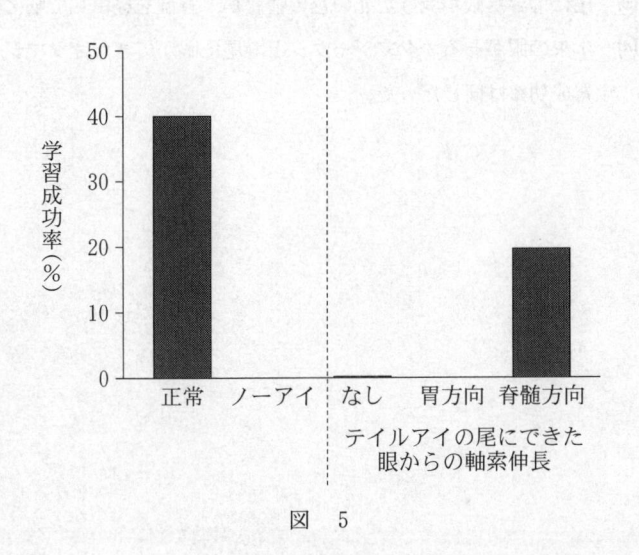

図　5

問 5 尾にできた眼について，**実験2・実験3**の結果から考えられる合理的な推論として最も適当なものを，次の①〜④のうちから一つ選べ。 27

① 尾にできた眼が受けた光の色の情報が，脊髄で反射を生じさせた。

② 尾にできた眼が受けた光の色の情報が，消化管を経由して脳に伝わった。

③ 尾にできた眼が受けた光の色の情報が，脊髄を経由して脳に伝わった。

④ 本来の眼があるオタマジャクシと，尾に眼ができたオタマジャクシで，学習成功率は同じだった。

生　物　基　礎

$$\left(\text{解答番号}\ \boxed{1}\ \sim\ \boxed{16}\ \right)$$

第1問　次の文章（**A・B**）を読み，下の問い（**問1〜6**）に答えよ。（配点　18）

A　父が高校生のときに使ったらしい生物の授業用プリント類が，押入れから出てきた。「懐かしいなぁ。(a)カビやバイ菌って，原核生物だったっけ。」と，プリントを見ながら，父が不確かなことを言い出した。私は，一抹の不安を抱きながら何枚かのプリントを見てみたところ，そこには……。

問1　下線部(a)に関連して，**原核生物ではない生物**として最も適当なものを，次の①〜④のうちから一つ選べ。　　$\boxed{1}$

①　酵母菌（酵母）

②　乳酸菌

③　大腸菌

④　肺炎双球菌（肺炎球菌）

問 2　図1は，提出されなかった宿題プリントのようである。そのプリント内の解答欄ⓐ〜ⓓの書き込みのうち，**間違っている**のは何箇所か。当てはまる数値として最も適当なものを，下の①〜⑤のうちから一つ選べ。　2　箇所

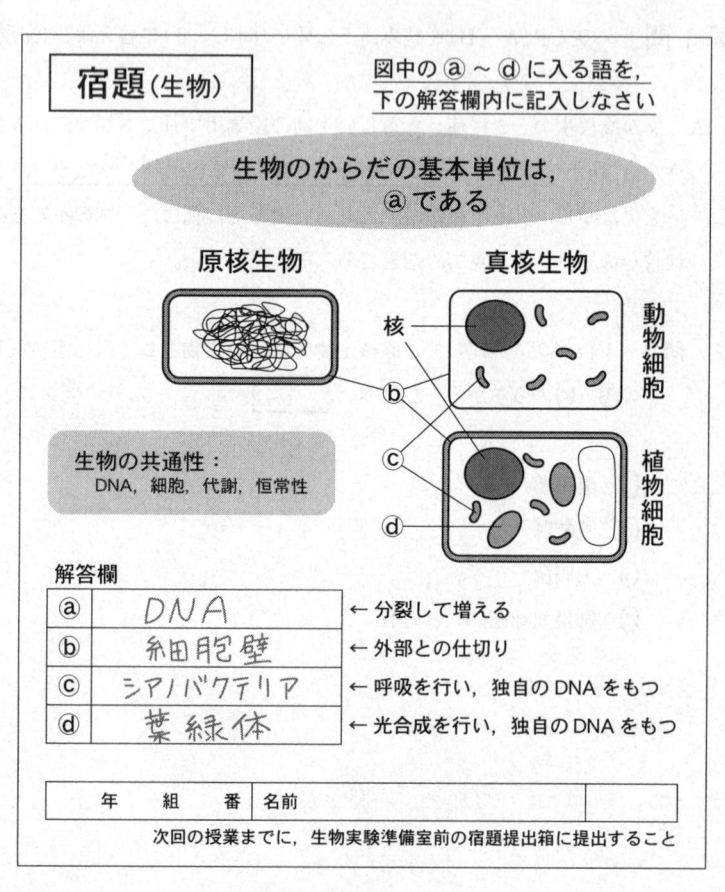

図　1

① 0　　　② 1　　　③ 2　　　④ 3　　　⑤ 4

問 3 授業用プリントの一部に，図2のようなATP合成に関連したパズルが
あった。図2のⅠ～Ⅲに，下のピース@～①のいずれかを当てはめると，光
合成あるいは呼吸の反応についての模式図が完成するとのことだ。図2の
Ⅰ～Ⅲそれぞれに当てはまるピース@～①の組合せとして最も適当なもの
を，下の①～⑧のうちから一つ選べ。 | 3 |

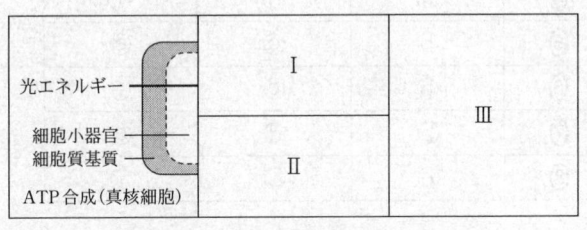

図　2

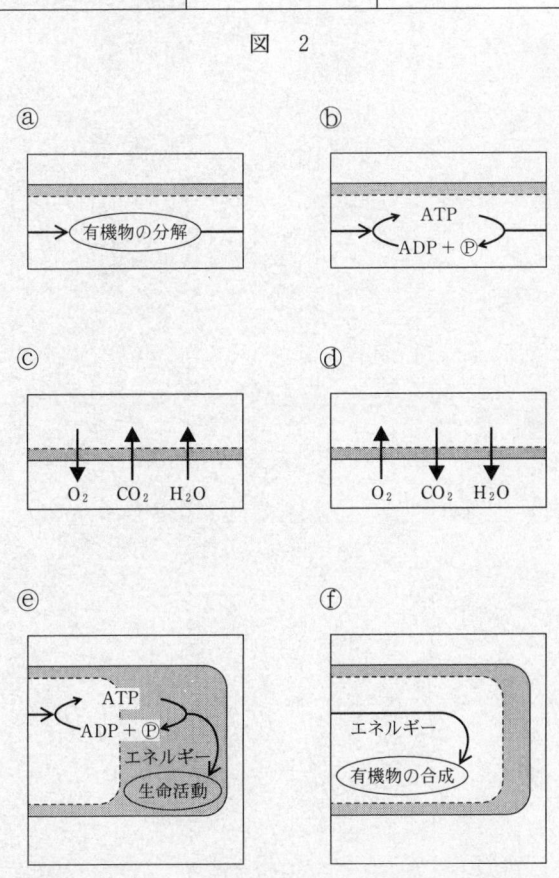

	Ⅰ	Ⅱ	Ⅲ
①	ⓐ	ⓒ	ⓔ
②	ⓐ	ⓒ	ⓕ
③	ⓐ	ⓓ	ⓔ
④	ⓐ	ⓓ	ⓕ
⑤	ⓑ	ⓒ	ⓔ
⑥	ⓑ	ⓒ	ⓕ
⑦	ⓑ	ⓓ	ⓔ
⑧	ⓑ	ⓓ	ⓕ

B DNA の遺伝情報に基づいてタンパク質を合成する過程は，(b)DNA の遺伝情報をもとに mRNA を合成する転写と，(c)合成した mRNA をもとにタンパク質を合成する翻訳との二つからなる。

問 4 下線部(b)に関連して，転写においては，遺伝情報を含む DNA が必要である。それ以外に必要な物質と必要でない物質との組合せとして最も適当なものを，次の①～④のうちから一つ選べ。 4

	DNA の ヌクレオチド	RNA の ヌクレオチド	DNA を 合成する酵素	mRNA を 合成する酵素
①	○	×	○	×
②	○	×	×	○
③	×	○	○	×
④	×	○	×	○

注：○は必要な物質を，×は必要でない物質を示す。

問 5 下線部(c)に関連して，翻訳では，mRNA の三つの塩基の並びから一つのアミノ酸が指定される。この塩基の並びが「○○ C」の場合，計算上，最大何種類のアミノ酸を指定することができるか。その数値として最も適当なものを，次の①～⑨のうちから一つ選べ。ただし，○は mRNA の塩基のいずれかを，C はシトシンを示す。 5 種類

① 4   ② 8   ③ 9   ④ 12   ⑤ 16
⑥ 20   ⑦ 25   ⑧ 27   ⑨ 64

問 6 下線部(C)に関連して，転写と翻訳の過程を試験管内で再現できる実験キットが市販されている。この実験キットでは，まず，タンパク質 G の遺伝情報をもつ DNA から転写を行う。次に，転写を行った溶液に，翻訳に必要な物質を加えて反応させ，タンパク質 G を合成する。タンパク質 G は，紫外線を照射すると緑色の光を発する。mRNA をもとに翻訳が起こるかを検証するため，この実験キットを用いて，図3のような実験を計画した。図3の ア ～ ウ に入る語句の組合せとして最も適当なものを，下の①～⑥のうちから一つ選べ。 6

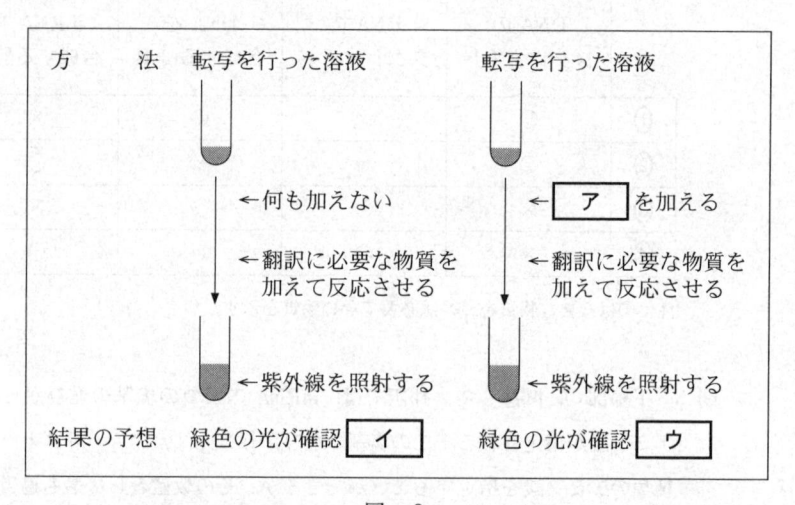

図 3

	ア	イ	ウ
①	DNA を分解する酵素	される	されない
②	DNA を分解する酵素	されない	される
③	mRNA を分解する酵素	される	されない
④	mRNA を分解する酵素	されない	される
⑤	mRNA を合成する酵素	される	されない
⑥	mRNA を合成する酵素	されない	される

第 2 問　次の文章(**A・B**)を読み，下の問い(**問 1 〜 5**)に答えよ。(配点　16)

A　ヒトは，体内の水が不足すると，のどが渇いたと感じる。さらに，(a)脳下垂体後葉からバソプレシンが分泌されることで，腎臓で生成する尿の量を減少させ，体内の水を保持する。逆に，体内の水が過剰なときは，過剰な水は腎臓から尿中に排出される。これらの結果として，ヒトは体内の水の量を適切に保っている。

　淡水にすむ単細胞生物のゾウリムシでは，細胞内は細胞外よりも塩類濃度が高く，細胞膜を通して水が流入する。ゾウリムシは，体内に入った過剰な水を，収縮胞によって体外に排出している。収縮胞は，図 1 のように，水が集まって拡張し，収縮して体外に水を排出することを繰り返している。(b)ゾウリムシは，細胞外の塩類濃度の違いに応じて，収縮胞が 1 回あたりに排出する水の量ではなく，収縮する頻度を変えることによって，体内の水の量を一定の範囲に保っている。

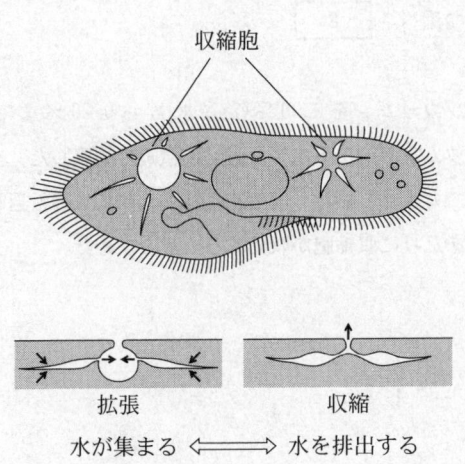

収縮胞

拡張　　　　収縮

水が集まる　⟺　水を排出する

注：矢印(→)は水の動きを示す。

図　1

問 1 下線部(a)について，次の文章中の ア ・ イ に入る語句の組合せとして最も適当なものを，下の①～④のうちから一つ選べ。 7

　　バソプレシンは，血液中の塩類濃度が ア なると分泌され，腎臓の イ ，水の再吸収を促進させる。その結果，尿の量が減少する。

	ア	イ
①	高 く	集合管において水を透過しやすくさせて
②	高 く	細尿管においてナトリウムイオンの再吸収を促進し
③	低 く	集合管において水を透過しやすくさせて
④	低 く	細尿管においてナトリウムイオンの再吸収を促進し

問 2 下線部(b)について，ゾウリムシの収縮胞の活動を調べるため，**実験1** を行った。予想される結果のグラフとして最も適当なものを，下の①～⑤のうちから一つ選べ。 8

　実験1 ゾウリムシを 0.00 %（蒸留水）から 0.20 % まで濃度の異なる塩化ナトリウム水溶液に入れて，光学顕微鏡で観察した。ゾウリムシはいずれの濃度でも生きており，収縮胞は拡張と収縮を繰り返していた。そこで，1分間あたりに収縮胞が収縮する回数を求めた。

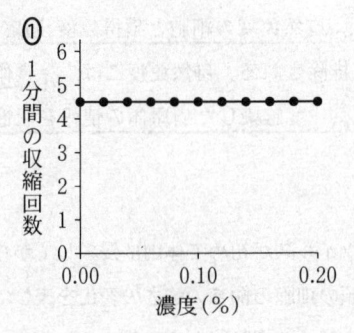

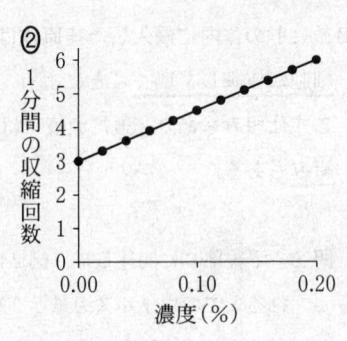

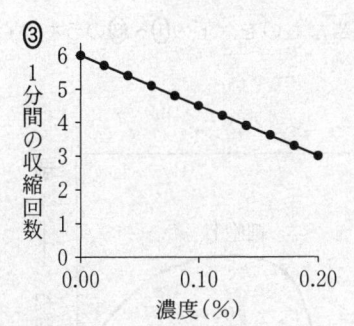

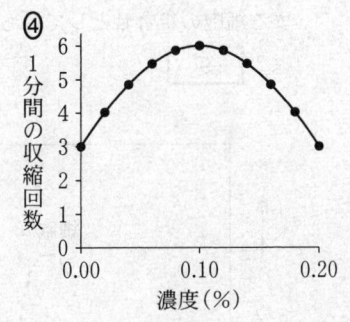

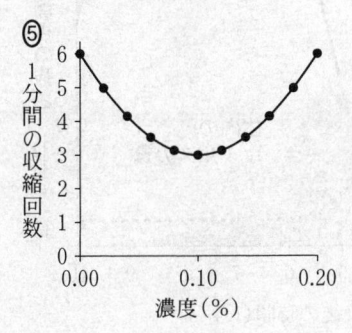

B ヒトの体内に侵入した病原体は，(c)自然免疫の細胞と獲得免疫(適応免疫)の細胞が協調して働くことによって，排除される。自然免疫には，(d)食作用を起こす仕組みもあり，獲得免疫には，(e)一度感染した病原体の情報を記憶する仕組みもある。

問 3 下線部(c)に関連して，図2はウイルスが初めて体内に侵入してから排除されるまでのウイルスの量と2種類の細胞の働きの強さの変化を表している。ウイルス感染細胞を直接攻撃する図2の細胞ⓐと細胞ⓑのそれぞれに当てはまる細胞の組合せとして最も適当なものを，下の①〜⑧のうちから一つ選べ。 9

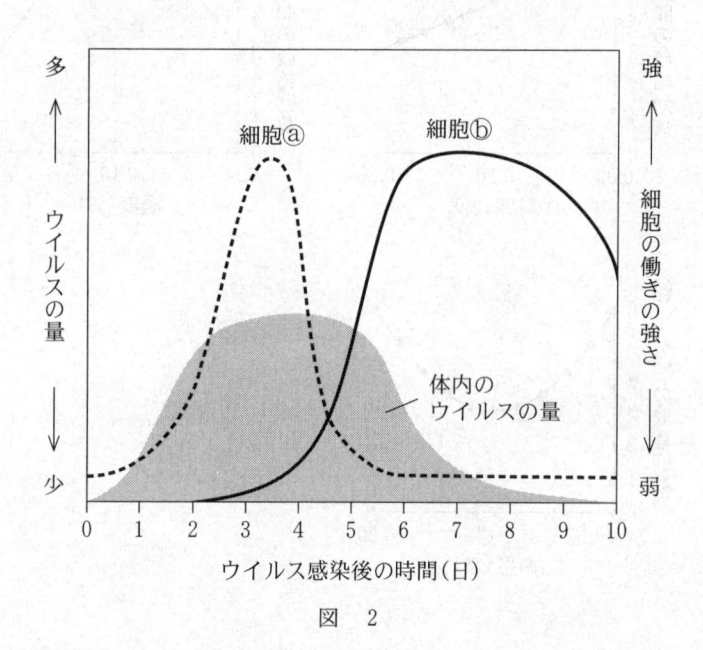

図 2

	細胞ⓐ	細胞ⓑ
①	キラー T 細胞	マクロファージ
②	キラー T 細胞	ナチュラルキラー細胞
③	ヘルパー T 細胞	マクロファージ
④	ヘルパー T 細胞	ナチュラルキラー細胞
⑤	マクロファージ	キラー T 細胞
⑥	マクロファージ	ヘルパー T 細胞
⑦	ナチュラルキラー細胞	キラー T 細胞
⑧	ナチュラルキラー細胞	ヘルパー T 細胞

問 4 下線部ⓓに関連して，次のⓒ～ⓔのうち，食作用をもつ白血球を過不足なく含むものを，下の①～⑦のうちから一つ選べ。 10

ⓒ 好中球　　　　ⓓ 樹状細胞　　　ⓔ リンパ球

① ⓒ　　　　　② ⓓ　　　　　③ ⓔ　　　　　④ ⓒ，ⓓ

⑤ ⓒ，ⓔ　　　⑥ ⓓ，ⓔ　　　⑦ ⓒ，ⓓ，ⓔ

問 5 下線部(e)に関連して，以前に抗原を注射されたことがないマウスを用いて，抗原を注射した後，その抗原に対応する抗体の血液中の濃度を調べる実験を行った。1回目に抗原 A を，2回目に抗原 A と抗原 B とを注射したときの，各抗原に対する抗体の濃度の変化を表した図として最も適当なものを，次の①〜④のうちから一つ選べ。 11

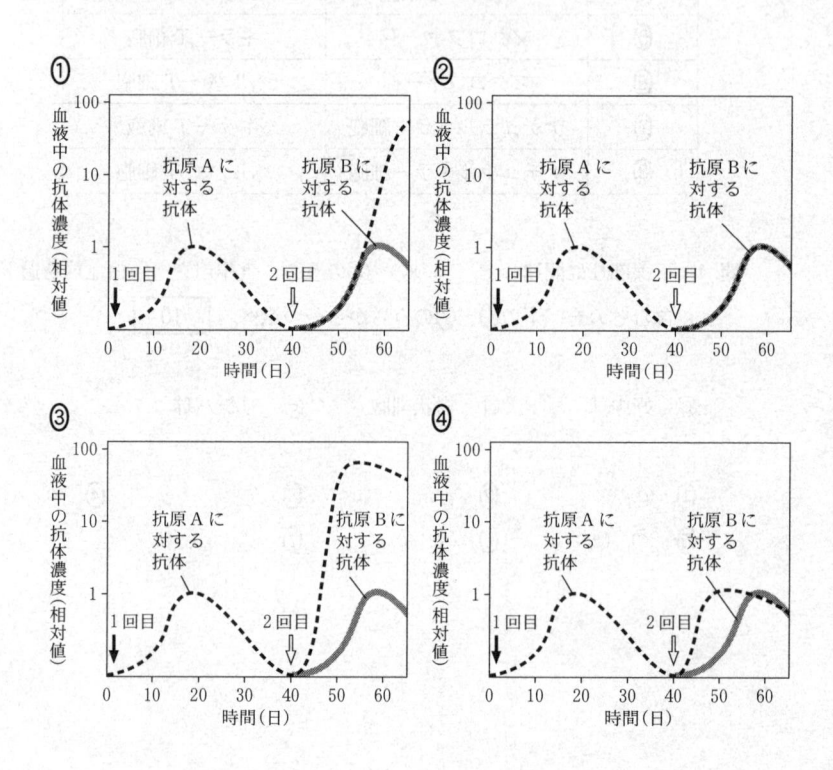

第3問　次の文章(**A・B**)を読み，下の問い(**問1～5**)に答えよ。(配点　16)

A　図1は，世界の気候とバイオームを示す図中に，日本の4都市(青森，仙台，東京，大阪)と，二つの気象観測点XとYが占める位置を書き入れたものである。図中のQとRは，それぞれの矢印が指す位置の気候に相当するバイオームの名称である。

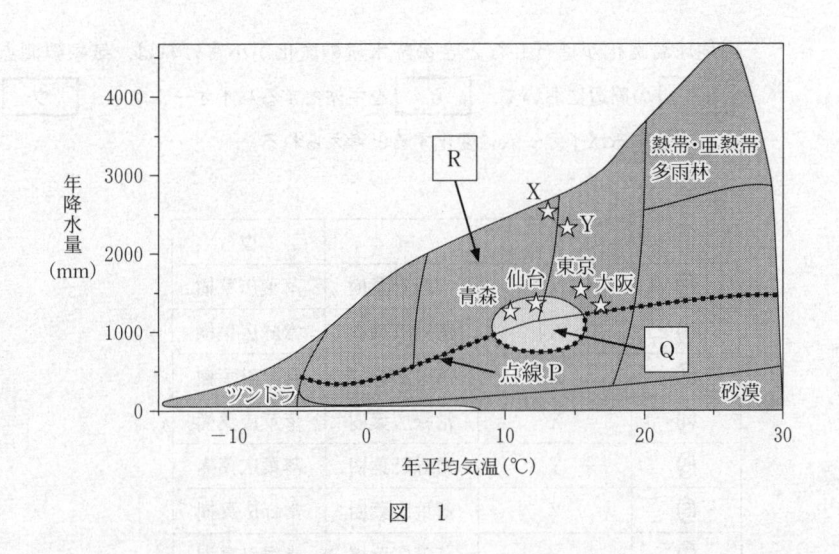

図　1

問1　図1の点線Pに関する記述として最も適当なものを，次の**①～⑤**のうちから一つ選べ。　12

①　点線Pより上側では，森林が発達しやすい。

②　点線Pより上側では，雨季と乾季がある。

③　点線Pより上側では，常緑樹が優占しやすい。

④　点線Pより下側では，樹木は生育できない。

⑤　点線Pより下側では，サボテンやコケのなかましか生育できない。

問 2 図1に示した気象観測点 X と Y は，同じ地域の異なる標高にあり，それぞれの気候から想定される典型的なバイオームが存在する。次の文章は，今後，地球温暖化が進行した場合の，観測点 X または Y の周辺で生じるバイオームの変化についての予測である。文章中の ア ～ ウ に入る語句の組合せとして最も適当なものを，下の①～⑧のうちから一つ選べ。 13

地球温暖化が進行したときの降水量の変化が小さければ，気象観測点 ア の周辺において， イ を主体とするバイオームから， ウ を主体とするバイオームに変化すると考えられる。

	ア	イ	ウ
①	X	常緑針葉樹	落葉広葉樹
②	X	落葉広葉樹	常緑広葉樹
③	X	落葉広葉樹	常緑針葉樹
④	X	常緑広葉樹	落葉広葉樹
⑤	Y	常緑針葉樹	落葉広葉樹
⑥	Y	落葉広葉樹	常緑広葉樹
⑦	Y	落葉広葉樹	常緑針葉樹
⑧	Y	常緑広葉樹	落葉広葉樹

問 3　青森と仙台は，図1ではバイオーム Q の分布域に入っているが，実際にはバイオーム R が成立しており，日本ではバイオーム Q は見られない。このバイオーム Q の特徴を調べるため，青森，仙台，およびバイオーム Q が分布するローマとロサンゼルスについて，それぞれの夏季（6 ～ 8 月）と冬季（12 ～ 2 月）の降水量（降雪量を含む）と平均気温を比較した図2と図3を作成した。図1，図2，および図3をもとに，バイオーム Q の特徴をまとめた下の文章中の　**エ**　～　**カ**　に入る語句の組合せとして最も適当なものを，下の①～⑧のうちから一つ選べ。　14

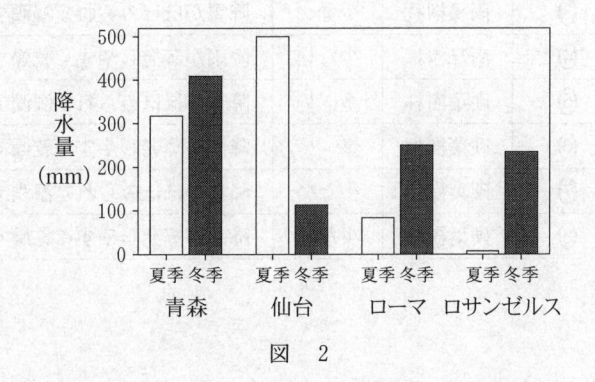

図　2

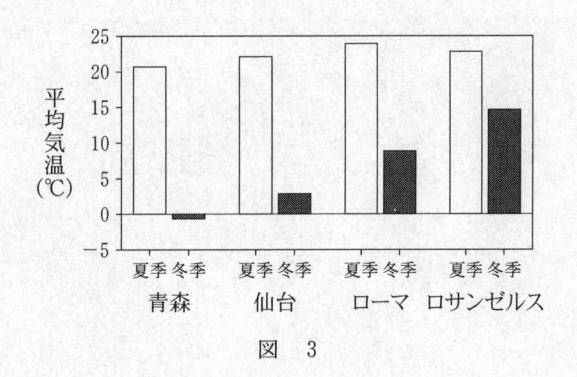

図　3

　　　バイオームQは　エ　であり，オリーブやゲッケイジュなどの樹木が
優占する。このバイオームの分布域では，夏に降水量が　オ　ことが特徴
である。また，冬は比較的気温が高いため，　カ　ことも気候的な特徴で
ある。

	エ	オ	カ
①	雨緑樹林	多　い	降雪がほぼみられず湿潤である
②	雨緑樹林	多　い	降雨が蒸発しやすく乾燥する
③	雨緑樹林	少ない	降雪がほぼみられず湿潤である
④	雨緑樹林	少ない	降雨が蒸発しやすく乾燥する
⑤	硬葉樹林	多　い	降雪がほぼみられず湿潤である
⑥	硬葉樹林	多　い	降雨が蒸発しやすく乾燥する
⑦	硬葉樹林	少ない	降雪がほぼみられず湿潤である
⑧	硬葉樹林	少ない	降雨が蒸発しやすく乾燥する

B アフリカのセレンゲティ国立公園には，草原と小規模な森林，そして，ウシ科のヌーを中心とする動物群から構成される生態系がある。この国立公園の周辺では，18 世紀から畜産業が始まり，同時に牛疫（ぎゅうえき）という致死率の高い病気が持ち込まれた。牛疫は牛疫ウイルスが原因であり，高密度でウシが飼育されている環境では感染が続くため，ウイルスが継続的に存在する。そのため，家畜ウシだけでなく，国立公園のヌーにも感染し，大量死が頻発していた。1950 年代に，一度の接種で，生涯，牛疫に対して抵抗性がつく効果的なワクチンが開発された。そのワクチンを，1950 年代後半に，国立公園の周辺の家畜ウシに集中的に接種することによって，家畜ウシだけでなく，ヌーにも牛疫が蔓延（まんえん）することはなくなり，牛疫はこの地域から(a)根絶された。そのため，図 4 のように(b)ヌーの個体数は 1960 年以降急増した。図 4 には，牛疫に対する抵抗性をもつヌーの割合も示している。

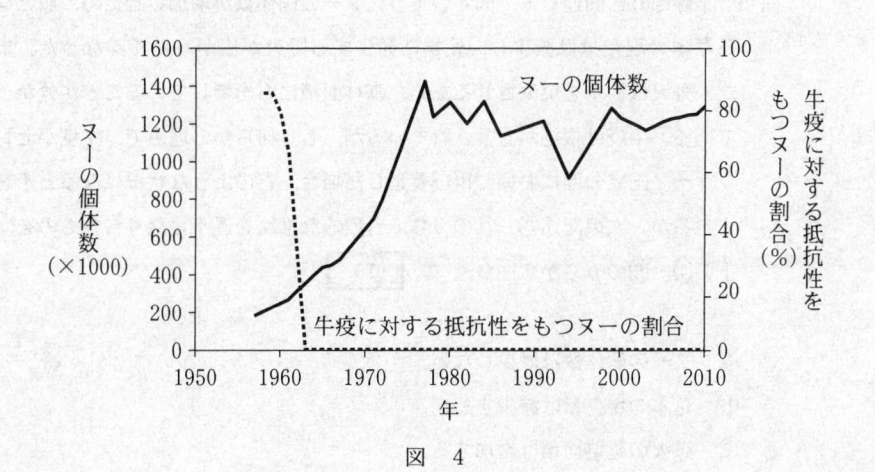

図　4

問 4 下線部ⓐに関連して，ワクチンの世界的な普及によって，2001 年以降，牛疫の発生は確認されておらず，2011 年には国際機関によって根絶が宣言された。牛疫を根絶した仕組みとして最も適当なものを，次の①〜④のうちから一つ選べ。 ☐15

① 全てのウシ科動物が，牛疫に対する抵抗性をもつようになった。

② ワクチンの接種によって，牛疫に対する抵抗性をもつ家畜ウシが増えたため，ウイルスの継続的な感染や増殖ができなくなった。

③ ワクチンの接種によって，牛疫に対する抵抗性がウシ科動物の子孫にも引き継がれるようになった。

④ 接種したワクチンが，ウイルスを無毒化した。

問 5 下線部ⓑに関連して，図 4 のようにヌーの個体数が増加したため，餌となる草本の現存量は減少し，乾季に発生する野火が広がりにくくなった。また，野火は樹木を焼失させるため，森林面積にも影響していることが分かっている。牛疫は根絶が宣言されているが，もし何らかの理由で，牛疫がセレンゲティ国立公園において再び蔓延した場合，どのような状況になると予想されるか。次の記述ⓐ〜ⓓのうち，合理的な推論を過不足なく含むものを，下の①〜⑧のうちから一つ選べ。 ☐16

ⓐ ヌーの個体数は減少しない。

ⓑ 草本の現存量は減少する。

ⓒ 野火の延焼面積は増加する。

ⓓ 森林面積は減少する。

① ⓐ   ② ⓑ   ③ ⓒ   ④ ⓓ

⑤ ⓑ，ⓒ   ⑥ ⓒ，ⓓ   ⑦ ⓑ，ⓓ   ⑧ ⓑ，ⓒ，ⓓ

共通テスト

本試験
（第2日程）

生物：

解答時間 60 分　配点 100 点

生物基礎：

解答時間　2 科目 60 分

配点　2 科目 100 点

（物理基礎，化学基礎，生物基礎，
地学基礎から 2 科目選択）

2021

生 物

（解答番号 $\boxed{1}$ ～ $\boxed{27}$ ）

第1問 次の文章(**A・B**)を読み，下の問い(問1～7)に答えよ。(配点 25)

A (a)タンパク質は，DNA の塩基配列に基づきアミノ酸が多数つながった分子であり，生体における様々な機能や構造に関わる。(b)DNA の塩基配列に置換が起こるとアミノ酸の配列が変わることがあり，タンパク質の構造や働きに影響することがある。例えば，(c)免疫グロブリンというタンパク質は，図1のような構造をもっており，(d)可変部のアミノ酸配列が変化して多様な立体構造をもつことで，様々な抗原に対応した抗体として働くことができる。

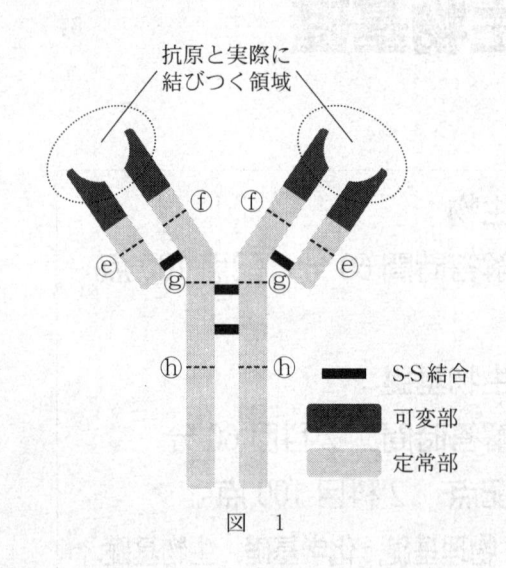

図 1

問 1　下線部(a)に関連して，タンパク質の構造に関する説明として最も適当なものを，次の①〜④のうちから一つ選べ。　　1

　　① タンパク質の立体構造は，酵素が特定の物質だけに作用する基質特異性を決める。
　　② ペプチド結合した多数のアミノ酸の並び方をタンパク質の二次構造という。
　　③ タンパク質の部分的な立体構造であるαヘリックスやβシートは，S–S結合（ジスルフィド結合）によってつくられる。
　　④ タンパク質の三次構造は，複数のポリペプチドが立体的に組み合わさることでつくられる。

問 2　下線部(b)に関連して，DNA の塩基配列の変化には，コドンの指定するアミノ酸が別のアミノ酸に置き換わる非同義置換と，置き換わらない同義置換とがある。同義置換と非同義置換の進化的な特徴に関する説明として**誤って**いるものを，次の①〜④のうちから一つ選べ。　　2

　　① 同義置換はタンパク質の機能に影響しないため，多くは進化的に中立である。
　　② 非同義置換には，タンパク質の機能に影響しない進化的に中立なものもある。
　　③ 生存や繁殖に有利な表現型を生む非同義置換は，自然選択によって集団に広がりやすい。
　　④ 生存や繁殖に不利な表現型を生む非同義置換には，自然選択が働かない。

問3 下線部(c)に関連して，パパインと呼ばれるタンパク質分解酵素(ペプチド結合を切断する酵素)で処理すると，免疫グロブリンは三つの断片に分解されることが知られている。このうちの二つの断片は，互いに全く同一である。この二つの断片は，構造が安定していて，分解前の抗体と同じように抗原とよく結合する。残りの断片は，抗原とは全く結合しない。このとき，図1の点線ⓔ～ⓗのうち，パパインによって切断されると考えられる免疫グロブリンの箇所はどれか。それらを過不足なく含むものを，次の①～⑧のうちから一つ選べ。　　3

① ⓔ　　　　② ⓕ　　　　③ ⓖ　　　　④ ⓗ

⑤ ⓔ, ⓖ　　⑥ ⓔ, ⓗ　　⑦ ⓕ, ⓖ　　⑧ ⓕ, ⓗ

問 4　下線部(d)に関連して，可変部は抗原と結合する領域 X と抗原と結合しない領域 Y とに区別され，ヒトやマウスは領域 X の遺伝子(以下，遺伝子 X)と領域 Y の遺伝子(以下，遺伝子 Y)をそれぞれ複数もつ。マウスのある個体がもつ複数の遺伝子 X と遺伝子 Y それぞれについて総当たりで塩基配列を比較し，同義置換の割合(同義置換となる塩基配列の違いの割合)と非同義置換の割合(非同義置換となる塩基配列の違いの割合)とを求めたところ，図 2 の結果が得られた。この結果から導かれる考察として最も適当なものを，下の①〜④のうちから一つ選べ。　4

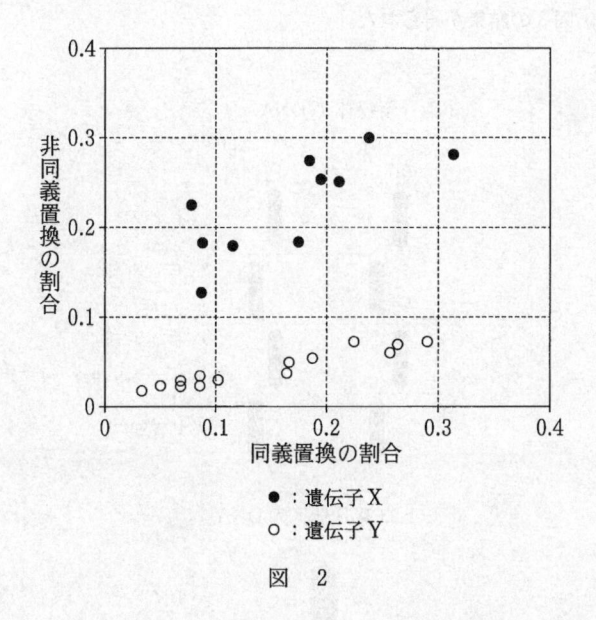

図　2

① 可変部では，領域の違いにかかわらず，アミノ酸配列の変化の割合は同じである。

② 抗原と結合する領域 X では，進化的に中立であると仮定した場合と比べ，アミノ酸配列に多くの変化がみられる。

③ 可変部の抗原と結合しない領域 Y におけるアミノ酸配列の変化は，進化的に中立である。

④ 定常部におけるアミノ酸配列の変化は，進化的に中立である。

B 動物に比べて，植物では頻繁に雑種ができる。ハイマツとその近縁種であるキタゴヨウとの交雑における配偶子の運ばれ方を調べるため，**実験1・実験2**を行った。

実験1 ハイマツを雌親に，キタゴヨウを雄親にして，人工的に雑種個体をつくった。同様に，キタゴヨウを雌親に，ハイマツを雄親にして，雑種個体をつくった。そこで，両親個体と雑種個体から，葉緑体のDNAとミトコンドリアのDNAを抽出した。次に，それらをある制限酵素で切断して電気泳動したところ，図3の結果が得られた。

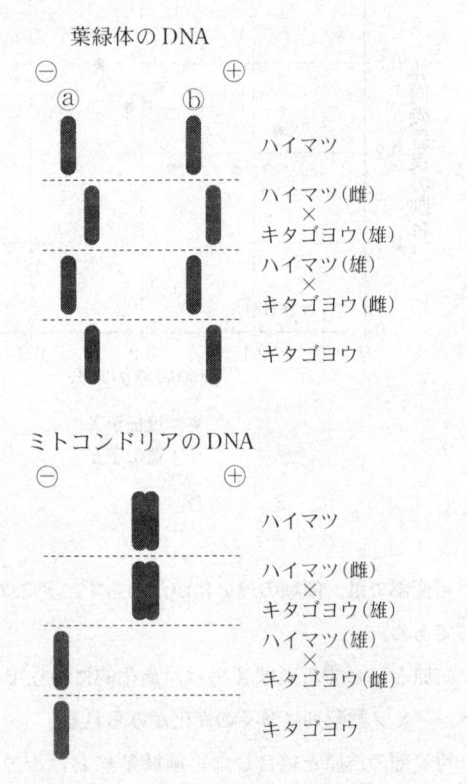

注：図中の ⊕ と ⊖ は，それぞれ泳動槽中の電極の正と負を表す。

図 3

実験2　ハイマツとキタゴヨウについて，葉緑体の DNA に存在する遺伝子 S（以下，S）と，ミトコンドリアの DNA に存在する遺伝子 T（以下，T）の塩基配列を調べたところ，S と T の塩基配列は，両種の間で区別できることが分かった。ある山で樹木の形態的な特徴を基準にして，ハイマツ，キタゴヨウ，および両種の中間的な特徴をもつ個体から試料を採取し，それぞれについて S と T の塩基配列を調べた。その結果と個体が生育する標高をまとめたところ，表1のようになった。

表　1

個　体	標高(m)	形態的な特徴	S のタイプ	T のタイプ
1	1960	ハイマツ	ハイマツ	ハイマツ
2	1960	ハイマツ	キタゴヨウ	ハイマツ
3	1945	ハイマツ	ハイマツ	ハイマツ
4	1940	ハイマツ	ハイマツ	ハイマツ
5	1935	中　間	キタゴヨウ	ハイマツ
6	1935	ハイマツ	キタゴヨウ	ハイマツ
7	1920	中　間	キタゴヨウ	ハイマツ
8	1900	中　間	キタゴヨウ	ハイマツ
9	1890	ハイマツ	キタゴヨウ	ハイマツ
10	1850	ハイマツ	キタゴヨウ	ハイマツ
11	1850	ハイマツ	キタゴヨウ	ハイマツ
12	1790	中　間	キタゴヨウ	ハイマツ
13	1730	ハイマツ	キタゴヨウ	ハイマツ
14	1700	キタゴヨウ	キタゴヨウ	キタゴヨウ
15	1675	キタゴヨウ	キタゴヨウ	ハイマツ
16	1665	中　間	キタゴヨウ	ハイマツ
17	1610	キタゴヨウ	キタゴヨウ	ハイマツ
18	1500	キタゴヨウ	キタゴヨウ	キタゴヨウ

問 5 実験1の電気泳動の結果に関する次の文章中の $\boxed{\text{ア}}$ ～ $\boxed{\text{ウ}}$ に入る語句の組合せとして最も適当なものを，下の①～⑧のうちから一つ選べ。 $\boxed{5}$

DNA は水溶液中で $\boxed{\text{ア}}$ に帯電し，寒天ゲル中において，その移動速度は分子量が小さいほど $\boxed{\text{イ}}$ 。したがって，図3のバンド@とバンド⑥のうち，分子量が小さいのは $\boxed{\text{ウ}}$ である。

	ア	イ	ウ
①	負	速 い	@
②	負	速 い	⑥
③	負	遅 い	@
④	負	遅 い	⑥
⑤	正	速 い	@
⑥	正	速 い	⑥
⑦	正	遅 い	@
⑧	正	遅 い	⑥

問 6　**実験**1の結果から導かれる考察として最も適当なものを，次の①～⑤のうちから一つ選べ。　6

① 葉緑体は雄親から，ミトコンドリアは雌親から，子に伝わる。

② 葉緑体は雌親から，ミトコンドリアは雄親から，子に伝わる。

③ 葉緑体とミトコンドリアのどちらも，雄親からのみ子に伝わる。

④ 葉緑体とミトコンドリアのどちらも，雌親からのみ子に伝わる。

⑤ 葉緑体とミトコンドリアのどちらも，雄親と雌親の両方から子に伝わる。

問 7　**実験**1・**実験**2の結果，および種子植物の生殖の仕組みから導かれる考察として最も適当なものを，次の①～④のうちから一つ選べ。　7

① 雄性配偶子は，標高の低い場所から高い場所へと運ばれやすい。

② 雄性配偶子は，標高の高い場所から低い場所へと運ばれやすい。

③ 雌性配偶子は，標高の低い場所から高い場所へと運ばれやすい。

④ 雌性配偶子は，標高の高い場所から低い場所へと運ばれやすい。

第2問 次の文章を読み，下の問い（問1～6）に答えよ。（配点　22）

　　生物は，光受容体を用いて光を感知する。植物であれば，(a)植物群集（以下，群落）の内部の環境の情報を光によって得ている。植物は，周囲の環境の条件が整ったのちに初めて(b)種子を発芽させるが，その際にも光の情報を用いることがある。光の強弱の感知は，1種類の光受容体によって可能である。他方，光の波長の組合せで決まる光の色の違いを感知するには，一般的に2種類以上の光受容体が必要となる。ただし，フィトクロムの場合は，異なる波長の光を吸収して赤色光吸収型と遠赤色光吸収型との間で相互変換をするため，異なる色の光を単独の受容体で区別できる。(c)群落の内部では，光が弱くなるだけでなく，(d)光の色も変化する。そのため，植物にとっては(e)周囲の光の色に関する情報を得ることも重要である。

問1　下線部(a)に関連して，同一の植物種から構成される群落（以下，純群落）においても，ある個体の周囲の明るさは他個体の成長に伴って変化する。このような種内の相互作用によって引き起こされる現象として**誤っているもの**を，次の①～④のうちから一つ選べ。　| **8** |

① 中規模の攪乱^{かくらん}によって植物の多様性が高まる。

② バッタの相変異が起こる。

③ 純群落の中で，一部の個体が自然に枯れる。

④ 作物の初期の密度が異なっても，最終の収量は一定になる。

問2　下線部(b)に関連して，種子の発芽の過程には，植物ホルモンのジベレリンが
関わっている。実験1～3は，イネ科の植物の種子を用いて，ジベレリンの作
用について調べたものである。実験1～3の結果から導かれる考察として最も
適当なものを，下の①～④のうちから一つ選べ。　　9

実験1　種子を発芽する条件に置くと，デンプンを分解する活性がみられた。

実験2　胚を取り除いた種子を用いて，実験1と同様の実験を行うと，デンプ
ンを分解する活性はみられなかった。

実験3　胚を取り除いた種子にジベレリンを添加して，実験1と同様の実験を
行うと，デンプンを分解する活性が種子にみられた。

① アミラーゼは，デンプンを分解する能力をもつ。
② デンプンが分解されて生じた糖は，胚に栄養分として供給される。
③ デンプンの分解における胚の役割は，ジベレリンの添加で代替できる。
④ 糊粉層は，ジベレリンを合成する能力をもつ。

問 3 下線部(c)に関連して，図1のグラフは，ある群落Aについて，群落内の高さと，その位置における光の強さとの関係を，一日で光が一番強くなる時刻に測定した結果である。この群落において，葉の密度が一番高いと考えられる群落内の高さとして最も適当な数値を，下の①～⑤のうちから一つ選べ。
    10

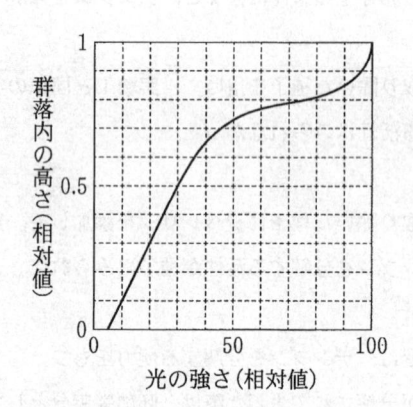

注：横軸は太陽の光が一番強いときの直射光の
　　強さを 100 とした相対値として示す。

図　1

① 0.2　　　② 0.4　　　③ 0.6　　　④ 0.8　　　⑤ 1.0

問 4　図2のグラフは，問3の群落Aの植物の葉について，光の強さと二酸化炭素の吸収速度との関係(光—光合成曲線)を示したものである。このグラフと問3の図1のグラフから考えた場合に，この群落に関する記述として最も適当なものを，下の**①**〜**④**のうちから一つ選べ。なお，光—光合成曲線は，群落内の全ての葉について同じであるとする。　11

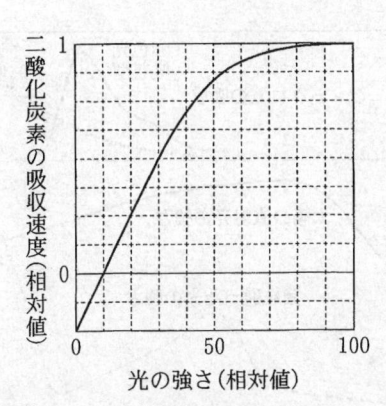

注：横軸は太陽の光が一番強いときの直射光の
強さを100とした相対値として示す。

図　2

①　群落内の高さが0の位置(地表)の葉の二酸化炭素の吸収速度は0である。

②　群落内の高さが0.1の位置の葉の一日をとおしての二酸化炭素の吸収量は負となる。

③　群落内の高さが0.3の位置の葉の二酸化炭素の吸収速度は，群落内の高さが1の位置の葉の二酸化炭素の吸収速度の0.7倍程度である。

④　群落内の高さが0.5の位置の葉の二酸化炭素の吸収速度は飽和している。

問 5 下線部(d)に関連して，図3のグラフは，太陽の直射光と葉を通った光の強さを波長ごとに示したスペクトルと，フィトクロムの赤色光吸収型と遠赤色光吸収型の吸収スペクトルである。これらのグラフから導かれる考察に関する下の文章中の　**ア**　・　**イ**　に入る語句の組合せとして最も適当なものを，下の①～⑤のうちから一つ選べ。　12

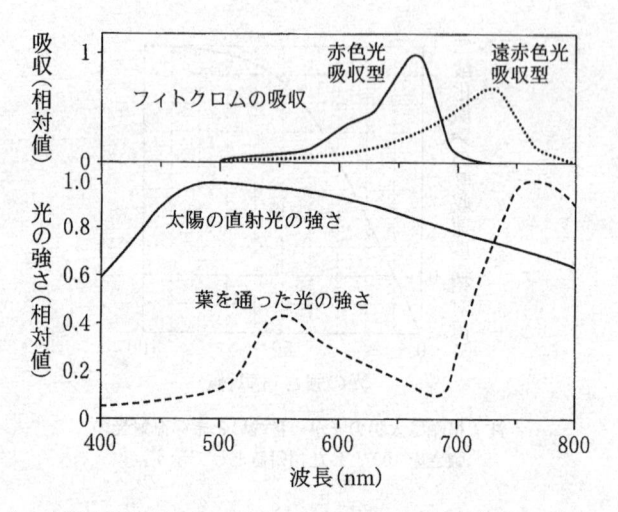

注：太陽の光の強さのスペクトルでは，大気の吸収を無視している。

図　3

　群落の下層では，赤色光に対する遠赤色光の比率が　**ア**　，植物の中のフィトクロムは　**イ**　。

	ア	イ
①	低 く	赤色光吸収型になっている
②	低 く	遠赤色光吸収型になっている
③	高 く	赤色光吸収型になっている
④	高 く	遠赤色光吸収型になっている
⑤	等しく	群落の外と変わらない

問 6 下線部(e)に関連して，光合成に利用できる赤色光が同程度な環境でも，建物の陰と植物の陰とでは，光発芽種子の発芽率は異なる。光発芽の現象において，植物が光の色の情報を感知して避けている環境として最も適当なものを，次の①～⑤のうちから一つ選べ。　13

① 光合成に緑色の光を利用できない環境

② 昼間に呼吸ができない環境

③ ほかの植物個体との潜在的な競争が存在する環境

④ 花を咲かすことができない環境

⑤ 被食にさらされる環境

第3問 次の文章を読み，下の問い（問1〜3）に答えよ。（配点　14）

　　サンゴ礁になぜ多種多様な魚類が高密度で生息しているのかを明らかにするた
め，魚類の物質収支を調べた。あるサンゴ礁に生息している魚類を，サンゴの隙間
などに隠れて暮らすハゼなどの種（以下，小型底生魚）と，これらの小型底生魚を
主要な餌とするハタなどの種（以下，大型魚）との2群に分けることとした。これら
2群の単位面積あたりの年間成長量，年間被食量，および現存量は，図1のとおり
であった。

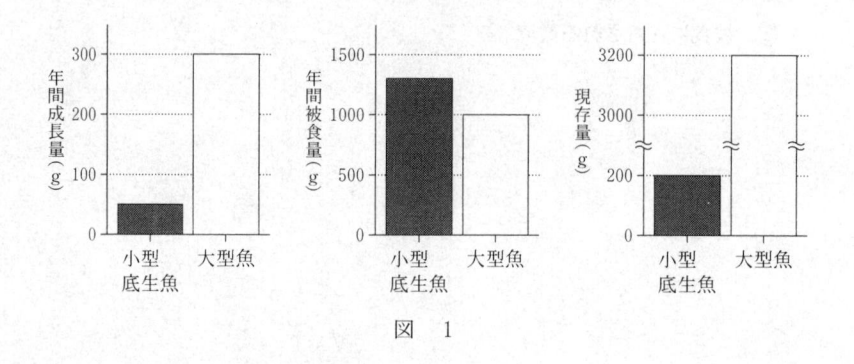

図　1

問 1　図1に基づいた，サンゴ礁の魚類の物質収支と群集の特性についての考察に関する次の文章中の　ア　・　イ　に入る語句の組合せとして最も適当なものを，下の①～⑥のうちから一つ選べ。　14

　　小型底生魚は，大型魚に比べて　ア　が大きく，年間の死亡率が　イ　と考えられる。

	ア	イ
①	現存量	低　い
②	現存量	高　い
③	年間成長量	低　い
④	年間成長量	高　い
⑤	年間被食量	低　い
⑥	年間被食量	高　い

問 2　図1の結果をもとに，小型底生魚と大型魚の，年間生産量(同化量から呼吸量と老廃物排出量を引いた量)と，現存量に対する年間生産量の割合を，死滅量を無視して計算すると，表1のようになった。表1の　ウ　・　エ　に入る数値として最も適当なものを，下の①～⑥のうちからそれぞれ一つずつ選べ。ただし，同じものを繰り返し選んでもよい。ウ　15　・エ　16

表　1

	年間生産量(g)	年間生産量/現存量(%)
小型底生魚	1350	エ
大型魚	ウ	41

① 25　　　② 50　　　③ 338

④ 675　　⑤ 1300　　⑥ 6750

問 3 一般に，高次の栄養段階の生物の現存量が低次のそれに比べ小さくなるような，生態ピラミッドと呼ばれる構造がみられる。図1と表1とから導かれる，このサンゴ礁の生態系についての考察に関する次の文章中の オ ・ カ に入る語句の組合せとして最も適当なものを，下の①～⑥のうちから一つ選べ。 17

小型底生魚では，大型魚に比べ，現存量あたりの生産量は オ 。そのため，生態ピラミッドは，低次の栄養段階の現存量が カ 構造を示す。

	オ	カ
①	小さい	小さい，逆転した
②	小さい	大きい，すそ野の広い
③	ほぼ等しい	小さい，逆転した
④	ほぼ等しい	大きい，すそ野の広い
⑤	大きい	小さい，逆転した
⑥	大きい	大きい，すそ野の広い

第4問　次の文章を読み，下の問い(**問1～4**)に答えよ。(配点　15)

　アリスさん，ルイジさん，メアリさんの三人は，お茶会で尿生成の仕組みについて話した。

ルイジ：アリス，そんなに甘いものばっかり食べていると糖尿病になるよ。

アリス：糖尿病はインスリンの分泌や受容に異常があって血液中のグルコース濃度が増える病気だから，食べ過ぎた糖がそのまま出てくるのではないはずよ。

ルイジ：ごめんごめん，まあそうだね。でも，(a)血液中のグルコース濃度が増えると，尿にグルコースが出てしまうのは，なぜなのかな。

メアリ：それは腎臓の働き方に関係しているのよ。健康なヒトは血中と原尿中のグルコース濃度はどちらも0.1％くらいだけど，最終的な尿中にはグルコースは出てこないよね。さあ，もう一杯お茶はいかが。

アリス：ありがとう，いただこうかしら。でも，お茶は大好きだけど，飲み過ぎるとトイレが近くなって困るのよね。

メアリ：お茶に含まれるカフェインに尿量を増やす作用があるからね。

ルイジ：私，尿量を増やす作用がある利尿薬Xを飲んでたことがあるよ。お医者さんが確か，(b)この薬は細尿管のループ(図1)の上皮細胞に働いて，能動輸送によるNaClの再吸収を阻害していると言ってたよ。カフェインも同じ作用かな。

アリス：(c)細尿管で起こるアミノ酸の再吸収も能動輸送よね。でも，カフェインは中枢にも効くというし，脳下垂体後葉に働いて，(d)バソプレシンの分泌量を変えているのでは。

メアリ：それは違うよ。カフェインは血管を拡張するので，腎臓への血流量の増大により腎小体でのろ過量が増えるのよ。

ルイジ：そうか，原尿量を増やしているんだね。

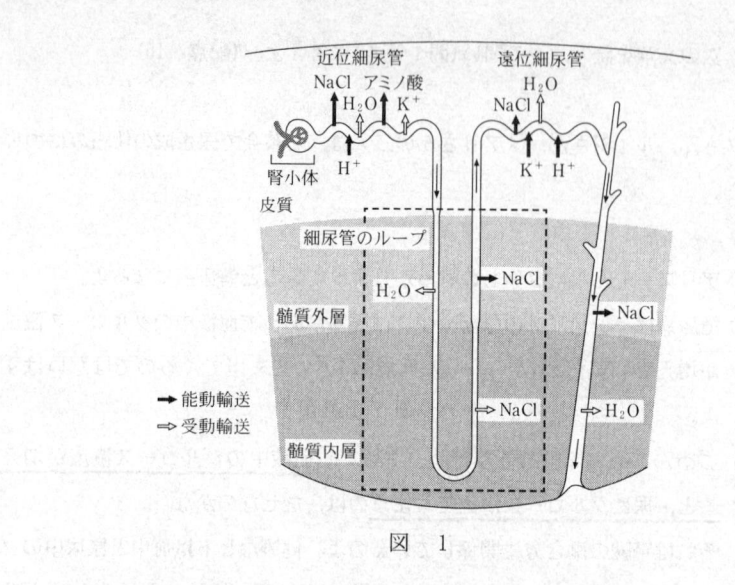

図　1

問 1　下線部(a)について，糖尿病患者にみられるこの現象を説明する理由として最も適当なものを，次の①〜④のうちから一つ選べ。　　18

① 　血中のグルコース濃度の上昇に応じて原尿中のグルコース濃度が高くなるため，細尿管における能動輸送ではグルコースの全量を再吸収しきれない。

② 　血中のグルコース濃度の上昇に応じて原尿中のグルコース濃度が高くなるため，細尿管における受動輸送ではグルコースの全量を再吸収しきれない。

③ 　グルコース濃度は原尿中より血中のほうが高いため，細尿管における能動輸送によってグルコースが血中から尿中へ移動する。

④ 　グルコース濃度は原尿中より血中のほうが高いため，細尿管における受動輸送によってグルコースが血中から尿中へ移動する。

問 2　下線部(b)について，この利尿薬 X の標的分子が Na^+ を能動輸送するタンパク質 Y であることを，タンパク質 Y を発現させた培養細胞を用いて調べる実験として**適当でないもの**を，次の①～④のうちから一つ選べ。　| 19 |

①　培養細胞に呼吸の電子伝達系の働きを抑える薬剤を作用させ，Na^+ 濃度の変化に対して利尿薬 X の効果がないことを確認する。

②　培養細胞に DNA 合成の働きを抑える薬剤を作用させ，Na^+ 濃度の変化に対して利尿薬 X の効果がないことを確認する。

③　利尿薬 X の代わりに，タンパク質 Y と結合するが利尿作用のない薬剤 Z を用いて，Na^+ 濃度の変化に対して効果がないことを確認する。

④　実験で発現させるタンパク質 Y の遺伝子を組み換えてタンパク質 Y の働きが失われた培養細胞を作成し，Na^+ 濃度の変化に対して利尿薬 X の効果がないことを確認する。

問 3 下線部(c)に関連して，この再吸収を担う細尿管の上皮細胞のように，能動輸送を行う細胞の電子顕微鏡写真をもとにした模式図と考えられるのは，次の@〜©のうちのどれか。また，その模式図と判断する根拠は，下のⅠ〜Ⅲのうちのどれか。上皮細胞の模式図と，判断する根拠との組合せとして最も適当なものを，下の①〜⑨のうちから一つ選べ。 20

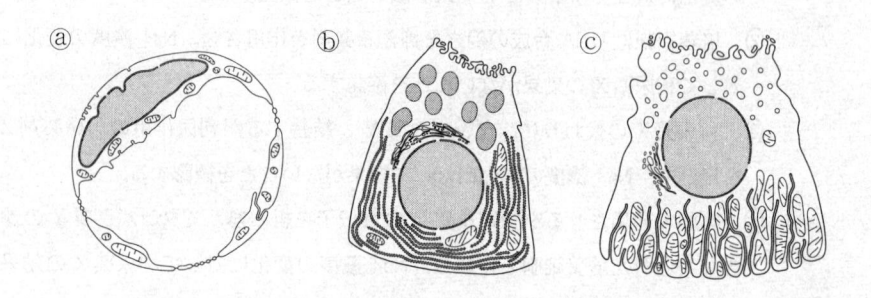

Ⅰ 能動輸送には多量のATPが必要であるため，呼吸を行うミトコンドリアが多い。

Ⅱ 能動輸送には多量のタンパク質合成が必要であるため，タンパク質合成の場である小胞体とゴルジ体が発達している。

Ⅲ 能動輸送では物質を透過しやすくする必要があるため，細胞が扁平^{へんぺい}になっている。

① @, Ⅰ	② @, Ⅱ	③ @, Ⅲ
④ ⓑ, Ⅰ	⑤ ⓑ, Ⅱ	⑥ ⓑ, Ⅲ
⑦ ©, Ⅰ	⑧ ©, Ⅱ	⑨ ©, Ⅲ

問 4　下線部(d)に関連して，三人はバソプレシンの作用について，引き続き話した。次の会話文中の　**ア**　～　**エ**　に入る語句の組合せとして最も適当なものを，下の①～⑧のうちから一つ選べ。　21

メアリ：バソプレシンは，集合管の上皮細胞の細胞膜におけるアクアポリンの量を変えることで，水の再吸収量を制御しているのね。

アリス：バソプレシンはどうやってアクアポリンの量を変えているのかしら。

メアリ：こんな実験があるよ。ラットの集合管上皮細胞におけるアクアポリンの分布を調べたら，図2のように　**ア**　に分布していたんだけど，この上皮細胞にバソプレシンを作用させると，図3のように　**イ**　に移動したそうよ。

ルイジ：アクアポリンはどうやって細胞内を移動するのかな。

メアリ：このアクアポリンの移動は，アクチンフィラメントを分解する薬剤では阻害されたけれど，微小管を分解する薬剤では何も効果がなかったんだって。

アリス：つまり，バソプレシンは，モータータンパク質である　**ウ**　に働きかけて，アクアポリンの　**ア**　から　**イ**　への移動を促進し，集合管における水の透過性を　**エ**　しているのね。

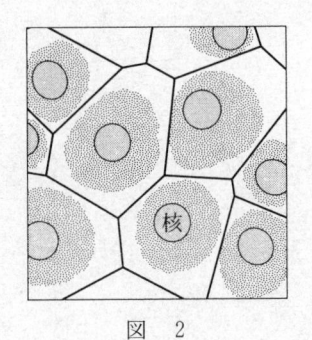 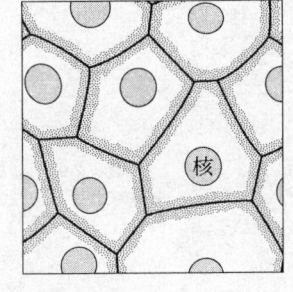

図　2　　　　　　　　図　3

注：図2・図3の ▓ は，アクアポリンの分布を示す。

	ア	イ	ウ	エ
①	細胞表層	細胞内部	ダイニン	低 く
②	細胞表層	細胞内部	ダイニン	高 く
③	細胞表層	細胞内部	ミオシン	低 く
④	細胞表層	細胞内部	ミオシン	高 く
⑤	細胞内部	細胞表層	ダイニン	低 く
⑥	細胞内部	細胞表層	ダイニン	高 く
⑦	細胞内部	細胞表層	ミオシン	低 く
⑧	細胞内部	細胞表層	ミオシン	高 く

第5問 次の文章を読み，下の問い(**問1～3**)に答えよ。(配点 12)

　節足動物である昆虫のショウジョウバエにおいては，脚をつくる遺伝子 X が胸部体節(以下，ムネ)で発現するために脚が形成される。ショウジョウバエの腹部体節(以下，ハラ)で脚が形成されないのは，体節の特徴を決める調節遺伝子の一つであるホメオティック遺伝子 Y が発現し，直接に遺伝子 X の転写を抑制することで，遺伝子 X が発現しないためである。他方，昆虫ではない節足動物であるアルテミアでは，遺伝子 Y がムネで発現しているが，ムネの全てに脚がある。節足動物の進化における，遺伝子 Y の働きと脚形成との関係を調べるため，ショウジョウバエとアルテミア(図1)の遺伝子 Y に関して，**実験1・実験2**を行った。

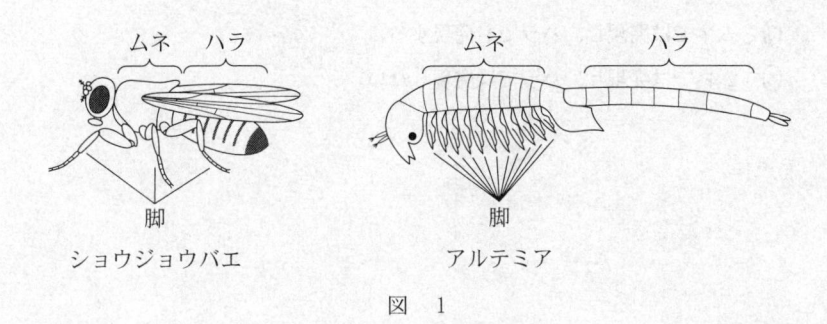

図　1

　実験1　アルテミアの遺伝子Yをショウジョウバエのからだ全体で強制的に発現
　　させたところ，遺伝子Xの発現は変化せず，ムネでは発現したままで，ハラで
　　は発現しなかった。このことから，アルテミアの遺伝子Yは脚形成を抑制しな
　　いと考えられる。

　問1　ショウジョウバエの遺伝子Yを，実験1と同様に，ショウジョウバエのか
　　らだ全体で強制的に発現させたときに期待される遺伝子Xの発現の仕方とし
　　て最も適当なものを，次の①～④のうちから一つ選べ。　　22

　　① ムネでは発現せず，ハラでは発現する。
　　② ムネでは発現せず，ハラでも発現しない。
　　③ ムネでは発現し，ハラでも発現する。
　　④ ムネでは発現し，ハラでは発現しない。

実験2 遺伝子Yからはタンパク質Yがつくられる。ショウジョウバエのタンパク質Yとアルテミアのタンパク質Yとの違いを調べるため，図2のように，それぞれの正常なタンパク質Y，領域Bをもたない変異タンパク質Y(変異タンパク質aおよびb)，およびショウジョウバエとアルテミアのタンパク質Yの間で領域Aと領域Bの組合せを変えた変異タンパク質Y(変異タンパク質cおよびd)の遺伝子をつくった。それぞれの遺伝子を**実験1**と同様に，ショウジョウバエのからだ全体で強制的に発現させて脚形成に対する影響を調べたところ，図2の結果が得られた。なお，調節タンパク質として働くためには，領域Aが必要である。

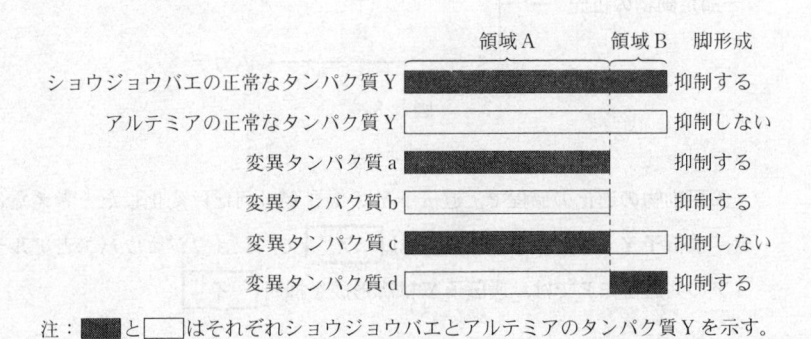

注：■■■と□□□はそれぞれショウジョウバエとアルテミアのタンパク質Yを示す。

図　2

問 2 **実験2**の結果から導かれる考察として**誤っている**ものを，次の**①**〜**④**のうちから一つ選べ。 | 23 |

① ショウジョウバエのタンパク質Yの領域Aは，脚形成を抑制する。

② アルテミアのタンパク質Yの領域Aは，脚形成を抑制する。

③ ショウジョウバエのタンパク質Yの領域Bは，領域Aの働きを阻害する。

④ アルテミアのタンパク質Yの領域Bは，領域Aの働きを阻害する。

問 3 図3はショウジョウバエ，アルテミア，およびムカデの系統樹である。ムカデでは，脚が形成される体節で遺伝子Yが発現していることが分かっている。このことをふまえ，**実験1・実験2**の結果から導かれる考察に関する下の文章中の ア ・ イ に入る語句の組合せとして最も適当なものを，下の①〜⑥のうちから一つ選べ。 24

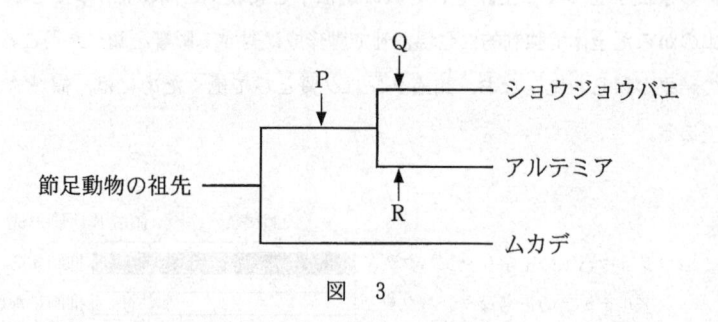

図 3

　節足動物の進化の過程で，遺伝子Yの働きが一回だけ変化したと考えたとき，遺伝子Yの働きが変化したのは ア で，ショウジョウバエとアルテミアの共通祖先Pでは，遺伝子Yは脚形成を抑制 イ 。

	ア	イ
①	P	していた
②	P	していなかった
③	Q	していた
④	Q	していなかった
⑤	R	していた
⑥	R	していなかった

第6問　次の文章を読み，下の問い（問1〜3）に答えよ。（配点　12）

　　耳が音刺激を受容し，その信号が脳に伝わると聴覚が生じる。ヒトは，音の強弱や(a)音の高低などを識別している。夜行性の鳥であるメンフクロウは，夜間でも離れた距離にいる餌となるネズミのいる方向を，ネズミが発するかすかな音を頼りに特定できる。これはメンフクロウの脳に，(b)左右の耳に音が到達するわずかな時間差を検出する特有の神経回路があるためである。

問1　下線部(a)について，ヒトが音の高低を識別するための仕組みとして最も適当なものを，次の①〜④のうちから一つ選べ。　　25

① 　音波が鼓膜を振動させる際の，鼓膜の振幅の大きさの違いを指標にしている。

② 　うずまき管内のリンパ液の振動が，うずまき管内のどの位置の基底膜を振動させるかを指標にしている。

③ 　内耳の前庭に伝わった振動によって共鳴する耳石（平衡石）の大きさの違いを指標にしている。

④ 　内耳の半規管のうち，どの方向のリンパ液が振動するかを指標にしている。

問 2 図1は，メンフクロウの頭部と音源との関係を上から見た模式図である。音源がメンフクロウの前方正面から右側 30° の角度にあるとき，左右の耳に音波が到達する時間差(ミリ秒)として最も適当な数値を，下の①～⑥のうちから一つ選べ。ただし，左右両耳間の距離は 5 cm であり，音速は 340 m/秒とする。なお，音源は頭部とほぼ同じ高さにあり，メンフクロウから十分に遠いため，音波は両耳に同じ角度で届く。 26 ミリ秒

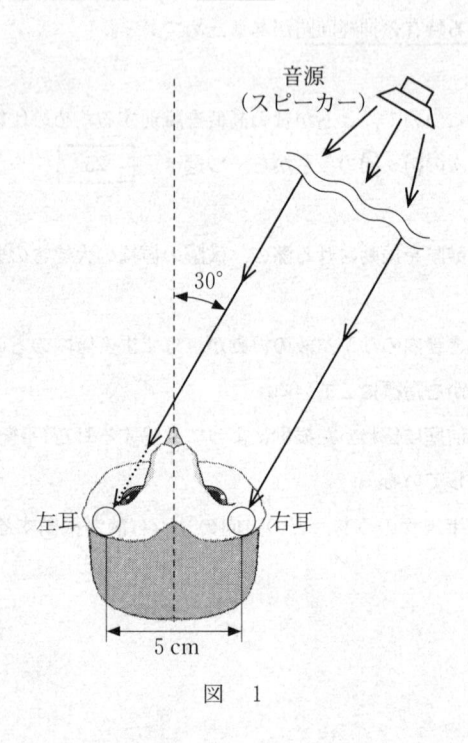

図 1

① 0.008　　　　② 0.015　　　　③ 0.037

④ 0.074　　　　⑤ 0.127　　　　⑥ 0.147

問3　下線部(b)について，図2は，メンフクロウの脳にあるわずかな時間差を検出するための神経回路を模式的に示したものである。図中の@〜⑧は等間隔(0.1 mm)に存在するニューロンで，個々のニューロンは左右の耳からの信号が同時に到達したときにのみ興奮する。左右それぞれの耳からの信号は，図中に示す軸索を一定の速さ(4.0 mm/ミリ秒)で伝導し，ニューロン@〜⑧のいずれかにほぼ同時に到達する。

　例えば，ニューロン@とニューロン⑧それぞれの近くの軸索上にある点Xと点Yに，左右両耳からの信号が同時に到達したとき，その0.075ミリ秒後には，信号は点Xと点Yからそれぞれ0.3 mm離れたニューロン@に同時に到達し，ニューロン@だけが興奮する。

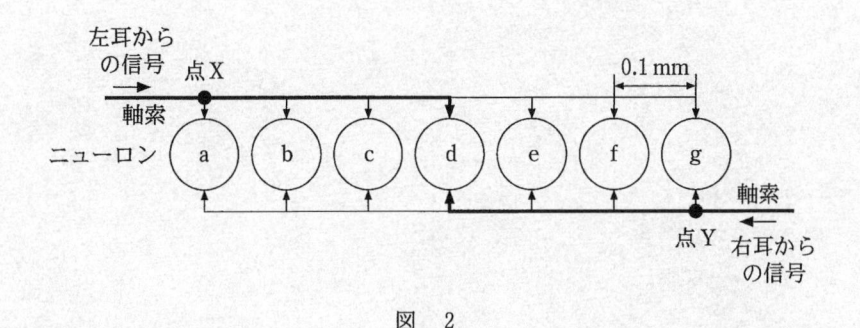

図　2

　この神経回路に関する次の文章中の　ア　・　イ　に入るニューロンの組合せとして最も適当なものを，下の①〜⑨のうちから一つ選べ。　27

　左耳からの信号が点Xに到達した0.050ミリ秒後に，右耳からの信号が点Yに到達したとすると，その時点で左耳からの信号は，ニューロン　ア　に到達している。その後，左右の耳からの信号は軸索を更に伝導し，結果としてニューロン　イ　が興奮する。

	ア	イ
①	ⓑ	ⓓ
②	ⓑ	ⓔ
③	ⓑ	ⓕ
④	ⓒ	ⓔ
⑤	ⓒ	ⓕ
⑥	ⓒ	ⓖ
⑦	ⓓ	ⓔ
⑧	ⓓ	ⓕ
⑨	ⓓ	ⓖ

生　物　基　礎

$$\left(\text{解答番号}\boxed{\ 1\ }\sim\boxed{\ 18\ }\right)$$

第1問　次の文章(**A・B**)を読み，下の問い(問1〜6)に答えよ。(配点　18)

A　ミドリさんとアキラさんは，サンゴの白化現象について資料を見ながら議論した。

ミドリ：サンゴの白化現象が起こるのは，サンゴの個体であるポリプ(図1)の細胞内に共生している褐虫藻が，高温ストレスなどの原因でサンゴの細胞からいなくなるからなんだって。サンゴの色は，褐虫藻に由来しているんだね。

アキラ：えっ，褐虫藻は，単細胞生物だよね。

ミドリ：そのとおり。褐虫藻が共生しているサンゴの胃壁細胞の図(図2)を見つけたんだけど，褐虫藻には核も葉緑体もあるみたいだし，そもそも(a)宿主のサンゴの細胞と大きさがあまり変わらないようだよ。

アキラ：つまり，褐虫藻が共生しているサンゴの細胞は，　ア　ということだね。

ミドリ：そのとおりだね。ところで，褐虫藻が細胞からいなくなるとサンゴが死んでしまうのは，なぜなのかな。

アキラ：あっ，褐虫藻が共生したサンゴは，餌だけではなく，光合成でできた有機物も利用しているんだって。

ミドリ：へえ。つまり，サンゴは　イ　ということでよいのかな。

アキラ：そういうことだね。シャコガイやゾウリムシのなかまにも，藻類を共生させて，光合成でできた有機物を利用しているものがいるみたいだよ。

ミドリ：へえ，そうなんだ。生物って本当に多様なんだね。

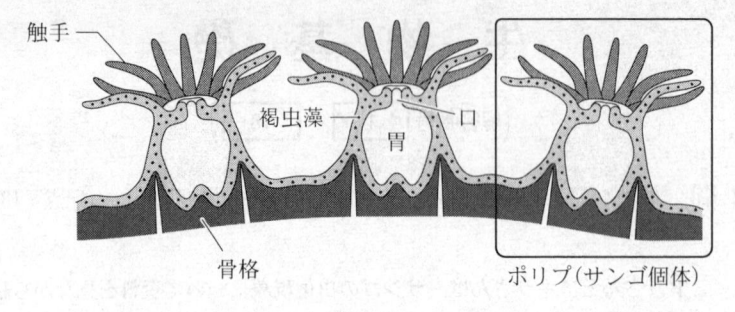

図　1

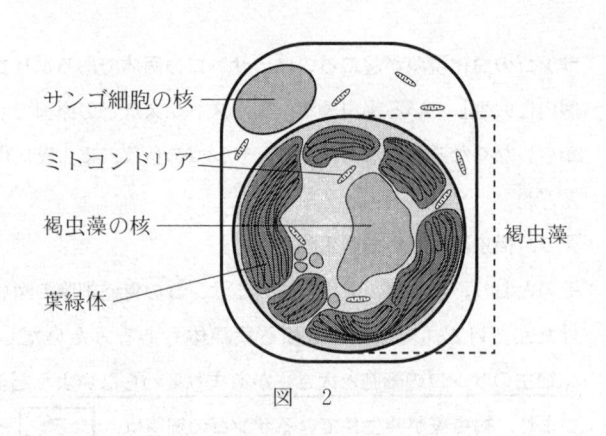

図　2

問 1　下線部(a)に関連して，褐虫藻とサンゴの細胞の大きさは，図2のように大きな違いはない。これらの細胞と同じくらいの大きさのものとして最も適当なものを，次の①〜⑥のうちから一つ選べ。　| 1 |

①　インフルエンザウイルス　　　②　酵母(酵母菌)

③　カエルの卵　　　　　　　　　④　大腸菌

⑤　T₂ファージ　　　　　　　　　⑥　ヒトの座骨神経

問 2 会話文中の ア に入る記述として最も適当なものを，次の①〜⑤のうちから一つ選べ。 2

① 真核細胞を細胞内に取り込んだ植物細胞

② 原核細胞を細胞内に取り込んだ植物細胞

③ 真核細胞を細胞内に取り込んだ動物細胞

④ 原核細胞を細胞内に取り込んだ動物細胞

⑤ 葉緑体を取り込んで，植物細胞に進化しつつある動物細胞

問 3 会話文中の ┃ イ ┃ に入る文として最も適当なものを，次の①～⑥のうちから一つ選べ。 ┃ 3 ┃

① 同化をする能力を全くもたないので，共生している褐虫藻が同化した有機物のみを利用している

② 異化をする能力を全くもたないので，共生している褐虫藻が異化した有機物のみを利用している

③ 食物からも有機物を得ているが，これだけでは不足しており，共生している褐虫藻が同化した有機物も併せて利用している

④ 食物からも有機物を得ているが，これだけでは不足しており，共生している褐虫藻が異化した有機物も併せて利用している

⑤ 褐虫藻から取り込んだ葉緑体を用いて同化を行い，有機物を得て利用している

⑥ 褐虫藻から取り込んだ葉緑体を用いて異化を行い，有機物を得て利用している

B (b)DNA は遺伝子の本体であり，真核生物では染色体を構成している。近年，DNA や遺伝子に関わる学問や技術は飛躍的に進歩し，様々な生物種で(c)ゲノムが解読された。しかしながら，ゲノムの解読は，その生物の成り立ちを完全に解明したことを意味しない。例えば，(d)多細胞生物の個体を構成する細胞には様々な種類があり，これらは異なる性質や働きをもつ。

問 4 下線部(b)に関連して，DNA や染色体の構造に関する記述として最も適当なものを，次の①～⑤のうちから一つ選べ。　　4

① DNA の中で，隣接するヌクレオチドどうしは，糖と糖の間で結合している。

② DNA の中で，隣接するヌクレオチドどうしは，リン酸とリン酸の間で結合している。

③ 二重らせん構造を形成している DNA では，二本のヌクレオチド鎖の塩基配列は互いに同じである。

④ 染色体は，間期には糸状に伸びて核全体に分散しているが，体細胞分裂の分裂期には凝縮される。

⑤ 体細胞分裂の間期では，凝縮した染色体が複製される。

問 5 下線部(c)について，次の@〜@のうち，ゲノムに含まれる情報を過不足なく含むものを，下の①〜⑧のうちから一つ選べ。 5

ⓐ 遺伝子の領域の全ての情報

ⓑ 遺伝子の領域の一部の情報

ⓒ 遺伝子以外の領域の全ての情報

ⓓ 遺伝子以外の領域の一部の情報

① ⓐ ② ⓑ ③ ⓒ ④ ⓓ

⑤ ⓐ, ⓒ ⑥ ⓐ, ⓓ ⑦ ⓑ, ⓒ ⑧ ⓑ, ⓓ

問 6 下線部(d)について，このことの一般的な理由として最も適当なものを，次の①〜⑤のうちから一つ選べ。 6

① DNA の量が異なる。

② 働いている遺伝子の種類が異なる。

③ ゲノムが大きく異なる。

④ 細胞分裂時に複製される染色体が異なる。

⑤ ミトコンドリアには，核とは異なる DNA がある。

第2問　次の文章(**A・B**)を読み，下の問い(**問1〜5**)に答えよ。(配点　16)

A　腎臓では，まず(a)血液が糸球体でろ過されて原尿が生成される。その後，水分や塩類など多くの物質が血中に再吸収されることで，尿がつくられている。その際，尿中の様々な物質は濃縮されるが，その割合は物質の種類によって大きく異なっている。表1は，健康なヒトの静脈に多糖類の一種であるイヌリンを注入した後の，血しょう，原尿，および尿中の主な成分の質量パーセント濃度を示している。

(b)副腎皮質から分泌された鉱質コルチコイドが働くと，原尿からのナトリウムイオンの再吸収が促進され，恒常性が維持されている。なお，イヌリンは，全て糸球体でろ過されると，細尿管では分解も再吸収もされない。また，尿は毎分1 mL生成され，血しょう，原尿，および尿の密度は，いずれも1 g/mLとする。

表　1

成　分	質量パーセント濃度(%)		
	血しょう	原　尿	尿　中
タンパク質	7	0	0
グルコース	0.1	0.1	0
尿　素	0.03	0.03	2
ナトリウムイオン	0.3	0.3	0.3
イヌリン	0.01	0.01	1.2

問1　下線部(a)について，表1から導かれる，1分間あたりに生成される原尿の量として最も適当な数値を，次の①〜⑤のうちから一つ選べ。　| 7 |　mL

① 0.008　　② 1　　③ 60　　④ 120　　⑤ 360

問2 下線部(b)について，表1から導かれる，1分間あたりに再吸収されるナトリウムイオンの量として最も適当な数値を，次の①〜⑤のうちから一つ選べ。 8 mg

 ① 1   ② 60   ③ 118   ④ 357   ⑤ 420

問3 下線部(b)に関連して，鉱質コルチコイドの作用に関する次の文章中の ア 〜 ウ に入る語句の組合せとして最も適当なものを，下の①〜⑧のうちから一つ選べ。 9

 鉱質コルチコイドの作用でナトリウムイオンの再吸収が促進されると，尿中のナトリウムイオン濃度は ア なる。このとき，腎臓での水の再吸収量が イ してくると，体内の細胞外のナトリウムイオン濃度が維持される。その結果，徐々に体内の細胞外液（体液）の量が ウ し，それに伴って血圧が上昇してくると考えられる。

	ア	イ	ウ
①	低 く	増 加	増 加
②	低 く	増 加	減 少
③	低 く	減 少	増 加
④	低 く	減 少	減 少
⑤	高 く	増 加	増 加
⑥	高 く	増 加	減 少
⑦	高 く	減 少	増 加
⑧	高 く	減 少	減 少

B (c)心臓は，心房と心室が交互に収縮と弛緩をすること(拍動)で血液を送り出すポンプである。図1は，ヒトの心臓を腹側から見た断面を模式的に示したものである。AとBの位置には，それぞれ弁が存在しており，Aの位置にある弁は心房の内圧が心室の内圧よりも高いときに開き，低いときに閉じる。図2は，一回の拍動における，体循環での動脈内，心室内，および心房内それぞれの圧力と，心室内の容量の変化を示したものである。

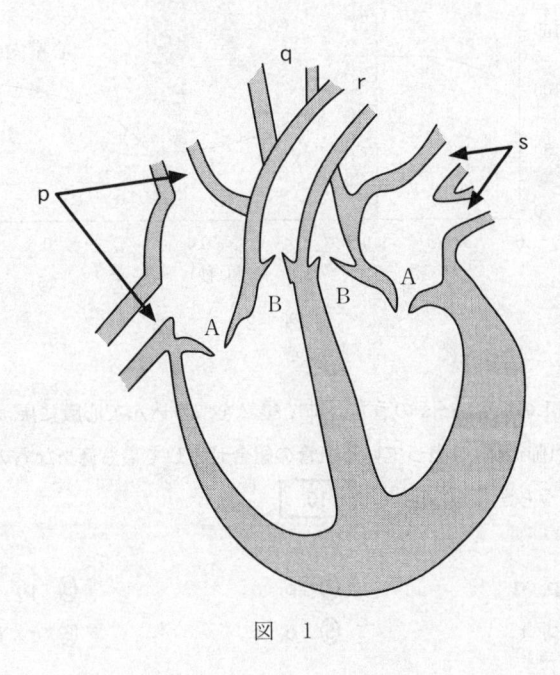

図　1

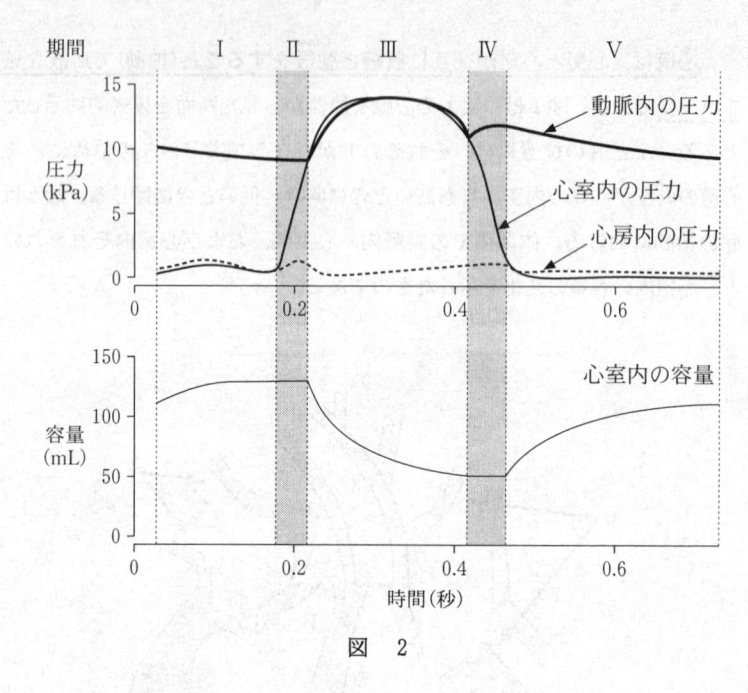

図　2

問 4　図1の血管p〜sのうち，肺で酸素を取り込んで心臓に戻ってくる血液の循環(肺循環)を担っている血管の組合せとして最も適当なものを，次の①〜⑥のうちから一つ選べ。　10

① p, q　　　　　② p, r　　　　　③ p, s
④ q, r　　　　　⑤ q, s　　　　　⑥ r, s

問 5　下線部(c)について，心臓がポンプとして働くためには，心臓に備わっている弁が，心房と心室の収縮と弛緩に連動した適切なタイミングで開閉する必要がある。図2に示した期間Ⅰ〜Ⅴの中で，図1の弁Aが開いている期間として適当なものを，次の①〜⑤のうちから二つ選べ。ただし，解答の順序は問わない。　11　・　12

① 期間Ⅰ　② 期間Ⅱ　③ 期間Ⅲ　④ 期間Ⅳ　⑤ 期間Ⅴ

第3問 次の文章(**A・B**)を読み，下の問い(問1〜5)に答えよ。(配点　16)

A 現実にみられる植生は，気温と降水量から考えられるバイオームとは異なっていることがある。(a)シベリアには，カラマツやダケカンバのなかまの落葉樹林が広がっている場所も多い。また，(b)森林を人間が利用することでも植生や物質循環が変化することもある。

問1　下線部(a)について，次の文章中の　ア　〜　ウ　に入る語句の組合せとして最も適当なものを，下の①〜⑧のうちから一つ選べ。　13

　　シベリアの落葉樹林は陽樹の林であり，自然の山火事によって遷移の進行が妨げられることで維持されている。高木は林冠に達してから　ア　を行うため，陽樹が林冠を占めた後，陰樹が林冠に到達する前に山火事が起きると陰樹が次の世代を残せない。ここでは，山火事後に出現する明るい裸地で　イ　や落葉樹の種子が発芽し，　ウ　が始まる。

	ア	イ	ウ
①	光合成	草　本	一次遷移
②	光合成	草　本	二次遷移
③	光合成	陰　樹	一次遷移
④	光合成	陰　樹	二次遷移
⑤	種子生産	草　本	一次遷移
⑥	種子生産	草　本	二次遷移
⑦	種子生産	陰　樹	一次遷移
⑧	種子生産	陰　樹	二次遷移

問 2 下線部(b)について，西日本の低地などにみられる落葉広葉樹の林に，その一例を見ることができる。このような植生は，人間が樹木を伐採することで維持されてきた。また，落ち葉は肥料として使うために林から搬出されていた。この落葉広葉樹の林の利用を止めて長い期間放置したときに成立する植生と，放置されている間に起こる窒素の循環量の変化との組合せとして最も適当なものを，次の①〜⑥のうちから一つ選べ。　14

	成立する植生	窒素の循環量の変化
①	針葉樹の林	増加する
②	針葉樹の林	減少する
③	照葉樹の林	増加する
④	照葉樹の林	減少する
⑤	落葉広葉樹の林	増加する
⑥	落葉広葉樹の林	減少する

問 3 山火事にも人間による利用にも関係なく，森林が成立しないこともある。日本の海岸沿いには，そのような植生が維持されている場所がある。その理由となる環境要因として最も適当なものを，次の①〜⑤のうちから一つ選べ。　15

① サバンナのように，降水量が少なく，平均気温が高い。

② ツンドラのように，降水量が少なく，平均気温が低い。

③ 高山草原のように，降水量が多く，平均気温が低い。

④ 土壌形成が進んでいる。

⑤ 継続的に貧栄養の砂が運ばれてくる。

B (c)<u>外来生物</u>は，在来生物を捕食したり食物や生息場所を奪ったりすることで，在来生物の個体数を減少させ，絶滅させることもある。そのため，外来生物は生態系を乱し，生物多様性に大きな影響を与えうる。

問 4 下線部(c)に関する記述として最も適当なものを，次の①〜⑤のうちから一つ選べ。 16

① 捕食性の生物であり，それ以外の生物を含まない。

② 国外から移入された生物であり，同一国内の他地域から移入された生物を含まない。

③ 移入先の生態系に大きな影響を及ぼす生物であり，移入先の在来生物に影響しない生物を含まない。

④ 人間の活動によって移入された生物であり，自然現象に伴って移動した生物を含まない。

⑤ 移入先に天敵がいない生物であり，移入先に天敵がいるため増殖が抑えられている生物を含まない。

問 5 図1は，在来魚であるコイ・フナ類，モツゴ類，およびタナゴ類が生息するある沼に，肉食性(動物食性)の外来魚であるオオクチバスが移入される前と，その後の魚類の生物量(現存量)の変化を調査した結果である。この結果に関する記述として適当なものを，下の①～⑥のうちから二つ選べ。ただし，解答の順序は問わない。 17 ・ 18

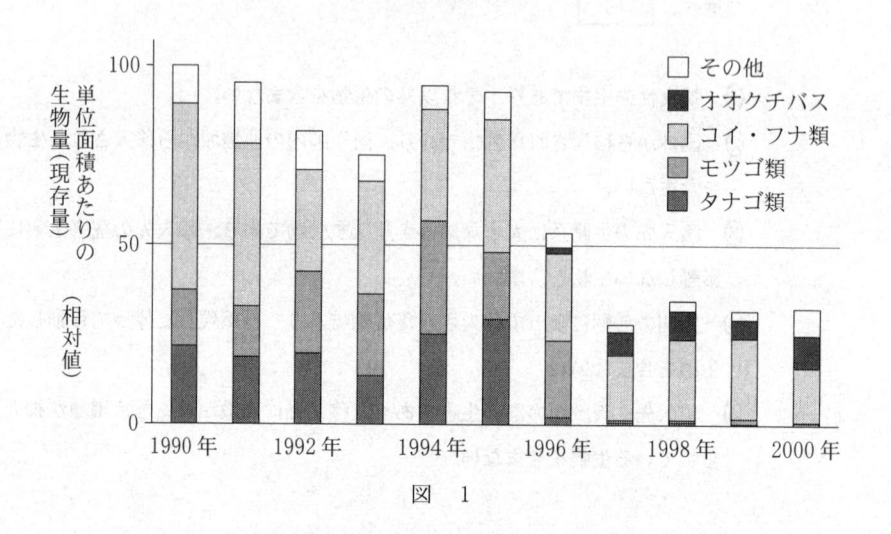

図 1

① オオクチバスの移入後，魚類全体の生物量(現存量)は，2000年には移入前の3分の2にまで減少した。

② オオクチバスの移入後の生物量(現存量)の変化は，在来魚の種類によって異なった。

③ オオクチバスは，移入後に一次消費者になった。

④ オオクチバスの移入後に，魚類全体の生物量(現存量)が減少したが，在来魚の多様性は増加した。

⑤ オオクチバスの生物量(現存量)は，在来魚の生物量(現存量)の減少が全て捕食によるとしても，その減少量ほどには増えなかった。

⑥ オオクチバスの移入後，沼の生態系の栄養段階の数は減少した。

共通テスト

第2回 試行調査

生物：

解答時間 60 分　配点 100 点

生物基礎：

解答時間　2 科目 60 分

配点　2 科目 100 点

（物理基礎，化学基礎，生物基礎，）
（地学基礎から 2 科目選択　　　　）

生　物
（全　問　必　答）

第1問　次の文章（A・B）を読み，下の問い（問1〜3）に答えよ。
〔解答番号　1 〜 3 〕（配点　12）

A　ある高校では，缶詰のツナを利用し，骨格筋の観察実験を行った。少量のツナを洗剤液の中で細かくほぐした後，よく水洗いしながら更に細かくほぐした。これを染色液に浸してしばらくおいた後，よく水洗いしてスライドガラスに載せ，カバーガラスをかけて顕微鏡で観察した。接眼レンズを通して見えた像をスマートフォンで撮影したものが次の図1であり，図1の一部を拡大したものが下の図2である。

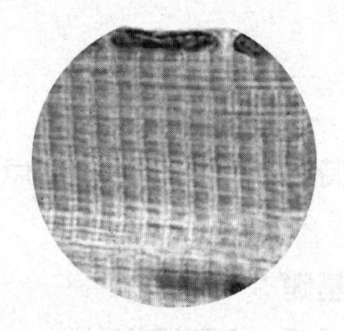

図　1

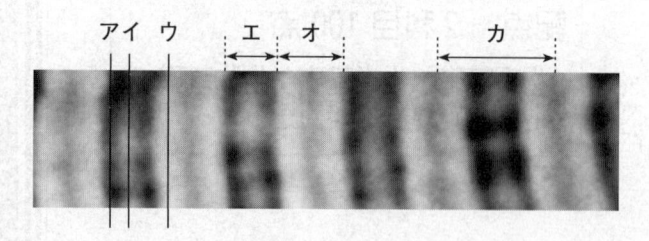

図　2

問 1　図 2 中の直線**ア～ウ**に相当する位置での切断面の様子を模式的に示したものが，次の図 3 の a ～ c のいずれかである。切断した位置（**ア～ウ**）と断面図（a ～ c）との組合せとして最も適当なものを，下の**①～⑥**のうちから一つ選べ。　☐ **1** ☐

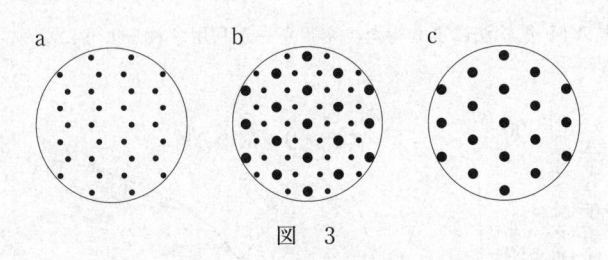

図　3

	ア	イ	ウ
①	a	b	c
②	a	c	b
③	b	a	c
④	b	c	a
⑤	c	a	b
⑥	c	b	a

問 2　図 2 中の**エ～カ**のうち，骨格筋が収縮したときに，その長さが変わる部分はどれか。それらを過不足なく含むものを，次の**①～⑦**のうちから一つ選べ。　☐ **2** ☐

① エ　　　　② オ　　　　③ カ　　　　④ エ，オ

⑤ エ，カ　　⑥ オ，カ　　⑦ エ，オ，カ

B 筋収縮のエネルギーはすべて ATP により供給される。次の図4は，1500 m走において，消費するエネルギーに対する ATP 供給法の割合の，時間経過に伴う変化を示したグラフである。通常，スタートダッシュ時には，まず筋肉中に存在するクレアチンリン酸という物質が，クレアチンとリン酸に分解され，そのときに合成される ATP がエネルギーとして利用される。その後，図4中の**キ**や**ク**で示す ATP 供給法により得たエネルギーが利用されるようになる。

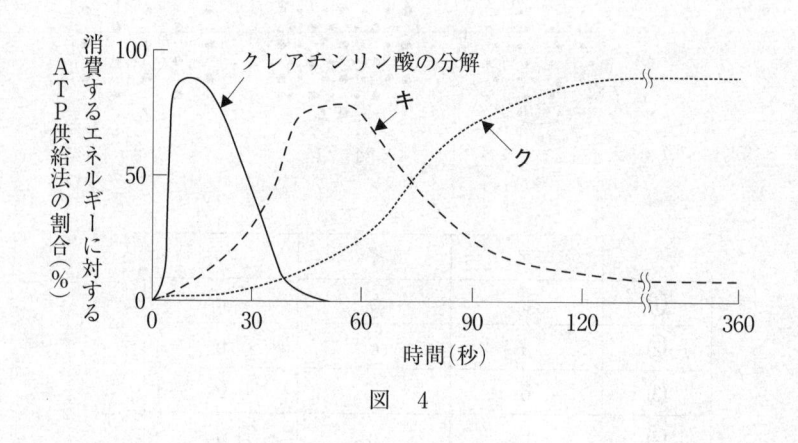

図　4

問 3　1500 m 走を行った高校生のアユムは，スタートダッシュを試みたが，すぐに疲れてしまい，その後はほぼ一定のペースで走って，6 分ちょうどでゴールインした。次の記述①〜⑥は，図 4 中の**キ**と**ク**について，アユムが走りながら考えたことである。これらのうち，下線を引いた部分に**誤り**を含むものを，①〜⑥のうちから一つ選べ。　 3

① （スタートから 10 秒後）そろそろ二番目の ATP 供給法**キ**も動き始めているころだ。<u>**キ**には酸素が必要ない</u>はずだ。

② （スタートから 30 秒後）息が苦しくなってきた。<u>**キ**はミトコンドリアで行われている</u>はずだ。

③ （スタートから 45 秒後）足も重たくなってきた。そろそろ足の筋細胞には<u>**キ**によって乳酸ができる</u>はずだ。

④ （スタートから 90 秒後）そろそろ三番目の ATP 供給法**ク**が中心となっている頃だ。<u>**ク**は酸化的リン酸化により ATP をつくる</u>はずだ。

⑤ （スタートから 120 秒後）だいぶ走るペースがつかめてきた。<u>**ク**では**キ**よりも同じ量の呼吸基質から多くの ATP をつくれる</u>はずだ。

⑥ （スタートから 360 秒後）やっとゴール地点だ。<u>**ク**では ATP とともに水ができる</u>はずだ。

第2問 次の文章（**A・B**）を読み，下の問い（**問1～8**）に答えよ。

〔解答番号 1 ～ 10 〕（配点 30）

A 生物には，異なる種との交雑を妨げる様々なしくみがある。例えば，被子植物においては，ある種の花粉が別の種の柱頭に付いても，花粉管が胚珠へと誘引されないことがある。(a)異種間での交雑を妨げるしくみを探るために，トレニア属の種 A，B，C とアゼナ属の種 D を使って，次の**実験1～3**を行った。なお，トレニア属とアゼナ属は近縁で，どちらもアゼナ科に含まれる。

実験1 種 A～D とアゼナ科の別の属の種 E について，特定の遺伝子の塩基配列の情報を用いて分子系統樹を作成したところ，次の図1の結果が得られた。

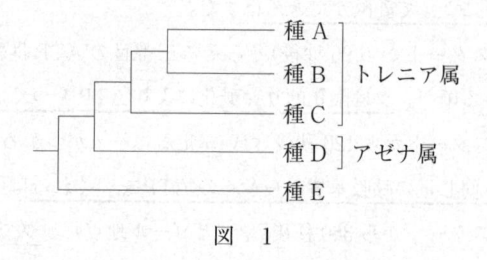

図 1

実験2 種 A～D について，発芽した花粉が付いた柱頭を切り取って培地上に置き，助細胞を除去した胚珠または除去していない胚珠のいずれかとともに，次の図2のように培養した。その後，伸長した花粉管のうち，胚珠に到達した花粉管の割合を調べたところ，次の図3の結果が得られた。

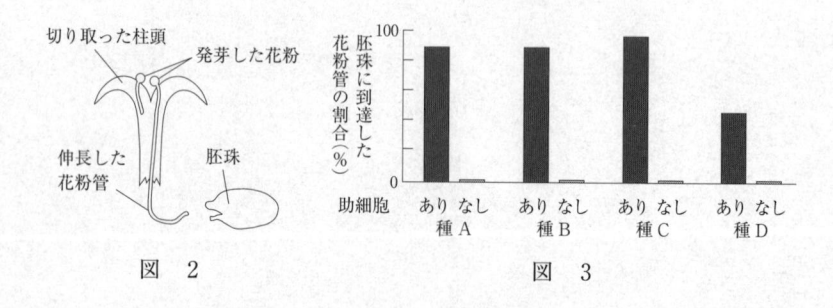

図 2　　　　　　　　　　図 3

実験3　種 A または D の花粉を，同種または別種の柱頭に付けて発芽させた。発芽した花粉管を含む柱頭を切り取って培地上に置き，同種または別種の胚珠とともに，図2のように培養した。その後，伸長した花粉管のうち，胚珠に到達した花粉管の割合を調べたところ，次の図4の結果が得られた。

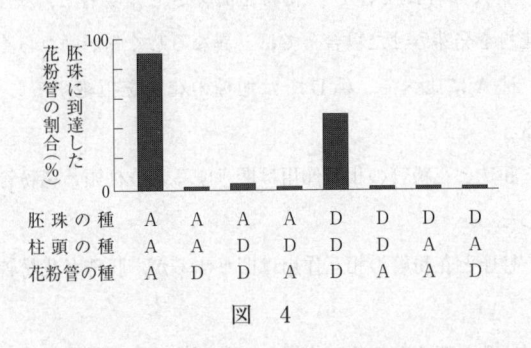

胚珠の種	A	A	A	A	D	D	D	D
柱頭の種	A	A	D	D	D	D	A	A
花粉管の種	A	D	D	A	D	A	A	D

図　4

問 1　助細胞が花粉管を誘引する性質について，**実験1・2**の結果から導かれる考察として最も適当なものを，次の①〜⑥のうちから一つ選べ。　　1

① トレニア属だけにみられる。

② トレニア属の種 A，B，C とアゼナ属の種 D に共通してみられる。

③ 種子植物全体に共通してみられる。

④ 維管束植物全体に共通してみられる。

⑤ トレニア属とアゼナ属の共通の祖先が，種 E の祖先と分岐した後に，獲得した。

⑥ トレニア属の種 A，B，C では，アゼナ属に近縁であるほど，誘引する能力が低い。

問 2 **実験 3** の結果から導かれる，種 A と D の間にはたらく異種間での交雑を妨げるしくみに関する考察として最も適当なものを，次の ①〜⑤ のうちから一つ選べ。 **2**

① 種 A の柱頭で種 D の花粉を発芽させた場合と，種 D の柱頭で種 A の花粉を発芽させた場合とでは，異なるしくみがはたらく。

② 種 A に比べて，種 D では他種の花粉を拒絶するしくみが発達している。

③ 胚珠と花粉管の相互作用は関与するが，柱頭と花粉管の相互作用は関与しない。

④ 柱頭と花粉管の相互作用は関与するが，胚珠と花粉管の相互作用は関与しない。

⑤ 胚珠と花粉管の相互作用，および柱頭と花粉管の相互作用の両方が関与する。

問 3 下線部(a)に関連して，トレニア属の種 F・G が同じ場所に生育し，いずれも種子で繁殖しているとする。この場所で，これらの 2 種間の雑種個体が全く見られない場合に，そのしくみを調べる研究計画として**適当でないもの**を，次の ①〜⑦ のうちから二つ選べ。ただし，解答の順序は問わない。 **3** ・ **4**

① 種 F・G のそれぞれについて，染色体数を顕微鏡下で調べる。

② 種 F・G のそれぞれについて，開花時期を調べる。

③ 種 F・G のそれぞれについて，おしべとめしべの本数を調べる。

④ 種 F・G のそれぞれについて，花粉を運ぶ動物の種類を調べる。

⑤ 種 F・G のそれぞれについて，1 個体が形成する種子の数を調べる。

⑥ 種 F・G をかけ合わせて，種子の形成率を調べる。

⑦ 種 F・G をかけ合わせて種子が形成された場合，種子の発芽率を調べる。

問 4　次の図 5 は，トレニア属の種 A と植物 H〜K の系統樹である。また，下
　　　の図 6 は，植物 I〜K の写真である。系統樹中の**ア〜ウ**に入る植物の組合せ
　　　として最も適当なものを，下の **①〜⑥** のうちから一つ選べ。　 5

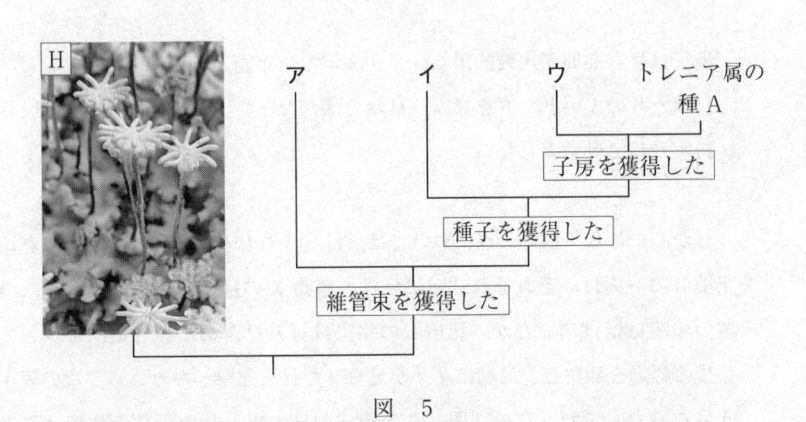

図　5

図　6

	ア	イ	ウ
①	I	J	K
②	I	K	J
③	J	I	K
④	J	K	I
⑤	K	I	J
⑥	K	J	I

B ある高校の園芸部では，珍しい園芸植物Xの種子を入手し，学校の花壇で栽培することにした。植物Xについてインターネットで調べたところ，いくつかのサイトが見つかり，次の情報が得られた。

・種子は生存期間が比較的短く，2〜3年で発芽能力を失う。

・日当たりのよいところを好み，日陰では育たない。

・自家受粉では結実しない。

しかし，これら以外の点については，はっきりしなかった。そこで，花壇aと花壇bの一画に，それぞれ2回に分けて植物Xの種子をまいてみた。二つの花壇の環境はほぼ同じだが，花壇bの脇には屋外灯がある。各集団について，発芽後の経過を観察し，最初に花芽が見られた日を記録したところ，次の表1のようになった。また，この期間，この地域の日の出と日の入りの時刻は下の図7に，気温の変化は下の図8に示すとおりであった。

表 1

種子をまいた日	花壇	最初に花芽が見られた日
2015 年 6 月 1 日	a	2016 年 4 月 15 日
2015 年 6 月 1 日	b（脇に屋外灯*）	2016 年 3 月 10 日
2015 年 10 月 15 日	a	2016 年 4 月 15 日
2015 年 10 月 15 日	b（脇に屋外灯*）	2016 年 3 月 10 日

*屋外灯は，年間を通して，日没から19時まで点灯していた。

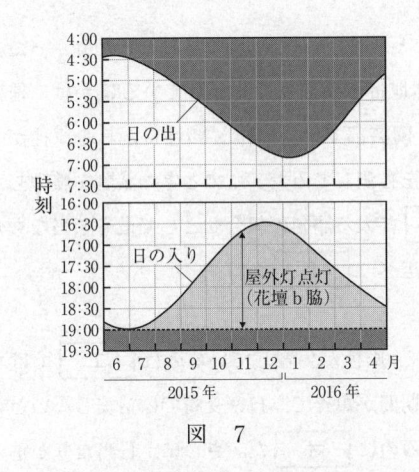

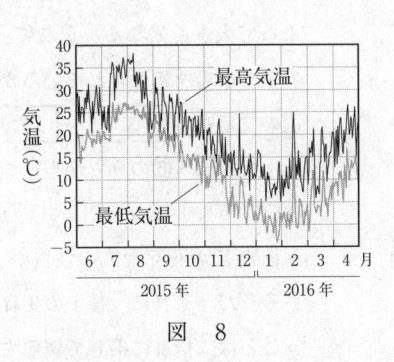

図　7　　　　　　　　　　図　8

問 5　植物 X の花芽形成の光周性についての考察として最も適当なものを，次の①〜⑤のうちから一つ選べ。　　6

①　短日植物であり，限界暗期は 11 時間より短い。

②　短日植物であり，限界暗期は 11 時間より長い。

③　長日植物であり，限界暗期は 11 時間より短い。

④　長日植物であり，限界暗期は 11 時間より長い。

⑤　中性植物であり，限界暗期というものはない。

問 6　植物 X の花芽形成と温度との関係についての考察として最も適当なものを，次の①〜⑤のうちから一つ選べ。　　7

①　低温を一定期間以上経験していることが，花芽形成の前提となる。

②　低温を経験していないことが，花芽形成の前提となる。

③　高温を一定期間以上経験していることが，花芽形成の前提となる。

④　高温を経験していないことが，花芽形成の前提となる。

⑤　過去に経験した温度は，花芽形成に関係しない。

問 7　植物 X の原種について調べたところ，V 科 W 属であることが分かった。この属の植物の分布域は，森林地帯という点で共通しているほかは，種によって大きく異なる。そこで，園芸部では，植物 X の性質から，原種がどのような場所に生育しているかを推測してみた。このときの議論を整理した次の文章中の エ 〜 カ に入る語句の組合せとして最も適当なものを，下の①〜⑧のうちから一つ選べ。 8

　植物 X の花芽形成の性質から，原種が生育しているのは エ ではなさそうだ。それに，種子の生存期間が短くて，自家受粉では結実しないということは，攪乱（かく）に乗じて繁殖するのに オ だ。さらに，日当たりが重要であることも考え合わせると， カ の可能性が高いだろう。

	エ	オ	カ
①	熱帯多雨林や雨緑樹林	有利	照葉樹林のギャップ
②	熱帯多雨林や雨緑樹林	有利	夏緑樹林の林床
③	熱帯多雨林や雨緑樹林	不利	照葉樹林のギャップ
④	熱帯多雨林や雨緑樹林	不利	夏緑樹林の林床
⑤	針葉樹林	有利	照葉樹林のギャップ
⑥	針葉樹林	有利	夏緑樹林の林床
⑦	針葉樹林	不利	照葉樹林のギャップ
⑧	針葉樹林	不利	夏緑樹林の林床

問 8　2015 年 6 月 1 日に花壇 a に植物 X の種子をまくとき，近くに植物 Y と植物 Z の種子もまいた。これら 3 種の成長の速さにずいぶん差があるように思われたので，2015 年 7 月 1 日にそれぞれ数個体について，根を含む植物体全体の乾燥重量を測定してみた。このとき，乾燥前に植物体をよく観察して，昆虫などによる食害と脱落器官の有無も記録した。また，残してあった種子についても，種皮をはがして乾燥させ，重さを測定した。これらの結果をまとめたところ，次の表 2 のようになった。

表　2

植物種	種子の乾燥重量 (mg/個)	植物体の乾燥重量 (mg/個体)	食害	脱落器官
X	3	398	なし	なし
Y	15	410	虫喰いの痕跡あり	子葉
Z	180	560	なし	なし

　表 2 の結果から，6 月 1 日(種子の段階)から 7 月 1 日までの期間における純生産量および総生産量を，植物 X，Y，Z の間で比べると，どの種が最も大きいと判断できるか。純生産量と総生産量について最も適当なものを，次の①〜④のうちからそれぞれ一つずつ選べ。ただし，同じものを繰り返し選んでもよい。

純生産量　　9　　・総生産量　　10

① 植物 X
② 植物 Y
③ 植物 Z
④ この情報からだけでは判断できない。

第3問　次の文章を読み，下の問い（問1〜4）に答えよ。

〔解答番号　| 1 |　〜　| 4 |〕（配点　14）

　(a)昆虫の発生過程では，体節が形成された後，ホメオティック（ホックス）遺伝子群からつくられる調節タンパク質のはたらきによって，各体節は(b)胚の前後軸に沿った特有の形態を形成していく。このとき，次の図1のように，(c)胸部の3番目の体節（第3体節）で発現するホメオティック（ホックス）遺伝子Xのはたらきを失ったショウジョウバエの変異体では，翅(はね)をつくらない第3体節が，翅をつくる第2体節と同様の形態になる。その結果，ハエであるのに，あたかも(d)チョウのように2対の翅をもつ個体になる。

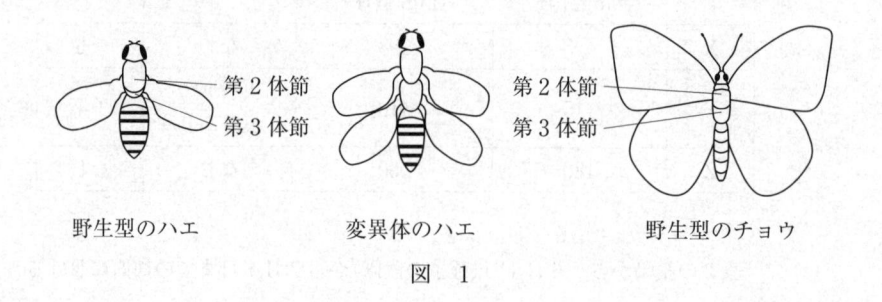

野生型のハエ　　　　　変異体のハエ　　　　　野生型のチョウ

図　1

問 1　下線部(a)について，昆虫が属する節足動物門の動物に共通する形質として最も適当なものを，次の①〜⑤のうちから一つ選べ。　| 1 |

①　独立栄養である。

②　原口が肛門になる。

③　外骨格をもつ。

④　脊索をもつ。

⑤　3対の肢(付属肢)をもつ。

問 2　下線部(b)に関連して，ショウジョウバエの前後軸の形成には，様々な遺伝子の発現を調節するタンパク質の濃度勾配が関わっている。例えば，卵の前端に蓄えられた調節タンパク質 Y の mRNA は，受精後に翻訳される。合成された調節タンパク質 Y は，しばらくすると後方に向かって下がる濃度勾配をつくる。このとき，調節タンパク質 Y の濃度勾配による前後軸の形成に不可欠な卵や胚の性質として最も適当なものを，次の①〜⑤のうちから一つ選べ。　| 2 |

①　卵黄が中央に集まっている。

②　卵割が卵の表面だけで起こる。

③　受精後しばらくの間は細胞質分裂が起こらない。

④　前後に細長い形をしている。

⑤　別の調節タンパク質の mRNA が後端に偏って蓄えられている。

問 3 下線部(c)から考えられる，ショウジョウバエの遺伝子 X の胸部でのはたらきに関する合理的な推論として最も適当なものを，次の①～④のうちから一つ選べ。　3

① 発現している体節の一つ前方の体節にはたらきかけて，発現している体節と同じものになることを，促進している。

② 発現している体節の一つ前方の体節にはたらきかけて，発現している体節と同じものになることを，抑制している。

③ 発現している体節ではたらいて，一つ前方の体節と同じものになることを，促進している。

④ 発現している体節ではたらいて，一つ前方の体節と同じものになることを，抑制している。

問 4 下線部(d)に関連して，チョウが2対の翅をもっている理由を説明する次の仮説ⓐ～ⓒのうち，ショウジョウバエでの遺伝子 X のはたらき方とは矛盾しない仮説はどれか。それらを過不足なく含むものを，下の①～⑦のうちから一つ選べ。　4

ⓐ チョウには遺伝子 X がない。

ⓑ チョウの遺伝子 X は，胸部の第3体節では発現しない。

ⓒ チョウの遺伝子 X は胸部の第3体節で発現するが，遺伝子 X からつくられる調節タンパク質が調節する遺伝子群の種類が，ショウジョウバエの場合と異なっている。

① ⓐ　　　　② ⓑ　　　　③ ⓒ　　　　　④ ⓐ，ⓑ

⑤ ⓐ，ⓒ　　⑥ ⓑ，ⓒ　　⑦ ⓐ，ⓑ，ⓒ

第 4 問　次の文章を読み，下の問い（**問 1 ～ 5**）に答えよ。

〔解答番号　| 1 | ～ | 6 |〕（配点　18）

　ある市郊外の広大な草原に生息しているリス科の小動物（以下，リス）は，この地方の象徴として愛されている。先頃，草原の近くに商業施設を誘致し，生息地を分断して道路を建設する計画が持ち上がった。「豊かな財政と高い生物多様性を市にもたらす」が公約の市長は難しい判断を迫られることになった。「分断しても全体の面積はほとんど変わらないが，分断によって，(a)<u>生息地が細分化されたり</u>，(b)<u>個体群が小さな集団に分けられたり</u>するだろう。このまま計画を進めても大丈夫だろうか」と懸念した市長は，調査官としてあなたを招き，リスの個体群の状態と生息地の分断の影響について，調査を依頼した。次の表 1 は，あなたが調査した結果をもとに作成したリスの生命表である。ただし，6 歳以上の個体はいなかった。なお，表 1 ではオスとメスを区別せずに示している。

表　1

x：年齢	N_x	ℓ_x	p_x	m_x	$\ell_x m_x$
0	180	1.00	0.25	0.0	0.000
1	45	0.25	0.60	1.1	0.275
2	27	0.15	0.59	2.1	0.315
3	16	0.09	0.56	2.2	0.198
4	9	0.05	0.56	2.5	0.125
5	5	0.03	0.00	2.9	0.087
合計	282			10.8	1.000

N_x　：x 歳の初めの個体数

ℓ_x　：N_x/N_0，0 歳の初めの個体数に対する x 歳の初めまで生存した個体数の比率

p_x　：N_{x+1}/N_x，x 歳の初めから $(x+1)$ 歳の初めまでの生存率

m_x　：x 歳の個体が産んだ子の平均数

$\ell_x m_x$：ℓ_x と m_x の積

問 1　表1の$\ell_x m_x$から推定される，リスの個体群の大きさの変化に関する記述として最も適当なものを，次の①~⑥のうちから一つ選べ。　1

① ほとんど変化していない。

② 急激に増加している。

③ 急激に減少している。

④ 年ごとに増加と減少を繰り返し，その振れ幅は年々増加している。

⑤ 年ごとに増加と減少を繰り返し，その振れ幅は年々減少している。

⑥ 一度増加した後に，減少に転じている。

問 2　表1のデータをもとに描いたリスの生存曲線として最も適当なものを，次の①~⑥のうちから一つ選べ。　2

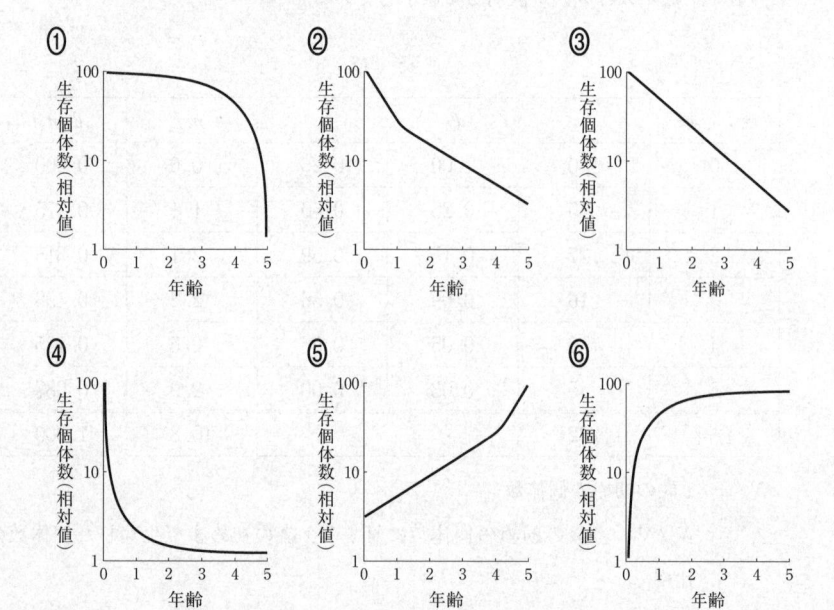

問 3　下線部(a)に関連して，次の生態学的な指標 ⓐ～ⓒ のうち，リスの生息地が分断されていて小さくなるほど減少すると考えられる指標はどれか。それらを過不足なく含むものを，下の①～⑦のうちから一つ選べ。　3

ⓐ　各生息地のリスの個体群の環境収容力（ある環境が維持できる個体数の上限）

ⓑ　各生息地内のリスの捕食者の個体数

ⓒ　各生息地内の生息環境の多様性

①　ⓐ　　　②　ⓑ　　　③　ⓒ

⑤　ⓐ、ⓒ　　⑥　ⓑ、ⓒ　　⑦　ⓐ、ⓑ、ⓒ

④　ⓐ、ⓑ

問 4　下線部(b)に関連して，生息地が分断されて個体群が小さくなることで，絶滅のリスクが上昇する理由として適当なものを，次の①～⑤のうちから二つ選べ。ただし，解答の順序は問わない。　4 ・ 5

①　近親交配に伴う ℓ_x の上昇

②　近親交配に伴う m_x の低下

③　偶然に個体数がゼロになる確率の上昇

④　種間競争の緩和による競争排除の減少

⑤　共倒れ型の種内競争の激化

問 5 下線部(b)に関連して，世代の経過とともに各小集団の遺伝子型の構成が変化することで，遺伝的多様性に影響する場合を考える。次の図1は，ある集団から無作為に抽出した20個体について，ある遺伝子座の遺伝子型の構成を塩基配列で表している。この集団が多くの小集団に分断され，それ以降多くの世代が経過したとする。その時点で無作為に複数の小集団について調べたときに，各小集団の遺伝子型の構成として現れる**可能性が最も低いもの**を，下の**①**～**④**のうちから一つ選べ。ただし，これらの遺伝子型は，自然選択に対して中立であるものとする。 <u>6</u>

個体 1	...ACGSAAT...	個体 11	...ACGCAAT...
個体 2	...ACGSAAT...	個体 12	...ACGGAAT...
個体 3	...ACGCAAT...	個体 13	...ACGGAAT...
個体 4	...ACGGAAT...	個体 14	...ACGSAAT...
個体 5	...ACGSAAT...	個体 15	...ACGSAAT...
個体 6	...ACGSAAT...	個体 16	...ACGSAAT...
個体 7	...ACGGAAT...	個体 17	...ACGGAAT...
個体 8	...ACGCAAT...	個体 18	...ACGSAAT...
個体 9	...ACGSAAT...	個体 19	...ACGCAAT...
個体 10	...ACGCAAT...	個体 20	...ACGSAAT...

各個体で，A，T，G，およびCはそれぞれの塩基のホモ接合であることを，SはGとCのヘテロ接合であることを表す。

図 1

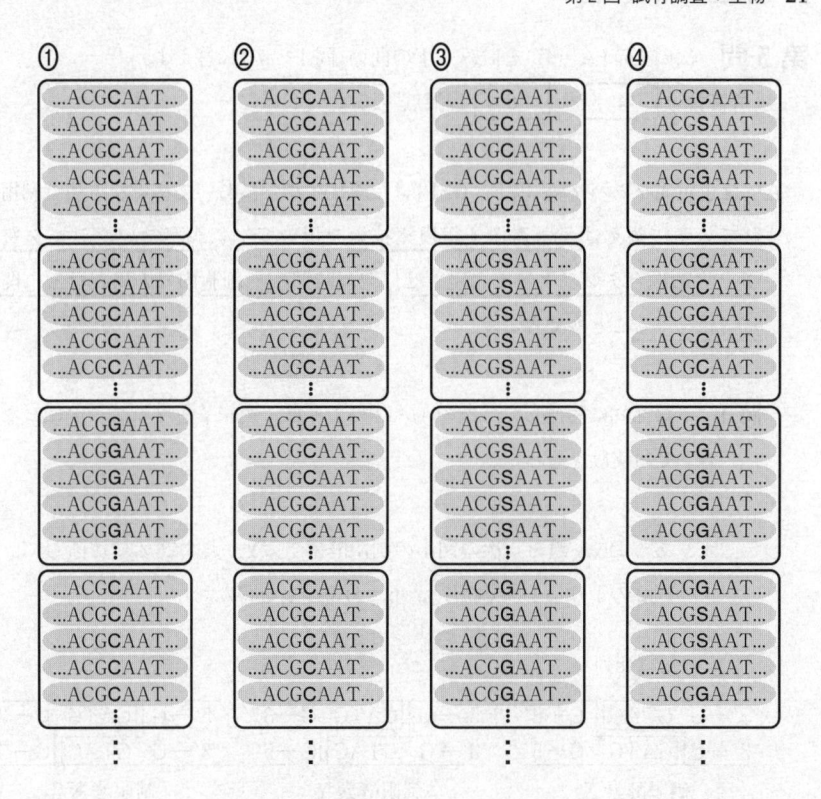

第5問　次の文章（A・B）を読み，下の問い（問1〜7）に答えよ。

〔解答番号　1　〜　8　〕（配点　26）

A　緑色蛍光タンパク質（以下，GFP）は，現代生物学において様々な方法で利用されている。例えば，(a)遺伝子組換え技術を用いて，(b)調べたいタンパク質とGFPとの融合タンパク質を発現させ，発現時期や(c)細胞内での局在などに関する情報を得ることもできる。

問1　下線部(a)に関連して，次の(1)・(2)のように，遺伝子をプラスミドにつなぎ合わせる実験を行った。

(1)　あるDNA鎖を，次の図1の制限酵素X，Y，およびZで切断して，下の図2のようなDNA断片a，b，およびcを得た。

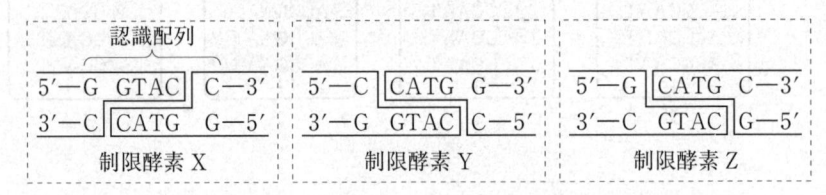

図1　制限酵素X，Y，およびZが認識する配列と切断の仕方

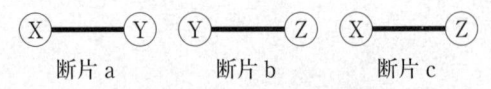

断片a　　　　断片b　　　　断片c

Ⓧ，Ⓨ，Ⓩ：制限酵素X，Y，またはZで切断したときの切り口

図　2

(2)　プラスミドを，図1の制限酵素 X と Z とで切断して，次の図3のような プラスミド断片を得た。

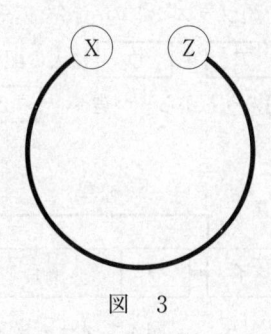

図　3

　このプラスミド断片と図2の DNA 断片 a，b，または c とを混合し，DNA リガーゼを加えて反応させたとき，図2の DNA 断片 a〜c のうち，プラスミド断片に連結されて環状になり得る DNA はどれか。それらを過不足なく含むものを，次の①〜⑧のうちから一つ選べ。ただし，1本のプラスミドに挿入される DNA 断片は1本だけとする。　　|　1　|

① a　　　　　　　　② b　　　　　　　　③ c
④ a，b　　　　　　⑤ a，c　　　　　　⑥ b，c
⑦ a，b，c　　　　⑧ どれも環状にならない。

問 2 下線部(b)に関連して，チューブリンと GFP との融合タンパク質を，マウスの様々な細胞で発現させることができるように，プラスミドを設計した。次の図4は，そのプラスミドの一部を模式的に示したものである。このとき，図4中の　ア　～　ウ　に入る配列の組合せとして最も適当なものを，下の①～⑥のうちから一つ選べ。　2

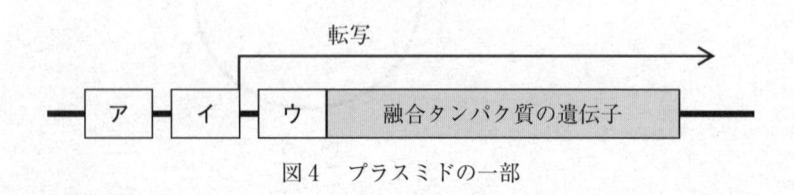

図4　プラスミドの一部

	ア	イ	ウ
①	転写調節領域 （転写調節配列）	プロモーター	翻訳開始点
②	転写調節領域 （転写調節配列）	翻訳開始点	プロモーター
③	プロモーター	転写調節領域 （転写調節配列）	翻訳開始点
④	プロモーター	翻訳開始点	転写調節領域 （転写調節配列）
⑤	翻訳開始点	転写調節領域 （転写調節配列）	プロモーター
⑥	翻訳開始点	プロモーター	転写調節領域 （転写調節配列）

問 3 下線部(c)に関連して，**問 2**で作製したプラスミドを複数のマウスに導入
し，チューブリンと GFP の融合タンパク質を発現させ，様々な細胞で GFP
の蛍光を観察したところ，この蛍光はチューブリンと同じ局在を示してい
た。次の蛍光顕微鏡像の模式図 d〜h のうち，観察されたものはどれか。観
察された像の組合せとして最も適当なものを，下の**①〜⑧**のうちから一つ選
べ。なお，GFP の蛍光は，黒塗りで示してある。また，図の縮尺は同じで
はない。 3

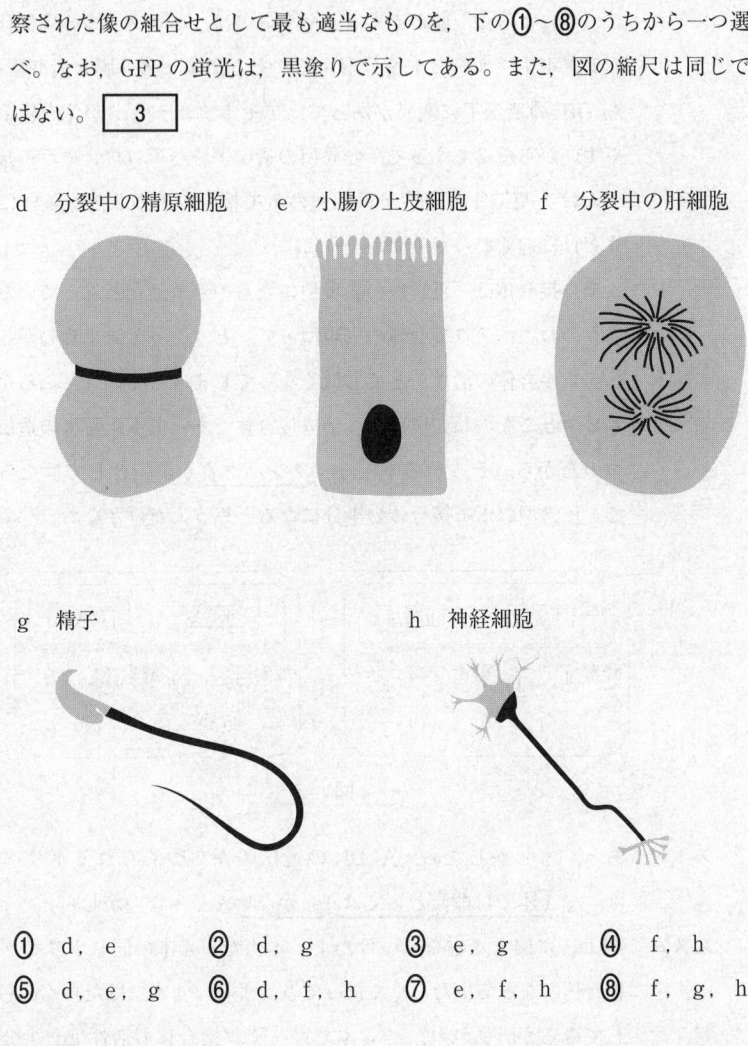

d　分裂中の精原細胞　　　e　小腸の上皮細胞　　　f　分裂中の肝細胞

g　精子　　　　　　　h　神経細胞

① d，e　　　**②** d，g　　　**③** e，g　　　**④** f，h

⑤ d，e，g　　**⑥** d，f，h　　**⑦** e，f，h　　**⑧** f，g，h

B　保健の授業で，日本人には，お酒(エタノール)を飲んだときに顔が赤くなりやすい人が，欧米人に比べて多いことを学んだ。このことに興味をもったスミコ，カヨ，ススムの三人は，図書館に行ってその原因について調べてみることにした。

スミコ：この本によると，顔が赤くなりやすいのは，エタノールの中間代謝物であるアセトアルデヒドを分解するアセトアルデヒド脱水素酵素(以下，ALDH)の遺伝子に変異があって，アセトアルデヒドが体内に蓄積されやすいからなんですって。変異型の遺伝子をヘテロ接合やホモ接合でもつ人は，ALDH の活性が正常型のホモ接合の人の2割くらいになったりゼロに近くなったりするそうよ。

カ ヨ：ヘテロ接合体は，正常型の表現型になるのが普通だと思っていたけど，違うのね。ヘテロ接合体の表現型って，どうやって決まるのかしら。

ススム：ヘテロ接合体の活性がとても低くなってしまうっていうところが，どうもピンとこないね。僕は，ヘテロ接合体であっても正常型の遺伝子をもつのだから，そこからできる(d)タンパク質が酵素としてはたらくことで，正常型のホモ接合体の半分になると思うんだけどなあ。(図5)

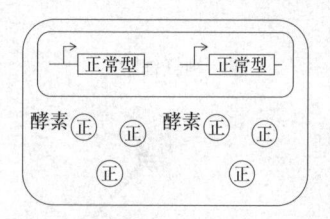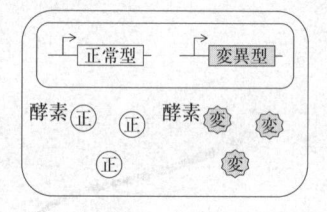

図　5

スミコ：あっ，もしかしたら，ALDH の遺伝子からつくられるポリペプチドは，(e)1本では酵素としてはたらかないんじゃないかしら。

ススム：ALDH に関する本を見つけたよ。本当だ，4本の同じポリペプチドが複合体となってはたらくんだってさ。よし，4本ではたらくとして計算してみるか。あれれ，(f)4本でもヘテロ接合体の活性は，半分になってしまうぞ。

カ　ヨ：ちょっと待って。私が見つけた文献には，ヘテロ接合体でできる 5 種類
　　　　の複合体について詳しく書いてあるわ。（表 1 ）

表 1　　5 種類の複合体

変異ポリペプチドの本数	0	1	2	3	4
存在比	$\dfrac{1}{16}$	$\dfrac{4}{16}$	$\dfrac{6}{16}$	$\dfrac{4}{16}$	$\dfrac{1}{16}$
酵素活性（相対値）	100	48	12	5	4
複合体の例	正 正／正 正	正 正／正 変	変 正／正 変	変 変／正 変	変 変／変 変

カ　ヨ：表 1 から計算すると，ヘテロ接合体の活性は，正常型のホモ接合体の 2
　　　　割強になるわね。たぶん，ススムさんの計算は前提が違っているのよ。
スミコ：きっと活性のない変異ポリペプチドが，複合体の構成要素となって，活
　　　　性を阻害しているのね。二人三脚で走るときに，速い人が遅い人と組む
　　　　とスピードが遅くなるというのと同じことよ。ああ，だから，ヘテロ接
　　　　合の人は，変異型のホモ接合体の表現型に近くなるんだわ。
ススム：なるほどね。日本人にお酒を飲んだときに顔が赤くなりやすい人が多い
　　　　のには，変異ポリペプチドを含む複合体の ALDH の活性と，変異型の
　　　　遺伝子頻度という生物学的な背景があるんじゃないかな。じゃあ，みん
　　　　なで(g)変異型の遺伝子頻度を調べてみようよ。

問 4 下線部(d)に関連して，細胞でつくられるタンパク質には，ALDH とは異なり，細胞外に分泌されてはたらくものもある。このようなタンパク質を合成しているリボソームが存在する場所として最も適当なものを，次の①～⑤のうちから一つ選べ。　4

① 核の内部　　　　② 細胞膜の表面　　　　③ ゴルジ体の内部

④ 小胞の内部　　　　⑤ 小胞体の表面

問 5 下線部(e)に関連して，2 本の正常ポリペプチドが集合して初めてはたらく酵素を考える。このとき，正常ポリペプチドと，集合はできるが複合体の活性に寄与しない変異ポリペプチドがあると仮定する。正常ポリペプチドに対して混在する変異ポリペプチドの割合を様々に変化させるとき，予想される酵素活性の変化を表す近似曲線として最も適当なものを，次のグラフ中の①～⑤のうちから一つ選べ。　5

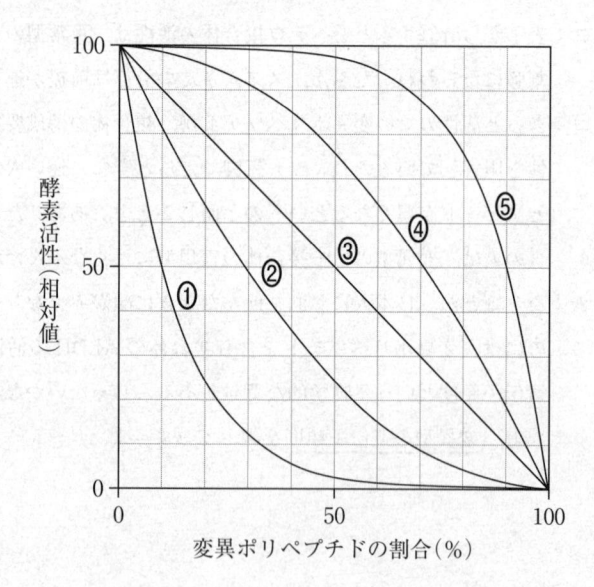

問 6　下線部(f)について，どのような前提で計算すれば，活性が半分になるか。考え得る前提として適当なものを，次の①～⑤のうちから二つ選べ。ただし，解答の順序は問わない。　| 6 |・| 7 |

① 複合体の酵素活性は，複合体中の正常ポリペプチドの本数に比例する。

② 複合体の酵素活性は，複合体中の変異ポリペプチドの本数に反比例する。

③ 正常ポリペプチドが1本でも入った複合体の酵素活性は，100である。

④ 変異ポリペプチドが1本でも入った複合体は，酵素活性をもたない。

⑤ 変異ポリペプチドは，複合体の構成要素にならない。

問 7　下線部(g)について，エタノールに浸したパッチシートで皮膚が紅潮するまでの時間の違いによって，その人の ALDH の活性の高低を調べることができる。三人が同級生 160 人の協力を得て調べたところ，次の表2の結果が得られた。表2から推測される変異型の ALDH 遺伝子の遺伝子頻度として最も適当なものを，下の①～⑥のうちから一つ選べ。　| 8 |

表　2

活性が低いかほとんどない	活性が高い
70 人	90 人

① 0.25　　② 0.33　　③ 0.44

④ 0.56　　⑤ 0.67　　⑥ 0.75

生　物　基　礎

（解答番号 　1 　～　 19 ）

第1問　次の文章（**A・B**）を読み，下の問い（**問1～5**）に答えよ。（配点　17）

　A　アキラとカオルは，次の図1のように，オオカナダモの葉を光学顕微鏡で観察
　し，それぞれスケッチをしたところ，下の図2のようになった。

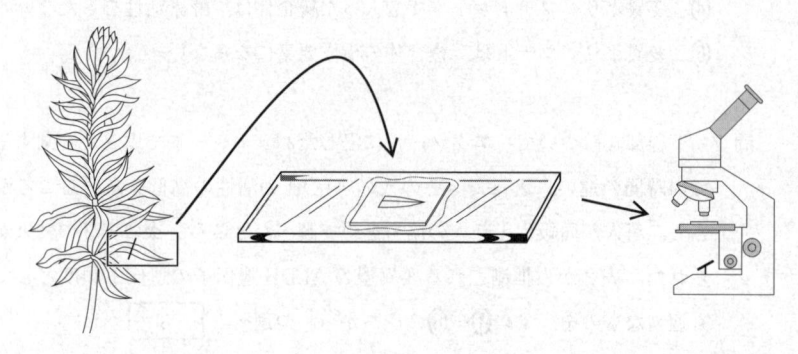

図　1

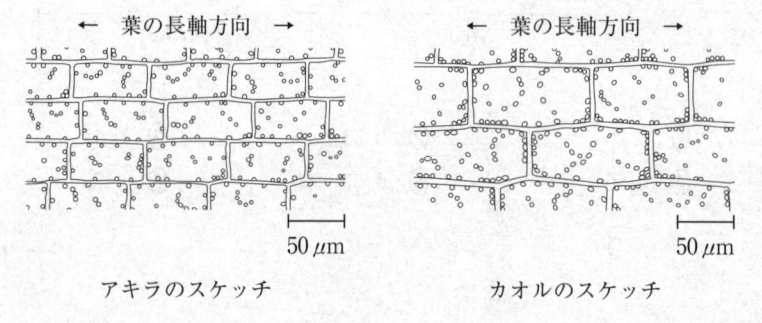

← 葉の長軸方向 →	← 葉の長軸方向 →
50 µm	50 µm
アキラのスケッチ	カオルのスケッチ

図　2

アキラ：スケッチ(図 2)を見ると，オオカナダモの葉緑体の大きさは，以前に授業で見たイシクラゲ(シアノバクテリアの一種)の細胞と同じくらいだ。実際に観察すると，授業で習った(a)共生説にも納得がいくね。

カオル：ちょっと，君のを見せてよ。おや，君の見ている細胞は，私が見ているのよりも少し小さいようだなあ。私のも見てごらんよ。

アキラ：どれどれ，本当だ。同じ大きさの葉を，葉の表側を上にして，同じような場所を同じ倍率で観察しているのに，細胞の大きさはだいぶ違うみたいだなあ。

カオル：調節ねじ(微動ねじ)を回して，対物レンズとプレパラートの間の距離を広げていくと，最初は小さい細胞が見えて，その次は大きい細胞が見えるよ。その後は何も見えないね。

アキラ：そうだね。それに調節ねじを同じ速さで回していると，大きい細胞が見えている時間の方が長いね。

カオル：そうか，(b)観察した部分のオオカナダモの葉は 2 層の細胞でできているんだ。ツバキやアサガオの葉とはだいぶ違うな。

アキラ：アサガオといえば，小学生のときに，葉をエタノールで脱色してヨウ素液で染める実験をしたね。

カオル：日光に当てた葉でデンプンがつくられることを確かめた実験のことだね。

アキラ：(c)デンプンがつくられるには，光以外の条件も必要なのかな。

カオル：オオカナダモで実験してみようよ。

問 1 下線部(a)について，植物の葉緑体に関する次の記述ⓐ〜ⓓのうち，共生説の根拠となる記述の組合せとして最も適当なものを，下の①〜⑥のうちから一つ選べ。　| 1 |

- ⓐ 独自の DNA が存在する。
- ⓑ ミトコンドリアに比べてかなり大きい。
- ⓒ 細胞内で移動する。
- ⓓ 細胞の分裂とは独立した分裂によって増殖する。

① ⓐ，ⓑ　　　　② ⓐ，ⓒ　　　　③ ⓐ，ⓓ

④ ⓑ，ⓒ　　　　⑤ ⓑ，ⓓ　　　　⑥ ⓒ，ⓓ

問 2 下線部(b)について，二人の会話と図2をもとに，葉の横断面（次の図3中の P-Q で切断したときの断面）の一部を模式的に示した図として最も適当なものを，下の①〜⑥のうちから一つ選べ。ただし，いずれの図も，上側を葉の表側とし，■はその位置の細胞の形と大きさを示している。　| 2 |

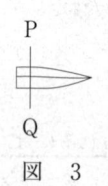

図　3

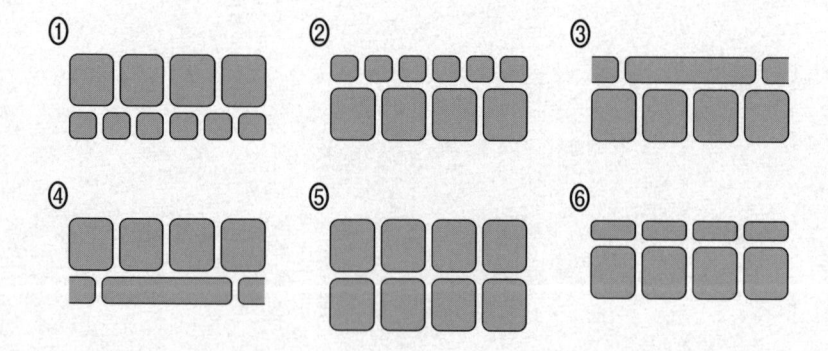

問 3 下線部(c)について，葉におけるデンプン合成には，光以外に，細胞の代謝と二酸化炭素がそれぞれ必要であることを，オオカナダモで確かめたい。そこで，次の処理 I ～ III について，下の表 1 の植物体 A ～ H を用いて，デンプン合成を調べる実験を考えた。このとき，調べるべき植物体の組合せとして最も適当なものを，下の①～⑨のうちから一つ選べ。　　3

処理 I：温度を下げて細胞の代謝を低下させる。

処理 II：水中の二酸化炭素濃度を下げる。

処理 III：葉に当たる日光を遮断する。

表　1

	処理 I	処理 II	処理 III
植物体 A	×	×	×
植物体 B	×	×	○
植物体 C	×	○	×
植物体 D	×	○	○
植物体 E	○	×	×
植物体 F	○	×	○
植物体 G	○	○	×
植物体 H	○	○	○

○：処理を行う，×：処理を行わない

① A, B, C	② A, B, E	③ A, C, E
④ A, D, F	⑤ A, D, G	⑥ A, F, G
⑦ D, F, H	⑧ D, G, H	⑨ F, G, H

B　近年，(d)様々な生物のゲノムが解読されている。ゲノム内には，遺伝子とし
てはたらく部分と，遺伝子としてはたらかない部分とがある。遺伝子としてはた
らく部分では，(e)その遺伝情報に基づいてタンパク質が合成される。

問 4　下線部(d)に関連する記述として最も適当なものを，次の①～⑤のうちから
一つ選べ。　　4

① 　個人のゲノムを調べれば，その人の特定の病気へのかかりやすさを予想
できる。

② 　個人のゲノムを調べれば，その人がこれまでに食中毒にかかった回数が
分かる。

③ 　生物の種類ごとに，ゲノムの大きさは異なるが，遺伝子の総数は同じで
ある。

④ 　生物の種類ごとに，遺伝子の総数は異なるが，ゲノムの大きさは同じで
ある。

⑤ 　植物の光合成速度は，環境によらず，ゲノムによって決定されている。

問5 下線部(e)に関連して，次の文章中の ア ・ イ に入る数値として
最も適当なものを，下の①～⑦のうちからそれぞれ一つずつ選べ。ただし，
同じものを繰り返し選んでもよい。

ア 5 ・イ 6

DNA の塩基配列は，RNA に転写され，塩基三つの並びが一つのアミノ
酸を指定する。例えば，トリプトファンとセリンというアミノ酸は，次の表
2の塩基三つの並びによって指定される。任意の塩基三つの並びがトリプト
ファンを指定する確率は ア 分の1であり，セリンを指定する確率はト
リプトファンを指定する確率の イ 倍と推定される。

表　2

塩基三つの並び		アミノ酸
UGG		トリプトファン
UCA	UCG	
UCC	UCU	セリン
AGC	AGU	

① 4　　　　　② 6　　　　　③ 8　　　　④ 16
⑤ 20　　　　⑥ 32　　　　⑦ 64

第2問 次の文章（**A・B**）を読み，下の問い（**問1〜6**）に答えよ。（配点 19）

A 肝臓には大量の血液が流入する。肝臓は，流入してきた血液中に含まれる様々な物質を化学反応を通してつくり変えることで，(a)体内環境の維持を担っている。次の図1はヒトの腹部の横断面を，下の図2はヒトの肝臓の一部分を拡大したものを，それぞれ模式的に表したものである。

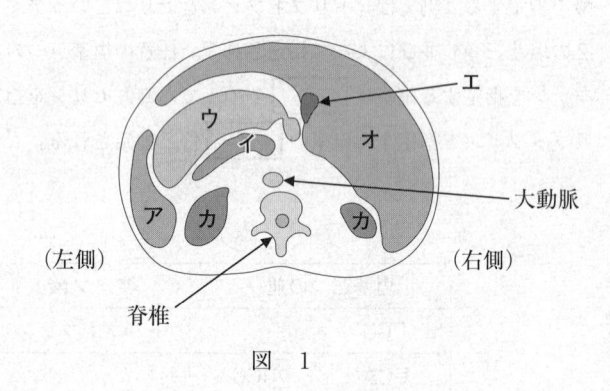

図 1

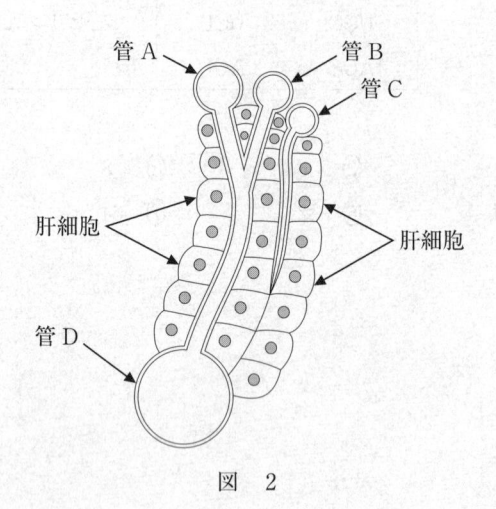

図 2

問 1　図 1 中のア〜カのうち，肝臓を示すものはどれか。最も適当なものを，次の①〜⑥のうちから一つ選べ。　7

① ア　　② イ　　③ ウ　　④ エ　　⑤ オ　　⑥ カ

問 2　図 2 についての記述として適当なものを，次の①〜⑥のうちから二つ選べ。ただし，解答の順序は問わない。なお，図 2 の管 B には酸素を多く含む血液が流れている。　8 ・ 9

① 血液は，管 A から管 D の方向に流れている。

② 血液は，管 D から管 B の方向に流れている。

③ 管 A には，消化管からの血液が流れている。

④ 管 C から流れてきた液体は，肝細胞の隙間に拡散する。

⑤ 管 B は，肝静脈である。

⑥ 管 D は，肝門脈である。

問 3　下線部(a)について，次の記述ⓐ〜ⓓのうち，ヒトの肝臓の機能についての記述の組合せとして最も適当なものを，下の①〜⑥のうちから一つ選べ。　10

ⓐ タンパク質を合成し，血しょう中に放出する。

ⓑ 胆汁を貯蔵し，十二指腸に放出する。

ⓒ 尿素を分解し，アンモニアとして排出する。

ⓓ 発熱源となり，体温の保持に関わる。

① ⓐ, ⓑ　　　② ⓐ, ⓒ　　　③ ⓐ, ⓓ

④ ⓑ, ⓒ　　　⑤ ⓑ, ⓓ　　　⑥ ⓒ, ⓓ

B アスカとシンジは，病院の待合室で薬の投与法について議論した。

アスカ：薬は錠剤みたいに口から飲むものが多いけど，考えてみると，湿布や目薬のように表面から直接だったり，注射だったり，色々な投与法があるわよね。

シンジ：そうだね。なぜ，筋肉痛の薬は皮膚に塗るだけで効くのかな。

アスカ：例えば，湿布にもよく入っているインドメタシン製剤は，脂溶性にしているから皮膚を通して患部の細胞の中まで浸透するのよ。

シンジ：糖尿病の薬として使う(b)インスリンは注射だね。

アスカ：そうね。重い糖尿病では，毎日何度も注射しないといけないという話ね。インスリンはタンパク質の一種だから，口から飲むと　キ　からなんですって。

シンジ：そうそう，ハブに咬まれたときに使う血清も注射だよね。

アスカ：そうね。その血清は，ハブ毒素に対する抗体を含んでいるから，毒素に結合して毒の作用を打ち消すのよ。

シンジ：じゃあ，毒素の作用を完全に打ち消すためには，(c)日をおいてもう一度血清を注射した方がいいのかなあ。

アスカ：あれっ，血清を二度注射すると，血清に対する強いアレルギー反応が起こるんじゃないかな。

問 4　下線部(b)についての記述として最も適当なものを，次の①～⑤のうちから一つ選べ。　11

① 薬として開発されたタンパク質で，本来はヒトの体内に存在しない。

② 肝臓ではたらく酵素で，グルコースからグリコーゲンを合成する。

③ 小腸上皮から分泌される消化酵素で，グリコーゲンを分解する。

④ 副腎髄質から分泌されるホルモンで，血糖濃度を増加させる。

⑤ ランゲルハンス島から分泌されるホルモンで，血糖濃度を減少させる。

問5 上の会話文中の キ に入る文として最も適当なものを，次の①〜⑤の
うちから一つ選べ。 12

① 効果が強くなりすぎる

② 抗原抗体反応で無力化されてしまう

③ 分解も吸収もされずに体外に排出されてしまう

④ 吸収に時間がかかりすぎる

⑤ 消化により分解されてしまう

問6 下線部(c)について，ハブに咬まれた直後に血清を注射した患者に，40日
後にもう一度血清を注射したと仮定する。このとき，ハブ毒素に対してこの
患者が産生する抗体の量の変化を示すグラフとして最も適当なものを，次の
①〜⑥のうちから一つ選べ。 13

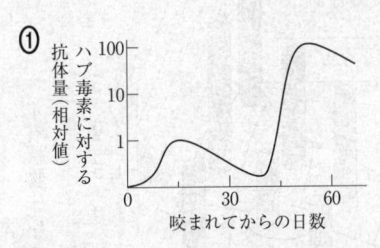

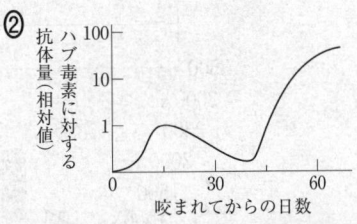

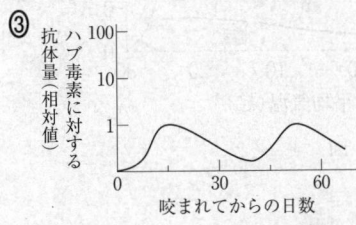

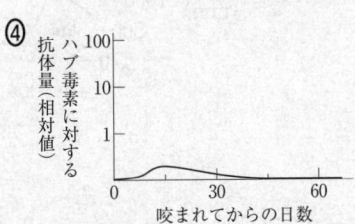

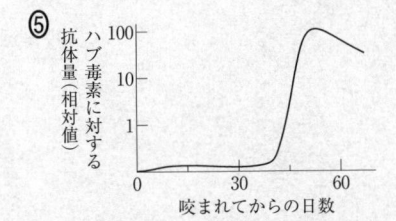

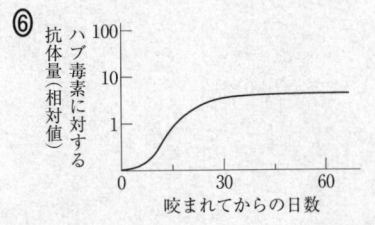

第3問 次の文章(**A・B**)を読み，下の問い(問1～4)に答えよ。(配点 14)

A 地球上におけるバイオームの種類と分布は，年平均気温および年降水量と密接な関係がある。次の図1は，年平均気温，年降水量，および生産者による単位面積あたりの年有機物生産量の関係を，バイオーム別に示したものである。

生産者によって生産された有機物には窒素が含まれており，窒素は生態系内で閉鎖的な循環を続けている。有機物が土壌に供給されると，窒素は主に土壌微生物のはたらきで無機物となる。(a)無機物となった窒素は生産者に吸収されて再び有機物となる。

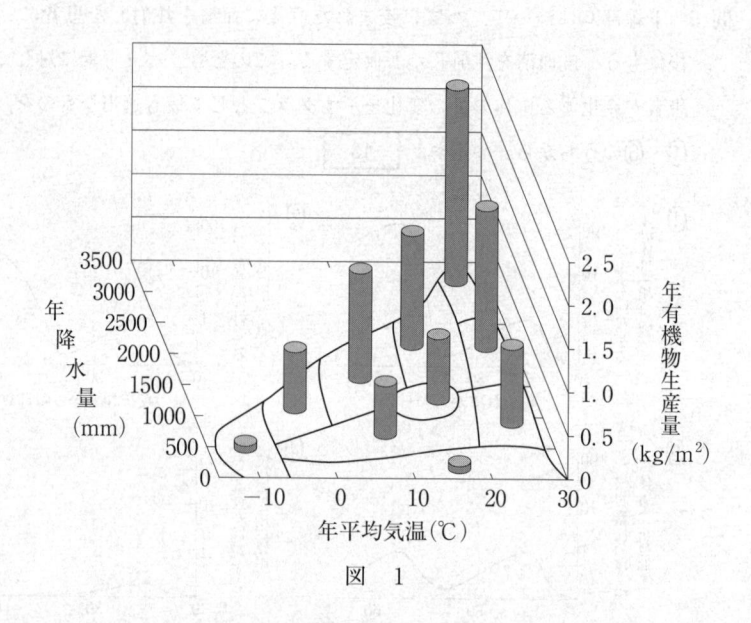

図 1

問 1 図 1 についての記述として適当なものを，次の①～⑦のうちから二つ選べ。ただし，解答の順序は問わない。 14 ・ 15

① 年平均気温がほぼ同じバイオームでは，年降水量が少ないほど有機物の生産量は大きくなる。

② 年平均気温がほぼ同じバイオームでは，年降水量が少ないほど有機物の生産量は小さくなる。

③ 年平均気温がほぼ同じバイオームでは，年降水量と無関係に有機物の生産量は一定となる。

④ ツンドラよりサバンナの方が，有機物の生産量は小さい。

⑤ 針葉樹林より砂漠の方が，有機物の生産量は大きい。

⑥ 硬葉樹林より照葉樹林の方が，有機物の生産量は小さい。

⑦ 硬葉樹林より雨緑樹林の方が，有機物の生産量は大きい。

問 2 下線部(a)について，生産された有機物に含まれる窒素の重量比が 0.7 ％だったとき，熱帯・亜熱帯多雨林で生産者の吸収する窒素量は，年間で 1 平方メートルあたり何グラム (g) になるか。図 1 から推定される数値として最も適当なものを，次の①～⑤のうちから一つ選べ。 16 g

① 1　　　② 6　　　③ 9　　　④ 15　　　⑤ 22

B バイオームによって有機物の生産量に違いがあることを知ったユヅルとサラ
は，大気中の二酸化炭素濃度の変化に生態系がどのように関係しているのかにつ
いて考えた。

ユヅル：生産者によって二酸化炭素が有機物に取り込まれるわけだから，有機物
　　　　の生産量の大きな生態系は，大気中の二酸化炭素濃度の上昇を抑制する
　　　　効果が大きいと考えられるよね。

サ　ラ：確かに，生産者だけを取り上げればそうかもしれない。でも，生産され
　　　　た有機物は，食物連鎖を通して，消費者や分解者に次々と利用されてい
　　　　くよね。これらの生物は，有機物に含まれる炭素を呼吸によって二酸化
　　　　炭素に戻してしまう。だから，いくら生産者による有機物の生産が盛ん
　　　　でも，消費者と分解者の呼吸が多ければ，大気中の二酸化炭素濃度の上
　　　　昇を抑制しているとはいえないように思うけど。

ユヅル：なるほど。もし，　ア　ことや，　イ　ことが観察されれば，生態
　　　　系が大気中の二酸化炭素濃度を減少させる効果があるといえるんじゃな
　　　　いかな。

サ　ラ：これは，エネルギーの流れからも考えることができるよ。生産者が光エ
　　　　ネルギーを有機物のエネルギーに変えるわけだけど，この有機物のエネ
　　　　ルギーの　ウ　のであれば，生態系が大気中の二酸化炭素濃度の上昇
　　　　を抑制しているといえるね。

問 3　上の会話文中の　ア　・　イ　に入る文として適当なものを，次の
①〜⑥のうちからそれぞれ一つずつ選べ。ただし，　ア　・　イ　の解
答の順序は問わない。

ア　17　・イ　18

① 生態系の有機物量が年々増加する

② 生態系の有機物量が年々減少する

③ 生態系の有機物量が毎年一定の値に維持されている

④ 大気中の酸素濃度が年々増加する

⑤ 大気中の酸素濃度が年々減少する

⑥ 大気中の酸素濃度が毎年一定の値に維持されている

問 4　上の会話文中の　ウ　に入る文として最も適当なものを，次の①〜④の
うちから一つ選べ。　19

① すべてが熱エネルギーとなる

② 一部が熱エネルギーとならずに残る

③ すべてが光エネルギーとなる

④ 一部が光エネルギーとなり，残りは熱エネルギーとなる

共通テスト
第1回 試行調査

生物

解答時間 60 分
配点 100 点

生　物

（全 問 必 答）

第1問　次の文章を読み，下の問い（**問1〜3**）に答えよ。

〔解答番号　1　〜　3　〕

　ナオキさんとサクラさんは，干潮時に河川の下流部の岸辺近くに現れた干潟の生物調査を行った。干潟は砂でできており，その表面には(a)直径2〜3mmの小さい穴が多数見られ，この穴には生物が生息していることがわかった。

問1　下線部(a)に関連して，干潟の砂の中にいる生物の密度や分布を調べるには，方形枠が用いられる。次の表1は，この干潟に3種類の大きさの方形枠を重ならないようランダムに10個ずつ置いたときに，その中にいたある生物の個体数を示したものである。表1から推察される，この生物の個体の分布を示す図として最も適当なものを，下の①〜⑨のうちから一つ選べ。　1

表　1

5 cm 四方	1	0	2	0	3	1	1	0	0	2
10 cm 四方	5	3	1	4	8	2	5	4	3	0
20 cm 四方	16	18	17	12	14	15	13	15	18	19

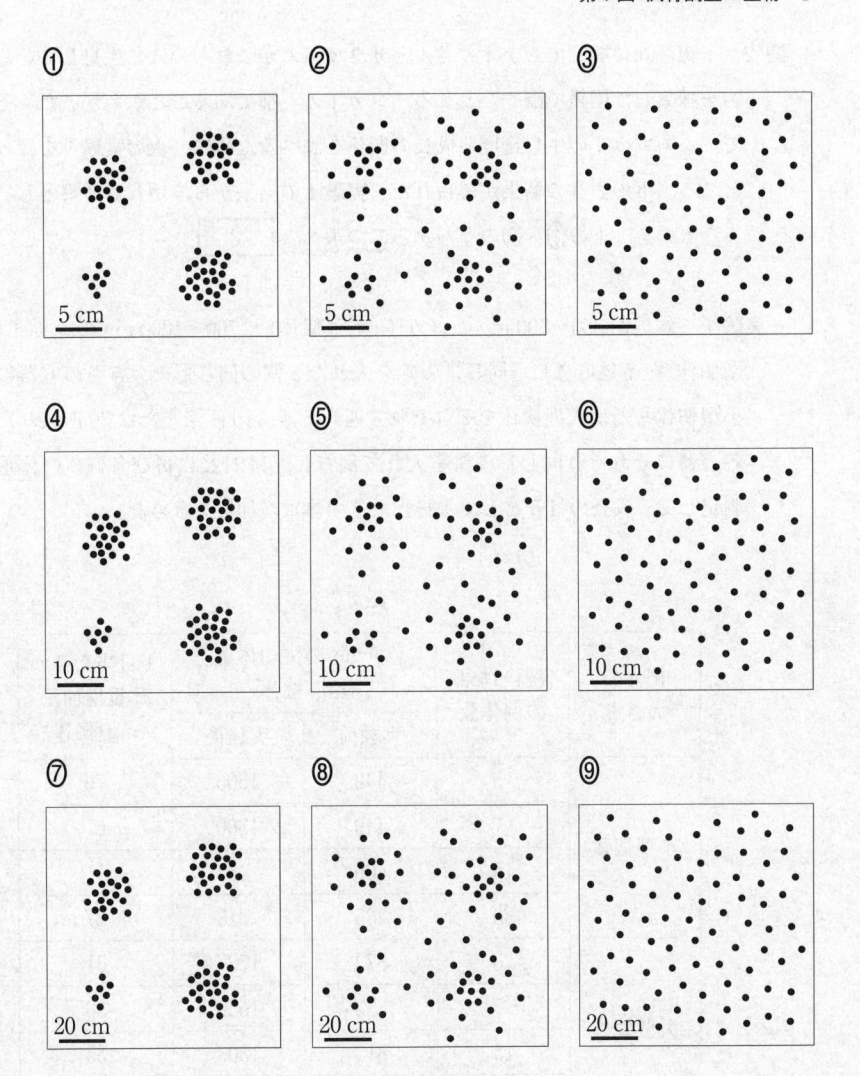

問 2　下線部(a)に関して，ナオキさんとサクラさんがこれらの穴に生息している生物を採集して図鑑で調べたところ，ゴカイの一種であることがわかった。そこで，このゴカイの生息密度と成長の関係を調べるために，次の**実験 1**を行ったところ，下の表 2 の結果が得られた。**実験 1**の結果から導かれる考察として適当なものを，下の①〜⑥のうちから二つ選べ。　　 2

実験 1　体重が 350〜500 mg のゴカイ（小型個体）と 700〜1000 mg のゴカイ（大型個体）を多数用意し，同じ量の砂を入れた 8 個の同じ形・大きさの容器に，小型個体または大型個体をそれぞれ 3 匹，7 匹，15 匹，または 30 匹入れた。各容器にそれぞれ同じ量の餌を入れて飼育し，14 日後に再び各個体の体重を測定して，成長の目安として 1 日当たりの体重増加量を求めた。

表　2

個体の大きさ	容器当たりの個体数	ゴカイの平均体重（mg/個体）		1 日当たりの体重増加量（mg/個体）
		実験前	実験後	
小型個体	3	442	1506	76
	7	449	1300	61
	15	409	987	41
	30	435	813	27
大型個体	3	873	1727	61
	7	833	1639	58
	15	813	1303	35
	30	867	1025	11

① 　小型個体は生息密度が高いほど成長が遅いが，大型個体は生息密度が低いほど成長が遅い。

② 　大型個体は生息密度が高いほど成長が遅いが，小型個体は生息密度が低いほど成長が遅い。

③ 　小型個体も大型個体も，生息密度が高いほど成長が遅い。

④ 　どの生息密度でも，小型個体よりも大型個体の方が成長が遅い。

⑤ 　どの生息密度でも，大型個体よりも小型個体の方が成長が遅い。

⑥ 　どの生息密度でも，小型個体と大型個体の成長速度は同じである。

問 3　ナオキさんとサクラさんは，このゴカイの発生過程を顕微鏡で観察した。次の②〜①の図は，そのときのスケッチとメモである。これらを発生の順に並べたらどうなるか。並べ方として最も適当なものを，下の**①**〜**⑧**のうちから一つ選べ。　　3

ⓐ

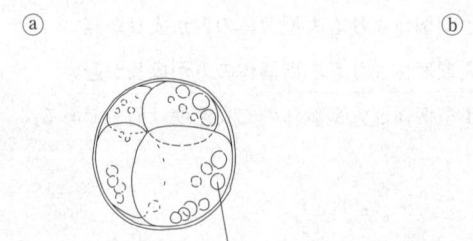

細胞内に丸い粒

ⓑ

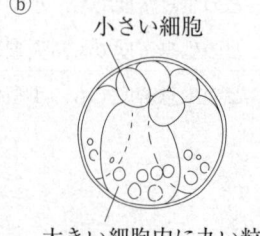

小さい細胞

大きい細胞内に丸い粒

ⓒ

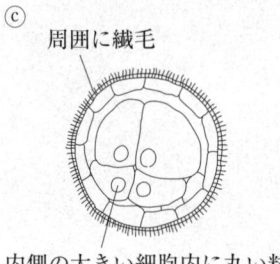

周囲に繊毛

内側の大きい細胞内に丸い粒

ⓓ

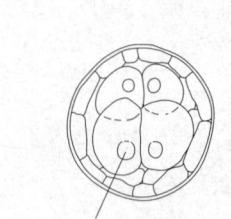

内側の大きい細胞内に丸い粒

ⓔ

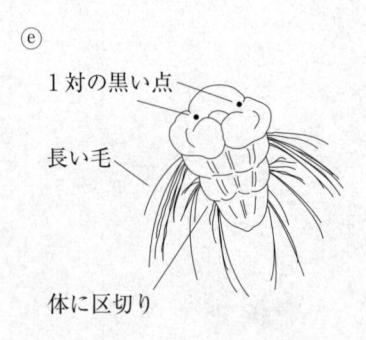

1 対の黒い点

長い毛

体に区切り

ⓕ

長い毛

丸い粒

① ⓐ → ⓑ → ⓒ → ⓓ → ⓔ → ⓕ

② ⓐ → ⓑ → ⓒ → ⓓ → ⓕ → ⓔ

③ ⓐ → ⓑ → ⓓ → ⓒ → ⓔ → ⓕ

④ ⓐ → ⓑ → ⓓ → ⓒ → ⓕ → ⓔ

⑤ ⓑ → ⓐ → ⓒ → ⓓ → ⓔ → ⓕ

⑥ ⓑ → ⓐ → ⓒ → ⓓ → ⓕ → ⓔ

⑦ ⓑ → ⓐ → ⓓ → ⓒ → ⓔ → ⓕ

⑧ ⓑ → ⓐ → ⓓ → ⓒ → ⓕ → ⓔ

第2問　次の文章（A・B）を読み，下の問い（問1～6）に答えよ。

〔解答番号　1　～　7　〕

A　生体における機能が未知の遺伝子のはたらきを知るために，(a)遺伝子改変によりその遺伝子の機能を欠損させたマウス（ノックアウトマウス）を作製し，野生型（正常）のマウスと比較して表現型の違いを調べることがある。

　　受精研究における遺伝子機能解析の実例を見てみよう。哺乳類であるマウスでは，交尾によって雌の体内に送り込まれた精子が卵管まで進入し，卵巣から放出された卵と受精する。(b)受精前の成熟したマウス卵は，次の図1のようになっている。受精が成立するためには，精子は卵丘細胞層および透明帯を通過し，卵細胞膜に結合する必要がある。卵細胞膜に結合後，精子は卵細胞内へ進入して精核を形成し，卵核と融合することで受精が完了する。

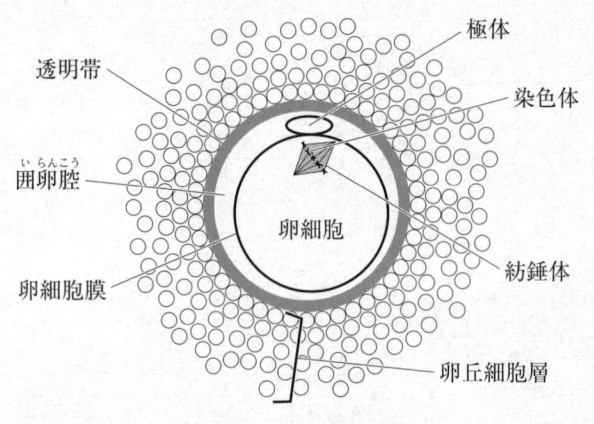

図1　成熟したマウス卵の模式図

　　マウスの配偶子ではたらき，受精の成立に関与すると考えられるタンパク質として，タンパク質Xとタンパク質Yが見つかった。これらのタンパク質のはたらきを調べるために，それぞれのタンパク質をコードする遺伝子Xまたは遺伝子Yの機能を欠損させたノックアウトマウスを作製し，次の**実験1・実験2**を行った。なお，遺伝子Xの機能を欠損した変異遺伝子をx，遺伝子Yの機能を欠損した変異遺伝子をyとする。

実験1 様々な遺伝子型のマウスを交配したところ，次の表1のように，子が生まれた組合せと生まれなかった組合せとがあった。どの遺伝子型のマウスも正常に卵および精子を形成しており，配偶子の形態や精子の運動性は正常であった。

表　1

		雌マウス		
		XXYY	xxYY	XXyy
雄マウス	XXYY	生まれた	生まれなかった	生まれた
	xxYY	生まれた	生まれなかった	生まれた
	XXyy	生まれなかった	生まれなかった	生まれなかった

実験2 表1のマウスについて，精子と卵を取り出し，培養液内で卵に精子を加え（体外授精），卵を観察した。その結果，子が生まれた組合せでは，次の図2のように正常に卵核および精核が形成された。一方，子が生まれなかった組合せでは，いずれの場合も次の図3のように，精子は囲卵腔に進入しているものの，卵細胞膜との結合が見られなかった。

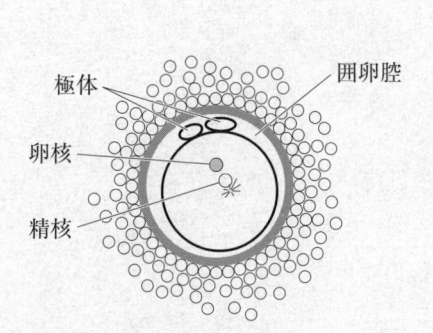

図2　子が生まれた組合せで
体外授精した卵

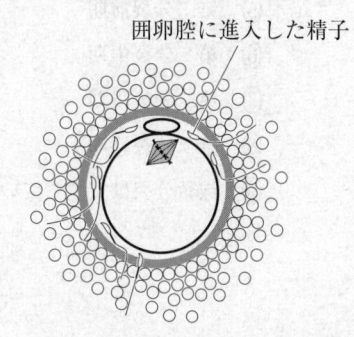

図3　子が生まれなかった組合せ
で体外授精した卵

問 1 下線部(a)に関して，機能するタンパク質をつくらないように遺伝子の塩基配列に変異を入れる方法として**適当でないもの**を，次の①～⑤のうちから一つ選べ。 ☐ 1

① 開始コドンの直前に終止コドンの3塩基を挿入する。

② 開始コドンの3塩基を欠失させる。

③ 開始コドンの直後に1塩基を挿入する。

④ イントロンとエキソンの両方にまたがるように6塩基を欠失させる。

⑤ タンパク質をコードしているエキソンの塩基配列を全て欠失させる。

問 2 下線部(b)の卵では，減数分裂がどの時期まで進行していると考えられるか。図1を参考にして，最も適当なものを，次の①～⑨のうちから一つ選べ。 ☐ 2

① 第一分裂前期

② 第一分裂中期

③ 第一分裂後期

④ 第一分裂終期

⑤ 第二分裂前期

⑥ 第二分裂中期

⑦ 第二分裂後期

⑧ 第二分裂終期

⑨ 減数分裂は完了している。

問 3　実験 1・実験 2 の結果より，遺伝子 X と遺伝子 Y は，それぞれどこでどのようなはたらきをすると考えられるか。最も適当なものを，次の①～⑧のうちからそれぞれ一つずつ選べ。遺伝子 X ｜ 3 ｜・遺伝子 Y ｜ 4 ｜

① 精子ではたらき，精子の卵丘細胞層および透明帯の通過に必要である。

② 精子ではたらき，精子と卵細胞膜との結合に必要である。

③ 精子ではたらき，精子の卵細胞への進入を阻害する。

④ 精子ではたらき，精核の形成を阻害する。

⑤ 卵ではたらき，精子の卵丘細胞層および透明帯の通過に必要である。

⑥ 卵ではたらき，精子と卵細胞膜との結合に必要である。

⑦ 卵ではたらき，精子の卵細胞への進入を阻害する。

⑧ 卵ではたらき，精核と卵核の融合を阻害する。

B 「被子植物の花では，A，BおよびCの三つのクラスの遺伝子のはたらきで，がく，花弁，おしべ，めしべの4つの花器官が，それぞれ領域1，2，3，4に形成される」という花器官形成のABCモデルを習ったカズさんとハナさんは，身近にある植物の花を観察することにした。

カズ：授業で習ったABCモデルは本当に全ての植物に当てはまるのか疑問なんだ。

ハナ：どういうことかな。

カズ：ほら，例えば，そもそもチューリップ（図4左）には，がくがないようなんだ。さらに，花弁が3枚セットで二重になっているように見えるんだ。

ハナ：本当だね。でも，チューリップでは ア と考えれば，ABCモデルで説明できないかな。

カズ：そうか，チューリップの花器官の構成はそれで説明できるね。
ところで，スイレンの花（図4右）を分解してみたら，がくと花弁の中間的な花器官や花弁とおしべの中間的な花器官が見られるんだ。これはどう考えたらいいかな。

ハナ：遺伝子のはたらきをちゃんと調べてみないと断定できないけど，スイレンの場合は イ と考えられないかしら。

カズ：なるほどね。僕もそれに賛成だよ。あれ，スイレンの花を分解している間に，チューリップの花が閉じてきた。しおれちゃったのかな。

ハナ：まだ元気そうだし，しおれたわけじゃないと思うけど。(c)光や重力で茎が曲がるときと同じようなしくみで，花弁が曲がって花が閉じたんじゃないかな。

カズ：そうかなあ，(d)気孔の開閉と同じようなしくみで，花が開いたり閉じたりしているのかもしれないよ。

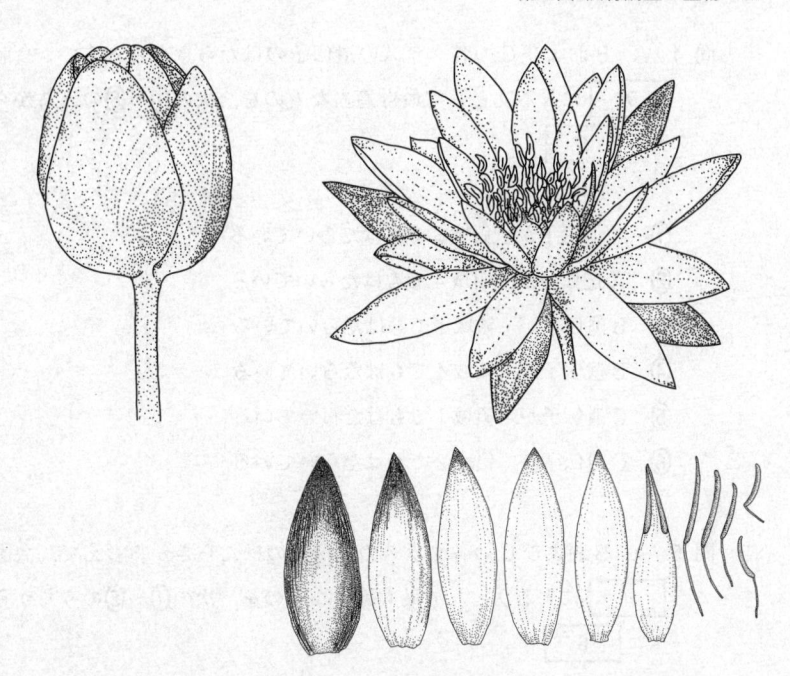

図 4　チューリップ（左）とスイレン（右）の花。スイレンの下のスケッチ
　　　は，花を分解してめしべ以外の花器官を外側から内側に並べたもので
　　　ある。

問 4　A，BおよびCの各クラスの遺伝子のはたらきから考えて，会話文中の ア に入る文として最も適当なものを，次の①〜⑥のうちから一つ選べ。 5

① A遺伝子が，領域3でもはたらいている

② A遺伝子が，領域4でもはたらいている

③ B遺伝子が，領域1でもはたらいている

④ B遺伝子が，領域4でもはたらいている

⑤ C遺伝子が，領域1でもはたらいている

⑥ C遺伝子が，領域2でもはたらいている

問 5　A，BおよびCの各クラスの遺伝子のはたらきから考えて，会話文中の イ に入る文として最も適当なものを，次の①〜⑤のうちから一つ選べ。 6

① A遺伝子が，領域1ではたらかなくなっている

② A遺伝子が，領域2ではたらかなくなっている

③ B遺伝子が，領域2ではたらかなくなっている

④ B遺伝子が，領域3ではたらかなくなっている

⑤ 領域の境界が，あいまいになっている

問 6　チューリップの花の開閉は，温度の影響で起こることが知られている。

チューリップの花弁の内側と外側から同じ長さの表皮片を剥ぎ取って水に浮かべ，温度を変えて各表皮片の長さを測定したところ，次の図5に示す結果が得られた。このグラフには，チューリップの花の開閉が下線部(c)と(d)のどちらのしくみによるかを考えるために必要な情報が含まれている。グラフのどのような特徴に注目することで，どちらのしくみであると判断できるか。しくみと注目点の組合せとして最も適当なものを，下の①〜⑥のうちから一つ選べ。　| 7 |

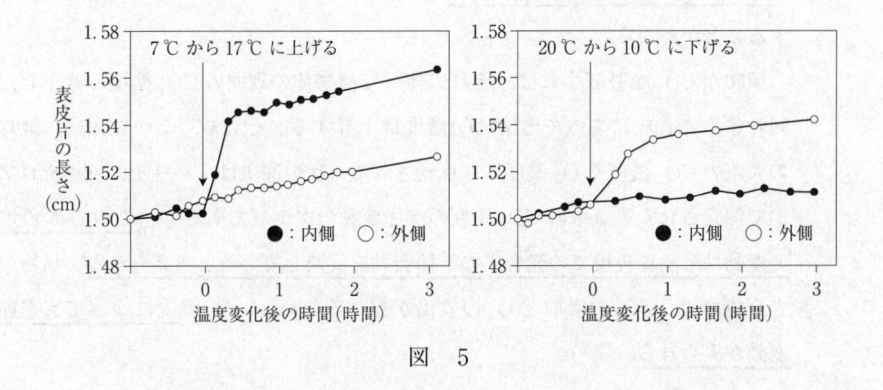

図　5

	しくみ	注目点
①	(c)	内側と外側の表皮片を比べると，温度上昇後は「内側の長さ>外側の長さ」，
②	(d)	低下後は「内側の長さ<外側の長さ」と，温度条件によって長さの大小が逆になっていること
③	(c)	温度変化の影響が一時的で，温度を変えてしばらくすると内側と外側の表皮片の長さの差が一定となっていること
④	(d)	
⑤	(c)	変化しているのが表皮片の伸び具合であって，どの温度条件のどの表皮片も縮んではいないこと
⑥	(d)	

第3問　次の文章（A・B）を読み，下の問い（問1～5）に答えよ。

〔解答番号 $\boxed{1}$ ～ $\boxed{9}$ 〕

A　植物は，大気中の二酸化炭素（CO_2）を取り込み，光合成によって有機物に変換して自らの生育に役立てている。植物の CO_2 の吸収速度は，光合成器官である葉の量と葉の光合成速度の積に比例する。したがって，植物の葉の量が変わらない場合，葉の光合成速度は，植物の CO_2 吸収速度から見積もることができる。例えば，(a)<u>熱帯や亜熱帯を原産地とする多くの植物は，低温にさらされると CO_2 の吸収速度が大きく低下する</u>ことから，低温により葉の光合成速度が低下することがわかる。

　植物が CO_2 を吸収すれば，それに伴って植物体の周囲の CO_2 濃度は低下し，同時に，光合成によって酸素（O_2）濃度は上昇する。そして，この変化は，地球の大気の CO_2 濃度や O_2 濃度にも反映される。次の図1は，ハワイのマウナロア山で測定された大気中の CO_2 濃度の季節変動のグラフである。(b)<u>この CO_2 濃度の変動は，地球規模での光合成の季節変動を反映していると考えられる。</u>植物の光合成では，CO_2 の吸収と O_2 の放出が起こるため，(c)<u>O_2 濃度についても季節変動がみられる。</u>

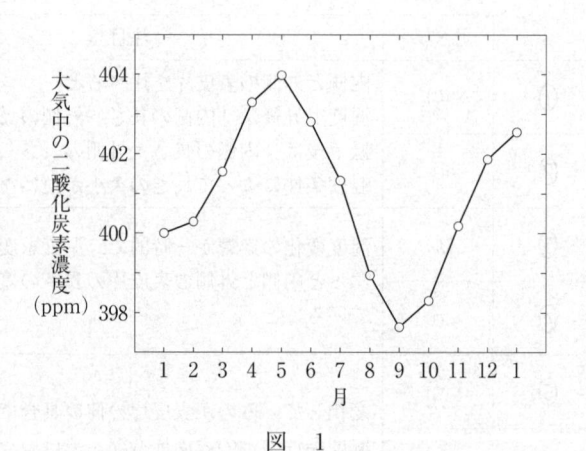

図　1

問 1　下線部(a)に関連して，低温による CO_2 吸収速度の低下の原因が，気孔の閉鎖によるものなのか，それとも葉緑体の機能の低下によるものなのかを明らかにするためには，低温処理の前後で何を比較するのがよいか。最も適当なものを，次の①～⑤のうちから一つ選べ。　　1

① 葉の面積

② 暗所においた葉の中の ATP の量

③ 光照射時の葉の周囲の CO_2 濃度

④ 光照射時の葉の周囲の O_2 濃度

⑤ 光照射時の葉の細胞の間の CO_2 濃度

問 2　下線部(b)に関連して，大気中の CO_2 濃度が光合成による影響を最も大きく受けているのは，上の図 1 から考えるとどの時期か。最も適当なものを，次の①～ⓑのうちから一つ選べ。　　2

① 1 月から 2 月　　　② 2 月から 3 月　　　③ 3 月から 4 月

④ 4 月から 5 月　　　⑤ 5 月から 6 月　　　⑥ 6 月から 7 月

⑦ 7 月から 8 月　　　⑧ 8 月から 9 月　　　⑨ 9 月から 10 月

⓪ 10 月から 11 月　　ⓐ 11 月から 12 月　　ⓑ 12 月から 1 月

問 3　下線部(c)に関連して，もし地球上の光合成をする生物が，次の①～⑥の生物のいずれかだけになったと仮定した場合，大気中の O_2 濃度の季節変動が最も小さくなるのは，どの生物の場合だと考えられるか。最も適当なものを，①～⑥のうちから一つ選べ。　　3

① 被子植物　　　　　　　　② 裸子植物

③ コケ植物　　　　　　　　④ 緑藻類

⑤ シアノバクテリア　　　　⑥ 緑色硫黄細菌などの光合成細菌

B あるクラスで，探究活動のテーマとして，除草剤が植物を枯らすしくみを取り上げることになった。除草剤の一つである X について，有効成分の作用をインターネットで調べてみたら，グルタミン合成酵素を阻害するとあった。グルタミン合成酵素は，アンモニウムイオン（NH_4^+）とグルタミン酸からグルタミンをつくる反応を触媒する。できたグルタミンはケトグルタル酸との反応で，2分子のグルタミン酸となる。そして，グルタミン酸からのアミノ基の転移が，様々な有機窒素化合物の生成につながっていく。このため，グルタミン合成酵素が阻害されると，(d)<u>有機窒素化合物ができなくなって欠乏するとともに</u>，(e)<u>NH_4^+ が蓄積する</u>。これらの情報を踏まえて，X についてさらに探究を進めた。

問 4 探究の手始めに，NH_4^+ の濃度を簡単に測定できる市販の試薬キットを使って，植物を X で処理したときに実際にグルタミン合成の阻害が起きているかどうかを確かめてみることにした。計画した実験の手順は，次の(1)〜(4)のとおりである。

(1) 同じ場所に生えている同じ種類の植物を6つの実験区に分けて，三つには X の水溶液を，残り三つには水を噴霧する。

(2)　一定時間後に各実験区から全て
の植物個体の地上部を回収する。

(3)　NH_4^+ がアンモニア(NH_3) に
なって揮発するのを防ぐために植
物を希塩酸に浸し，すりつぶして
抽出液を得る。

(4)　得られた抽出液の NH_4^+ 濃度を
試薬キットを使って測定する。

全実験区の結果を直接比較するためには，どのようにして抽出すればよい
か。その方法として最も適当なものを，次の①〜④のうちから一つ選べ。

　4

① 生のままの植物に，一定量の希塩酸を加える。

② 植物の重さを生のまま測って，重さに比例した量の希塩酸を加える。

③ 植物を乾燥させた後に，一定量の希塩酸を加える。

④ 植物を乾燥させてから重さを測って，重さに比例した量の希塩酸を加え
る。

問 5　図書館で調べてみたら，NH_4^+ から生じる NH_3 は植物にとって有害であることがわかった。このことから，下線部(d)と(e)のどちらも，X で植物が枯れる原因となり得ると考えた。これらの可能性を念頭において，X による植物枯死の主な原因を調べるための実験についてクラスで議論をしたところ，5 つの班から異なる実験の案が出た。

　　次の A 班案〜E 班案のそれぞれについて，主な原因が下線部(d)と(e)のどちらであるかを判定するための根拠となる情報が得られる場合は**①**を，得られない場合は**②**をマークせよ。

A 班案　| 5 |：十分に高い濃度の X の水溶液を噴霧し，同時にグルタミン酸を与えた場合と与えない場合とで，植物が枯れるまでの時間を比べる。

B 班案　| 6 |：十分に高い濃度の X の水溶液を噴霧し，同時にグルタミンを与えた場合と与えない場合とで，植物が枯れるまでの時間を比べる。

C 班案　| 7 |：十分に高い濃度の X の水溶液を噴霧し，同時にケトグルタル酸を与えた場合と与えない場合とで，植物が枯れるまでの時間を比べる。

D 班案　| 8 |：土壌に窒素肥料を施した条件と施していない条件とで，いろいろな濃度の X の水溶液を噴霧し，植物を枯らすのに必要な X の濃度を比べる。

E 班案　| 9 |：X の水溶液を噴霧せずに，高濃度の NH_3 水溶液を植物に与えて，NH_3 の処理だけで枯れるかどうかを調べる。

第4問 次の文章(A・B)を読み，下の問い(問1～5)に答えよ。

〔解答番号 | 1 | ～ | 5 |〕

A　種子植物の花粉は，細胞壁が丈夫であり，湖沼や湿地などに堆積する土砂の中で分解されずに残りやすい。堆積物中の花粉の種類と量を分析することで，当時のバイオームに関する情報を得ることができる。

問1　次の図1は，中部地方の標高1000 m付近にある湿地の堆積物から産出した，常緑針葉樹であるコメツガ・オオシラビソと，夏緑樹(落葉広葉樹)であるブナ・ミズナラの花粉の量の相対的な変化を示している。約1万年前は地球が寒冷な時期から温暖な時期に変化する過渡期で，温暖化は最初の約1000年で進んだ。にもかかわらず，その後，図1のように，常緑針葉樹の花粉が検出できなくなるまでに約5000年，夏緑樹の花粉が出現するまでに約2000年かかり，両方の花粉がともに見られる期間は約3000年間も続いた。このようなデータが得られた原因に関する下の推論ⓐ～ⓒのうち，**合理的でない推論**はどれか。それらを過不足なく含むものを，下の**①～⑥**のうちから一つ選べ。ただし，この期間では，植物の性質に変化はなかったものとする。　| 1 |

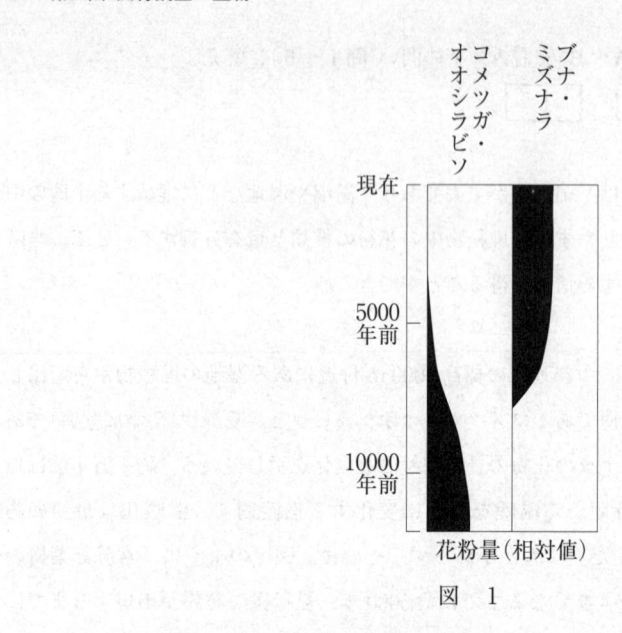

図　1

ⓐ 湿地付近のバイオームが変化した後も，コメツガ・オオシラビソの花粉が標高の低い，暖かい場所から飛散してきたため

ⓑ コメツガ・オオシラビソとの競争が激しかったので，ブナ・ミズナラが湿地付近でなかなか優占できなかったため

ⓒ 種子の散布距離の制約により，バイオームがゆっくりと入れ替わったため

① ⓐ　　　　② ⓑ　　　　③ ⓒ

④ ⓐ，ⓑ　　　⑤ ⓐ，ⓒ　　　⑥ ⓑ，ⓒ

問2　次の図2は，同じ湿地の堆積物における約800年前から現在までの産出物の推移のなかで，特徴的なものを示している。この場所に堆積した微粒炭は，人間が行った火入れ（森林や草原を焼き払うこと）によって生じたと考えられている。花粉量の推移からわかるように，微粒炭の堆積した場所では，その後，草本からアカマツへと優占種が入れ替わった。しかし，これが典型的な二次遷移ならば，遷移が始まって数十年で，草原からアカマツの優占する陽樹林へと遷移が進行し，現在では既に陰樹の優占する森林となっているはずである。このように，この場所での遷移の進行が二次遷移としては遅いのはなぜか。その原因の合理的な推論として適当なものを，下の①〜⑤のうちから二つ選べ。　| 2 |

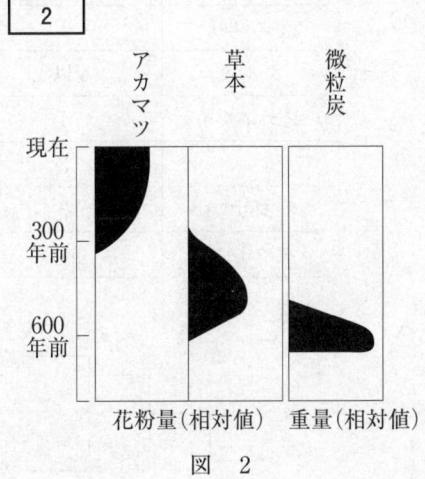

図　2

① 約100年間火入れを続けたことによって，土壌有機物の多くが失われたため

② 微粒炭のために，草本の成長が抑制されたため

③ 火入れのために日照がさえぎられて，草本の成長が抑制されたため

④ 極相林を構成する夏緑樹の種子が，火入れのために供給されなかったため

⑤ 微粒炭が大量に堆積した時期以降も，人間の活動によるかく乱が続いたため

B 被子植物の多様化の過程を調べるため，8種の現生の被子植物に見られる花粉を調べたところ，花粉管が発芽する孔（発芽孔）の数について，次の表1に示す多様性が観察された。また，それら8種について分子系統樹を作成したところ，下の図3に示す結果が得られた。

表 1

被子植物の種	発芽孔の数（個）
アカザ	4 以上
ウド	3
オニユリ	1
クルミ	4 以上
ジュンサイ	1
ハス	3
ブナ	3
モクレン	1

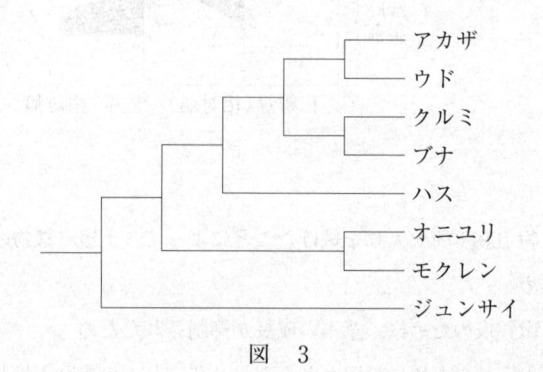

図 3

問 3　発芽孔の数が進化した過程について，表 1 と図 3 の結果から導かれる考察
として最も適当なものを，次の ①～⑨ のうちから一つ選べ。　| 3 |

① 　3 個，1 個，4 個以上の順に進化した。

② 　3 個，4 個以上，1 個の順に進化した。

③ 　3 個から，4 個以上と 1 個が同時に進化した。

④ 　4 個以上，1 個，3 個の順に進化した。

⑤ 　4 個以上，3 個，1 個の順に進化した。

⑥ 　4 個以上から，3 個と 1 個が同時に進化した。

⑦ 　1 個，3 個，4 個以上の順に進化した。

⑧ 　1 個，4 個以上，3 個の順に進化した。

⑨ 　1 個から，3 個と 4 個以上が同時に進化した。

問 4 被子植物が出現した時代の花粉の化石について，発芽孔の数，生育した年代，および生育していた場所の当時の緯度を調べたところ，次の表 2 の結果が得られた。被子植物の分布の変化について述べた記述のうち，表 1・表 2 および図 3 の結果から導かれる推論として最も適当なものを，下の ①〜④ のうちから一つ選べ。　| 4 |

表　2

試料番号	発芽孔の数(個)	年代(百万年前)	当時の緯度
1	3	67	北緯 60°
2	3	90	南緯 40°
3	1	67	北緯 60°
4	1	110	南緯 20°
5	1	135	北緯 5°
6	1	130	南緯 10°
7	3	110	北緯 25°
8	1	110	北緯 30°
9	1	100	南緯 35°
10	1	120	北緯 10°
11	3	90	南緯 20°
12	3	80	北緯 40°
13	4 以上	67	北緯 60°
14	4 以上	67	南緯 55°

① 当時の赤道付近に出現し，高緯度方向に分布を広げた。

② 当時の北極付近に出現し，南方向に分布を広げた。

③ 当時の南極付近に出現し，北方向に分布を広げた。

④ 当時の北緯 30° 付近に出現し，南北方向に分布を広げた。

問 5　次の写真①～⑤はそれぞれ，アウストラロピテクス，アンモナイト，イチョウ，恐竜，三葉虫のいずれかの化石である。これらの中で，被子植物が出現する以前に絶滅した生物として最も適当なものを，①～⑤のうちから一つ選べ。　　5

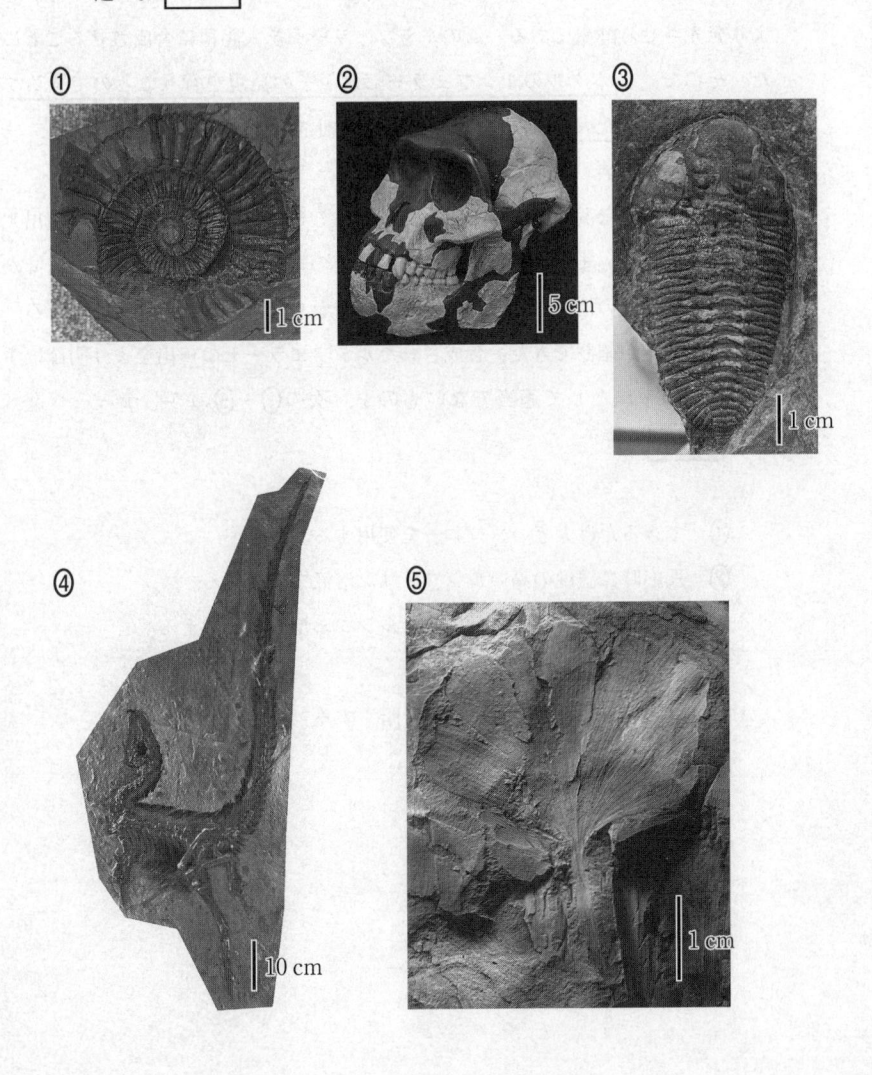

第5問 次の文章（A・B）を読み，下の問い（問1〜5）に答えよ。

〔解答番号 1 〜 5 〕

A ホタルのルシフェラーゼは，ATP の存在下でルシフェリンを分解することにより発光させる酵素である。このルシフェラーゼを大腸菌に合成させることにした。そこで，(a)ホタルのルシフェラーゼ遺伝子の発現を行うことのできるプラスミドを導入した大腸菌をつくり，寒天培地上で培養した。

問1 下線部(a)に関して，この大腸菌におけるルシフェラーゼの合成を検出することにした。まず，寒天培地上の大腸菌のコロニーをつまようじの先でかきとり，少量の溶解液に入れて溶かし，ルシフェリン溶液を加えたところ，微弱な発光が確認できた。合成されたルシフェラーゼの検出をより明確にするための手法として**適当でないもの**を，次の①〜⑤のうちから一つ選べ。
　　　1

① できるだけ大きいコロニーを使用する。

② 反応時に濃度の高いルシフェリン溶液を使用する。

③ 反応時にホタルから抽出したルシフェラーゼを加える。

④ 反応時に ATP 溶液を加える。

⑤ 発光を確認するときに部屋を暗くする。

問 2　DNA の溶液は 260 nm の波長の光を吸収するので，その吸収を測定することによって DNA の濃度を推定できる。このことを利用し，下線部(a)を大量培養して得たプラスミドを定量することにした。得られたプラスミドを 100 μL の水に溶かし，ここから 1 μL をとって 99 μL の水で希釈した。この希釈液と，あらかじめ濃度のわかっている複数の DNA 溶液とについて，260 nm の波長の光の吸収を測定したところ，次の表 1 の結果が得られた。表 1 のデータをもとに，得られたプラスミド DNA の総量を推定したときの値として最も適当なものを，下の①～⑨のうちから一つ選べ。　　2 　μg

<table>
<tr><td colspan="2" align="center">表　1</td></tr>
<tr><td>DNA 溶液</td><td>260 nm の光の
吸収の測定値</td></tr>
<tr><td>0 μg/mL</td><td>0.00</td></tr>
<tr><td>5 μg/mL</td><td>0.08</td></tr>
<tr><td>10 μg/mL</td><td>0.25</td></tr>
<tr><td>20 μg/mL</td><td>0.35</td></tr>
<tr><td>30 μg/mL</td><td>0.65</td></tr>
<tr><td>50 μg/mL</td><td>0.98</td></tr>
<tr><td>プラスミド</td><td>0.52</td></tr>
</table>

グラフ用紙

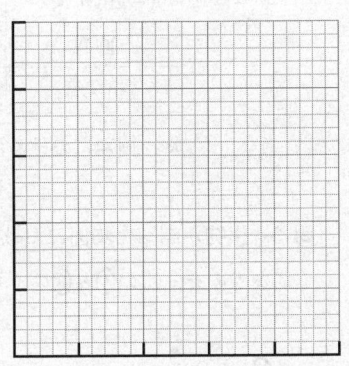

① 2.5　　　　② 12.5　　　　③ 25

④ 62.5　　　⑤ 125　　　　⑥ 250

⑦ 625　　　⑧ 1250　　　⑨ 2500

B ヒトの耳垢（みみあか）の性質は ABCC 11 という遺伝子の多型と関連しており，遺伝子型 AA では乾いた耳垢，遺伝子型 GA と GG では湿った耳垢になる。集団における対立遺伝子頻度は，地域によって異なっている。ある高校の生徒たちが，生徒自身，両親および祖父母の耳垢の性質について調べたところ，次の表２のデータが得られた。なお，生徒が調べた家族は，３世代以上にわたって同じ地域に住み続けているものとする。

表　2

対象	乾いた耳垢	湿った耳垢
自分（生徒）	90 人	21 人
両親	164 人	不明＊
祖父母	234 人	55 人

＊：両親における湿った耳垢の人数は示していない。

問 3 生徒が調べた集団における対立遺伝子 G の頻度の推定値として最も適当なものを，次の①～⑧のうちから一つ選べ。　| 3 |

① 0.081　　② 0.100　　③ 0.150

④ 0.190　　⑤ 0.810　　⑥ 0.850

⑦ 0.900　　⑧ 0.919

問 4 生徒の両親集団における遺伝子型 GA の人数の推定値として最も適当なものを，次の①～⑧のうちから一つ選べ。　| 4 |

① 2　　　② 13　　　③ 16

④ 19　　　⑤ 21　　　⑥ 36

⑦ 39　　　⑧ 44

問 5　次の表3は，世界の各地域に現在住んでいるヒト集団における対立遺伝子Aの頻度を示す。表3の結果から考え得る合理的な推論として適当なものを，下の①〜⑥のうちから二つ選べ。　　5

表　3

地域	対立遺伝子 A の頻度
東アジア(大陸北部)	0. 977
東南アジア(北部)	0. 696
東南アジア(南部)	0. 175
ヨーロッパ(南部)	0. 103
ヨーロッパ(西部)	0. 208
ヨーロッパ(東部)	0. 246
ヨーロッパ(北部)	0. 093
東シベリア	0. 786
アラスカ	0. 515
中南米	0. 167
中東	0. 276
西アフリカ	0. 000
東アフリカ	0. 010

①　対立遺伝子Aをもつヒトは，より温暖な気候に適応している。

②　対立遺伝子Aをもつヒトは，より湿度が低い地域に適応している。

③　対立遺伝子Aをもつヒトは，より海抜の低い地域に適応している。

④　対立遺伝子Aは，中東で生じ，人類の移動に伴って分布を広げた。

⑤　対立遺伝子Aは，東アジアから遺伝的交流によって分布を広げた。

⑥　対立遺伝子Aは，世界の各地域で様々な頻度で独立に生じた。

第6問 次の文章を読み，下の問い（問1〜3）に答えよ。

〔解答番号 1 〜 3 〕

　オオカミを祖先とするイヌは，オオカミとは異なり，1万年以上前から人間との絆を形成している。この絆は，見つめ合い行動によって形成される。見つめ合い行動と視床下部で産生されるオキシトシンというホルモンの分泌との間に，互いに効果を強め合う関係があるという仮説を立てて，次の**実験1・実験2**を行った。なお，オキシトシンは，血液中に分泌されて作用し，最終的に尿に排出される。

実験1　家庭で飼われているイヌまたは飼育されて人間によく馴れたオオカミと，それぞれの飼主とをペアで実験室に入れ，30分間にわたって行動を観察した。まず，実験開始後の5分間における行動を観察したところ，次の図1のように，イヌには飼主を見つめる時間が長いイヌ（長イヌ）と短いイヌ（短イヌ）がいる一方で，オオカミは飼主を見つめないことがわかった。次に，飼主と動物のそれぞれから，30分間の行動観察の前後に尿を採取し，尿中のオキシトシン量を測定したところ，下の図2の結果が得られた。

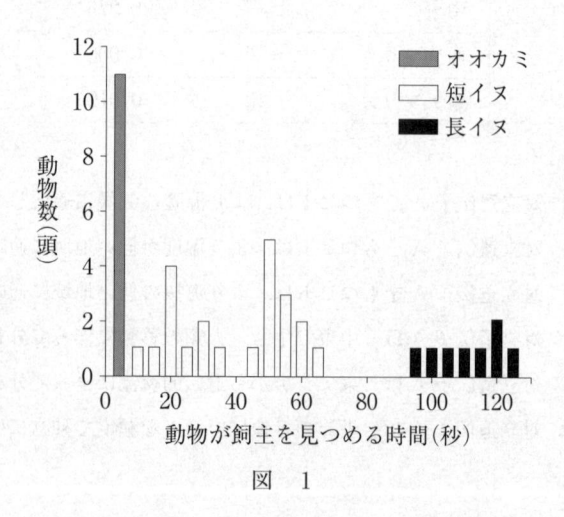

図　1

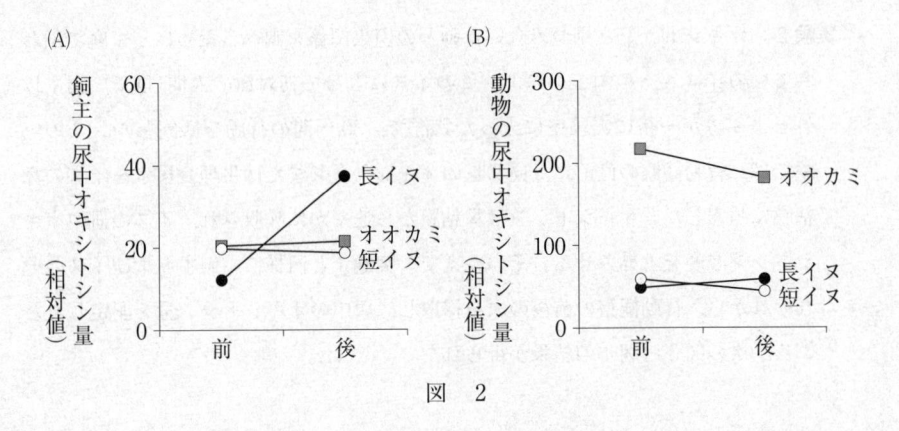

図　2

問 1 上の図 2 の実験結果の記述として最も適当なものを，次の①～⑤のうちから一つ選べ。　1

① 飼主を見つめると，イヌもオオカミも，尿中オキシトシン量が増加する。

② 尿中オキシトシン量が多い動物ほど，飼主を見つめる時間が長い。

③ 飼主の尿中オキシトシン量は，イヌに見つめられる時間の長い方が多い。

④ イヌの尿中オキシトシン量は，飼主に見つめられる時間の長い方が少ない。

⑤ オオカミの尿中オキシトシン量は，飼主に見つめられる時間の長い方が多い。

実験2 オキシトシンと見つめ合い行動との因果関係を調べるために，家庭で飼われているイヌ，その飼主，およびこのイヌにとって初対面の人間(以下，飼主以外とよぶ。)が一緒に実験室に入った状況で，30分間の行動を観察した。この実験では，行動観察の直前に，同じ量のオキシトシンまたは生理食塩水をイヌの鼻粘膜に噴霧した。オキシトシンは鼻粘膜から速やかに吸収され，イヌの血中オキシトシン濃度を上昇させる。そのうえで，**実験1**と同様に，飼主およびイヌのそれぞれから，行動観察の前後の尿を採取し，尿中のオキシトシン量を測定したところ，次の図3・図4の結果が得られた。

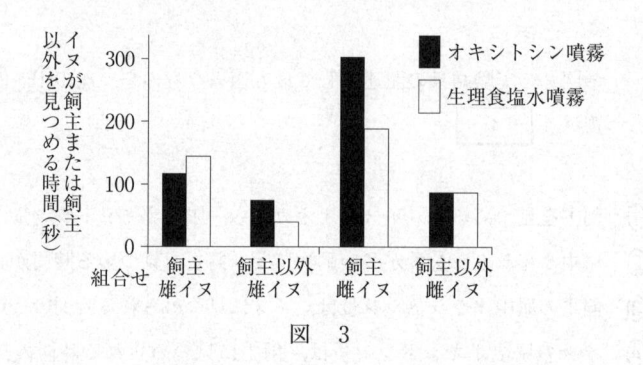

図　3

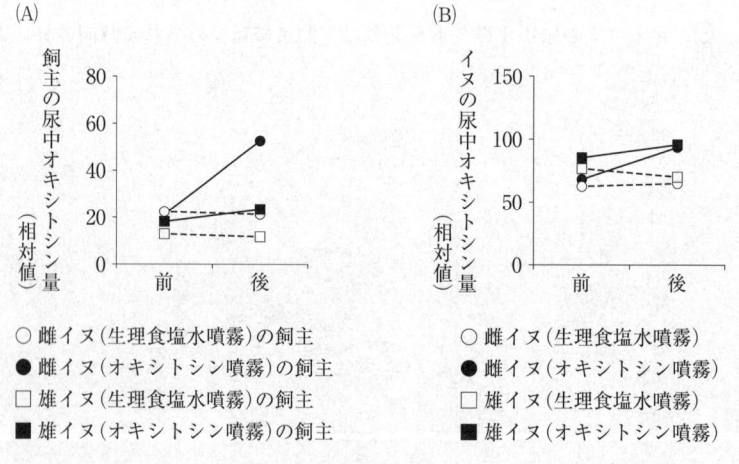

図　4

問2　**実験2**の結果から導かれるオキシトシンの効果として最も適当なものを，次の①～⑤のうちから一つ選べ。　2

① 雄イヌが飼主を見つめる時間を，増加させる。

② 雌イヌが飼主以外を見つめる時間を，減少させる。

③ 飼主を見つめる雄イヌの尿中オキシトシン量を，減少させる。

④ 飼主を見つめる雌イヌの尿中オキシトシン量を，増加させる。

⑤ 飼主以外を見つめるイヌの尿中オキシトシン量を，減少させる。

問3　見つめ合い行動とオキシトシンの分泌との間に，互いに効果を強め合う関係があると証明するためには，上の**実験1・実験2**の結果に加えて，他にどのような情報が必要か。必要な情報として最も適当なものを，次の①～⑤のうちから一つ選べ。　3

① 飼主の血中オキシトシン量が，飼っているイヌを見つめる時間に与える影響

② 飼主がいない条件で，長イヌに見つめられたことが，飼主以外の尿中オキシトシン量に与える影響

③ 飼主とだけいる条件で，鼻粘膜に噴霧されたオキシトシンが，オオカミが飼主を見つめる時間と尿中オキシトシン量に与える影響

④ 飼主とだけいる条件で，鼻粘膜に噴霧されたオキシトシンが，イヌが飼主を見つめる時間と尿中オキシトシン量に与える影響

⑤ 飼主以外とだけいる条件で，鼻粘膜に噴霧されたオキシトシンが，イヌが飼主以外を見つめる時間と尿中オキシトシン量に与える影響

センター試験

本試験

2020

生物：解答時間 60 分　配点 100 点

生物基礎：解答時間　2 科目 60 分
配点　2 科目 100 点
（物理基礎，化学基礎，生物基礎，
地学基礎から 2 科目選択）

生　物

問　題	選　択　方　法
第1問	必　　答
第2問	必　　答
第3問	必　　答
第4問	必　　答
第5問	必　　答
第6問	いずれか1問を選択し，
第7問	解答しなさい。

第1問　（必答問題）

生命現象と物質に関する次の文章（**A・B**）を読み，下の問い（**問1～5**）に答えよ。
〔解答番号　| 1 |　～　| 5 |〕（配点　18）

A　タンパク質の遺伝情報は，遺伝子として DNA に書き込まれている。発現する遺伝子の種類とその発現量は，環境の変化に応じて調節されている。遺伝子発現の調節においては，転写の段階での調節が重要である。(a)原核生物における遺伝子発現の調節と(b)真核生物における遺伝子発現の調節には，それぞれ特徴的なしくみがある。

問1　下線部(a)に関して，次の文章中の | ア |～| ウ |に入る語の組合せとして最も適当なものを，下の①～⑧のうちから一つ選べ。| 1 |

　　大腸菌では，機能的に関連のある遺伝子が隣接して存在し，まとめて転写の調節を受けることがある。例えば，ラクトースを栄養源として利用するために必要な複数の遺伝子が，まとめて転写の調節を受ける。このような遺伝子群のまとまりを | ア |という。| ア |において，転写に関わる塩基配列のうち，RNA ポリメラーゼが結合する領域をプロモーターといい，リプレッサーが結合する領域を | イ |という。リプレッサーが | イ |に結合すると，転写が | ウ |される。

	ア	イ	ウ
①	イントロン	プライマー	促　進
②	イントロン	プライマー	抑　制
③	イントロン	オペレーター	促　進
④	イントロン	オペレーター	抑　制
⑤	オペロン	プライマー	促　進
⑥	オペロン	プライマー	抑　制
⑦	オペロン	オペレーター	促　進
⑧	オペロン	オペレーター	抑　制

問 2　下線部(a)に関して，大腸菌がラクトースを栄養源として利用するために，ラクトースを分解する酵素の遺伝子の転写を調節するしくみの記述として最も適当なものを，次の①〜⑥のうちから一つ選べ。　　2

① RNA ポリメラーゼは，ラクトースに由来する物質と結合することによって，プロモーターに結合できるようになる。

② RNA ポリメラーゼは，ラクトースに由来する物質と結合することによって，プロモーターに結合できなくなる。

③ リプレッサーは，ラクトースに由来する物質と結合することによって，転写を調節する塩基配列に結合できるようになる。

④ リプレッサーは，ラクトースに由来する物質と結合することによって，転写を調節する塩基配列に結合できなくなる。

⑤ ラクトースが存在するときは，リプレッサーがつくられない。

⑥ ラクトースが存在しないときは，リプレッサーがつくられない。

問 3　下線部(b)に関して，次の文章中の エ ～ カ に入る語の組合せとして最も適当なものを，下の①～⑧のうちから一つ選べ。 3

　　真核生物の染色体では，DNA が エ に巻きついて，ヌクレオソームとよばれる構造となり，これが密に折りたたまれている。この折りたたみがゆるめられ，プロモーターに オ と RNA ポリメラーゼとが結合して，転写が開始される。多くの場合，転写によって合成された RNA の塩基配列の一部が カ において取り除かれ，mRNA となる。この過程をスプライシングという。

	エ	オ	カ
①	DNA ポリメラーゼ	基本転写因子	核　内
②	DNA ポリメラーゼ	基本転写因子	細胞質基質
③	DNA ポリメラーゼ	リボソーム	核　内
④	DNA ポリメラーゼ	リボソーム	細胞質基質
⑤	ヒストン	基本転写因子	核　内
⑥	ヒストン	基本転写因子	細胞質基質
⑦	ヒストン	リボソーム	核　内
⑧	ヒストン	リボソーム	細胞質基質

B 動物のからだを構成する細胞(体細胞)は成長し，二つの娘細胞へと分裂する。この一連の過程で，複製された染色体は等しく分配される。細胞は，「DNA の複製を行う時期」，「DNA の複製完了から分裂開始までの時期」，「分裂期」，および「分裂完了から DNA の複製開始までの時期」の 4 つの時期を繰り返す。これを細胞周期という。細胞周期に関する**実験 1** を行った。

実験 1 ある動物細胞を培養し，10 時間ごとに細胞密度(培養液 1 mL あたりの細胞数)を調べたところ，図 1 の結果が得られた。培養開始から 50 時間後に細胞を一部採取し，DNA を染色して観察したところ，凝縮した染色体をもつ細胞が 10 % 見られた。

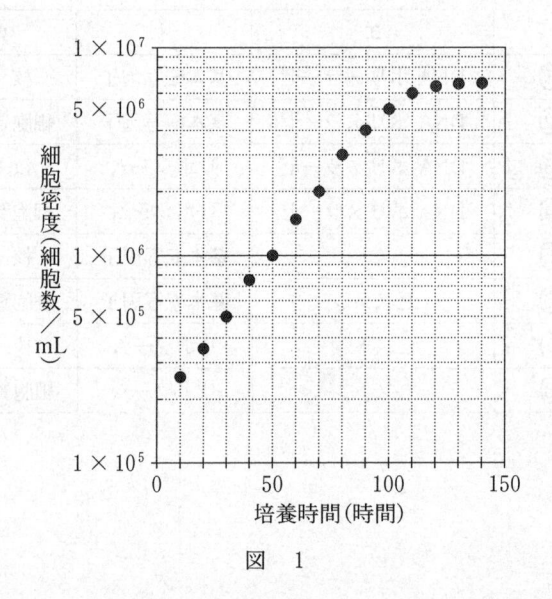

図　1

問 4 **実験 1** で観察した細胞の細胞周期の中で，「分裂期」に要する時間として最も適当なものを，次の**①**～**⑦**のうちから一つ選べ。　　 4 　　時間

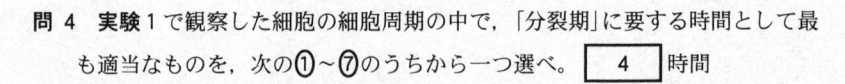

① 1 **②** 2 **③** 5 **④** 10
⑤ 20 **⑥** 50 **⑦** 100

問 5　実験1に関して，図1の培養開始から50時間後の細胞の集団における細胞あたりの DNA 量を調べたところ，図2の結果が得られた。下の文章中の　キ　～　ケ　に入る記号の組合せとして最も適当なものを，下の①～⑨のうちから一つ選べ。　5

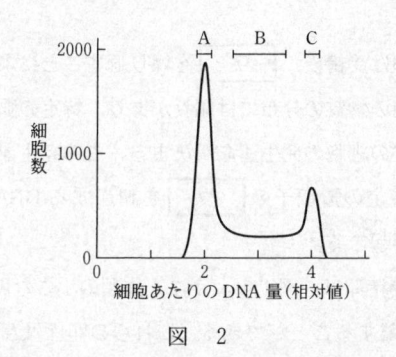

図　2

　細胞あたりの DNA 量が，A，B，および C の範囲において，　キ　の範囲にある細胞は，「DNA の複製を行う時期」の細胞である。　ク　の範囲にある細胞は，「DNA の複製完了から分裂開始までの時期」または「分裂期」の細胞である。　ケ　の範囲にある細胞は，「分裂完了から DNA の複製開始までの時期」の細胞である。

	キ	ク	ケ
①	A	B	C
②	A	C	B
③	A	BとC	C
④	B	A	C
⑤	B	C	A
⑥	B	AとC	C
⑦	C	A	B
⑧	C	B	A
⑨	C	AとB	B

第 2 問 （必答問題）

生殖と発生に関する次の文章（**A・B**）を読み，下の問い（**問1～5**）に答えよ。
〔解答番号 1 ～ 6 〕（配点 18）

A 動物の未受精卵は受精後，アを繰り返すことによって多細胞化し，胚（はい）となる。動物の卵内の物質の分布には偏りがあり，特定の物質が特定の細胞に受け継がれることで胚の細胞の発生運命が決まる。この発生運命の決定では，特定の調節イが特定の遺伝子のウを調節するDNA領域に結合することで，細胞の分化が起こる。

あるホヤの未受精卵は，図1のように4種類の小さな卵のような小片（以後，卵片とよぶ）に分離することができる。これらの卵片は互いに異なる色をもち，(a)それぞれ赤卵片，黒卵片，茶卵片，および白卵片として区別できる。これらの卵片の特徴を調べたところ，核は赤卵片にのみ含まれていた。また，RNAやタンパク質の量は各卵片間で差はみられなかったが，含まれる物質はそれぞれ異なっており，(b)これらの物質のなかには細胞の発生運命に関わるものもあった。

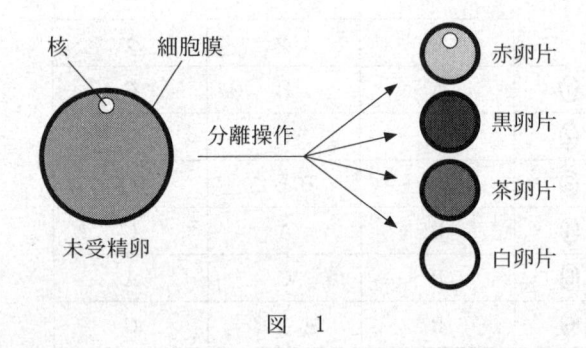

図 1

問 1　上の文章中の　ア　〜　ウ　に入る語の組合せとして最も適当なもの
を，次の①〜⑧のうちから一つ選べ。　1

	ア	イ	ウ
①	接　合	遺伝子	転　写
②	接　合	遺伝子	翻　訳
③	接　合	タンパク質	転　写
④	接　合	タンパク質	翻　訳
⑤	卵　割	遺伝子	転　写
⑥	卵　割	遺伝子	翻　訳
⑦	卵　割	タンパク質	転　写
⑧	卵　割	タンパク質	翻　訳

問 2 下線部(a)に関連して，これらの卵片を用いた一連の実験から，黒卵片のみに筋肉細胞への分化を決定づける能力があることが推論できた。次の実験結果@〜⑥のうち，この推論を合理的に導くために必要不可欠な実験結果の組合せとして最も適当なものを，下の①〜⑧のうちから一つ選べ。 $\boxed{2}$

@ 赤卵片のみが，精子をかけると胚になり，表皮細胞ではたらく遺伝子を核内に含んでいた。

ⓑ 赤卵片のみが，精子をかけると胚になり，表皮細胞のみが分化した。

ⓒ 赤卵片と黒卵片を融合してから精子をかけると，表皮細胞と筋肉細胞を含む胚になった。

ⓓ 赤卵片と茶卵片，または赤卵片と白卵片を融合してから精子をかけると，いずれの場合でも表皮細胞のみを含む胚になった。

ⓔ 茶卵片と黒卵片，または白卵片と黒卵片を融合してから精子をかけても，筋肉細胞を含む胚にはならなかった。

① @, ⓒ   ② @, ⓒ, ⓓ
③ @, ⓒ, ⓔ   ④ @, ⓒ, ⓓ, ⓔ
⑤ ⓑ, ⓒ   ⑥ ⓑ, ⓒ, ⓓ
⑦ ⓑ, ⓒ, ⓔ   ⑧ ⓑ, ⓒ, ⓓ, ⓔ

問 3　下線部(b)に関連して，実験 1 ～ 4 の結果から導かれる黒卵片に含まれる物質のはたらきについての考察として最も適当なものを，下の①～⑨のうちから一つ選べ。　3

実験 1　赤卵片に「黒卵片に含まれる細胞質の全て」を注入してから精子をかけると，表皮細胞と筋肉細胞を含む胚になった。

実験 2　赤卵片に「黒卵片に含まれるタンパク質の全て」を注入してから精子をかけると，表皮細胞のみを含む胚になった。

実験 3　赤卵片に「黒卵片に含まれる RNA の全て」を注入してから精子をかけると，表皮細胞と筋肉細胞を含む胚になった。

実験 4　赤卵片に何も注入せずに精子をかけると，表皮細胞のみを含む胚になった。

① 黒卵片内のタンパク質が DNA に結合し，遺伝子発現を調節する。

② 黒卵片内のタンパク質が，発生運命を決定する。

③ 黒卵片内のタンパク質が，筋肉細胞の収縮に関与するタンパク質となる。

④ 黒卵片内の RNA が DNA に結合し，遺伝子発現を調節する。

⑤ 黒卵片内の RNA が，発生運命を決定する。

⑥ 黒卵片内の RNA が翻訳され，筋肉細胞の収縮に関与するタンパク質となる。

⑦ 黒卵片内のタンパク質と RNA とが DNA に結合して，遺伝子発現を調節する。

⑧ 黒卵片内のタンパク質と RNA とが結合して，発生運命を決定する。

⑨ 黒卵片内のタンパク質と RNA とが結合して，筋肉細胞の収縮を調節する。

B　アサガオにおける花器官（めしべ，おしべ，花弁，がく片）の形成は，シロイヌナズナなどの他の被子植物と同様に，(c)A，B，およびCの三つのクラスの遺伝子によって調節される。

　江戸時代には，花器官の形成に異常のある「牡丹」とよばれるアサガオの変異体が，平賀源内によって記録されている。花器官とそれらの配置を模式的に表すと，野生型のアサガオは図2のようになる。「牡丹」では，図3のように，(d)おしべの代わりに花弁が，めしべの代わりにがく片が形成される。最近では，図4のような，おしべの代わりにめしべが，花弁の代わりにがく片が形成される「無弁花」とよばれる変異体も見つかっている。これまでの研究から，「牡丹」ではCクラスの遺伝子が，「無弁花」ではBクラスの遺伝子が機能していないことが分かっている。

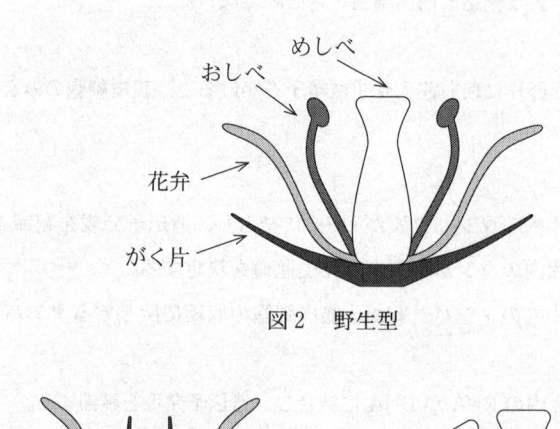

図2　野生型

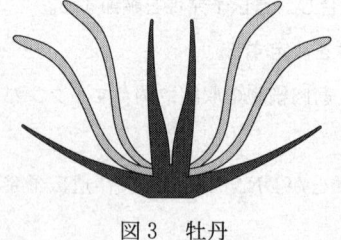

図3　牡丹

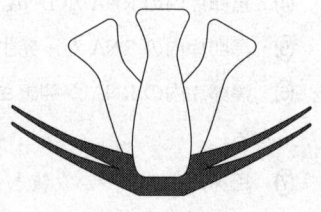

図4　無弁花

問 4 下線部(C)に関連して，アサガオでは，図5のように花器官の全てが，がく片となる変異体 X が存在する。また明治時代には，図6のように，花弁の代わりにおしべが，がく片の代わりにめしべが形成される「枇杷咲き」とよばれる変異体 Y が記録されている。変異体 X と変異体 Y のそれぞれにおいて機能が失われていると考えられる遺伝子のクラスとして最も適当なものを，下の①～⑤のうちから一つずつ選べ。変異体 X ┃ 4 ┃ ・変異体 Y ┃ 5 ┃

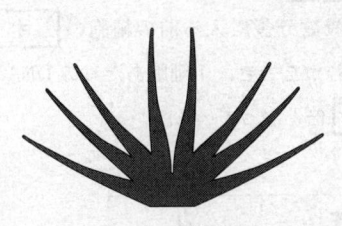

図5　変異体 X

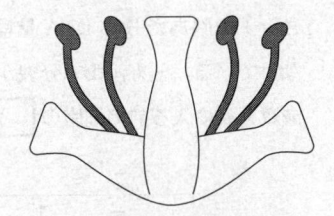

図6　変異体 Y

① A
② A と B
③ B と C
④ A と C
⑤ A と B と C

問 5 下線部(d)に関連して，次の文章は有性生殖の特徴の一つである減数分裂について述べたものである。文章中の エ ～ カ に入る語と数値の組合せとして最も適当なものを，下の①～⑧のうちから一つ選べ。 6

　減数分裂では，2回の連続した分裂が起こる。第一分裂の際には，相同染色体どうしの多くはキアズマとよばれる部分で結合し，染色体の一部が交換される。この現象は，染色体の エ とよばれる。第一分裂が終わったとき，1細胞あたりの DNA 量は，減数分裂に入る前の細胞の オ 倍になっている。一方，第二分裂が終わったとき，1細胞あたりの DNA 量は，減数分裂に入る前の細胞の カ 倍となっている。

	エ	オ	カ
①	組換え	1	1
②	組換え	1	$\frac{1}{2}$
③	組換え	2	1
④	組換え	2	$\frac{1}{2}$
⑤	乗換え	1	1
⑥	乗換え	1	$\frac{1}{2}$
⑦	乗換え	2	1
⑧	乗換え	2	$\frac{1}{2}$

第3問　（必答問題）

生物の環境応答に関する次の文章（**A・B**）を読み，下の問い（**問1～6**）に答え
よ。

〔解答番号　1　～　6　〕（配点　18）

A　ヒトを含む多くの動物は，環境からの刺激を(a)受容器で受け取る。受容器で
生じた信号は(b)神経系に伝えられ，最終的に筋肉などの効果器に伝わり，その
結果，動物は(c)刺激に応じた反応や行動を起こす。

問1　下線部(a)に関連して，光の受容器であるヒトの眼は，物体までの距離に応
じて水晶体の厚さを変え，焦点の位置を調節して網膜に像を結ばせる遠近調
節のしくみをもつ。ヒトが遠くのものを見るときの毛様筋（毛様体），チン小
帯，および水晶体の変化の組合せとして最も適当なものを，次の①～⑧のう
ちから一つ選べ。　1

	毛様筋（毛様体）	チン小帯	水晶体
①	収縮する	緊張する	薄くなる
②	収縮する	緊張する	厚くなる
③	収縮する	ゆるむ	薄くなる
④	収縮する	ゆるむ	厚くなる
⑤	弛緩する	緊張する	薄くなる
⑥	弛緩する	緊張する	厚くなる
⑦	弛緩する	ゆるむ	薄くなる
⑧	弛緩する	ゆるむ	厚くなる

問 2 下線部(b)に関連して，ヒトの神経と筋肉に関する記述として最も適当なものを，次の①〜⑥のうちから一つ選べ。 2

① 神経に短い刺激を1回与えた場合に，筋肉が速やかに収縮してすぐに弛緩することを強縮という。

② 筋細胞が興奮すると，筋小胞体はナトリウムイオンを放出する。

③ シナプスにおいて，情報は軸索の末端から隣の細胞へと一方向のみに伝わる。

④ 末梢神経系は，自律神経系と中枢神経系の二つに分けられる。

⑤ 興奮が軸索に沿って伝わることを伝達といい，隣接する細胞に伝わることを伝導という。

⑥ 無髄神経繊維は有髄神経繊維と比べて，軸索の直径が同じとき，より速い速度で興奮を伝える。

問 3　下線部(C)に関連して，あるガの雄は，雌が体外に分泌した性フェロモンを感知し，雌に近づき交尾に至る。このガの雄が雌に近づくしくみを調べるため，**実験 1 ～ 4** を行った。

実験 1　雌の形をした模型（以後，模型とよぶ）に雌の性フェロモンをしみこませ，雄から約 15 cm 離れたところに置いて，雄の行動を観察したところ，盛んに羽ばたきながら，その模型に近づいた。

実験 2　**実験 1** と同様の観察を，両側の触角を切除した雄について行ったところ，その雄は雌の性フェロモンをしみこませた模型に対して明確な反応を示さなかった。また，片側の触角を切除した雄では，盛んに羽ばたくが，回転するばかりで，その模型に近づかなかった。

　なお，触角の切除の操作自体は，ガの行動に影響を与えることはなかった。

実験 3　**実験 1** と同様の観察を，両側の複眼を黒エナメルで塗りつぶした雄について行ったところ，何も処理していない雄と同様に盛んに羽ばたきながら，雌の性フェロモンをしみこませた模型に近づいた。

実験 4　**実験 1** と同様の観察を，雌の性フェロモンの代わりに水をしみこませた模型を用いて行ったところ，雄はその模型に対して明確な反応を示さなかった。

次の@〜①のうち，**実験1〜4**の結果から導かれる考察の組合せとして最も適当なものを，下の①〜⑨のうちから一つ選べ。 3

@ 雄が性フェロモンを感知するためには，触角は不要である。

ⓑ 雄が性フェロモンを感知するためには，両側の触角がそろっている必要がある。

ⓒ 雄が性フェロモンを感知するためには，触角は必要であるが，両側の触角がそろっている必要はない。

ⓓ 雄が性フェロモンに反応して雌に近づくためには，視覚情報と両側の触角の両方が必要である。

ⓔ 雄が性フェロモンに反応して雌に近づくためには，視覚情報は不要で，両側の触角がそろっている必要がある。

ⓕ 雄が性フェロモンに反応して雌に近づくためには，視覚情報は不要で，触角は必要であるが両側の触角がそろっている必要はない。

① @, ⓓ   ② @, ⓔ   ③ @, ⓕ

④ ⓑ, ⓓ   ⑤ ⓑ, ⓔ   ⑥ ⓑ, ⓕ

⑦ ⓒ, ⓓ   ⑧ ⓒ, ⓔ   ⑨ ⓒ, ⓕ

B　植物が水分不足によって乾燥ストレスを受けると，植物体内からの水分損失を防ぐために気孔を閉じるとともに，様々な遺伝子の発現が変化し，乾燥に耐えようとする。この乾燥耐性には(d)植物ホルモンの一つであるアブシシン酸が関わっており，植物体内でアブシシン酸が合成され，アブシシン酸の受容・情報伝達が適切に行われると，乾燥耐性が誘導される。乾燥ストレスとアブシシン酸の関係をさらに調べるため，乾燥耐性が著しく低下したシロイヌナズナの変異体Cおよび変異体Dを用いて，**実験5・実験6**を行った。

実験5　シロイヌナズナの野生型植物，変異体C，および変異体Dに対し，土壌中の水分を10日間制限することで乾燥ストレスを与えた。対照実験として，乾燥ストレスを与えない実験も実施した。その後，全ての植物を回収し，それぞれについてアブシシン酸の量を測定したところ，図1の結果が得られた。

実験6　遺伝子Xは，シロイヌナズナにアブシシン酸を処理したときに発現量が増加する代表的な遺伝子であり，アブシシン酸が作用していることを直接的に示す指標として用いられる。野生型植物，変異体C，および変異体Dを用意し，適切な濃度のアブシシン酸を噴霧した。対照実験として，アブシシン酸を噴霧しない実験も実施した。10時間後，それぞれの植物における遺伝子Xの発現量を測定したところ，図2の結果が得られた。

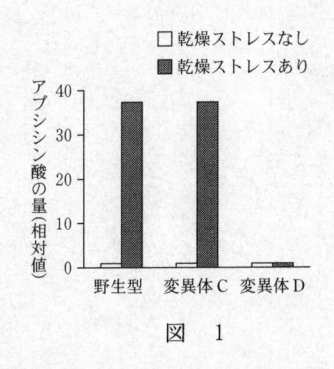

図　1

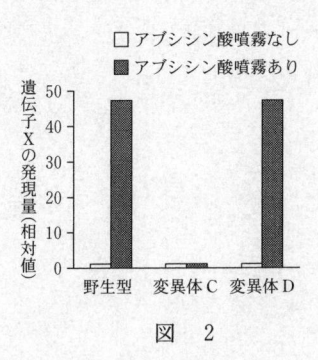

図　2

問 4 **実験**5の結果から導かれる，乾燥ストレスを受けたときの変異体Cおよび変異体Dにおけるアブシシン酸の合成に関する考察として最も適当なものを，次の①〜④のうちから一つ選べ。 <u>4</u>

① 変異体Cおよび変異体Dでは，ともに正常である。

② 変異体Cでは正常で，変異体Dでは異常である。

③ 変異体Cおよび変異体Dでは，ともに異常である。

④ 変異体Cでは異常で，変異体Dでは正常である。

問 5 **実験**5・**実験**6の結果をふまえて，アブシシン酸を噴霧したときに予想される変異体Cおよび変異体Dの乾燥耐性の記述として最も適当なものを，次の①〜④のうちから一つ選べ。 <u>5</u>

① 変異体Cおよび変異体Dの乾燥耐性は，ともに回復する。

② 変異体Cの乾燥耐性は回復するが，変異体Dの乾燥耐性は回復しない。

③ 変異体Cの乾燥耐性は回復しないが，変異体Dの乾燥耐性は回復する。

④ 変異体Cおよび変異体Dの乾燥耐性は，ともに回復しない。

問 6 下線部(d)に関連して，種子の発芽に関する次の文章中の ア ～ ウ に入る語の組合せとして最も適当なものを，下の①～⑥のうちから一つ選べ。 6

　アブシシン酸は種子の発芽を抑制するのに対し，ジベレリンは種子の発芽を促進する。例えば，オオムギ種子が吸水すると， ア で合成されたジベレリンは イ にはたらきかけてアミラーゼの合成を誘導し， ウ に貯蔵されているデンプンを分解する。

	ア	イ	ウ
①	胚	胚乳	糊粉層
②	胚	糊粉層	胚乳
③	胚乳	胚	糊粉層
④	胚乳	糊粉層	胚
⑤	糊粉層	胚	胚乳
⑥	糊粉層	胚乳	胚

第4問 （必答問題）

生態と環境に関する次の文章（**A**・**B**）を読み，下の問い（**問1〜5**）に答えよ。

〔解答番号 　1　 〜 　8　 〕（配点　18）

A 外来生物の侵入は，しばしば(a)在来種の絶滅の原因となるとともに，人間の生活にも影響を及ぼす。例えば，南米原産のヒアリ（アリの一種）は，北米において，アブラムシとの相互作用を通じてワタ農業（綿花農業）に影響を及ぼすことが報告されている。ワタの害虫であるアブラムシは，甘露（かんろ）を分泌し餌としてヒアリに提供する。一方，ヒアリはアブラムシの天敵であるテントウムシを攻撃することで，アブラムシをテントウムシによる捕食から守る。つまり，アブラムシとヒアリとの間には　ア　の関係が成立している。ワタ畑からヒアリだけを駆除すると，アブラムシによるワタの食害は　イ　した。このことは，ヒアリがワタに及ぼす影響は間接的な種間関係によって生じていたことを示している。

ヒアリは様々な環境の変化に対して驚異的な対応能力をもつことでも知られている。例えば，洪水の際には，互いにからだを絡ませて集団で「いかだ」を形成して，水面に浮くことによって洪水をやりすごす。このような集団行動を行う能力はヒアリが(b)社会性昆虫であることと関連している。

問1 上の文章中の　ア　・　イ　に入る語の組合せとして最も適当なものを，次の①〜④のうちから一つ選べ。　1　

	ア	イ
①	相利共生	増 加
②	相利共生	減 少
③	寄 生	増 加
④	寄 生	減 少

問 2　下線部(a)に関連して，いったん個体数が少なくなると，個体群の絶滅する確率は高まる。これは，個体数が少ないこと自体が，新たな絶滅の要因を誘発するからである。誘発される絶滅の要因の説明として最も適当なものを，次の①〜⑤のうちから一つ選べ。　2

①　遺伝的多様性の低下
②　種内競争の激化による出生率の低下
③　種内競争の激化による生存率の低下
④　相変異による形態や行動の変化
⑤　種間競争の緩和

問 3　下線部(b)に関する次の文章中の　ウ　〜　カ　に入る語句の組合せとして最も適当なものを，下の①〜⑧のうちから一つ選べ。　3

　　アリやハチのほか，　ウ　などの社会性昆虫は，コロニーとよばれる社会性の集団を形成して生活している。同じコロニー内の個体は，フェロモンなどを用い，互いに密接なコミュニケーションを行っている。一般に，一つのコロニーは，ごく少数の女王と多数の　エ　によって構成される。なお，　エ　は，共同で子育てを行う哺乳類や鳥類の　オ　とは異なり，多くの場合，一生をとおして生殖能力を　カ　。

	ウ	エ	オ	カ
①	シロアリ	ワーカー	ヘルパー	も つ
②	シロアリ	ワーカー	ヘルパー	もたない
③	シロアリ	ヘルパー	ワーカー	も つ
④	シロアリ	ヘルパー	ワーカー	もたない
⑤	トノサマバッタ	ワーカー	ヘルパー	も つ
⑥	トノサマバッタ	ワーカー	ヘルパー	もたない
⑦	トノサマバッタ	ヘルパー	ワーカー	も つ
⑧	トノサマバッタ	ヘルパー	ワーカー	もたない

B　野外環境における植物の成長量は，その種の本来の成長能力だけでなく，一次消費者による(c)被食の影響も受ける。植物は，また，毒性のある物質をもつなど，被食を防ぐしくみ(被食防御)をもつ。成長能力や被食防御の能力は，植物種によって異なり，種の分布やすみわけに関わる。

　熱帯のある地域では，近接する栄養塩濃度の高い土壌(富栄養土壌)と低い土壌(貧栄養土壌)とで，異なる植物が優占する(以後，それぞれ富栄養植物と貧栄養植物とよぶ)。富栄養植物と貧栄養植物との間で，成長能力と被食防御の能力の違いを明らかにするため，**実験**1を行った。

実験1　富栄養土壌と貧栄養土壌のそれぞれに，一次消費者である植食性昆虫が入ることができない細かい網で覆った区(虫なし区)と，網で覆わなかった区(虫あり区)を用意した。それぞれの区に，富栄養植物と貧栄養植物の苗を，混在させて植え付けた。一定期間後の各苗の成長量を測定したところ，図1の結果が得られた。なお，網は植食性昆虫の移動のみに影響し，光などの環境要因は，虫なし区と虫あり区で同じになるように設定した。

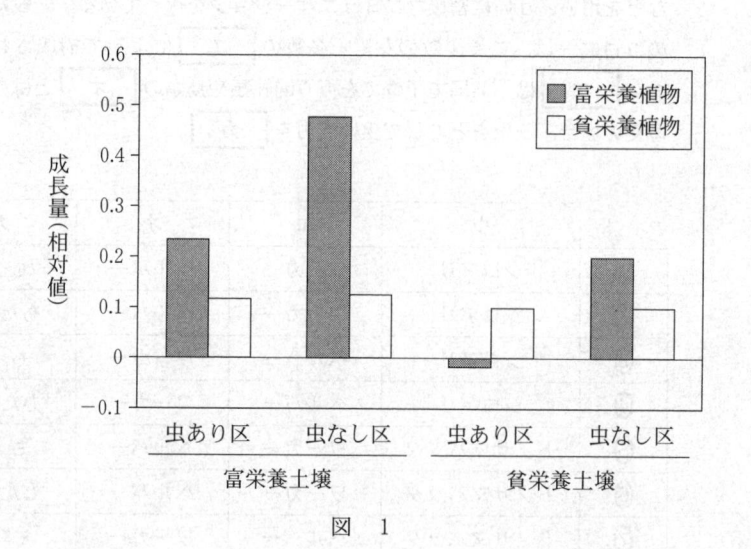

図　1

問4　下線部(C)に関連して，植物の被食量と純生産量の関係を表す式として最も適当なものを，次の①～⑥のうちから一つ選べ。　4

① 純生産量＝成長量＋被食量＋呼吸量

② 純生産量＝成長量＋被食量＋枯死量

③ 純生産量＝成長量＋被食量＋呼吸量＋枯死量

④ 純生産量＝成長量－被食量－呼吸量

⑤ 純生産量＝成長量－被食量－枯死量

⑥ 純生産量＝成長量－被食量－呼吸量－枯死量

問5　次の文章は，実験1の結果に関する考察である。　キ　～　コ　に入る語句として適当なものを，下の①～⑥のうちからそれぞれ一つずつ選べ。ただし，同じものを繰り返し選んでもよい。
キ　5　・ク　6　・ケ　7　・コ　8

　　虫なし区における成長量は，植物本来の成長能力の指標であると考えられる。そのため，富栄養植物は，貧栄養植物よりも，　キ　において成長能力が高いといえる。また，虫なし区と虫あり区の成長量の差が小さい植物ほど，被食防御の能力が　ク　と考えられる。そのため，富栄養植物は，貧栄養植物よりも，被食防御の能力が　ケ　といえる。一方，貧栄養植物は，成長能力は低く，被食防御の能力は　コ　という特徴があると考えられる。

① 富栄養土壌のみ

② 貧栄養土壌のみ

③ 富栄養土壌と貧栄養土壌の両方

④ 高　い

⑤ 低　い

⑥ 変わらない

第5問 （必答問題）

生物の進化と系統に関する次の文章（**A・B**）を読み，下の問い（問1〜6）に答えよ。

〔解答番号 | 1 | 〜 | 6 | 〕（配点 18）

A 特定の遺伝子の DNA の塩基配列を調べると，種間で違いがみられる。この違いは，共通の祖先から分岐した後に，種ごとに起きた突然変異と(a)遺伝子頻度の変化によるものである。生存や繁殖に有利な突然変異は集団中に広まるが，不利な突然変異は集団から取り除かれる。また，生存や繁殖に影響しない突然変異は，主に ア によって集団中に広まる。このような過程を経て(b)突然変異が蓄積していく。種間でみられる塩基配列の違いの多くは，生存や繁殖に イ 突然変異に由来している。また，種間の塩基配列の違いは，共通の祖先から分岐した後に長い時間が経過しているほど ウ という傾向がある。

問1 上の文章中の ア 〜 ウ に入る語句の組合せとして最も適当なものを，次の①〜⑧のうちから一つ選べ。 1

	ア	イ	ウ
①	遺伝的浮動	影響しない	大きい
②	遺伝的浮動	影響しない	小さい
③	遺伝的浮動	有利な	大きい
④	遺伝的浮動	有利な	小さい
⑤	生殖的隔離（生殖隔離）	影響しない	大きい
⑥	生殖的隔離（生殖隔離）	影響しない	小さい
⑦	生殖的隔離（生殖隔離）	有利な	大きい
⑧	生殖的隔離（生殖隔離）	有利な	小さい

問 2　下線部(a)に関連して，ある動物の集団について，二つの対立遺伝子 W と w の遺伝子頻度を調べたところ，W の遺伝子頻度は 0.8 であった。この動物の集団の多数の個体における各遺伝子型(WW，Ww，および ww)の個体数の割合を示したグラフとして最も適当なものを，次の①〜⑥のうちから一つ選べ。ただし，W と w 以外の対立遺伝子は存在せず，この動物の集団ではハーディ・ワインベルグの法則が成立しているものとする。　2

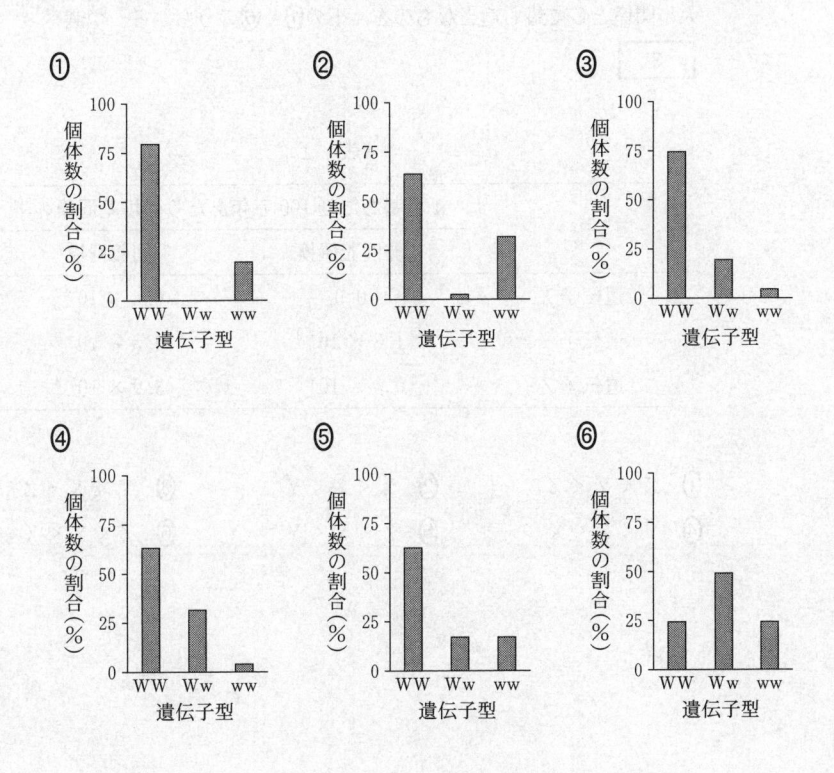

問 3 下線部(b)に関連して，遺伝子に生じた塩基置換はアミノ酸配列の変化を起こすもの（以後，非同義置換とよぶ）と，起こさないもの（以後，同義置換とよぶ）に分類することができる。ある遺伝子X〜Zについて，それぞれの塩基配列を様々な動物種の間で比較し，非同義置換の率と同義置換の率を計算した結果を，表1に示した。表1のデータに基づき，遺伝子X〜Zについて，突然変異が起きた場合に個体の生存や繁殖に有害な作用が起きる確率の大小関係として最も適当なものを，下の①〜⑥のうちから一つ選べ。

3

表 1

	1塩基あたり100万年あたりの塩基置換の率	
	非同義置換	同義置換
遺伝子X	0.0	6.4×10^{-3}
遺伝子Y	1.8×10^{-3}	4.3×10^{-3}
遺伝子Z	0.6×10^{-3}	3.9×10^{-3}

① X < Y < Z　　② X < Z < Y　　③ Y < X < Z

④ Y < Z < X　　⑤ Z < X < Y　　⑥ Z < Y < X

B 図1は，アカマツ，アジサイ，(c)ギンゴケ，ゼニゴケ，ハス，およびワラビの系統樹である。また，横軸には年代が示してあり，系統樹と照らし合わせることで，それぞれの系統が分岐した年代を読み取ることができる。

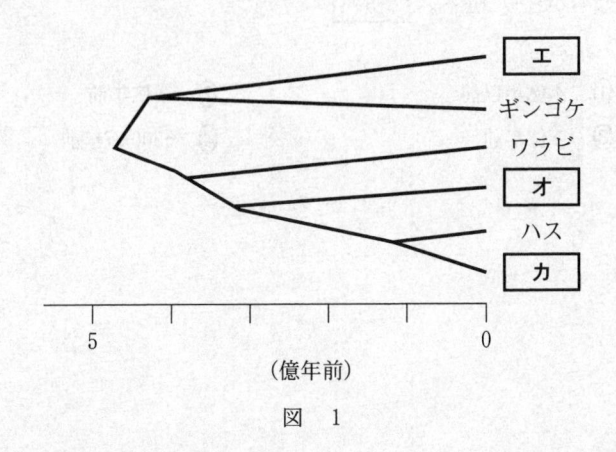

図　1

問4　図1の｜　エ　｜～｜　カ　｜に入る植物の組合せとして最も適当なものを，次の①〜⑥のうちから一つ選べ。｜　4　｜

	エ	オ	カ
①	アカマツ	ゼニゴケ	アジサイ
②	アカマツ	アジサイ	ゼニゴケ
③	ゼニゴケ	アカマツ	アジサイ
④	ゼニゴケ	アジサイ	アカマツ
⑤	アジサイ	アカマツ	ゼニゴケ
⑥	アジサイ	ゼニゴケ	アカマツ

問 5　ある地層から化石を採集したところ，維管束はもつが根や葉をもたない植物の化石が多数得られたが，根や葉をもつ植物の化石は見られなかった。この化石を含む地層が形成された年代として最も適当なものを，次の①〜④のうちから一つ選べ。　5

① 4 億年以前　　　　　　　② 3 億年前

③ 1 億年前　　　　　　　　④ 6500 万年前

問 6　下線部(C)に関連して，ギンゴケは干からびても，吸水して生命活動を再開できる。ギンゴケの吸水速度を調べるため，**実験 1** を行った。**実験 1** の結果に関する下の文章の　**キ**　・　**ク**　に入る語と数値の組合せとして最も適当なものを，下の①〜⑥のうちから一つ選べ。　　6

実験 1　湿度 100 ％ に保った密閉容器を用意し，濡らしたろ紙を敷いた。干からびたギンゴケを容器に入れ，ギンゴケの重量の変化を 45 分ごとに記録したところ，表 2 の結果が得られた。

表　2

処理時間(分)	0	45	90	135	180
重量(相対値)	100	205	235	275	295

　ギンゴケは　**キ**　から水分を吸収し，生命活動を再開する。処理時間 0 分での含水率(全体の重量に占める水分の割合)が 8 ％ であり，含水率が 60 ％ を超えれば生命活動が回復するとすれば，最も早くは，処理時間　**ク**　分の時点で，すでに生命活動が回復していたことになる。

	キ	ク
①	からだ全体	45
②	からだ全体	90
③	からだ全体	135
④	気　孔	45
⑤	気　孔	90
⑥	気　孔	135

第6問 （選択問題）

　生命現象と物質，および生物の環境応答に関する次の文章を読み，下の問い（問1 ～ 3）に答えよ。

〔解答番号 ⬚1⬚ ～ ⬚3⬚ 〕（配点　10）

　ある植物 A では，酵素 X が複数の種類あり，そのうち酵素 X 1 はペルオキシソームとよばれる細胞小器官の中に，酵素 X 2 は細胞質基質にそれぞれ存在している。酵素 X 1 と酵素 X 2 のアミノ酸配列は末尾の数個を除いて完全に同一であり，酵素 X 1 の末尾の 7 つのアミノ酸の部分が，酵素 X 2 では別の 2 つのアミノ酸になっている。この酵素 X 1 と酵素 X 2 のアミノ酸配列の違いとその機能との関連，およびアミノ酸配列の違いと細胞内での存在部位との関連について明らかにするため，それぞれ**実験 1・実験 2** を行った。

実験 1　酵素 X 1，酵素 X 2，および「酵素 X 1 の末尾の 7 つのアミノ酸を削除したタンパク質」のそれぞれについて酵素の活性を測定したところ，どれも同等の活性を示した。

実験 2　緑色蛍光タンパク質(GFP)，GFP のアミノ酸配列の末尾に酵素 X 1 の末尾の 7 つのアミノ酸の配列をつないだもの(GFP-1)，および GFP の末尾に酵素 X 2 の末尾の 2 つのアミノ酸の配列をつないだもの(GFP-2)を，それぞれ植物 A の別々の細胞の中で発現させた。その結果，GFP および GFP-2 を導入した細胞では細胞質基質のみで，GFP-1 を導入した細胞ではペルオキシソームのみで，緑色の蛍光が検出された。

問 1 **実験1・実験2**の結果から導かれる次の考察の　ア　・　イ　に入る語句の組合せとして最も適当なものを，下の①～⑥のうちから一つ選べ。　1

　酵素X1，酵素X2，およびGFPはいずれも細胞質基質で合成される。**実験1・実験2**の結果から，酵素　ア　に含まれる配列が，翻訳後のタンパク質のペルオキシソームへの輸送に関わっている。また，酵素　ア　の配列は酵素Xの活性を　イ　。

	ア	イ
①	X1の末尾の7つのアミノ酸	上昇させる
②	X1の末尾の7つのアミノ酸	低下させる
③	X1の末尾の7つのアミノ酸	変化させない
④	X2の末尾の2つのアミノ酸	上昇させる
⑤	X2の末尾の2つのアミノ酸	低下させる
⑥	X2の末尾の2つのアミノ酸	変化させない

問 2 植物 A では，酵素 X をコードする遺伝子 X はそのゲノム中に一つしか存在していないことから，選択的スプライシングによって，3 種類の mRNA が作られることが推定された。図 1 には，遺伝子 X の転写直後の RNA の塩基配列の一部と，選択的スプライシングによって生じた mRNA-A～C の対応する部分の塩基配列が示されている。なお，図中の下線は終止コドンを示している。酵素 X 1 と酵素 X 2 に対応する mRNA の組合せとして最も適当なものを，下の①～⑥のうちから一つ選べ。　2

遺伝子 X の転写直後の RNA の塩基配列

| ∞∞AGCCUUGG | GUAUAUAACUGAAAAAG | GUUUCAA……UGUUGCAG | AAUUGCCUGU∞∞ |

選択的スプライシング後の mRNA の塩基配列
mRNA-A

| ∞∞AGCCUUGG | AAUUGCCUGUGUCAAAGCUGUGAAUC∞∞ |

mRNA-B

| ∞∞AGCCUUGG | GUUUCAAUACUUGAUUGGUCUGUUGCAG | AAUUGCCUGU∞∞ |

mRNA-C

| ∞∞AGCCUUGG | GUAUAUAACUGAAAAAG | AAUUGCCUGU∞∞ |

図　1

	酵素 X 1	酵素 X 2
①	mRNA-A	mRNA-B
②	mRNA-A	mRNA-C
③	mRNA-B	mRNA-A
④	mRNA-B	mRNA-C
⑤	mRNA-C	mRNA-A
⑥	mRNA-C	mRNA-B

問 3　次の文章中の　ウ　～　オ　に入る語の組合せとして最も適当なもの
を，下の①～⑥のうちから一つ選べ。　3

　植物は光に対する複数の種類の受容体をもっており，このような受容体には
レタスの発芽の促進などに関わる　ウ　や，光屈性や気孔の開口などに関わ
る　エ　などが存在する。酵素 X 1 と酵素 X 2 をコードする mRNA は，光
環境に応答してその存在量比が変化した。そこで，光の受容体を欠損した植物
A の変異体を用いて実験を行ったところ，　ウ　を欠損した変異体を用いた
場合のみ，光環境に応答した酵素 X 1 と酵素 X 2 の mRNA の存在量比が変化
しなかった。このことから，植物 A は，　オ　色の光に応答した選択的スプ
ライシングを行うことで，酵素 X の細胞内の存在場所とその量とを変化さ
せ，光環境に応じた細胞内の代謝経路の調整を行っていると考えられた。

	ウ	エ	オ
①	フィトクロム	フォトトロピン	青
②	フォトトロピン	フィトクロム	青
③	フィトクロム	フォトトロピン	緑
④	フォトトロピン	フィトクロム	緑
⑤	フィトクロム	フォトトロピン	赤
⑥	フォトトロピン	フィトクロム	赤

第7問　（選択問題）

生物の進化に関する次の文章を読み，下の問い（**問1～3**）に答えよ。

〔解答番号　 1 　～　 4 　〕（配点　10）

　生物が誕生して以来，生物と地球環境は深く関わり合いながら移り変わってきた。原始大気中には酸素がほとんど存在していなかったと考えられるが，酸素発生型の　 ア 　を行う生物が出現したのちに環境中の酸素が増加した。酸素が大気中に放出されるようになると，大気中の酸素濃度の増加とともに，生物に有害な紫外線を吸収する　 イ 　の濃度が増加して　 イ 　層が形成された。

　最初の生物は海中で生じ，その後の生物の多様化もしばらくは海中で進んだと考えられている。約6億年前の先カンブリア時代末期の化石には　 ウ 　とよばれる軟らかいからだをもった多細胞生物が認められており，(a)古生代カンブリア紀には，節足動物など現生のほとんどの動物門を含む，多様な無脊椎動物が出現した。多様化した生物は，　 イ 　層の形成後に(b)陸上に進出したと考えられている。

問1　上の文章中の　 ア 　～　 ウ 　に入る語の組合せとして最も適当なものを，次の①～⑧のうちから一つ選べ。　 1

	ア	イ	ウ
①	化学合成	フロン	バージェス動物群
②	化学合成	フロン	エディアカラ生物群
③	化学合成	オゾン	バージェス動物群
④	化学合成	オゾン	エディアカラ生物群
⑤	光合成	フロン	バージェス動物群
⑥	光合成	フロン	エディアカラ生物群
⑦	光合成	オゾン	バージェス動物群
⑧	光合成	オゾン	エディアカラ生物群

問 2 下線部(a)に関連して，節足動物に関する記述として適当なものを，次の①〜⑧のうちから二つ選べ。ただし，解答の順序は問わない。　2　・　3

① 線形動物と同様に，胚の原口が将来の口になる。

② 線形動物と同様に，胚の原口が将来の肛門になる。

③ 棘皮動物と同様に，胚の原口が将来の口になる。

④ 棘皮動物と同様に，胚の原口が将来の肛門になる。

⑤ 環形動物と同様に，からだは体節に分かれる。

⑥ 環形動物と同様に，からだは体節に分かれない。

⑦ 軟体動物と同様に，からだは体節に分かれる。

⑧ 軟体動物と同様に，からだは体節に分かれない。

問 3 下線部(b)に関連して，陸上植物と藻類との関係を考えるため，シロツメクサの緑葉，アナアオサ（緑藻），アラメ（褐藻），およびマクサ（紅藻）のそれぞれから色素を抽出した。それぞれの色素を薄層クロマトグラフィーによって分離したところ，図1の結果が得られた。この結果について考察した下の文章中の　エ　〜　カ　に入る語の組合せとして最も適当なものを，下の①〜⑧のうちから一つ選べ。　4

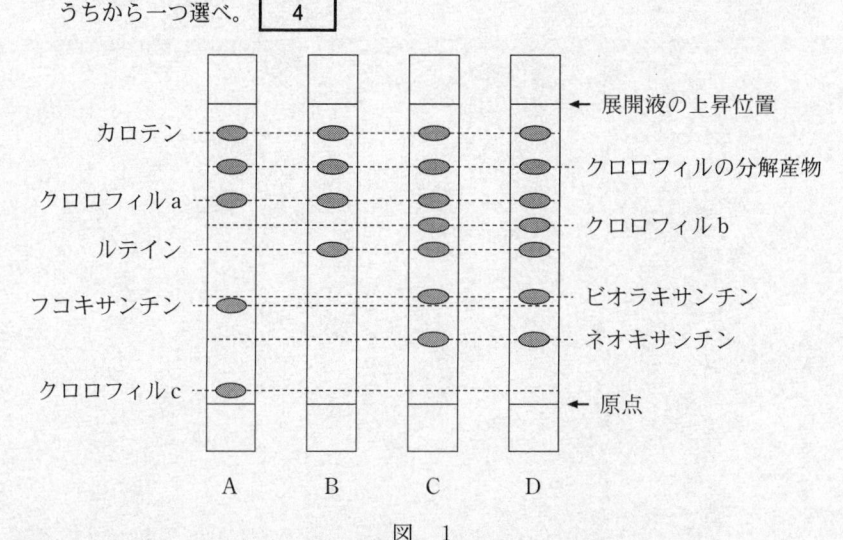

図　1

A〜Dはシロツメクサ，アナアオサ，アラメ，マクサの
いずれかの結果を示す。

　シロツメクサ，アナアオサ，アラメ，マクサの全てでクロロフィルaとカロテンが認められたが，クロロフィルbと　エ　はアナアオサと　オ　のみで，クロロフィルcはアラメのみで認められた。これらの色素組成の類似と相違に基づくと，緑藻，褐藻，および紅藻の中では，　カ　が陸上植物に系統的に最も近縁であると考えられる。

	エ	オ	カ
①	ネオキサンチン	マクサ	緑　藻
②	ネオキサンチン	マクサ	紅　藻
③	ネオキサンチン	シロツメクサ	緑　藻
④	ネオキサンチン	シロツメクサ	紅　藻
⑤	ルテイン	マクサ	緑　藻
⑥	ルテイン	マクサ	紅　藻
⑦	ルテイン	シロツメクサ	緑　藻
⑧	ルテイン	シロツメクサ	紅　藻

生　物　基　礎

（解答番号　1　～　23　）

第1問　生物の特徴および遺伝子とそのはたらきに関する次の文章（**A・B**）を読み，下の問い（**問1～6**）に答えよ。（配点　18）

A　次の文章は，細胞の特徴を探究する活動の一環として，ある動物細胞を光学顕微鏡で観察しているホタルとヒカルの二人の会話である。

> ホタル：色素を利用して(a)細胞小器官を染めて観察すると，実はミトコンドリアにもいろいろな形や大きさのものが見えるね。この細長いミトコンドリアのサイズはどのくらいだろう。
>
> ヒカル：今使っている対物レンズと接眼レンズの組合せだと，(b)接眼ミクロメーターの20目盛りが対物ミクロメーターの50 μm に相当しているね。細長いミトコンドリアは接眼ミクロメーターの2目盛りだけど，これはどのくらいの長さになるのかな。

　　二人は様々な細胞小器官を観察し続けた。

> ホタル：拡大しても，細胞小器官の間は何もないように見えるけど，実際にはどうなっているんだろう。教科書の細胞の模式図でも，細胞小器官の間は何も描かれていないことが多いよね。水で満たされているのかな。
>
> ヒカル：水だけではないはずだよ。私たちの観察条件では見えないだけで，エネルギー物質や(c)細胞を構成する様々な成分が含まれているはずだよ。
>
> ホタル：きっと様々な化学反応が起きているんじゃないかな。細胞って，なんだかすごいね。

問 1　下線部(a)に関連して，真核生物における細胞小器官に関する記述として**誤っているもの**を，次の①〜⑤のうちから一つ選べ。　| 1 |

① 核には，DNAとタンパク質を主な構成成分とする染色体が含まれる。

② ミトコンドリアで行われる呼吸では，水がつくられる。

③ ミトコンドリアは，核とは異なる独自のDNAをもつ。

④ 葉緑体やミトコンドリアでは，ATPが合成される。

⑤ 葉緑体に含まれる主な色素は，アントシアン（アントシアニン）である。

問 2　下線部(b)に関して，細長いミトコンドリアの長さの数値として最も適当なものを，次の①〜④のうちから一つ選べ。　| 2 |　μm

① 2.5　　　　② 5　　　　③ 10　　　　④ 40

問 3　下線部(c)に関連して，ヒトなどの動物細胞の構成成分を分析すると，質量比で水が最も多くを占めている。水の次に多く含まれる成分として最も適当なものを，次の①〜④のうちから一つ選べ。　| 3 |

① タンパク質　　② 炭水化物　　③ 核　酸　　④ 無機塩類

B 近年，(d)DNA の人工合成技術が飛躍的に進歩している。この合成技術を用い
て，ある研究者グループは細菌 M の全ゲノムの塩基配列（約 100 万塩基対）の
DNA を合成した（以後，合成ゲノム DNA とよぶ）。この合成ゲノム DNA を別の
細菌 C に導入して細菌 C のゲノムと置き換えて，細菌 M′ を作ろうとしたが，
この細菌は増殖しなかった。これは，合成ゲノム DNA の塩基配列のうち，1 塩
基対が誤っていたためであった。この 1 塩基対を修正した合成ゲノム DNA を用
いて同じ実験を行ったところ，細菌 M′ の増殖が確認された。

問 4 次の文章は，上で説明した細菌 M′ の作製実験に関連した記述とその考察
である。文章中の ア ～ エ に入る語として最も適当なものを，下
の①～⑨のうちから一つずつ選べ。
ア 4 ・イ 5 ・ウ 6 ・エ 7

遺伝情報は DNA から RNA，そしてタンパク質へと一方向に流れていく
という考え方がある。この考え方を ア という。この考え方に従うと，
1 塩基対の誤りを含む DNA から イ された RNA の塩基配列，さらに
そこから ウ されたタンパク質のアミノ酸配列にも誤りが引き起こされ
たと考えられる。さらに詳しく調べたところ，この 1 塩基対の誤りを含んだ
遺伝子がコードしているタンパク質は，DNA を鋳型に DNA を合成する
エ を開始させるのに必要な酵素の一つであった。このため，100 万塩
基対中のたった 1 塩基対の誤りによって DNA の エ が開始できず，細
菌 M′ が増殖できなかったと考えられる。

① 複 製　② 翻 訳　③ 転 写　④ 遺 伝　⑤ 代 謝
⑥ セントラルドグマ　　　　⑦ デオキシリボース
⑧ ゲノムプロジェクト　　　⑨ バクテリオファージ

問 5 下線部(d)に関連して，図 1 のように DNA の二重らせんの片方の鎖の塩基の並びが「ATGTA」のとき，この配列に相補的な「DNA の塩基配列」と「RNA の塩基配列」として最も適当なものを，下の①〜⑨のうちからそれぞれ一つずつ選べ。ただし，同じものを繰り返し選んでもよい。

DNA の塩基配列 | 8 | ・RNA の塩基配列 | 9 |

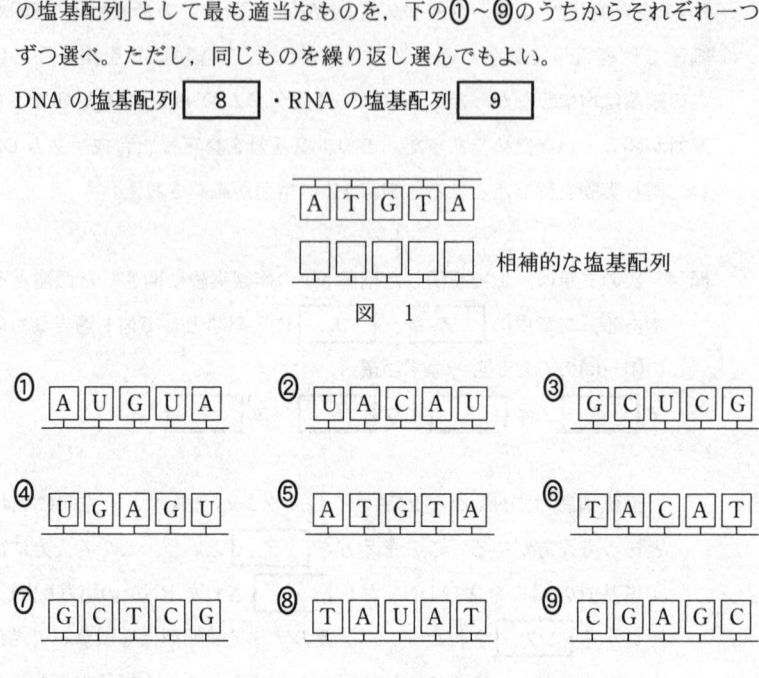

図 1

問 6　次の文章は，遺伝子の本体にせまる歴史的実験について述べたものである。文章中の　オ　～　ク　に入る語の組合せとして最も適当なものを，下の①～⑧のうちから一つ選べ。　10

　肺炎双球菌(肺炎球菌)には病原性の S 型菌と非病原性の R 型菌がある。グリフィスは，R 型菌と加熱殺菌した S 型菌を混ぜてネズミに注射する実験を行った。すると，このネズミには病気の症状が現れ，その体内から生きた　オ　が見つかった。これは，死滅した S 型菌の中の物質が R 型菌の性質や特徴を変化させたために起こった現象であり，このような現象を　カ　という。また，エイブリーらは，S 型菌の抽出液からタンパク質を分解させたものと，DNA を分解させたものとを作り，それぞれ R 型菌と混ぜて培養する実験を行った。この場合，　キ　を分解させた抽出液を用いた実験では　オ　の出現が確認されたが，　ク　を分解させた抽出液を用いた実験では確認されなかった。

	オ	カ	キ	ク
①	R 型菌	形質転換	DNA	タンパク質
②	R 型菌	形質転換	タンパク質	DNA
③	R 型菌	分　化	DNA	タンパク質
④	R 型菌	分　化	タンパク質	DNA
⑤	S 型菌	形質転換	DNA	タンパク質
⑥	S 型菌	形質転換	タンパク質	DNA
⑦	S 型菌	分　化	DNA	タンパク質
⑧	S 型菌	分　化	タンパク質	DNA

第2問 生物の体内環境の維持に関する次の文章（**A・B**）を読み，下の問い（問1～5）に答えよ。（配点　16）

A 硬骨魚類は，(a)腎臓と(b)鰓によって体液の塩類濃度を一定に保つしくみをもっている。そのため，(c)淡水魚のコイと海水魚のカレイは，通常，異なる塩類濃度の環境に生息しているが，両者の体液の塩類濃度は，ほぼ等しい。

問1　下線部(a)に関連して，次の文章中の　ア　～　ウ　に入る語句の組合せとして最も適当なものを，下の①～⑥のうちから一つ選べ。　11

　　淡水魚の体液の塩類濃度は，尿の塩類濃度と比べると　ア　。海水魚の体液の塩類濃度は，尿の塩類濃度と比べると　イ　。したがって，淡水魚と海水魚の体液の塩類濃度がほぼ等しいことから，淡水魚の尿の塩類濃度は，海水魚の尿の塩類濃度と比べると　ウ　ことが分かる。

	ア	イ	ウ
①	ほぼ等しい	高　い	低　い
②	低　い	ほぼ等しい	高　い
③	高　い	低　い	ほぼ等しい
④	ほぼ等しい	低　い	高　い
⑤	高　い	ほぼ等しい	低　い
⑥	低　い	高　い	ほぼ等しい

問 2 下線部(b)に関連して，次の文章中の　エ　～　キ　に入る語の組合せ として最も適当なものを，下の①〜⑧のうちから一つ選べ。　12

　鰓にある塩類細胞とよばれる特殊な細胞は，　エ　が合成される場であ るミトコンドリアを多くもち，そのエネルギーを利用して塩類の輸送を行っ ている。淡水魚の塩類細胞（以後，淡水型とよぶ）は，　オ　から　カ　 への輸送を行い，海水魚の塩類細胞（以後，海水型とよぶ）は，　カ　から 　オ　への輸送を行う。ある種の魚は，この淡水型と海水型の両方をも つ。例えば，サケは幼魚から成魚へと成長すると，塩類細胞は淡水型から海 水型へと変わり，川から海へと生息環境を変える。このような淡水型から海 水型への変化には，ヒトと同様に　キ　から放出される成長ホルモンが関 わっている。

	エ	オ	カ	キ
①	アミノ酸	体　内	外　界	脳下垂体
②	アミノ酸	体　内	外　界	視床下部
③	アミノ酸	外　界	体　内	脳下垂体
④	アミノ酸	外　界	体　内	視床下部
⑤	ATP	体　内	外　界	脳下垂体
⑥	ATP	体　内	外　界	視床下部
⑦	ATP	外　界	体　内	脳下垂体
⑧	ATP	外　界	体　内	視床下部

問 3　下線部(C)に関連して，ある条件下では，淡水魚と海水魚が混じって生息することがある。ある日，河口から約 20 km 上流で河川とつながっている沼で，三平さんが釣りをしていたところ，コイに混じってカレイが釣れた。コイとカレイにおける外界の塩類濃度の変化に対する体液の塩類濃度の変化が図 1 のような関係となるとき，図中の　**ク**　・　**ケ**　に入る魚類とこの沼の塩類濃度の組合せとして最も適当なものを，下の①〜⑧のうちから一つ選べ。ただし，沼の塩類濃度は場所や深さによらず一様であるとする。

　13

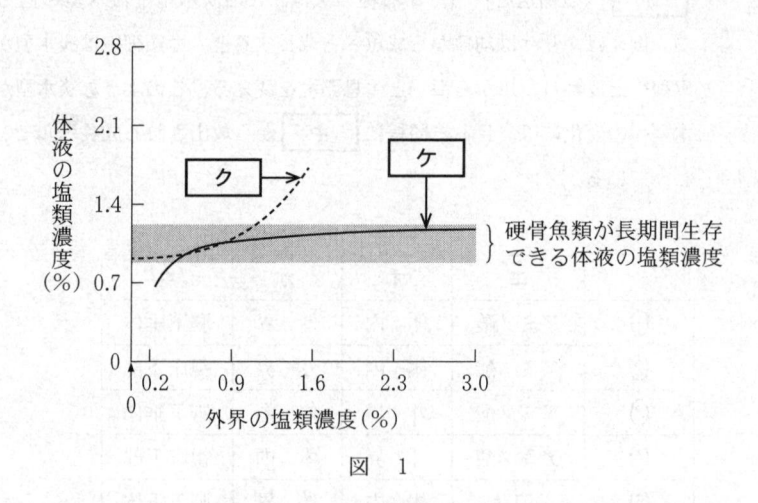

図　1

	ク	**ケ**	沼の塩類濃度
①	カレイ	コ イ	0.2 %
②	カレイ	コ イ	0.9 %
③	カレイ	コ イ	1.6 %
④	カレイ	コ イ	2.3 %
⑤	コ イ	カレイ	0.2 %
⑥	コ イ	カレイ	0.9 %
⑦	コ イ	カレイ	1.6 %
⑧	コ イ	カレイ	2.3 %

B 獲得免疫には，(d)細胞性免疫と，抗体のはたらきによる(e)体液性免疫があり，体内から病原体や毒物を排除している。

問 4 下線部(d)に関連して，次の文章中の　コ　～　シ　に入る語句の組合せとして最も適当なものを，下の①〜⑧のうちから一つ選べ。　14

　　体内に侵入した抗原は図2に示すように，免疫細胞Pに取り込まれて分解される。免疫細胞QおよびRは抗原の情報を受け取り活性化し，免疫細胞Qは別の免疫細胞Sの食作用を刺激して病原体を排除し，免疫細胞Rは感染細胞を直接排除する。免疫細胞の一部は記憶細胞となり，再び同じ抗原が体内に侵入すると急速で強い免疫応答が起きる。免疫細胞Pは　コ　であり，免疫細胞Qは　サ　である。免疫細胞P〜Sのうち記憶細胞になるのは　シ　である。

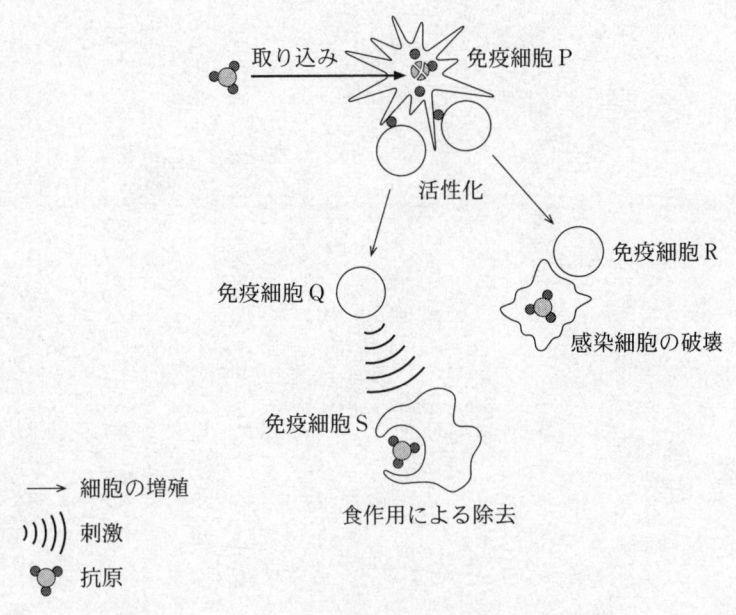

図　2

	コ	サ	シ
①	マクロファージ	キラーT細胞	PとS
②	マクロファージ	キラーT細胞	QとR
③	マクロファージ	ヘルパーT細胞	PとS
④	マクロファージ	ヘルパーT細胞	QとR
⑤	樹状細胞	キラーT細胞	PとS
⑥	樹状細胞	キラーT細胞	QとR
⑦	樹状細胞	ヘルパーT細胞	PとS
⑧	樹状細胞	ヘルパーT細胞	QとR

問 5 下線部(e)に関連して，抗体の産生に至る免疫細胞間の相互作用を調べるため，**実験**1を行った。**実験**1の結果の説明として最も適当なものを，下の ①〜⑤のうちから一つ選べ。　**15**

実験1　マウスからリンパ球を採取し，その一部をB細胞およびB細胞を除いたリンパ球に分離した。これらと抗原とを図3の培養の条件のように組み合わせて，それぞれに抗原提示細胞（抗原の情報をリンパ球に提供する細胞）を加えた後，含まれるリンパ球の数が同じになるようにして，培養した。4日後に細胞を回収し，抗原に結合する抗体を産生している細胞の数を数えたところ，図3の結果が得られた。

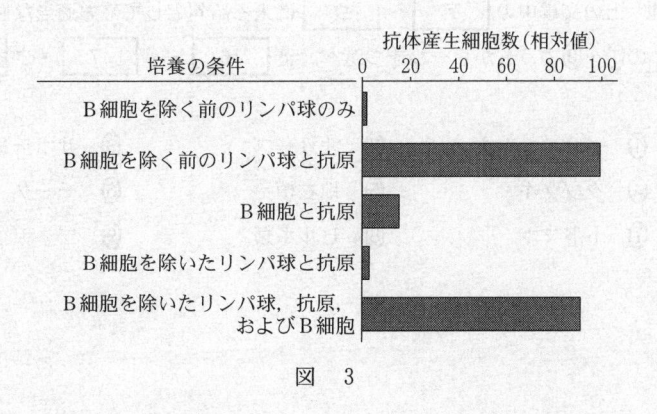

図　3

① B細胞は，抗原が存在しなくても抗体産生細胞に分化する。

② B細胞の抗体産生細胞への分化には，B細胞以外のリンパ球は関与しない。

③ B細胞を除いたリンパ球には，抗体産生細胞に分化する細胞が含まれる。

④ B細胞を除いたリンパ球には，B細胞を抗体産生細胞に分化させる細胞が含まれる。

⑤ B細胞を除いたリンパ球には，B細胞が抗体産生細胞に分化するのを妨げる細胞が含まれる。

第3問 生物の多様性と生態系に関する次の文章（**A・B**）を読み，下の問い（**問1〜5**）に答えよ。（配点　16）

A 　生態系では，光合成，呼吸，食物連鎖などの様々な過程をとおして(a)物質が循環し，この循環に伴い(b)エネルギーが移動している。

　　生態系の代表的な生産者の種類はバイオームによって異なる。例えば，温帯のバイオームであるステップでは　**ア**　，暖温帯のバイオームである硬葉樹林では　**イ**　，熱帯・亜熱帯のバイオームである雨緑樹林では　**ウ**　が，代表的な生産者である。

　　問1　上の文章中の　**ア**　〜　**ウ**　に入る語句として最も適当なものを，次の①〜⑨のうちから一つずつ選べ。ア　16　・イ　17　・ウ　18

① イネのなかま　　　　② オリーブ　　　　③ サボテン類

④ タブノキ　　　　　　⑤ 地衣類　　　　　⑥ チーク

⑦ トドマツ　　　　　　⑧ ヒルギ類　　　　⑨ ブ　ナ

問 2　下線部(a)に関連して，図1は生体を構成するある主要な元素の生態系における移動を矢印で示したものである。図中の　エ　～　キ　に入る語と　ク　に入る矢印の向きの組合せとして最も適当なものを，下の①～⑧のうちから一つ選べ。　19

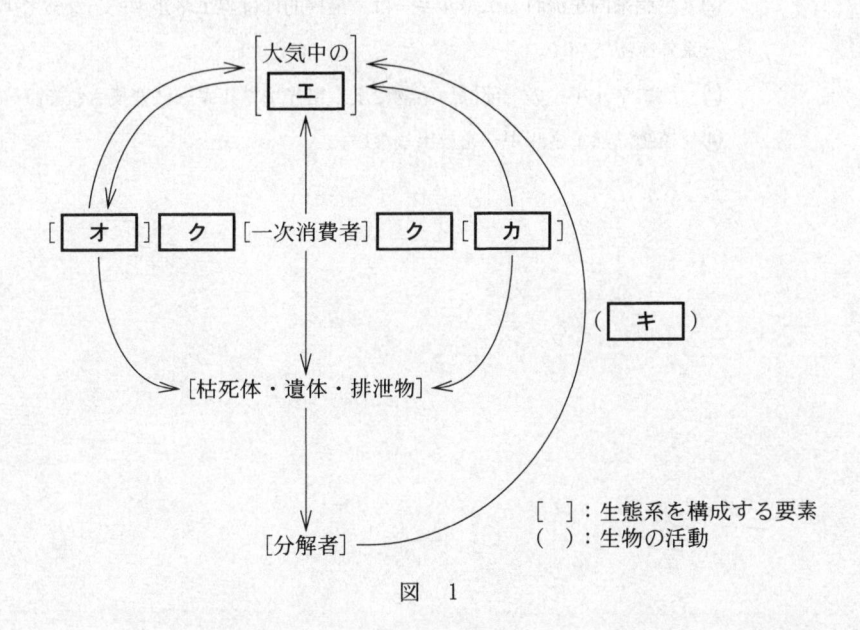

図　1

	エ	オ	カ	キ	ク
①	二酸化炭素	生産者	二次消費者	呼　吸	→
②	二酸化炭素	生産者	二次消費者	脱　窒	←
③	二酸化炭素	二次消費者	生産者	呼　吸	→
④	二酸化炭素	二次消費者	生産者	脱　窒	←
⑤	窒　素	生産者	二次消費者	呼　吸	→
⑥	窒　素	生産者	二次消費者	脱　窒	←
⑦	窒　素	二次消費者	生産者	呼　吸	→
⑧	窒　素	二次消費者	生産者	脱　窒	←

問 3 下線部(b)に関する記述として最も適当なものを，次の①〜④のうちから一つ選べ。 20

① 熱エネルギーの一部は，生物によって化学エネルギーに変換される。

② 生態系内を流れるエネルギーは，最終的には熱エネルギーとなって生態系外へ出ていく。

③ 熱エネルギーの一部は，生物によって光エネルギーに変換される。

④ 植物は熱エネルギーを放出しない。

B　大気中の二酸化炭素は，　ケ　や　コ　などとともに，温室効果ガスとよばれる。化石燃料の燃焼などの人間活動によって，図2のように大気中の二酸化炭素濃度は年々上昇を続けている。また，陸上植物の光合成による影響を受けるため，大気中の二酸化炭素濃度には，周期的な季節変動がみられる。図3のように，冷温帯に位置する岩手県の綾里（りょうり）の観測地点と，亜熱帯に位置する沖縄県の与那国島（よなぐにじま）の観測地点とでは，二酸化炭素濃度の季節変動のパターンに違いがある。

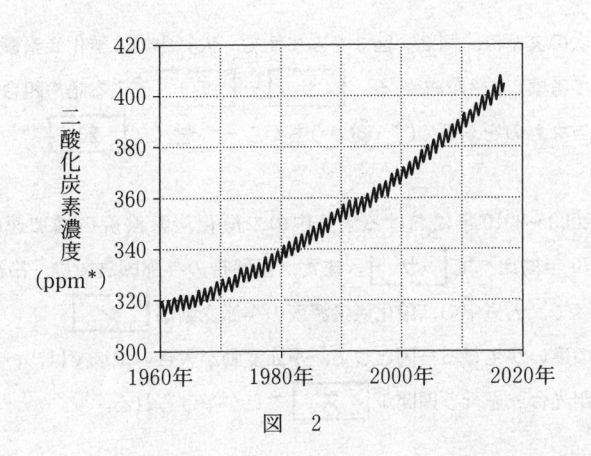

図　2

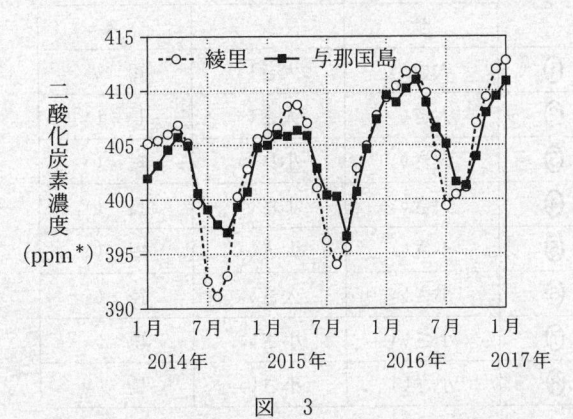

図　3

*ppm：1 ppm は 100 万分の 1。体積の割合を表す。

問4 上の文章中の ケ ・ コ に入る語として適当なものを，次の①～⑦のうちから二つ選べ。ただし，解答の順序は問わない。

ケ 21 ・ コ 22

① アンモニア　　② エタノール　　③ 酸　素

④ 水　素　　⑤ 窒　素　　⑥ フロン

⑦ メタン

問5 次の文章は，図2・図3をふまえて，大気中の二酸化炭素濃度の変化について考察したものである。 サ ～ ス に入る語の組合せとして最も適当なものを，下の①～⑧のうちから一つ選べ。 23

　　2000～2010年における大気中の二酸化炭素濃度の増加速度は，1960～1970年に比べて サ 。また，亜熱帯の与那国島では，冷温帯の綾里に比べて，大気中の二酸化炭素濃度の季節変動が シ 。このような季節変動の違いが生じる一因として，季節変動が大きい地域では，一年のうちで植物が光合成を行う期間が ス ことが挙げられる。

	サ	シ	ス
①	大きい	大きい	短　い
②	大きい	大きい	長　い
③	大きい	小さい	短　い
④	大きい	小さい	長　い
⑤	小さい	大きい	短　い
⑥	小さい	大きい	長　い
⑦	小さい	小さい	短　い
⑧	小さい	小さい	長　い

2019

本試験

生物：解答時間 60 分　配点 100 点

生物基礎：解答時間　2 科目 60 分
配点　2 科目 100 点
（物理基礎，化学基礎，生物基礎，
地学基礎から 2 科目選択）

生　物

問　題	選　択　方　法
第 1 問	必　　答
第 2 問	必　　答
第 3 問	必　　答
第 4 問	必　　答
第 5 問	必　　答
第 6 問	いずれか 1 問を選択し，解答しなさい。
第 7 問	

第1問 （必答問題）

生命現象と物質に関する次の文章（**A・B**）を読み，下の問い（**問1～5**）に答えよ。
〔解答番号 $\boxed{1}$ ～ $\boxed{6}$ 〕(配点 18)

A 葉緑体では，光エネルギーを用いて光合成が行われ，二酸化炭素が有機物に変換される。**実験1～3**は，光合成のしくみを明らかにするために行われた研究である。

実験1 ある植物の緑葉をすりつぶして得られた葉緑体片を含む溶液に，シュウ酸鉄(Ⅲ)を加えた。この溶液を図1のように，密閉できる容器に入れて空気を取り除き，光を照射したところ，シュウ酸鉄(Ⅲ)はシュウ酸鉄(Ⅱ)に還元され，酸素が発生した。同じ条件で，シュウ酸鉄(Ⅲ)を加えない場合は，酸素は発生しなかった。

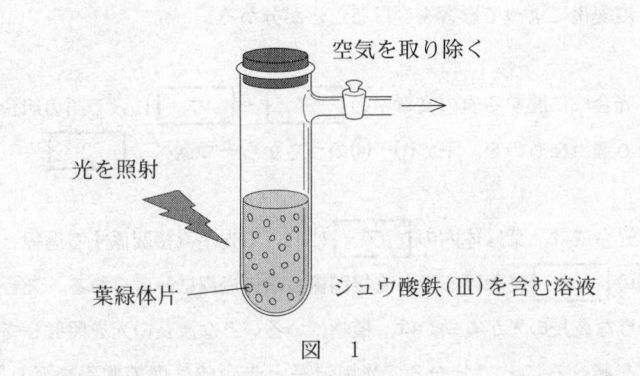

図 1

実験2 ある緑藻に，ほとんどの酸素原子を同位体の酸素 ^{18}O に置き換えた水と，通常の二酸化炭素を与え，光を照射したところ，与えた水と同じ割合で ^{18}O を含む酸素が発生した。一方，通常の水と，ほとんどの酸素原子を ^{18}O に置き換えた二酸化炭素を与えて光を照射したところ，発生した酸素に ^{18}O は含まれていなかった。

実験3 ある緑藻に放射性同位体の炭素原子 ^{14}C を含む二酸化炭素を与え，温度を一定に保ったまま光を短時間照射したところ，^{14}C は炭素3個からなる化合物に取り込まれた。同じ条件で，光を照射しない場合は，^{14}C はどの化合物にも取り込まれなかった。

問 1 **実験**1～3の結果から導かれる結論や考察として**適当でないもの**を，次の①～⑥のうちから二つ選べ。ただし，解答の順序は問わない。

| 1 | ・ | 2 |

① **実験**1では，空気が取り除かれているので，発生した酸素は二酸化炭素に由来しないと考えられる。

② **実験**1で，酸素発生の際には還元されやすい物質が必要であると考えられる。

③ **実験**2から，発生した酸素は，水に由来することが分かる。

④ **実験**2から，二酸化炭素が有機物合成に使われることが分かる。

⑤ **実験**3から，二酸化炭素が固定される反応経路の一部が分かる。

⑥ **実験**3から，^{14}C が炭素3個からなる化合物に取り込まれる反応は，温度変化によって影響を受けることが分かる。

問 2 光合成に関する次の文章中の　ア　～　ウ　に入る語の組合せとして最も適当なものを，下の①～④のうちから一つ選べ。　3

光合成は，葉緑体内の　ア　における光が直接関係する過程と，葉緑体内の　イ　における光が直接関係しない過程に分けられる。光合成にどのような波長の光が有効かは，植物にいろいろな波長の光を照射して光合成速度を調べることで分かる。光の波長と光合成速度の関係を示したものを　ウ　という。

	ア	イ	ウ
①	ストロマ	チラコイド	作用スペクトル(作用曲線)
②	ストロマ	チラコイド	吸収スペクトル(吸収曲線)
③	チラコイド	ストロマ	作用スペクトル(作用曲線)
④	チラコイド	ストロマ	吸収スペクトル(吸収曲線)

B 細胞膜は，細胞質を外界から隔てる役割を果たしている。また，単なる仕切りではなく物質の出入りの調節も行っている。細胞膜や細胞小器官の膜をまとめて(a)生体膜といい，(b)物質の輸送や細胞どうしの接着などに関与する様々なタンパク質が配置されている。

問 3 下線部(a)に関連して，次の@〜dのうち，内外 2 枚の生体膜で囲まれた細胞小器官の組合せとして最も適当なものを，下の①〜⑥のうちから一つ選べ。 4

@ 核 ⓑ 液 胞 ⓒ ゴルジ体 ⓓ 葉緑体

① @, ⓑ ② @, ⓒ ③ @, ⓓ

④ ⓑ, ⓒ ⑤ ⓑ, ⓓ ⑥ ⓒ, ⓓ

問 4 下線部(b)に関連する記述として最も適当なものを，次の①〜⑤のうちから一つ選べ。 5

① チャネルによる物質の輸送は能動輸送である。

② ナトリウムポンプは，ナトリウムイオンを細胞外へ放出し，カルシウムイオンを細胞内に取り込む。

③ ナトリウムイオンは，ナトリウムチャネルを通過する。

④ ナトリウムポンプは，物質の輸送に ADP のエネルギーを利用する。

⑤ アクアポリンは，水分子の輸送に関わるポンプである。

問 5 生体膜は半透膜に近い性質をもつ。半透膜では，膜を隔てて食塩水と蒸留水がある場合，食塩水側に水が移動する。ヒトの血液から取り出した赤血球を，濃度の異なる食塩水ⓔ～ⓗに浸し，一定時間後に観察したところ，赤血球は次のような状態を示した。食塩水ⓔ～ⓗの食塩濃度の値の大小関係を正しく表しているものを，下の①～⑧のうちから一つ選べ。 | 6 |

食塩水ⓔ　破裂していた。

食塩水ⓕ　変化していなかった。

食塩水ⓖ　収縮していた。

食塩水ⓗ　膨張していた。

① ⓔ > ⓕ > ⓖ > ⓗ　　　② ⓔ > ⓗ > ⓕ > ⓖ

③ ⓕ > ⓔ > ⓗ > ⓖ　　　④ ⓕ > ⓖ > ⓗ > ⓔ

⑤ ⓖ > ⓕ > ⓗ > ⓔ　　　⑥ ⓖ > ⓕ > ⓔ > ⓗ

⑦ ⓗ > ⓕ > ⓔ > ⓖ　　　⑧ ⓗ > ⓖ > ⓕ > ⓔ

第2問 （必答問題）

生殖と発生に関する次の文章（**A・B**）を読み，下の問い（**問1〜5**）に答えよ。
〔解答番号 $\boxed{1}$ 〜 $\boxed{5}$ 〕（配点 18）

A ネコやヒトなどの多くの哺乳類は，雄XY型，雌XX型の性決定様式をもつ。これらの動物では，性染色体も常染色体と同じように子孫に伝わり，XおよびY染色体の組合せによって個体の性が決まる。また，性染色体上には，性を決める遺伝子のほかにも，多数の遺伝子が存在する。

三毛ネコは，茶，黒，および白の三色のまだらの毛色をもち，ほとんどが雌である。白毛のまだら部分は，常染色体上の優性遺伝子によって決まる。白毛以外の部分は，X染色体上の遺伝子Zによって，茶または黒のどちらの毛色になるかが決まる。(a)$Z^{茶}$と$Z^{黒}$の対立遺伝子を両方もつ雌は，茶と黒の毛色をもつ。

茶と黒の毛色は，図1に示すように制御される。哺乳類の雌の胚では，発生が少し進んだ段階で，個々の細胞内のX染色体のうち片方の遺伝子の転写が起こらない状態（不活性化）になり，もう片方の染色体上の対立遺伝子だけがはたらく。細胞内の二つのX染色体のうちどちらが不活性化されるかは，細胞ごとにランダムに決まり，(b)X染色体の不活性化が一度起こると，細胞分裂を経ても不活性化した状態が分裂後の細胞でも維持される。この結果，$Z^{茶}$と$Z^{黒}$を対立遺伝子にもつ雌ネコは，個体ごとに異なった茶と黒のまだらの毛色をもつ。一方，雄はX染色体を一つだけもち，X染色体は不活性化されない。

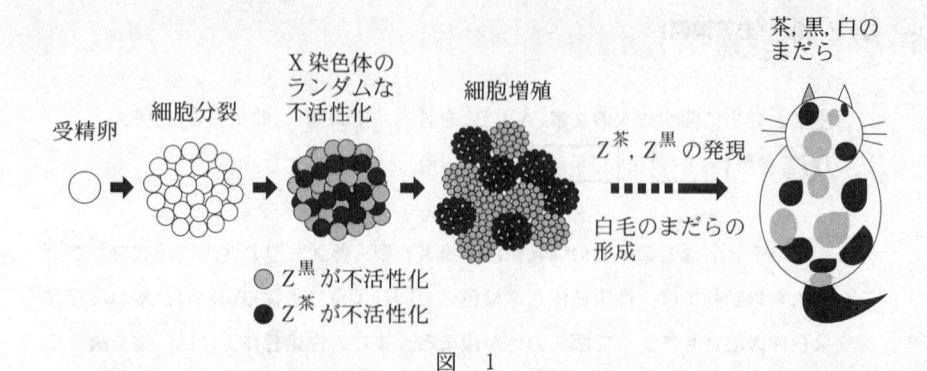

図　1

問1　下線部(a)に関連して，性染色体上の遺伝子も，常染色体上の遺伝子と同じように遺伝する。雌の三毛ネコ($Z^{茶}$，$Z^{黒}$をそれぞれ1遺伝子もつ)を，黒の雄($Z^{黒}$を1遺伝子だけもつ)と交雑した場合，生まれる子ネコのうち，茶と黒の両方の毛色をもつものの割合は何％と期待されるか。最も適当な数値を，次の①～⑥のうちから一つ選べ。ただし，Z以外の遺伝子は，茶，黒の毛色の出現に影響しないものとする。　$\boxed{1}$　％

① 0　　② 12.5　　③ 25　　④ 50　　⑤ 75　　⑥ 100

問2　下線部(b)に関連して，三毛ネコの体細胞から核を採取してクローンネコを作ることができる。このとき，核移植によって体細胞のX染色体不活性化の状態が，完全に初期の状態(どちらのX染色体も不活性化されていない状態)に戻るとすると，クローンネコの予想される毛色と模様として最も適当なものを，次の①～④のうちから一つ選べ。　$\boxed{2}$

① 三毛ネコになり，細胞を採取したネコと同一の模様になる。

② 三毛ネコになり，細胞を採取したネコとは異なるまだらになる。

③ 三毛ネコにはならず，茶または黒のみの毛色をもつ。

④ 三毛ネコにはならず，茶，黒どちらの毛色ももたない。

B　(C)植物における組織や器官の形成は，多様なポリペプチドによって制御される。例えば，ある植物の葉では，光合成に使われる二酸化炭素の量を調節するために，表皮組織の単位面積あたりの気孔の数（以後，気孔密度とよぶ）がポリペプチドAおよびポリペプチドBによって制御されている。ポリペプチドAおよびポリペプチドBによって気孔密度が制御されるしくみを調べるため，**実験1・実験2**を行った。

実験1　野生型植物（以後，野生型とよぶ）の表皮組織の細胞（以後，表皮細胞とよぶ）と，表皮組織に隣接する葉肉組織の細胞（以後，葉肉細胞とよぶ）において，ポリペプチドAをコードする遺伝子Aの mRNA の量を比較したところ，図2の結果が得られた。また，実験室で合成したポリペプチドAを含む溶液あるいは含まない溶液に野生型の芽ばえを浸した後，これらの芽ばえを3日間育てた。その後，気孔密度（個/mm^2）を調べたところ，図3の結果が得られた。

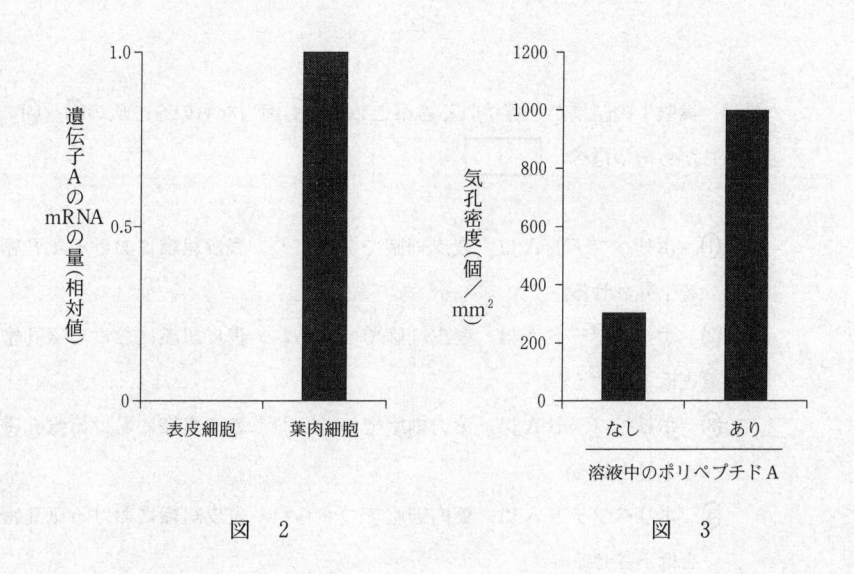

図　2　　　　　　　　　　　　　　　図　3

実験2　ポリペプチド A を欠く突然変異体(以後，変異体 a とよぶ)，ポリペプ
チド B を欠く突然変異体(以後，変異体 b とよぶ)，およびポリペプチド A と
ポリペプチド B の両方を欠く突然変異体(以後，変異体 ab とよぶ)の気孔密度
を調べたところ，図4の結果が得られた。

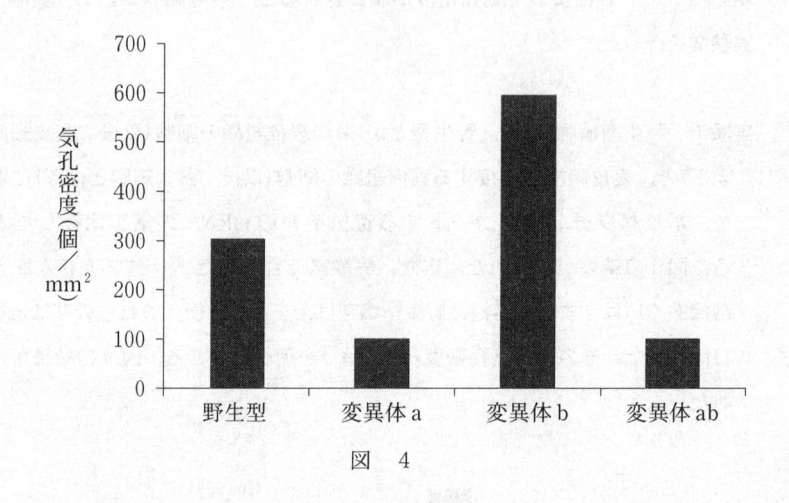

図　4

問 3　**実験1**の結果から導かれる考察として最も適当なものを，次の①〜④のう
ちから一つ選べ。　 3

①　ポリペプチド A は，表皮細胞でつくられ，表皮組織における気孔密度
を上昇させる。

②　ポリペプチド A は，表皮細胞でつくられ，表皮組織における気孔密度
を低下させる。

③　ポリペプチド A は，葉肉細胞でつくられ，表皮組織における気孔密度
を上昇させる。

④　ポリペプチド A は，葉肉細胞でつくられ，表皮組織における気孔密度
を低下させる。

問 4　**実験 2** の結果から導かれる考察として最も適当なものを，次の①〜④のうちから一つ選べ。　4

① ポリペプチド B は，ポリペプチド A のはたらきを促進することによって，気孔密度を上昇させる。

② ポリペプチド B は，ポリペプチド A のはたらきを促進することによって，気孔密度を低下させる。

③ ポリペプチド B は，ポリペプチド A のはたらきを抑制することによって，気孔密度を上昇させる。

④ ポリペプチド B は，ポリペプチド A のはたらきを抑制することによって，気孔密度を低下させる。

問 5　下線部(C)に関して，次の文章中の　ア　・　イ　に入る語の組合せとして最も適当なものを，下の①〜⑥のうちから一つ選べ。　5

植物における様々な組織や器官の構造は，植物の生存にとって重要な役割を果たす。葉や茎では，乾燥を防止するため，その表面は　ア　で覆われている。また根では，　イ　を保護するため，根冠が根の先端に形成される。

	ア	イ
①	クチクラ(層)	根　毛
②	クチクラ(層)	分裂組織
③	クチクラ(層)	維管束
④	形成層	根　毛
⑤	形成層	分裂組織
⑥	形成層	維管束

第3問 （必答問題）

　生物の環境応答に関する次の文章（**A・B**）を読み，下の問い（**問1〜4**）に答え
よ。

　〔解答番号　1 〜 5 〕（配点　18）

A　眼が受容器となる光刺激で生じる感覚を，視覚という。光は，眼球前部にある
角膜と水晶体で屈折し，網膜上に像を結ぶ。ヒトの網膜には，(a)錐体細胞と桿
体細胞とが存在し，(b)それぞれ，光に対する反応と網膜上の分布は，異なる。
また，(c)盲斑には，錐体細胞も桿体細胞も存在せず，ここでは光を感じること
ができない。

問1　下線部(a)に関連して，桿体細胞と三種類の錐体細胞（赤錐体細胞，緑錐体
細胞，青錐体細胞）が，図1のような光の波長と吸光量との関係を示すと
き，下の文章中の ア 〜 ウ に入る語の組合せとして最も適当なも
のを，後の①〜⑧のうちから一つ選べ。 1

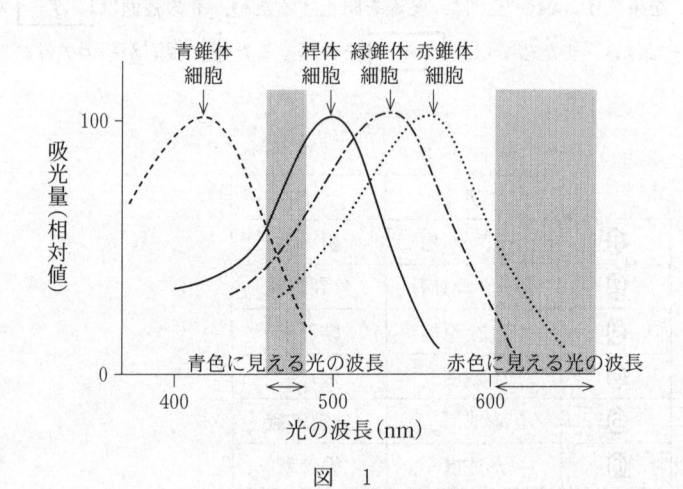

図　1

　　チェコの生理学者プルキンエは，ある日，赤色と青色の花が咲いている公園を散歩していて，昼間は赤色の花が青色の花よりも明るくはっきりと見えるが，夕方，日が暮れて暗くなるにつれ，青色の花の方が赤色の花よりもはっきりと見えるようになることに気づいた。この現象は，ヒトの網膜では，赤錐体細胞は青錐体細胞よりも数が多いこと，暗くなるにつれて　ア　が起き，　イ　細胞の感度が上がること，また，　ウ　色として認識される光の波長は，桿体細胞で高い吸光量となる波長に近いこと，などによって説明される。

	ア	イ	ウ
①	明順応	錐　体	青
②	明順応	錐　体	赤
③	明順応	桿　体	青
④	明順応	桿　体	赤
⑤	暗順応	錐　体	青
⑥	暗順応	錐　体	赤
⑦	暗順応	桿　体	青
⑧	暗順応	桿　体	赤

問 2 下線部(b)に関連して，次のことが知られている。錐体細胞は，色の認識に必要な細胞であるが，弱い光では反応しないので，暗所では色を認識できない。一方，桿体細胞は，色の認識はできないが，弱い光でも反応する。錐体細胞は，黄斑とよばれる網膜の中央部に多く存在し，桿体細胞は，黄斑を取り巻く部分に多く分布する。夜空にある暗い星を肉眼で観測したい場合の方法として最も適当なものを，次の①～④のうちから一つ選べ。 | 2 |

① 多くの光を眼球に取り込むため，目を大きく開き，星を眺める。

② 多くの光を眼球に取り込むため，周りに明るい街灯があるところで星を眺める。

③ 星を視線の中心（黄斑の中心）に捉えて眺める。

④ 星を視線の中心（黄斑の中心）からずらして眺める。

問 3　下線部(C)に関連して，図 2 は，左眼の網膜上における錐体細胞と桿体細胞の分布を，黄斑の位置を 0 °とし，黄斑からの距離を 0 °〜40°の角度として示している。図 3 は，ある一定の高さまで離れた状態で，「＋」を真上から左眼のみで注視した際の「＋」からの距離を，対応する網膜上の角度 0 °〜40°として示している。このとき，図 3 のアルファベット **A〜D** の見え方として最も適当なものを，下の **①〜④** のうちから一つ選べ。なお，図 3 は，実際の網膜上の角度を正確に反映させずに作図している。　　3

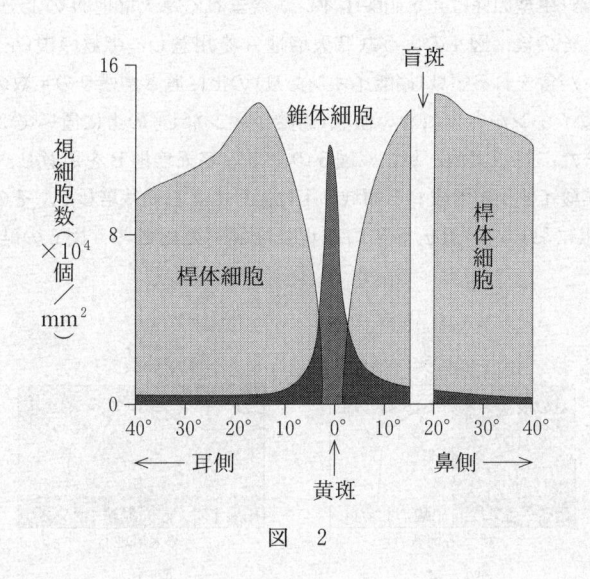

図　2

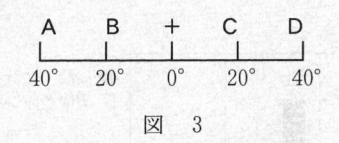

図　3

①　Aは見えない。　　　　　　　　**②**　Bは見えない。

③　Cは見えない。　　　　　　　　**④**　Dは見えない。

B　硝酸イオンは，植物の成長にとって重要な窒素源である。しかし，土壌中の硝酸イオンは不均一に分布するため，植物は窒素源不足となる場合がある。シロイヌナズナの野生型植物(以後，野生型とよぶ)は，タンパク質 X によって窒素源不足を感知すると，硝酸イオンの取り込みの促進に関わる遺伝子 Y を根において発現する。植物がどのように窒素源不足に応答するかを調べるために，野生型と，タンパク質 X を欠く突然変異体(以後，変異体 x とよぶ)を用いて，**実験1・実験2**を行った。

実験1　野生型の芽ばえを硝酸イオンが含まれる寒天培地 N の上で 14 日間栽培した。その後，図4のような寒天培地 A を用意し，半数の根(左の根)を硝酸イオンが含まれる領域(硝酸イオンあり)の上に置き，残りの半数の根(右の根)を硝酸イオンが含まれない領域(硝酸イオンなし)の上に置いて2日間栽培した。また，対照実験として，図5のような寒天培地 B を用意し，左右両方の根を硝酸イオンが含まれる領域の上に置いて2日間栽培した。その後，それぞれの根において，遺伝子 Y の発現量を調べたところ，図6の結果が得られた。

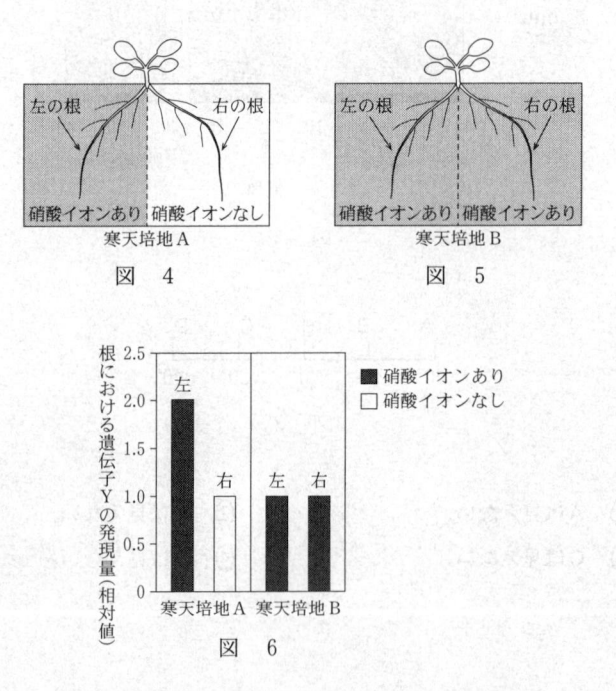

図　4　　　　　　　　図　5

図　6

実験2　野生型と変異体 x の芽ばえを，硝酸イオンが含まれる寒天培地 N の上で 4 日間栽培した。その後，野生型と変異体 x の接ぎ穂(地上部)と台木(根)を，様々な組合せで図 7 のように接ぎ木し，硝酸イオンが含まれる寒天培地 N の上で 10 日間栽培した。次に，接ぎ木した植物を，図 4 と同様に寒天培地 A の上で 2 日間栽培し，左の根と右の根における遺伝子 Y の発現量を調べたところ，図 8 の結果が得られた。

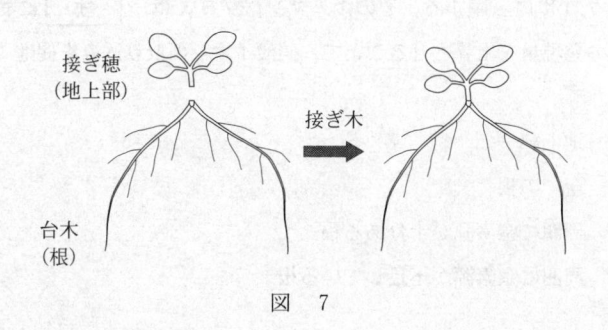

図　7

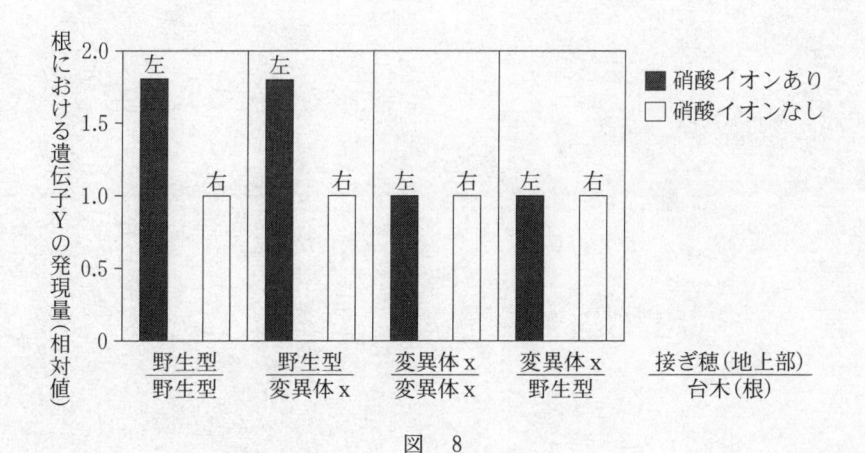

図　8

問 4　**実験 1・実験 2** の結果に関して，次の文章中の　エ　・　オ　に入る語句として最も適当なものを，下の①〜④のうちからそれぞれ一つずつ選べ。ただし，同じものを繰り返し選んでもよい。エ　4　・オ　5

　　シロイヌナズナは，硝酸イオンが不均一に分布している土壌環境では，窒素源不足を感知した根から，窒素源不足の情報を　エ　でつくられるタンパク質 X に伝達する。その後，タンパク質 X は，　オ　において遺伝子 Y の発現量を上昇させることで，硝酸イオンの取り込みを促進する。

① 　地上部

② 　全ての根

③ 　周囲に窒素源が十分ある根

④ 　周囲に窒素源が不足している根

第4問 （必答問題）

生態と環境に関する次の文章（**A・B**）を読み，下の問い（**問1～3**）に答えよ。

〔解答番号 | 1 | ～ | 5 | 〕（配点　18）

A　ある一つの地域に生息している同じ種の個体の集まりを個体群という。個体群には，通常，様々な齢や発育段階の個体が含まれている。また，種によっては，複数の個体が集団で生活する群れが，個体群の中に形成されることがある。このとき，群れをつくることによって，捕食者に対する警戒や防衛の能力の向上，餌の発見効率の向上といった利益が得られる反面，捕食者に見つかりやすくなったり餌を奪いあったりするという不利益も生じる。

　1965年に，それまでジャコウウシのいなかったグリーンランドのある地域で，27頭のジャコウウシが野外に放たれた。この個体群が野外に定着するかどうかを調べるため，その後1990年まで，計6回，この個体群の個体数が調査された。この調査から得られた個体数の推移を図1に示した。1988年と1990年には，この個体群の齢構成も調べられた。その結果，1988年の齢構成のピラミッド（年齢ピラミッド）は，　**ア**　型に分類された。また，1990年の年齢ピラミッドも，同じ型に分類できた。このことから，1990年以降の数年間は，個体数は　**イ**　ことが予測された。

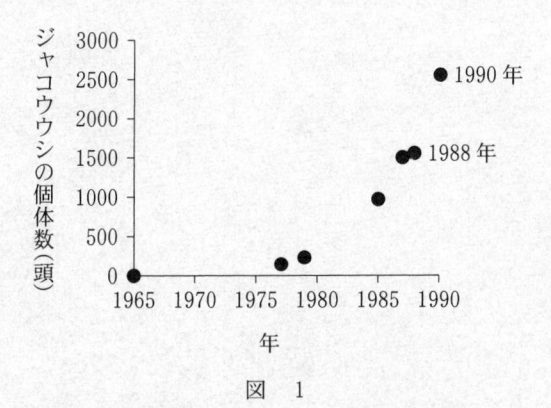

図　1

問1　上の文章中の ア ・ イ に入る語句の組合せとして最も適当なものを，次の①〜⑥のうちから一つ選べ。 1

	ア	イ
①	幼若（若齢）	増加していく
②	幼若（若齢）	減少していく
③	幼若（若齢）	ほとんど変化しない
④	老化（老齢）	増加していく
⑤	老化（老齢）	減少していく
⑥	老化（老齢）	ほとんど変化しない

問 2　5～40頭ほどの群れをつくって生活するジャコウウシは，生息地にいる捕食者の個体数や，餌の見つけやすさに応じて，群れの大きさを変える。ジャコウウシの主な捕食者はオオカミである。オオカミのいない地域，少ない地域，多い地域をそれぞれ複数選び，ジャコウウシが餌を見つけやすい季節 X と見つけにくい季節 Y において，ジャコウウシの群れの大きさを調べた。その結果，一つの群れを構成している個体数の平均値は，図 2 のようになった。このようにジャコウウシが群れの大きさを変化させる理由として適当なものを，下の **①**～**⑦** のうちから二つ選べ。ただし，解答の順序は問わない。　　**2**　・　**3**

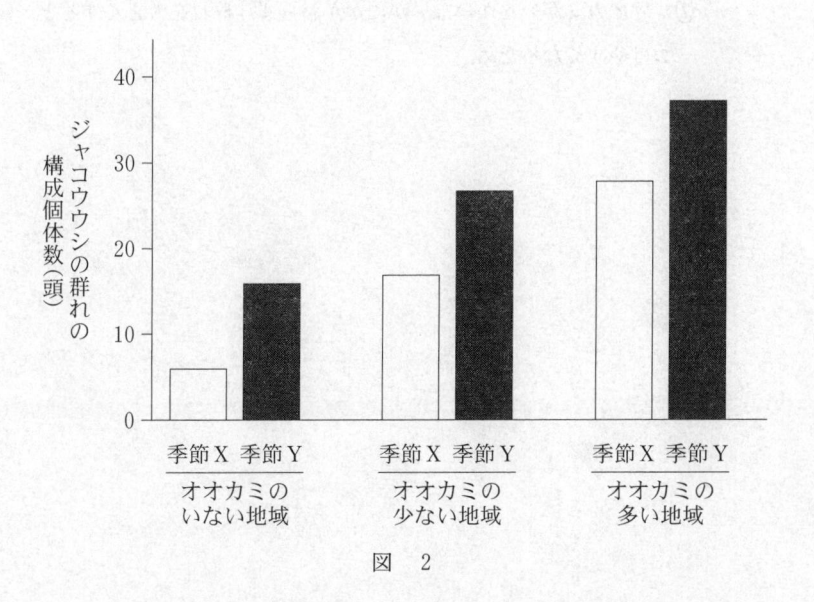

図　2

① 群れを大きくすると，オオカミに捕食されやすくなるため。

② 群れを大きくすると，オオカミに捕食されにくくなるため。

③ 群れの大きさにかかわらず，捕食されやすさは変わらないため。

④ 群れを大きくすると，オオカミがいる地域でのみ，餌を見つけやすくなるため。

⑤ 群れを大きくすると，オオカミがいない地域でのみ，餌を見つけやすくなるため。

⑥ オオカミがいるかいないかにかかわらず，群れを大きくしても，群れることの不利益は増えないため。

⑦ オオカミがいるかいないかにかかわらず，群れを大きくすると，餌を見つけやすくなるため。

B　3種のイネ科草本A～Cは，海水の塩分の影響を受ける海岸周辺に出現する。3種のうち，種B，種Cは土壌の塩分濃度が高い場所において多く，種Aはその周辺の塩分濃度が低い場所に比較的多く見られる。この分布の違いは，それぞれの種の塩分に対する耐性（以後，耐塩性とよぶ）と競争力の違いを反映していると考えられる。それぞれの種の耐塩性と競争力を調べるため，**実験1・実験2**を行った。これらの実験では，一定の大きさの植木鉢内における土壌中の水分の塩分濃度（以後，鉢内塩分濃度とよぶ）を0～1.4％まで複数設定し，それぞれの設定で種子から発芽したばかりの苗を生育させた。90日後に苗を収穫し，植木鉢あたりの現存量を測定した。

実験1　種A～Cのいずれか一種を，一つの植木鉢に150個体育て（単植），その現存量を図3に示した。図3の結果から，鉢内塩分濃度0％の場合に対する各鉢内塩分濃度における現存量の相対値を計算し，耐塩性の指標とした。この結果を図4に示した。

実験2　種A～Cそれぞれ150個体ずつ（計450個体）を，一つの植木鉢に混在させて育て（混植），種ごとの現存量を図5に示した。また，各鉢内塩分濃度において，混植させた3種の現存量の和に対する，各種の現存量の比を，種の優占度と定義し，種の競争力の指標とした。鉢内塩分濃度とそれぞれの種の優占度との関係を図6に示した。

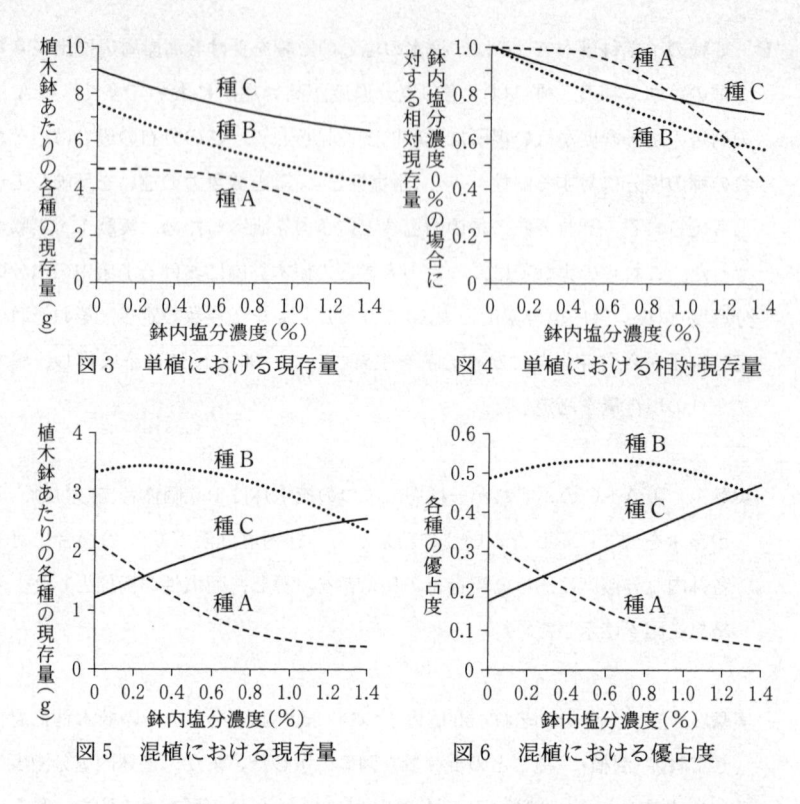

図3　単植における現存量

図4　単植における相対現存量

図5　混植における現存量

図6　混植における優占度

問 3　**実験1・実験2**の結果に関する記述として適当なものを，次の①～⑥のうちから二つ選べ。ただし，解答の順序は問わない。　　 4 ・ 5

① 種Aは，鉢内塩分濃度が最も高いとき，耐塩性が最も低い種だった。

② 種Bは，鉢内塩分濃度が中程度(0.7 %)のとき，耐塩性が最も高かったが，競争力は最も低い種だった。

③ 種Cは，鉢内塩分濃度が 0 % のとき，種間競争がなければ最も現存量が大きいが，種間競争下では最も現存量が小さい種だった。

④ 種間競争がない場合，鉢内塩分濃度の増加によって現存量が増加した種とそうでない種があった。

⑤ 鉢内塩分濃度が 0 % のとき，種間競争のある状態とない状態との現存量の差は，B < C < A の順に大きくなった。

⑥ 種間競争のある状態では，それぞれの種の現存量が最大になる鉢内塩分濃度と，優占度が最大となる鉢内塩分濃度は一致した。

第5問　（必答問題）

　生物の進化と系統に関する次の文章（**A・B**）を読み，下の問い（**問1～6**）に答えよ。

〔解答番号　□ 1 □～□ 8 □〕(配点　18)

A　地球上の生物種は，生物がもつ形質などに基づいて，階層的に分類されている。例えば，近年絶滅が危惧されているニホンウナギが属する分類群を，綱より下位のものについて階層が高い方から表記すると，□ ア □・□ イ □・□ ウ □となる。

　20世紀後半になり分子生物学の手法が発達すると，生物がもつタンパク質や核酸などの分子を調べて，系統関係を推定する分子系統解析が盛んに行われた。ウーズらは分子系統解析の結果から，界より上位の分類群であるドメインを設定し，全ての生物を三つのドメインに分類する説（3ドメイン説）を提唱した。また，ゲノムの一部は，異なった生物種間で伝えられることがある。このことを考慮に入れ，(a)分子から推定された系統関係を，枝分かれのみからなる系統樹の形ではなく，網目の形で表すことがある。

問1　上の文章中の□ ア □～□ ウ □に入る語の組合せとして最も適当なものを，次の①～⑥のうちから一つ選べ。□ 1 □

	ア	イ	ウ
①	ウナギ属	ウナギ目	ウナギ科
②	ウナギ属	ウナギ科	ウナギ目
③	ウナギ目	ウナギ属	ウナギ科
④	ウナギ目	ウナギ科	ウナギ属
⑤	ウナギ科	ウナギ属	ウナギ目
⑥	ウナギ科	ウナギ目	ウナギ属

問 2 下線部(a)に関連して，図1は3ドメイン説に基づいた生物の系統関係を模式的に表しており，2本の破線は，葉緑体またはミトコンドリアの(細胞内)共生によって生じた系統関係を表している。図1のドメインA〜Cの名称の組合せのうち最も適当なものを，下の①〜⑥のうちから一つ選べ。 2

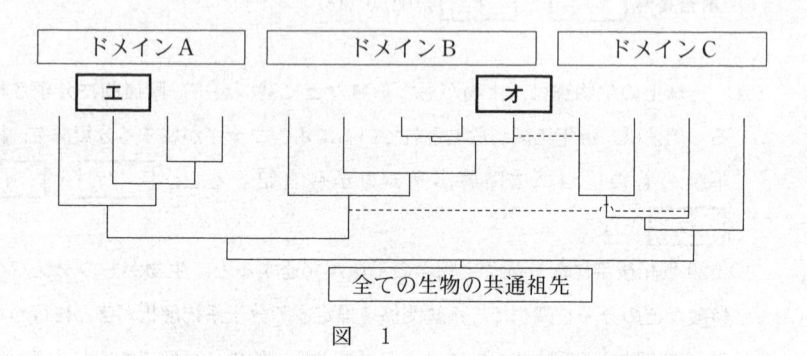

図　1

	ドメインA	ドメインB	ドメインC
①	古細菌	細　菌	真核生物
②	古細菌	真核生物	細　菌
③	細　菌	古細菌	真核生物
④	細　菌	真核生物	古細菌
⑤	真核生物	細　菌	古細菌
⑥	真核生物	古細菌	細　菌

問 3 図1の エ ・ オ に入る生物種として最も適当なものを，次の①〜⑨のうちからそれぞれ一つずつ選べ。エ 3 ・オ 4

① 緑色硫黄細菌　　② メタン生成菌(メタン菌)

③ シアノバクテリア　④ 大腸菌　　⑤ 酵母菌(酵母)

⑥ ヒト　　⑦ バフンウニ　　⑧ アメーバ

⑨ ゼニゴケ

B (b)生物は長い進化の歴史をもっている。約46億年前に地球が誕生した後，原始の海洋中で生物は出現した。当初の生物は核をもたない原核生物であったが，約20億年前には核をもった真核生物が出現した。約5.4億年前以降の カ 紀には現生の動物につながる多くの系統が出現し，ヒト（ホモ・サピエンス）が属する キ 動物の特徴をもつ最古の化石もこの時代の地層から見つかっている。その後，大気中にオゾン層が形成されたことによって，地上に降り注ぐ紫外線量が減少し， キ 動物や ク 動物，(c)植物など，いくつかの系統の生物が陸上への進出を果たした。

問 4 上の文章中の カ ～ ク に入る語の組合せとして最も適当なものを，次の①～⑧のうちから一つ選べ。 5

	カ	キ	ク
①	カンブリア	棘皮 （きょくひ）	節足
②	カンブリア	棘皮	刺胞 （しほう）
③	カンブリア	脊椎	節足
④	カンブリア	脊椎	刺胞
⑤	オルドビス	棘皮	節足
⑥	オルドビス	棘皮	刺胞
⑦	オルドビス	脊椎	節足
⑧	オルドビス	脊椎	刺胞

問 5　下線部(b)に関連して，生物の変遷に関する記述として，波線部に**誤りを含むもの**を，次の①〜⑦のうちから二つ選べ。ただし，解答の順序は問わない。　　6　・　7

①　カンブリア紀に出現した生物群として，エディアカラ生物群やバージェス動物群などが知られている。

②　古生代デボン紀には，魚類の一部から，肺をもち，ひれが四肢に変化し，陸上生活ができるようになった両生類が出現した。

③　古生代石炭紀には，高さ数十ｍもあるリンボクなどのシダ植物が大森林を形成し，その枯死体はやがて石炭となった。

④　中生代には，爬虫類が多様化・大形化し，地上では恐竜類が繁栄した。

⑤　中生代には，子房がむきだしの裸子植物が繁栄し，乾燥地や寒冷地を含む陸上の広い地域に進出した。

⑥　新生代には，ものを立体視できる眼や指先に平爪をもった霊長類が出現した。

⑦　新生代には，被子植物や哺乳類が繁栄し，地球上の様々な環境に適応していった。

問 6　下線部(c)に関して，陸上植物に最も近縁な生物として適当なものを，次の①〜⑥のうちから一つ選べ。　　8

①　ミドリムシ類　　　②　紅藻類　　　　　③　光合成細菌
④　シャジクモ(藻)類　⑤　ケイ藻類　　　　⑥　褐藻類

第6問 （選択問題）

DNAの複製と遺伝情報の転写・発現に関する次の文章を読み，下の問い（**問1**〜
3）に答えよ。

〔**解答番号** [1] 〜 [3] 〕（配点 10）

細胞の増殖に伴って (a)DNAは複製され，子孫の細胞へ受け継がれる。遺伝情報
（遺伝子）は，(b)RNAへと転写され，さらにタンパク質に翻訳される。(c)遺伝子の
転写は，多くの場合，決まった細胞や組織で起こるように制御されている。

問1 下線部(a)に関連して，次の文章中の [ア]・[イ] に入る数値と語の組
合せとして最も適当なものを，下の①〜④のうちから一つ選べ。 [1]

DNAの複製に関して次の実験を行った。ある物質で標識したヌクレオチド
（標識ヌクレオチド）を含む培地で大腸菌を37℃で一晩培養し，DNA中のヌ
クレオチドをほぼすべて標識ヌクレオチドに置き換えた。その後，標識ヌクレ
オチドを含まない培地に移して培養し，大腸菌を1回だけ分裂させた。1回の
分裂直後，標識ヌクレオチドを含むゲノムDNAをもつ大腸菌の割合は，
[ア] ％である。

DNAの複製において，DNA鎖を合成する酵素は，DNA鎖の5′末端から
3′末端の方向へ一方向にしかDNAを合成できない。複製されるDNA鎖のう
ち [イ] 鎖とよばれるDNA鎖は連続的に合成が行われるが，もう一方の鎖
は，岡崎フラグメントとよばれる短いDNA鎖が断続的に合成された後に，そ
れらが連結されることによって複製される。

	ア	イ
①	50	ラギング
②	50	リーディング
③	100	ラギング
④	100	リーディング

問 2　下線部(b)に関連して，次の文章中の　ウ　・　エ　に入る記号と数値の組合せとして最も適当なものを，下の①〜⑥のうちから一つ選べ。　2

　図1は，ある短いタンパク質の全長をコードする DNA 領域（開始コドンと終止コドンを含む）を示している。図1の二本鎖 DNA の@鎖，ⓑ鎖のうち，転写の鋳型となるのは　ウ　鎖である。このタンパク質を構成するアミノ酸の数は，　エ　個である。なお，鋳型となる DNA 鎖は 3′ 末端から 5′ 末端方向へ読み取られ，RNA は 5′ 末端から 3′ 末端方向へ合成される。スプライシングは起こらず，どのアミノ酸も翻訳後に除かれることはないものとする。開始コドンは AUG，終止コドンは UAA，UGA および UAG である。

　　　@鎖　5′-TTACTAGCTAAGTTGAATAGCTACTCATAT-3′
　　　ⓑ鎖　3′-AATGATCGATTCAACTTATCGATGAGTATA-5′

図　1

	ウ	エ
①	@	6
②	@	7
③	@	8
④	ⓑ	6
⑤	ⓑ	7
⑥	ⓑ	8

問 3 下線部(C)に関連して，次の文章中の　オ　・　カ　に入る語の組合せとして最も適当なものを，下の①～⑨のうちから一つ選べ。　3

　哺乳類や魚類をはじめ多くの動物で，外来の遺伝子をゲノム中に組み込んだ生物(トランスジェニック生物)が作られている。緑色蛍光タンパク質(GFP)を発現するようなトランスジェニックマウスもその一例である。マウスの神経細胞で発現する遺伝子Zを例にとると，神経細胞でGFPを発現するトランスジェニックマウスを作製するには，GFPをコードする遺伝子と，遺伝子Zの転写の調節配列を連結したDNAを作製し，このDNAをマウスの受精卵へ注入する。転写の調節配列のうち，RNAポリメラーゼが認識して結合する領域を　オ　という。

　注入されたDNAは，何回か細胞分裂を経たのちにゲノムへ組み込まれる。そのため，DNAを注入した受精卵から育ったマウス(F_0世代)は，からだの一部の細胞にしか外来のDNAをもたない。外来DNAが　カ　細胞のゲノムに組み込まれていた場合にのみ，F_0マウスの産む子に，注入されたDNAをもつ子孫が出現する。

	オ	カ
①	プロモーター	生　殖
②	プロモーター	神　経
③	プロモーター	外胚葉
④	オペレーター	生　殖
⑤	オペレーター	神　経
⑥	オペレーター	外胚葉
⑦	エキソン	生　殖
⑧	エキソン	神　経
⑨	エキソン	外胚葉

第7問　（選択問題）

生物の種間関係に関する次の文章を読み，下の問い（**問1～3**）に答えよ。

〔解答番号　| 1 |　～　| 3 |〕（配点　10）

　北アメリカでは，多年草のセイタカアワダチソウをめぐる複雑な種間関係がみられる。ハエの一種がセイタカアワダチソウの茎の内部に卵を産みつけると，ハエ幼虫が茎の一部をボール状に肥大させて，堅い外壁とやわらかい内部で構成される「虫こぶ」に変化させる。虫こぶ内部の組織を食べて成長するハエ幼虫は，ハチの一種と鳥に捕食される場合がある。ハチは，虫こぶの外壁を産卵管で刺し貫いて内部に産卵し，ハチ幼虫は，ハエ幼虫を捕食した後，虫こぶ内部の組織を食べて成長する。鳥は，ハチの産卵を免れた虫こぶを探し当てて穴を開け，ハエ幼虫を捕食する。セイタカアワダチソウ，ハエ，ハチおよび鳥で構成される食物網において，| ア |は一次消費者であり，二次消費者でもある。

　虫こぶの直径は様々で，直径が大きい虫こぶほど外壁が厚いことが分かっている。ハエ幼虫の生存率に虫こぶの直径がどのように影響するかを調べるために，**実験1・実験2**を行った。

実験1　ハチの産卵や鳥の捕食と，虫こぶの直径との関係を調べるため，まず，
　　　　様々な直径の虫こぶとハチを容器に入れて，虫こぶの直径とハチの産卵成功率との関係を調べた。次に，セイタカアワダチソウの群落で，虫こぶの直径と鳥による捕食率との関係を調べた。それらの結果を表1に示す。

表　1

虫こぶの直径	ハチの産卵成功率	鳥による捕食率
2 cm 未満	81 %	5 %
2 cm 以上	6 %	23 %

実験2 ハエ幼虫の死亡要因と虫こぶの直径との関係を調べるため，セイタカアワダチソウ群落で虫こぶを多数採集した。採集した虫こぶを，ハエ幼虫が生存している虫こぶ，ハチによってハエ幼虫が死亡した虫こぶ，鳥によってハエ幼虫が死亡した虫こぶに仕分けし，それぞれの直径を計測し，平均値を求めたところ，表2の結果が得られた。この結果は，**実験1**の結果から予想された通りであった。

表　2

ハエ幼虫の状態	虫こぶの平均直径(cm)
生　存	2.1
イ によって死亡	2.2
ウ によって死亡	1.7

問1 上の文章中の ア および表2の イ ・ ウ に入る生物名の組合せとして最も適当なものを，次の①〜⑥のうちから一つ選べ。 1

	ア	イ	ウ
①	ハ エ	鳥	ハ チ
②	ハ エ	ハ チ	鳥
③	ハ チ	鳥	ハ チ
④	ハ チ	ハ チ	鳥
⑤	鳥	鳥	ハ チ
⑥	鳥	ハ チ	鳥

問 2　ハエの遺伝子型によって虫こぶの直径が変わり，かつ，ハチと鳥の捕食によって虫こぶの直径に自然選択がはたらくと仮定したとき，**実験1・実験2**の結果をふまえて，次の文章中の　**エ**・**オ**　に入る語の組合せとして最も適当なものを，下の①〜④のうちから一つ選べ。　2

　　セイタカアワダチソウ群落において，近くにあった鳥の生息地が消失すると，直径が　**エ**　虫こぶが増加すると予想される。また，産卵管が長いハチほど虫こぶへの産卵に成功しやすいため，虫こぶの直径によってハチの産卵管の長さに自然選択がはたらく場合には，ハエとハチとの間で　**オ**　が起こると予想される。

	エ	オ
①	大きい	種分化
②	大きい	共進化
③	小さい	種分化
④	小さい	共進化

問 3　自然選択に関する記述として**誤っているもの**を，次の①〜⑤のうちから一つ選べ。　3

①　自然選択は，個体間の遺伝的変異に応じて繁殖力や生存率に差がある場合に起こる。

②　自然選択の結果，生物が生息環境に適した形質をもつことを，適応とよぶ。

③　自然選択は，人間の様々な形質にもはたらいてきた。

④　人間の活動によって起こった環境の変化は，自然選択の原因とはならない。

⑤　生物集団の遺伝的構成を変化させる原因は，自然選択だけではない。

生物基礎

（解答番号 1 ～ 18 ）

第1問

生物の特徴および遺伝子とそのはたらきに関する次の文章（**A**・**B**）を読み，下の問い（**問1～6**）に答えよ。（配点　19）

A　全ての生物は細胞からできている。生物のなかには，一つの細胞からなる(a)単細胞生物と，複数の細胞からなる多細胞生物がいる。生物は生命活動を営むために，化学反応によって物質を変化させ，絶えずエネルギーを取り出して利用する必要がある。これら生体内での化学反応全体を(b)代謝という。

問1　下線部(a)に関連して，次のⓐ～ⓓのうち真核細胞からなる単細胞生物の組合せとして最も適当なものを，下の①～⑨のうちから一つ選べ。 1

ⓐ　ゾウリムシ　　　ⓑ　オオカナダモ
ⓒ　酵母菌（酵母）　　ⓓ　ネンジュモ

①　ⓐ，ⓑ	②　ⓐ，ⓒ	③　ⓐ，ⓓ
④　ⓑ，ⓒ	⑤　ⓑ，ⓓ	⑥　ⓒ，ⓓ
⑦　ⓐ，ⓑ，ⓒ	⑧　ⓐ，ⓑ，ⓓ	⑨　ⓐ，ⓒ，ⓓ

問 2　下線部(b)に関連して，エネルギーと代謝に関する記述として最も適当なものを，次の①～④のうちから一つ選べ。　　2

① 光合成では，光エネルギーを用いて，窒素と二酸化炭素から有機物が合成される。

② 酵素は，生体内で行われる代謝において，生体触媒として作用する炭水化物である。

③ 同化は，外界から取り入れた物質を，生命活動に必要な物質などに合成する反応である。

④ 呼吸では，酸素を用いて有機物を分解し，放出されるエネルギーでATPからADPが合成される。

問 3 ニワトリの肝臓に含まれる酵素の性質を調べるために，過酸化水素水にニワトリの肝臓片を加えたところ，酸素が盛んに泡となって発生した。この結果から，ニワトリの肝臓に含まれる酵素は，過酸化水素を分解し酸素を発生させる反応を触媒する性質をもつことが推測される。しかし，酸素の発生が酵素の触媒作用によるものではなく，「何らかの物質を加えることによる物理的刺激によって過酸化水素が分解し酸素が発生する」という可能性[1]，「ニワトリの肝臓片自体から酸素が発生する」という可能性[2]が考えられる。可能性[1]と[2]を検証するために，次の@〜fのうち，それぞれどの実験を行えばよいか。その組合せとして最も適当なものを，下の①〜⑨のうちから一つ選べ。　3　

@　過酸化水素水に酸化マンガン(IV)*を加える実験

ⓑ　過酸化水素水に石英砂**を加える実験

ⓒ　過酸化水素水に酸化マンガン(IV)と石英砂を加える実験

ⓓ　水にニワトリの肝臓片を加える実験

ⓔ　水に酸化マンガン(IV)を加える実験

ⓕ　水に石英砂を加える実験

　*酸化マンガン(IV)：「過酸化水素を分解し酸素を発生させる反応」を触媒する。
　**石英砂：「過酸化水素を分解し酸素を発生させる反応」を触媒しない。

	可能性[1]を検証する実験	可能性[2]を検証する実験
①	@	ⓓ
②	@	ⓔ
③	@	ⓕ
④	ⓑ	ⓓ
⑤	ⓑ	ⓔ
⑥	ⓑ	ⓕ
⑦	ⓒ	ⓓ
⑧	ⓒ	ⓔ
⑨	ⓒ	ⓕ

B　遺伝子の本体である DNA の存在を確認するために，ブロッコリーの花芽から DNA を抽出する実験を行った。植物細胞の細胞膜の外側は　ア　に囲まれているので，まず　ア　を含む構造を破壊するために，花芽を乳鉢に入れ，乳棒を用いてすりつぶした。DNA は，細胞の中の　イ　，呼吸に関与する細胞小器官である　ウ　，および光合成に関与する細胞小器官である　エ　に含まれている。そこで，これらの膜構造を破壊するために，花芽をすりつぶしたものに中性洗剤を含む食塩水を加えて混ぜ，10 分間放置した。この破砕液を 4 枚重ねのガーゼでろ過し，ろ液に冷やしたエタノールを静かに注いだ。ろ液とエタノールの境界面に DNA が含まれる繊維状の物質が析出した。

問 4　上の文章中の　ア　〜　エ　に入る語の組合せとして最も適当なものを，次の①〜⑧のうちから一つ選べ。　4

	ア	イ	ウ	エ
①	細胞質基質	核	葉緑体	ミトコンドリア
②	細胞質基質	核	ミトコンドリア	葉緑体
③	細胞質基質	液胞	葉緑体	ミトコンドリア
④	細胞質基質	液胞	ミトコンドリア	葉緑体
⑤	細胞壁	核	葉緑体	ミトコンドリア
⑥	細胞壁	核	ミトコンドリア	葉緑体
⑦	細胞壁	液胞	葉緑体	ミトコンドリア
⑧	細胞壁	液胞	ミトコンドリア	葉緑体

問 5 DNA と遺伝情報に関する記述として最も適当なものを，次の①~④のうちから一つ選べ。 5

① ブロッコリーの花芽から抽出した DNA がもつ遺伝情報と，同じ個体のブロッコリーの葉から抽出した DNA がもつ遺伝情報は一致する。

② ブロッコリーの花芽から抽出した DNA には，ブロッコリーの花芽に存在するタンパク質のアミノ酸配列に関する遺伝情報のみが存在する。

③ ブロッコリーの花芽から抽出した DNA には，ブロッコリーの根の発生に関わる遺伝子は含まれない。

④ ブロッコリーの花芽から抽出した DNA の全塩基配列と，同じ個体のブロッコリーの花芽から抽出した RNA の全塩基配列は一致する。

問 6 DNA と遺伝情報に関する次の文章中の オ ・ カ に入る数値として最も適当なものを，下の①~⑧のうちからそれぞれ一つずつ選べ。ただし，同じものを繰り返し選んでもよい。オ 6 ・カ 7

300 塩基対の DNA を構成する全塩基の 20 % がアデニンであった場合，この 2 本鎖の DNA 中に存在するシトシンの数は， オ である。また，300 塩基対の 2 本鎖 DNA の片方の鎖が全て転写されて mRNA が合成された。この mRNA の最初の塩基から最後の塩基までの全ての塩基配列がアミノ酸を指定していた場合，この mRNA の塩基配列に基づいて翻訳が行われると， カ 個のアミノ酸が連なったタンパク質が合成される。

① 90	② 100	③ 120	④ 180
⑤ 200	⑥ 300	⑦ 360	⑧ 900

第2問　生物の体内環境の維持に関する次の文章(**A・B**)を読み，下の問い(**問1～5**)に答えよ。(配点　15)

A　ヒトを含む哺乳類の(a)血液は，(b)心臓を中心に循環している。血液は，液体成分の血しょうと，有形成分の(c)血球からなり，それぞれ異なる役割を果たしている。

　問1　下線部(a)に関連して，植物のヤナギから抽出された成分を含む薬を飲んだところ，その作用によって，けがで静脈が傷ついた際に，通常よりも出血が止まりづらくなった。このとき，ヤナギに含まれる成分が作用したと考えられるものとして最も適当なものを，次の**①～④**のうちから一つ選べ。　　8

　　①　赤血球　　　　**②**　白血球　　　　**③**　血小板　　　　**④**　血　清

問 2　下線部(b)に関連して，血液循環は，心臓の左心室と右心室を仕切る壁によって，肺循環と体循環の二つに大別されている。肺循環では，全身から集められた血液が右心室から肺へと送られ，肺で二酸化炭素を放出し，酸素を取り込んだ後，左心房へと戻る。体循環では，肺から戻った血液が左心室から全身へと送られ，毛細血管で各組織に酸素を供給し，二酸化炭素を受け取り，右心房へと戻る。この血液循環において，左心室と右心室を仕切る壁に大きな穴が開いた場合に起きると考えられる血液の循環の記述として最も適当なものを，次の①〜④のうちから一つ選べ。　　9

① 肺静脈から左心房に戻ってきた血液の一部が，再び，肺へと送り出される。

② 肺動脈を流れる血液が，肺静脈を流れる血液よりも多くの酸素を含有する。

③ 左心室から送り出された血液の一部が，全身を巡った後，左心房へと戻る。

④ 右心室から送り出された血液の一部が，肺に到達した後，右心房へと戻る。

問 3　下線部(C)に関連して，赤血球に含まれるヘモグロビンが酸素と結合する割合は，血液中の二酸化炭素の濃度によって変化する。図1は，静止している筋肉の血管における血液の酸素解離曲線を示している。活発に収縮をくり返している筋肉の血管では，血液中の二酸化炭素濃度は上昇する。一方，肺胞の血管における血液の二酸化炭素濃度は，静止している筋肉よりも低い。活発に収縮している筋肉と肺胞における血液の酸素解離曲線（実線）として最も適当なものを，下の①〜④のうちからそれぞれ一つずつ選べ。ただし，同じものを繰り返し選んでもよい。また，①〜④の破線は，図1に示した曲線と同じものである。

活発に収縮している筋肉　| 10 |　・肺胞　| 11 |

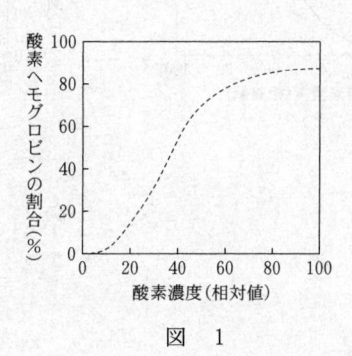

図　1

①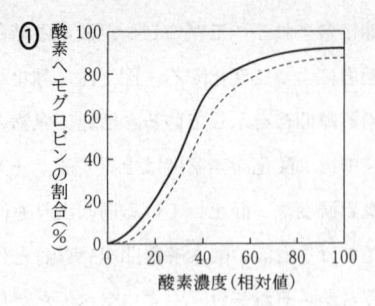

②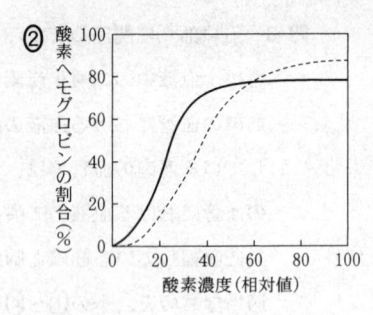

③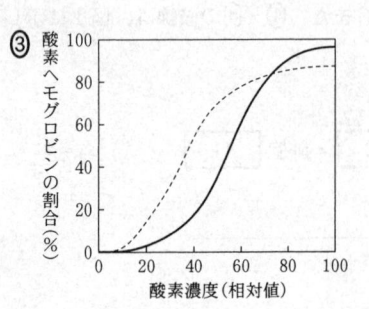

④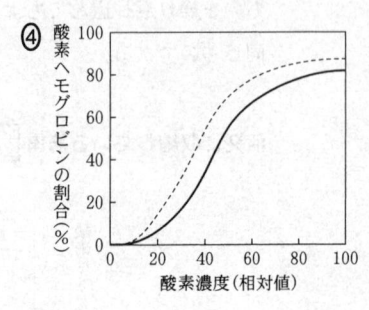

B　弱毒化または無毒化した病原体などをあらかじめ接種して，発病を防ぐための予防接種が行われている。予防接種は，リンパ球の一種であるB細胞とT細胞が抗原を認識すると　ア　となって残ることを利用している。抗原を認識した　イ　は，再度，同じ抗原を認識すると速やかに増殖して，抗体産生細胞に分化する。抗体産生細胞はその抗原に対して結合力の強い(d)抗体を大量に産生して病原体を排除する。一方で，花粉症のように，免疫応答が　ウ　とアレルギーが引き起こされる。また，免疫系が何らかの原因で，自身の正常な細胞や組織を攻撃すると，自己免疫疾患（自己免疫病）とよばれる病気を引き起こす。

問4　上の文章中の　ア　～　ウ　に入る語句の組合せとして最も適当なものを，次の①〜⑧のうちから一つ選べ。　12

	ア	イ	ウ
①	樹状細胞	T細胞	低下する
②	樹状細胞	T細胞	過剰になる
③	樹状細胞	B細胞	低下する
④	樹状細胞	B細胞	過剰になる
⑤	記憶細胞	T細胞	低下する
⑥	記憶細胞	T細胞	過剰になる
⑦	記憶細胞	B細胞	低下する
⑧	記憶細胞	B細胞	過剰になる

問 5 下線部(d)に関連して，抗体の産生と機能に関する記述として最も適当なものを，次の①～⑤のうちから一つ選べ。 13

① マクロファージは，抗体を産生する。

② 抗原を認識して活性化したヘルパーT細胞は，同じ抗原を認識したB細胞の増殖を促進し，抗体産生細胞への分化を抑制する。

③ 抗体によって抗原を排除することを細胞性免疫とよぶ。

④ ウマは，ヒトのタンパク質を抗原として認識しないため，それに対する抗体を産生しない。

⑤ 抗体が結合した抗原は，マクロファージなどの食作用によって排除される。

第3問　生物の多様性と生態系に関する次の文章（**A・B**）を読み，下の問い（**問1～5**）に答えよ。（配点　16）

A　生態系の中では，物質や(a)エネルギーが様々な経路を通って移動している。例えば，多くの植物は無機窒素化合物を根から吸収し，　ア　などの有機窒素化合物をつくる。有機窒素化合物は，消費者に取り込まれたのち，遺体や排出物として土壌に供給され，微生物のはたらきによって無機窒素化合物に分解される。また，　イ　は大気中の窒素分子から無機窒素化合物をつくることができる。これら無機窒素化合物の一部は微生物のはたらきによって，窒素分子に変化して大気中に放出され，この現象は　ウ　とよばれる。

問1　上の文章中の　ア　～　ウ　に入る語の組合せとして最も適当なものを，次の①～⑧のうちから一つ選べ。　14

	ア	イ	ウ
①	タンパク質	硝化細菌 （亜硝酸菌・硝酸菌）	脱　窒
②	タンパク質	硝化細菌 （亜硝酸菌・硝酸菌）	窒素固定
③	タンパク質	根粒菌	脱　窒
④	タンパク質	根粒菌	窒素固定
⑤	グルコース	硝化細菌 （亜硝酸菌・硝酸菌）	脱　窒
⑥	グルコース	硝化細菌 （亜硝酸菌・硝酸菌）	窒素固定
⑦	グルコース	根粒菌	脱　窒
⑧	グルコース	根粒菌	窒素固定

問 2 下線部(a)に関する記述として**誤っているもの**を，次の**①**〜**⑤**のうちから一つ選べ。 15

① 生産者が利用する光エネルギーは，太陽から供給される。

② 消費者や分解者から放出された熱エネルギーは，生態系内で循環しつづける。

③ 生産者は，光エネルギーを化学エネルギーに変換して有機物中に蓄える。

④ 消費者は，呼吸などに伴って化学エネルギーの一部を熱エネルギーとして放出する。

⑤ 分解者は，他の生物の遺体や排出物を分解して化学エネルギーを得る。

B　植物の葉の性質は，生育する場所の環境条件と深く関係している。

植物の葉の性質を様々な種間で比較した研究から，葉の厚さと葉の寿命の間に，図１の関係が成り立つことが分かっている。例えば，日本に生育する植物種のうち，生育に適した季節の長い地域に分布する　**エ**　などの常緑樹は，生育に適した季節の短い地域に分布する　**オ**　などの落葉樹に比べ，葉の寿命が　**カ**　，葉の厚さが　**キ**　。

葉の性質の違いは，一つの森林内の，明るさが異なる環境に生育する植物の間でもみられる。(b)陽樹と陰樹では，光の強さと葉の CO_2 吸収・放出速度の関係に，図２のような違いがある。この違いは，陽樹と陰樹が(c)二次遷移の異なる時期において優占することと対応している。

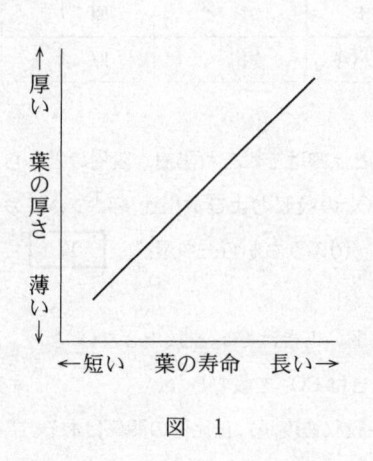

図　１

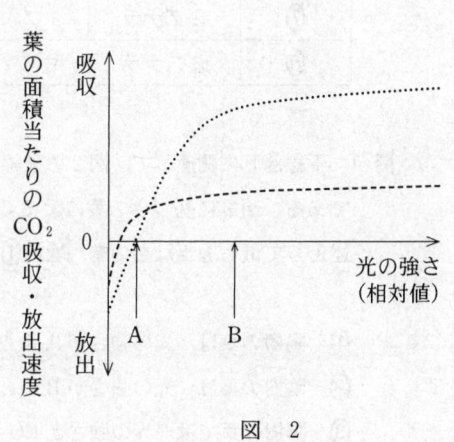

図　２

問 3 図1に基づき，上の文章中の エ ～ キ に入る語の組合せとして
最も適当なものを，次の①～⑧のうちから一つ選べ。 16

	エ	オ	カ	キ
①	タブノキ	ブ ナ	長 く	薄 い
②	タブノキ	ミズナラ	長 く	薄 い
③	ブ ナ	スダジイ	短 く	薄 い
④	ブ ナ	ヤブツバキ	短 く	薄 い
⑤	スダジイ	タブノキ	長 く	厚 い
⑥	スダジイ	ミズナラ	長 く	厚 い
⑦	ミズナラ	ブ ナ	短 く	厚 い
⑧	ミズナラ	ヤブツバキ	短 く	厚 い

問 4 下線部(b)に関連して，図2の破線と点線はそれぞれ陽樹，陰樹のどちらか
である。図2に基づき，葉によるCO_2の吸収および放出速度についての記
述として最も適当なものを，次の①～⑦のうちから一つ選べ。 17

① 陽樹の葉は，光の強さがAより弱いときはCO_2を放出しない。

② 陰樹の葉は，光の強さがBのときはCO_2を吸収しない。

③ 陽樹の葉では，光の強さとCO_2吸収速度が，正比例の関係にある。

④ 陰樹の葉では，光の強さとCO_2放出速度が，反比例の関係にある。

⑤ 陽樹の葉では，光の強さがBのとき，CO_2放出速度がCO_2吸収速度を
上回る。

⑥ 陰樹の葉では，光の強さがAのとき，CO_2吸収速度がCO_2放出速度を
上回る。

⑦ 陽樹の葉は，陰樹の葉よりCO_2吸収速度が常に大きい。

問 5 下線部(c)に関連して，森林の二次遷移の初期に出現する樹木の由来を調べるため，**実験 1・実験 2** を行った。

実験 1　暖温帯に位置するある極相林から，地表付近の土を採取して室内に持ち帰り，土に混ざっていた植物の葉，茎，および根を全て取り除いた。この土を平皿にごく薄く敷きつめ，ときどき水を与えながら，日当たりの良いガラス温室内に放置した。2 ヶ月後に皿の中を観察すると，樹木の芽ばえが多数生えていた。これらの芽ばえは，いずれも，極相林の主要な構成種のものではなかった。

実験 2　**実験 1** で土を採取した森林の一部が，**実験 1** を行った翌春に伐採された。伐採直後から半年間，この伐採跡地に自然に生えてきた全ての樹木の芽ばえについて，種名を調べて記録した。(d)記録された樹木種の大部分は，**実験 1** で芽生えた樹木種と共通であった。

　　実験 1・実験 2 の結果から推測される，下線部(d)の樹木種の由来として最も適当なものを，次の①〜④のうちから一つ選べ。　18

① 伐採前に生えていた樹木の切り株から再生した。

② 伐採跡地の周囲に残っていた陰樹が落とした種子から発芽した。

③ 伐採前の土壌中にあった陽樹の種子から発芽した。

④ 伐採された樹木が前年に作った種子から発芽した。

2018

本試験

生物：解答時間 60 分　配点 100 点

生物基礎：解答時間　2 科目 60 分
配点　2 科目 100 点
（物理基礎，化学基礎，生物基礎，
地学基礎から 2 科目選択）

生　物

問　題	選　択　方　法
第1問	必　　答
第2問	必　　答
第3問	必　　答
第4問	必　　答
第5問	必　　答
第6問	いずれか1問を選択し，解答しなさい。
第7問	

第1問　（必答問題）

　生命現象と物質に関する次の文章（**A・B**）を読み，下の問い（**問1〜6**）に答えよ。

〔解答番号 $\boxed{1}$ 〜 $\boxed{6}$ 〕（配点　18）

A　生体内においては，多様なタンパク質がはたらいている。例えば，(a)<u>インスリン</u>などのペプチドホルモンは，細胞間の情報伝達に関与している。また，(b)<u>免疫に関与するタンパク質</u>は，異物の排除などに関与している。(c)<u>酵素</u>は触媒としてはたらき，生体内の化学反応を効率よく進行させている。

問1　下線部(a)に関する記述として最も適当なものを，次の**①〜④**のうちから一つ選べ。　$\boxed{1}$

①　インスリンは，細胞表面から分泌され，別の細胞のミトコンドリアに結合する。

②　インスリンは，イオンチャネルに結合し，細胞外の陽イオンを細胞内へ流入させる。

③　インスリンは，2本のポリペプチド鎖が結合したものである。

④　インスリンは，硫黄原子を含むアミノ酸をもたない。

問 2　下線部(b)に関する記述として最も適当なものを，次の①～④のうちから一つ選べ。　2

① 抗体は，ラギング鎖およびリーディング鎖とよばれる 2 種類のポリペプチド鎖が結合したものである。

② 抗体の可変部は，対応する抗原ごとに立体構造が異なる。

③ 抗体の多様なアミノ酸配列は，ペプチド結合の切断と再結合によってつくられる。

④ 抗原と結合する部位のアミノ酸配列が異なる多種類の抗体を，1 個の B 細胞が産生する。

問 3 下線部(C)に関して，次の文章中の　ア　～　エ　に入る語と数値の組合せとして最も適当なものを，下の①～⑧のうちから一つ選べ。　3

　酵素は，特定の基質と結合し，反応の活性化エネルギーを　ア　させることで，その反応速度を大きくしている。酵素反応の速度は，基質濃度や温度によって変化する。また，pH によっても酵素反応の速度は変化し，反応速度が最も大きくなる pH の値（最適 pH）は酵素ごとに異なる。例えば，胃液中ではたらくペプシンの最適 pH は約　イ　である。ある種の酵素には，基質が結合する部位である　ウ　のほかに，基質以外の特定の物質が結合し，酵素の活性を変化させる部位である　エ　がある。

	ア	イ	ウ	エ
①	上　昇	2	活性部位	アロステリック部位
②	上　昇	2	アロステリック部位	活性部位
③	上　昇	9	活性部位	アロステリック部位
④	上　昇	9	アロステリック部位	活性部位
⑤	低　下	2	活性部位	アロステリック部位
⑥	低　下	2	アロステリック部位	活性部位
⑦	低　下	9	活性部位	アロステリック部位
⑧	低　下	9	アロステリック部位	活性部位

B 遺伝情報を担う核酸には，(d)DNA と RNA があり，これらはヌクレオチドから構成される。二重らせん構造をとる DNA では，2本のヌクレオチド鎖が互いに向かい合い，内側に突き出た特定の塩基の間で水素を仲立ちとした弱い結合（水素結合）によって塩基対が形成される。この DNA 鎖の一部の塩基配列がRNA に転写される際も，DNA の特定の塩基と RNA を構成するヌクレオチドの特定の塩基との間の水素結合によって塩基対が形成される。このような(e)特定の塩基どうしの結合を相補的結合とよぶ。

真核生物においては，転写直後の RNA（mRNA 前駆体）から mRNA がつくられるとき，一部のヌクレオチド鎖が除去されることがある。このとき除去される領域の違いによって，一つの mRNA 前駆体から異なる種類の mRNA ができることがあり，これを(f)選択的スプライシングという。この過程によって一つの遺伝子から複数種類の mRNA が合成され，機能の異なるタンパク質ができることもある。

問 4 下線部(d)に関連する記述として最も適当なものを，次の①〜④のうちから一つ選べ。　4

① DNA の複製は，DNA ポリメラーゼによって2本鎖 DNA の両鎖で行われるが，RNA への転写は，RNA ポリメラーゼによって遺伝子ごとに，どちらか片方の DNA 鎖を鋳型として行われる。

② 真核生物において，DNA の複製は核内で行われるが，RNA への転写は細胞質基質内で行われる。

③ DNA や RNA のヌクレオチド鎖において，隣り合ったヌクレオチドどうしの結合は，それぞれのヌクレオチドのリン酸の間で形成される。

④ 真核生物の DNA は，細胞分裂の際に rRNA と結合して凝縮し，太いひも状の構造として，顕微鏡で観察できる染色体となる。

問 5 下線部(e)に関連して，次の文章中の オ に入る数値として最も適当なものを，下の①～⑥のうちから一つ選べ。 5

　　あるmRNA前駆体の塩基組成を調べると，このRNAを構成する全塩基に占めるシトシンの数の比率は15%であることが分かった。また，このRNAのもととなった転写領域の2本鎖DNAの塩基組成を調べると，その2本鎖DNAを構成する全塩基に占めるシトシンの数の比率は24%であることが分かった。このとき，このRNAを構成するグアニンの数の比率は オ %である。

① 12　　　　　② 15　　　　　③ 24
④ 26　　　　　⑤ 33　　　　　⑥ 36

問 6 下線部(f)に関連して，図1は，4つのエキソン（エキソン1～4）とその間のイントロン（イントロンa～c）が含まれるmRNA前駆体を示している。このmRNA前駆体から選択的スプライシングによってエキソンの組合せが異なるmRNAが生成される。このとき，最大で何種類のmRNAが生成されるか。最も適当なものを，下の①～⑧のうちから一つ選べ。ただし，エキソン1とエキソン4は常に含まれ，イントロンは全て除去されるものとする。 6 種類

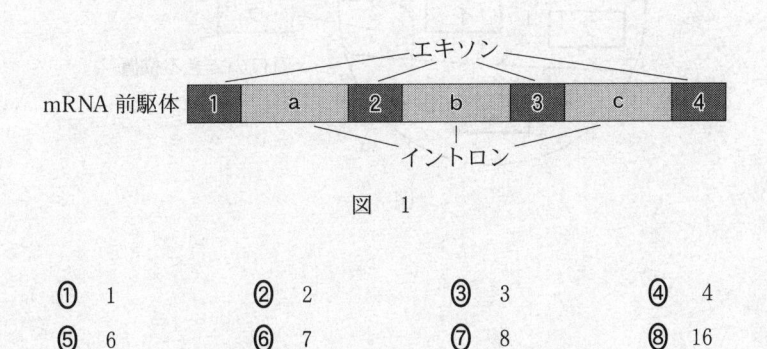

図　1

① 1　　　② 2　　　③ 3　　　④ 4
⑤ 6　　　⑥ 7　　　⑦ 8　　　⑧ 16

第2問　(必答問題)

生殖と発生に関する次の文章(**A・B**)を読み，下の問い(**問1 ～ 4**)に答えよ。

〔解答番号　| 1 | ～ | 6 | 〕(配点　18)

A　図1は，両生類の胞胚の原基分布図である。動物極側に偏って分布する外胚葉
領域からは，主に表皮組織と神経組織が形成される。外胚葉領域は，原腸胚期の
後期には，胚の外表面の大部分を覆う。

外胚葉領域が胚の外表面を覆うには，外胚葉領域の表面積が広がることが必要
である。図2は，この過程における外胚葉領域の細胞層に生じる変化を，模式的
に示したものである。原腸胚の外胚葉領域は，性質が異なるS層とD層とに分
けられる。S層は1層の細胞層からなり，原腸胚期の初期と比べて，原腸胚期の
後期には，細胞が薄く引き伸ばされた形態になる。D層は，原腸胚期の初期で
は複数の細胞層からなるが，原腸胚期の後期には細胞が1層に並ぶ(単層化す
る)。これらの変化によって，外胚葉領域が広がる。原腸胚期の外胚葉領域に生
じる変化のしくみを調べるため，両生類の胚を用いて，**実験1 ～ 3**を行った。

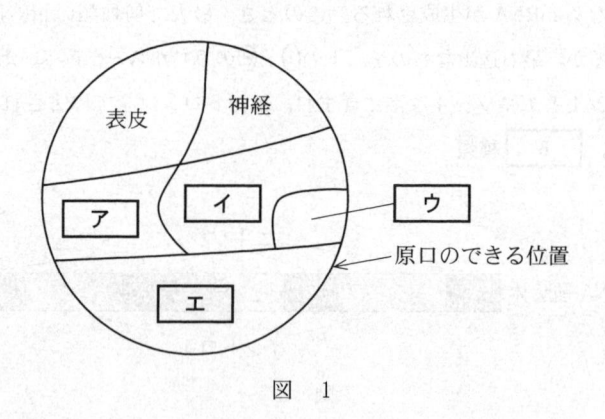

図　1

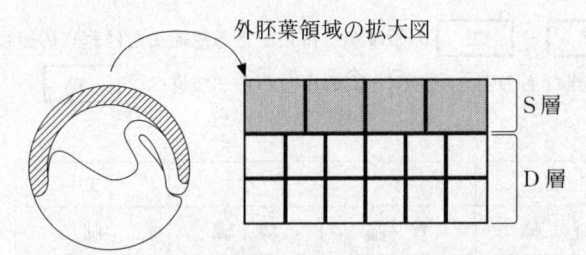

原腸胚期の初期（断面図）。斜線部は外胚葉領域を表す。

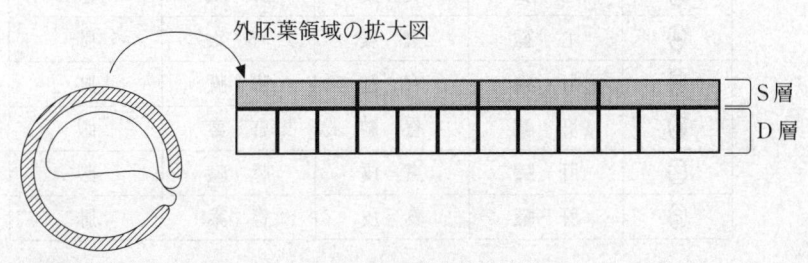

原腸胚期の後期（断面図）。斜線部は外胚葉領域を表す。

図　2

実験1　S層で特異的に発現する遺伝子Aの機能を失わせたところ，原腸胚期において，外胚葉領域の表面積が広がらなかった。このとき，遺伝子Aの機能が失われた胚のD層は，原腸胚期の後期においても単層化せず，複数の細胞層から構成されていた。

実験2　野生型の胚からS層とD層をそれぞれ単離したのち，同じペトリ皿内で互いに接触しないように適度な距離を置いて培養したところ，D層の細胞がS層の方へ移動した。

実験3　遺伝子Aの機能が失われた胚からS層を，野生型の胚からD層を，それぞれ単離したのち，**実験2**と同じ条件で培養したところ，D層の細胞はS層の方へ移動しなかった。

問1 図1中の ア ～ エ の領域から将来できる組織または器官の組合

せとして最も適当なものを，次の①～⑧のうちから一つ選べ。 1

	ア	イ	ウ	エ
①	心 臓	脊 髄	膵 臓	肺
②	心 臓	脊 髄	脊 索	眼
③	心 臓	真 皮	膵 臓	眼
④	心 臓	真 皮	脊 索	肺
⑤	肝 臓	脊 髄	膵 臓	肺
⑥	肝 臓	脊 髄	脊 索	眼
⑦	肝 臓	真 皮	膵 臓	眼
⑧	肝 臓	真 皮	脊 索	肺

問2 **実験1～3**の結果から導かれる考察として適当なものを，次の①～⑧のう

ちから二つ選べ。ただし，解答の順序は問わない。 2 ・ 3

① S層は，D層の単層化と，D層の細胞移動の両方に関わる。

② S層は，D層の単層化に関わるが，D層の細胞移動に関わらない。

③ S層は，D層の単層化に関わらないが，D層の細胞移動に関わる。

④ S層は，D層の単層化と，D層の細胞移動のどちらにも関わらない。

⑤ 遺伝子Aは，D層の単層化に関わらない。

⑥ 遺伝子Aは，D層の細胞移動に関わらない。

⑦ 遺伝子Aは，D層の細胞をS層の方へと引き寄せることに関わる。

⑧ 遺伝子Aは，D層の細胞をS層から遠ざけることに関わる。

B　被子植物では，成熟した花粉がめしべの柱頭で発芽し，花粉管を伸ばす。花粉管は，花柱（柱頭と子房をつなぐ部分）の中を胚珠に向かって伸長し，胚のう中の助細胞が分泌する花粉管誘引物質に反応して，胚のうの方向へと伸長の向きを変える。花粉管が胚のうへと誘引されるしくみを調べるため，**実験 4** を行った。

実験 4　図 3 の条件 a〜d のように，被子植物であるトレニアの柱頭に花粉をつけた後，柱頭から 5 mm または 15 mm の長さで花柱を切断した。柱頭を含む組織を，花粉発芽・花粉管伸長用の寒天培地（以下，寒天培地）の上に 6 時間，あるいは 12 時間放置した。その後，花柱の切断面から出てきた花粉管の先端近傍に，図 4 のように，花粉管誘引物質を含む溶液を滴下すると，その方向に向かった花粉管と，向かわなかった花粉管が観察された。また，図 3 の条件 e，f のように，受粉させずに花粉を寒天培地上で発芽させ，同様に処理し，観察を行った。それぞれの条件で花粉管誘引物質に向かった花粉管の割合を調べたところ，図 5 に示す結果が得られた。なお，条件群 a，c，e と条件群 b，d，f とにおいて観察された花粉管の長さは，それぞれの群で同程度であった。

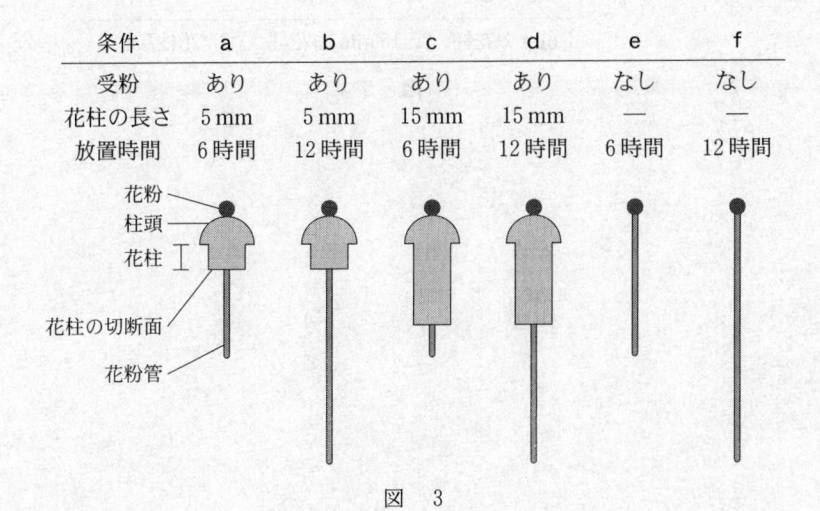

条件	a	b	c	d	e	f
受粉	あり	あり	あり	あり	なし	なし
花柱の長さ	5 mm	5 mm	15 mm	15 mm	—	—
放置時間	6 時間	12 時間	6 時間	12 時間	6 時間	12 時間

図　3

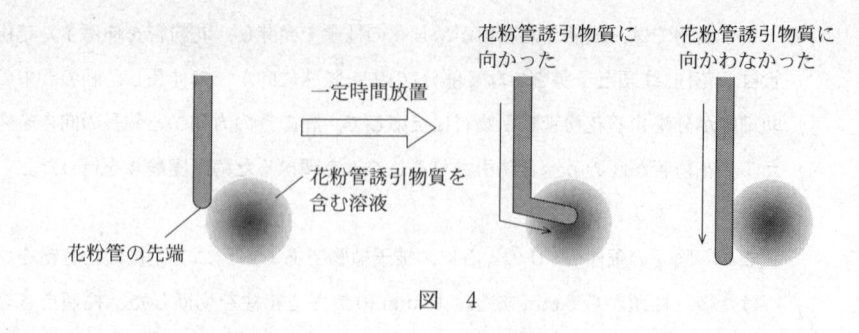

図 4

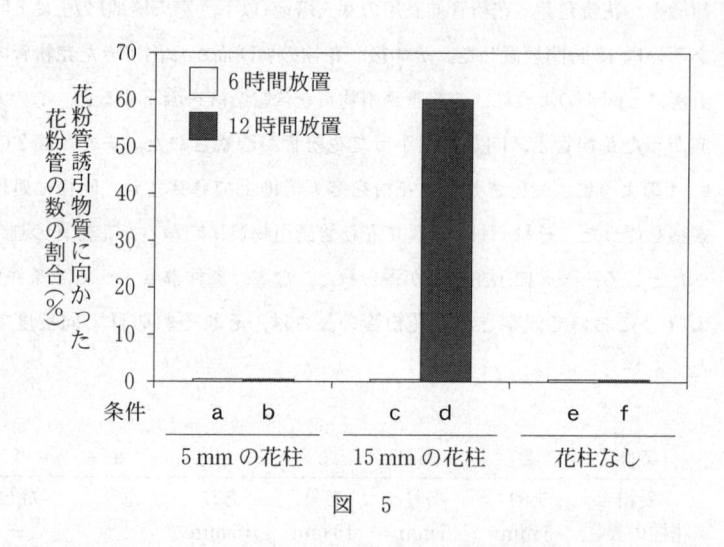

図 5

問 3　**実験4**の結果から導かれる考察として適当なものを，次の①〜⑥のうちから二つ選べ。ただし，解答の順序は問わない。　4　・　5

① めしべは，花粉管の誘引に関わらない。

② 花粉管が通過する花柱の長さは，花粉管の誘引に関わる。

③ 受粉後の放置時間は，花粉管の誘引に関わらない。

④ 花粉管が花粉管誘引物質に向かう能力は，発芽から受精に至るまで常に一定である。

⑤ 花粉管が花粉管誘引物質に向かう能力は，花柱を通過する過程で得られる。

⑥ 花粉管が花粉管誘引物質に向かう能力は，花粉管が一定の長さ以上になることだけで得られる。

問 4　被子植物の生殖に関する記述として最も適当なものを，次の①〜⑤のうちから一つ選べ。　6

① 1個の精細胞は中央細胞と融合し，将来，胚乳をつくる。

② 花粉管の中で，花粉管細胞が精細胞になる。

③ 花粉管の先端が胚のうに到達すると，1個の精細胞は卵細胞と受精し，核相(染色体の構成)が $3n$ の受精卵になる。

④ 花粉四分子のうち3個は退化し，1個が成熟した花粉になる。

⑤ 1個の胚のう母細胞は，減数分裂を経て3個の胚のう細胞になる。

第3問　（必答問題）

　　生物の環境応答に関する次の文章（**A・B**）を読み，下の問い（**問1～5**）に答え
よ。

〔解答番号 | 1 | ～ | 7 | 〕（配点　18）

A　骨格筋の収縮は運動神経によって制御されている。運動神経が興奮すると，運
　動神経と筋細胞とがつくるシナプスで，神経の末端から神経伝達物質である
　| ア | が分泌される。シナプスの筋細胞側の細胞膜に存在する | ア | 受容体
　はイオンチャネルであり，| ア | が結合すると | イ | などの陽イオンが筋細
　胞内に流入する。この結果，筋細胞の膜電位*が上昇して閾値を超えると，シナ
　プス周囲の筋細胞の細胞膜に活動電位が生じる。活動電位は筋細胞全体に急速に
　伝わる。筋細胞が興奮すると筋小胞体から | ウ | が放出され，それが引き金と
　なって筋収縮が起こる。運動神経の興奮と筋収縮との関係を調べるために，**実験**
　1～3を行った。ただし，筋収縮は限界値に達しなかったものとする。

*膜電位：細胞膜の内側と外側にみられる電位差

　実験1　カエルのふくらはぎの筋肉を，この筋肉を支配する運動神経である座骨
　　神経を付けたまま摘出した。次に筋肉におもりを付け，座骨神経に電気刺激を
　　1回与え，筋肉を単収縮させた。筋肉の長さの変化を調べたところ，図1の結
　　果が得られた。この実験で計測された筋肉の長さの最小値を L_1 とする。

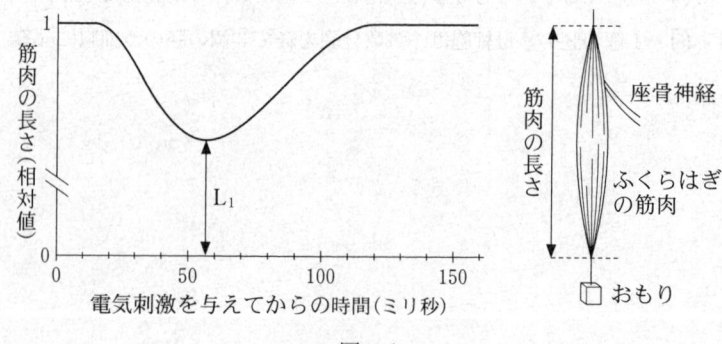

図　1

実験2　実験1で用いた筋肉に，実験1と同じ強さの電気刺激を与え，80ミリ
　　秒後に同じ強さの電気刺激を再度与えた。この実験で計測された筋肉の長さの
　　最小値を L_2 とする。

実験3　実験1で用いた筋肉に，実験1と同じ強さの電気刺激を与え，160ミリ
　　秒後に同じ強さの電気刺激を再度与えた。この実験で計測された筋肉の長さの
　　最小値を L_3 とする。

問1　上の文章中の ┃　**ア**　┃ ～ ┃　**ウ**　┃ に入る語の組合せとして最も適当なもの
　　を，次の①～⑧のうちから一つ選べ。┃　**1**　┃

	ア	イ	ウ
①	グルカゴン	Na^+	Ca^{2+}
②	グルカゴン	Na^+	トロポニン
③	グルカゴン	K^+	Ca^{2+}
④	グルカゴン	K^+	トロポニン
⑤	アセチルコリン	Na^+	Ca^{2+}
⑥	アセチルコリン	Na^+	トロポニン
⑦	アセチルコリン	K^+	Ca^{2+}
⑧	アセチルコリン	K^+	トロポニン

問 2　次のⓐ～ⓕは，L_1，L_2，および L_3 の大きさについての式である。正しい式の組合せとして最も適当なものを，下の①～⑨のうちから一つ選べ。

2

ⓐ　$L_2 > L_1$

ⓑ　$L_2 < L_1$

ⓒ　$L_2 = L_1$

ⓓ　$L_3 > L_2$

ⓔ　$L_3 < L_2$

ⓕ　$L_3 = L_2$

①　ⓐ，ⓓ
②　ⓐ，ⓔ
③　ⓐ，ⓕ
④　ⓑ，ⓓ
⑤　ⓑ，ⓔ
⑥　ⓑ，ⓕ
⑦　ⓒ，ⓓ
⑧　ⓒ，ⓔ
⑨　ⓒ，ⓕ

問 3 骨格筋の収縮のしくみに関する次の文章中の エ ～ キ に入る語
の組合せとして最も適当なものを，下の①～⑧のうちから一つ選べ。
3

骨格筋の収縮は，ATP の エ に伴い オ の形状が変化して，
カ フィラメントをたぐり寄せる反応が起こり， オ フィラメント
の間に カ フィラメントが滑り込むことによって生じる。このとき横紋
の中の キ の長さは短くなる。

	エ	オ	カ	キ
①	分　解	アクチン	ミオシン	明　帯
②	分　解	アクチン	ミオシン	暗　帯
③	分　解	ミオシン	アクチン	明　帯
④	分　解	ミオシン	アクチン	暗　帯
⑤	合　成	アクチン	ミオシン	明　帯
⑥	合　成	アクチン	ミオシン	暗　帯
⑦	合　成	ミオシン	アクチン	明　帯
⑧	合　成	ミオシン	アクチン	暗　帯

B 植物は様々な環境要因に応答し，成長や発生を調節している。細菌などの(a)病原体も環境要因の一つであり，植物はこれに応答し，抗菌物質の合成などの，感染を防ぐ反応(病害抵抗性反応)を開始する。しかし，病害抵抗性反応は植物の成長を阻害することがあるので，健全な植物は，自身がもつ遺伝子 X のはたらきによって，病害抵抗性反応を抑制している。病原体を認識した植物は，自身がもつ遺伝子 Y のはたらきによって，遺伝子 X のはたらきを抑制することで，病害抵抗性反応を開始する。野生型のシロイヌナズナの病害抵抗性反応に関わる遺伝子 X および Y のはたらきを調べるため，**実験4**を行った。

実験4 シロイヌナズナの野生型植物，遺伝子 X を欠く突然変異体 x，および遺伝子 Y を欠く突然変異体 y を4週間栽培し，各植物の葉に病原細菌 A を含む培養液を均一に噴霧して感染させた。3日間放置した後に，感染葉の単位面積あたりの細菌数(個/cm²)を調べたところ，図2の結果が得られた。

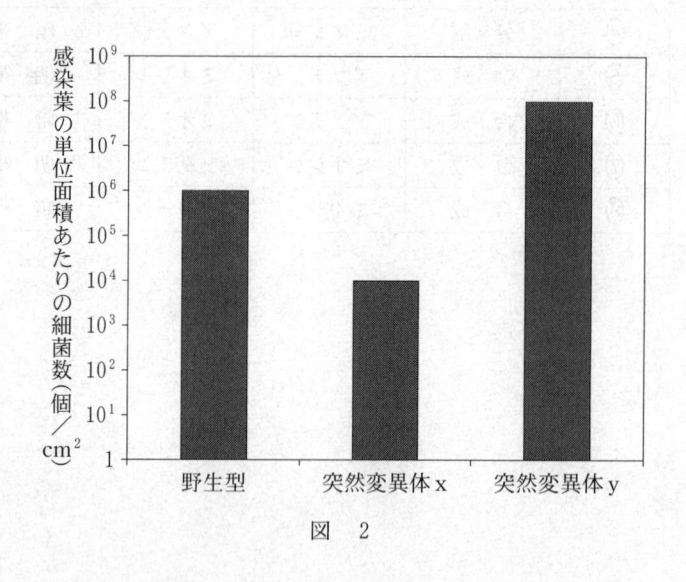

図 2

問 4 下線部(a)に関して，次の文章中の　ク　～　コ　に入る語として最も適当なものを，下の①～⑦のうちからそれぞれ一つずつ選べ。
　ク　**4**　・ケ　**5**　・コ　**6**

　植物が乾燥にさらされると，葉において　ク　の濃度が上昇し，その作用によって気孔が閉じる。しかし，トマト斑葉細菌病菌(はんよう)は，ある種の化学物質を分泌し，　ク　の有無にかかわらず気孔を開かせ，植物体内へ侵入する。また，イネばか苗病菌は，種子の発芽や茎の伸長を促進する植物ホルモンである　ケ　を分泌し，苗の異常な伸長を誘導する。バラ根頭(こんとう)がんしゅ病細菌(アグロバクテリウム)は，植物に感染すると，自らがもつ DNA の一部(T–DNA)を植物の DNA に組み込む。T–DNA 上には植物ホルモンであるオーキシンおよび　コ　の合成に関わる遺伝子があり，感染部位では，それらのホルモンの作用によってカルス状の細胞塊が形成される。

① アブシシン酸　　　② デンプン　　　③ フロリゲン
④ グルタミン酸　　　⑤ エチレン　　　⑥ ジベレリン
⑦ サイトカイニン

問 5 遺伝子 X と Y の両方を欠く突然変異体 xy に，**実験 4** と同じ条件で病原細菌 A を感染させたとき，**実験 4** の結果から予想される，感染葉の単位面積あたりの細菌数(個/cm^2)の結果として最も適当なものを，次の①～④のうちから一つ選べ。　**7**

① 野生型植物と同程度である。
② 突然変異体 x と同程度である。
③ 突然変異体 y と同程度である。
④ 突然変異体 y よりも多い。

第4問 （必答問題）

生態と環境に関する次の文章（**A・B**）を読み，下の問い（**問1～5**）に答えよ。
〔解答番号 1 ～ 6 〕（配点 18）

A 窒素はタンパク質や ア を構成する元素の一つである。大気中には窒素分子（N_2）が豊富に存在するが，植物はこれを直接利用することができない。 イ 植物は，窒素固定細菌である ウ と共生することで，大気中の窒素を利用できるようになる。

一方，大気中に二酸化炭素として存在する炭素は，森林の樹木の光合成によって取り込まれ，幹，枝，葉，根などを構成する有機物として生態系に蓄積する。生産者の現存量の一部は枯死や被食によって失われる。ある落葉広葉樹林で，生産者の純生産量を推定するための調査を行った。表1は，ある年（Y 年）およびその翌年（Y＋1 年）の同じ月に実施した4つの調査項目と，調査の結果から得られた測定値を示している。

問1 上の文章中の ア ～ ウ に入る語の組合せとして最も適当なものを，次の①～⑧のうちから一つ選べ。 1

	ア	イ	ウ
①	ピルビン酸	マメ科	担子菌
②	ピルビン酸	マメ科	根粒菌
③	ピルビン酸	アブラナ科	担子菌
④	ピルビン酸	アブラナ科	根粒菌
⑤	核 酸	マメ科	担子菌
⑥	核 酸	マメ科	根粒菌
⑦	核 酸	アブラナ科	担子菌
⑧	核 酸	アブラナ科	根粒菌

表 1

Y 年の現存量	Y＋1 年の現存量	Y 年から Y＋1 年の 1 年間の枯死量	Y 年から Y＋1 年の 1 年間の被食量
23.01 kg/m²	23.71 kg/m²	0.40 kg/(m²・年)	0.08 kg/(m²・年)

問 2 表1の測定値から計算される，この落葉広葉樹林における生産者の純生産量(kg/(m²・年))として最も適当なものを，次の①～⑥のうちから一つ選べ。なお，1年間の現存量の差が森林の年間の成長量である。

$\boxed{2}$ kg/(m²・年)

① 0.22   ② 0.38   ③ 0.62

④ 0.78   ⑤ 1.02   ⑥ 1.18

問 3 この落葉広葉樹林における生産者の総生産量を推定するためには，表1の4つの調査項目だけでは不十分である。その理由として最も適当なものを，次の①～⑥のうちから一つ選べ。 $\boxed{3}$

① 消費者の死亡量が分からないから。

② 消費者の成長量が分からないから。

③ 消費者の現存量が分からないから。

④ 生産者の呼吸量が分からないから。

⑤ 生産者の光合成に伴う蒸散量が分からないから。

⑥ 森林の受ける光の総量が分からないから。

B 生態系内では多様な生物によって群集が構成されており，(a)生物間に様々な相互作用が存在する。(b)生物多様性には，遺伝的多様性，種の多様性(種多様性)，および生態系の多様性(生態系多様性)の三つがある。

問 4 下線部(a)に関連して，カッコウ科の鳥には，親がひなの世話をせずに，カラス科の鳥の巣に産卵して世話を托す行動(托卵)をとる種がいる。托卵されたカラスは，自分の子(卵やひな)とカッコウの子を区別できないため，托卵された巣では両種のひなが共存する。托卵されたカラスは自分のひなの世話を十分にできなくなるが，カッコウのひなは捕食者が嫌がる臭いを分泌するため，托卵された巣内のカラスのひなは，カッコウのひなとともに捕食を逃れやすくなる。

これらのカッコウとカラスが生息するある地域において，捕食者の少ない年と多い年に，巣立ちに成功したカラスのひなの数を調査した。カッコウに托卵されなかったカラスの巣と托卵された巣のそれぞれについて，巣立ちに成功したカラスのひなの数を多くの巣で調べて巣あたりの平均を求めたところ，図 1 の結果が得られた。この結果を説明した下の文章中の， エ ～ キ に入る語句の組合せとして最も適当なものを，後の①～⑧のうちから一つ選べ。ただし，巣あたりのカラスの産卵数は，托卵されなかった巣と托卵された巣の間で同じとし，巣あたりの托卵数は，捕食者の少ない年と多い年の間で同じとする。 4

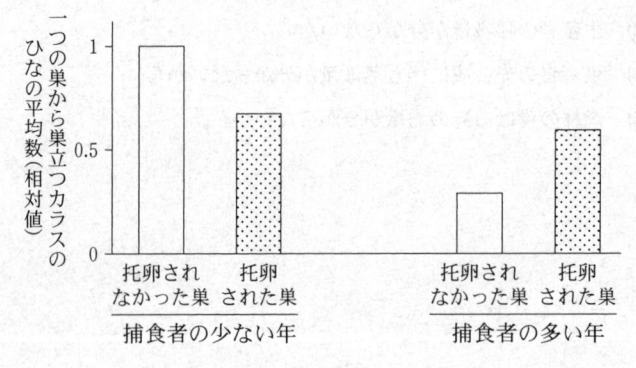

図 1

　捕食者の少ない年には，一つの巣から巣立つカラスのひなの数は，托卵されることで　エ　する。このとき，托卵されたカラスは，　オ　にある。また，捕食者の多い年には，一つの巣から巣立つカラスのひなの数は，托卵されることで　カ　する。このとき，托卵されたカラスは，　キ　にある。

	エ	オ	カ	キ
①	減　少	カッコウと相利共生の状態	増　加	カッコウによって寄生されている状態
②	減　少	カッコウと相利共生の状態	増　加	カッコウに寄生している状態
③	減　少	カッコウによって寄生されている状態	増　加	カッコウに寄生している状態
④	減　少	カッコウによって寄生されている状態	増　加	カッコウと相利共生の状態
⑤	増　加	カッコウと相利共生の状態	減　少	カッコウによって寄生されている状態
⑥	増　加	カッコウと相利共生の状態	減　少	カッコウに寄生している状態
⑦	増　加	カッコウによって寄生されている状態	減　少	カッコウに寄生している状態
⑧	増　加	カッコウによって寄生されている状態	減　少	カッコウと相利共生の状態

問 5 下線部(b)に関する記述として適当なものを，次の①〜⑥のうちから二つ選べ。ただし，解答の順序は問わない。 | 5 | ・ | 6 |

① ある個体の遺伝的多様性は，その個体が環境変動を乗り越えて生存することによって高くなる。

② 生態系多様性は，その生態系に含まれる生物の種数と，それらの種が相対的に占める割合で決まる。

③ ある個体群の遺伝的多様性が高いと，環境の変化に対応できる個体が存在する可能性が高いため，環境が変化してもその個体群は絶滅しにくい。

④ 一般に，撹乱（かくらん）が中規模で適度にはたらく場合には，強い撹乱や弱い撹乱の場合に比べ，種多様性は低くなる。

⑤ ある種で個体数が少なくなると，有害な遺伝子の蓄積が抑えられ，その種は絶滅しにくくなるため，種多様性の低下を抑えることができる。

⑥ 生態系によって生息する生物は異なるため，ある地域の生態系多様性が高いと，その地域の種多様性も高い。

第5問　(必答問題)

　　生物の進化と系統に関する次の文章(**A・B**)を読み，下の問い(**問1～6**)に答えよ。

〔解答番号　| 1 |　～　| 6 |　〕(配点　18)

A　ヒトの$_{(a)}$ヘモグロビンβ鎖をコードする遺伝子には，アミノ酸配列が異なる対立遺伝子 H_1 と H_2 が存在し，対立遺伝子 H_2 は対立遺伝子 H_1 の DNA 配列に起こった$_{(b)}$突然変異によって生じたものであることが分かっている。対立遺伝子 H_2 をもつ個体では，赤血球が鎌（かま）状に変化し貧血が引き起こされるが，貧血の程度は個体の遺伝子型によって大きく異なる。遺伝子型 H_1H_2 の個体では，軽度の貧血が起こるが，マラリア*に対する抵抗性が高くなる。したがって，遺伝子型 H_1H_2 の個体は，マラリアによる死亡率の高い地域では生存に有利である。一方，遺伝子型 H_2H_2 の個体は，重度の貧血によって生存率が著しく下がる。したがって，遺伝子型 H_2H_2 の個体はマラリアを発症するしないにかかわらず生存に不利である。

*マラリア：マラリア原虫が赤血球に感染して発症する病気

問1　マラリアが流行している地域 X と，流行していない地域 Y における対立遺伝子 H_2 の頻度をそれぞれ x, y とする。突然変異，遺伝的浮動，および個体の移入・移出の影響が全て無視できるとき，x と y の値に関する式として最も適当なものを，次の①～⑤のうちから一つ選べ。　| 1 |

①　$x = y = 1$　　　　②　$x < y = 1$　　　　③　$x < y < 1$

④　$y < x = 1$　　　　⑤　$y < x < 1$

問2　下線部(a)に関連して，ヘモグロビンなどのタンパク質のアミノ酸配列を様々な種において比較することによって，分子時計とよばれる考え方ができあがった。また，この考え方は塩基配列においても成り立つ。図1は3種の哺乳類A〜Cのゲノム中のある領域における塩基配列を示しており，3種間で一つでも違いのある塩基については，黒い背景に白文字で表示している。分子時計が図1に示した塩基配列において成り立ち，種Aと種Bがおよそ9000万年前に分岐したことが化石の記録から分かっているとき，種Aと種Cが分岐した年代の推定値として最も適当なものを，下の①〜⑤のうちから一つ選べ。　| 2 |

種A：TGTGAAAATACAGAGCGTTCGCATATCAAAGAAAAC
種B：TGTGAAAGTACTGGGCGTTTGCATATCAACGAAAAA
種C：TGTGAAAATACAGAGCGTTCGCATATTAAAGAAAAA

図　1

① 1500万年前　　② 3000万年前　　③ 4500万年前

④ 9000万年前　　⑤ 1億8000万年前

問3　下線部(b)に関する記述として**誤っているもの**を，次の①〜⑤のうちから一つ選べ。　| 3 |

① DNAの複製の際に，ある確率で突然変異が起こる。

② 突然変異が起こらないことは，ハーディ・ワインベルグの法則が成立する条件の一つである。

③ 生存に有利な突然変異が起こるしくみを，自然選択とよぶ。

④ 強い放射線は，突然変異が起こる確率を高める。

⑤ DNAに突然変異が起こっても，生物の形質は変化しない場合がある。

B　生物が，ある環境の下で，生存・繁殖に有利な形態や生活様式をそなえていることを適応という。

　(c)被子植物の種Dと種Eは互いにごく近縁な草本である。種Dは細長い葉をもち，日当たりのよい渓流沿いの，増水時には水没するような岩場に生息する。種Eは円い葉をもち，薄暗い照葉樹林の林床に生息する。これらの環境条件下での2種の適応について調べるため，**実験1・実験2**を行った。

実験1　種Dと種Eをそれぞれ10個体ずつ準備した。各個体の根元を固定し，葉が自由に動く状態で，個体全体を水流にさらした。水流の流速とさらす時間は，種Dが生息する渓流の増水時に近い値にした。その後，個体ごとに水流でちぎれて失われた葉の数の割合を調べ，それぞれの種ごとに平均を求めたところ，図2に示す結果が得られた。

実験2　種Dと種Eの種子を発芽させ，同じ条件の下で30日間成長させた。その後，それぞれの種について，半数は渓流沿いの岩場と同じ程度の強い光の下，残りの半数は照葉樹林の林床と同じ程度の弱い光の下で栽培を続け，50日後に生存していた個体の数の割合(生存率)を調べたところ，図3に示す結果が得られた。

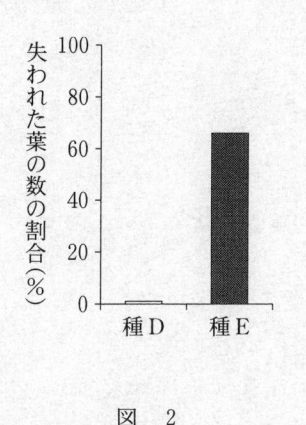

図　2

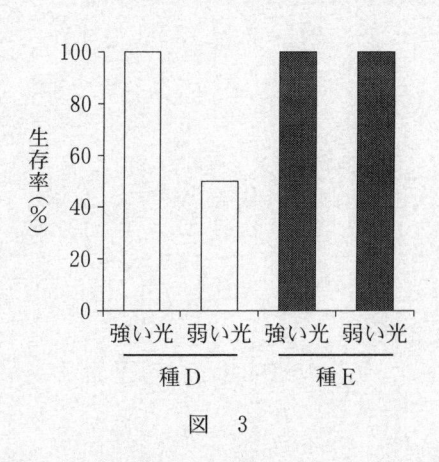

図　3

問 4 **実験**1・**実験**2の結果から導かれる考察として**誤っているもの**を，次の
①～④のうちから一つ選べ。 ☐ 4 ☐

① 種Dが渓流沿いの岩場に生息しているのは，流水にさらされる渓流の
環境に適応しているからである。

② 種Eが渓流沿いの岩場に生息していないのは，流水にさらされる渓流
の環境に適応していないからである。

③ 種Dが照葉樹林の林床に生息していないのは，暗い環境に適応してい
ないからである。

④ 種Eが照葉樹林の林床に生息しているのは，明るい環境よりも暗い環
境に適応しているからである。

問 5 下線部(C)に関連して，図 4 は植物の系統関係を表した系統樹であり，系統樹上の ア ～ ウ は植物の進化の過程において獲得された形質を示している。 ア ～ ウ に入る語句の組合せとして最も適当なものを，下の①～⑥のうちから一つ選べ。 5

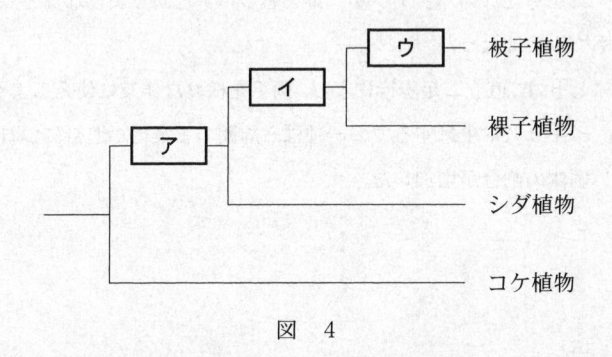

図 4

	ア	イ	ウ
①	種子をつくる	維管束をもつ	子房をもつ
②	種子をつくる	子房をもつ	維管束をもつ
③	維管束をもつ	種子をつくる	子房をもつ
④	維管束をもつ	子房をもつ	種子をつくる
⑤	子房をもつ	種子をつくる	維管束をもつ
⑥	子房をもつ	維管束をもつ	種子をつくる

問 6　適応放散の例として最も適当なものを，次の①〜④のうちから一つ選べ。

6

① 哺乳類は，恐竜類が絶滅した後，様々な環境で多様化した。

② 毒をもたないハナアブが，毒をもつハチと同じような黄と黒の縞模様を
もつようになった。

③ ヒトは，直立二足歩行により，両手を様々な作業に使えるようになった。

④ イギリスに生息するガの一種は，周囲の工業化が進むにつれて体色の黒
い個体の割合が増加した。

第6問　（選択問題）

遺伝子組換え実験に関する次の文章を読み，下の問い（**問1～3**）に答えよ。

〔解答番号　　1　　～　　3　　〕（配点　10）

生物学の研究において，(a)遺伝子組換え技術は重要な手法の一つである。目的の遺伝子を組み込んだ遺伝子組換え用プラスミドを大腸菌に取り込ませる形質転換操作を行う場合，全ての大腸菌にプラスミドが導入されるわけではない。そこで，細菌の生育を阻害する抗生物質に対する耐性遺伝子をプラスミドに組み込むことで，プラスミドが導入された大腸菌のみを抗生物質によって選別することができる。遺伝子組換え大腸菌を作製するため，**実験1**を行った。

実験1　大腸菌培養用の液体培地，寒天，および抗生物質のアンピシリン，カナマイシンを用いて，寒天培地A～Cを作製した。寒天培地Aには抗生物質が含まれておらず，寒天培地Bにはアンピシリンが，寒天培地Cにはカナマイシンが含まれている。また，遺伝子組換え用プラスミドとして，図1に示すプラスミドX～Zを準備した。これらのプラスミドには，アンピシリン耐性遺伝子，カナマイシン耐性遺伝子，緑色蛍光タンパク質(GFP)遺伝子のうちの2種類が組み込まれている。これらの遺伝子はいずれも，大腸菌内で常に発現を誘導するプロモーターに連結されている。

　　大腸菌の膜の透過性を高め，プラスミドを取り込みやすくする溶液で大腸菌を処理した後，遺伝子組換え用プラスミドを用いて形質転換操作を行った。また対照実験として，形質転換操作にプラスミドを用いないものも実施した。これらの形質転換操作を行った大腸菌を，それぞれの寒天培地上に塗布し，恒温器で一日培養したところ，表1の結果が得られた。ただし，寒天培地に塗布した大腸菌数は，いずれの場合でも等しいものとする。

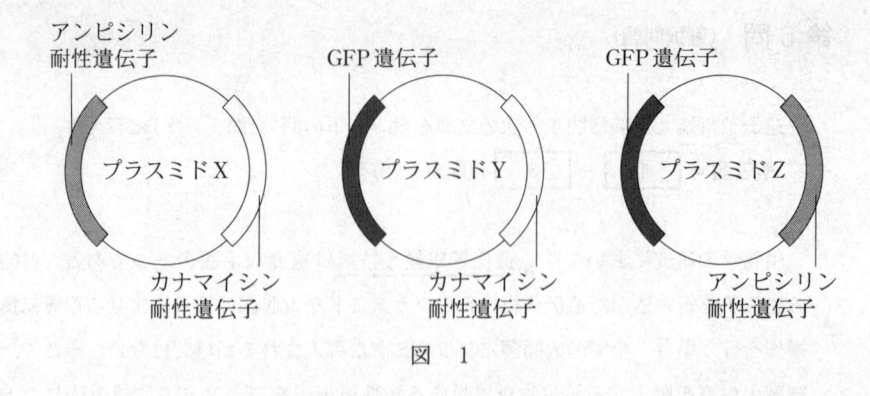

図　1

表　1

形質転換操作に使用したプラスミド	寒天培地A（抗生物質なし）	寒天培地B（アンピシリン含有）	寒天培地C（カナマイシン含有）
プラスミドなし	＋	－	－
プラスミドX	＋	＋	＋
プラスミドY	＋	－	＋
プラスミドZ	ア	イ	ウ

＋：コロニーあり，－：コロニーなし

問 1　下線部(a)に関連して，組換え DNA 実験に用いられる酵素に関する記述として最も適当なものを，次の①〜⑥のうちから一つ選べ。　　1

① 制限酵素は，2 本鎖 DNA の末端部分を識別して，DNA 鎖をほどくはたらきをもつ。

② 制限酵素は，DNA の特定の塩基配列を識別して，その配列に続く DNA に相補的な 1 本鎖 RNA を合成するはたらきをもつ。

③ 制限酵素は，DNA の特定の塩基配列を識別して，DNA 鎖を切断するはたらきをもつ。

④ DNA リガーゼは，2 本鎖 DNA の末端部分を識別して，DNA 鎖をほどくはたらきをもつ。

⑤ DNA リガーゼは，DNA の特定の塩基配列を識別して，その配列に続く DNA に相補的な 1 本鎖 RNA を合成するはたらきをもつ。

⑥ DNA リガーゼは，DNA の特定の塩基配列を識別して，DNA 鎖を切断するはたらきをもつ。

問 2　表 1 の　　ア　　〜　　ウ　　に入る結果の組合せとして最も適当なものを，次の①〜⑧のうちから一つ選べ。　　2

	ア	イ	ウ
①	+	+	+
②	+	+	−
③	+	−	+
④	+	−	−
⑤	−	+	+
⑥	−	+	−
⑦	−	−	+
⑧	−	−	−

問 3 **実験** 1 で生じた大腸菌のコロニーについて，GFP の検出に適した条件で観察したときの記述として最も適当なものを，次の①~⑤のうちから一つ選べ。ただし，形質転換操作を行っていない大腸菌は，緑色の蛍光を発しないものとする。 3

① プラスミド X を用いた場合，寒天培地 A では，全てのコロニーが緑色の蛍光を発する。

② プラスミド X を用いた場合，寒天培地 B では，ごく一部のコロニーのみが緑色の蛍光を発する。

③ プラスミド Y を用いた場合，寒天培地 A では，全てのコロニーが緑色の蛍光を発する。

④ プラスミド Y を用いた場合，寒天培地 A では，緑色の蛍光を発するコロニーは存在しない。

⑤ プラスミド Y を用いた場合，寒天培地 C では，全てのコロニーが緑色の蛍光を発する。

第7問　(選択問題)

生物の生態と進化に関する次の文章を読み，下の問い(**問1～3**)に答えよ。

〔解答番号　| 1 |　～　| 3 |〕(配点　10)

　マダラヒタキ(以後，マダラとよぶ)とシロエリヒタキ(以後，シロエリとよぶ)は
ヨーロッパなどで見られる小形の鳥類である。(a)マダラの学名は*Ficedula
hypoleuca*であり，シロエリの学名は*Ficedula albicollis*である。これらの種では，
繁殖期になると雄は(b)縄張りをつくり，雌が雄を選ぶことによってつがいを形成
し，繁殖を行う。(c)マダラとシロエリの種分化には，両種の祖先が氷河期に経験
した地理的隔離が関わっている。

問1　下線部(a)に関連する記述として最も適当なものを，次の**①～④**のうちから一
つ選べ。| 1 |

① マダラとシロエリは同じ科に属する。

② マダラとシロエリは異なる属に属する。

③ *hypoleuca*はマダラが属する目の名称を表している。

④ シロエリの種小名は*Ficedula*である。

問 2   下線部(b)に関連する記述として最も適当なものを，次の①〜⑤のうちから一つ選べ。   2

① 縄張りを形成する生物種では，個体群内の全ての個体が縄張りをもつ。

② 縄張りが大きいほど，縄張りを守るために費やすエネルギーは小さくなる。

③ 縄張りが大きいほど，縄張りをもつ個体が得る利益は小さくなる。

④ 縄張りの大きさは，個体群密度に依存しない。

⑤ 縄張りの機能は食物や繁殖場所，交配相手の確保である。

問 3　下線部(C)に関連して，マダラとシロエリの現在の分布域は，一部が重なって
いる。図1のように，分布が重ならない地域（異所的分布域）の，黒色の目立つ
マダラの雄（黒型雄）はシロエリの雄とよく似ている。一方，分布が重なる地域
（同所的分布域）のマダラの雄の体色は茶色が目立つ（茶型雄）。また，マダラと
シロエリの交配によって生まれた雑種個体の繁殖力は低い。これらのことから
次の仮説を立てた。

　「同所的分布域のマダラの雌はシロエリの雄とマダラの黒型雄との区別がで
きない。そのため，同所的分布域のマダラの雄ではシロエリの雄と間違われな
いような茶色の体色が進化し，同所的分布域のマダラの雌では茶型雄を選ぶよ
うな好みが進化した。」

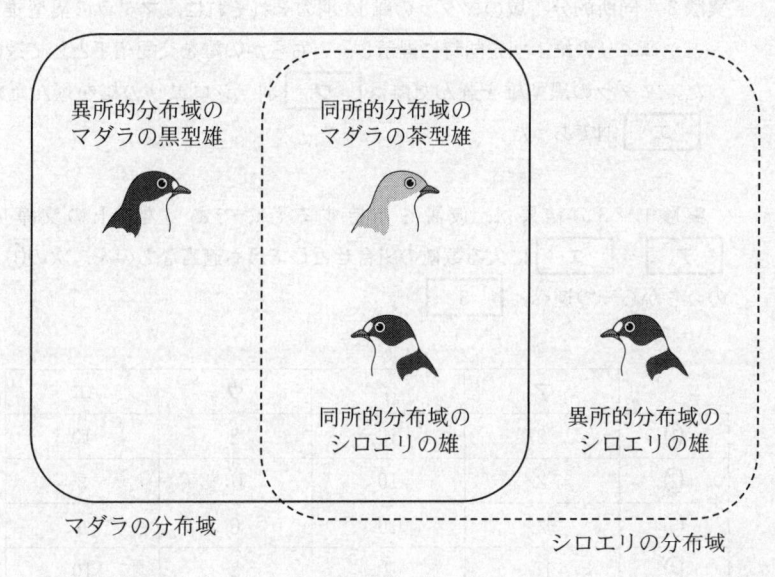

図　1

この仮説を検証するために，マダラの雌に異なるタイプの雄を選ばせる**実験1～3**を行った。

実験1 異所的分布域のマダラの雌9羽のそれぞれに，マダラの黒型雄1羽と茶型雄1羽を同時に提示し，どちらかの雄を交配相手として選ばせた。黒型雄を選んだ雌は8羽，茶型雄を選んだ雌は1羽であった。

実験2 同所的分布域のマダラの雌12羽のそれぞれに，マダラの黒型雄1羽と茶型雄1羽を同時に提示し，どちらかの雄を交配相手として選ばせた。黒型雄を選んだ雌は　ア　羽，茶型雄を選んだ雌は　イ　羽であった。

実験3 同所的分布域のマダラの雌12羽のそれぞれに，マダラの黒型雄1羽とシロエリの雄1羽を同時に提示し，どちらかの雄を交配相手として選ばせた。マダラの黒型雄を選んだ雌は　ウ　羽，シロエリの雄を選んだ雌は　エ　羽であった。

実験1～3の結果は，仮説を支持するものであった。上の文章中の　ア　～　エ　に入る数値の組合せとして最も適当なものを，次の①～⑨のうちから一つ選べ。　3

	ア	イ	ウ	エ
①	2	10	2	10
②	2	10	10	2
③	2	10	6	6
④	10	2	2	10
⑤	10	2	10	2
⑥	10	2	6	6
⑦	6	6	2	10
⑧	6	6	10	2
⑨	6	6	6	6

生　物　基　礎

$$\left(\text{解答番号}\quad\boxed{1}\quad\sim\quad\boxed{17}\right)$$

第 1 問　生物の特徴および遺伝子とそのはたらきに関する次の文章(**A・B**)を読み，下の問い(**問 1 ～ 6**)に答えよ。(配点　19)

A　生物の基本単位である(a)細胞の研究から，細胞内には，(b)細胞小器官などの様々な構造があることが分かってきた。植物の細胞内にみられる細胞小器官の一つである葉緑体では，(c)炭酸同化(二酸化炭素の同化)が行われる。

問 1　下線部(a)に関連して，ヒトと大腸菌の細胞に関する記述として最も適当なものを，次の①～⑤のうちから一つ選べ。　　$\boxed{1}$

①　ヒトの細胞と大腸菌の細胞とにある ATP の構造は，互いに異なる。

②　ヒトの細胞と大腸菌の細胞とでは，呼吸に関する細胞小器官は共通である。

③　ヒトの細胞と大腸菌の細胞は，ともに細胞壁をもつ。

④　ヒトの細胞と大腸菌の細胞とは，進化上共通した起源をもたない。

⑤　ヒトの細胞と大腸菌の細胞は，ともに細胞分裂で増殖する。

問 2 　下線部(b)に関する記述として最も適当なものを，次の①〜④のうちから一つ選べ。　| 2 |

① 　細胞質基質は，タンパク質を含む。

② 　核は，あらゆる生物の細胞に存在する。

③ 　ミトコンドリアは，DNA を含まない細胞小器官である。

④ 　リボソームは，DNA と直接結合してタンパク質を合成する。

問 3 　下線部(c)に関して，次の文章中の　| ア |　〜　| ウ |　に入る語の組合せとして最も適当なものを，下の①〜⑧のうちから一つ選べ。　| 3 |

葉緑体で行われる炭酸同化では，クロロフィルなどによって　| ア |　が吸収され，デンプンなどの　| イ |　が合成される。シアノバクテリアは炭酸同化を行う　| ウ |　である。

	ア	イ	ウ
①	光エネルギー	無機物	原核生物
②	光エネルギー	無機物	真核生物
③	光エネルギー	有機物	原核生物
④	光エネルギー	有機物	真核生物
⑤	化学エネルギー	無機物	原核生物
⑥	化学エネルギー	無機物	真核生物
⑦	化学エネルギー	有機物	原核生物
⑧	化学エネルギー	有機物	真核生物

B　20世紀になって　エ　に遺伝子が存在するという説が提唱されて以降，遺伝子の本体が何であるかについて，議論がなされてきた。　エ　の主な構成物質は DNA と　オ　であるが，(d)様々な研究によって，遺伝子の本体が DNA であることが証明された。DNA は，(e)ヌクレオチドとよばれる構成単位が，鎖状に結合した高分子化合物である。

問 4　上の文章中の　エ　・　オ　に入る語の組合せとして最も適当なものを，次の①〜⑥のうちから一つ選べ。　4

	エ	オ
①	細胞膜	炭水化物
②	細胞膜	タンパク質
③	小胞体	炭水化物
④	小胞体	タンパク質
⑤	染色体	炭水化物
⑥	染色体	タンパク質

問 5　下線部(d)に関して，過去の研究者らによって得られた研究成果のうち，形質の遺伝を担う物質が DNA であることを明らかにした成果として適当なものを，次の①～⑥のうちから二つ選べ。ただし，解答の順序は問わない。

$\boxed{5}$ ・ $\boxed{6}$

① 研究者 A は，白血球の核などを多量に含む傷口の膿に，リンを多く含む物質が存在することを発見した。

② 研究者 B らは，病原性のない肺炎双球菌に対して，病原性を有する肺炎双球菌の抽出物（病原性菌抽出物）を混ぜて培養すると，病原性のある菌が出現するが，DNA 分解酵素によって処理した病原性菌抽出物を混ぜて培養しても，病原性のある菌が出現しないことを示した。

③ 研究者 C らは，いろいろな生物の DNA について調べ，アデニンとチミン，グアニンとシトシンの数の比が，それぞれ 1：1 であることを示した。

④ 研究者 D らは，DNA の立体構造について考察し，2 本の鎖がらせん状に絡み合って構成される二重らせん構造のモデルを提唱した。

⑤ 研究者 E は，エンドウの種子の形や，子葉の色などの形質に着目した実験を行い，親の形質が次の世代に遺伝する現象から，遺伝の法則性を発見した。

⑥ 研究者 F らは，バクテリオファージ（T_2 ファージ）を用いた実験において，ファージを細菌に感染させた際に，DNA だけが細菌に注入され，新たなファージがつくられることを示した。

問 6　下線部(e)に関して，次の文章中の　カ　～　ク　に入る語の組合せとして最も適当なものを，下の①～⑧のうちから一つ選べ。　7

　　DNA と RNA はともに，ヌクレオチドが連なった構造をとっている。ヌクレオチドは，　カ　，　キ　，およびリン酸から構成されている。RNA のヌクレオチドは，　カ　としてチミンのかわりにウラシルが使われている点や，　キ　が　ク　である点において，DNA のヌクレオチドと異なっている。

	カ	キ	ク
①	アミノ酸	脂　質	リボース
②	アミノ酸	脂　質	デオキシリボース
③	アミノ酸	糖	リボース
④	アミノ酸	糖	デオキシリボース
⑤	塩　基	脂　質	リボース
⑥	塩　基	脂　質	デオキシリボース
⑦	塩　基	糖	リボース
⑧	塩　基	糖	デオキシリボース

第2問　生物の体内環境の維持に関する次の文章(**A・B**)を読み，下の問い(問1～5)に答えよ。(配点　15)

A　(a)ヒトの体内を循環する体液は，栄養分，酸素，老廃物などを運ぶ。血液中の老廃物は，主に腎臓で取り除かれて(b)尿中に排出される。

　　問1　下線部(a)に関する記述として最も適当なものを，次の①～⑤のうちから一つ選べ。　8

　　　①　血液が流れる血管の壁は，動脈，毛細血管，静脈の順に薄くなる。

　　　②　リンパ液は，静脈で血液に合流する。

　　　③　血液は，試験管に入れて放置すると，血液凝固を起こし，沈殿物と血しょうに分離する。

　　　④　赤血球中のヘモグロビンのうち，酸素ヘモグロビンとして存在している割合は，肺静脈中より肺動脈中の方が多い。

　　　⑤　血液 $1\,mm^3$ あたりの血球数は，赤血球より白血球の方が多い。

問 2　下線部(b)に関して，次の文章中の　ア　～　ウ　に入る語の組合せとして最も適当なものを，下の①～⑧のうちから一つ選べ。　9

　　腎動脈を流れる血しょうは，腎臓で　ア　から　イ　内にろ過され，原尿となる。この原尿が細尿管（腎細管）などを通過する間に成分の一部が　ウ　へ再吸収され，再吸収されなかった老廃物は尿中に排出される。

	ア	イ	ウ
①	糸球体	腎静脈	腎小体
②	糸球体	腎静脈	毛細血管
③	糸球体	ボーマンのう	腎小体
④	糸球体	ボーマンのう	毛細血管
⑤	集合管	腎静脈	腎小体
⑥	集合管	腎静脈	毛細血管
⑦	集合管	ボーマンのう	腎小体
⑧	集合管	ボーマンのう	毛細血管

問 3　健康なヒトの腎臓のはたらきに関する記述として最も適当なものを，次の①～④のうちから一つ選べ。　10

① 　血しょう中のタンパク質の全量が，原尿中に出てくる。

② 　血しょうからろ過されるグルコースの全量が，細尿管で再吸収される。

③ 　1分間に腎動脈を流れる血しょうの体積と，1分間にろ過されて生成される原尿の体積は等しい。

④ 　尿は，肝臓で合成される尿素より，腎臓で合成される尿素を多く含む。

B ヒトの体内環境の調節には，(C)自律神経による調節とホルモンによる調節とがあり，これらの調節の中枢は ┃ エ ┃ にある。例えば，自律神経による調節では，┃ エ ┃ の活動によって ┃ オ ┃ のはたらきが強まると，胃や腸の活動が抑制される。ホルモンによる調節では，┃ エ ┃ が放出ホルモンを分泌して ┃ カ ┃ を刺激すると，┃ カ ┃ から副腎皮質刺激ホルモンの分泌が促される。

問 4 上の文章中の ┃ エ ┃ ～ ┃ カ ┃ に入る語の組合せとして最も適当なものを，次の①～⑧のうちから一つ選べ。┃ 11 ┃

	エ	オ	カ
①	視床下部	交感神経	脳下垂体前葉
②	視床下部	交感神経	脳下垂体後葉
③	視床下部	副交感神経	脳下垂体前葉
④	視床下部	副交感神経	脳下垂体後葉
⑤	小　脳	交感神経	脳下垂体前葉
⑥	小　脳	交感神経	脳下垂体後葉
⑦	小　脳	副交感神経	脳下垂体前葉
⑧	小　脳	副交感神経	脳下垂体後葉

問 5　下線部(C)に関連して，ヒトが興奮や緊張した状態で生じる，体内環境の応答に関する記述として**誤っているもの**を，次の**①**〜**④**のうちから一つ選べ。

　　12

① アドレナリンのはたらきによって，グリコーゲンの合成が促進される。

② 交感神経のはたらきによって，心拍数が増加する。

③ 糖質コルチコイドのはたらきによって，タンパク質からのグルコース合成が促進される。

④ チロキシンのはたらきによって，細胞における酸素の消費が増大し，細胞内の異化が促進される。

第3問　生物の多様性と生態系に関する次の文章(**A・B**)を読み，下の問い(**問**1～5)に答えよ。(配点　16)

A　(a)陸上のバイオームにおいて，ある土地が人間の影響を全く受けなかった場合に成立すると推定される植生を，自然植生という。日本の森林のバイオームに付けられた亜熱帯多雨林，照葉樹林，夏緑樹林，針葉樹林などの名称は，それらのバイオームが分布する地域の代表的な自然植生を表している。一方，ある土地が人間の影響を持続的に受けた場合には，(b)自然植生とは異なる植生が成立することがある。これを代償植生という。ある土地に代償植生が成立しているとき，そこに優占*する種は，自然植生で優占するはずの種と同じであるとは限らない。

*優占：ここでは個体数の多さや枝葉の広がりの大きさなどによって占有する土地面積の
　　　割合が高いことを示す。

問 1　下線部(a)に関連して，世界の陸上のバイオームに関する記述として最も適当なものを，次の①～④のうちから一つ選べ。　| 13 |

①　年平均気温が約 20 ℃ 以上の地域では，どのバイオームでも常緑広葉樹が優占する。

②　年平均気温が約 −5 ℃ 以下の地域に分布するバイオームでの年降水量は約 2000 mm 程度である。

③　年平均気温が約 5 ℃ で年降水量が約 1500 mm の地域には，照葉樹林が分布する。

④　年平均気温が約 10 ℃ 以上で年降水量が約 500 mm の地域には，草原のバイオームが分布する。

問 2 下線部(b)に関して，次の文章中の ｜ ア ｜ ～ ｜ ウ ｜ に入る語の組合せとして最も適当なものを，下の①～⑨のうちから一つ選べ。 ｜ 14 ｜

日本列島を約 1 km 四方の区画に分けて，植生の有無や種類などを調査した。その結果をもとに，各区画を自然植生，代償植生（植林地を含む），およびその他（市街地・耕作地を含む）の三つに分類し，それぞれに該当する区画を黒く塗って示したものが図 1 である。

日本における森林のバイオームの分布と図 1 とを併せて考えると，日本の各バイオームの分布域のうち， ｜ ア ｜ の分布域では比較的高い割合で自然植生が残っていることが分かる。 ｜ イ ｜ の分布域における自然植生の優占種の一つとしてブナが知られているが，その代償植生ではしばしばミズナラが優占する。一方，自然植生が占める割合が最も低かったバイオームは ｜ ウ ｜ である。

	ア	イ	ウ
①	針葉樹林	針葉樹林	照葉樹林
②	針葉樹林	照葉樹林	夏緑樹林
③	針葉樹林	夏緑樹林	照葉樹林
④	夏緑樹林	針葉樹林	照葉樹林
⑤	夏緑樹林	照葉樹林	針葉樹林
⑥	夏緑樹林	夏緑樹林	針葉樹林
⑦	照葉樹林	針葉樹林	夏緑樹林
⑧	照葉樹林	照葉樹林	夏緑樹林
⑨	照葉樹林	夏緑樹林	針葉樹林

自然植生　　　　　　　　　　　代償植生

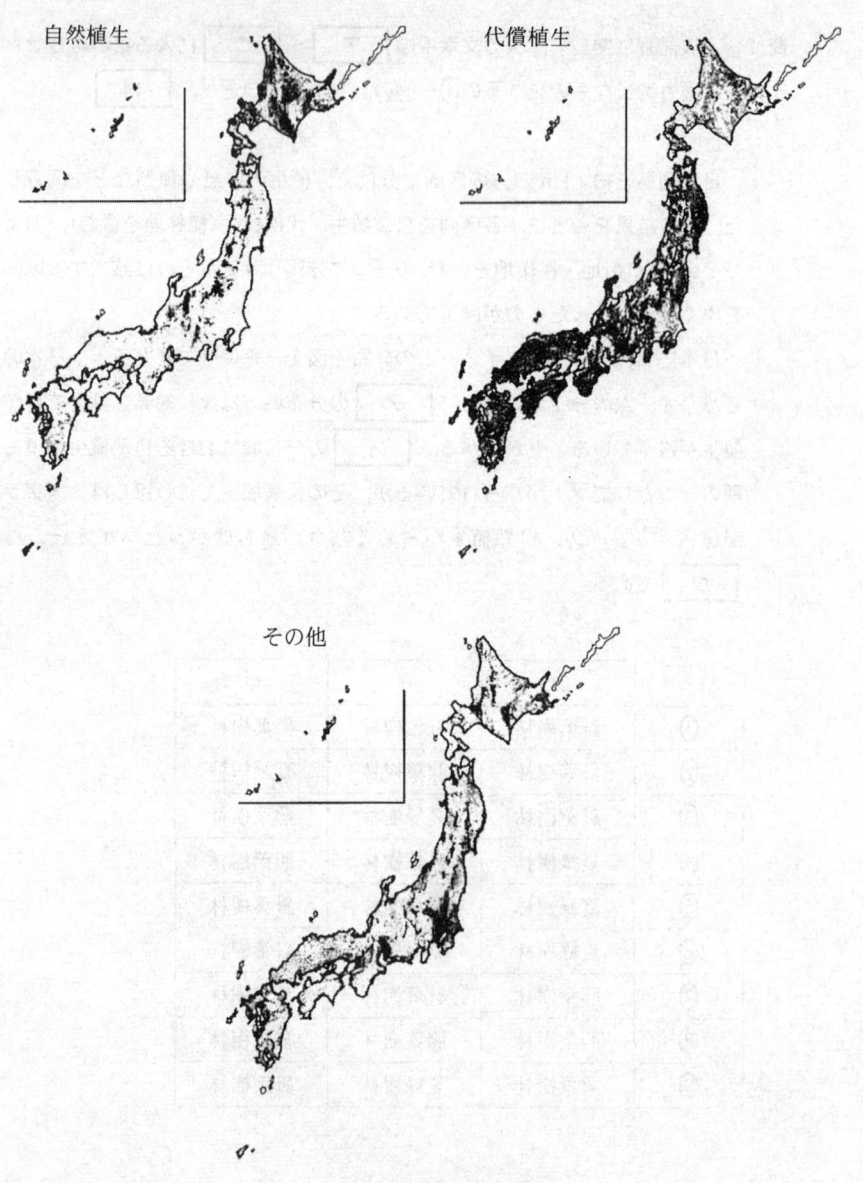

その他

図　1

注：北方四島のデータはないので分類していない。

B　ある土地の植生が時間とともに変化する現象は(c)遷移とよばれる。環境条件や遷移開始時の状況が違うと，異なる様式の遷移がみられる。例えば，(d)湖沼から始まる遷移と，陸地から始まる遷移とでは，遷移の進行過程が異なる。また，(e)噴火直後の溶岩台地から始まり森林に至る遷移と，森林伐採の跡地から始まる遷移とでは，遷移の進行過程が異なる。

問 3　下線部(c)に関する記述として最も適当なものを，次の①〜⑤のうちから一つ選べ。　　15

① 遷移が進み極相となっている森林では，種の構成が，全体として大きく変化しない。

② 遷移が進み極相となった森林の林床（地表付近）は，どこも同じ程度の暗さに保たれている。

③ 噴火直後の溶岩台地から始まり森林に至る典型的な遷移は，裸地・荒原→草原→高木林→低木林の順に進行する。

④ 噴火直後の溶岩台地から始まり森林に至る遷移の初期では，窒素化合物などの栄養塩や水分を豊富に利用できるため，このような環境に適応した植物が侵入・定着する。

⑤ 湖沼から始まる遷移は，乾性遷移とよばれる。

問 4　下線部(d)に関連して，遷移のしくみを明らかにするため，図2のような二つの池で，池の中の非生物的環境(以後，環境とよぶ)と植物の状態を調べた。二つの池は，遷移が始まってからの経過年数が異なり，池の外の環境は極めて似ているので，新しい池の現在の様子が，古い池の過去の様子を表すと考えられる。図2と表1の調査結果から導かれる，遷移のしくみについての考察として最も適当なものを，下の①～④のうちから一つ選べ。　16

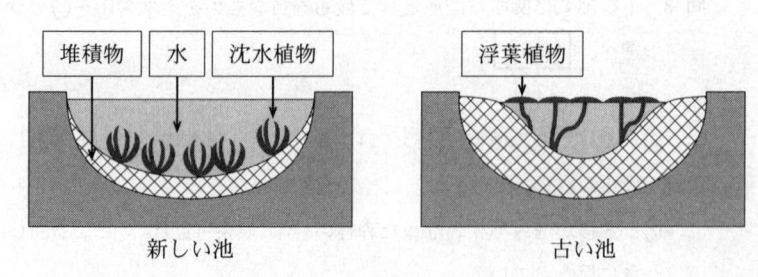

図　2

表　1

観察項目	新しい池	古い池
平均水深	4 m	1 m
水深 50 cm での相対光強度*	80 %	10 %
浮葉植物**の被度***	0 %	80 %
沈水植物****の被度	70 %	0 %
堆積物の状態	土砂の層の上に，未分解の植物の枯死体が，薄く積もっていた。	新しい池と同じ程度の厚さに土砂が積もり，その上に，植物の枯死体が厚く堆積していた。

*相対光強度：池の中央付近の水上1 m で測った光の強さを 100 % とする相対値(百分率)

**浮葉植物：根が水底にあって，葉が水面に浮かんでおり，水深が深いと生育できない植物

***被度：水底の面積のうち，その真上を植物の葉に覆われた部分の割合(百分率)

****沈水植物：植物体が全て水中に沈んでいる植物

① 池の中の環境は，生物の作用を受けずに変化し，池の中の環境の変化に応じて，植物種が交代する。

② 池の中の環境は，生物の作用を受けずに変化し，池の中の環境の変化とは関係なく，植物種が交代する。

③ 池の中の環境は，生物の作用を受けて変化し，池の中の環境の変化に応じて，植物種が交代する。

④ 池の中の環境は，生物の作用を受けて変化し，池の中の環境の変化とは関係なく，植物種が交代する。

問 5　下線部(e)に関して，次の文章中の　エ　～　キ　に入る語の組合せとして最も適当なものを，下の①～⑧のうちから一つ選べ。　17

森林伐採の跡地などから始まる遷移が　エ　とよばれるのに対して，噴火直後の溶岩台地から始まり森林に至る遷移は　オ　とよばれる。　エ　では，遷移の始まりから　カ　が存在するため，　エ　の進行は，　オ　の進行と比べて，　キ　。

	エ	オ	カ	キ
①	一次遷移	二次遷移	風化した岩石	速 い
②	一次遷移	二次遷移	風化した岩石	遅 い
③	一次遷移	二次遷移	土 壌	速 い
④	一次遷移	二次遷移	土 壌	遅 い
⑤	二次遷移	一次遷移	風化した岩石	速 い
⑥	二次遷移	一次遷移	風化した岩石	遅 い
⑦	二次遷移	一次遷移	土 壌	速 い
⑧	二次遷移	一次遷移	土 壌	遅 い

2017

本試験

生物：解答時間 60 分　配点 100 点

生物基礎：解答時間　2 科目 60 分
配点　2 科目 100 点
$\left(\begin{array}{l}物理基礎，化学基礎，生物基礎，\\ 地学基礎から 2 科目選択\end{array}\right)$

生　物

問　題	選　択　方　法
第1問	必　　答
第2問	必　　答
第3問	必　　答
第4問	必　　答
第5問	必　　答
第6問	いずれか1問を選択し，
第7問	解答しなさい。

第1問　（必答問題）

　生命現象と物質に関する次の文章（**A・B**）を読み，下の問い（**問1～5**）に答え
よ。

〔解答番号　1　～　6　〕（配点　18）

A　春椎動物の内分泌腺から分泌される様々なホルモンは，標的細胞へ情報（シグ
　ナル）を伝達する物質としてはたらく。標的細胞にはホルモンと結合する(a)受容
　体タンパク質が存在し，ホルモンが受容体タンパク質に特異的に結合すること
　で，シグナルが細胞内に伝達される。

　　インスリン，グルカゴン，およびバソプレシンは，ペプチドでできたホルモン
　であり，(b)ペプチドホルモンとよばれる。

問 1 下線部(a)に関連して，タンパク質とその構造に関する記述として**誤ってい**るものを，次の①〜⑧のうちから二つ選べ。ただし，解答の順序は問わない。 1 ・ 2

① タンパク質は，ペプチド結合によりアミノ酸が多数つながってできている。

② タンパク質は，アミノ酸配列に応じた立体構造をとっている。

③ タンパク質の一次構造とは，ジグザグ状やらせん状の構造をいう。

④ タンパク質は，離れたアミノ酸どうしが，水素を介した弱い結合を形成することで，より安定した構造をとっている。

⑤ タンパク質の三次構造とは，システインの側鎖間につくられる結合などによって二次構造が立体的に配置された構造をいう。

⑥ 複数のポリペプチドが組み合わさってできる立体構造をタンパク質の四次構造という。

⑦ タンパク質は，高温処理により水素を介した弱い結合が形成されるが，立体構造が変化することはない。

⑧ タンパク質は，強い酸やアルカリなどを作用させることで立体構造が壊れ，変性する。

問 2 下線部(b)に関する記述として最も適当なものを，次の①~④のうちから一つ選べ。 3

① ペプチドホルモンは，細胞膜を通過して，細胞質に存在する受容体タンパク質と結合し，細胞内の情報伝達に関わる分子(情報伝達物質)の量を調節したり，リン酸化酵素などの活性を変化させたりする。

② ペプチドホルモンは，細胞膜を通過して，細胞質に存在する受容体タンパク質と結合し，ペプチドホルモンと受容体タンパク質の複合体が調節タンパク質としてはたらき，遺伝子発現の調節に関与する。

③ ペプチドホルモンは，細胞膜に存在する受容体タンパク質と結合し，細胞内の情報伝達に関わる分子(情報伝達物質)の量を調節したり，リン酸化酵素などの活性を変化させたりする。

④ ペプチドホルモンは，細胞膜に存在する受容体タンパク質と結合し，ペプチドホルモンと受容体タンパク質の複合体が調節タンパク質としてはたらき，遺伝子発現の調節に関与する。

B 多細胞からなる真核生物において，同一個体の体細胞は同じゲノムをもっている。しかしながら，(c)ゲノムを構成するDNAからmRNAに転写される遺伝子の種類は細胞の種類によって異なる。ゲノムDNAの塩基配列には，mRNAに転写される配列以外に，プロモーター領域や(d)転写調節領域などの配列がある。遺伝子の転写は，調節タンパク質が転写調節領域に結合することによって活性化されたり，抑制されたりする。

問 3 下線部(c)に関して，真核生物の体細胞において，転写される遺伝子の種類が細胞の種類によって異なる理由の記述として最も適当なものを，次の①～④のうちから一つ選べ。 $\boxed{4}$

① 染色体の数が細胞の種類によって異なっている。

② 常染色体上の遺伝子の数が細胞の種類によって異なっている。

③ 調節タンパク質の種類や量が細胞の種類によって異なっている。

④ オペレーターの数が細胞の種類によって異なっている。

問 4 下線部(d)に関する記述として最も適当なものを，次の①～④のうちから一つ選べ。 $\boxed{5}$

① 転写調節領域に結合した調節タンパク質は，RNAポリメラーゼにより転写されたmRNAのリボソームへの結合を促進する。

② 転写調節領域は，調節タンパク質のアミノ酸配列を指定し，その立体構造を決定する。

③ 転写調節領域は，RNAポリメラーゼにより転写されたmRNAの核内から細胞質基質への運搬を促進する。

④ 転写調節領域に結合した調節タンパク質は，プロモーター上の基本転写因子とRNAポリメラーゼとの複合体に作用する。

問 5 次の図 1 に示すように，細胞が平面上に一層に並んだ細胞群を考える（並んでいる小さい直方体は一つの細胞を示す）。この細胞群は遺伝子 A をもち，その遺伝子の転写調節領域として B および C があるとする。この転写調節領域 B には調節タンパク質 D が結合し，遺伝子 A の転写を活性化する。転写調節領域 C には調節タンパク質 E が結合し，遺伝子 A の転写を抑制する。ただし，調節タンパク質 E のはたらきは，調節タンパク質 D のはたらきよりも強いものとする。次の図 1 の細胞群において，調節タンパク質 D と調節タンパク質 E が存在する細胞の位置を，次の図 2 の灰色部分でそれぞれ示す。このとき，遺伝子 A の転写が活性化される細胞の位置（黒塗り部分）を示す図として最も適当なものを，下の①〜⑥のうちから一つ選べ。

6

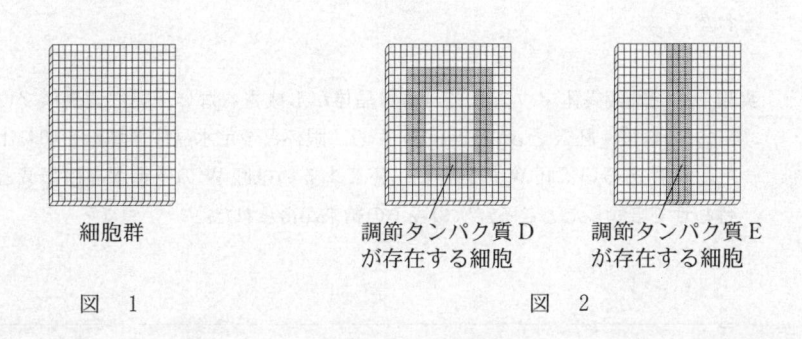

細胞群　　　　　　調節タンパク質 D　　　調節タンパク質 E
　　　　　　　　　が存在する細胞　　　　が存在する細胞

図　1　　　　　　　　　　　　図　2

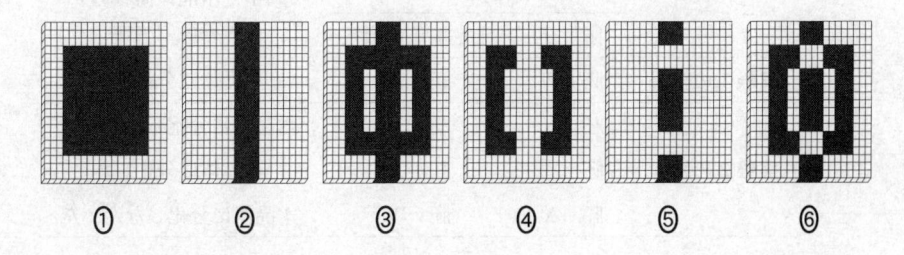

① ② ③ ④ ⑤ ⑥

第2問　(必答問題)

生殖と発生に関する次の文章(**A・B**)を読み，下の問い(**問1～5**)に答えよ。
〔解答番号　$\boxed{1}$　～　$\boxed{7}$　〕(配点　18)

A　マウスの眼(め)の形成過程では，脳の一部から突出して形成された眼胞の中央がくぼんで眼杯となる。眼杯は，それが接している表皮の水晶体への分化を(a)誘導する。マウスにおける眼の形成のしくみを調べるため，次の**実験1～3**を行った。

実験1　野生型マウスの胚(はい)(以後，胚 W とよぶ)から，眼杯と，将来水晶体が形成される外胚葉の領域(以後，予定水晶体領域とよぶ)とを切り出した。胚 W の眼杯と予定水晶体領域とを合わせて培養したところ，下の表1の結果が得られた。

実験2　突然変異体マウス X では，水晶体が形成されない。突然変異体マウス X の胚(以後，胚 X とよぶ)と胚 W から，眼杯と予定水晶体領域とを切り出した。胚 X あるいは胚 W の眼杯と，胚 X あるいは胚 W の予定水晶体領域とを合わせて培養したところ，次の表1の結果が得られた。

表　1

| | 培養の組合せ | | 予定水晶体領域の培養後の状態 |
	眼　杯	予定水晶体領域	
実験1の結果	胚　W	胚　W	水晶体に分化した
実験2の結果	胚　X	胚　X	水晶体に分化しなかった
	胚　W	胚　X	水晶体に分化した
	胚　X	胚　W	水晶体に分化しなかった

実験3　胚 W から作った未分化な細胞である胚性幹細胞(ES 細胞)を塊状にして，特殊な条件下で培養すると，ES 細胞が全て神経性の外胚葉細胞に分化した。この細胞塊をさらに培養し続けると，細胞塊の表面に眼胞が形成され，眼杯になった後に網膜へと分化したが，水晶体は形成されなかった。

問 1　下線部(a)に関連して，イモリの発生過程における分化の誘導に関する記述として最も適当なものを，次の①～④のうちから一つ選べ。　| 1 |

① 胞胚から切り出した予定外胚葉域と予定内胚葉域を合わせて培養すると，予定内胚葉域が神経管に分化する。

② 胞胚の予定中胚葉域は，角膜の分化を誘導する。

③ 後期原腸胚の内胚葉を初期神経胚の神経板域に移植すると，移植片は水晶体に分化する。

④ 初期原腸胚の原口背唇部は，外胚葉の神経管への分化を誘導する。

問 2　**実験1・実験2**の結果から導かれる考察として最も適当なものを，次の①～④のうちから一つ選べ。　| 2 |

① 胚Xの眼杯は，水晶体への分化に必要な誘導物質を分泌していない。

② 胚Xの予定水晶体領域は，水晶体への分化に必要な誘導物質を受容する能力がない。

③ 胚Wの眼杯は，水晶体への分化に必要な誘導物質を分泌していない。

④ 胚Wの予定水晶体領域は，水晶体への分化に必要な誘導物質を受容する能力がない。

問 3 **実験** 1 ～ 3 の結果から導かれる考察として最も適当なものを，次の①～④
のうちから一つ選べ。 ☐ 3

① 胚 W から作った ES 細胞から形成された眼胞は，胚 W の予定水晶体領
域と合わせて培養しても，水晶体への分化を誘導する物質を産生できな
い。

② 胚 W から作った ES 細胞から形成された眼胞は，予定水晶体領域と合
わせて培養しなくても，眼杯になる能力がある。

③ 胚 W から作った ES 細胞から形成された眼胞を，胚 X の眼胞と交換移
植しても，胚 X に水晶体の分化は誘導されない。

④ 胚 W から作った ES 細胞から形成された網膜は，眼胞をくぼませて，
眼杯の形成を誘導するための形成体として，必要不可欠である。

B　被子植物であるイネの花では，おしべの葯で雄性の配偶子が，胚珠内で雌性の配偶子がそれぞれつくられる。体細胞における染色体数が 24 本であるイネでは，減数分裂により，花粉の中に染色体を　ア　本もつ精細胞がつくられる。胚珠内では，染色体を　イ　本もつ胚のう母細胞が減数分裂し，その後 3 回の核分裂が起こり胚のうがつくられる。一つの胚のうは合計　ウ　本の染色体をもつ。重複受精が起こったのち，胚珠内に(b)胚乳が発達した種子がつくられる。

問 4　上の文章中の　ア　～　ウ　に入る数値として最も適当なものを，次の①～⑤のうちからそれぞれ一つずつ選べ。ただし，同じものを繰り返し選んでもよい。ア　4　・イ　5　・ウ　6

① 12　　　② 24　　　③ 48　　　④ 96　　　⑤ 192

問 5　下線部(b)に関連して，イネの種子の胚乳には，ヨウ素ヨウ化カリウム溶液（ヨウ素液）で青紫色に呈色（発色）する形質をもつものと，赤紫色に呈色する形質をもつものとがある。これらのうち，青紫色に呈色する形質が優性で，優性の対立遺伝子 W と劣性の対立遺伝子 w の一組の対立遺伝子が関係している。青紫色に呈色する形質をもつ純系 A と，赤紫色に呈色する形質をもつ純系 B とを用いて次の表 2 に示す組合せで交配をし，雌親に実った種子をヨウ素液で呈色させた。この結果から導かれる考察として最も適当なものを，下の①～⑤のうちから一つ選べ。　7

表 2

	交配の組合せ		雌親に実った種子をヨウ素液で呈色させた結果
	雌　親	雄親（花粉）	
交配 1	純系 A	純系 B	青紫色の種子のみ
交配 2	純系 B	純系 A	青紫色の種子のみ
交配 3	純系 B	交配 1 で得られた F_1 個体	青紫色の種子と赤紫色の種子
交配 4	交配 1 で得られた F_1 個体	純系 B	青紫色の種子と赤紫色の種子

① 交配 1 で実った種子の胚乳の遺伝子型と，交配 2 で実った種子の胚乳の遺伝子型は，同じである。

② 交配 1 で実った種子の胚乳の遺伝子型と，交配 3 で青紫色に呈色した種子の胚乳の遺伝子型は，同じである。

③ 交配 2 で実った種子の胚乳の遺伝子型と，交配 3 で青紫色に呈色した種子の胚乳の遺伝子型は，同じである。

④ 交配 3 で赤紫色に呈色した種子の胚乳の遺伝子型と，交配 4 で赤紫色に呈色した種子の胚乳の遺伝子型は，異なる。

⑤ 交配 3 で青紫色に呈色した種子の胚乳の遺伝子型と，交配 4 で青紫色に呈色した種子の胚乳の遺伝子型は，同じである。

第3問　（必答問題）

生物の環境応答に関する次の文章（**A・B**）を読み，下の問い（**問1～6**）に答えよ。

〔解答番号　| 1 |　～　| 6 |　〕（配点　18）

A　脊椎動物の神経系は，中枢神経系と末梢神経系とに大きく分けられる。中枢神経系は脳と　| ア |　からなり，末梢神経系は，はたらきの上では，感覚や運動に関与する　| イ |　と，消化や循環などの調節を行う　| ウ |　からなっている。神経系を構成する基本単位である神経細胞はニューロンとよばれ，細胞体，樹状突起，および軸索の三つの構造に大きく分けられる。他のニューロンからの情報は主に樹状突起で受け取られ，細胞体を経て(a)活動電位として軸索を伝導していく。軸索の末端は，次のニューロンの樹状突起などとシナプスにおいて連絡し，次のニューロンへと(b)情報が伝達される。このようにして，神経系で情報は処理されていく。

問1　上の文章中の　| ア |　～　| ウ |　に入る語の組合せとして最も適当なものを，次の①～⑧のうちから一つ選べ。　| 1 |

	ア	イ	ウ
①	延　髄	体性神経	自律神経
②	延　髄	自律神経	体性神経
③	延　髄	脊　髄	自律神経
④	延　髄	脊　髄	体性神経
⑤	脊　髄	体性神経	自律神経
⑥	脊　髄	自律神経	体性神経
⑦	脊　髄	体性神経	延　髄
⑧	脊　髄	自律神経	延　髄

問 2 下線部(a)に関して，軸索には有髄神経繊維と無髄神経繊維の2種類があり，有髄神経繊維の方が，活動電位の伝導速度が速いことが知られている。この理由として最も適当なものを，次の①～⑥のうちから一つ選べ。 $\boxed{2}$

① 有髄神経繊維の興奮した部位は，しばらくは再び興奮できない。

② 静止状態においては，有髄神経繊維の外側は内側に比べ電位が正になっている。

③ 有髄神経繊維においては，ランビエ絞輪でのみ活動電位が発生する。

④ 閾値より強い刺激によって，はじめて有髄神経繊維に興奮が生じる。

⑤ 有髄神経繊維に活動電位が生じるとき，ナトリウムイオンが流入する。

⑥ 有髄神経繊維では，活動電位が両方向に伝導する。

問 3 下線部(b)に関して，シナプスで生じる化学的伝達のしくみについて，次の文章中の $\boxed{エ}$ ～ $\boxed{カ}$ に入る語の組合せとして最も適当なものを，下の①～⑥のうちから一つ選べ。 $\boxed{3}$

活動電位が軸索の末端に到達すると，末端部にある $\boxed{エ}$ が軸索の膜に融合し，内部に蓄えられていた $\boxed{オ}$ が，シナプスの間隙に向かって放出される。 $\boxed{オ}$ は，隣接するニューロンの樹状突起上などにある受容体（受容部位）に結合して， $\boxed{カ}$ の活性化による電位変化などを起こす。

	エ	オ	カ
①	シナプス小胞	イオンチャネル	神経伝達物質
②	シナプス小胞	神経伝達物質	イオンチャネル
③	神経伝達物質	イオンチャネル	シナプス小胞
④	神経伝達物質	シナプス小胞	イオンチャネル
⑤	イオンチャネル	神経伝達物質	シナプス小胞
⑥	イオンチャネル	シナプス小胞	神経伝達物質

B (c)レタスの種子の光発芽では，フィトクロムが光受容体としてはたらくことが知られている。フィトクロムは，X型とY型の二つのかたちをとり，X型は波長 660 nm 付近の光を吸収してY型へ，またY型は波長 730 nm 付近の光を吸収してX型へと，可逆的に変化する。異なる光環境がレタスの種子の光発芽に与える影響について調べるため，次の**実験1・実験2**を行った。

実験1　直射日光があたる日なたの条件と，他の植物の葉の陰となる日かげの条件において，光の強さを波長ごとに調べたところ，次の図1の結果が得られた。

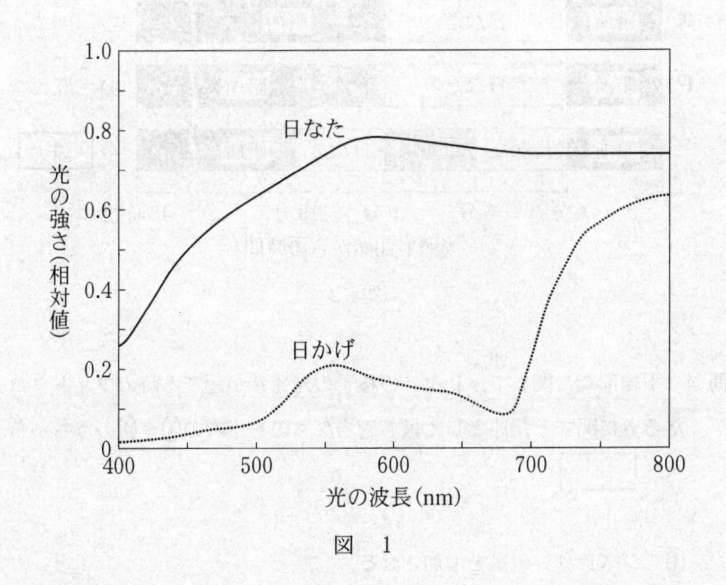

図　1

実験2 生育に適した一定の温度条件において，暗所で十分に吸水させたレタスの種子それぞれ 100 粒に対し，次の図 2 の **I ～ V** に示すように，図 1 の各光条件を組み合わせて処理した。48 時間後に発芽率（発芽した種子数の割合）を調べたところ，図 2 の右側に示す結果が得られた。

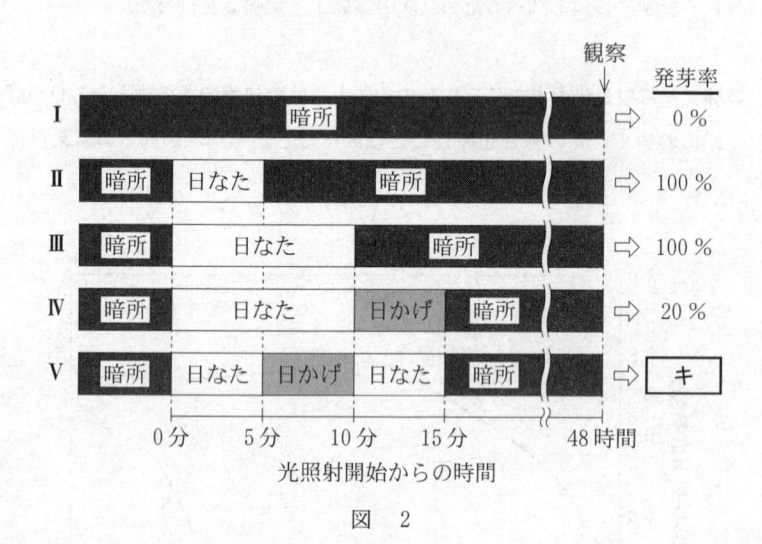

図　2

問 4 下線部(C)に関して，レタスの種子の光発芽が起こる時のフィトクロムのはたらきに関する記述として最も適当なものを，次の①～④のうちから一つ選べ。 4

① ジベレリンの量を増加させる。

② アブシシン酸の量を増加させる。

③ フロリゲンの量を増加させる。

④ 春化を促進する。

問 5　次の文章は，**実験 2** において図 2 の **I** ～ **IV** の結果から導かれる考察である。文章中の　ク　～　コ　に入る数値と語の組合せとして最も適当なものを，下の①～④のうちから一つ選べ。　5

日なたとは異なり，日かげでは，上方を覆う他の植物の葉が波長　ク　nm 付近の光をよく吸収するため，波長　ケ　nm 付近の光より波長　ク　nm 付近の光が弱くなる。その結果，　コ　型のフィトクロムが減少し，レタスの種子の発芽率が低下する。

	ク	ケ	コ
①	660	730	X
②	660	730	Y
③	730	660	X
④	730	660	Y

問 6　**実験 2** において，図 2 の **V** の結果（　キ　）として最も適当なものを，次の①～④のうちから一つ選べ。　6

①　0 %　　　　②　20 %　　　　③　60 %　　　　④　100 %

第4問　（必答問題）

生態と環境に関する次の文章（**A・B**）を読み，下の問い（**問**1～5）に答えよ。
〔解答番号　　1　　～　　6　　〕（配点　18）

A　ハリガネムシは，一生の一時期を，陸に生息する無脊椎動物（主にバッタ類）の
体内に寄生して過ごす。また，ハリガネムシは，バッタなどの宿主（寄主）が水中
に落下した後すぐに宿主から出て，水中で繁殖を行う。そこで，ハリガネムシが
陸と水の間を移動する方法と，ハリガネムシが生態系に与える影響を明らかにす
るため，次の**実験1・実験2**を行った。

実験1　ハリガネムシが寄生した42個体のバッタと，寄生していない38個体の
バッタを用意した。下の図1のように，バッタを1個体ずつ，通路1と通路2
に分かれた道の入口に置いた。通路1の先には何も入っていない深いくぼみ
が，通路2の先には水で満たされた深いくぼみがある。通路1と通路2の分岐
点からは，くぼみが水で満たされているかどうかは見えない。また，通路は屋
根で覆われており，バッタは外には出られない。入口にバッタを置いた後，外
に出られないように入口をふさいでから30分後に，通路1もしくは通路2に
進んでいたバッタの個体について調べた。その結果，ハリガネムシが寄生した
バッタは合計で21個体が通路1の方向へ，21個体が通路2へ進んでいた。一
方で，寄生していないバッタは合計で19個体が通路1へ，19個体が通路2へ
進んでいた。また，通路2へ進んだ個体のうち，ハリガネムシが寄生していな
いバッタはどの個体も水に飛び込んでいなかったが，ハリガネムシが寄生した
バッタは全ての個体が飛び込んでいた。

実験2　三つの川 X～Z における高次捕食者である淡水魚 A は，次の図 2 のように，川に生息する水生無脊椎動物だけでなく，川に落ちた陸生無脊椎動物も食べる。これら三つの川の川沿いでバッタを採集し，ハリガネムシに寄生されているバッタの数の割合を調べた。また，それぞれの川から淡水魚 A を採集して胃の中身を確認し，食物の種類と重量を調べ，一日あたりに得た食物の割合（重量割合）を算出したところ，下の図 3 の結果が得られた。ただし，ハリガネムシに寄生されているバッタの数の割合以外の条件は，三つの川の間で同じとする。

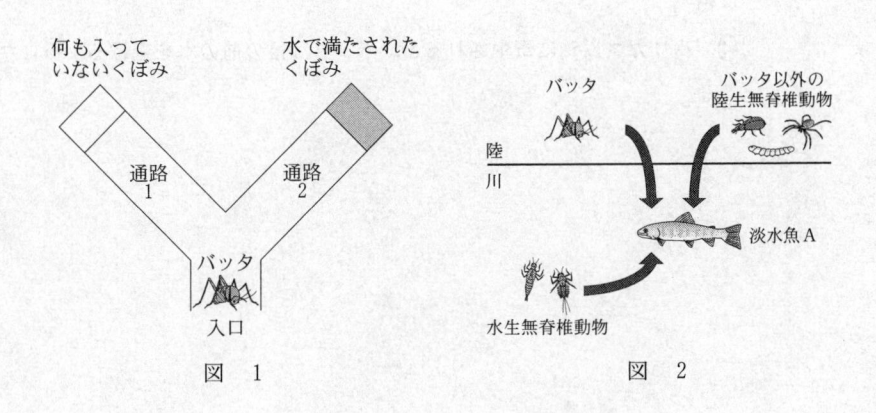

図　1　　　　　　　　　　　　　図　2

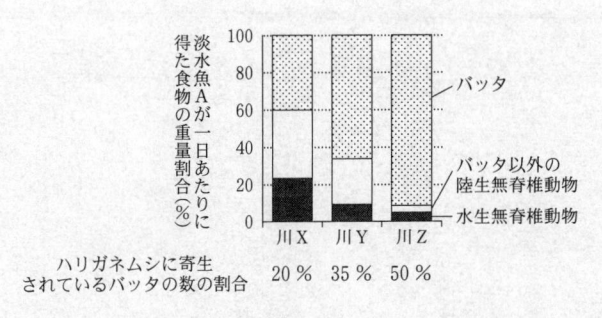

図　3

問1　**実験1**の結果から導かれる考察として最も適当なものを，次の①〜④のうちから一つ選べ。　1

① ハリガネムシに寄生されると，バッタは水が見えなくても，水辺に近づくようになる。

② ハリガネムシに寄生されると，バッタは水が見えなくても，水辺から遠ざかるようになる。

③ ハリガネムシに寄生されると，バッタは目の前の水に飛び込むようになる。

④ ハリガネムシに寄生されると，バッタは目の前の水を避けるようになる。

問 2 **実験1・実験2**の結果から導かれる，川X〜Zが流れる地域の生態系に関する考察として適当なものを，次の①〜⑧のうちから二つ選べ。ただし，解答の順序は問わない。 2 ・ 3

① ハリガネムシに寄生されているバッタの数の割合が高い地域の川ほど，淡水魚Aがバッタ以外の陸生無脊椎動物を食べる重量割合は高い。

② ハリガネムシに寄生されているバッタの数の割合が低い地域の川ほど，淡水魚Aが水生無脊椎動物を食べる重量割合は低い。

③ ハリガネムシに寄生されているバッタの数の割合が低い地域の川ほど，淡水魚Aがバッタを食べる重量割合は高い。

④ どの川でも，淡水魚Aは，水生無脊椎動物よりも，バッタを含む陸生無脊椎動物を高い重量割合で食べている。

⑤ 川には寄生者がいないため，陸の食物網に比べて食物網が安定している。

⑥ 陸と川の生態系は独立しており，互いにエネルギーの流入はない。

⑦ 寄生者による宿主の行動の変化が，陸と川の生態系間でのエネルギーの流れを変える。

⑧ 寄生者によって行動が変化した宿主は，陸では消費者だったが，川では生産者になった。

B 外部の要因によって既存の生態系やその一部が破壊される現象を(a)撹乱〔かくらん〕とい
う。また，異なる種の間で，食物，生活場所，光，栄養分などをめぐって競い合
う現象を(b)種間競争という。撹乱と種間競争は(c)生物群集の種の組成や多様性
に影響を与えることがある。

問3 下線部(a)の例として最も適当なものを，次の①〜⑥のうちから一つ選べ。
   4

① 草原は，しだいに森林に変化する。

② アユは，川底の大きな石についた藻類を独占するため，侵入した他個体
を追い払う。

③ 根粒菌は，窒素化合物を植物に提供し，植物から炭水化物を受け取る。

④ ヤンバルクイナ(鳥類の一種)は，人間が導入したマングース(肉食哺乳
類の一種)のため激減した。

⑤ コノハチョウ(チョウ類の一種)は，樹木の葉に似た翅〔はね〕をもつため捕食か
ら逃れやすい。

⑥ ムクドリは，天敵を発見する確率を高くするため集団で生活する。

問 4 下線部(b)の例として最も適当なものを，次の①～⑥のうちから一つ選べ。

　5

① 貧栄養な土地に草本植物2種をそれぞれ複数個体混ぜて植えたところ，一方の種が土壌中の窒素を効率良く吸収したため，他方の種が排除された。

② 肉食性のキツネの個体数が激減した数年後に，同じ地域内のウサギの個体数が増加した。

③ アブラムシは，甘い汁をアリに提供し，アリによって天敵から守られる。

④ ある種のハチの幼虫は，チョウの幼虫の体内にもぐり込んで組織を食べることにより，最終的にチョウの幼虫を殺す。

⑤ コバンザメ(魚類の一種)は，大型のサメに付着し，移動に要するエネルギーを節約する。

⑥ ある種のカに血を吸われたヒトが，マラリア原虫が引き起こす感染症を発症した。

問5 下線部(c)に関連して，生息場所をめぐって互いに競争している複数種のサンゴによって構成されるサンゴ礁で，サンゴの被度（岩盤の表面積のうち，生きたサンゴに覆われた面積の割合）とサンゴの種数を調べたところ，次の図4に示す結果が得られた。下の記述@〜①のうち，図中の領域Ⅰ〜Ⅲで起こっている現象の説明の組合せとして最も適当なものを，下の①〜⑧のうちから一つ選べ。ただし，サンゴの被度は台風などの撹乱の程度によって決まっており，撹乱の程度が増加するとサンゴの被度は減少するものとする。

| 6 |

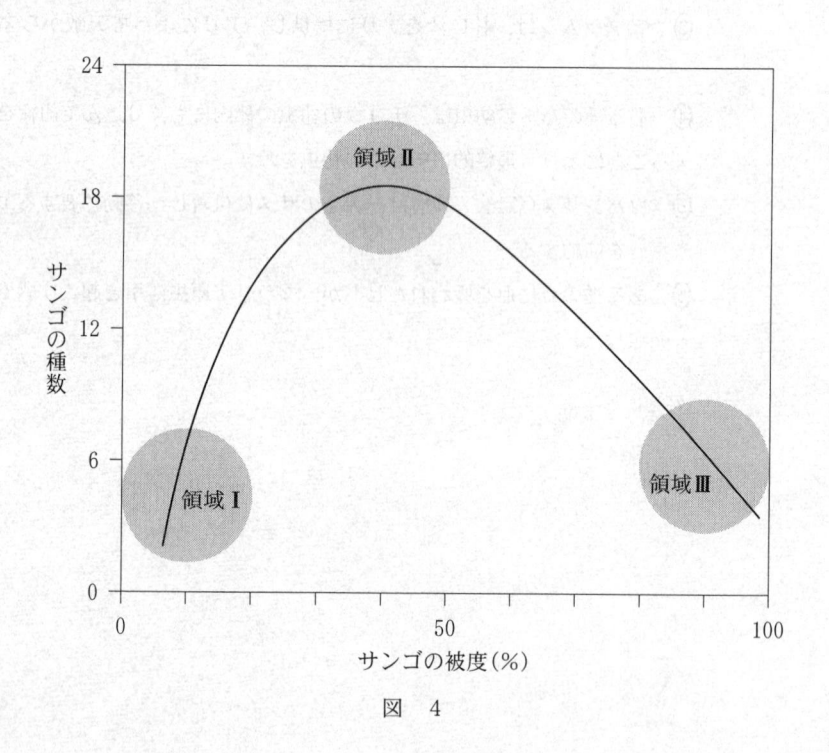

図　4

ⓐ　サンゴ礁のほとんどが破壊され，撹乱後に素早く侵入する種だけが生存している。

ⓑ　サンゴ礁のほとんどが破壊され，種間競争に強い種だけが生存している。

ⓒ　破壊された部分と破壊されなかった部分とがサンゴ礁内にモザイク状に混在するため，撹乱後に素早く侵入する種も，種間競争に強い種も生存できない。

ⓓ　破壊された部分と破壊されなかった部分とがサンゴ礁内にモザイク状に混在するため，撹乱後に素早く侵入する種や，種間競争に強い種を含めて多くの種が共存している。

ⓔ　サンゴ礁がほとんど破壊されておらず，撹乱後に素早く侵入する種だけが生存している。

ⓕ　サンゴ礁がほとんど破壊されておらず，種間競争に強い種だけが生存している。

	I	II	III
①	ⓐ	ⓒ	ⓔ
②	ⓐ	ⓓ	ⓕ
③	ⓑ	ⓒ	ⓔ
④	ⓑ	ⓓ	ⓕ
⑤	ⓔ	ⓒ	ⓐ
⑥	ⓔ	ⓓ	ⓑ
⑦	ⓕ	ⓒ	ⓐ
⑧	ⓕ	ⓓ	ⓑ

第 5 問 （必答問題）

生物の系統と進化に関する次の文章（**A・B**）を読み，下の問い（**問** 1 ～ 6 ）に答えよ。

〔**解答番号** ⬚ 1 ⬚ ～ ⬚ 6 ⬚ 〕（配点　18）

A　哺乳類は中生代の ⬚ **ア** ⬚ に，鳥類は ⬚ **イ** ⬚ に出現した。中生代は約 ⬚ **ウ** ⬚ 年前に終わり，新生代になると哺乳類や鳥類は多様化した。哺乳類に関して，ある研究では DNA の塩基配列をもとに，次の図 1 のような系統関係を支持する系統樹が得られている。この系統樹の ⬚ **エ** ⬚ ～ ⬚ **カ** ⬚ には，イヌ，ハツカネズミ，アフリカゾウのいずれかが入る。

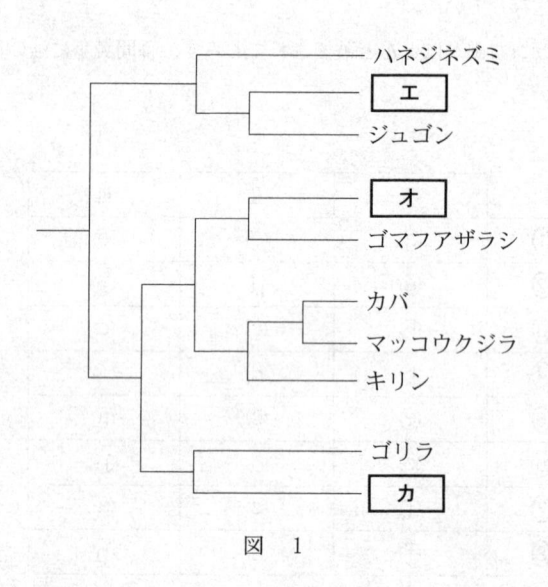

図　1

問 1 上の文章中の ア ～ ウ に入る語と数値の組合せとして最も適当なものを，次の①～⑥のうちから一つ選べ。 1

	ア	イ	ウ
①	ジュラ紀	白亜紀	6600 万
②	ジュラ紀	白亜紀	2300 万
③	三畳紀	白亜紀	6600 万
④	三畳紀	白亜紀	2300 万
⑤	三畳紀	ジュラ紀	6600 万
⑥	三畳紀	ジュラ紀	2300 万

問 2 イヌ，ハツカネズミ，アフリカゾウ，マッコウクジラ，およびキリンの間には，次の⒜，⒝に示すような類縁関係があることが分かっている。

⒜ ハツカネズミは，アフリカゾウよりマッコウクジラと近縁である。
⒝ キリンは，ハツカネズミよりイヌと近縁である。

このとき，上の図1の エ ～ カ に入る動物の組合せとして最も適当なものを，次の①～⑥のうちから一つ選べ。 2

	エ	オ	カ
①	アフリカゾウ	ハツカネズミ	イ ヌ
②	アフリカゾウ	イ ヌ	ハツカネズミ
③	イ ヌ	アフリカゾウ	ハツカネズミ
④	イ ヌ	ハツカネズミ	アフリカゾウ
⑤	ハツカネズミ	アフリカゾウ	イ ヌ
⑥	ハツカネズミ	イ ヌ	アフリカゾウ

問 3 シーラカンス，イチョウ，ソテツ，カモノハシなどの生物は生きている化石とよばれている。これらの種に関する記述として**誤っているもの**を，次の①〜④のうちから一つ選べ。　3

① シーラカンスは，肉質のひれをもつ硬骨魚類である。

② イチョウは，精子をつくる被子植物である。

③ ソテツは，種子をつくる裸子植物である。

④ カモノハシは，卵を産む哺乳類である。

B　生物集団中には，通常たくさんの遺伝的変異が含まれており，その集団における個々の対立遺伝子の割合を(a)遺伝子頻度という。ある条件の下では，世代を経ても集団内の遺伝子頻度は変化しないことが分かっており，　**キ**　とよばれている。

問 4　下線部(a)に関して，ある地域に生息する植物がもつ対立遺伝子A，a について，遺伝子型 AA，Aa，aa をもつ個体の数を調べたところ，それぞれ250，200，50 であった。このとき対立遺伝子 A の遺伝子頻度として最も適当なものを，次の①~⑧のうちから一つ選べ。　**4**

① 0.50　　　② 0.60　　　③ 0.67　　　④ 0.70

⑤ 0.75　　　⑥ 0.80　　　⑦ 0.88　　　⑧ 0.90

問 5　上の文章中の　**キ**　に入る語句として最も適当なものを，次の①~⑤のうちから一つ選べ。　**5**

① シャルガフの法則

② 全か無かの法則

③ ハーディ・ワインベルグの法則

④ 分離の法則

⑤ 優性の法則

問 6 十分に大きな集団において遺伝子頻度が変化する場合，その要因として**適当でないもの**を，次の①〜④のうちから一つ選べ。 □ 6 □

① 自然選択がはたらく。

② 集団内の個体が自由に交配する。

③ 集団内に突然変異が生じる。

④ 他の集団との間で個体の移出入が起こる。

第6問　（選択問題）

　細胞を構成する物質や細胞小器官を解析する研究技術に関する次の文章を読み，下の問い(**問1・問2**)に答えよ。

〔解答番号 ┃ 1 ┃ ～ ┃ 3 ┃ 〕(配点　10)

　遠心力を利用して，生体物質や細胞小器官を，それらの大きさ，質量，密度に基づいて遠心分離する技術(遠心分離技術)が開発されてきた。

問1　DNA の複製のしくみについて調べるため，遠心分離技術を用いた実験を行った。同位体 ^{15}N(重い窒素)のみを窒素源として含む培地で大腸菌を長期間培養し，大腸菌内の窒素をほぼ全て ^{15}N に置き換えた。その後，^{14}N(軽い窒素)のみを窒素源として含む培地に移して培養し，大腸菌を2回分裂させた。この大腸菌から DNA を抽出し，遠心分離技術により，その密度に基づいて分離した。遠心分離後の遠心管(試料の遠心分離に用いる容器)中の，分離された DNA の様子として最も適当なものを，次の①～⑥のうちから一つ選べ。

┃ 1 ┃

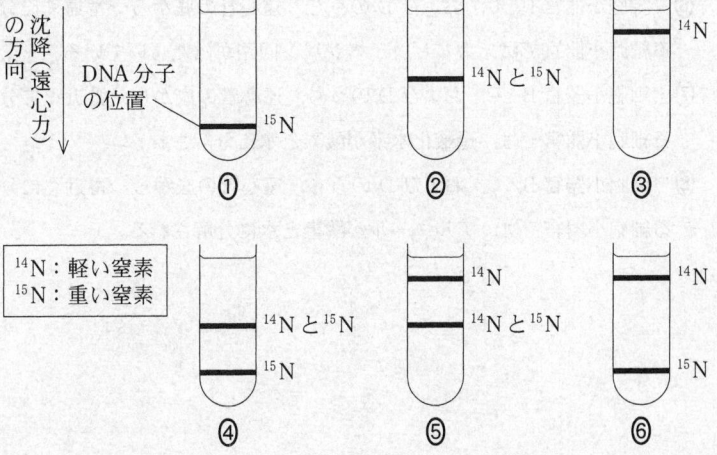

沈降の方向(遠心力)

DNA分子の位置　^{15}N　①

^{14}N と ^{15}N　②

^{14}N　③

^{14}N：軽い窒素
^{15}N：重い窒素

^{14}N と ^{15}N / ^{15}N　④

^{14}N / ^{14}N と ^{15}N　⑤

^{14}N / ^{15}N　⑥

問 2 細胞小器官の特性を調べる実験を行った。ラットの肝臓から肝細胞を単離後，塩分濃度の低い溶液で破裂させた。次に，ほとんど全ての遺伝情報を含む細胞小器官 A を，その分離に適した条件の遠心分離技術で，沈殿物として遠心管の底に分離した。その後，細胞小器官 A を除いた細胞抽出液を，底の方が密度が高く，上面に近い方が密度が低い勾配をもった溶液を満たした遠心管を用いて遠心分離することにより，細胞小器官をその密度に基づいて分離した。その結果，タンパク質を分解する酵素が多く含まれる密度 $1.12\,\mathrm{g/cm^3}$ の細胞小器官 B，ATP を合成する酵素が多く含まれる密度 $1.18\,\mathrm{g/cm^3}$ の細胞小器官 C，およびカタラーゼが多く含まれる密度 $1.23\,\mathrm{g/cm^3}$ の細胞小器官 D が分離された。細胞小器官 A〜D に関する記述として適当なものを，次の①〜⑧のうちから二つ選べ。ただし，解答の順序は問わない。 | 2 | ・ | 3 |

① 細胞小器官 A では，スプライシングが起こる。

② 細胞小器官 B では，酸化的リン酸化が起こる。

③ 細胞小器官 C では，アルコール発酵が起こる。

④ 細胞小器官 D では，光エネルギーを利用した ATP の合成が起こる。

⑤ 細胞小器官 B，C，および D のうち，遠心管の底から一番遠くに分離される細胞小器官では，クエン酸回路がはたらいている。

⑥ 細胞小器官 B，C，および D のうち，遠心管の底から一番遠くに分離される細胞小器官では，カルビン・ベンソン回路がはたらいている。

⑦ 細胞小器官 B，C，および D のうち，遠心管の底から一番近くに分離される細胞小器官では，過酸化水素が酸素と水に分解される。

⑧ 細胞小器官 B，C，および D のうち，遠心管の底から一番近くに分離される細胞小器官では，アルコールが酸素と水に分解される。

第7問 （選択問題）

　次の文章は，生物多様性の探究活動の一環として，ある海岸で生物観察を行った
ススムとハナの会話である。この文章を読み，下の問い（**問1～3**）に答えよ。

〔解答番号　1　～　4　〕（配点　10）

ススム：このあたりには，ワカメ，アマモが生えているね。

ハ　ナ：ワカメは原生生物，アマモは被子植物だね。ワカメやアマモの周りには，
　　　　いろんな生き物がいそうだね。

ススム：ほかの生き物も探してみよう。ここにいるのはタコ，(a)アサリ，エビ，
　　　　ゴカイ，アメフラシ，ヒトデ，(b)クラゲ，ウニ。どれも無脊椎動物だ。

ハ　ナ：ゴカイには節があるけど，アメフラシには節がないね。

ススム：アメフラシもクラゲも体がやわらかそうだね。触っても大丈夫かな？

ハ　ナ：クラゲに触ると刺されるよ！　気をつけてね。

ススム：そうだった。いろんな構造をした多様な生物がいるね。

　二人はアメフラシを採集して，水槽に入れ，行動を観察することにした。

ススム：アメフラシの水管に刺激を与えると，鰓（えら）を引っ込める反応を示すらしい。
　　　　指でやさしく触ってみよう。

ハ　ナ：そんなに(c)何度も水管を触ると，鰓を引っ込めなくなるよ。

ススム：鰓が反応しなくなった。行動が変化したね。

ハ　ナ：(d)動物が経験によって，行動を変化させたり，新しい行動を示すように
　　　　なったりすることがあるんだね。

問 1 上の文章中の下線部(a)・(b)の動物はどの分類群に属するか，最も適当なものを，次の①～⑥のうちからそれぞれ一つずつ選べ。(a) 1 ・(b) 2

① 軟体動物　　　　② 扁形動物　　　　③ 線形動物

④ 環形動物　　　　⑤ 脊索動物　　　　⑥ 刺胞動物

問 2 上の文章中の下線部(c)・(d)のような現象を表す語の組合せとして最も適当なものを，次の①～⑥のうちから一つ選べ。 3

	(c)	(d)
①	反　射	進　化
②	反　射	学　習
③	慣　れ	進　化
④	慣　れ	学　習
⑤	適刺激	進　化
⑥	適刺激	学　習

問 3 観察された生物の特徴についての記述として最も適当なものを，次の①～④のうちから一つ選べ。 4

① ヒトデでは，胚の原口が将来の肛門になる。

② タコでは，発生初期に脊索とよばれる構造がみられる。

③ ウニでは，原腸胚が外胚葉と内胚葉の二つの胚葉のみからなる。

④ アマモの花では，胚珠が裸出している。

生　物　基　礎

$$\Big(\text{解答番号}\boxed{1}\sim\boxed{17}\Big)$$

第1問　生物の特徴および遺伝子とそのはたらきに関する次の文章(**A・B**)を読み，下の問い(**問1～6**)に答えよ。(配点　19)

A　地球上に存在する全ての生物のからだは，(a)細胞からできている。細胞には(b)原核細胞と真核細胞がある。真核細胞には，　**ア**　や　**イ**　などの細胞小器官がある。　**ア**　は酸素を使って有機物を分解する生物が，　**イ**　は光合成を行う生物が，細胞の内部にそれぞれ取り込まれて生じたと考えられている。この考え方を細胞内共生説(共生説)という。

問1　下線部(a)に関して，次の@～@のうち，全ての細胞に共通して含まれる物質の組合せとして最も適当なものを，下の①～⑧のうちから一つ選べ。

$$\boxed{1}$$

@　アデノシン三リン酸　　ⓑ　クロロフィル　　　　ⓒ　セルロース
ⓓ　ヘモグロビン　　　　　ⓔ　水

① @, ⓑ　　　　　② @, ⓒ　　　　　③ @, ⓔ

④ ⓑ, ⓒ　　　　　⑤ ⓑ, ⓓ　　　　　⑥ ⓑ, ⓔ

⑦ ⓒ, ⓓ　　　　　⑧ ⓒ, ⓔ

問2　下線部(b)に関して，原核生物と真核生物の組合せとして最も適当なもの
を，次の①〜⑥のうちから一つ選べ。　2

	原核生物	真核生物
①	オオカナダモ	ネンジュモ
②	ネンジュモ	乳酸菌
③	ミドリムシ	オオカナダモ
④	大腸菌	ゾウリムシ
⑤	乳酸菌	大腸菌
⑥	ゾウリムシ	ミドリムシ

問3　上の文章中の　ア　・　イ　に入る細胞小器官の組合せとして最も適
当なものを次の①〜⑥のうちから一つ選べ。　3

	ア	イ
①	核	ミトコンドリア
②	核	葉緑体
③	ミトコンドリア	核
④	ミトコンドリア	葉緑体
⑤	葉緑体	核
⑥	葉緑体	ミトコンドリア

B　動物や植物のからだを構成する細胞(体細胞)で起こる体細胞分裂は，一定の周期((c)細胞周期という)で繰り返される。細胞周期は，間期と分裂期とに分けられる。間期は，DNA 合成(複製)の準備を行う　ウ　期，複製を行う　エ　期，および分裂の準備を行う　オ　期の三つの時期に分けられる。

　　体細胞分裂を繰り返す過程で，動物では筋肉や骨など，植物では葉や根などの組織や器官を構成する(d)特定のかたちやはたらきをもった細胞が生じる。

問 4　上の文章中の　ウ　～　オ　に入る語の組合せとして最も適当なものを，次の①～⑥のうちから一つ選べ。　4

	ウ	エ	オ
①	G_1	G_2	S
②	G_1	S	G_2
③	G_2	G_1	S
④	G_2	S	G_1
⑤	S	G_1	G_2
⑥	S	G_2	G_1

問5 下線部(c)に関して，タマネギの根端細胞の細胞周期の長さを調べるため，以下の実験を行った。盛んに体細胞分裂を行っている組織をタマネギの根端から取り出し，酢酸オルセインで染色して押しつぶし標本を作った。標本を顕微鏡で観察し，標本に含まれる間期の細胞と分裂期の細胞の数を数えた。その結果，間期の細胞が168個，分裂期の細胞が42個であった。タマネギの根端の細胞の間期が20時間であるとすると，細胞周期全体の長さと分裂期の長さはそれぞれ何時間になるか，それぞれの時間の組合せとして最も適当なものを，次の①〜⑥のうちから一つ選べ。 5

	細胞周期全体の長さ (時間)	分裂期の長さ (時間)
①	20	4
②	25	5
③	50	10
④	62	42
⑤	168	42
⑥	210	42

問6 下線部(d)に関連して，次の文章中の カ ・ キ に入る語として最も適当なものを，下の①〜⑧のうちからそれぞれ一つずつ選べ。
カ 6 ・キ 7

多細胞生物の各組織では，特定の遺伝子の カ の結果，組織ごとに異なるタンパク質がつくられている。例えば，ヒトのだ腺（だ液腺）の組織では澱粉を分解する キ が盛んに合成されている。

① 複製　　② 分配　　③ 発現　　④ 合成
⑤ インスリン　⑥ ヘモグロビン　⑦ アミラーゼ　⑧ フィブリン

第2問　生物の体内環境の維持に関する次の文章（**A・B**）を読み，下の問い（**問1～5**）に答えよ。（配点　15）

A　脊椎動物の体液には，細胞を取り巻く組織液，血管内を流れる(a)血液，リンパ管内を流れるリンパ液が含まれる。体液は(b)循環系によって循環し，(c)体内環境を一定の状態に維持する。

問1　下線部(a)に関する記述として最も適当なものを，次の①～⑥のうちから一つ選べ。　8

　①　酸素は，大部分が血しょうに溶解して運搬される。

　②　血しょうは，グルコースや無機塩類を含むが，タンパク質は含まない。

　③　フィブリンが分解して，血ぺいができる。

　④　血小板は，二酸化炭素を運搬する。

　⑤　白血球は，ヘモグロビンを多量に含む。

　⑥　酸素濃度（酸素分圧）が上昇すると，より多くのヘモグロビンが酸素と結合する。

問2　下線部(b)に関連して，ヒトにおける血液の循環に関する記述として最も適当なものを，次の①～⑥のうちから一つ選べ。　9

　①　運動すると，筋肉に流入する血液の量は減少する。

　②　交感神経の興奮により，心拍数は減少する。

　③　肺動脈を流れる血液は，肺静脈を流れる血液よりも酸素を多く含む。

　④　毛細血管では，血しょうの一部がしみ出し，組織液に加わる。

　⑤　肝臓から肝門脈を通って，小腸などの消化管に血液が流入する。

　⑥　静脈からリンパ管に血液が流入する。

問 3　下線部(C)に関連して，体液の水分量は内分泌腺から分泌されるホルモンによって調節されることが知られている。その内分泌腺とホルモンとの組合せとして最も適当なものを，次の①～⑥のうちから一つ選べ。　☐ 10

	内分泌腺	ホルモン
①	脳下垂体前葉	バソプレシン
②	脳下垂体後葉	バソプレシン
③	甲状腺	チロキシン
④	脳下垂体前葉	チロキシン
⑤	脳下垂体後葉	鉱質コルチコイド
⑥	甲状腺	鉱質コルチコイド

B　ヒトには，体外から侵入した病原体などの異物を排除する(d)生体防御のしくみが存在する。(e)一度感染した病原体の情報を記憶するしくみがヒトにはあり，同じ病原体が再び侵入してきても発病しにくくなる。

問 4　下線部(d)に関連して，健康なヒトにおける抗体産生のしくみに関する次の文章中の ア ～ ウ に入る語の組合せとして最も適当なものを，下の①～⑧のうちから一つ選べ。 11

病原体などの異物が体内に侵入すると，好中球，マクロファージ， ア などが異物を食作用により分解する。その後，マクロファージや ア は，分解した異物の一部分を イ として細胞表面に提示する。 イ の情報を受け取ったヘルパーT細胞は増殖し，同じ イ を認識した ウ を活性化する。活性化した ウ は増殖し，大量の抗体を産生して体液中に分泌する。

	ア	イ	ウ
①	樹状細胞	抗　原	キラーT細胞
②	樹状細胞	抗　原	B細胞
③	樹状細胞	ワクチン	キラーT細胞
④	樹状細胞	ワクチン	B細胞
⑤	血小板	抗　原	キラーT細胞
⑥	血小板	抗　原	B細胞
⑦	血小板	ワクチン	キラーT細胞
⑧	血小板	ワクチン	B細胞

問 5 下線部(e)に関連して，ヒトが同一の病原体に繰り返し感染した場合に産生する抗体の量の変化を表すグラフとして最も適当なものを，次の①〜⑥のうちから一つ選べ。ただし，最初の感染日を 0 日目とし，同じ病原体が 2 回目に感染した時期を矢印で示している。 12

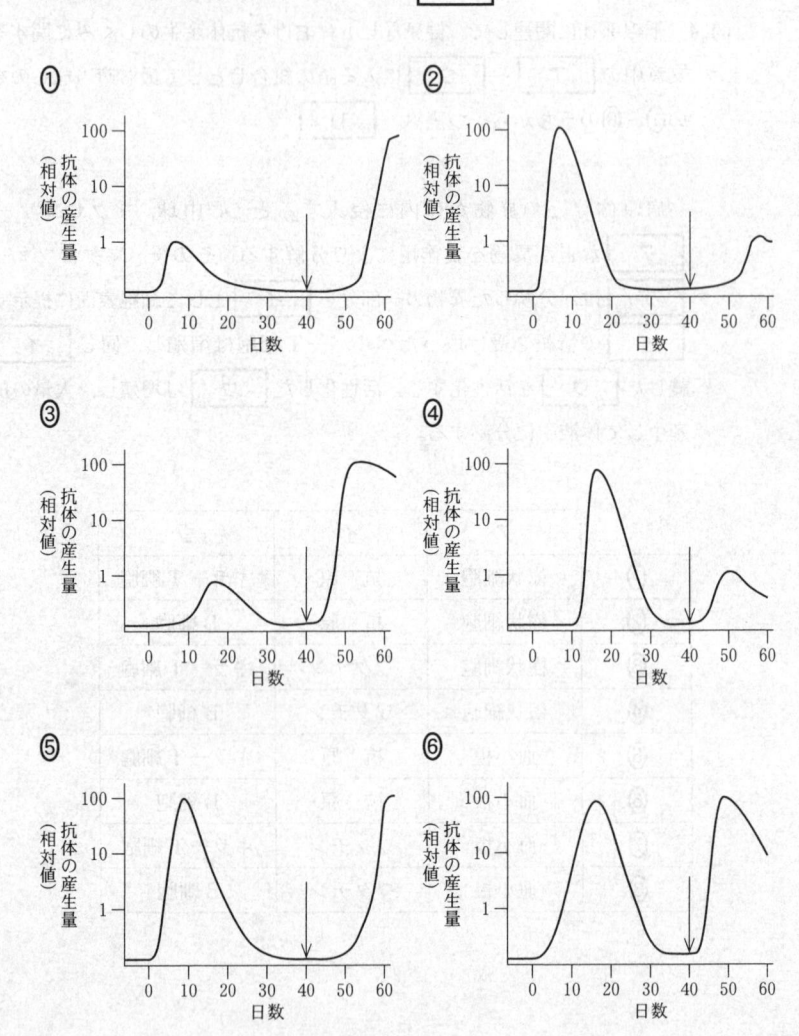

第3問　生物多様性と生態系に関する次の文章(**A・B**)を読み，下の問い(**問1**～**4**)に答えよ。(配点　16)

A　地球上における各バイオームの分布は，年平均気温と年降水量に密接な関係がある。次の図1は，年平均気温，年降水量，および生産者による地表の単位面積あたりの年平均有機物生産量の関係をバイオーム別に示したものである。

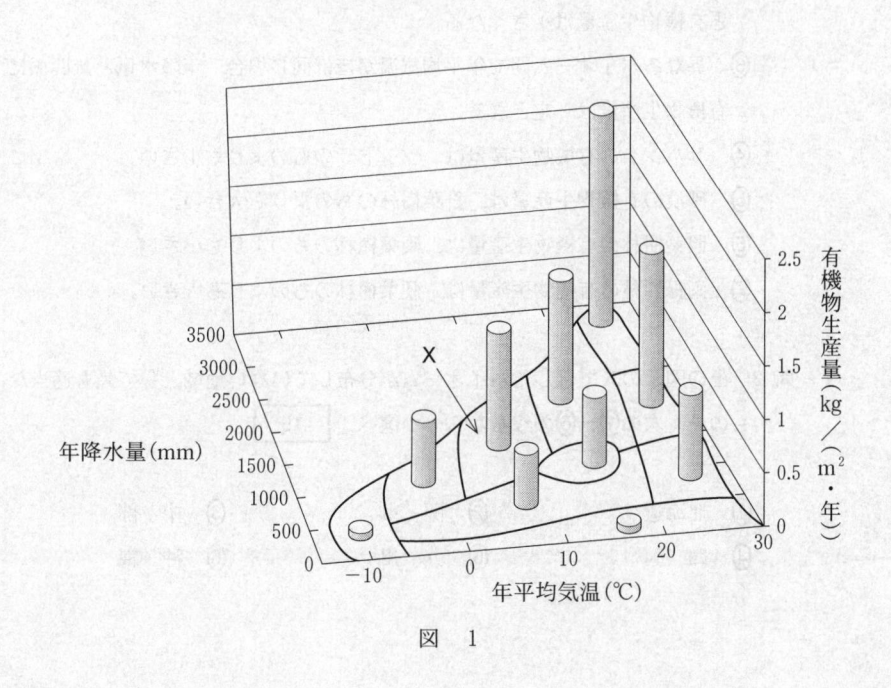

図　1

問 1 上の図1に関する記述として適当なものを，次の①～⑦のうちから二つ選べ。ただし，解答の順序は問わない。 13 ・ 14

① 異なるバイオーム間で年平均気温がほぼ同じ場合，年降水量が少ないほど有機物生産量は大きくなる。

② 異なるバイオーム間で年平均気温がほぼ同じ場合，年降水量が少ないほど有機物生産量は小さくなる。

③ 異なるバイオーム間で年平均気温がほぼ同じ場合，年降水量と無関係に有機物生産量は一定となる。

④ サバンナの有機物生産量は，ツンドラのものよりも小さい。

⑤ 砂漠の有機物生産量は，針葉樹林のものよりも大きい。

⑥ 照葉樹林の有機物生産量は，硬葉樹林のものよりも小さい。

⑦ 雨緑樹林の有機物生産量は，硬葉樹林のものよりも大きい。

問 2 上の図1の **X** で示したバイオームが**分布していない地域**として最も適当なものを，次の①～⑥のうちから一つ選べ。 15

① 北海道　　　　② 関　東　　　　③ 中　部

④ 四　国　　　　⑤ 九　州　　　　⑥ 沖　縄

B　生態系を構成している生物は，大きく(a)生産者と消費者とに分けられ，消費者の一部は分解者とよばれる。森林生態系では，　ア　は土壌中の分解者によって分解され，土壌有機物を経て，最終的に無機物にまで分解される。熱帯多雨林では，　ア　の供給速度が針葉樹林より速いが，単位面積あたりの土壌に含まれる有機物量は少ない。この原因は，熱帯多雨林の気温が針葉樹林よりも高く，単位有機物量あたりの有機物分解速度が　イ　ためである。

問 3　下線部(a)に関する記述として**誤っているもの**を，次の①～⑤のうちから一つ選べ。　16

①　生産者は，硝酸イオン（硝酸塩）やアンモニウムイオン（アンモニウム塩）などの無機物を取り込んで利用する。

②　生産者は，光合成などによって有機物を合成する。

③　生産者は，光合成を行うが呼吸をしない。

④　消費者は，呼吸によって生存や繁殖に必要なエネルギーを得る。

⑤　消費者は，生産者が合成した有機物を取り込んで栄養源にする。

問 4　上の文章中の　ア　・　イ　に入る語の組合せとして最も適当なもの
を，次の①～⑥のうちから一つ選べ。　17

	ア	イ
①	落葉・落枝	速 い
②	落葉・落枝	遅 い
③	火山灰	速 い
④	火山灰	遅 い
⑤	風化した岩石	速 い
⑥	風化した岩石	遅 い

理　科　①　解　答　用　紙

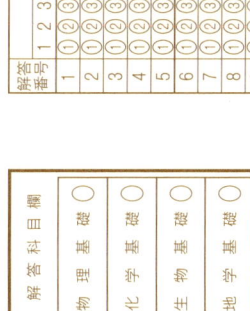

注意事項

1　左右の解答欄で同一の科目を解答してはいけません。
2　訂正は，消しゴムできれいに消し，消しくずを残してはいけません。
3　所定欄以外にはマークしたり，記入したりしてはいけません。
4　汚したり，折りまげたりしてはいけません。

・下の解答欄で解答する科目を，1科目だけマークしなさい。
・解答科目欄が無マーク又は複数マークの場合は，0点となります。

解答科目欄	
物理基礎	◯
化学基礎	◯
生物基礎	◯
地学基礎	◯

解答番号	解答欄											
	1	2	3	4	5	6	7	8	9	0	a	b
1	①	②	③	④	⑤	⑥	⑦	⑧	⑨	⓪	ⓐ	ⓑ
2	①	②	③	④	⑤	⑥	⑦	⑧	⑨	⓪	ⓐ	ⓑ
3	①	②	③	④	⑤	⑥	⑦	⑧	⑨	⓪	ⓐ	ⓑ
4	①	②	③	④	⑤	⑥	⑦	⑧	⑨	⓪	ⓐ	ⓑ
5	①	②	③	④	⑤	⑥	⑦	⑧	⑨	⓪	ⓐ	ⓑ
6	①	②	③	④	⑤	⑥	⑦	⑧	⑨	⓪	ⓐ	ⓑ
7	①	②	③	④	⑤	⑥	⑦	⑧	⑨	⓪	ⓐ	ⓑ
8	①	②	③	④	⑤	⑥	⑦	⑧	⑨	⓪	ⓐ	ⓑ
9	①	②	③	④	⑤	⑥	⑦	⑧	⑨	⓪	ⓐ	ⓑ
10	①	②	③	④	⑤	⑥	⑦	⑧	⑨	⓪	ⓐ	ⓑ
11	①	②	③	④	⑤	⑥	⑦	⑧	⑨	⓪	ⓐ	ⓑ
12	①	②	③	④	⑤	⑥	⑦	⑧	⑨	⓪	ⓐ	ⓑ
13	①	②	③	④	⑤	⑥	⑦	⑧	⑨	⓪	ⓐ	ⓑ
14	①	②	③	④	⑤	⑥	⑦	⑧	⑨	⓪	ⓐ	ⓑ
15	①	②	③	④	⑤	⑥	⑦	⑧	⑨	⓪	ⓐ	ⓑ
16	①	②	③	④	⑤	⑥	⑦	⑧	⑨	⓪	ⓐ	ⓑ
17	①	②	③	④	⑤	⑥	⑦	⑧	⑨	⓪	ⓐ	ⓑ
18	①	②	③	④	⑤	⑥	⑦	⑧	⑨	⓪	ⓐ	ⓑ
19	①	②	③	④	⑤	⑥	⑦	⑧	⑨	⓪	ⓐ	ⓑ
20	①	②	③	④	⑤	⑥	⑦	⑧	⑨	⓪	ⓐ	ⓑ
21	①	②	③	④	⑤	⑥	⑦	⑧	⑨	⓪	ⓐ	ⓑ
22	①	②	③	④	⑤	⑥	⑦	⑧	⑨	⓪	ⓐ	ⓑ
23	①	②	③	④	⑤	⑥	⑦	⑧	⑨	⓪	ⓐ	ⓑ
24	①	②	③	④	⑤	⑥	⑦	⑧	⑨	⓪	ⓐ	ⓑ
25	①	②	③	④	⑤	⑥	⑦	⑧	⑨	⓪	ⓐ	ⓑ

・下の解答欄で解答する科目を，1科目だけマークしなさい。
・解答科目欄が無マーク又は複数マークの場合は，0点となります。

解答科目欄	
物理基礎	◯
化学基礎	◯
生物基礎	◯
地学基礎	◯

解答番号	解答欄											
	1	2	3	4	5	6	7	8	9	0	a	b
1	①	②	③	④	⑤	⑥	⑦	⑧	⑨	⓪	ⓐ	ⓑ
2	①	②	③	④	⑤	⑥	⑦	⑧	⑨	⓪	ⓐ	ⓑ
3	①	②	③	④	⑤	⑥	⑦	⑧	⑨	⓪	ⓐ	ⓑ
4	①	②	③	④	⑤	⑥	⑦	⑧	⑨	⓪	ⓐ	ⓑ
5	①	②	③	④	⑤	⑥	⑦	⑧	⑨	⓪	ⓐ	ⓑ
6	①	②	③	④	⑤	⑥	⑦	⑧	⑨	⓪	ⓐ	ⓑ
7	①	②	③	④	⑤	⑥	⑦	⑧	⑨	⓪	ⓐ	ⓑ
8	①	②	③	④	⑤	⑥	⑦	⑧	⑨	⓪	ⓐ	ⓑ
9	①	②	③	④	⑤	⑥	⑦	⑧	⑨	⓪	ⓐ	ⓑ
10	①	②	③	④	⑤	⑥	⑦	⑧	⑨	⓪	ⓐ	ⓑ
11	①	②	③	④	⑤	⑥	⑦	⑧	⑨	⓪	ⓐ	ⓑ
12	①	②	③	④	⑤	⑥	⑦	⑧	⑨	⓪	ⓐ	ⓑ
13	①	②	③	④	⑤	⑥	⑦	⑧	⑨	⓪	ⓐ	ⓑ
14	①	②	③	④	⑤	⑥	⑦	⑧	⑨	⓪	ⓐ	ⓑ
15	①	②	③	④	⑤	⑥	⑦	⑧	⑨	⓪	ⓐ	ⓑ
16	①	②	③	④	⑤	⑥	⑦	⑧	⑨	⓪	ⓐ	ⓑ
17	①	②	③	④	⑤	⑥	⑦	⑧	⑨	⓪	ⓐ	ⓑ
18	①	②	③	④	⑤	⑥	⑦	⑧	⑨	⓪	ⓐ	ⓑ
19	①	②	③	④	⑤	⑥	⑦	⑧	⑨	⓪	ⓐ	ⓑ
20	①	②	③	④	⑤	⑥	⑦	⑧	⑨	⓪	ⓐ	ⓑ
21	①	②	③	④	⑤	⑥	⑦	⑧	⑨	⓪	ⓐ	ⓑ
22	①	②	③	④	⑤	⑥	⑦	⑧	⑨	⓪	ⓐ	ⓑ
23	①	②	③	④	⑤	⑥	⑦	⑧	⑨	⓪	ⓐ	ⓑ
24	①	②	③	④	⑤	⑥	⑦	⑧	⑨	⓪	ⓐ	ⓑ
25	①	②	③	④	⑤	⑥	⑦	⑧	⑨	⓪	ⓐ	ⓑ

理 科 ② 解 答 用 紙

注意事項
1　訂正は，消しゴムできれいに消し，消しくずを残してはいけません。
2　所定欄以外にはマークしたり，記入したりしてはいけません。
3　汚したり，折りまげたりしてはいけません。

・1科目だけマークしなさい。
・解答科目欄が無マーク又は複数マークの場合は，0点となります。

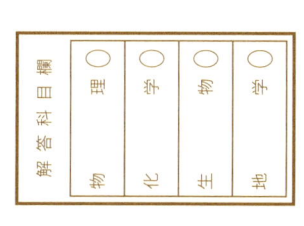

解答科目欄	
物　理	◯
化　学	◯
生　物	◯
地　学	◯

解答番号	解答欄											
	1	2	3	4	5	6	7	8	9	0	a	b
1	①	②	③	④	⑤	⑥	⑦	⑧	⑨	⓪	ⓐ	ⓑ
2	①	②	③	④	⑤	⑥	⑦	⑧	⑨	⓪	ⓐ	ⓑ
3	①	②	③	④	⑤	⑥	⑦	⑧	⑨	⓪	ⓐ	ⓑ
4	①	②	③	④	⑤	⑥	⑦	⑧	⑨	⓪	ⓐ	ⓑ
5	①	②	③	④	⑤	⑥	⑦	⑧	⑨	⓪	ⓐ	ⓑ
6	①	②	③	④	⑤	⑥	⑦	⑧	⑨	⓪	ⓐ	ⓑ
7	①	②	③	④	⑤	⑥	⑦	⑧	⑨	⓪	ⓐ	ⓑ
8	①	②	③	④	⑤	⑥	⑦	⑧	⑨	⓪	ⓐ	ⓑ
9	①	②	③	④	⑤	⑥	⑦	⑧	⑨	⓪	ⓐ	ⓑ
10	①	②	③	④	⑤	⑥	⑦	⑧	⑨	⓪	ⓐ	ⓑ
11	①	②	③	④	⑤	⑥	⑦	⑧	⑨	⓪	ⓐ	ⓑ
12	①	②	③	④	⑤	⑥	⑦	⑧	⑨	⓪	ⓐ	ⓑ
13	①	②	③	④	⑤	⑥	⑦	⑧	⑨	⓪	ⓐ	ⓑ
14	①	②	③	④	⑤	⑥	⑦	⑧	⑨	⓪	ⓐ	ⓑ
15	①	②	③	④	⑤	⑥	⑦	⑧	⑨	⓪	ⓐ	ⓑ
16	①	②	③	④	⑤	⑥	⑦	⑧	⑨	⓪	ⓐ	ⓑ
17	①	②	③	④	⑤	⑥	⑦	⑧	⑨	⓪	ⓐ	ⓑ
18	①	②	③	④	⑤	⑥	⑦	⑧	⑨	⓪	ⓐ	ⓑ
19	①	②	③	④	⑤	⑥	⑦	⑧	⑨	⓪	ⓐ	ⓑ
20	①	②	③	④	⑤	⑥	⑦	⑧	⑨	⓪	ⓐ	ⓑ
21	①	②	③	④	⑤	⑥	⑦	⑧	⑨	⓪	ⓐ	ⓑ
22	①	②	③	④	⑤	⑥	⑦	⑧	⑨	⓪	ⓐ	ⓑ
23	①	②	③	④	⑤	⑥	⑦	⑧	⑨	⓪	ⓐ	ⓑ
24	①	②	③	④	⑤	⑥	⑦	⑧	⑨	⓪	ⓐ	ⓑ
25	①	②	③	④	⑤	⑥	⑦	⑧	⑨	⓪	ⓐ	ⓑ

解答番号	解答欄											
	1	2	3	4	5	6	7	8	9	0	a	b
26	①	②	③	④	⑤	⑥	⑦	⑧	⑨	⓪	ⓐ	ⓑ
27	①	②	③	④	⑤	⑥	⑦	⑧	⑨	⓪	ⓐ	ⓑ
28	①	②	③	④	⑤	⑥	⑦	⑧	⑨	⓪	ⓐ	ⓑ
29	①	②	③	④	⑤	⑥	⑦	⑧	⑨	⓪	ⓐ	ⓑ
30	①	②	③	④	⑤	⑥	⑦	⑧	⑨	⓪	ⓐ	ⓑ
31	①	②	③	④	⑤	⑥	⑦	⑧	⑨	⓪	ⓐ	ⓑ
32	①	②	③	④	⑤	⑥	⑦	⑧	⑨	⓪	ⓐ	ⓑ
33	①	②	③	④	⑤	⑥	⑦	⑧	⑨	⓪	ⓐ	ⓑ
34	①	②	③	④	⑤	⑥	⑦	⑧	⑨	⓪	ⓐ	ⓑ
35	①	②	③	④	⑤	⑥	⑦	⑧	⑨	⓪	ⓐ	ⓑ
36	①	②	③	④	⑤	⑥	⑦	⑧	⑨	⓪	ⓐ	ⓑ
37	①	②	③	④	⑤	⑥	⑦	⑧	⑨	⓪	ⓐ	ⓑ
38	①	②	③	④	⑤	⑥	⑦	⑧	⑨	⓪	ⓐ	ⓑ
39	①	②	③	④	⑤	⑥	⑦	⑧	⑨	⓪	ⓐ	ⓑ
40	①	②	③	④	⑤	⑥	⑦	⑧	⑨	⓪	ⓐ	ⓑ
41	①	②	③	④	⑤	⑥	⑦	⑧	⑨	⓪	ⓐ	ⓑ
42	①	②	③	④	⑤	⑥	⑦	⑧	⑨	⓪	ⓐ	ⓑ
43	①	②	③	④	⑤	⑥	⑦	⑧	⑨	⓪	ⓐ	ⓑ
44	①	②	③	④	⑤	⑥	⑦	⑧	⑨	⓪	ⓐ	ⓑ
45	①	②	③	④	⑤	⑥	⑦	⑧	⑨	⓪	ⓐ	ⓑ
46	①	②	③	④	⑤	⑥	⑦	⑧	⑨	⓪	ⓐ	ⓑ
47	①	②	③	④	⑤	⑥	⑦	⑧	⑨	⓪	ⓐ	ⓑ
48	①	②	③	④	⑤	⑥	⑦	⑧	⑨	⓪	ⓐ	ⓑ
49	①	②	③	④	⑤	⑥	⑦	⑧	⑨	⓪	ⓐ	ⓑ
50	①	②	③	④	⑤	⑥	⑦	⑧	⑨	⓪	ⓐ	ⓑ

2024